Manufacturing Processes

기계공작법

최인수/신관수/민상기/이상덕 共著

D.B.Info

머리말

기계공작법은 각종 재료를 사용하여 제작 또는 제조하는 기술을 논하는 학문이며 그 동안 범용 공작기계에서부터 발전하여 CNC 공작기계에 이르기까지 가공법들은 날로 발전을 거듭하여 왔고 최근에는 절삭가공 분야 뿐 아니라 비절삭가공 분야도 컴퓨터 등의 첨단장비 도입에 의하여 점차 자동화되어 가고 있는 실정이다.

이와같이 기계공작법은 그 취급 범위가 매우 넓으며 용어의 표현도 아주 다양하여 매우 난해한 학문이다.

본서는 저자의 독자적인 연구가 아니라 많은 세월 기계공작법을 발전시켜 온 모든 학자와 기술인들의 학문을 정리한 것이란 점을 먼저 말해둔다.

필자는 그동안 어렵게만 느껴왔던 내용들을 보다 쉽게 표현하려고 현장 경험과 실험을 통한 연구분야의 실제 예를 많이 다뤘고 이해하기 쉽도록 도표와 사진과 그림을 많이 사용하였다.

아울러 본서의 그림 및 도표는 첨단기술 현장에서 이론과 실무 참고 자료로서 인용할 수도 있도록 필자 나름대로 심혈을 기울여 보았다. 다만 CNC 공작기계부분은 대부분 별도의 과목으로 상세히 취급하므로 본서에서는 생략하였다.

짧은 시간에 천학비재한 필자로서 힘든 작업이었지만 본서를 교재로 쓰시는 훌륭하신 교수님과 학생들을 생각하면 용기가 생긴다.

필자가 노력은 기울였으나 여러군데 미흡하리라 생각되며 부족한 부분은 독자들의 격려와 질책을 통하여 앞으로 보완하고자 한다.

끝으로 이 책이 나오기까지 많은 용기와 도움을 주신 모든 분들께 감사를 드리며 본서를 집필하는데 인용한 참고문헌의 저자분들, 부족한 원고 편집교정에 고생하신 복두출판사 송광헌사장님과 박지혜씨에게 감사의 말씀을 드리는 바이다.

여러분의 무궁한 발전을 기원한다.

2007년 2월

저자일동

이 책의 목차

Part 1. 비절삭가공편

CONTENTS

Part 2. 절삭가공편

Part 1. 비절삭가공편

제 1 장 기계공작법 개론

1.1 기계 공작법의 개요

기계공작법(manufacturing process)이란 재료를 가공 및 성형하여 유용한 기계, 기구, 장치 등을 제작 또는 제조하는 기술을 논하는 학문이다. 재료를 가공하는 방법에는 기계적인 힘 또는 열을 가하여 재료의 형상 및 기계적 성질을 변화시키는 방법과 재료의 화학적 상태를 변화시키는 방법으로 분류할 수 있다.

전자를 기계공작법(manufacturing process)이라 하며 후자를 화학제조법(chemical technology)이라고 한다. 그러나 가공물에 따라서 기계적 방법과 화학적 방법의 한계가 명확하지 않은 것도 있다. 기계공작에 사용되는 재료는 주로 금속재료이고, 이외에 목재, 고무, 플라스틱 등 각종 비금속재료도 사용된다.

기계공작에 사용되는 재료는 공작과정에 따라 적당한 가공방법을 선택하게 되며, 절삭가공과 비절삭 가공방법이 있다. 절삭가공은 절삭공구를 사용하여 칩(chip)을 발생시키면서 필요한 모양으로 가공하는 방법이며, 절삭가공의 목적에 사용되는 기계를 금속공작기계(metal cutting machine tool)라 한다. 비절삭 가공은 소재와 제품의 형태는 변하여도 체적이 심하게 변하지 않는 가공방법이며, 비절삭에 사용되는 기계를 금속가공기(metal forming machine tools)라 한다.

1.2 기계 제작의 공정

기계를 공작(제작)하는 데에는 여러 가지 부품(Parts)들이 많은 공정(Process)을 거치면서 가공되며, 이 부품들을 조립하여 기계와 설비를 생산하게 된다.

(1) 기계 공장의 조직

기계 공장에서는 기계를 제작할 수 있는 기능 기술인과 생산 활동을 지원하는 전문적인 지식을 가진 사람들이 함께 활동하게 된다. 기계 공장의 조직은 기업의 규모나 제품의 특성에 따라 달라지게 되나, 기계 공장의 조직은 일반적으로 그림 1.1과 같이 구성하고 있다.

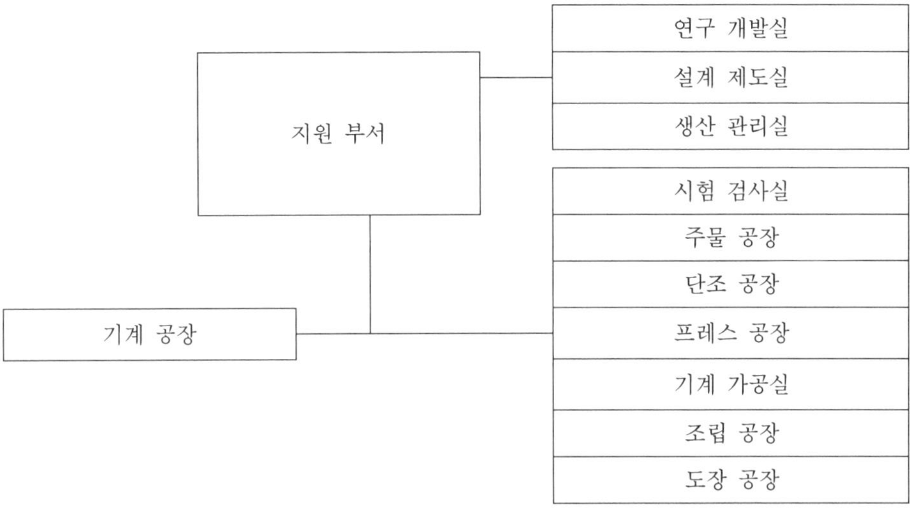

그림 1.1 기계 공장의 조직

① 기계 공장

기계를 제작하는 기계 공장은 크게 부품을 가공하는 공장과 제품을 조립하는 공장으로 구분된다.

예) 부품 가공 공장 : 주조, 단조, 프레스 가공, 기계 가공 등의 작업 공장

조립공장 : 가공된 부품을 다른 공업에서 공급받은 부품과 함께 조립하여 제품을 완성하게 되며, 완성된 제품은 제품 검사와 시운전을 하고, 이에 합격하면 완제품이 되어 출고하게 된다.

② 지원부서

성능이 우수한 기계를 효율적으로 제작하기 위하여 기계 공장에 연구 개발실, 설계 제도실, 생산 관리실 등의 지원 부서를 설치한다.

(2) 기계 제작의 공정

기계 공장에서 소재로부터 완성된 제품을 만들기 위한 기계제작 공정은 그림 1.2와 같으며, 그림 1.3은 선반 제작 공정의 "예"를 나타낸 것이다.

최근의 자동화된 기계 공장에서는 자재 창고로부터 소재를 반송하여 기계 가공, 치수 검사, 부품 검사, 공정 이동, 조립 작업 등의 기계 제작 공정에 있어서 모든 작업의 연속화와 자동화(Automation)가 실현되고 있으며, 무인화 공장(FMS : Flexible Manufacturing System)으로까지 발전되고 있는 실정이다.

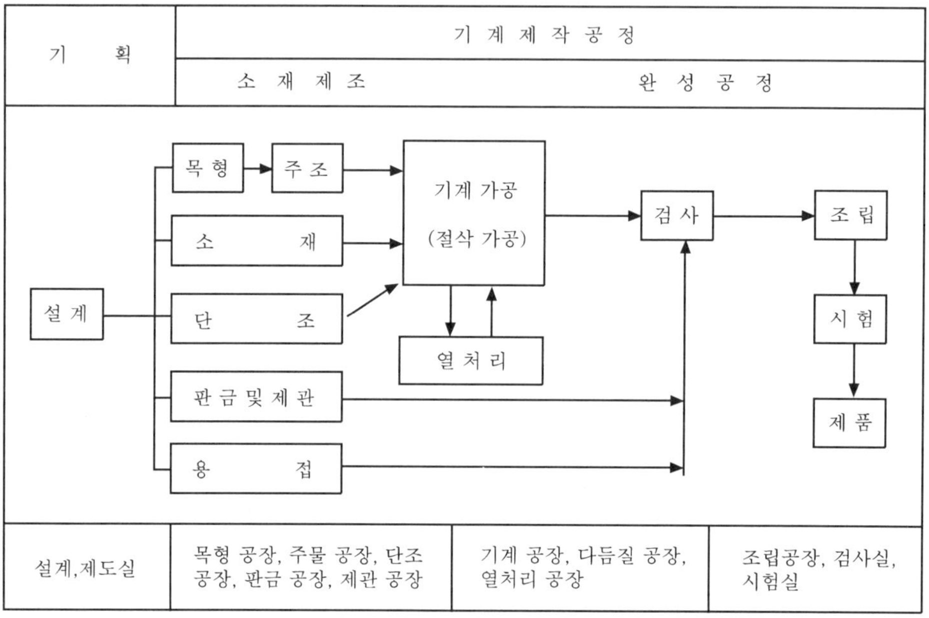

그림 1.2 기계제작의 공정

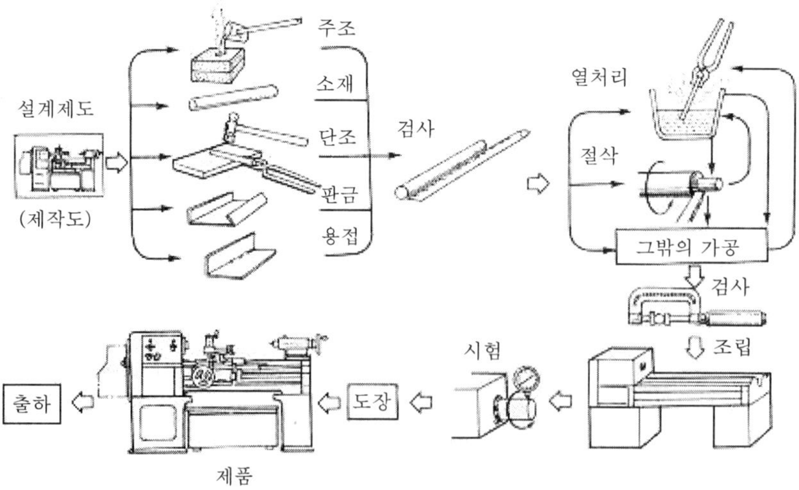

그림 1.3 선반제작 공정의 예

(3) 기계 공장의 역할

부품을 제작하는 공장은 제조 업체의 규모와 실정에 맞게 선택되어 운영되어야 하 며 , 가공량이 적거나 특정 부품은 자체내에 가공 공장을 설치하지 않고 외부로 발주 하여 완성된 부품을 공급받아 조립 생산하는 것이 유리할 때도 있다.

기계 제작 공정의 기본공장은 다음과 같다.

① 목형공장(pattern shop)

주물에 필요한 목형을 제작한다.

② 주물공장(casting shop)

목형을 이용하여 주형을 만들고 중공부에 용융금속을 주입하여 주물(castings)을 제작한다.

③ 단조공장(forging shop)

강철 또는 기타 금속재료를 가열하고, 이것을 사람의 힘 또는 기계의 힘으로 필요한 소재 또는 제품을 만든다. 가공목적에 따라 압연, 인발, 압출, 판금 및 제관 등에 따라 각종 공장들이 있다.

④ 열처리공장(heat treatment shop)

단조품, 주조품 또는 기계가공된 부품의 기계적 성질을 조절하기 위하여 필요한 열처리를 한다.

⑤ 다듬질공장(finishing shop)

소재를 수가공 또는 기계 가공하는 과정에 따라 손다듬질 공장과 기계 공장으로 나눈다.

⑥ 조립공장(assembly and fitting shop)

기계 가공 공장에서 완성된 부품들을 조립하여 완성한다.

⑦ 검사 및 시험실(inspection and testing room)

부품 및 제품의 검사 및 시험을 한다. 이상의 각 공장들은 생산 능률을 향상시키고 우수한 제품을 생산하기 위하여 공정관리 및 품질관리를 통한 상호협조가 필요하다.

즉, 공장배치 및 생산계획에 있어 인적배치, 작업연구, 생산품의 표준화, 소재의 수급문제, 기계시설 및 공장 건축 등의 각 부분을 검토하여 경제적 생산과 과학적인 공장운영을 중심으로 한 합리적인 생산계획이 필요하다.

표 1.1은 기계공작법의 분류를 나타낸 것이다.

표 1.1 기계공작법의 분류

- 기계공작법
  - 비절삭가공
    - 소성가공 — ① 단조 ② 압연 ③ 프레스 가공(pressing) ④ 인발(drawing) ⑤ 압출(extruding) ⑥ 판금가공
    - 용접 — ① 납땜(soldering) ② 경납땜(brazing) ③ 단접(forge welding) ④ 전기용접 ⑤ 가스용접 ⑥ 테르밋 용접, etc.
    - 주조 — ① 목형 ② 주형 ③ 주조 ④ 특수주조 ⑤ 플라스틱 모울딩(plastic moniding)
    - 특수비절삭가공 — ① 전조 ② 전해 연마 ③ 방전가공 ④ 초음파 가공 ⑤ 버어니싱(burnishing)
  - 절삭가공
    - 절삭공구가공
      - 고정공구 — ① 선삭(turning) ② 평삭(planing) ③ 형삭(shaping) ④ 브로우칭(broaching) ⑤ 줄 작업(filling)
      - 회전공구 — ① 밀링(milling) ② 드릴링(drilling) ③ 보링(boring) ④ 호빙(hobbing) ⑤ 소잉(sawing)
    - 연삭공구가공
      - 고정입자 — ① 연삭(grinding) ② 호우닝(honing) ③ 수우퍼 피니싱(superfinishing) ④ 버핑(buffing) ⑤ 쌘더링(sandering)
      - 분말입자 — ① 래핑(lapping) ② 액체 호우닝(liquid honing) ③ 배럴 가공(barrel working)

제 2 장 주조(casting)

2.1 주조의 개요

주조는 가장 오래된 제조 방법 중의 하나로 B.C.4000년 경부터 장식품이나 구리 화살촉 등 여러 가지 제품을 제작하는데 이용되었다. 주물용 재료로서 대표적인 주철(cast iron)은 15세기 초부터 사용되었으며, 이때부터 주조기술은 급속히 발전 하였다.

2.1.1 주조와 주물

주조란 금속을 가열 용해시켜 유동성을 가진 용융금속으로 만든 후, 이것을 모래나 금속으로 만든 주형(mold)에 주입(pouring)하여 그 속에서 냉각, 응고시킨 것을 주물(castings) 또는 주조품이라 하며 이때의 공정(process)을 주조라 한다.

주물은 그 재료와 주형 등에 따라서 형태가 달라지며, 주조공정(casting process)에서 주형을 만드는 모형(mock-up)을 원형(pattern)이라 하며 원형을 주물사(molding snad)에 묻고 다진 후 원형을 제거하면 원형과 같은 모양의 공간이 형성되는데 이 공간에 용융금속이 흘러 들어갈 통로나 기타 주조에 필요한 부분을 설치한 것을 주형(mold)이라 하며 주형을 만드는 과정을 조형(molding)이라 한다. 주조는 복잡하고 대형인 제품을 비교적 쉽게 만들 수 있는 것이 특징이다. 그림 2.1은 주조 공정을 나타낸 것으로서 여러가지 주조 공정을 거쳐 주물제품을 완성한다.

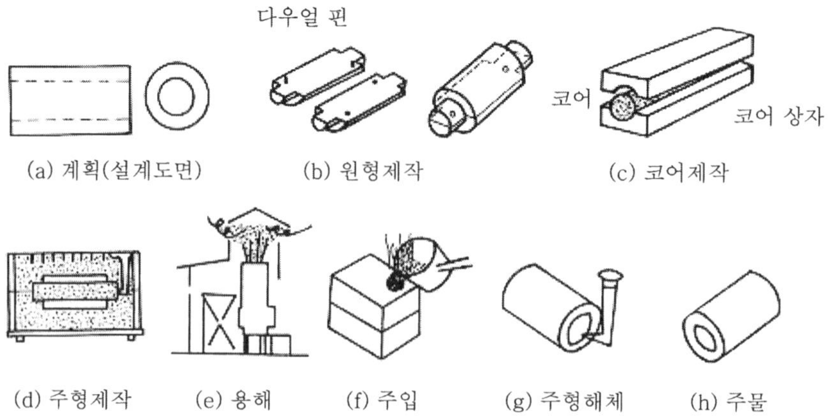

그림 2.1 주조 공정

또한, 고대 이집트 문명의 유적에서 발견된 동 제품과 고대 중국의 청동화병 및 동경, 우리나라의 불상, 범종, 주조활자 등의 우수한 주물 제품들은 선조들의 주조 기술을 대표하는 실예이다.

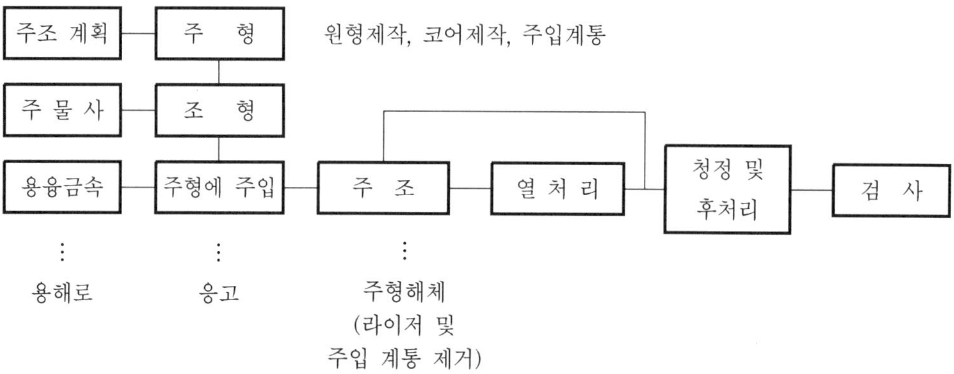

그림 2.2 주조 작업의 계통도

오래전부터 금속 제품 생산에 큰 몫을 차지하였던 주물은 새로운 주조법의 개발, 주물 공장 설계 및 운영의 합리화, 기계화에 의한 품질의 향상 및 가격의 절감 등이 이루어짐에 따라 양질의 주물을 대량으로 생산할 수 있는 기술이 점차 확립되어 가고 있는 실정이다. 그림 2.2는 주조계획에서 검사까지의 주조 작업이 계통도를 나타낸 것으로서 자세한 내용은 다음과 같다.

(1) 주조공정

① 주조계획 : 주조 계획의 설정

② 원형제작 : 목재 또는 금속으로 주형을 만들기 위한 모형 제작

③ 주형제작 : 원형을 주물사에 묻고 다진 후 원형과 같은 모양의 공간을 형성

④ 용 해 : 원 재료를 용해로에서 가열, 용해하여 주조하기 좋은 용융금속으로 만든다.

⑤ 주 입 : 용융금속을 주형 속에 주입 응고시킨다.

⑥ 주형해체 : 응고가 끝나면 라이저 및 주입계통 등을 제거한다.

⑦ 청정 및 후처리 : 모래떨이를 하고 끝손질한다.

⑧ 열처리 : 열처리로에 주물을 넣고 저온에서 가열 서냉하여 주조응력을 제거한다.

⑨ 검사 : 완성된 주조품(주물)의 결함 여부를 시험 검사하여 분리한다.

참고사항

◉ 잉곳(ingot)과 주물(castings)의 구별

잉곳은 용융금속을 주형에 주입하여 응고시킨 단순한 덩어리를 뜻하며, 주물은 응고하여 냉각되었을 때 이미 필요로 하는 모양에 매우 가까운 것으로 되어있다.

2.1.2 주조의 특징

주물은 용접(welding), 압출(extrusion), 단조(forging), 제관(plate working), 프레스 가공(press working), 기계가공(maching) 등의 금속 가공법보다 비교적 간단한 설비로 가격이 저렴하고, 쉽게 제작할 수 있으므로, 일상생활과 밀접한 관계가 있는 실내 장식용품, 펌프의 몸체, 자동차 엔진, 농기구, 공작기계, 차량 등의 몸체 및 부 품 등 모든 산업분야에 걸쳐 그 용도가 다양하다.주조된 주물은 외관 뿐만 아니라 내부에도 결함이 없고, 기계부품으로 사용할 때 강도 및 경도 등과 같은 기계적 성질이 요구범위에 있어야 하며, 가격 등이 저렴할 것이 필요조건이다.

주조법을 다른 가공법들과 비교하여 그 장단점을 들면 다음과 같다.

(1) 장점(advantage)

① 동일 모형으로 주형을 제작하므로 형상과 치수가 동일한 제품을 많이 얻을 수 있다.

② 복잡한 형상 및 다른 가공에서는 거의 불가능한 내부 형상도 제작이 가능하다.

③ 제품이 이음매가 없고, 비교적 견고하다.

④ 제품의 크기, 모양, 무게의 제한을 거의 받지 않으므로 정밀주물에서부터 대형주물에 이르는 제품의 제작이 가능하다.

(2) 단점(disadvantage)

① 주물의 조직은 결정조직(주조조직)이 되어 다른 가공에 의해 만든 제품보다 기계적 성질이 저하된다(떨어진다).

② 용융금속이 응고시 수축되므로 치수 정밀도가 낮아진다.

③ 소량생산시 원형(모형) 제작비 및 시간이 차지하는 비중이 크므로 제품 단가가 높아진다.

④ 용해로의 분진이 위생상(건강) 좋지 않다.

⑤ 3D(dirty, dangerous, difficult)직종으로 기피하는 직종이다.

2.1.3 주조금속의 특성

주조금속 및 합금이 주형 안으로 흘러 채워지는 형상과 응고 과정 및 냉각 과정 등 이들에 관한 특성은 다음과 같다.

(1) 수력학적 성질

주입시 용융금속(molten metal, 쇳물)의 흐름은 실험 결과, 정상류가 아닌 난류이며, 주형의 벽으로부터 떨어지기 쉽다. 탕구나 탕도는 그 형상이나 단면에 급격한 변화가 있으면 용융금속이 흘러 들어갈 때 탕도 안의 기압이 대기압보다 낮아지는 경우가 있다.

이 때, 주형의 통기성에 의하여 그림 2.3과 같이 주형 안의 공기가 용융금속 중에 밀려 들어가 주물 결함의 원인이 되므로 주의하여야 한다.

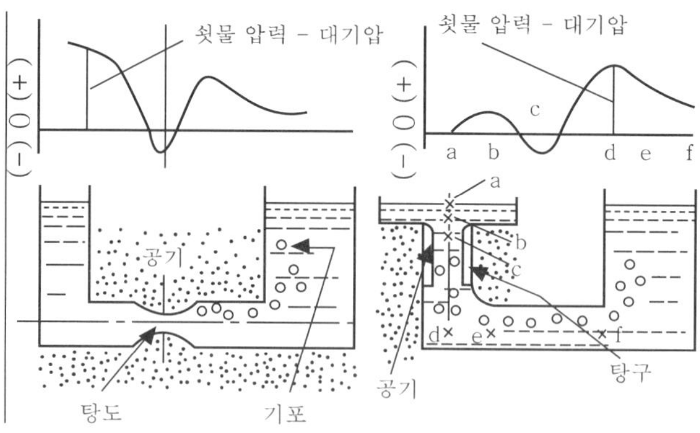

그림 2.3 탕구 및 탕도의 공기 혼입

(2) 용융금속의 유동성(fluidity)

필릿(fillet) 두께가 얇거나 복잡한 것은 용융금속이 주형 속을 흐를 때, 일부가 굳기 시작하는 경우가 있으므로 문제가 된다. 유동성은 용융금속의 조성, 불순물, 표면장력, 산화의 난이, 비중, 주형의 상태 등에 관계된다. 일반적으로 용탕이 주형속을 채울수 있는 능력을 유동성이라고 하는데 이는 용탕의 특성, 주조변수의 두 가지 기본적인 요소로 결정된다. 유동성에 영향을 주는 용탕의 특성으로는 다음과 같은 것들이 있다.

① 점도
점도가 온도에 민감 할수록 유동성은 떨어진다.

② 표면장력(surface tention)
액체금속의 높은 표면장력은 유동성을 감소시킨다.

③ 개재물(inclusions)
용해되지 않은 입자인 개재물은 유동성에 심각하게 나쁜 영향을 미친다.

④ 주형설계(mold design)
탕구, 탕도, 압탕 등의 설계와 치수는 모두 유동성에 영향을 미친다.

⑤ 주형재료와 표면특성
주형의 열전도도가 크고 표면이 거칠수록 용탕의 유동성은 줄어든다.

⑥ 과열의 정도(degree of superheat)
과열은 합금의 융점 이상의 온도로 정의되는데 응고를 지연시키므로 유동성을 좋게 한다.

⑦ 주입속도
주형속으로 용탕을 천천히 주입할수록 빠르게 냉각되므로 유동성이 떨어진다.
용융금속의 유동성을 측정하기 위하여 다음과 같은 유동성 실험 방법이 사용된다.

참고사항

◉ 유동성 측정방법

○ 나선상 모래형 유동성 측정법(sand mold fluidity spiral, 맴돌이형 측정법)

그림 2.4(a)는 나선체(맴돌이형) 모양의 표준형 주형에 용융금속을 일정한 압력과 속도로 주입하였을 때, 용융금속이 흘러 들어 간 거리(굳은 시험편의 길이)를 측정하여 유동성의 크고, 작음을 비교하는 방법으로서, 이 검사법은 합리적으로 주조상태를 본 뜬 것으로 유용하게 사용된다.

그림 2.4(b)는 온도와 유동성 곡선을 나타낸 것으로서 적합한 주입 온도를 택하면 요구하는 유동 정도를 어떤 합금에서도 얻을 수 있다는 것을 알려 주고 있다.

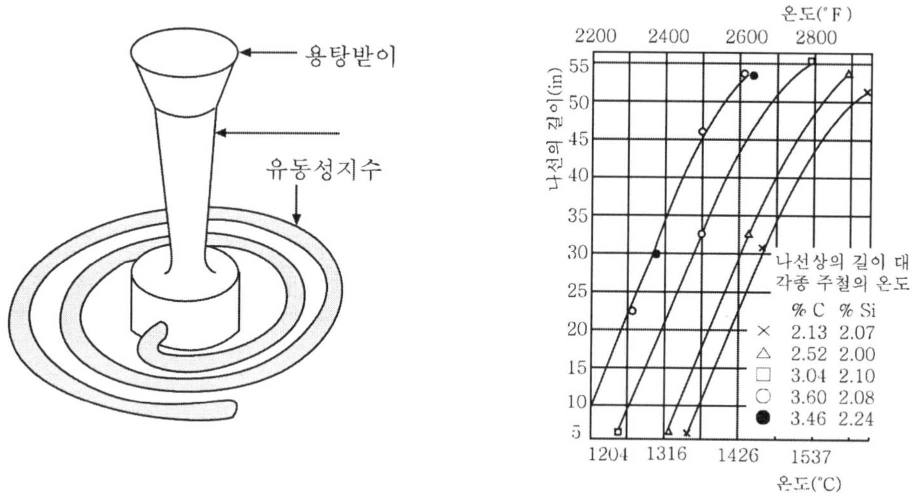

(a) 나선형 주형을 이용한 유동성시험 (b) 온도-유동성 곡선

그림 2.4 유동성 시험

○ 경험에 의한 측정법

현장에서는 용융금속(쇳물)을 금속막대로 휘저어 그 저항에 의한 촉감으로 유동성을 측정하기도 한다.

○ 흡입관 측정법(suction tube method)

이 방법은 Taylor씨 등에 의해 고안된 방법으로서 금속 또는 유리관을 임의의 각도로 용융금속에 담근 후, 진공관에 연결하면 대기와 용기안의 압력의 차이 때문에 관 속으로 용융금속이 상승하게 된다. 이 때에 관 속의 금속이 올라온 길이를 측정하여 유동성의 척도로 한다.

흡입 관법의 특징은 금속이 상승하는 동안에 직접 관찰할 수 있으며, 매우 간편한 점은 있으나 유리벽에서 발생하는 열 구배와 핵 생성 조건이 모래형의 것과는 다르다는 점이다.

(3) 응고(solidification), 수축(shrinkage) 및 주조응력(casting stress)

① 응고(solidification)

용융금속은 주형 속에서 응고할 때 주형벽면에 응고층이 형성되며, 이 응고층은 점차 안쪽으로 진행되어 주물 전체가 고체로 된다.

이 때에 응고층과 용융금속이 분명하게 구분된 상태로 진행하는 순금속과 어떤 범위에서 그림 2.5와 같이 고상과 액상이 공존하여 그 경계가 분명하지 않은 일반 주조용 합금이 있다. 이러한 고상과 액상의 공존상태는 합금의 성질과 주입 후 냉각상태에 따라 변화하게 되므로 주조작업에서는 매우 중요한 것이다. 그림 2.6은 응고 진행에 있어서 응고층의 두께와 시간의 관계를 보여 주는 한 예이다.

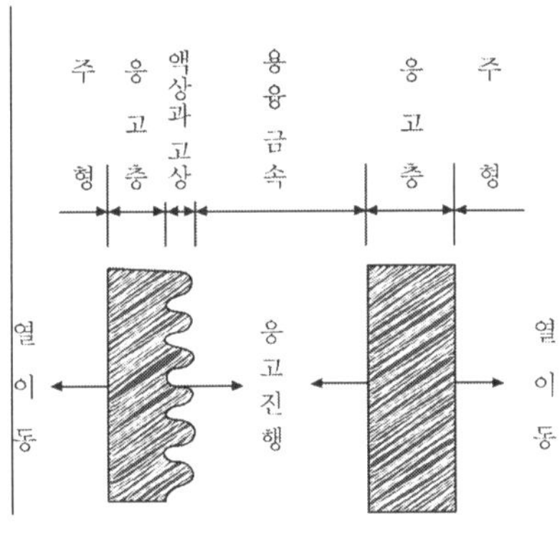

그림 2.5 응고의 진행

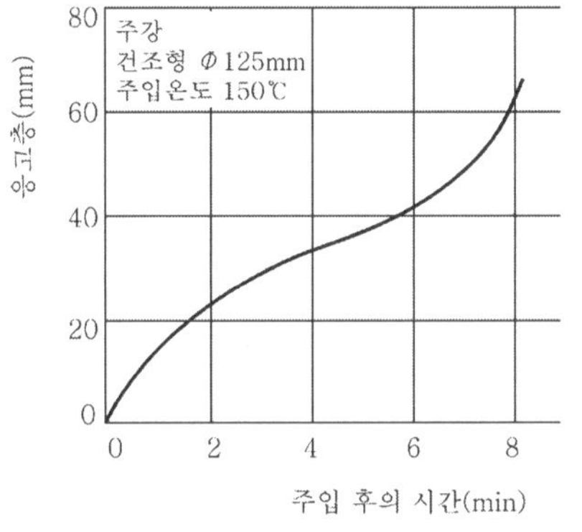

그림 2.6 응고의 진행 형태

응고의 조기상태에서는 온도가 낮은 주형벽에 얇은 응고층이 형성되고, 시간이 지남에 따라 두꺼워진다. 편평한 주형벽에서 이 두께는 시간의 제곱근에 비례한다. 즉 시간을 두 배로 하면 두께는 $\sqrt{2}$=1.41배, 즉 41% 두꺼워진다.

응고시간은 다음과 같이 주물의 체적과 표면적의 함수로 주어진다.(Chvorinov's ruls)

$$\text{응고시간} = C(\text{부피}/\text{표면적})^2$$

이때 C는 주형재료, 금속의 성질, 온도 등을 반영하는 상수이다. 큰 구가 주위 온도까지 응고되어 냉각시까지 걸리는 시간은 작은 구에 비해서 더 느리게 되는데, 그 이유는 체적은 직경의 세제곱에 비례하고 표면적은 직경의 제곱에 비례하기 때문이다. 마찬가지로 같은 체적의 육면체가 구형보다 빨리 응고됨을 알 수 있다.

주형모양과 주입 후 시간에 따른 응고층의 두께와 형상이 그림 2.7에 나타나있다.

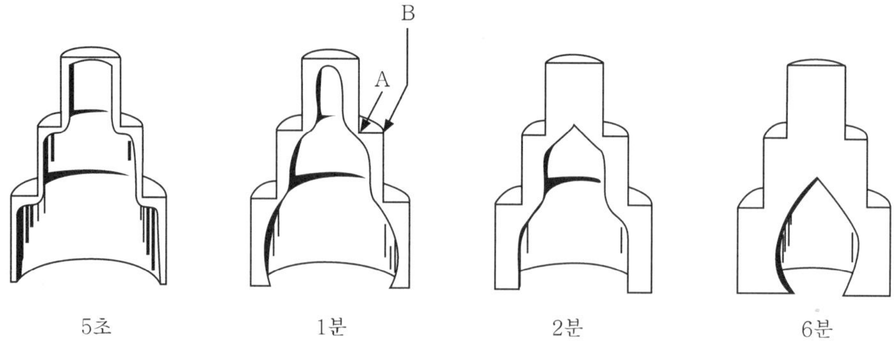

그림 2.7 응고층의 두께와 행상

② 수축(shrinkage)

용융금속을 주형에 주입하면, 응고 초기에는 끝날 때까지의 시간, 즉, 응고구간에 따라 수축되는 상태가 매우 다르다.

용융금속이 응고점에 도달하면 부피 변화가 일어나게 된다. 비스무트(Bi)와 안티몬(Sb)이 응고할 때는 팽창하여 활자 합금으로 이용되나, 그 밖의 금속은 일반적으로 수축되므로 수축공(shrinkage cavity)이 생겨 주물의 강도를 저하시킨다. 표 2.1은 각종금속의 부피 수축률을 나타낸 것이다.

수축은 금속이나 합금의 특성이므로 이것을 근본적으로 제거하기는 실제로 어려우나 일반적으로 주물 본체 윗부분에 여분의 용융금속을 공급할 수 있는 압탕(riser)을 두거나 부분적으로 응고가 늦어지는 곳에는 칠 메탈(chill metal)을 두어 응고를 고르게 하여 준다. 그림 2.8는 응고에 따른 금속의 수축을 나타낸 것이며, 그림 2.9는 용융 금속의 응고 과정과 압탕효과를 나타낸 것이다.

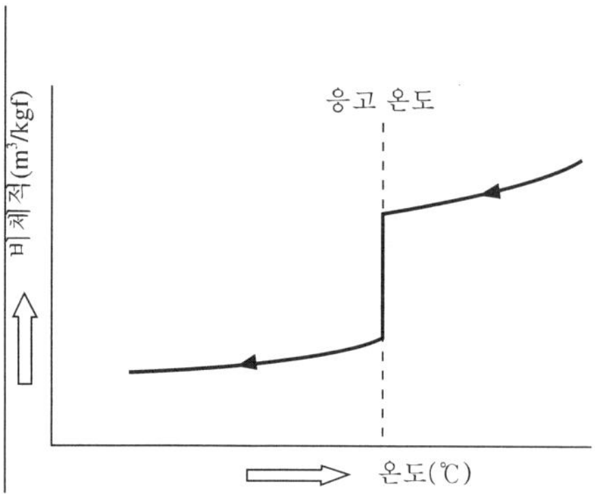

그림 2.8 응고에 따른 금속의 수축

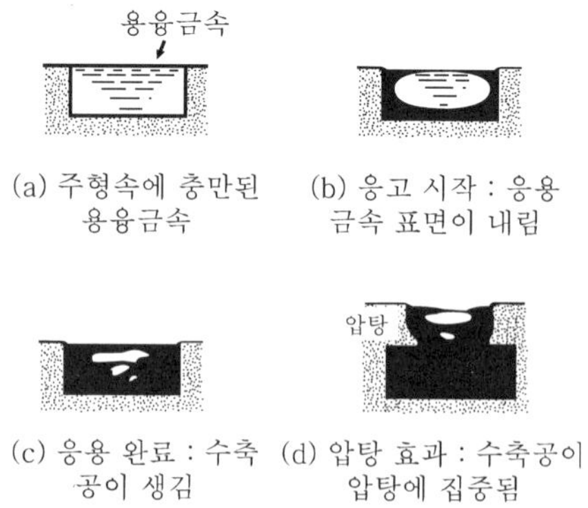

그림 2.9 용융금속 응고 과정과 압탕효과

표 2.1 각종 금속의 부피 수축률

원소	용융점(℃)	응고 때의 부피 수축률(%)	응고 후의 부피 수축률(%)	전 수축률(%)
Sn	232.0	2.90	1.40	4.30
Bi	271.0	-3.32	1.01	-2.31
Cd	321.0	4.74	2.76	7.50
Pb	327.0	3.44	2.63	6.07
Zn	419.0	4.50	3.84	8.31
Sb	631.0	-0.95	2.10	1.05
Al	658.0	6.60	5.50	12.10
Cu	1,083.0	4.05	5.97	10.02
Fe	1,530.0	4.40	5.98	10.33
Ag	960.0	5.00	5.83	10.83
Au	1,063.0	5.17	4.50	9.67

③ 주조응력(casting stress)

금속이나 합금은 응고된 다음에도 냉각되므로, 새로운 수축이 진행되며 주물의 모양과 필릿(fillet) 두께에 따라 냉각 속도가 고르지 못한 부분에 응력(stress)이 남게 되는데 이 것을 주조응력이라 한다.

일정한 온도에서의 주조응력이 그 온도의 재료 강도보다 커지면 균열(crack)이 기거나 또는 주조 후 약간의 충격으로도 파괴되기 쉽다. 또한, 주조후의 기계가공으로 필릿의 두께가 달라지면 주조응력은 균형을 잃게 되어 변형을 일으키게 된다. 이와 같은 주조응력이 주물에 남게 되는 것을 방지하려면, 주입후, 200℃가량으로 주형 속에서 냉각 시키거나, 주조후 재 가열하여 응력을 제거해야 한다.

(4) 용융금속과 가스

① 용융금속 속의 가스

주물에서는 용융금속이 응고 할 때 가스가 발생되어 밖으로 방출되는데, 외곽부의 응고로 방출 되지못한 가스가 주물속에 남으면 가스 구멍이나, 핀 홀(pin hole)등이 생기는 원인이 된다.

가스는 거의 일산화 탄소(Co), 수소(H), 질소(N2) 등이며, 대다수의 금속은 용해시 수소를 흡수하게 된다. 그림 2.10은 수소 용해도(solubility)의 한 예로서 순철인 경우 수소의 흡수량은 용융금속의 온도가 높아짐에 따라 증가하며 액상과 고상 사이에는 그 차가 점점 증가되는 것을 보여 준다.

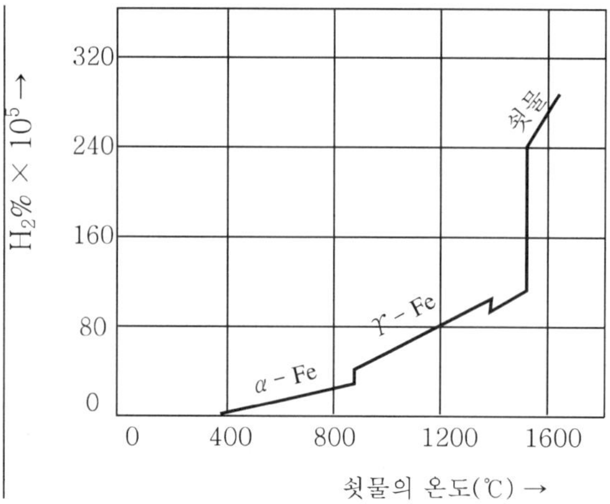

그림 2.10 순철의 수소 용해도

② 용융금속 속의 가스(gas) 제거

기포의 원인이 되는 가스의 제거는 쉬운 일이 아니므로, 그 침입을 방지하는 것이 더 중요하다. 특히, 용해용 금속재료 및 고체연료로부터 가스의 침입을 막는데 힘써야 한다. 용융 금속에는 대기중의 습기나 연료 가스중의 수분으로부터도 수소가 흡수된다. 그림 2.11은 수소에 의한 가스의 발생과 기포가 생기는 과정을 보여주고 있다.

수소를 방지하는 방법에는 산소와 같은 산화성 가스를 강제적으로 용융금속 안으로 불어 넣어 수소를 몰아내는 방법도 있다. 이때, 쇳물속에 증가된 산소를 다시 규소나 망간 및 알루미늄 같은 탈산제를 사용하여 탈산시켜야 한다. 산소는 다른 원소와 친화력이 강하므로, 강철일 때에는 철보다 친화력이 강한 망간(Mn) 및 규소(Si) 등을 가하여 산소를 흡수시켜 안전한 산화물로 만든다. 이러한 작업을 탈산(deoxidatiom)이라 하며, 이러한 목적에 사용되는 원소, 화합물 및 합금 등을 탈산제(deoxidizer)라 한다. 주입 방법에는 중력을 이용하여 주형에 주입하는 방법이 일반 적이나, 특수한 경우에는 가압주조 방법(pressure casting process), 다이캐스팅(die casting process), 원심주조법(centrifugal casting process) 등이 사용된다. 그림 2.12는 주입 방법의 예이다.

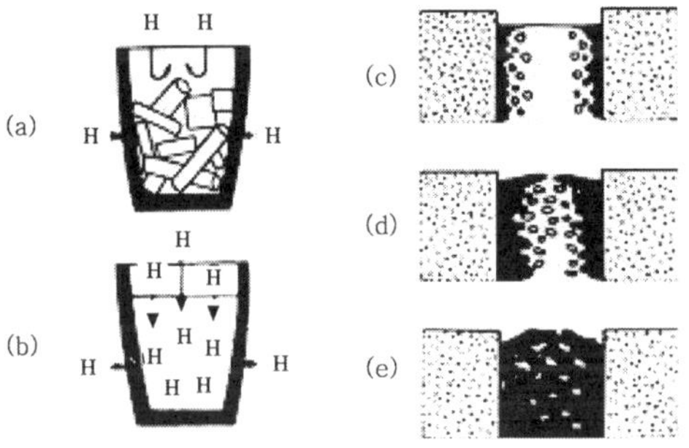

(a) 용해 중의 금속은 H 로 둘러싸임
(b) 용융과 동시에 H 는 쇳물에 녹음
(c) 응고가 시작되면 응고층의 H가 방출되기 시작하여 기포가 생김
(d) 응고 진행과 더불어 H는 더욱 많아지고 일부는 밖으로 방출됨
(e) 위쪽이 고화되면 남은 기포 때문에 위쪽이 블록해짐

그림 2.11 수소에 의한 기포의 발생과정

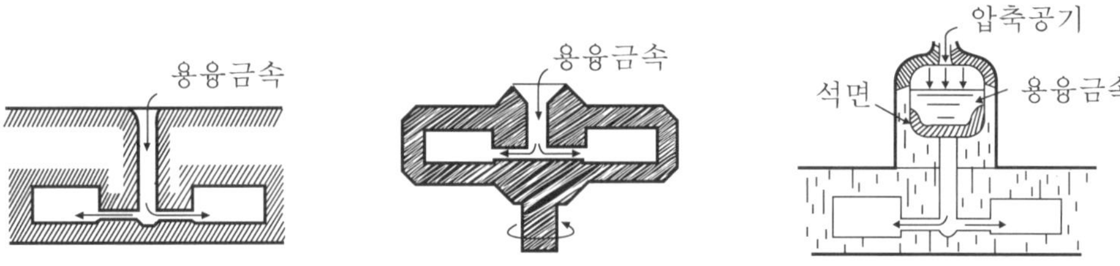

(a) 중력 주조법 (b) 원심 주조법 (c) 압력 주조법

그림 2.12 주입 방법

표 2.2 각종 금속의 수소 용해도(압력 = 1 atm)

용해도 / 금속명	액체의 용해도 (cc / 100g)	고체 용해도 (cc / 100g)	차 이 (cc / 100g)
Mg	26.0	18.0	8.0
Al	0.7	0.04	0.66
Cu	5.5	2.0	3.5
Fe	27.0	7.0	20.0

2.1.4 주물의 분류

(1) 재질에 따른 분류

주물의 재질에 따라 주물을 분류하면 표 2.3과 같다. 주물의 재료로서는 일반적으로 주철(cast iron), 주강(cast steel), 동(구리)합금, Al합금, Mg합금, 아연합금 등과 같은 합금을 사용하는데 이는 순금 속에 비해 합금의 기계적 성질이 더 우수하기 때문이다.

주조용 합금의 선택은 주조할 제품의 용도에 따라 다르며, 특히 주철은 취성이 있으나 주조성이 양호하고 강도가 크며, 가격도 저렴하므로 가장 많이 사용되고 있다.

표 2.3 재질에 따른 주물의 부류

- 주물
  - 철주물
    - 보통주철
    - 고급주철
      - 고급주철
      - 합금주철
      - 구상흑연주철
    - 가단주철
    - 냉간주철
  - 주강주물(steel casting)
  - 동합금주물
    - 청동계 주물
    - 황동계 주물
  - 경합금주물
    - 알루미늄 주물
    - 마그네슘 주물
  - 베어링 합금주물
    - 연대(鉛臺)화이트메탈
    - 석대(錫臺)화이트메탈

(2) 주조법에 따른 분류

주형에는 금속형(metal mold)과 사형(sand mold)이 있으며 제작의 간편, 가격이 저렴한 것이 요구될 때에는 사형이 사용되고 있으며 동일 제품을 대량 생산할 경우에는 금속형을 사용한다. 표 2.4는 주물 주조법을 분류한 것이다.

표 2.4 주물 주조법의 종류

- 주조법
  - 사형주조
    - 생형주조
      - 모형사용
      - Fullmold process
    - 건조형주조
    - 특수사형구조
      - CO_2 법
      - N process
      - cement 법
  - 금형주조
    - die casting
    - chilled casting
    - 그 밖의 금형
  - 정밀주조
    - shell molding
    - Investment process
    - show process
  - 특수주조
    - 원심주조(centrifugal casting)
    - 가압주조(pressure casting process)
    - 진공주조(vacum casting process)
    - 연속주조(contiunous casting process)

(3) 용도에 따른 분류

① 기계주물

치수, 모양 등이 정밀, 정확하여야 하고 기계적 강도가 요구조건을 만족시켜야 한다 (예 : engine blocks, cylinder heads, pump housings)

② 일용품 주물

치수나 재질에 비하여 외관이 좋아야 한다(예 : 난로, 가스렌지, 실내 장식용품).

③ 미술공예주물

재질, 강도보다는 미적요소가 중요시되어 특수 주조기술이 필요하다(예 : 불상, 화병, 기타 미술공예품).

2.2 원형(pattern, 모형)

2.2.1 원형제작시의 고려사항

원형(pattern)제작은 주형을 만들기 위한 것으로서 기계설계가 완성되면 제품의 형상, 두께, 대소, 제조개수, 가격, 가공의 정밀도 및 난이도 등을 고려하여 경제적인 주조 방안을 세워서 원형의 제조법을 검토하고 결정하여야 한다. 그림 2.13은 원형과 주물과의 관계를 나타낸 것으로서 그림 (a)는 원형 그림 (c)는 주물로서 주물이 되기까지에는 그림 (b)와 같은 주형이 있어야 한다. 즉, 여기에 쇳물을 주입하여 쇳물이 응고하면 주형으로부터 꺼내어 용융금속의 주입통로인 탕구와 탕도, 게이트 등을 잘라 낸 다음 필요한 가공을 하면 주조품인 주물이 된다.

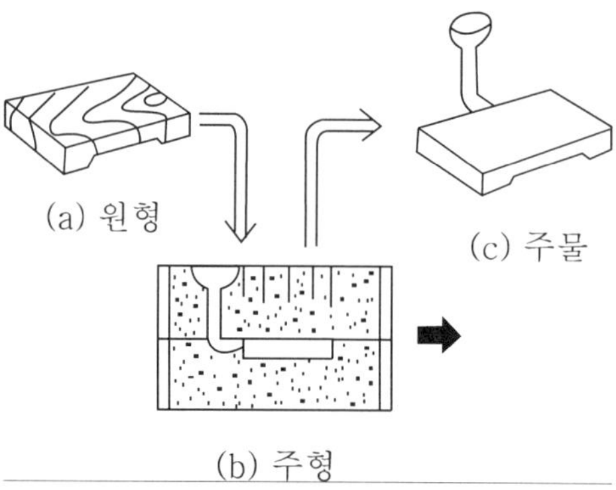

그림 2.13 원형과 주물

(1) 원형의 재료

원형 제작에는 목재(wood), 플라스틱(plastic), 금속(metal), 석고(plaster), wax, concrete 등 여러 가지 재료를 사용하는데 원형은 일반적으로 목재로 만들기 때문에 목형(wood pattern)이라고도 하며, 금속을 사용한 것을 금형(metal pattern)이라 한다.

표 2.5는 각종 원형재료의 특성을 나타낸 것이다.

(2) 현도법(現圖法)

주조법이 결정됨에 따라 그 주형의 형상, 크기, 제품의 정밀도 등이 규정되어지며, 그 원형인 목형 제작의 윤곽이 뚜렸해진다. 실제의 제작도면에는 완성된 치수만이 기재되어 있으므로 이것으로부터 목형제작용 도면, 즉 현도를 그려야 한다. 현도는 목형제작상 고려해야 할 사항들을 첨부하여야 하므로 제작도면과는 다소 변형되는 경우가 많다. 현도를 그리는 목적은 현도 그대로의 목형을 만들어 주형을 만들고 주조하면 제작도면상의 실물이 얻어질 수 있게 하는데 있다. 현도가 제작도와 달라지는 것은 목형제작에서 다음과 같은 사항을 고려해야 하기 때문이다.

표 2.5 원형 재료의 특성(characteristics of pattern materials)

재료 특성	목 재 (wood)	알 루 미 늄 (alluminum)	강 (steel)	플라스틱 (plastic)	주 철 (cast iron)
가 공 성 (machinability)	E	G	F	G	G
마 모 저 항 (wear resistance)	P	G	E	F	E
강 도 (strength)	F	G	E	G	G
중 량 (작업자 피로고려, weight)	E	G	P	G	P
복 원 성 (repairability)	E	P	G	F	G
내 식 성 (resistance to corrosion)	E	E	P	E	P
수 분 에 의 한 팽 창 (resistance to swelling)	P	E	E	E	E

(주) E : 우수(excellent), G : 양호(good), F : 보통(fair), P : 불량(poor)

① 수축여유(shrinkage allowance)

용융금속(molten metal)이 주형(mold)안에서 응고 또는 냉각될 때, 그 부피가 줄어 든다(수축). 따라서, 제품과 같은 치수(제작도)의 목형을 만들면, 필요한 치수보다 작은 제품이 된다. 그러므로 목형은 수축량을 고려하여 크게 만든다. 이것을 수축 여유(shrinkage alowance)라 한다.

수축여유는 금속에 따라 다르나 대략 표 2.6과 같다. 목형의 길이 L일 때 금속의 수축률을 ∅라고 하면, ∅=L−l/L로 표시된다. ∅의 값은 금속의 종류에 따라 정수이므로 목형의 치수 L는 주물의 치수 l에 대하여 다음 관계를 갖는다.

$$L = l+\varnothing/\varnothing-1$$

표 2.6 수축여유

주 물 재 료	수 축 여 유	
	길이 1m에 대하여	길이 1자(尺)에 대하여
주 철	8mm	1/8″
가 단 주 철	15mm	3/16″
강 철 주 물	20mm	1/4″
알 루 미 늄	20mm	1/4″
황 동, 청 동, 포 금 동	15mm	3/16″

이와 같이 ∅/∅−1×l만큼 여유를 주기 위해서 목형의 각 부분 제작에는 수축 여유를 고려한 자를 사용한다. 이것을 주물자(shrinkage scale) (contraction scale) 또는, 연척(延尺)이라고도 한다. 보통 주철에는 1m에 대하여 대략 8mm의 여유를 추가하여 1,008mm를 1m로 주물자의 기준 길이로 등분되어 있다(1,008mm를 1m로 1,000등분한 것). 즉, 주철은 1,008mm로 만들어야 응고 후에 1,000mm가 된다는 뜻이다(표 2.6 참조)

주물의 수축률은 금속 및 합금의 종류, 주물의 모양, 냉각속도 등에 따라 일정하지 않으므로 많은 경험을 바탕으로 하여 정하여야 한다.

② 가공여유(machining allowance)

주조 후 기계가공을 요하는 부분은 가공에 필요한 치수만큼 크게 도면에 기입하여 목형을 만든다. 이 양을 가공여유라고 한다. 가공여유는 가공의 정도, 재질, 주물의 크기 등에 따라 다르다. 그림 2.14는 도면과 목형에서 가공여유를 나타내며,

표 2.7은 주물의 가공여유를 나타낸 것이다.

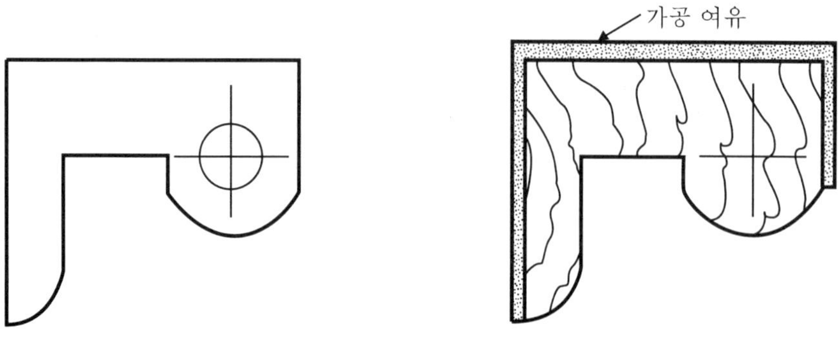

도면 목형

그림 2.14 도면과 목형관계

표 2.7 주물의 가공 여유(미국의 AFS 규정)

주 조 합 금	모 형 치 수 (in)	직 경(in)	가 공 여 유 (in)
주 철	12이하	1/8	3/32
	13~24	3/36	1/8
	25~42	1/4	3/16
	43~60	5/16	1/4
	61~80	3/8	5/16
	81~120	7/16	3/8
	120이상	특별히 지정	특별히 지정
주 강	12이하	3/16	1/8
	13~24	1/4	3/16
	25~42	5/16	5/16
	43~60	3/8	3/8
	61~80	1/2	7/16
	81~120	5/8	1/2
	120이상	특별히 지정	특별히 지정
가 단 주 철	6이하	1/16	1/16
	6	3/32	1/16
	9	3/32	3/32
	12	5/32	1/8
	24	3/16	3/16
	36이상	특별히 지정	특별히 지정
황 동 · 청 동	12이하	3/32	1/16
	13~24	3/16	1/8
	25~36	3/16	3/32
	36이상	특별히 지정	특별히 지정

(주) AFS : american foundrymen association, 미국주물사 협회)

③ 기울기(draft or taper)

모래주형(sand mold)에서 목형(원형)을 뽑아낼 때 주형이 파손되지 않도록 목형의 측면을 경사지게 표 2.8에 표시한 목형기울기(구배)를 그림 2.15와 같이 부가한다.

표 2.8 목형 기울기

손작업으로 목형을 주형에서 뺄 때	기계작업으로 목형을 주형에서 뺄 때	보스(boss)와 시이트(seat) 등의 작은 돌출부
4/100~7/100	1/100~2/100	30°

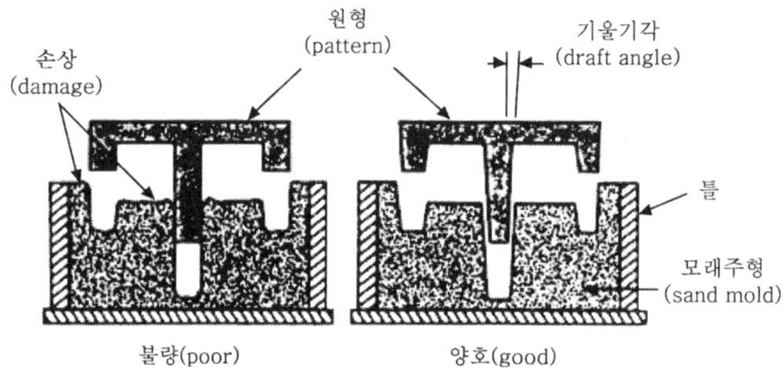

그림 2.15 목형기울기

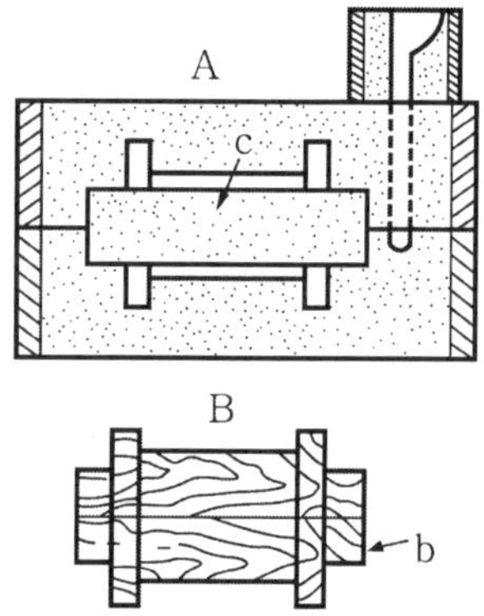

그림 2.16 코어 프린트와 주형

④ 코어 프린트(core print)

코어(core)를 주형내부에서 지지하기 위하여 목형에 덧붙인 돌기 부분을 코어 프린트라 한다. 그러므로 그림 2.16과 같이 코어는 소요 치수보다 길게 만들고 주형에는 지지대를 만든다. 그림에서 B의 b는 코어 프린트이며, A의 c는 코어이다. 이 코어 프린트는 제작도면에는 기재되어 있지 않다.

⑤ 라운딩(rounding)

목형 모서리를 둥글게 하여 주물의 파손을 방지하게 한 것을 라운딩이라 한다. 그림 2.17에서 B와 같이 주물의 직각 부분은 대각선 방향으로 명확한 결정입자의 경계가 생기며, 이 부분에 불순물이 모여 편석하게 되는데, 이 부분에 외력이 작용 시 응력 집중이 방생하며, 목형을 주형에서 뽑을 때 주형이 파괴될 우려가 있다. 그러므로 A와 같이 둥글게 해야 한다. 목형의 외부는 라운딩하기 쉬우나 내부는 어렵기 때문에 그림 2.18과 같이 목재, 가죽 또는 합성수지로 필릿(fillet, 목편)를 만들어 붙인다.

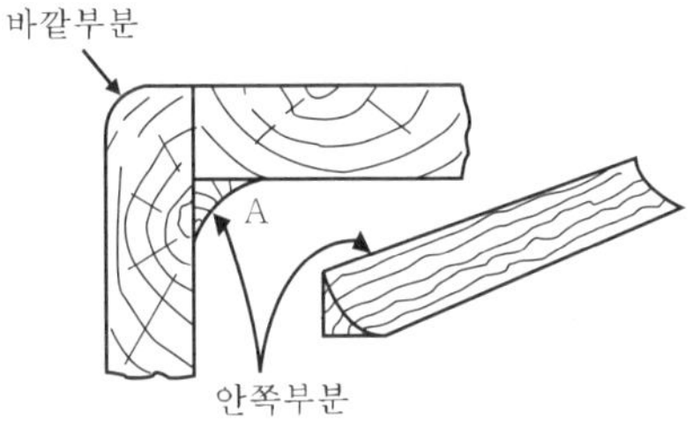

그림 2.17 라운딩

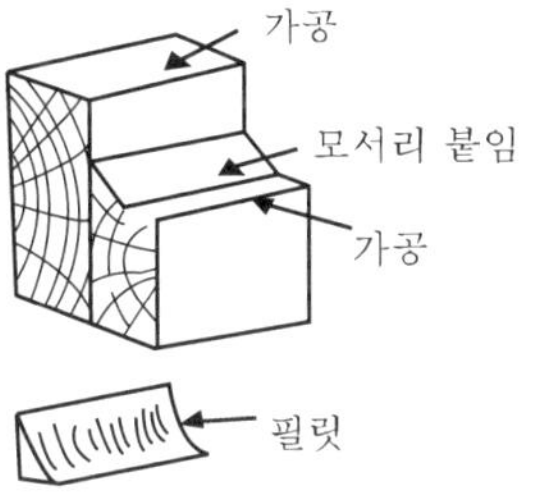

그림 2.18 필릿 사용

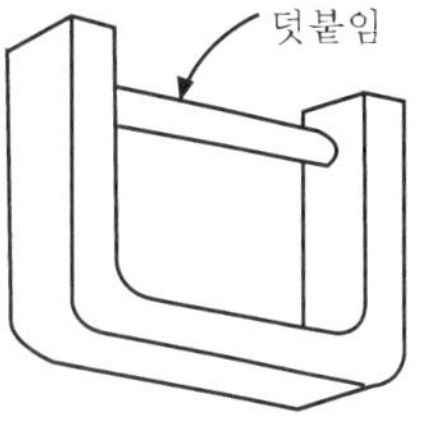

그림 2.19 덧붙임

⑥ 덧붙임(stop-off)

두께가 균일하지 못하고 형상이 복잡한 주물은 냉각됨에 따라 내부응력에 의하여 변형되고 파손되기 쉬우므로 이것을 방지할 목적으로 그림 2.19와 같이 허브(hub)사이에 덧붙임으로 연결하여 목형을 만들고 이것으로 주형을 만들어 주조한다. 이와 같이 변형을 제지하는 것을 덧붙임 이라하며 주조 후 잘라 버린다.

이상과 같은 사항을 고려하므로서 현도는 제작도면과 약간 상이하게 되며 이 현도에 따라서 목재의 절단조합 등의 공정으로 진행하게 된다. 현도에 따라서 목재 소요량을 알 수 있고 또 보조재료도 구할 수 있으며 따라서 목형 개당의 공임, 제작단가도 산정할 수 있다.

2.2.2 원형(pattern)의 종류

원형은 제작할 때 사용되는 원형의 재료와 제품의 형상 및 주조품의 용도에 따라 표 2.9와 같이 분류한다.

표 2.9 원형의 종류

- 원형(pattern)
  - 재료에 따른 분류
    - 목형(wood pattern)
    - 금형(metal pattern)
    - 현물형(solid pattern)
    - 석고형(plaster pattern)
    - 합성수지형(synthetic resin)
    - 풀 몰드형(fullmold pattern)
  - 구조에 따른 분류
    - 현형
      - 단체형(onepiece pattern)
      - 분할형(split pattern)
      - 조립형(built-up pattern)
    - 회전형(sweeping pattern)
    - 고르개(긁기)형(strickle pattern)
    - 골격형(skeleton pattern)
    - 부분형(section pattern)
    - 코어형(core pattern or core box)
    - 매치플레이트(match plate)
    - 잔형(loose piece)

(1) 재료에 따른 분류

① 목형(wood pattern)

목재로 만든 원형으로서, 가공이 쉽고, 가벼우며, 팽창 계수가 적으며, 제작비가 적게 드는 장점 등이 있으나, 조직이 불균일하여 수분을 함유하면 변형하기 쉽고 가공면이 금속류에 비해서 저조한 단점 등이 있다.

② 금형(metal pattern)

금속을 사용하여 만든 원형으로서, 다른 원형에 비해 제작비는 많이 들지만 내구성과 정밀도가 좋고 미세한 부분의 주조도 가능하여 대량생산용으로 널리 사용된다.

③ 현물형

원형을 제작할 시간적 여유가 없고, 제작수량이 적고 정밀도가 요구되지 않는 주물 제작시, 제품 그대로를 직접원형의 대용으로 사용할 수 있는 것을 현물형이라 한다.

④ 석고형(plaster pattern)

석고를 직접 가공하거나, 목재 또는 왁스 등으로 먼저 모형을 만든 다음, 석고로 재생시킨 원형을 석고형이라 한다.

⑤ 합성수지형(synthetic resin)

목형은 수축 변형이 심하고, 근래에는 그 재료값도 고가화되는 경향이 있으므로, 저가인 플라스틱(plastic)과 같은 합성수지를 많이 이용한다. 합성수지는 목재와 같이 가공이 쉽고 경량이며, 금속과 비슷한 내구력과 원형제작 시간이 짧고, 복제가 가능한 장점 등이 있다.

⑥ 풀 몰드형(full mold pattern)

발포성 수지를 재료로하여 만든 원형을 풀 몰드형이라 하며, 원형을 주형 속에 묻은 상태로 용융금속을 주입시키면 발포성 수지가 연소, 소실되어 생긴 공간에 점차 용융금속이 채워져 주물이 되는 새로운 주조 기술로서, 비교적 대형 주물에 많이 이용된다.

(2) 구조에 따른 분류

① 현형(solid pattern)

원형으로서 가장 기본적이고, 일반적인 것으로서 제작할 제품과 거의 같은 모양의 원형에 주조재료의 수축여유, 가공여유, 코어프린트(core print) 등을 고려하여 만든 원형을 현형이라 한다. 이것을 다시 조형방법, 겉모양 및 구조 등에 따라서 단체형, 분할형, 조립형 등으로 나눌 수 있다.

ⓐ 단체형(one piece pattern)은 그림 2.20(a)와 같이 제품이 간단하여 1편의 목재로 제작 된 것으로서 원형의 모양이 주물과 같은 것이다.

ⓑ 분할형(split pattern)은 그림 2.20(b)와 같이 주형제작 편의상 원형을 2개 또는 그 이상으로 나누고, 다우얼 핀(dowel pin)에 의하여 상하형이 조립된다.

ⓒ 조립형(built-up pattern)은 그림 2.20(c)와 같이 제품의 형태가 복잡하여 2~3편으로는 주형제작이 곤란할 경우 또는 대형 원형을 여러 부분으로 분할하여 수직 및 수평다 우얼 핀(dowel pin)으로 조립한 것이다.

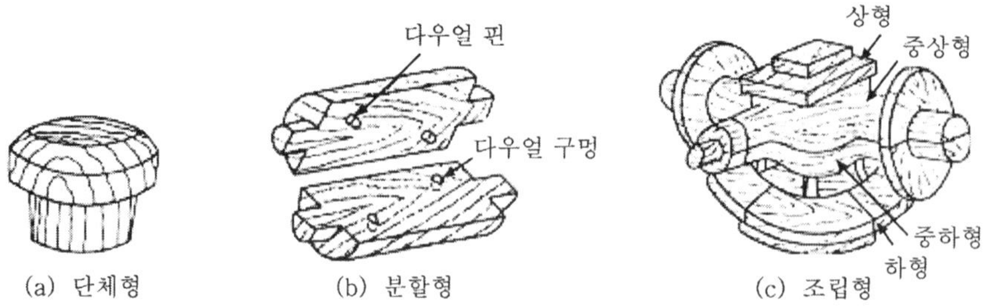

그림 2.20 현형

② 회전형(sweeping pattern)

주물의 형상이 한 개의 축의 중심으로 한 회전체의 현상으로 되어 있을 때 사용한다. 회전형은 판재로서 주물 단면의 일부를 만들고 중심축에 대하여 원형 또는 주형을 회전시켜 제작하므로 비용과 시간을 절약할 수 있다.

비교적 지름이 크고 제작 수량이 적은 벨트 풀리(belt pulley), 기어(gear)의 소재 등을 주조할 때 이용된다(그림 2.21 참조).

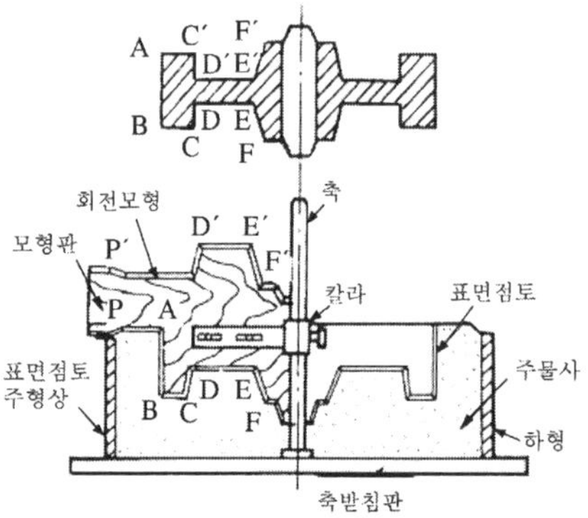

그림 2.21 기어의 회전모형

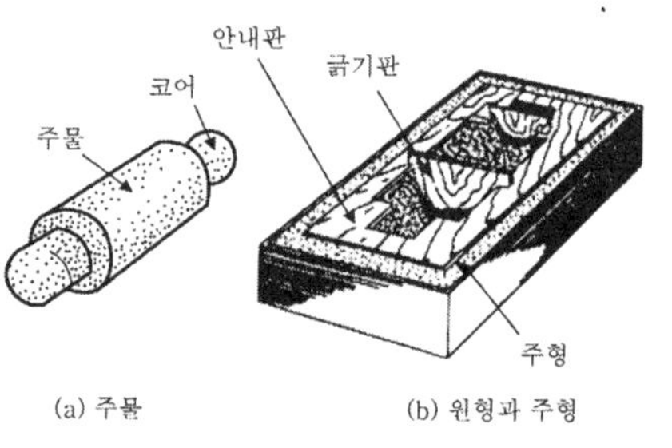

그림 2.22 고르개(긁기)형

③ 고르개(긁기)형(strickle pattern)

형이 단면은 작고 일정하며 길이가 긴 주물에서는 그 단면형을 판에 그려 잘라 만든 고르개(긁기)판(strickle)을 안내판을 따라 모래를 긁어서 주형을 만드는 목형이다. 그림 2.22와 같이 만든 2개의 주형을 합하면 완전 주형이다.

④ 골격형(skeleton pattern)

대형이고 제작 개수가 적은 주물에서는 재료와 제작비를 절약하기 위하여 골격만 목재

로 만들고, 그 골격 사이를 점토 등으로 메꾸어(충진) 현형을 만들어 사용한다.(그림 2.23)

⑤ 부분형(section pattern)

목형이 크고 대칭이거나 같은 모양의 부분이 연속하여 전체를 구성하고 있을 때 그 한 부분의 목형을 만들고 그림 2.24와 같이 이 목형을 이동하면서 주형 전체를 만들 수 있는 목형을 말한다.

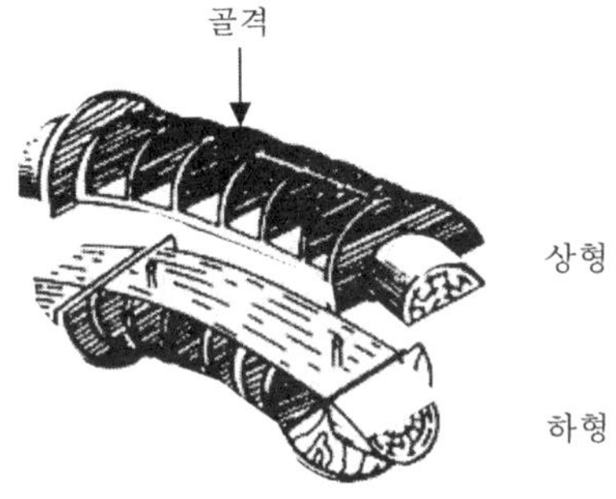

그림 2.23 골조형

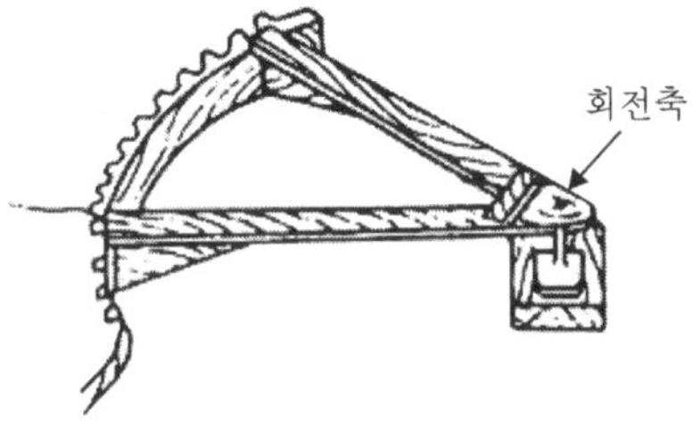

그림 2.24 부분형

⑥ 코어형(core pattern or core box)

주물제품에 중공(hollow)부분 또는 오목(concave)부분이 있을 때, 이 부분에 사용되는 주형의 일부분을 코어(core)라 하며, 코어를 제작할 때 사용하는 것을 코어형(core box)이라 한다. 코어는 주형의 소정 위치에 정확하게 놓아야 하며, 중공 부분을 만들어 주는 것이므로 코어를 받쳐주는 코어 프린트(core print)를 적당한 길이로 반드시 만들어 주어야 한다.(그림 2.25)

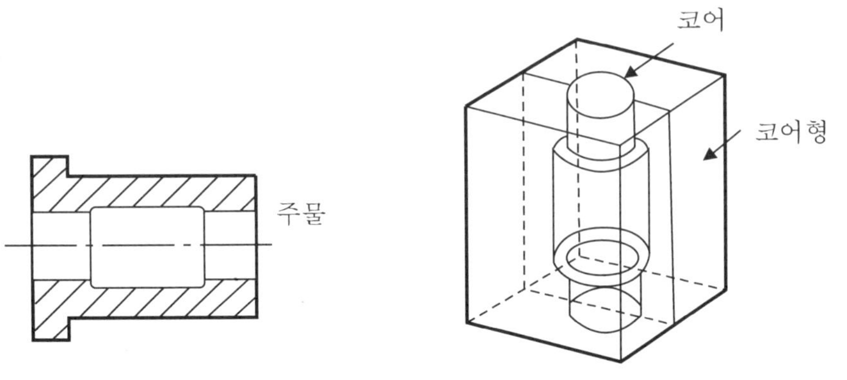

그림 2.25 코어형

2.3 주형제작

주형은 제작하고자 하는 주물 모양의 공간을 만들어 주고, 여기에 용융금속을 주입하여 응고가 끝날 때까지 그 모양을 유지시켜 준다. 따라서, 주형은 요구하는 형상과 결함이 없는 주물을 생산하는데 중요한 역할을 하는 주조 공정의 하나이다. 여기에는 주형안에 쇳물을 부어넣는 탕구, 탕도, 압탕 등을 설치하여야 하는데, 이와 같은 것들을 포함하여 주형(mold)라 한다.

주형은 주형틀에 주물사를 다져서 제작하는 경우가 많으나, 대형주물은 바닥에 피트(pit)를 파서 만들기도 하며, 주물의 대소(大小), 제조 목적 등에 따라 여러 가지 방법으로 제작된다.

최근에는 대량 생산과 주물의 품질개선을 위하여 조형공정에 여러 가지 기계가 사용되고 있어 주형작업 공정의 자동화가 이루어지고 있다. 그림 2.26(b)는 그림 (a)와 같은 주물을 주조하는데 필요한 틀 주형의 예 이다.

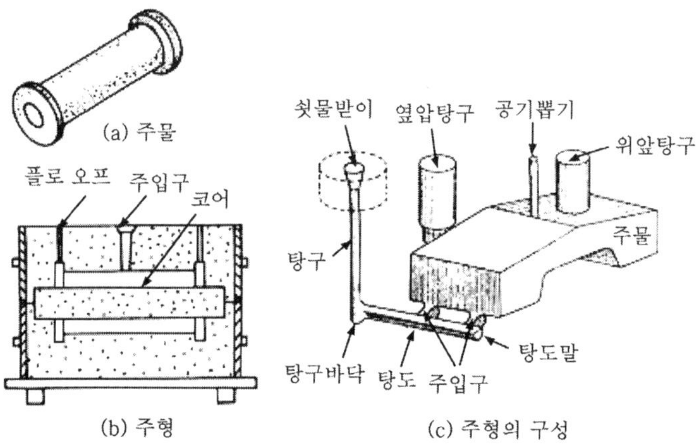

그림 2.26 주형과 주물

2.3.1 주형의 종류

주형은 사용할 수 있는 횟수에 따라 영구 및 반영구 주형과 1회용 주형으로 나뉜다. 영구 및 반영구 주형은 재질에 따라 금형, 흑연형 등으로 나뉘며, 1회용 주형은 일반적으로 모래를 재료로 한다. 주형의 종류는 일반적으로 표 2.10과 같이 분류한다.

표 2.10 주형의 분류

- 모래 주형
  - 주형의 건조상태에 따라
    - 생형
    - 반 건조형
    - 건조형
  - 주형틀의 사용에 따라
    - 특 주형
    - 혼성주형
    - 바닥주형
    - 피트주형
  - 원형의 종류의 따라
    - 현형주형
    - 회전주형
    - 긁기주형
    - 소모성 원형 주형
  - 조형작업에 따라
    - 손 주형
    - 기계주형
    - 특수주형

(1) 주형의 건조 상태에 따라

① 생형

6~9 %의 수분과 점결제 등을 함유하고 있는 주물사로 조형한 후, 건조시키지 않은 채로 용융금속을 주입하는 것으로서 가장 많이 사용된다. 작업공정이 간편하여 생산속도가 빠르나, 용융금속을 주입시 수분이 기화하여 다량의 수증기가 발생하므로, 가스에 의한 결함이 발생할 염려가 있으며, 강도가 약하여 대형주물의 생산에는 적합하지 않다.

② 건조형

통기도를 향상시키기 위하여 주형을 일정한 온도에서 건조시킨 것으로서 생형보다 강도가 높고 수분에 의한 결함이 적다.

③ 반건조형(표면 건조형)

바닥주형이나 혼성 주형의 경우와 같이 주형 전체의 건조가 불가능 할 경우 주형 표면에 도형제를 바른 후, 버너나 적외선 램프 등을 사용하여 생형주형의 표면만을 건조시켜 수분을 제거하고 주형 강도를 높인다.

(2) 주형틀의 사용에 따라

① 틀 주형

2개 또는 3개의 주형틀을 겹쳐 조형하는 조형법으로, 대부분의 조형에서는 그림 2.29와 같은 틀 주형 방법을 사용하고 있다.

② 바닥주형(개방 주형)

상형을 사용하지 않는 주형으로, 주물 공장 바닥의 주물사를 수평으로 한 후, 원형의 주위를 알맞게 다져서 그림 2.27과 같이 바닥에 주형을 만든 것이다.

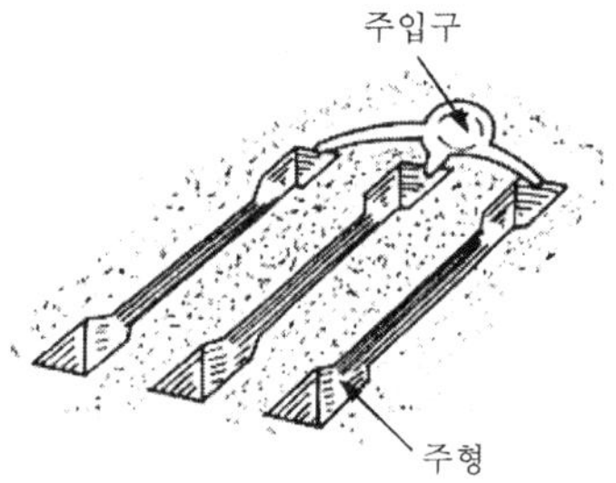

그림 2.27 바닥 주형

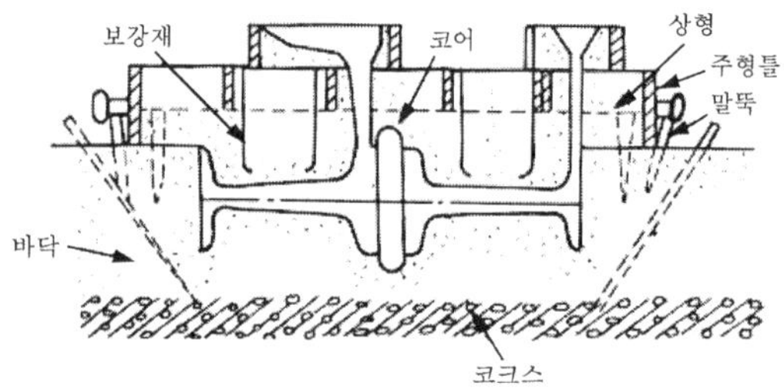

그림 2.28 혼성 주형

③ 혼성 주형

그림 2.28과 같이 바닥을 하형으로 하고, 상형은 주형틀을 사용하여 조형한 후 서로 조립한 것을 혼성 주형이라 한다.

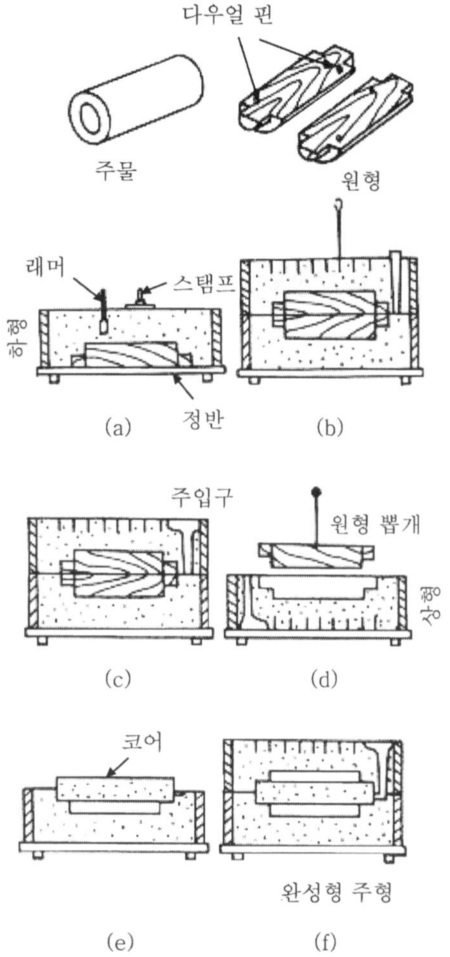

그림 2.29 조립 주형법

(3) 조형작업에 따라

주형 제작법에는 수작업에 의한 조립 주형법, 바닥 주형법, 혼성 주형법 등이 있으며 조형기를 사용하여 주형을 제작하는 기계조형법이 있다.

2.3.2 주형제작법 (조형용 공구와 기계)

① 조립 주형법(turn over molding)

위 아래로 2개 또는 여러 개의 주형틀을 사용하여 주형을 만드는 방법을 조립 주형법이라 한다. 이 방법은 주형 제작이 비교적 쉽고 완성된 주형을 운반할 수도 있어 가장 많이 사용된다. 그림 2.29는 조립 주형법을 제작하는 실례이다.

ⓐ 아래 상자를 거꾸로 놓고 하형을 만든다.

ⓑ 아래 상자를 뒤집어 놓고 위의 상자를 겹쳐 놓은 다음 분리용 모래를 뿌리고 쇳물 아궁이 봉을 세운다.

ⓒ 상부와 하부의 상자에 쇳물 통로를 만들고 모양을 떼어 낸다.

ⓓ 주형에 흑연 가루를 칠하고 상부의 상자를 겹쳐 놓아 주형을 완성한다.

② 바닥주형법(floor moulding, open sand molding)

주물 공장 바닥을 수평으로 다진 후 밑바닥에 주형을 만드는 방법으로서 상형이 없는 주형이며, 쇳물의 표면이 공기와 접촉되어 거칠어 지므로 상면이 정확할 필요가 없거나 간단한 형상의 주물을 만들 때 사용된다

③ 혼성주형법(bedin molding)

주형상자를 사용할 수 없을 만큼 대형의 주물일 때 주형의 대부분은 주형제작 공장의 모래바닥을 파서 만들고 나머지 일부분만 주형상자에 만들어 결합시킴으로써 주형을 완성, 제작하는 방법이다. 주형은 모래바닥을 깊이 파내고 석탄재나 코크스 등을 넣은 다음 표면사를 덮는다. 그리고 주형을 제작하는데 그림 2.28과 같이 air vent를 여러개 세워 가스의 방출을 용이하게 한다.

④ 기계조형법

수작업에 의한 조형법은 시설비가 적게 드는 장점이 있으나, 생산 속도가 느리고 제품이 균일하지 못한 단점이 있다. 따라서, 조형기를 사용하여 주형을 제작하는 것을 기계조형법이라 하며, 주물을 대량생산할 때 수작업으로 주형을 제작하는 것보다 기계에 의한 주형제작은 우선 숙련된 기능공이 불필요하고 능률적이다. 또 주형이 균일하게 다져지고 치밀하며 주물의 정밀도가 높아 불량품이 거의 발생치 않는 등 여러 가지 장점들이 있다. 그러나 대형주물에는 적당치 않고 소량생산 시에는 비경제적이다. 또한, 사용되는 원형은 현형만이 가능하며, 복잡한 모양의 주물과 일정크기 이상의 것은 조형할 수 없다.

일반공장에서 많이 사용되는 조형 기계로는 다음과 같은 것들이 있다.

ⓐ 진동식 조형기(jolt machine)

그림 2.30과 같이 일정한 간격을 두고 몇 차례에 걸쳐 모래가 충전된 주형 틀을 들어 올렸다가 낙하시키는 진동작업을 반복함으로써 모래를 다지는 기계이다.(압축공기 사용)

ⓑ 압축식 조형기(squeeze machine)

그림 2.31과 같이 주형틀 속에 있는 모래를 테이블과 스퀴즈 헤드 사이에서 압축시켜 조형하는 방법이다.

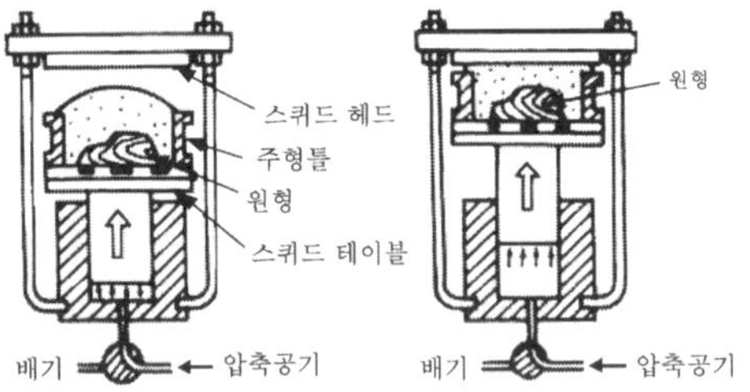

그림 2.30 스퀴즈식 조형기의 작동

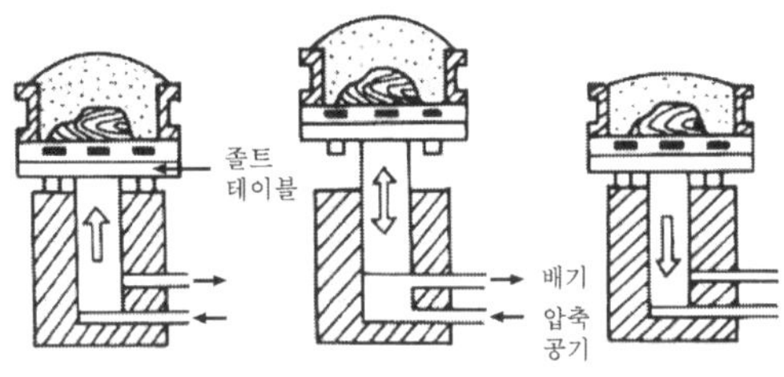

그림 2.31 졸트식 조형기 장치의 작동

ⓒ 압축, 진동 혼합형

압축형과 진동형의 장점만을 병용하여 조형하는 방법으로, 그 공정은 그림 2.32와 같다.

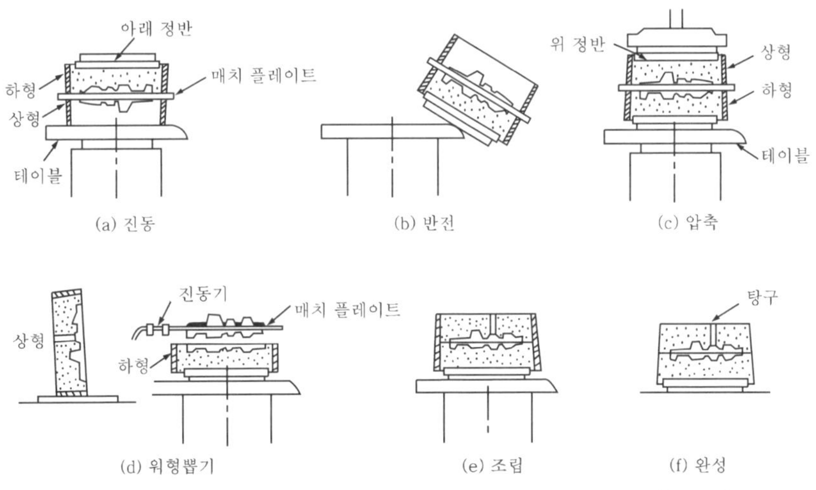

그림 2.32 압축, 진동 혼합형 조형기에 의한 조형 공정

2.3.3 주물사의 구비조건 및 노화 및 재처리

(1) 주물사(molding snad)

주물공장에서 주형(mold) 제작시 사용되고 있는 모래는 가장 오래된 주형재료이다. 주물사의 원료는 천연사(natural sand)와 인공사(artifical sand)로 분류할 수 있으 며, 천연사는 다시 하천사(河川砂), 산사(山砂), 해빈사(海濱砂), 점토(粘土) 등으로 분류되고 있다. 이들

모래의 주성분은 석영(石英)이고 장석(長石), 운모(雲母), 점토(粘土) 등이 함유되어 있다.

주물사의 원료로 천연의 산사(山砂)는 주물사가 갖추어야 할 여러 조건을 비교적 많이 구비하고 있기 때문에 다른 성분을 배합하지 않고 그대로 공장의 바닥모래로 사용하기도 하고, 주물재료에 따라서 인공사(人工砂)나 점토를 적당량을 첨가시켜 사용하기도 한다.

주물사는 주물의 품질에 직접적인 영향을 주게 되므로, 사용하는 금속의 종류 또는 주형의 형상과 크기 등에 여러 가지 조건을 고려하여 적절한 주물사를 선택하여야 한다. 보통 주철주물이나 비철합금 주물에는 천연산의 하천사나 산사가 많이 사용되고 강철주물에는 규사(SiO2)와 점결제를 재합한 합성사가 사용된다. 최근에는 주철 주물에도 합성사를 사용하는 방식이 점차 증가되고 있으며, 천연사는 배합하여 사용하거나 또는 특수한 첨가제를 첨가하여 사용한다.

합성사에서는 혼합이 중요하므로 기계를 사용하여 혼합하고 사용한 주물사는 회수하여 재생하기 위한 사처리기계가 있다.

일반적으로 점토가 적은 경우에는 강도가 약하고 많은 경우에는 사립이 밀착되어 공기의 유통이 나쁘게 된다. 천연의 산사나 하천사중 점토가 많은 것은 적당히 다시 배합하거나 점결제를 첨가하고 특수한 목적을 위하여 석탄 분말을 혼합하는 경우도 있다.

석탄이나 코크스 분말을 첨가하면 주물사의 성형성이 좋아지며, 톱밥, 볏짚, 수모 등을 주물사에 혼합하여 이것을 건조하기 위하여 가열하면 주물사를 다공성으로 만드는 효과가 있다. 또한 당밀, 유지, 인조수지 등을 혼합하면 주형을 건조할 때 연소되어 모래의 강도와 통기성이 증가하며 주물과 모래의 분리가 잘 이루어지게 된다.

(2) 주물사의 구비 조건

일반적인 주물사의 구비조건은 다음과 같다.

① 성형성

주형재료는 제작하고자 하는 주물의 형상을 정확히 만들 수 있는 성질을 가져야한다. 이 성질은 쇳물이 주입되어 높은 온도로 되더라도 그대로 형상을 유지해야 하며 쇳물에 압류 되어서는 안된다.

② 내압성

주입할 때 쇳물의 압력이나 충격에 견딜수 있는 강도를 말한다.

③ 내화성

고온의 쇳물에 융해되거나 소결되지 않고 화학적인 반응이 없어야 한다.

④ 통기성
주형안에서 생긴 가스나 공기가 밖으로 잘 배출되어야 한다.

⑤ 보온성
열전도도가 낮아 쇳물이 빨리 응고되지 않도록 유동성을 향상시켜야 한다.

⑥ 복용성 및 경제성
반복사용하여도 노화되지 않아야 하며, 가격이 저렴하고 구입이 용이하여야 한다.

(3) 주물사의 노화및 재생처리

① 주물사의 노화
주물사는 주형에 쇳물을 주입하는데 여러 차례 사용하는 사이에 점차 변질하여 노화현상이 생기게 된다. 주물사의 주성분은 점토이므로 노화는 주로 이 두 성분과 금속 산화물에 기인하게 된다. 노화의 중요 원인은 다음과 같다.

ⓐ 입자가 열로 인하여 파괴되어 작아진다.
ⓑ 점토의 점착력(粘着力)이 감소된다.
ⓒ 금속산화물이 혼입(混入)된다.

② 주물사의 재생처리
주물사는 사용 횟수가 많아짐에 따라 노화 현상이 생기고 강도와 통기성이 떨어지게 된다. 주물사를 주조 작업 후에 모두 버리게 되면 비경제적이므로 다시 재생하여 반복해서 사용하여야 한다.
주물사는 재생시키는 방법 중에 대표적인 것은 습식세정법(wetwashing), 건식 스크러빙방법(dry scrubbing, 비벼서 세척하는 법), 열 단소법(thermal calcination) 등이 있다.

ⓐ 열단소법
이 재생방식은 특히 환경문제를 해결할 수 있다는 점에서 주목을 받고 있다. 유황산 촉매를 사용한 모래속에서 유황산 레벨을 낮추기 위하여 약 600℃까지 서서히 가열하면 모래속에 함유된 유황산이 감소한다. 모래속의 유황성분을 줄이기 위한 또 다른 방법으로 스크러빙 기술이 있다. 이와 같은 재생 방식을 이용한 재생 장치는 모래를 재생시키는데 필요한 비용을 점증시키고 있는 것이 사실이나 새로운 모래를 공장까지 운반하는 비용 역시 증가하고 있기 때문에 재생사이클을 이용한 방식이 더 경제적이라 할 수 있다.

ⓑ 습식 세정법

사용하고 나온 모래를 물속에서 세정(洗淨)함으로써 각종 유해물질, 먼지 등을 제거한 후 모래를 적절히 건조시키면 된다. 위의 여러 가지 방법을 이용하여 양질의 모래를 얻을 수 있지만 주물사의 재생효과를 극대화시키기 위하여 모래의 형태, 점결재료의 종류, 주입될 용탕의 종류를 신중하게 고려하여야 한다.

③ 재생처리 시스템 선택시 고려사항

주물사 처리 장치는 초기 구입가격, 생산성, 유지비용을 총괄적으로 고려하여 선택되어야 한다. 예를 들어 장기적인 측면에서 보면 기능인력을 최소한으로 줄일 수 있고, 생산성을 향상시킬 수 있으며 저렴한 자동화된 설비를 구입하는 것이 유리하다. 비록 초기 시설투자비가 크게 증대하지만, 현재 주조산업이 처해있는 기술인력 확보의 어려움, 여타산업에 비하여 낮은 생산성 등을 고려할 때 컴퓨터, 프로그램 제어방식을 이용한 자동화 설비에 대한 투자는 장기적으로 볼 때 바람직하다.

④ 주물사 냉각

주물을 생산한 후 기계식(쇼트블라스트, 세이크 아웃, 텀블러 등) 청정장치를 통하여 떨어져 나온 주물사는 온도가 대단히 높기 때문에 반드시 냉각시킨 후 저장을 해야 한다. 점토를 결합제로 사용한 모래의 경우 물이나 공기를 이용하여 냉각 시키고 있다.

그림 2.33 공랭식 주물사 냉각 장치

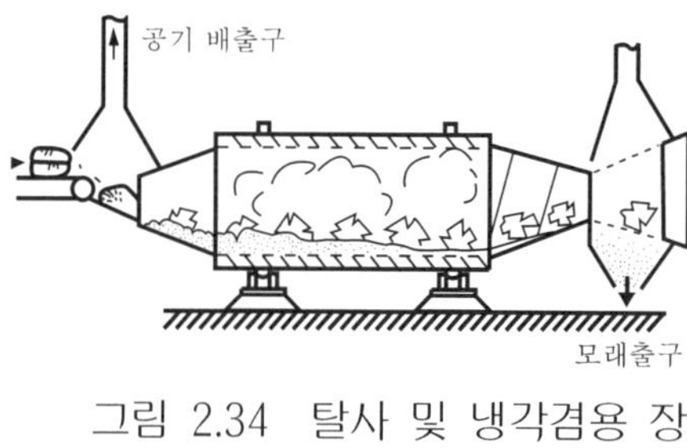

그림 2.34 탈사 및 냉각겸용 장치

그림 2.33은 모래를 회전차에 의하여 공간에 뿌려지면서 공랭시키는 간단한 방식을 보여 주고 있다. 그림 2.34는 주물이 드럼 내로 들어오면서 드럼의 텀블링 작용에 의하여 주물사는 탈락되면서 냉각 작용도 동시에 이루어지는 드럼식 냉각장치를 보여주고 있다.

⑤ 주물사의 시험법

ⓐ 수분함유량

시료(試料) 50(g)을 105±5(℃)에서 1~2시간 건조시켜 무게를 달아 건조 전과 건조 후의 무게로 구한다.

$$수분\ 함유량 = \frac{건조\ 전(g) - 건조\ 후(g)}{시료(g)} \times 100(\%)$$

ⓑ 입도(grain size)

모래 입자의 크기를 mesh로 표시하는 것으로서 입도시험은 수분, 점토분을 제거한 건조사를 모래체 기계에서 15분간 체질하여 분류하고, 각 체위에 남은 모래 입자의 무게를 측정하여 각 밀도의 모래를 무게비(%)로 나타낸다. 즉,

$$입도(\%) = \frac{체\ 위에\ 남아있는\ 모래의\ 무게(g)}{시료(g)} \times 100(\%)$$

로 나타낸다.

ⓒ 통기도

시험편(AFA 표준 시험편 직경 50[mm]×높이 50[mm])을 통기도 시험기에 넣어 일정 압력으로 한쪽에서 2000[cc]의 공기를 보낼 때 일어나는 공기 압력의 차이와 그 시간을 측정하여 다음식으로 통기도를 구한다.

$$통기도(K) = \frac{Vh}{PAt}\ (\mathrm{cm/\ min})$$

V : 시험편을 통과한 공기량(cc)
h : 시험편 높이(cm)
P : 공기 압력(수주) (cm)
A : 시험편의 단면적(cm2)
t : 통과 시간(min)

ⓓ 강도

압축 강도, 인장 강도, 굽힘 강도, 전단 강도 등의 시험이 있다.

ⓔ 내화도

용융온도와 소결도를 측정

예제 1 주형에서 통과 공기량 V는 2000(cm³), 공기 압력(수주) P가 1(cm) 시편의 단면적 A가 25(cm²), 높이 h가 10(cm), 배기 시간 t가 10(min)일 때 통기도 K는 얼마인가?

☞

$$K=\frac{Vh}{PAt}=\frac{2000\times10}{1\times25\times10}=80\ (\mathrm{cm/\ min})$$

(4) 주형 제작 공구

주형 제작 공구로는 주물 상자를 올려놓기 위한 정반(molding board), 조립 주형을 만들기 위한 주형 상자(molding box, molding flask), 주물사에 있는 못이나 쇠조각 등을 제거하기 위한 체(riddle), 주물사를 다지기 위한 다지개(floor hamner), 통로인 탕구를 만들 때 사용하는 탕봉구(gate plug), 삽(shovel), 주형을 부분적으로 보수할 때 사용하는 흙손(trowel) 및 주형 순가락, 주물붓(swab) 등이 있다.

2.4 주조 방안(gating and risering system)

2.4.1 주조 방안의 개요

주조 방안이라 함은 결함이 없는 주물을 생산하기 위하여 어떻게 쇳물(용량)을 부어 넣고, 어떻게 압탕(riser,feeder)을 설치할 것인가 하는 방법을 말한다. 즉, 주물을 제작할 때 생각해야 할 여러 가지 사항으로서, 주형용금속의 성질, 원형 및 주형의 종류, 조형방법, 주입온도 및 주입속도, 응고조건 등에 대하여 계획을 세워 주조방법을 결정하는 일을 말한다.

2.4.2 주조 방안시 고려 사항

(1) 탕구계의 기능

탕구계는 Dross(slag, 먼지 등)가 없는 쇳물을 주형에 주입하는데 목적이 있으며 다음과 같은 세 가지의 기능을 가졌다.

① 외부와 주형공간을 연결하는 기능

② Dross를 분리시켜 포집하는 기능

③ 주형공간으로부터 공기나 다른 가스들을 배기시키는 기능 등이다.

(2) 탕구계의 구비조건

① 쇳물을 최적 온도로 주형의 각 부분을 동시에 신속하게 채울 것.

② 쇳물의 흐름은 층류 상태를 유지할 것. 만약 난류 상태로 흐르면 유속이 감소되고, 쇳물이 냉각되면, 주형을 침식할 뿐만 아니라 슬랙, 먼지, 모래 등을 끌어들이게 되고, 공기 또는 가스의 흡인에 의한 산화 등으로 주물에 여러 가지 결함을 가져 오게 한다.

③ 주물에 양호한 온도구배를 주어 응고를 조절하여 수축공, 균열 등의 발생을 방지하도록 할 것.

④ 슬랙, 먼지 등이 주형에 유입되지 않고 탕구의 도중에서 제거되도록 할 것 등이다.

(3) 탕구계의 구성 및 역할

탕구계는 크게 나누어 탕구(sprue), 탕도(runner), 주입구(ingate)의 세 가지로 구성되어 있다(그림 2.35참조).

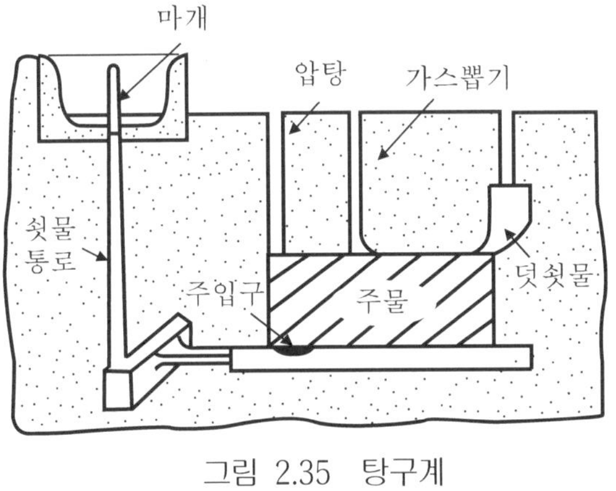

그림 2.35 탕구계

① 쇳물받이(pouring cup)

쇳물(용탕)을 일단 고이게 하여 불순물을 부유시켜 제거하고 깨끗한 쇳물만 일정 속도로 유입되게 하기 위하여 설치하며 그림 2.36과 같이 주형에 직접 만든 경우와 별도로 제작한 다음 조립하여 사용하는 경우가 있다.

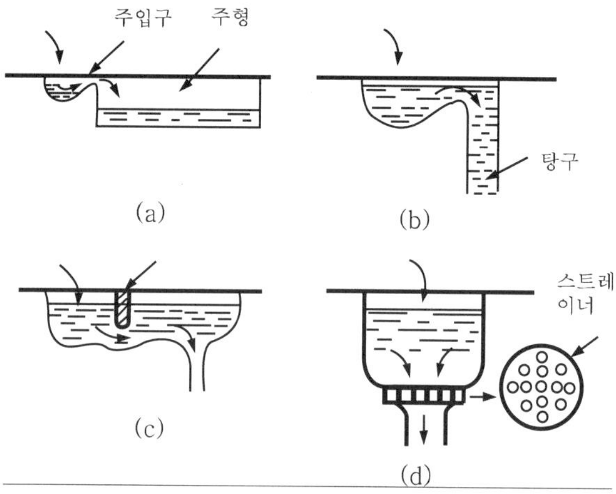

그림 2.36 쇳물받이 형태

② 탕구(sprue)

쇳물받이(수구)로부터의 쇳물을 탕도로 유도하는 역할을 하며 탕구의 형상은 보통 수직형인데 윗 부분의 직경이 아래 부분의 직경보다 크게 만든다. 이는 탕구가 상하 동일한 단면일 경우, 용탕이 탕구벽에서 떨어져서 공극부가 생겨 공기 또는 가스가 탕구벽에서 흡수되는 경향이 있다. 고속 기계조형의 경우 경사를 주는 것이 어렵지만 그 밖의 경우는 경사탕구를 사용하는 것이 유리하다.(그림 2.37 참조)

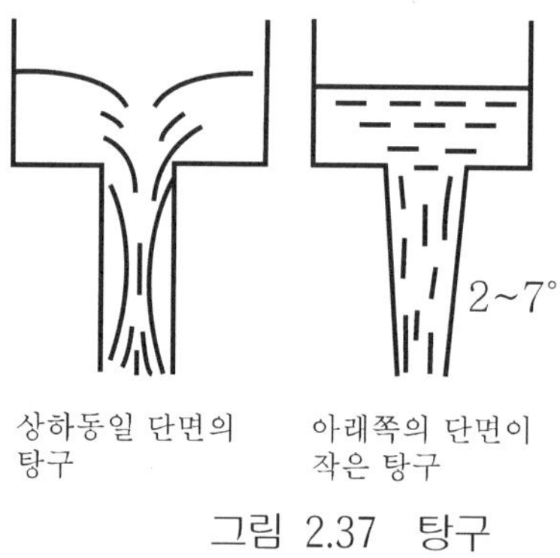

그림 2.37 탕구

③ 탕구 바닥(sprue base)

탕구 밑부분에 원기둥(원반)형으로 되어 있으며 쇳물이 난류현상을 보이지 않고 잘 흐르게 하기 위함이다.

④ 탕도(runner)

탕구에서 주입된 쇳물을 주형의 필요한 곳에 분배하는 역할을 한다. 일반적으로 수평으로 설치하며 탕구에서 혼입된 불순물도 탕도에서 제거해야 한다.

⑤ 탕도 연장(runner extension)

탕도를 따라 들어오는 첫 쇳물은 모래의 미분 등 불순물을 함유할 수 있기 때문에 이를 잡아두기 위하여 탕도의 끝부분을 연장시켜 둔 것을 말한다.

⑥ 주입구(ingate)

탕도를 따라 들어온 쇳물은 주입구를 통하여 주형내에 유입된다.

⑦ 탕구비(g)

탕구봉의 단면적과 탕도의 단면적비(比)를 탕구비라하며, 이는 쇳물의 유동, 주입 시간에 영향을 끼치므로 탕구 설계시 신중히 선정하여야 한다. g의 값은 보통 주철에서는 1:1~0.75, 주강에서는 1:1.2~1.5로 탕구비를 주고 있다.(g=탕구봉의 단면적/탕도 단면적)

⑧ 탕구의 높이와 유속

그림 2.38(a)와 같은 용기 내에 비압축성유체가 충만되어 있을 때 다음 관계식이 성립된다.

$$Q = A \cdot v$$

여기서

Q : 단위 시간당 유량(cm^3/sec),

A : 유로의 단면적(cm^2),

v : 유속(cm /sec)

유속 v는 Bernoulli 정리에 의하여

$$v = C\sqrt{2gh}$$

이다.

여기서

h : 용기내 유체의 높이(cm)

C : 유량계수(0.15~1.3)

g : 중력가속도(cm/sec^2)

그림 2.38(b)와 같은 A・B 2개의 용기중 A용기에만 유체를 채우고 2개의 용기를 연결한 밸브를 열 때 A 용기의 유체 높이 h_2 에 변화가 없도록 한다면 출구에서의 최초의 유속 $V_1 = C\sqrt{2gh_2}$, B 용기에 유체가 h_1 의 높이까지 들어갔을 때의 유출속도 $V_2 = C\sqrt{2gh_1}$ 평균 유속을 vm이라 하면

$$v_m = \frac{C}{2}(\sqrt{2gh_1} + \sqrt{2gh_2})\,(\mathrm{cm/sec})$$

탕구를 통과하는 쇳물유량 Q(cm^3/sec)는 $Q = AC\sqrt{2gh}$로 표시된다.
또한,

ω : 용융금속 1cm^3의 중량 (kg/cm^3)
A : 탕구의 단면적(cm^2)
V : 유입할 금속의 용적(cm^3)
W : 유입할 용융금속의 중량(kg)

이라 하면 다음 식이 성립한다.

$$v_m \cdot A \cdot t = V, \quad V = W/\omega$$

t는 보통 10~30 sec 정도이다.

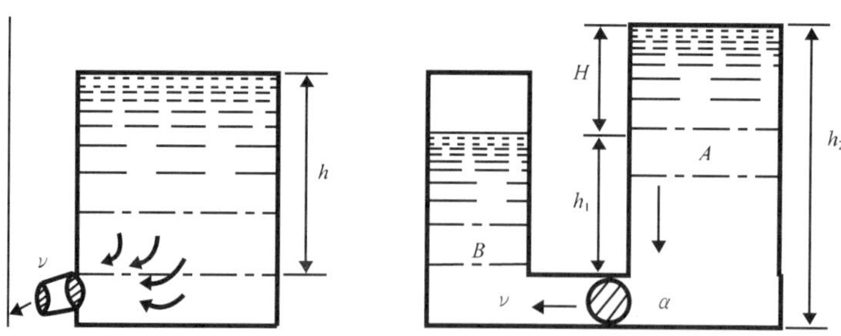

그림 2.38 유출속도

⑨ 압탕(riser)

금속은 응고될 때 일반적으로 수축되므로 이로 인한 쇳물의 부족을 보충하기 위하여 주물이 될 주형 공동부위에 마련한 탕구 모양의 것을 라이저라고 한다. 라이저를 설치하

면 다음과 같은 이점이 있다.

ⓐ 주형 내의 쇳물에 압력을 주어 치밀해진다.
ⓑ 금속이 응고할 때 체적 감소로 인한 쇳물의 부족을 보충한다.
ⓒ 주형 내의 불순물과 용재의 일부를 밖으로 내 보낸다.

일반적으로 냉각되는 물체의 체적과 표면적은 서로 비례하므로, 압탕의 쇳물이 주물보다 천천히 냉각되려면 이론적으로 다음의 식이 성립되어야 한다.

$$\frac{Vr}{Sr} > \frac{Vc}{Sc}$$

여기서,

Vr : 압탕의 쇳물 체적
Sr : 압탕의 쇳물 표면적
Vc : 주물의 체적
Sc : 주물의 표면적

⑩ 냉각쇠(chiller)설치

주물의 살 두께가 두꺼운 경우 전체를 같은 속도로 냉각시키기 위하여 살이 두꺼운 부분에 주물사 대신에 쓰는 금속이며, 부분적으로 급랭시켜 굳은 조직을 얻을 목적으로 쓰인다. 가스 뽑기를 생각하여 주형의 측면 또는 하부에 둔다(그림 2.39).

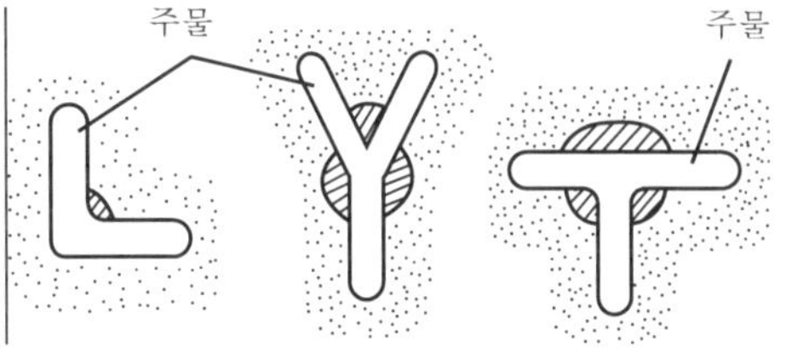

그림 2.39 냉각쇠

⑪ 플로오프(flow off)

주형에 쇳물을 주입하여 가득 채워진 다음, 넘쳐오르게 하여 쇳물이 가득찬 것을 관찰하기 위하여 주형의 높은 곳에 설치한 것으로 가스 뽑기로 같이 쓰기도 한다.

(4) 주입시간

① 주입 쇳물 중량 결정

주입에 필요한 쇳물량은 주물제품의 중량 외에 탕구계, 압탕 등의 중량을 고려하여 결정하여야 한다. 주조품의 중량이 정확하게 계산되었다 하더라도 주조품만의 중량은 보통 흑피면이 많은 주물일 경우 그 중량 계산의 약 1.1배 정도로 하고 다듬질 면이 많은 것에서는 약 1.3배 정도의 여유가 있는 용탕의 준비가 필요하다.

② 주입온도

주입은 조용하고도 빠르게 하라는 원칙이 있다. 조용하고도 빠르게 하라는 것을 극단적으로 채용하면 탕구계는 되도록 단면적을 크게 해야 된다는 이야기지만 탕구나 탕도를 굵게 하는 것은 경제적인 면에서 불리하므로 자연히 한계가 생기게 된다. 반면 주입온도를 높게 해서 극단적으로 탕구계를 가늘게 한 뒤 주입시간을 길게 하는 방법에도 문제가 있다. 따라서 제품마다 적정주입시간, 주입속도, 주입 온도가 필요하게 된다.

주입온도는 쇳물의 조성, 냉각속도, 주입속도 등에 따라 결정해야 되며 높은 온도일수록 수축량이 크므로 유동성을 고려한 가장 낮은 온도를 택하는 것이 바람직하다.

③ 주입시간

주형에 쇳물을 주입할 때, 쇳물은 주형이 완전히 충만될 때까지 응고하지 않고 액상선 이상의 상태로 남아 있어야 한다. 쇳물이 주형에서 액상선 이상의 상태로 남아 있을 수 있는 시간 이내에 주입 완료되어야 한다. 이 시간을 주입시간이라 할 수 있다. 주입시간은 주물의 두께, 형상, 중량, 성분 등에 따라서 달라지게 된다.

H.W.Dietert씨가 주물 중량에 따른 사형주형의 경우 주입시간을 다음과 같이 정의하였다.

$$t = S\sqrt{W}$$

여기서,

t : 주입시간(sec)

W : 주물의 중량(500kg까지)

S : 주물두께에 따른 계수

건조형에 주입할 때의 S는 다음과 같다.

두께 2~4mm 때에는 S=1.6 얇고 복잡한 것 S=0.5~0.8
두께 4~8mm 때에는 S=1.8 간단한 것 S=0.75~1.2
두께 8~16mm 때에는 S=2.0

그리고 표 2.11은 주철과 주강의 중량별 주입 시간을 나타낸 것이다.

표 2.11 주철과 주강의 주입 시간

주 철 (cast iron)		주 강 (cast steel)	
중 량 (kgf)	주 입 시 간 (sec)	중 량(kgf)	주 입 시 간 (sec)
100이내	4~8	100~250	4~6
500이내	6~10	250~500	6~12
1000이내	10~20	500~1000	12~20
4000이내	25~35	1000~3000	20~50
4000이상	35~60	3000~5000	50~80

(5) 압상력(push-up force)

주형에 용탕을 주입하면 주형의 접촉면에 직각방향으로 쇳물 아궁이의 높이에 비례하는 압상력이 작용한다. 이 압상력이 위 주물상자의 중량보다 크면 상형이 들려 하형과의 경계면으로 용탕이 흘러나와 불량주물이 될 수 있다.

그림 2.40에서 주물 위에서 본 투영면적 A, 탕의 비중량 S, 유효높이 H, 위 주물상자의 무게를 G라 할 때 압상력 F는

$$F=A \cdot H \cdot S, \quad \text{중추의 무게 } W = F-G$$

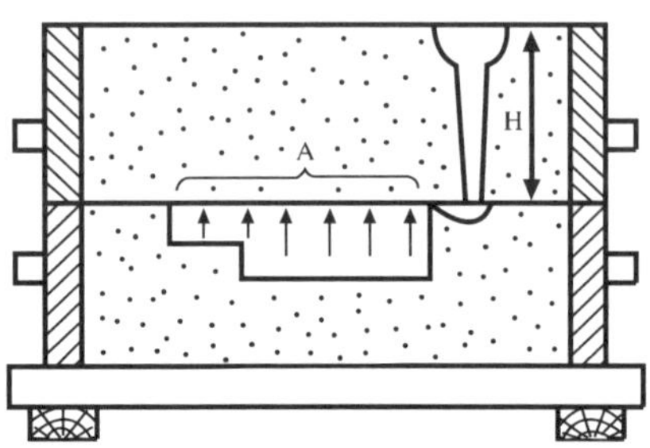

그림 2.40 상형의 투상 면적

그림 2.37에서 주형 내에 코어가 설치되어 있으면 코어의 부력을 계산해야 하므로 코어

의 체적을 V라 하면 압상력 F는

$$F = A \cdot H \cdot S + \frac{3}{4} V \cdot S$$

따라서 중추의 무게 W는 압상력 F의 3배를 계산한다.
이렇게 주조방안을 계산한다 하더라도 시행오차가 많아 불량률이 높다는 것이다. 어려운 점은 우선 여러 가지 많은 방법 중에서 각 공장에서 자기들의 기술수준에 적합한 방법을 택하여 그 방법에 따라 주조방안을 설계하고, 그것을 조업결과와 비교하여 그 방법을 점차 보완하여 경험과 기술을 체계적으로 축적하는 것이다.

참고사항

◉ 코어 받침대(chaplet)

코어의 자중, 쇳물의 압상력 및 부력등으로 코어가 견디기 곤란할 경우 코어 받침대를 사용한다.(쇳물에 녹아 버리도록 같은 재질의 금속으로 만들고 그 크기와 형상은 용도에 따라 다르다.) 그림 2.41은 코어 받침대의 사용법의 예이다.

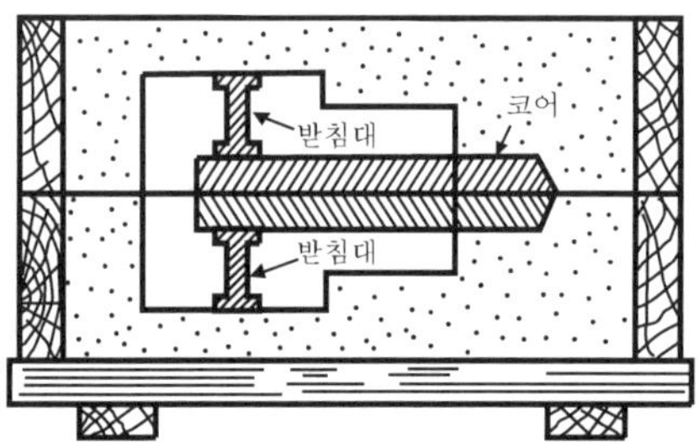

그림 2.41 코어 받침대 사용법

예제 2 **주물이 500×500[mm]의 각재이고 쇳물 아궁이의 높이가 100[mm], 주철의 비중량이 7200[kg/m³]일 때 상형(上型)을 들어 올리는 힘과 중추의 무게는?**

☞

주형에 용융 금속을 주입하면 각 부분에 작용하는 힘 중에서 주형의 투형 면적에 대한 쇳물 아궁이 높이에 비례하는 압상력(押上力)이 작용한다.
압상력 F는 다음과 같이 구한다.

$$F = 0.5 \times 0.5 \times 0.1 \times 7200 = 180[\mathrm{kg}]$$

압상력이 180[kg]이므로 이것에 3배가 되는 540[kg]의 중추(重錘)를 올려 놓아야 한다.

예제 3 **주물이 100×200[mm]의 각재로 되어있고 쇳물 아궁이 높이 150[mm] 주입 금속이 주철이며 코어의 직경이 70[mm], 코어의 길이가 200[mm]일 때 압상력은 얼마인가? 단, 주철의 비중은 7.6이다.**

☞

$$\begin{aligned} F &= AHS + \frac{3}{4}VS \\ &= 0.2\times0.1\times0.15\times7600 + \frac{3}{4}\times\frac{\pi}{4}(0.07)^2\times0.2\times7600 \\ &= 22.8 + 4.4 = 27.2\,[\mathrm{kg}] \end{aligned}$$

2.5 용해와 주입

2.5.1 용해로(furnace)

주물을 제조하려면 먼저 금속 또는 합금을 용해하여야 한다. 즉, 고체 상태의 원료 금속을 용해하고, 주물의 성질에 알맞은 재질이 되도록 화학 조성을 조정하거나 불순물을 제거한 다음 주형의 각 부분에 쇳물이 잘 주입될 수 있는 온도로 올려야 한다.」
금속의 용해에 사용되는 용해로에는 여러 가지가 있으나, 일반적으로 표 2.12과 같은 것들이 있다.

용해로를 선택할 때에는 금속의 종류, 용해량, 요구되는 품질 및 연료가 끼치는 용융금속의 화학적 변화 등을 고려해야 하며, 설비비, 유지비 및 입지 조건 등을 고려해야 한다.

표 2.12 용해로의 종류

종류	형식		열원	용해 금속	용해량
도가니로	자연 송풍식		코크스	구리 합금	<300kg
	강제 송풍식		중유, 가스	경합금 기타 비철 합금	
큐폴라	냉풍식 열풍식		코크스	주철	1~20t
전기로	아크로	직접 아크식	전력(저전압, 고전류)	주강, 주철	1~200t
		간접 아크식	전력(저전압, 고전류)	구리 합금, 특수강	1~10t
	유도로	고주파	전력(주파수 : 1,000~10,000Hz)	특수강	20~10,000kg
		저주파	전력(주파수 : 50~60Hz)	구리 합금 경합금, 주철	200~20,000kg
반사로			석탄, 중유, 가스	구리 합금 경합금, 주철	500~50,000kg

(1) 큐폴라(cupola)

주로 주철을 용해하는데 널리 쓰이는 원통모양의 노(furnace)로서, 장입과 용해 작업이 연속적으로 이루어진다.

큐폴라의 구조는 그림 2.42와 같이 외부는 연강판으로 만들고, 내부는 내화 벽돌로 쌓은 다음, 내화 점토를 바른다. 연료는 코크스(cokes)를 사용하며, 장입구에서 코크스, 석회석, 지금(선철, 고철) 등을 교대로 반복하여 장입한다.

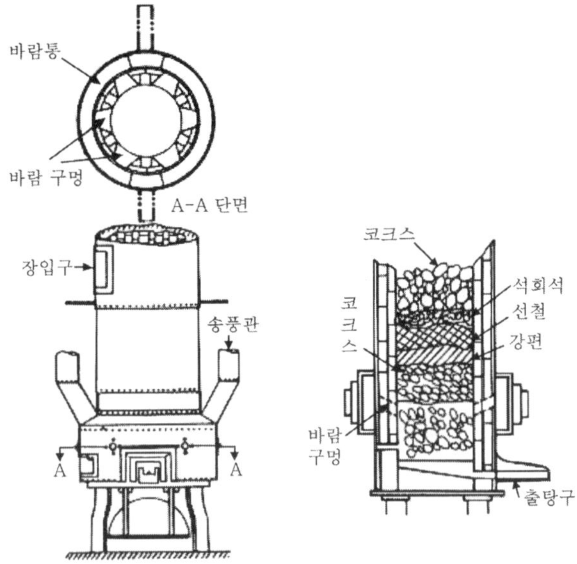

그림 2.42 큐폴라

송풍기에서 보내진 공기는 바람 구멍을 통하여 노 안으로 들어가 연소하여 장입된 재료가 용해하도록 한다. 용해된 금속은 노 밑의 출탕구에서 받아낸다.

큐폴라의 용량은 표준 작업시 매 시간당 용해할 수 있는 쇳물의 무게로 표시하는 것이 일반적이며, 큐폴라의 크기는 3~10톤의 것이 많이 사용되고 있다. 큐폴라의 분류는 ① 내측 벽에 라이닝(lining)한 내화물의 종류에 따라 산성로와 염기성로로 구분하며, 주로 산성로가 많이 쓰인다. ② 전로의 유무에 따라 전로식과 무전로식으로 나누고, ③ 송풍에 따라 냉풍식과 열풍식이 있으며, ④ 벽의 냉각 방법에 따라 수냉식과 공랭식이 있다. 또한, 노바닥은 조업이 끝난 후 열어서 잔류물을 낙하시켜 청소하며 소모된 내장벽돌을 보수할 수 있는 구조로 되어 있다.

(2) 도가니로(crucible furnace)

흑연과 내화 점토로 만들어진 도가니 안에 원료 금속을 넣고, 외부로부터 코크스, 중유, 가스 등의 열원을 가하여 용해하는 노를 도가니로라 한다. 원료 금속이 연소 가스에 직접 접촉되지 않으므로 불순물 혼입이나 산화작용을 받지 않아 양질의 용탕을 얻을 수 있다. 그러므로 구리 합금, 경합금, 합금강과 같이 정확한 성분을 필요로 하는 금속을 용해하는 데 적합하다. 그러나 도가니는 비싸고 수명이 짧으며(20~50회 사용, 합금강일 경우는 3회 정도), 열효율이 낮고 양의 제한을 받아 대형의 주물을 제작시에는 불리한 결점이 있다.

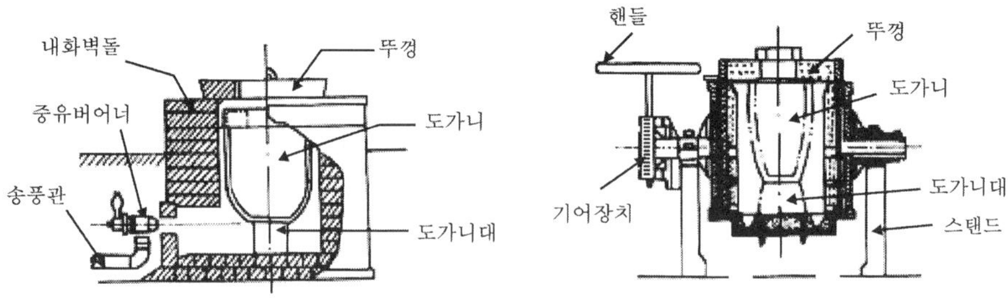

그림 2.43 도가니로

즉, 용해량이 도가니의 크기와 수에 따라 제한되므로 소용량의 용해에 사용되며 크기는 1회Cu 용해량을 번호로 표시한다. 그리고 노 밑 가까운 곳에 쇳물 구멍이 있고 그 위에 용제구멍이 있다. 도가니의 종류는 다음과 같다.

① 재료에 따라
ⓐ 백점토 도가니 : 백점토에 코크스분말을 반반 정도 섞어서 만든다.
ⓑ 흑연 도가니 : 점토에 흑연분말을 반반 정도 섞어서 만든다.

② 설치방식에 따라
ⓐ 고정식 : 지상에 정치되어 있는 방식으로 정치식이라고도 한다.
ⓑ 가경식 : 가경장치에 의해 노체를 경사지게 하여 출탕하는 방식으로 되어 있다.
ⓒ pit식 : 땅바닥에 구덩이를 넓게 파고 도가니를 설치하여 용해하는 방식이다.

③ 통풍방식에 따라
ⓐ 자연 통풍식 : 송풍기를 사용하지 않고 자연적인 공기의 통풍으로 연소되는 방식이다.
ⓑ 강제 통풍식 : 송풍기로 연료에 필요한 공기를 강제 공급하는 방식으로 용해시간을 단축할 수 있다.

도가니의 연료로는 코크스, 중유, 가스 등이 있다. 도가니를 처음 사용할 때에는 건조로에 넣어 100~110°C의 저온으로 가열하여 수분을 완전히 제거하고 가시 250°C에서 1~3주간 유지한 후 사용해야 하고 두 번째의 사용도 100~120°C로 예열하여 사용한다.

(3) 전기로(electric furnace)

전기로는 전기를 사용하여 특수주철, 특수강 등을 용해하고 또 제강하는 노로서 다른 용해로에 비하여 필요한 고온도를 용이하게 얻을 수 있으며 조작이 간단하고 온도조절이 정확하게 될 수 있다. 또 성분조정이 확실하고 용융금속의 불순물 흡수도 적으며 산화작용에 의한 용융금속의 손실이 적다. 이와 같이 여러 가지의 장점을 갖고 있으나 시설유지비가 많이 들고 전극봉에 의한 불순물 혼입이 염려되므로 전극봉 선택에 주의해야 한다. 주로 고급 주철, 주강, 구리 합금의 용해에 많이 사용된다.

전기로는 전기 에너지를 열로 바꾸는 방법에 따라 직접 아크로(direct arc furnace), 간접 아크로(indirct arc furnace), 유도로(induction furnace) 등이 있다. 그림 2.44는 직접 아크 전기로(direct arc furnace)의 구조를 나타낸 것이다. 전기 유도로는 아크로와 같은 전극을 사용하지 않고, 전류에 의하여 발생하는 유도 작용을 응용하여 장입 금속 자체에 유도 전류를 흐르게 하여 가열 용해하는 노로서, 저주파로(low frequency induction furnace)와 고주파로(high frequency induction furnace)가 있다.

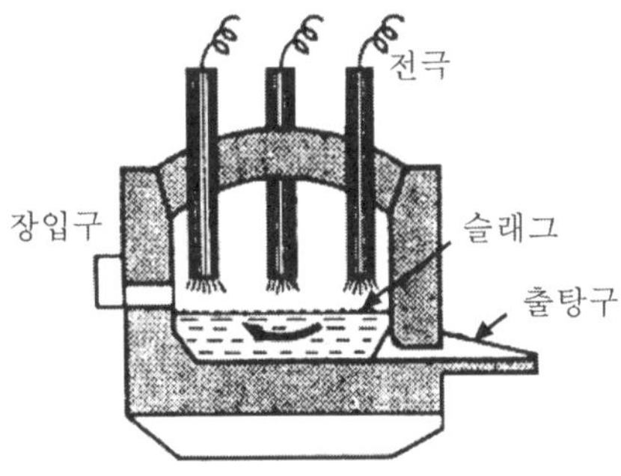

그림 2.44 전기로

(4) 반사로(reverberatory furnace)

반사로는 한쪽 연소실에서 연소된 불꽃이 아치 모양의 노 천정을 따라 연돌로 빠져나가면서 천정을 가열시키고 그 가열된 용해실 천정의 반사열에 의하여 장입된 금속이 용해되는 노이다.

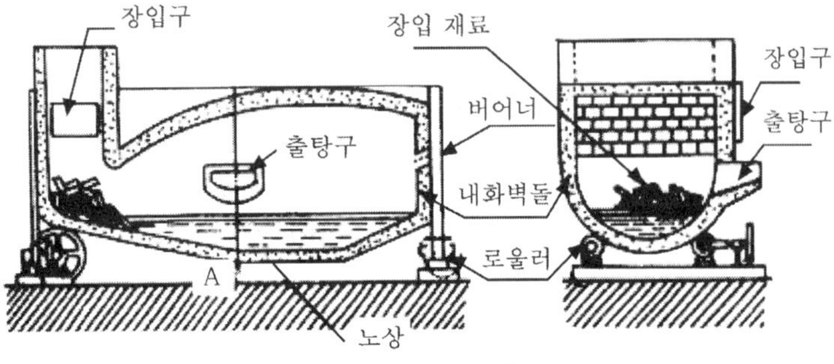

그림 2.45 반사로

그림 2.45는 반사로의 구조를 도시한 것이며 용해실의 표면적은 넓히고 깊이는 얕게 해서 수열 면적을 최대로 크게 하고 천정은 arch형으로 하여 반사열을 충분히 이용할 수 있는 구조로 되어 있다. 화염이 직접 금속과 접촉되지 않으므로 연소 가스의 영향을 많이 받지 않으나 천정의 반사열에 의하여 금속이 용해되므로 열효율이 양호하지 못하다.

따라서 용해 온도가 낮은 동, 황동, 청동 등 비철금속의 용해에 주로 이용되며, 연료로는 석탄, 중유, 코크스, 가스 등이 사용된다. 반사로는 용해에 긴 시간을 요하는 두꺼운 물건의 처리에 편리하다. 실제 용해하는 것은 그 양의 절반 가량이다. 보통 사용되는 반사로는 5~20톤 정도이며, 연료는 큐폴라의 5~6배를 소비하므로 톤(ton) 당 조업비가 많이 든다.

2.5.2 주입 및 후처리

(1) 주입의 준비

주형이 완성되어 조립된 후에 쇳물을 주입할 준비를 한다. 건조형의 경우, 틀의 맞춤면에서 쇳물이 새지 않도록 이음새를 바른다. 쇳물이 흘러 들어갔을 때 주형이 쇳물의 압력에 견디게 하기 위하여 무거운 추를 얹거나 볼트나 C형 공구 등으로 주형틀을 고정한다. 용융금속은 용해로로부터 쇳물을 주입하기에 편리하도록 알맞은 레이들(ladle)에 옮겨 주형에 주입한다. 레이들의 형식은 그림 2.46과 같이 여러 가지가 있으며, 크기는 대개 10~1000kg에서부터 큰 것은 20~50(ton)까지 있다.

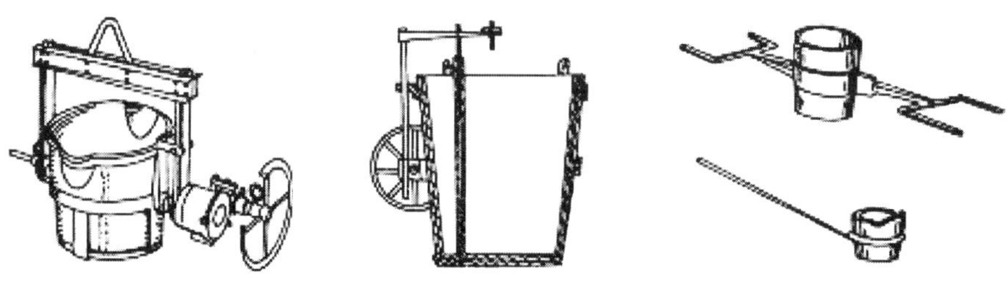

(a) 경동식 레이들　　(b) 저주식 레이들　　(c) 손 레이들

그림 2.46 레이들의 종류

(2) 주입

쇳물은 주입 중량보다 3~5% 정도 더 준비한다. 고온으로 용해된 쇳물도 적당히 온도가 내려갈 때까지 방치하여 쇳물 속의 가스를 방출시켜 스케일이나 먼지가 떠오르도록 한다.

쇳물 아궁이나 쇳물 통로는 쇳물이 조용하게 되도록 빨리 주형에 차도록 설계되어 있기 때문에 쇳물은 일시에 쇳물 아궁이로부터 주입한다. 주입과 동시에 주형의 각부로부터 가스가 방출되며 가스 빼기 구멍에서도 가스가 나오기 때문에 코어가 있는 주형이나 대형의 주형은 이 가스에 점화하여 가스 빼기를 돕는다. 또한, 주입된 쇳물이 주형의 일부분에서 새는 일이 있으므로 주의하여야 한다. 가스 빼기 구멍에 쇳물이 차면 쇳물의 주입을 중단하고, 라이저의 부분에는 고온도의 쇳물을 주입하여 주물의 수축을 보상하도록 한다.

(3) 주형의 해체

쇳물의 주입이 끝난 후, 주물의 굳는 것을 기다렸다가 주형을 해체한다. 이때 수축하기 어려운 모양을 한 주물은 주형이나 코어를 되도록 빨리 해체하여야 한다.

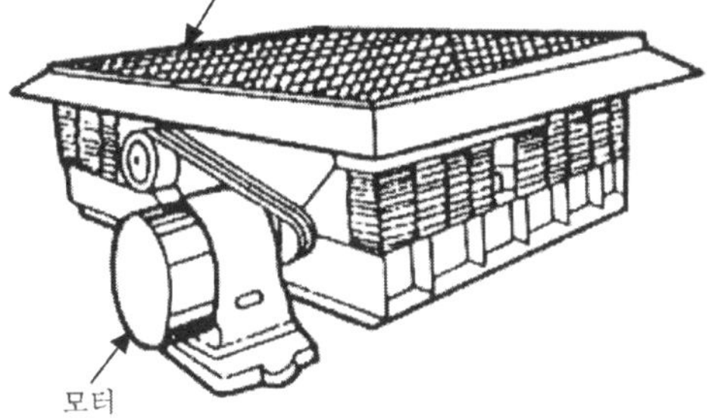

그림 2.47 셰이크 아웃머신

그림 2.47은 셰이크 아웃머신(shake out machine)이며, 주형을 기계 위에 놓으며 진동하여 모래가 떨어지고 제품과 주물상자는 테이블 위에 남는다.

(4) 후처리

① 쇳물 아궁이 및 라이저의 절단

주입 금속이 응고되면 주형을 해체하고 철주물과 같은 것은 쇳물 아궁이를 해머로 쳐서 절단하고, 정밀하고 중요한 것은 쇠톱으로 절단한다. 또한 대단히 큰 것은 그라인더 또는 아세틸렌 가스로 절단한다. 코어를 사용한 주물은 외부에서 가볍게 코어 모래를 떨어뜨린 다음 철사로 만든 브러시로 주물에 붙어 있는 모래를 깨끗이 떨어 뜨린다.

② 주물의 청소

만들어진 주물을 검사하여 좋은 것은 전마기에 모래 또는 가죽 조각 등을 넣고 회전시켜 주물의 표면을 깨끗이 청소하거나, 분사기로 하천 모래나 바다 모래를 압축공기와 함께 분사시켜 주물의 표면을 숏 블라스트(shot blasting), 대형 주물의 청소에 사용되는 것으로서 고압수(高壓水)를 노즐에서 분사하는 하이드로 블라스트(hydraulic blasting) 등이 있다.

2.6 특수 주조법

2.6.1 원심 주조법(centrifugal casting)

주형을 300~3000rpm으로 고속 회전시킨 상태에서 용융금속을 주입하면 원심력에 의하여 주형내면에 균일하게 압착 응고되어 코어없이 중공의 회전체인 원통 및 환상의 치밀한 주물이 제작되는 주조법이다.

회전은 주탕 후 곧바로 정지시키지 말고 일정온도로 냉각될 때까지 계속 회전하여 정지한 후의 변형이 없도록 한다. 내면의 냉각은 복사열 때문에 매우 더디고 회전시간은 상당히 길어진다. 용융금속 중의 slag 기타 불순물은 회전 중 내측으로 나오게 되며 내면은 이로 인해 요철이 많다. 주물 재료로는 주철, 경합금, 청동 등이 사용되며, 수도관, 피스톤링, 실린더 라이너 등의 제작에 적합하다.

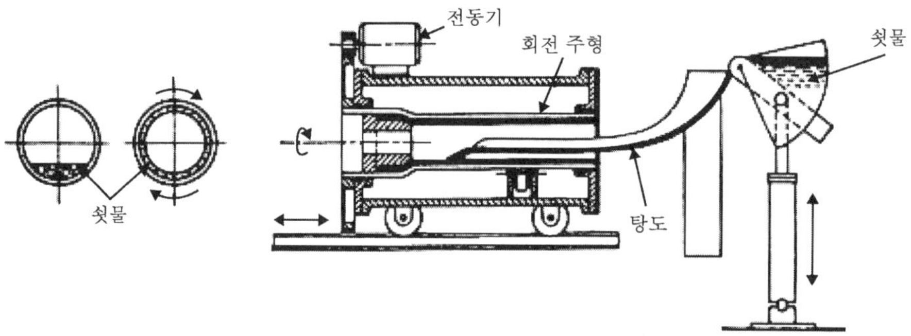

그림 2.48 원심 주조기

(1) 원심주조법의 특징

① 원심력에 의하여 주물의 조직이 치밀하고 균일하다.

② 슬래그와 가스의 제거가 용이하다.

③ 코어, 탕구, feeder, riser가 불필요하다.

④ 대량생산에 적합하다.

(2) 주조방식

주형의 회전축 방향에 따라 수평식, 수직식, 경사식이 있다. 수직식은 지름에 비하여 길이가 짧은 주물에 이용되고 수평식은 반대로 지름에 비하여 길이가 긴 관 등에 이용된다.

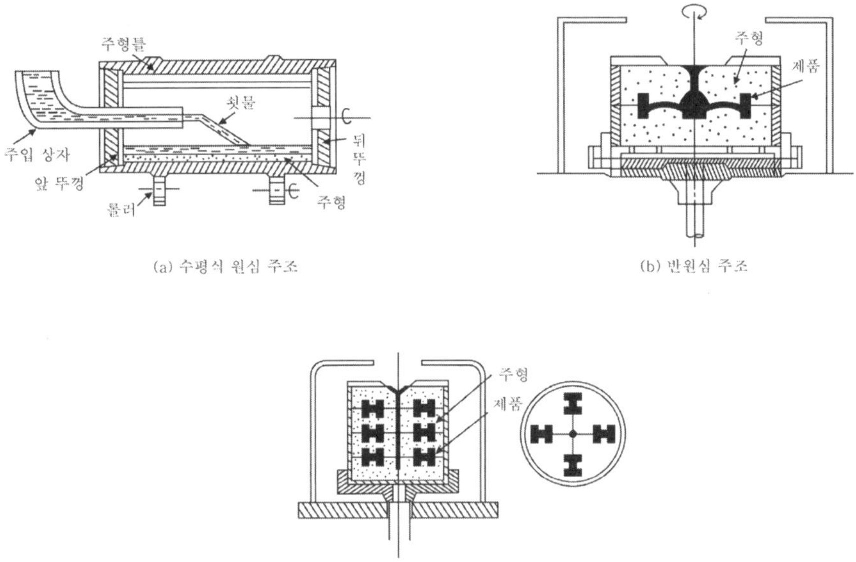

(a) 수평식 원심 주조

(b) 반원심 주조

(c) 원심 가압 주조

그림 2.49 여러 가지 원심 주조법

경사식은 수평식과 수직식의 절충된 방식으로 길이가 비교적 긴 주물에 응용된다. 이밖에 반원심 주조법과 원심 가압 주조법이 있는데, 반원심 주조법은 차바퀴, 풀리, 기어 등의 주조에 이용되고, 원심 가압주조법은 불규칙한 모양의 소형주물을 한 번에 여러개 만들 때 이용된다. 반원심주조법이 원심주조법과 다른점은 회전축 이 제품의 중심축과 일치한다는 점이다.

2.6.2 칠드 주조법(chilled casting)

모래형의 일부분을 금형으로 한 주형에 용융금속을 주입하면, 금형에 접한 부분의 주물 표면은 급랭되어 대단히 단단한 조직이 되고, 내부는 서냉되어 본래의 연한 주물이 된다.

이와 같은 방법으로 단단해진 표면을 칠드형이라 하고, 이러한 방법을 이용하여 주조한 주물을 칠드 주물이라 한다. 압연 롤러, 찻바퀴 등을 제작할 때 사용된다. 그림 2.50은 칠드 주조법을 나타낸 것이다.

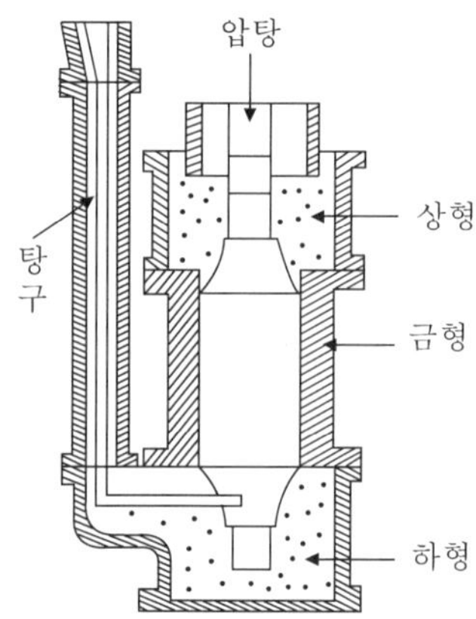

그림 2.50 칠드 롤의 주형

2.6.3 정밀주조법(precision casting)

(1) 다이캐스팅(die casting)

① 다이캐스팅의 개요

다이캐스팅 주조법은 정밀 주조법의 일종으로, 기계 가공하여 제작한 금형에 용해된 알루미늄, 아연, 주석, 마그네슘 등의 합금을 가압 주입하여 냉각, 응고시켜서 정밀 주물을 제조하는 방법으로 다음과 같은 장·단점이 있다.

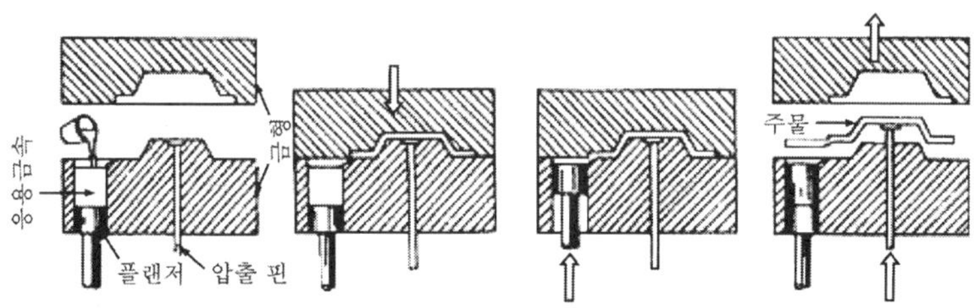

(a) 용용금금속 주입 (b) 형틀 (c) 압입 (d) 제품 분리

그림 2.51 다이캐스팅 주조법

ⓐ 장점(advantage)

- 정밀도가 좋으므로, 거의 기계 가공이 필요하지 않다.
- 표면이 아름답고 광택을 가지고 있으므로, 도금, 도장을 할 때 연마의 수고를 덜어준다.
- 대량 생산이 가능하다.
- 압탕, 가공 여유가 필요하지 않아 재료의 회수율이 높다.
- 가압되므로 기공이 적고 치밀하다.

• 복잡한 모양과 얇은 주물도 만들 수 있다.

ⓑ 단점(dis advantage)

• 용융점이 높은 금속은 주조할 수 없다.

• 금형의 크기와 구조에 한도가 있다.

② 다이캐스팅의 적용(application)

다이캐스팅법은 주로 전기 기구, 사진기, 축음기, 재봉틀, 타이프라이터, 계산기 및 각종 사무용 기구 등의 대량 생산에 널리 이용된다.

③ 다이캐스팅 머신

주조기는 가압 주조 방식, 용융금속 작동 동력의 종류, 주조 합금의 종류 등에 따라 기계가 선정되어야 한다. 일반적으로, 용융금속(쇳물)에 압력을 가하는 방법에 따라 열가압실식(hot chamber type)과 냉가압실식(cold chamber type)이 있다.

다이캐스팅 머신으로 구비하여야 할 요소는 가압실, 금형 개폐 장치, 몸체의 세 부분이며, 용량은 금형 압착력으로 나타낸다. 열가압실식 기계는 그림 2.52(a)와 같이 기계 일부에 용해 도가니가 있으며, 압일 실린더는 그 쇳물 안에 잠겨 있으므로 플런저를 누르면 노즐로부터 쇳물이 금형으로 압입되는데, 납, 주석, 아연 합금과 저용융점의 합금에 한한다. 압축 공기식의 기계에 많으며, 주입 압력은 30~50kgf/cm3정도이다. 그림 (b)는 냉가압실식 다이캐스팅 머신을 나타낸 것이다.

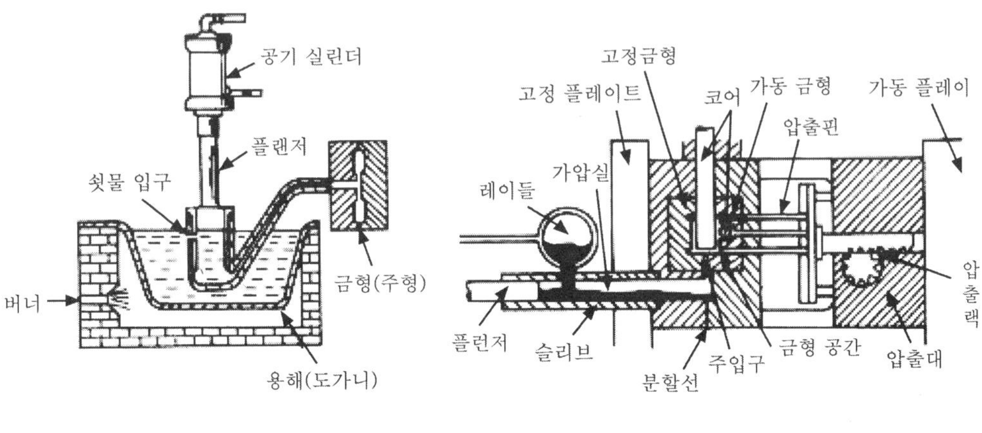

그림 2.52 다이캐스팅 머신

(2) 셸몰드법(shell moulding)

① 셸 몰드법의 개요

석탄산계(石炭酸系) 합성수지 분말을 혼합한 모래를 사용하여, 두께 5~6mm정도의 조개껍질 모양의 셸형의 주형을 만들어, 이 형에 쇳물을 주입하여 주물을 만드는 방법이다.

보통의 사형주형에 비해 짧은 시간에 정도가 높은 주물을 만들 수 있는 장점이 있으며 작업을 전자동화할 수 있다. 또한, 거의 모든 금속의 주조에 이용될 수 있으나, 금형을 필요로하기 때문에 대량으로 만드는 이외에는 적당치 않고, 또 수지가 비교적 고가이므로 주형비가 상당히 고가인 단점이 있다.

② 공정(process)

원형은 금형으로 하고, 탕구 및 탕도계를 금속으로 만들어 상하형으로 분할하여 정밀하게 가공하여 금속정반에 각각을 고정시킨다.

ⓐ 250~300℃에 가열한 금형면에 이형제(silicon oil)를 도포한다. 이 silicon oil은 주형경화처리 시 가열에 견디는 것이 좋다.
ⓑ 레진 샌드를 덤프상자에 넣고 원형위에 뒤집어 덮는다.
ⓒ 뒤집어서 덮으면 혼합사와 금형은 접촉하여 잠시 후에 경화하기 시작한다.
ⓓ 다시 반전하면 금형과 모형판의 표면에 5~6mm 두께에 셸(shell)이 남는다.
ⓔ 셸이 붙어 있는 모형을 다시 반전하여 상형으로 한다.
ⓕ 이것을 노내에 넣어 250~300°C 정도에서 1~2분간 가열한다.
ⓖ 이것을 노에서 꺼내어 금형으로부터 셸을 뽑아낸다.
ⓗ 상·하형을 합하면 주형이 된다.

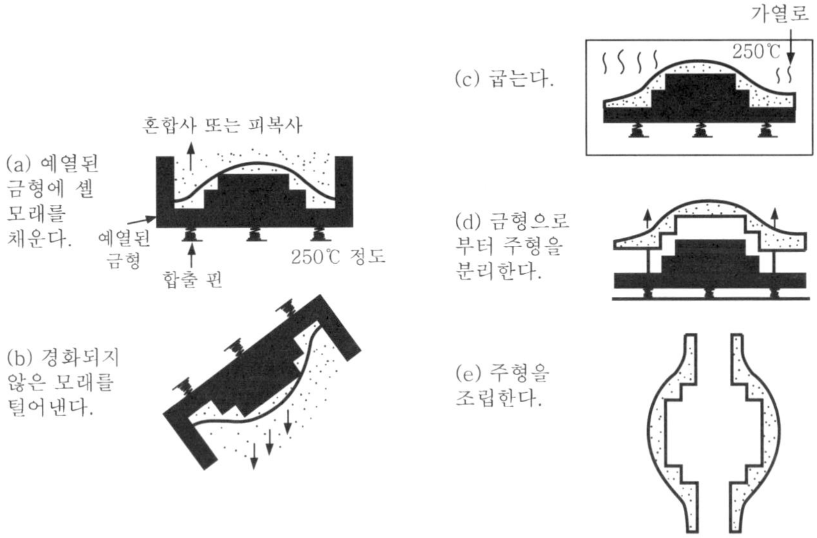

그림 2.53 셸 몰드법

③ 셸 몰드법의 적용(application)

자동차, 재봉틀, 계측기 등의 얇고 작은 부품의 주조에 이용된다.

(3) 인베스트먼트법(investment casting)

① 인베스트먼트법의 개요

인베스트먼트법은 점결제와 미세한 내화물을 배합한 인베스트먼트 주형 재료를 사용한다. 로스트 왁스법(lost wax process)이라고도 하며, 매우 정밀한 작은 주물들을 대량으로 생산하기 위하여 왁스, 파라핀 또는 열연화성(熱軟化性) 합성수지 등의 가용성 물질을 사용하여 제품과 동일한 모형을 만든다. 주형 재료에 이 모형을 매몰하고 가열한 후 주형을 굳히고, 왁스(wax) 또는 합성수지를 용해시켜 유출하게 하여 주형을 완성한다.

② 공정(process)

ⓐ 그림 2.54와 같이 우선 왁스나 가용성 합성 수지로 제품과 똑같은 원형을 만들고, 여기에 필요한 주입구, 탕도 등을 만들어 붙인 다음 인베스트먼트에 담가 왁스형 표면에 피막을 형성시킨다.

ⓑ 이것을 인베스트먼트에 매몰시키거나 일정한 두께의 주형층을 만들어 건조시킨다.

ⓒ 주형이 경화되면 100~350°C로 가열하여 왁스를 녹여 낸 다음 650~900°C 정도로 가열, 연소시키면 왁스가 있던 곳에 공간이 되어 주형을 형성한다.

ⓓ 여기에 쇳물을 주입한다.

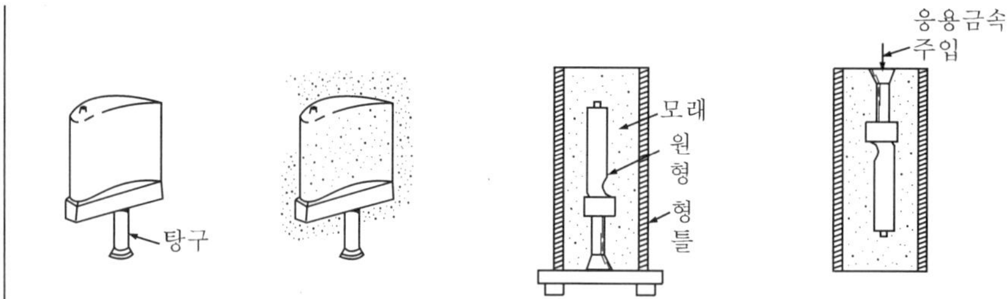

(a) 원형제작(표면을 내열재로 코팅) (b) 입베스트 재료를 뿌린 후 건조 (c) 주형틀 속에 넣은 후 가열하여 원형을 녹임 (d) 주형을 완성한 후 주입

그림 2.54 인베스트먼트 주조법

③ 인베스트먼트법의 적용(application)

이 주조법은 모양이 복잡하고 기계 가공이 어려운 경질의 합금이나 내열합금 등을 주조하는데 많이 활용되고 있다. 예를 들면, 가스 터빈의 블레이드, 항공기 및 선박 용품, 기계 부품 등의 제작에 이용되고 있다.

(4) CO_2 주조법

① CO_2 주조법의 개요

CO_2 법은 모래에 물 유리(규산나트륨)를 3~6% 첨가한 주물사로 조형한 다음 여기에 이산화탄소를 불어 넣어 신속하게 경화된 주형을 얻는 방법이다.

ⓐ 장점(advantage)

- 건조하지 않고도 단단한 주형을 얻을 수 있다.
- 건조에 필요한 설비, 작업자 수, 운반자 및 작업 시간을 줄일 수 있다.
- 원형을 그대로 둔채 경화시키므로 주형의 치수 정밀도가 생형이나 건조형보다 높으며, 점결제가 비교적 싸다.

ⓑ 단점(disadvantage)

- CO_2 법은 경화 후 원형을 빼내야 하므로 원형 기울기가 커야 하며, 흡습성이 커서 제작 후 오랫동안 보관하기 어렵다.
- 붕괴성이 나빠 주입 후 주형의 모래털기가 나쁘며, 주물사의 회수율도 낮다. 따라서 주물사에 피치가루, 톱밥, 코크스 가루 등을 1% 가량 첨가하여 붕괴성을 향상시키고 있다.

② 공정(process)

점토분이 적은 100~150 메시 정도의 규사에 5~6%의 규산나트륨을 혼합한 주물사로 주형을 만들고, 그림 2.56와 같이 1.05~1.4kg/cm²의 압력으로 10~30초 정도로 CO_2 가스를 주형에 불어 넣으면 규산나트륨과 CO_2 가 반응하여 실리카겔과 탄산나트륨으로 된다. 이 실리카겔의 결합력에 의하여 강도가 높은 주형을 만들 수 있다.

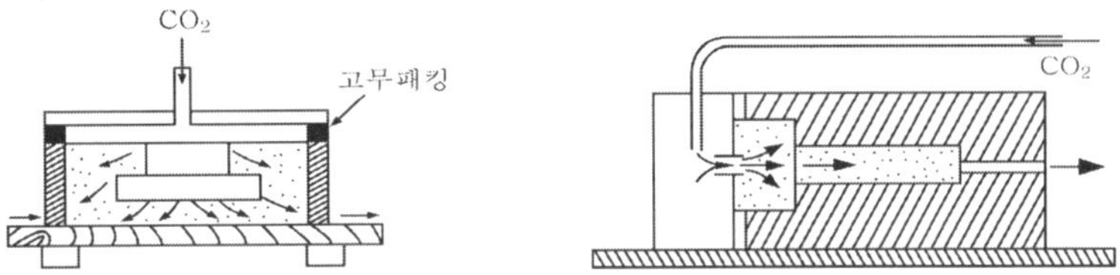

(a) 외형 (b) 코어형

그림 2.55 CO_2 법

③ CO_2 주조법의 적용(application)

공작 기계의 베드(bed)나 산업용 대형 기계를 주조할 때 주형으로 사용되고 있다.

2.6.4 연속 주조법(continuous casting)

주괴(ingot)는 보통 용융금속(용탕)을 잉곳 케이스(ingot case)에 부어 넣어 만들고 있으나, 연속 주조는 그림 2.56과 같이 용융금속을 주형에 주입하여 연속적으로 주괴(ingot)를 주조하는 방법이다.

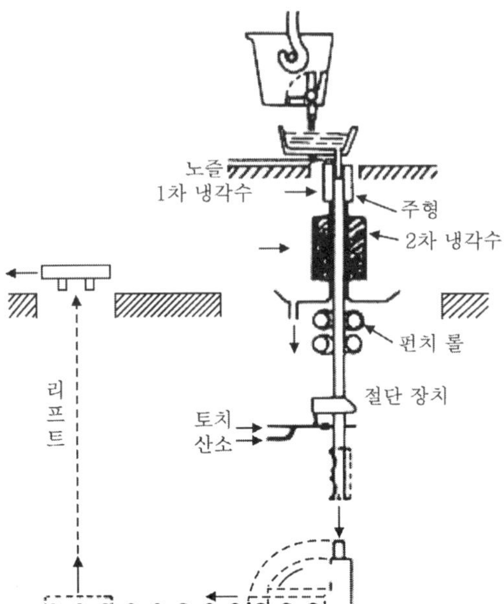

그림 2.56 강의 연속주조

즉, ingot은 주형상자에 용융금속을 주입하여 주조하나 탕구부분을 절단해야 하므로 용융금속의 손실이 크고 또 주형제작에 시간이 걸리며 ingot의 재질도 일정치가 않다. 따라서, 그림 2.56과 같이 전기가열식 저탕로에서 유출되는 용탕이 냉각수가 순환하는 금형을 통과하면서 표면이 급속 응고되어 연속적으로 잉곳(ingot)이 주조되어 나온다. 이렇게 동일한 조건에서 냉각되므로 질이 균일한 잉곳을 얻을 수 있고 편석과 수축공이 없으며 작업이 간단하며 제조비가 저렴하다. 주로 현대화된 제철공장에서 이용되고 있다.

2.7 주조품의 경량화

주조품의 경량화는 에너지 절약면에서 뿐만 아니라, 환경문제나 제품의 소형화 등 중요한 과제이다.

2.7.1 주조품의 경량화 방법

(1) 주조의 최적화

그림 2.57에 나타낸 것과 같이 불필요한 살을 없애고 중공구조를 채용한다. 또한 리브(rib)구조를 채용하는 등 경량화를 지향한 형상설계에 의해서도 경량화가 가능하다.

단, 코어 수나 후 가공 공정이 증가되어 비용이 상승되는 경우도 많으므로 주의를 요한다.

(2) 두께(살)를 얇게 하는 기술

주조상의 문제로 두께를 얇게 하는 것이 곤란하여 결과적으로 중량이 무겁게 되는 경우도 있다. 따라서 다음과 같은 문제를 해결하지 않으면 안된다.

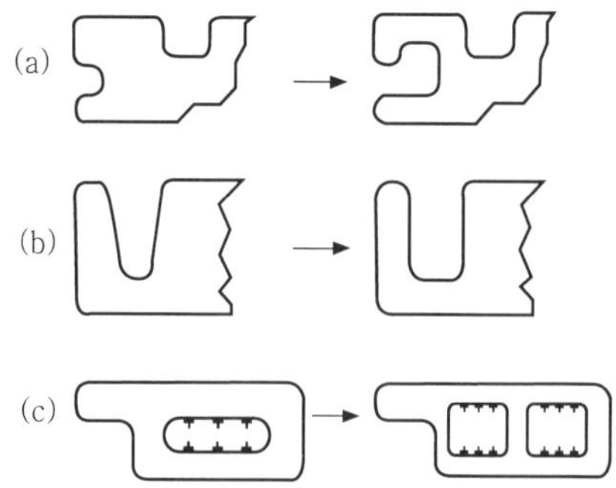

(a) 필요없는 살을 제거한다.
(b) 살두께 구배를 적게한다.
(c) 리브구조로하여 강성을 높인다.

그림 2.57

① 탕흐름 불량에 의한 결함

두께가 얇으면 탕이 흐를 때 용탕온도의 저하가 크게 되고 탕흐름 불량이 일어나기 쉽다. 이와 같은 문제를 예방하기 위해서는 다음과 같은 방법을 고려할 수 있다.

- 주형 온도를 높인다.
- 용탕과 주형간의 열저항을 크게 한다.(단열도형으로 한다.)
- 주입온도를 높인다.
- 주입속도를 빨리한다. 즉 이를 위해서는 원심력을 이용 또는 다이 캐스트 주조를 한다.
- 주형 공격부의 공기나 발생된 개스에 의한 배압증가로 용탕유속이 저하하지 않도록 벤팅을 될수록 많이 해주거나 또는 감압주조나 진공주조 해 준다.
- 산회피막이 생성되면 유동저항으로 될 가능성이 있으므로 불활성 분위기주조 또는 진공주조를 하여 산화피막의 생성을 방지한다.

2.7.2 컴퓨터 시뮬레이션과 새로운 주조법

(1) 컴퓨터 시뮬레이션

현재 응고 시뮬레이션이 비교적 실용화되고 있으며 탕흐름 시뮬레이션도 차츰 실용화되고 있는 실정이다.

응력, 변형해석에 대해서는 어느 정도의 가능성이 있기는 하지만 비용면이나 고온에서의 물성치 데이터의 부족 등으로 실용화가 늦어지고 있다.

(2) 새로운 주조법의 개발

① 코스와스법

저압주조법과 비슷하지만 개스압력법에서는 없는 전자 펌프를 사용하는 방법이다. 이 방법으로는 Ar분위기에서 깨끗한 용탕을 탕속도를 엄밀하게 제어하여 사형(지르콘사의 Fran 주형)에 주탕, 복잡한 알루미늄 주조품을 제조한다. 현재 포드 자동차 등의 실린더 블록 제조에 그 적용개발을 행하고 있다.

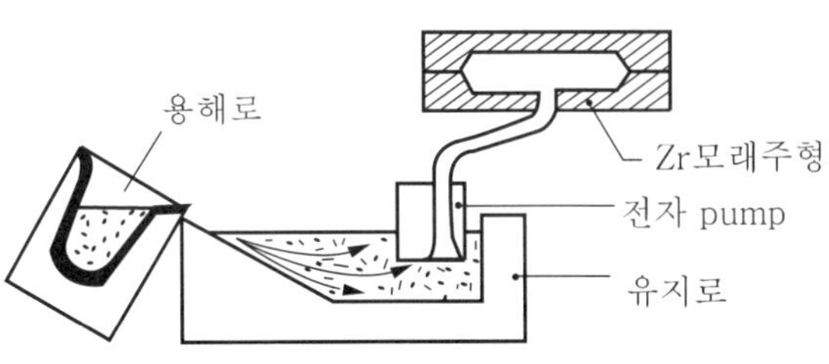

그림 2.58 코스와스 프로세스

이 방법은 Al합금에 있어서 기공(기포) 결함의 원인이 되는 수소개스 주탕시 개스 혼입, 기포나 파괴의 핵으로 작용되는 개재물의 혼입을 없애고 건전한 제품을 얻고자 행해진 것이다.

② FM법

저압주조와 같이 저압으로 용탕을 밀어올림과 동시에 주형부분을 감압하여 신속히 용탕을 주형에 주입, 두께가 얇은 (2.5~3mm)주강, 주철주물을 제조할 수 있는 방법이다.

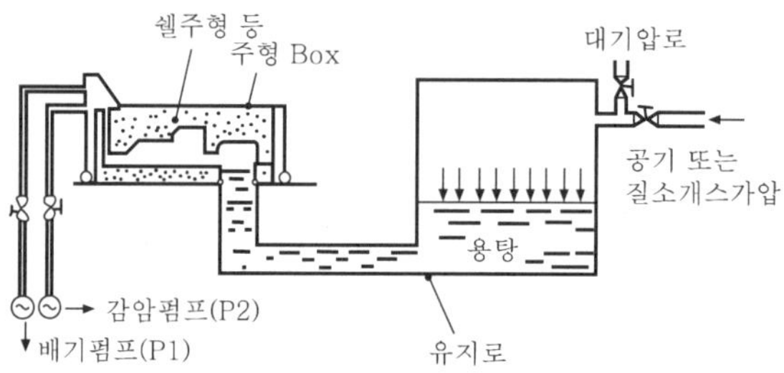

그림 2.59 FM 프로세스

③ CLV 법

진공상태에서 용해한 후 용해실을 Ar분위기로 하여 감압된 주형부와의 압력차에 의해 주탕하는 방법으로 스테인레스 합금이나 CO기 합금 등 정밀주조부품의 제조에 이용되고 있다(그림 2.59). 공점은 다음과 같다.

A : 주형을 셋하고 감압. 용탕실은 Ar분위기

B : 주형실과 용탕실의 압력차로 용탕흡인

C : 주형실을 대기압으로하여 미응고용탕 배출

D : 해체

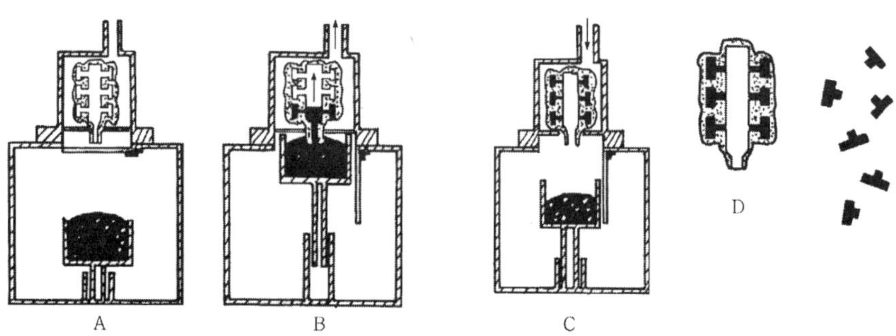

그림 2.60 CLV 프로세스

④ 진공흡입법

금형부를 감압하여 용탕을 흡인하는 방법으로 실린더 블록의 생산에 사용되고 있다.

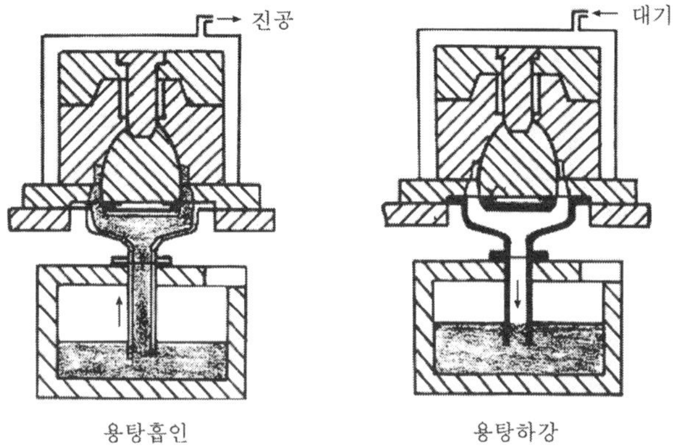

그림 2.61 진공 흡입법

⑤ 가압소실 모형법(Castyral Process)

소실모형법은 복잡한 제품에 적합하지만 Al합금의 경우 냉각속도가 늦고 수소개스를 흡수하기 쉬워 기공(기포)이 생기기 쉽다. 이것을 방지하기 위해 주탕후 1MPa정도 가압하여 응고시키는 방법이 개발되고 있다.

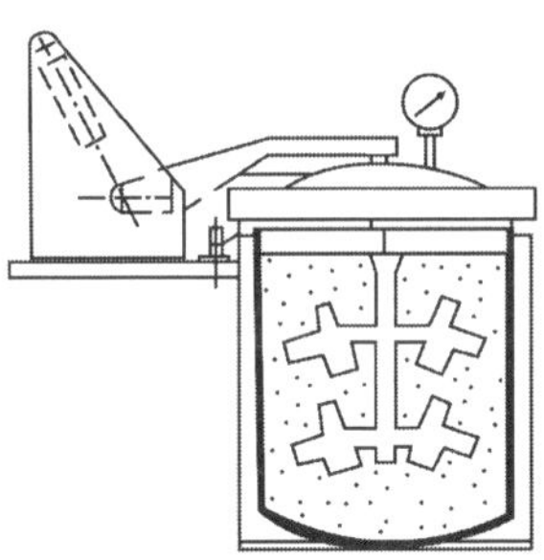

그림 2.62 가압소실모형법

참고사항

◉ 철계재료의 고강도화

밀도가 커도 강도를 올려 비강도를 높게 해주면 경량화 할 수 있다. 예로서 보통 주철을 CV주철 또는 구상흑연주철로 사용하여 여기에 오스템퍼링 처리한 ADI주철로 해주면 강도가 200MPa 정도에서 1000MPa 정도로 커지므로(비강도는 약 5배) 이론적으로는 살

두께를 1/5 즉, 중량을 1/5로 경량화시킬 수 있다.

◉ 저밀도재료의 사용

자동차 부품은 밀도가 큰 주철에서 Al 합금이나 Mg합금 등 경합금으로의 치환이 진행중에 있다.

예를 들면 스티어링 너클, 브레이크 캘리퍼, 실린더 블록 등에의 Al합금 주조품 적용이 그것이다.

저밀도 재료로의 전환시 가장 큰 문제점은 이들 재료들이 적어도 주철과 동등한 기계적 성질 및 치수, 비용면을 실현시킬 수 있는가 없는가의 여부이다. 예를들어, Ti합금이 사용되면 기계적 성질이나 내식성등은 거의 문제가 되지 않으나 비용이 높아지므로 자동차용으로서는 경주용이나 재료비보다 가공비 쪽이 문제가 되는 특수한 경우밖에 이용할 수 없다. 또 강성이 낮은 재료의 경우 경량화가 된다고 해도 치수가 커져서 곤란할 때도 있다.

2.8 주물의 결함(defect of casting)

주물결함의 원인 및 대책은 표 2.13와 같이 정리할 수 있다.

표 2.13 주물 결함의 원인과 대책

결함의 종류	결함원인	대 책
치수 불량	모형치수의 오차 수축여유, 가공여유 오차 모형의 변형	도면을 정확히 그리고 검사를 엄격히 한다. 주물자 사용에 주의하고, 가공여유를 검토한다. 사용 목재를 검토하고, 충분히 건조한다.
쇳물의 유동 불량	주입온도(저온) 탕구, 쇳물통로의 부적당 공기빼기 불충분 압탕(押湯)의 부족 용탕(溶湯)의 준비 부족 주입속도 부족 형틀 사이의 유출	주물 두께, 형상에 따라 주입온도를 계산한다. 주형 내부에서 쇳물 충동, 공기, 가스의 발생방지 공기빼기를 충분히 한다. 압탕(라이저) 높이와 위치 및 양을 검토한다. 용탕은 20~30% 정도 여유가 있게 준비한다. 도중에 냉각되지 않게 속도를 조절한다. 주형 연결강도 증강과 중추(重錘)를 크게 한다.
슬랙 및 모래 유입	쇳물 입구 불량 쇳물통로 부족 주물사 결합력 부족	쇳물 입구에서 불량 잡물의 유입을 방지한다. 쇳물통로에 개재물(介在物), 잡불순물 분리에 노력한다. 결합력이 부족할 때 점토분을 추가한다.
주물의 표면 불량	목형 표면다듬질 불량 주물사 입도 불균일 다지기 불량 주무사의 소창(燒着) 주형 건조 불량 도형(塗型)·도포(塗布) 불량	모형을 매끈하게 하고, 방수도료(防水塗料)를 칠한다. 적당한 입도를 선정하고, 입도를 맞춘다. 균일하게 고루 다지기 한다. 불량 재질의 모래를 제거하고 신사(新砂)를 첨가한다. 건조 방법에 주의한다. 도형재의 선정, 배합, 도포 방법에 주의한다.
수축공·기공	수분이 많을 때 주입 온도의 과저(過低) 공기빼기 불량, 위치 불량 설계(設計)상 구조 불량	건조(乾燥)를 충분히 한다. 용해온도(溶解溫度)를 상승시킨다. 다지기(ramming) 과도(過度) 방지, 압탕 위치를 적당히 한다. 설계 변경, 압탕 가스빼기를 적절히 한다.
변형·균열	주형·코어의 너무 강함 냉각속도의 과속	코어에 쓰이는 심선은 너무 강하게 하지 않고, 주형은 적당한 강도를 갖게 한다. 주형을 예열(豫熱)하고, 칠(chill)블록이 적당한가 검토한다.

제 3 장 용접(welding)

3.1 용접의 개요

오늘날 산업이 급속도로 발전함에 따라 각종 금속 및 합금의 개발과 함께 그 용도가 다양해져 이에 대한 금속의 접합법도 날로 향상, 발전되어 가고 있다. 그 중에서도 용접은 공업발전에 대단히 중요한 역할을 하고 있을 뿐만 아니라 신뢰성이 있는 가공법이다.

금속을 접합하는 방법에는 기계적 접합과 야금적 접합으로 분류할 수 있다. 기계적 접합은 두 개의 금속을 볼트, 리벳, 키(key) 및 핀(pin) 등으로 반영구적으로 결합하는 방법이며, 야금적 접합은 고체 상태에 있는 두 개의 금속재료를 열이나 압력, 또는 열과 압력을 동시에 가해서 서로 접합시키는 방법으로서, 이를 용접(welding)이라 한다. 해체할 필요가 없는 영구결합 부분에는 강도, 중량의 감소, 작업의 간편 등의 점에서 기계적 접합보다 용접이 훨씬 유리하다. 특히 최근에는 용접기기, 용접봉, 용접기술의 연구개발이 현저하여 공학의 한 분야를 이루었을 뿐 아니라 신뢰성과 경제성도 높아서 과거에 복잡한 형상의 주조품, 단조품도 간단한 부분으로 제작하여 용접하는 등 그 이용도가 점점 확대되어 가고 있다.

3.1.1 용접의 역사(history)

용접의 역사는 오래 전부터 금속을 사용한 역사와 비슷하며, 초기의 단계에서는 단접(forge welding) 또는 납땜(soldering)의 형식으로 사용되어 왔다.

그러나, 근대의 용접기술이 적용되기 시작한 것은 1800년대에 아크(arc)의 발견과 더불어 아크의 열을 이용한 용접 방법이 개발된 이후로 본다.

표 3.1은 주요 용접방법의 개발과 그 역사를 나타낸 것이다.

표 3.1 주요 용접법 개발의 역사

구 분	용 접 방 법	구 분	용 접 방 법
제 1 기 (1885~1902년)	탄소 아크 용접법 전기 저항 용접법 금속 아크 용접법 테르밋 용접법 가스 용접법	제 3 기 (1948~1958)	냉간 압접법 고주파 용접법 일렉트로 슬랙 용접법 이산화탄소 아크 용접법 마찰 용접법 초음파 용접법 전자 비임 용접법
제 2 기 (1926~1936년)	원자 수소 용접법 불활성 가스 아크 용접법 서브머어지드 아크 용접법		

3.1.2 용접의 장 · 단점

(1) 용접의 장점(advantage)

용접의 일반적 특징을 요약하면 ① 자재의 절약과 공정수가 감소되며, ② 성능과 수명이 향상되고, ③ 용접준비 및 용접작업이 비교적 간편하다. 특히 리벳팅(riveting)과 주조(casting), 단조(forging)와 비교하면 표 3.2와 같다.

표 3.2 용접이음의 장점

리벳이음에 비한 장점	주조에 비한 장점	단조에 비한 장점
• 우수한 수밀, 유밀, 기밀성 유지와 공수가 감소된다 • 구조물의 중량을 경감시킬 수 있다 • 재료비, 제작비가 경감된다. • 소음이 적고 높은 이음 효율을 갖는다	• 강도가 크다 • 중략이 경감되고 공수가 감소된다 • 복잡한 구조물 제작에 용이하며, 제작비를 경감시킬 수 있다. • 목형, 주형이 불필요하다	• 공수가 감소된다 • 균열이 감소한다 • 시설비가 저렴하다 • 소량인 경우 제작비가 경감한다

(2) 용접의 단점(disadvantage)

용접은 짧은 시간 내에 고열을 수반하는 복잡한 야금적 접합방법이므로 주의하지 않으면 현저한 재질변화, 변형과 수축, 잔류응력 및 여러 가지의 용접결함이 생기기 쉽고, 지금까지도 미해결된 문제가 많이 남아 있다. 따라서, 용접의 응용에 있어서는 설계, 공작 및 재료에 관한 충분한 지식이 필요하다. 주요 단점을 열거하면 다음과 같다.

① 용접할 때의 급열, 급냉에 의한 수축, 변형 및 잔류 응력이 발생한다.
② 모재가 용접열의 영향을 받아 변형된다.
③ 응력이 집중되기 쉽고 노치(notch)부 등에서 균열이 발생하기 쉬우며, 이 균열이 구조물 전체에 파급하는 수가 있다.
④ 용접부의 품질 검사가 곤란하다.
⑤ 용접사의 기술과 성의에 따라 용접부의 성질이 좌우된다.

3.1.3 용접법의 분류

용접은 2개 또는 여러 개의 금속을 국부적으로 융착시키는 방법으로서, 현재에는 약 80종에 이르는 많은 용접법이 실용화되고 있다. 그 중에서 비교적 중요한 것을 들면 표 3.3과 같다.

(1) 융접

접합하려는 두 금속 부재, 즉, 모재의 접합부를 가열하여 모재만으로, 또는 모재와 용가재를 융합하여 금속을 접합시키는 방법이다.

(2) 압접

이음부를 가열하여 큰 소성 변형을 주어 접합시키는 방법이다.

(3) 납땜

모재를 용융하지 않고, 모재보다 낮은 용점을 가지는 금속 첨가재를 용융시켜 접합하는 방법이다.

표 3.3 용접법의 분류

- 용접법
  - 융접
    - 아크 용접
      - 탄소전극
        - 보호 아크 용접
        - 비피복 아크 용접
      - 금속 전극
        - 피복아크
          - 피복 아크 용접
          - 가스 보호 스텃 용접
          - 서브 머지드 아크 용접
          - 불활성 가스 아크 용접 (TIG 용접, MIG 용접)
          - 원자 수소 용접
          - 이산화 탄소 아크 용접
        - 비피복아크
          - 비피복 스텃 용접
          - 비피복 와이어 용접
    - 가스 용접
      - 산소 아세틸렌 용접
      - 공기 아세틸렌 용접
      - 산소 수소 용접
    - 특수 용접
      - 테르밋 용접
      - 일렉트로 슬랙 용접
      - 전자 빔 용접
  - 압접
    - 단 접
    - 냉간 압접
    - 저항 용접
      - 겹치기
        - 스폿 용접
        - 심 용접
        - 프로젝션 용접
      - 맞대기
        - 플래시 맞대기 용접
        - 업셋 맞대기 용접
        - 방전 충격 용접
    - 유도 가열 용접
    - 초음파 용접
    - 마찰 용접
    - 가압 테르밋 용접
    - 가스 압접
  - 납땜
    - 연납땜 — 인두 납땜
    - 경납땜
      - 가스 납땜
      - 노내 납땜
      - 저항 납땜
      - 퀜칭 납땜
      - 진공 납땜
      - 유도 가열 납땜

3.1.4 용접의 응용(application)

용접의 적용 범위는 매우 넓다고 할 수 있다. 예로서, 선박, 항공기, 차량, 공작 기계, 산업 기계, 압력 용기, 교량, 건축물, 해양 구조물 등 모든 공업분야에 중요한 접합법으로 사용되고 있다. 또한, 산업의 발달로 새로운 공업재료(신소재)가 생 산됨에 따라, 이에 필요한 새로운 용접 기술인 전자 빔 용접, 플라스마 아크 용접, 레이저 빔 용접이 개발되어 현대 과학이 첨단을 걷고 있는 원자로, 우주 개발 산업에 널리 쓰이고 있다.

특히, 전자 산업의 눈부신 발전으로 최근에 산업용 로봇(industrial robot)이 등장하여 산업체에서 로봇을 용접 작업에 이용할 뿐만 아니라, 여러 가지 생산 작업에 로봇을 이용함으로써 공정이 무인화(F・M・S)가 되어 가고 있는 실정이다.

3.2 피복 아크 용접(shielded arc welding)

아크 용접은 용접물과 전극봉 사이에서 아크를 발생시키어 전기 에너지를 열에너지로 바꾸어 그 열을 이용하여 두 개 이상의 금속편을 하나로 접합하는 방법이다.

3.2.1 피복 아크 용접의 원리(principle)

피복 아크 용접은 그림 3.1과 같이 피복 용접봉(coated electrode)과 모재(base metal)사이에 교류 또는 직류 전압을 걸어 그 간극 사이에서 아크를 발생시킨다. 이 아크의 높은 열(500°C)에 의하여 용접봉이 녹으면 금속 증기 또는 용적(globule)으로 되며, 아크열에 의하여 녹은 모재와 융합하여 용접 금속(weld metal)을 만든다. 이 때, 녹은 쇳물 부분을 용융 풀(molten pool), 모재가 녹은 깊이를 용입(penetration)이라 하며, 용접봉이 용융풀에 녹아 들어가는 것을 용착(deposit)된다고 한다. 이 때, 비이드(bead)표면은 용적이 응고함에 따라 작은 물결 모양으로 된다.

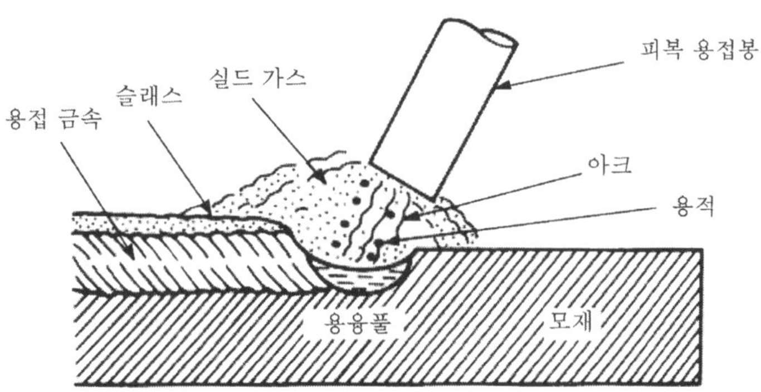

그림 3.1 피복 아크 용접의 원리

용접봉은 비피복 금속 심선(core wire)의 주위에 유기물, 무기물, 또는 두 가지의 혼합물로 만들어진 약간 두꺼운 피복제를 바른다. 이 피복제는 아크열로 분해되어 아크를 안정시킴과 동시에 발생된 가스 또는 슬래스(slag)에 의하여 용융 금속을 외부로부터 보호하여 산화, 질화를 방지하고, 또 화학반응에 의하여 용융 금속이 정련되며, 필요한 원소를 첨가한다. 만일, 피복제가 없는 비피복 용접봉으로 용접하면, 공기의 악영향을 받아 용접부는 여리게(brittle)되므로, 중요한 부재의 용접에는 사용하지 않는다.

3.2.2 아크 용접 회로

피복 아크 용접 회로는 그림 3.2와 같이 용접기(welding machine), 전극 케이블(electrode cable), 용접봉 홀더(electrode holder), 용접봉(electrode), 모재 및 접지 케이블(ground cable) 등으로 이루어져 있다. 용접기에서 발생한 전류가 전극 케이블, 홀더, 아크, 모재 및 접지 케이블을 지나 용접기로 되돌아오는 이 한 바퀴를 용접 회로(welding circuit)라 한다.

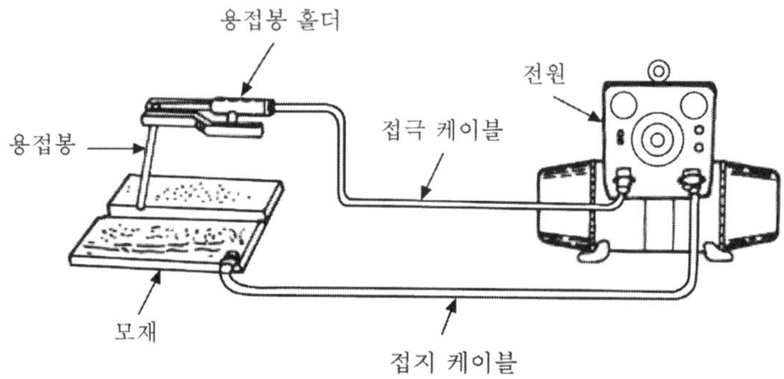

그림 3.2 피복 아크 용접 회로

3.2.3 아크 용접부

아크란, 기체 중에서 일어나는 방전의 일종으로서, 상온에서는 전기의 부도체이나 고온이 되면 그 일부가 음전기를 띤 전자와 양전기를 띤 양이온으로 나누어져 양이온은 음극으로 전자는 양극으로 빠른 속도로 끌려가기 때문에 전류가 흘러 아크 방전이 지속된다. 이 아크는 매우 강한 빛과 열을 발생하므로 육안으로는 직접 아크를 관찰할 수 없다. 그림 3.3은 차광유리로 관찰한 아크 용접부이다.

아크는 아크 코어(arc core), 아크 스트림(arc stream), 아크 플레임(arc flame)의 세 부분으로 나눌 수 있다. 아크 코어와 아크 스트림은 아크의 중심부를 구성한다. 아크 코어는 용접봉과 모재를 직선으로 잇는 아크 중심부로, 비교적 지름이 작고 백색에 가깝게 빛나는 가장 강한 열을 내는 부분이다. 이 아크 코어의 길이를 아크 길이(arc length)라 한다. 이 주위를 둘러싼 비교적 담홍색을 띠고 있는 부분이 아크 스트림이다. 또, 그 바깥쪽은 다시 불꽃으로 싸여 있는데, 이 부분을 아크 플레임이라 한다. 온도가 가장 높은 부분은 아크 코어 부분으로, 보통 3000~5000°C 정도이다. 그러므로 아크 코어를 중심으로 하여 모재가 용융된다.

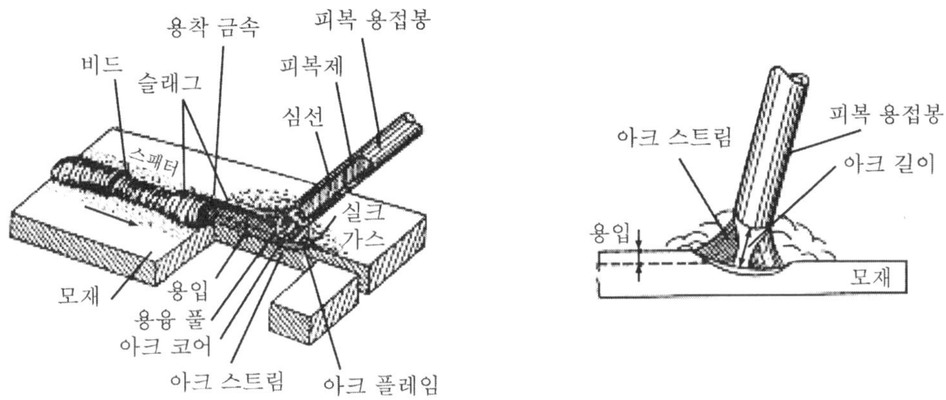

그림 3.3 아크 용접부

3.2.4 극성(polarity)

아크 용접에서 모재와 용접봉은 각기 전극의 역할을 하는데, 모재와 용접봉 중 어느 것을 양극 또는 음극에 연결하느냐에 따라 용접의 성능이 달라진다. 이와 같이, 아크 용접에서 전극에 관련된 성질을 극성(polarity)이라 한다.

극성에는 정극성(straight polarity : DCSP)과 역극성(reverse polarity : DCRP)이 있으며, 이들의 특성을 비교하면 표 3.4와 같다.

3.2.5 아크 블로(arc blow)

용접 중에 아크가 한쪽으로 편향하는 현상이 있다. 이것을 아크 블로(arc blow) 또는 자기 블로(magnetic blow)라고도 한다. 이 현상은 그림 3.4와 같이 모재, 아크, 용접봉에 흐르는 전류에 의하여 그 주위에 발생한 자장이 용접봉에 대하여 비대칭으로 나타내기 때문에 아크가 편향되게 된다. 따라서, 아크가 불안정하게 되어 용락(burn through)이 제 위치에 떨어지지 않는다.

표 3.4

<table>
<tr><th>극성의 종류</th><th colspan="2">전극의 결선상태</th><th>특성</th><th>참고</th></tr>
<tr><td>정극성
(DCSP)</td><td>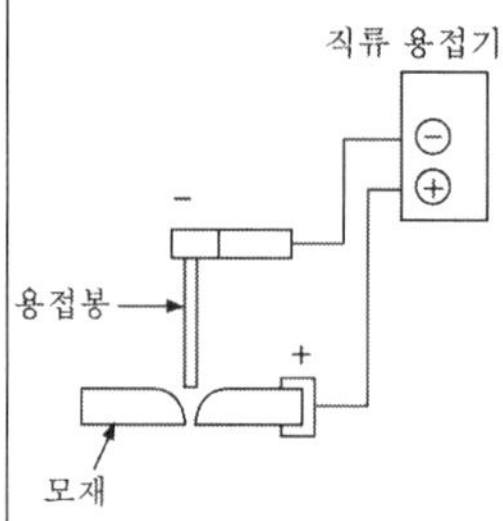</td><td>모재가 ⊕ 극
용접봉 ⊖ 극</td><td>① 모재의 용입이 깊다.
② 봉의 녹음이 느리다.
③ 비드 폭이 좁다.
④ 일반적으로 널리 쓰인다.</td><td>이상의 설명만 가지고는 정극성과 역극성 선택의 기준이 되기 어려운 관계로, 보통 고탄소강 주철, 합금강 기타 역극성 전용 용접봉이 아닌 경우는 정극성으로 하는 것이 상례이다.</td></tr>
<tr><td>역극성
(DCRP)</td><td>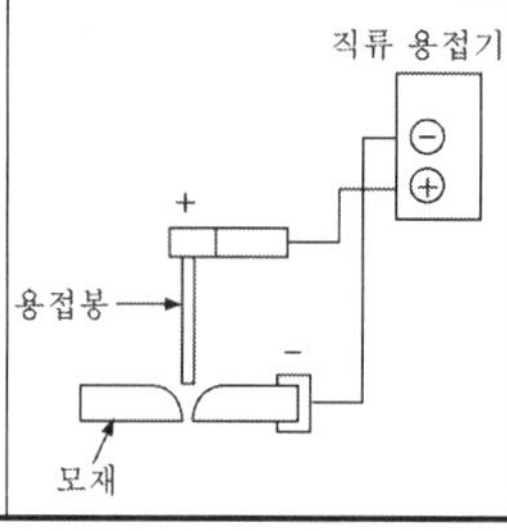</td><td>모재가 ⊖ 극
용접봉 ⊕ 극</td><td>① 모재의 용입이 얕다.
② 봉의 녹음이 빠르다.
③ 비드 폭이 넓다.
④ 박판, 주철, 합금강, 비철금속에 쓰인다.</td><td></td></tr>
</table>

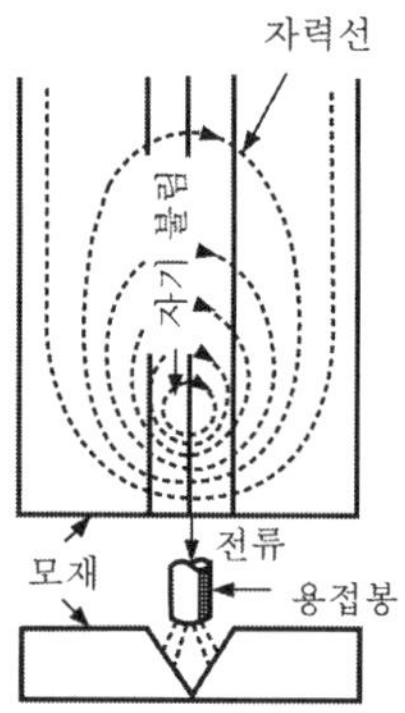

그림 3.4 아크 블로

교류 아크 용접에서는 전류의 방향이 바뀌므로 거의 아크 블로(arc blow) 현상이 일어나지 않지만, 직류 아크 용접에서는 전류의 흐르는 방향이 변하지 않으므로, 비피복 용접봉(bare electrode)을 사용했을 때에 아크 블로 현상이 일어난다.

아크 블로의 방지책은 다음과 같다.

① 직류 전류 대신에 교류 전류를 사용한다.

② 모재와 같은 재료를 용접선의 처음과 끝에 가용접을 한 후 용접한다.

③ 접지점을 용접부에서 멀리한다.

3.2.6 용접입열(weld heat input)

용접부에 외부에서 주어지는 발열량을 용접입열(weld heat input)이라 한다. 피복 아크 용접에서 아크가 용접의 단위길이(1cm)당에 발생하는 전기적 에너지 H는 아크 전압 E(V), 아크 전류 I(A), 용접속도 V(cm/min)라 하면, 용접입열은

$$H = \frac{60EI}{V} \text{ (joule/cm)}$$

로 주어진다. 실제로는 이 전기적 에너지 외에 피복제의 분해에 수반하는 화학적 열에너지가 상술한 전기적 에너지에 가산된다.

피복 아크 용접으로 보통 사용하는 아크 전류는 50~400A, 아크 전압은 20~40V, 아크 길이는 1.5~4mm, 용접속도는 8~30cm / min이다.

3.2.7 용착 현상

용접봉에서 모재로 용융금속이 옮겨가는 상태는 고속카메라를 이용하여 여러 가지로 연구되어 있으나 그림 3.5와 같이 단락형(short circuit type), 스프레이형(spray type), 글로뷸러형(globular type)의 세 가지로 대별한다.

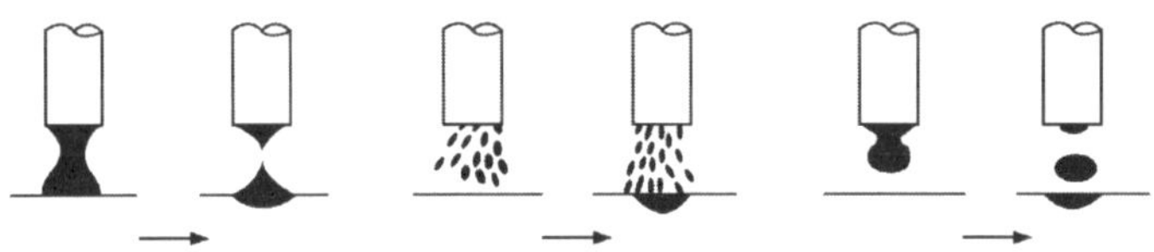

그림 3.5 용융 금속의 이행형식

3.2.8 피복 아크 용접봉(filler metal, electrode)

(1) 아크 용접봉

용접봉은 용접해야 할 모재 사이의 틈(gap)을 채우기 위하여 필요한 것으로서 용가재(filler metal) 또는 전극봉(electrode)이라고도 한다. 금속 아크 용접의 용접봉에는 비피복 용접봉(bare electrode)과 피복 용접봉(covered electrode)이 쓰이는데 비피복 용접봉은 주로 자동이나 반자동 용접에 사용되고, 피복 용접봉은 수동 아크 용접에 이용된다.

심선(core wire)은 용접하는데 중요한 역할을 하는 것으로 용접봉을 선택할 때에는 먼저 심선의 성분을 알아보아야 한다. 심선은 일반적으로 모재와 동일한 재질을 많이 쓰고 있으며, 될 수 있는 대로 불순물이 적은 것이 좋다. 연강 피복 아크 용접봉 심선의 화학

성분은 표 3.5와 같으며, 탄소 외에 규소(Si), 망간(Mn), 인(P), 황(S) 등을 포함하고 있다.

탄소는 되도록 적은 것이 좋다. 탄소가 철에 많이 함유되어 있으면 용착 금속이 단단해지고, 균열이 생기기 쉽다. 한편, 망간은 강의 성질을 좋게 하고 균열이 생기는 것을 방지하며 규소, 인, 황과 같은 유해 성분이 적은 것이 바람직하다. 피복 아크 용접봉의 한쪽 끝은 홀더에 물려, 전류가 통할 수 있도록 심선의 길이를 약 25mm 정도를 피복하지 않고, 다른 쪽도 모재와 접촉하여 아크가 발생하기 쉽도록 약 3mm 이하로 피복하지 않는다.

표 3.5 연강용 피복 아크 용접봉의 심선 성분(KS D 3508)

기호	화 학 성 분 (%)					
	탄소(C)	규소(Si)	망간(Mn)	인(P)	황(S)	구리(Cu)
SWR 11	0.09 이하	0.03 이하	0.35~0.65	0.020 이하	0.023 이하	0.20 이하
SWR 21	0.10~0.15	0.03 이하	0.35~0.65	0.020 이하	0.023 이하	0.20 이하

(2) 피복제의 역할

피복제는 여러 가지 물질을 분말로 한 결합제로서 심선 표면에 피복한 것으로 다음과 같은 역할을 한다.

① 아크를 안정시키고, 대기 중의 산소나 질소의 침입을 막아 용융 금속을 보호 한다.
② 용착 금속의 탈산 및 정련 작용을 하며, 용착 금속의 급랭을 방지한다.
③ 용착 금속에 필요한 원소를 보충하고, 용착 금속의 흐름을 좋게 한다.
④ 용융점이 낮고, 적당한 점성을 가지는 가벼운 슬래그를 만든다.
⑤ 모재 표면에 산화물을 제거하고, 스패터링(spattering)을 적게 한다.
⑥ 용적(globule)을 미세화하고, 용착 효율을 높인다.

(3) 연강용 피복 아크 용접봉의 규격과 특성

① 규 격

연강용 피복 아크 용접봉은 현재 가장 많이 사용하는 것으로 이것에 대하여 충분한 지식을 갖출 필요가 있다. 국내에서는 KS D 7004 - 1980에 자세히 규정되어 있다. 이 규격은 미국 용접협회(American Welding Society, 약칭 AWS)의 규격에 맞추어서, 우리나라 실정에 맞도록 만들어진 것이다. 봉의 종류는 전용착금속의 인장강도, 용접자세 및 피복제의 종류에 따라서 표 3.6에 표시한 9종류로 분류하고, 봉의 기호는 다음 의미를 가지고 있다.

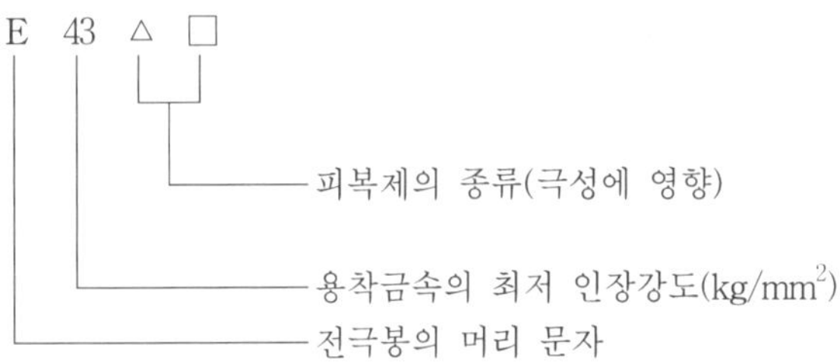

또한, 일본은 E(Electrode의 머리 문자) 대신에 D(Denki)를 사용하며, 최저 인장강도의 단위는 우리나라와 같다. 미국은 우리 나라와 같이 E로 표시하나, 인장강도 43kg/mm^2 대신에 lb/in^2 단위의 6,000psi의 처음의 2자리를 사용하여 E 6001, E 6010 등으로 부른다.

우리나라		일본		미국
E 4301	——	D 4301	——	E 6001
E 4316	——	D 4316	——	E 6016

용접봉의 품질로서 규격에 요구되어 있는 것은 피복제의 계통, 편심률, 심선의 치수, 전용착금속의 기계적 성질(인장시험과 충격시험), 맞대기 이음의 형틀 굽힘시험성적, 필릿용접시험 성적 및 수소시험 성적이 있지만, 이것들은 용접봉의 종류, 치수(심선의 지름) 및 용접 자세에 따라서 적당히 선택하도록 정해져 있다.

② 연강용 피복 아크 용접봉의 종류와 특성은 표 3.7과 같다.

표 3.6 연강용 피복 아크 용접봉의 종류

용접봉의 종류	피복제의 계통	용접 자세	사용 전류의 종류	용착금속의 기계적 성질			
				인장강도 (kg / mm^2)	항복점 (kg / mm^2)	연신율 (%)	충격치(0℃ V샤르피 (kg - m)
E 4301	일미나이트계	F, V, OH, H	AC 또는 DC(±)	43	35	22	4.8
E 4303	라임티탄계	F, V, OH, H	AC 또는 DC(±)	43	35	22	2.8
E 4311	고셀롤로오스계	F, V, OH, H	AC 또는 DC(±)	43	35	22	2.8
E 4313	고산화티탄계	F, V, OH, H	AC 또는 DC(-)	43	35	17	—
E 4316	저수소계	F, V, OH, H	AC 또는 DC(+)	43	35	25	4.8
E 4324	철분산화티탄계	F,H-Fil	AC 또는 DC(±)	43	35	17	—
E 4326	철분저수소계	F,H-Fil	AC 또는 DC(+)	43	35	25	4.8
E 4327	철분산화철계	F, H-Fil	F에서AC또는DC H-Fil에서AC또는 DC(-)	43	35	25	2.8
E 4340	특수계	F, V, OH, H H-Fil의 전부 또는 일부	AC 또는 DC(±)	43	35	22	2.8

(주) (1) 용접 자세에 사용한 기호의 뜻

F : 아래 보기, V : 수직, OH : 위보기, H : 수평, H-Fil : 수평 필릿

(2) 용접전류에 사용한 기호의 뜻

AC : 교류, DC(±) : 직류 양극성, DC(-): 직류봉 - , DC(+) : 직류봉+

표 3.7 연강용 피복 아크 용접봉의 종류와 특성

용접봉의 종류	피복제 계통	작 업 성	용 도
일미나이트계 (ilmenite type)	E 4301	용입이 깊고, 비이드가 깨끗하여, 일반 용접에 가장 많이 사용	조선, 건축, 교량, 차량 및 강구조물
라임티탄계 (lime titania type)	E 4303	용입은 중간 정도이며, 깨끗하고 박판에 좋다.	일미나이트와 같은 용도의 박판용
고셀룰로우스계 (high cellulose type)	E 4311	용입이 깊으며 비이드가 거칠고 스패터가 많다.	슬래그가 적어 배관 공사에 적당
고산화티탄계 (ching titanium type)	E 4313	용입이 얕으며, 슬래그가 적고 인장강도가 크며, 박판에 좋다.	주로 다듬 용접 및 박판용 경구조물
저 수 소 계 (low hydrogen type)	E 4316	스패터가 적으며 유황이 많고 고탄소강 및 균열이 심한 부분에 사용.	기계적 성질이 우수하여 내균열성 및 후판 중 고탄소강에 사용, 특수 운 봉법 사용.
철분 산화 티탄계 (irom powder titania type)	E 4324	스패터가 적으며 비이드가 깨끗하다.	외관이 양호하며 능률이 좋은 용접을 할 수 있다
철분 저 수 소계 (iron powder low hydrogen type)	E 4326	용입은 중간 정도이며, 비이드가 깨끗하다.	기계적 성질 및 내균열성이 대단히 우수, 후판, 중고탄소강,용접에 적합
철 분 산 화 철계 (ironpowder iron oxide type)	E 4327	용입이 깊으며 비이드가 깨끗하고 작업성이 우수하다.	아래보기, 수평 필릿용접 전용, 조선, 건축
특 수 계	E 4340	지정 작업	용도에 따라 다름

(4) 피복 아크 용접봉의 보관

용접봉의 피복제는 규산나트륨, 규산칼륨 등이 피복되어 있기 때문에 습기를 매우 잘 흡수한다. 습기를 흡수하면 용접봉의 성능이 저하될 뿐만 아니라, 아크가 불안정하게 되고 스패터가 증가하며, 용착금속에 균열이 생기고 기계적 성질이 저하된다. 보관 장소는 지면보다 높고 통풍이 잘되는 건조한 장소로서 진동이나 하중에 작용하지 않는 곳이 적당하다.

용접봉을 재건조하는 경우에는 피복제에 건조 균열이 발생한다. 보관할 때에 주위를 하여도 습도가 높은 장소에서는 다소 습기를 흡수하게 되므로, 사용 전에 용접봉 건조기에서 건조시켜야 한다. 보통 용접봉은 70~80℃로, 저수소계는 300~350℃로 30분 내지 1시간 정도 건조하여야 한다.

그림 3.6 용접봉 건조기

3.2.9 피복 아크 용접 작업 기구

(1) 용접봉 홀더(electrode holder)

용접봉 홀더는 그림 3.7과 같이 용접봉의 끝을 고정하여 전류를 케이블에서 용접봉으로 전하는 기구이다.

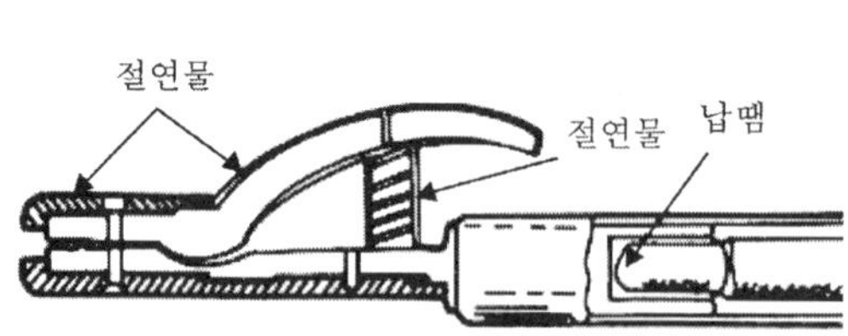

그림 3.7 용접봉 홀더

(2) 용접봉 케이블

용접 작업에 사용되는 케이블에는 전원에서 용접기까지 연결하는 1차측 케이블과, 용접기에서 모재나 홀더까지 연결하는 2차측 케이블이 있다. 1차측 케이블은 별로 움직임이 없어 유연하지 않아도 되나, 2차측 케이블은 작업을 용이하게 하도록 유연성이 있는 캡타이어 전선(지름 0.2~0.5mm의 가는 구리선을 꼬아서 종이로 감고 그 위에 고무피복을 한 것)을 사용한다.(표 3.8 참조)

표 3.8 케이블의 적정 크기

용접기 용량	200[A]	300[A]	400[A]
1 차측 케이블(지름)	5.5[mm]	8[mm]	14[mm]
2 차측 케이블(단면적)	50[mm]^2	60[mm]^2	80[mm]^2

(3) 접지 클램프(ground clamp)

그림 3.8과 같이 접지 클램프는 용접기의 2차측 케이블을 모재에 연결 또는 분리하는 것으로서, 각 접속부의 접속 상태가 불량하면 접점에 저항열이 발생하기 때문에 전기의 소비가 많고, 용접 전류가 감소하므로 아크가 불안정하게 되어, 용접부의 용입이 불량할 뿐만 아니라 다른 결함도 생긴다.

접지 클램프의 조오(Jaw)부분의 재질은 일반적으로 황동 또는, 구리 합금으로 만든다.

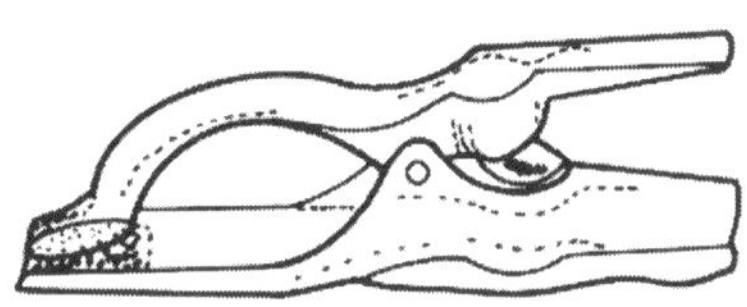

그림 3.8 접지 클램프

(4) 필터 렌즈(Filter lens)

아크 용접시에 발생하는 유해한 광선을 차단하기 위하여 사용되는 유리로서 핸드시일드나 헬멧에 끼워서 사용하며, 차광도는 번호로 나타낸다.

(5) 안전 보호 기구(safety protector)

① 차광막(shade blade)

아크의 강한 유해 광선이 다른 작업자에게 해를 미치지 않게 하기 위하여 필요함

② 장갑(gloves), 팔 덮게(bibs), 앞치마(apron), 발커버(shin cover)등

용접중에 몸을 보호하기 위하여 착용한다.(가죽 또는 석면 등을 사용)

③ 핸드 실드와 헬멧

용접 아크에서 나오는 유해 광선(자외선 및 적외선)과 용접 작업 중에 녹은 금속 입자

가 튀어 나오는 스패터(spatter)로부터 눈, 얼굴, 머리를 보호하기 위하여 그림 3.9와 같은 핸드 실드(hand shield)나 헬멧(helmet)을 사용한다.

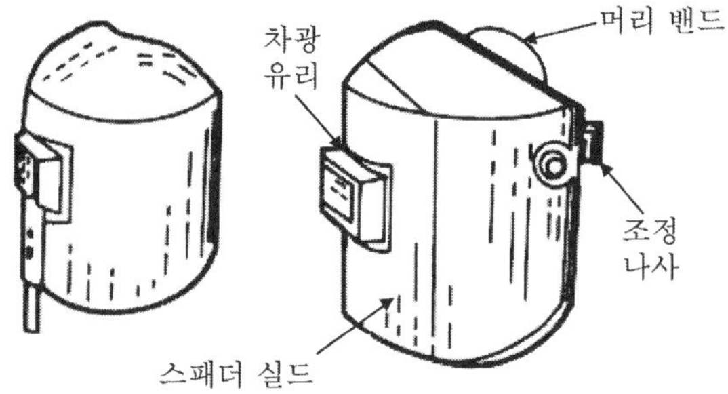

(a) 핸드실드 (b) 헬멧

그림 3.9 핸드 실드와 헬멧

3.2.10 아크 용접기(arc welder)

아크 용접에서 열원을 공급하여 주는 기기를 아크 용접기(arc welder)이라 한다. 아크 용접기는 용접 작업 알맞게 저전압, 대전류가 흐를 수 있도록 제작되어 있으며, 변압기와 달리 두 극을 단락(short circuit)시켜도 전류가 일정 한도 이상으로 흐르지 않도록 제어되어 있으므로, 안정성이 높다.

아크 용접기에서 가장 중요한 것은 아크를 안정시키는 일이다. 용접 초기에는 아크의 안정성이 좋은 직류 아크 용접기(DC arc welder)만 사용하였으나, 용접기와 피복 아크 용접봉의 발달로 교류에서도 아크를 안정시킬 수 있게 되어, 최근에는 교류 아크 용접기(AC arc welder)가 많이 사용되고 있다.

① 직류 아크 용접기(DC arc welder)

ⓐ 발전기 형(generator type)

3상 교류 모터로 직류 발전기를 구동하여 발전하는 방식과 가솔린 엔진이나 디젤 엔진으로 발전기를 구동하여 발전하는 방식이 있다.

ⓑ 정류기 형(rectifier type)

3상 교류 전류를 셀렌(selenium) 또는 실리콘 정류기(silicon rectifier)를 사용하여 직류로 바꾸는 용접기이다. 회전 부분이 없어 무부하 손실이 적고, 소음이 없으며, 보수도 쉽다. 또, 가격도 발전기 형에 비하여 저렴하다. 현재 사용되는 직류 용접기는 대부분 이에 해당한다.

② 교류 아크 용접기(AC arc welder)

교류 아크 용접기는 일종의 변압기라 볼수 있으며, 그 구조가 간단하고 피복용접봉의 품질 개선에 의해 아크의 안전성을 얻게 되었으며, 용접 전류의 조정 방법에 따라 탭 전환형, 가동 철심형, 가동 코일형, 가포화 리액터형으로 분류한다.

ⓐ 탭 전환형 교류 아크 용접기(tapped secondary coil type arc welder)

그림 3.10은 탭 전환형(tapped secondary coil control type) 교류 아크 용접기를 나타낸 것이다. 그림에서 1차 코일 P와 2차 코일 S을 철심 M1, M2에 각각 감은 것으로 용접 전류는 1차 코일과 2차 코일과의 감김수의 비율을 변경시켜 조정하는 방법다. 구조상 넓은 범위의 전류 조정이 곤란하고, 전류의 조정은 탭의 전환 만으로 이루어 지므로 단계적으로 전환하여야 한다.(즉, 2차측의 탭 T를 돌려 2차측의 코일 감김수를 바꾼다.)

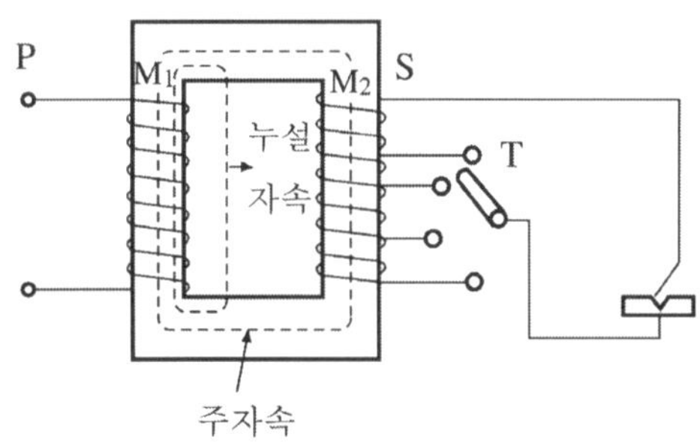

그림 3.10 탭 전환형 교류 아크 용접기

ⓑ 가동 철심형 교류 아크 용접기(movable core type arc welder)

교류 아크 용접기 중에서 가장 널리 사용하고 있으며, 가동 철심형(movable core type) 교류 아크 용접기는 그림 3.11과 같이 변압기 철심 이외에 보조로 상하 또는 좌우로 이동할 수 있는 가동 철심(M3)을 설치하여 이 가동 철심의 위치에 의하여 누설 자속을 가감할 수 있도록 되어 있다. 또, 가동 철심만으로는 전류를 광범위하게 조정할 수 없으므로, 전환 탭을 병용하여 우선 탭으로 전류를 크게 조정하고, 그 후 가동 철심으로 미세한 조정을 한다.

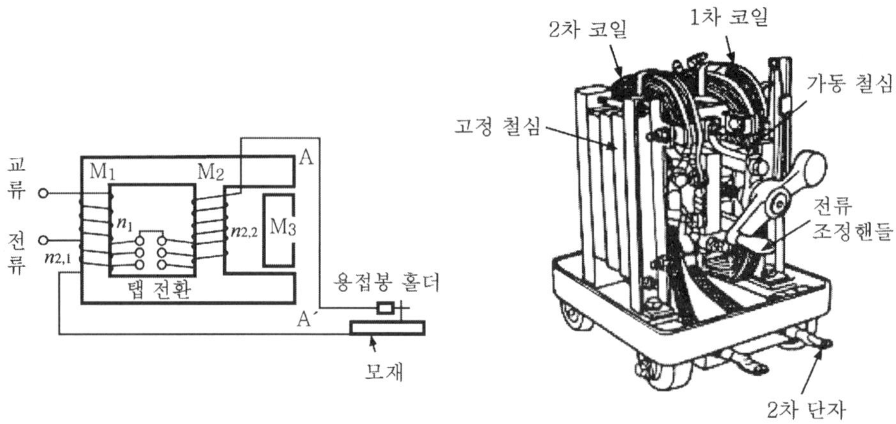

그림 3.11 가동 철심형 교류 아크 용접기

ⓒ 가동 코일형 교류 아크 용접기(moving coil arc welder)

그림 3.12는 가동 코일형(movable coil type) 교류 아크 용접기의 원리를 나타낸 것이다. 용접기 내에 1차 코일과 2차 코일이 있어 그 중에서 하나를 이동시켜 코일 사이의 거리를 자유로이 조절함으로써, 누설 자속에 의하여 전류를 세밀하게 연속적으로 조절하는 형식이다. 이 형식은 아크가 안정되고, 가동 철심형과 같이 진동에 의한 소음이 적다.

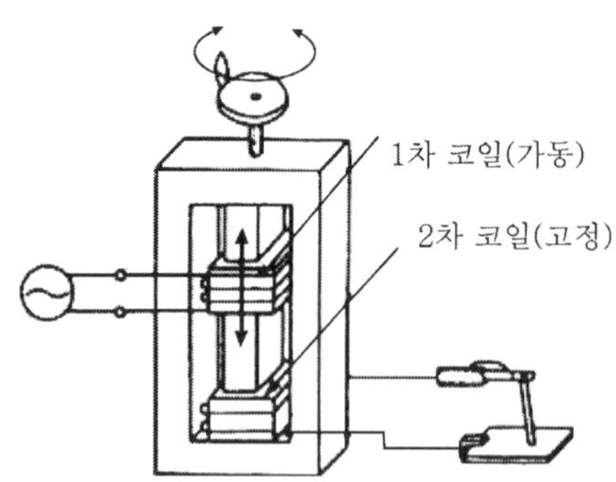

그림 3.12 가동 코일형 교류 아크 용접기의 원리

ⓓ 가포화 리액터형 아크 용접기(saturable reactor arc welder)

그림 3.13은 변압기와 가포화 리액터(saturable reactor)를 조합한 것으로서 직류 여자(excite) 코일을 가포화 리액터 철심에 감아 놓은 것이다. 용접 전류의 조정은 이 직류 여자 전류를 조정하는 것에 의하여 증감한다. 가포화 리액터형은 전류 조정이 용이하고, 전

류 조정을 전기적으로 하기 때문에 가동 철심이나 가동 코일형과 같이 이동 부분이 없으며, 가변 저항을 사용함으로써 용접 전류의 원격 조정이 가능하다. 교류와 직류 아크 용접기를 비교하면 표 3.9와 같다.

표 3.9 직류, 교류 용접기의 비교

비 교 항 목	직류 용접기	교류 용접기
① 아크의 안정	우수	약간불안(1초간 50~60회 극성교차)
② 극성이용	가능	불가능(1초간 50~60회 극성교차)
③ 비피복 용접봉 사용	가능	불가능(1초간 50~60회 극성교차)
④ 무부하(개로)전압	약간 낮음(60V가 상한 값)	높음(70~90V가 상한 값)
⑤ 전극의 위험	적다	많다(무부하 전압이 높기 때문)
⑥ 구조	복잡	간단
⑦ 유지	약간 어려움	쉽다
⑧ 고장	회전기에는 많음	적다
⑨ 역률	매우 양호	불량
⑩ 가격	비싸다(교류의 몇배)	싸다
⑪ 소음	회전기는 많고 정류기는 적다	적다(구동부가 없기 때문)
⑫ 자기 불림방지	불가능	가능(자기 불림이 거의 없다)

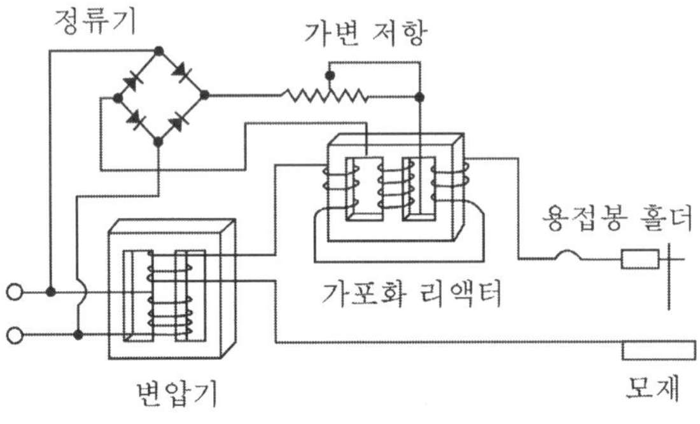

그림 3.13 가포화 리액터형 교류 아크 용접기

3.3 가스 용접(gas welding)

3.3.1 가스용접의 개요.

가스용접법은 가스의 연소에 의하여 발생하는 연소열을 이용하여 용접하는 방법이다. 용접과정 중 용가재들은 용도에 따라 사용되며 용가재를 사용하지 않고 접합시키는 융해용접을 자생용접(autogenous weld)이라고 부른다.

가스 용접에서 사용되는 가스는 아세틸렌, 수소, 프로판, 메탄 등이 있으며, 이들 가스의 선택은 발열량, 화염의 최고 온도, 모재에 대한 화학 반응 등에 따라 결정된다. 이들 중 아세틸렌 가스는 화염 온도가 가장 높고 발열량에 비하여 가격도 저렴하므로 가장 많이 쓰이고 있다.

가스 용접법은 1900년대 초반에 개발된 것으로 토치 안에서 아세틸렌가스와 산소를 혼합하여 태워서 만들어내는 열원을 이용한 것이다. 이 때 발생하는 열은 다음 식과 같이 화학반응으로 발생한다.

$$C_2H_2 + O_2 \rightarrow 2CO + H_2 + \text{반응열}$$

이 화학반응은 아세틸렌을 이산화탄소와 수소로 분해하며 화염에서 총열량의 약1/3을 발생시킨다. 총열량의 2/3를 발생시키는 이차 반응은 다음 식에서처럼 일산화탄소와 수소가 이루어진다.

$$2CO + H_2 + 1.5\,O_2 \rightarrow 2CO_2 + H_2O + \text{반응열}$$

이와 같은 연소과정에서 발생하는 온도는 최고 3300°C(6000°F)에 이른다. 물론 이 과정에서는 수소가 타면서 수증기를 방출한다.

(1) 가스 용접의 원리(principle)

그림 3.14는 가스용접의 원리를 나타낸 것으로서 산소와 아세틸렌가스와의 혼합가스를 토치의 노즐에서 분출, 연소시켜서 고온 (약3000°C)의 가스 불꽃으로 모재와 용접봉을 녹여 용접을 한다.

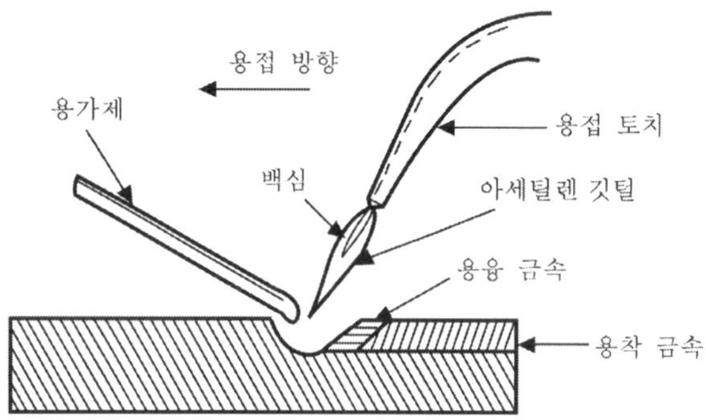

그림 3.14 산소-아세틸렌 가스 용접

(2) 가스용접의 장·단점

① 장점(advantage)

ⓐ 전기가 필요없다.
ⓑ 응용범위가 넓다.
ⓒ 가열할 때 열량 조절이 비교적 자유롭다.
ⓓ 용접장치를 쉽게 설비할 수 있다.
ⓔ 박판 용접이 적당하다.
ⓕ 유해광선의 발생률이 적다.

② 단점(disadvantage)

ⓐ 고압가스를 사용하기 때문에 폭발 화재의 위험이 크다.
ⓑ 용접중에 탄화 및 산화의 가능성이 많으므로 용접부의 기계적인 강도가 떨어진다.
ⓒ 가열범위가 크므로 가열시간이 오래 걸린다.
ⓓ 열을 받는 부위가 넓어서 용접 후의 변형이 심하게 생긴다.

3.3.2 용접용 가스의 종류

(1) 수소

① 수소가스는 아세틸렌가스보다 오래 전부터 사용한 가스이며, 산소-수소의 불꽃은 탄소를 포함하고 있지 않음으로 무색이다.

② 불꽃의 존재를 육안으로 확인하기 곤란하여 불꽃 조정이 매우 어려우므로, 용접 작업 시 특별한 주의를 하여야 한다.

(2) LP 가스

① LP 가스(liquefied petroleum gas)는 석유나 천연 가스를 적당한 방법으로 정제, 분류하여 제조한 것이다.

② 공업용 LP 가스는 프로판(propane, C_3H_8) 외에 에탄(ethane, C_2H_6), 부탄(butane, C_4H_{10}), 펜탄(penthane, C_5H_{12}) 등의 혼합 가스이다.

③ 상온에서 가압하면 쉽게 액화하여 가스 상태의 1/250정도로 압축되므로 간단하게 운반, 저장이 되는 이점이 있다.

④ LP 가스의 성질은 무색, 무취이고 공기보다 무겁다(비중 1.5). 그러나 액체일 때에는 무게가 물의 약 0.5배이다.

(3) 산소(Oxygen, O_2)

① 무색, 무미, 무취의 기체로서 비중 1.105, 비등점 −182℃, 용융점 −219℃로서 공기보다 약간 무거우며, 액체산소는 연한 청색을 띠고 있다.

② 산소자체는 연소하는 성질이 없고 다른 물질의 연소를 돕는 조연성의 기체이며, 모든 원소와 화합시 산화물을 만든다.

③ 타기 쉬운 기체와 혼합시 점화하여 폭발적으로 연소한다.

(4) 아세틸렌(acetylene, C_2H_2)

① 카바이드 성질

ⓐ 순수한 것은 무색 투명하고, 경도가 매우 적으며, 비중(specific weight)은 2.2~2.3이다.

ⓑ 시판되고 있는 것은 불순물이 포함되어 회갈색 내지 회흑색을 띈다.

ⓒ 순수한 카바이드는 이론적으로 1kgf당 348l의 아세틸렌가스를 발생한다.(시판되고 있는 카바이드는 아세틸렌 발생량이 230~280l정도이다).

ⓓ 카바이드를 물과 접촉시키면 쉽게 아세틸렌 가스가 발생하고 백색의 소석회 ($Ca(OH)_2$)가루가 남는다.

$$(CaC_2 + 2H_2O = C_2H_2 + Ca(OH)_2 + 31{,}872\text{cal})$$

② 아세틸렌 가스의 성질

아세틸렌의 구조식은 HC≡CH로서 표시하며 분자 내에 삼중결합을 갖고 있는 불포화 탄화수소이다.

ⓐ 순수한 것은 무색·무취의 기체이다.

ⓑ 인화수소(PH_2), 유화수소(H_2S), 암모니아(NH_3)와 같은 불순물을 포함하고 있어 악취가 난다.

ⓒ 비중은 0.906으로 공기보다 가벼우며 15℃ 1기압에서의 아세틸렌 1*l*의 무게는 1.176g이고, 공기가 충분히 공급되면 밝은 빛을 내면서 탄다.

표 3.10 공기 중에서의 가연성 가스의 발화점과 폭발점과 폭발 범위

가스의 종류	대기압에서의 발화 온도(℃)	폭발 범위 (용량 %)
아세틸렌	305	2.5~100
수 소	400	4.0~75
프 로 판	450	2.2~9.5
부 탄	405	1.9~8.5
에 틸 렌	490	3.1~32

3.3.3 산소-아세틸렌 불꽃

(1) 불꽃의 구성

산소와 아세틸렌을 1 : 1로 혼합하여 연소시키면 그로부터 생성되는 불꽃은 그림 3.15와 같이 다음의 세부분으로 구성된다.

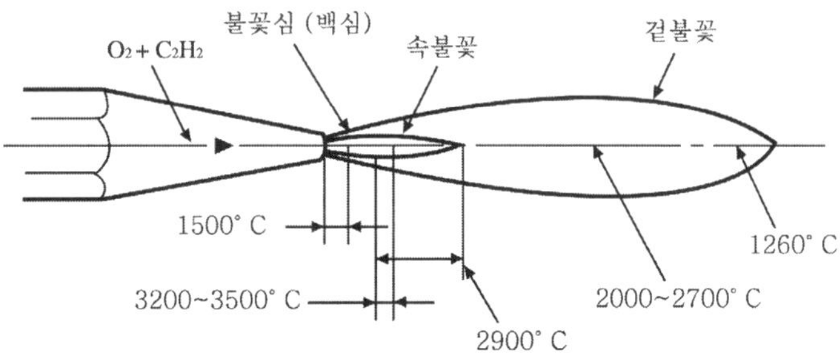

그림 3.15 산소-아세틸렌 불꽃의 구성

(2) 불꽃의 종류

토치에서 아세틸렌만을 분출시키면서 점화하면, 그림 3.16의 (a)와 같이 아세틸렌과잉으로 적황색의 불꽃이 생기며 산소량이 적어 불꽃 끝에서 연기가 난다. 이것에 산소를 공급시키면 그림 (b)와 같이 불꽃의 매연은 없어지고, 불꽃은 푸르스름하게 되어 가며 백심의 끝에 아세틸렌 불꽃이 생긴다. 이 불꽃을 탄화 불꽃(carbonizing flame)이라 한다. 다시 산소를 더 많이 공급하면 그림 (c)와 같이 백색만이 남을 때의 불꽃을 중성 불꽃(neutral flame)이라 하며, 불꽃의 끝은 투명한 청색을 띠고 있다. 산소를 더 많이 공급하면 그림 (d)와 같이 백심이 짧게 되고, 속불꽃이 없어져 백심과 겉불꽃만이 된다. 이 불꽃을 산화 불꽃(oxidizing flame)이라 한다.

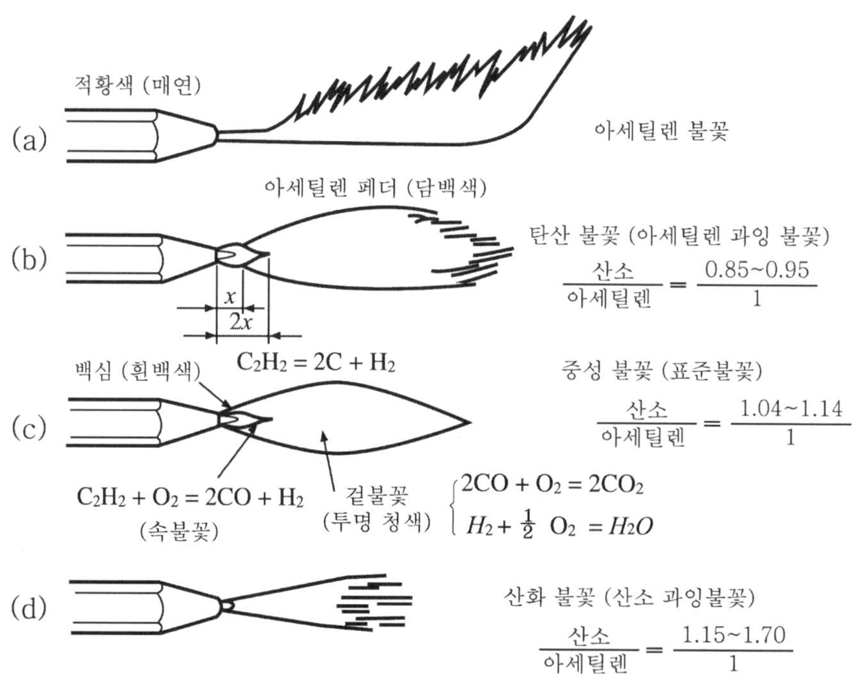

그림 3.16 산소-아세틸렌 불꽃의 형태

표 3.11은 불꽃과 피용접 금속과의 관계를 나타낸 것이다.

표 3.11 불꽃과 피용접 금속과의 관계

불꽃의종류	용 접 할 금 속
중 성 불 꽃	연강, 반연강, 주철, 청동, 알루미늄, 아연, 납, 모네메탈, 은, 니켈, 스테인리스강 등의 용접에 이용(용접에 가장 적합하므로 표준 불꽃이라 한다.)
산 화 불 꽃	황동, 구리, 아연, 등의 용접에 이용(산소의 양이 아세틸렌보다 많아 금속을 산화시키는 성질이 있다. 금속표면에 산화물이 생겨 기화되는 것을 방지한다.)
탄 화 불 꽃	스테인리스강, 니켈강, 모네메탈 등의 용접에 이용.(금속표면에 침탄작용을 일으킴)

표 3.12 산소 - 아세틸렌 불꽃의 온도

산소와 아세틸렌의 비율	불꽃의 형태	온도(℃)	산소와 아세틸렌의 비율	불꽃의 형태	온도(℃)
0.8~1.0	탄화 불꽃	3,000	1.8~1.0	산화 불꽃	3,470
0.9~1.0	탄화 불꽃	3,140	2.0~1.0	산화 불꽃	3,370
1.0~1.0	중성 불꽃	3,240	2.5~1.0	산화 불꽃	3,310
1.5~1.0	산화 불꽃	3,420			

3.3.4 가스 용접장치(equipment)

(1) 산소 – 아세틸렌 용접장치(oxy–acetylene welding equipment)

산소-아세틸렌 용접 장치는 그림 3.17과 같이 산소-아세틸렌가스 용접을 할 때에 필요한 용접 장치로서, ① 용해 아세틸렌 용기(또는 아세틸렌 발생기), ② 산소 용기, ③ 가스관, ④ 용접할 때에 불꽃을 분출하는 토치 등이 있다.

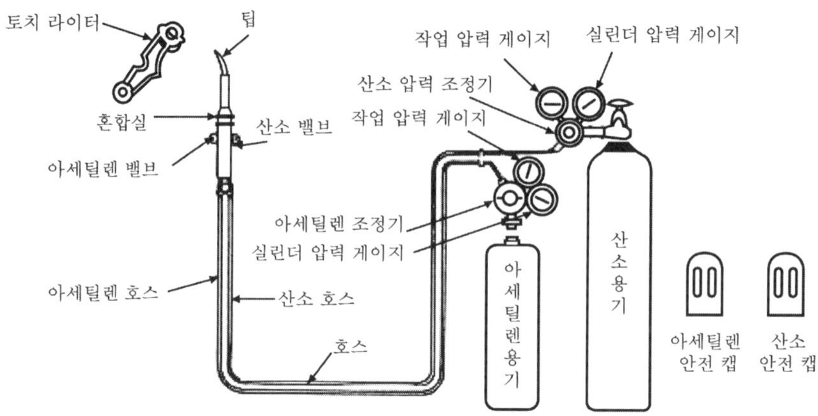

그림 3.17 산소-아세틸렌 용접 장치

(2) 산소 용기(oxygen cylinder)

산소는 원통형의 산소 용기에 35℃에서 150kgf/cm^{2}로 충전되어 있다.(그림 3.18참조). 산소 용기의 크기는 5000*l*, 6000*l*등이 있으며 가장 많이 사용되는 것은 내용적 33.7*l*, 산소 용기 호칭 5000*l*(33.7×150=5055*l*)의 것이다. 산소 용기 밸브(oxygen cylinder valve)는 산소 용기 윗 부분에 끼워져 있다. 밸브에는 산소 밸브를 완전히 열었을 때, 고압 밸브 시트에서 산소가 새는 것을 방지하기 위해 패킹(back seat-ing seal)이 있고, 산소 용기가 파열되기 전에 먼저 파손되어 산소 용기의 파열을 방지해 주는 안전 밸브(safety valve)가 있다.

또, 산소 출구에는 산소 압력 조정기를 연결하는 나사부가 있고, 산소 용기 밸브를 운반 중에 보호하기 위하여 안전 캡(safety cap)을 씌운다.

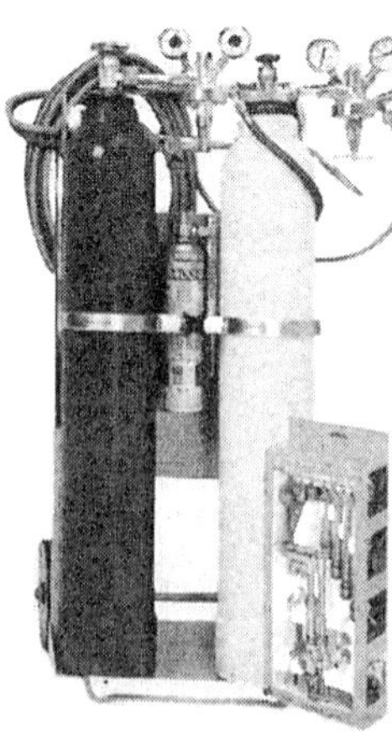

그림 3.18 산소 용기 및 아세틸렌 용기

(3) 용해 아세틸렌 용기

용해 아세틸렌은 산소와 같이 고압 가스 단속법에 의하여 그 제조, 판매, 저장, 취급 등이 엄격히 규정되어 있다. 아세틸렌 용기 속에는 아세톤을 흡수하는 목탄 또는 규조토 등과 같은 다공성 물질이 충전되어 있고, 아세톤에 아세틸렌 가스를 용해하였다.

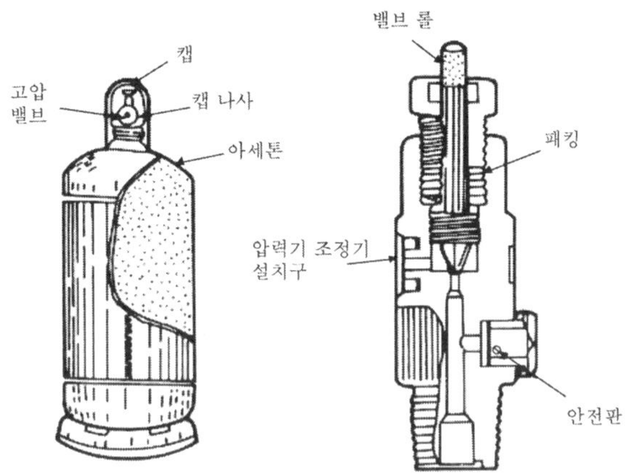

그림 3.19 아세틸렌 용기와 밸브

그림 3.19의 (a)는 용해 아세틸렌 용기의 외관과 절단면을 나타낸 것으로서, 외관은 황색으로 칠해져 있다. 그림 (b)는 아세틸렌 용기의 밸브를 나타낸 것이다.

용해 아세틸렌 용기의 크기는 15, 30, 50l등이 있으며, 보통 30l의 것이 사용된다. 30l의 용기에는 보통 5kgf의 아세틸렌이 용해되어 있으므로, 가스의 용량은 약 4500l이다.

(4) 압력 조정기(pressure regulator)

고압의 산소, 아세틸렌을 용접에 사용할 수 있게 임의의 사용 압력으로 감압하고 항상 일정한 압력을 유지할 수 있게 하는 장치이다(그림 3.20참조).

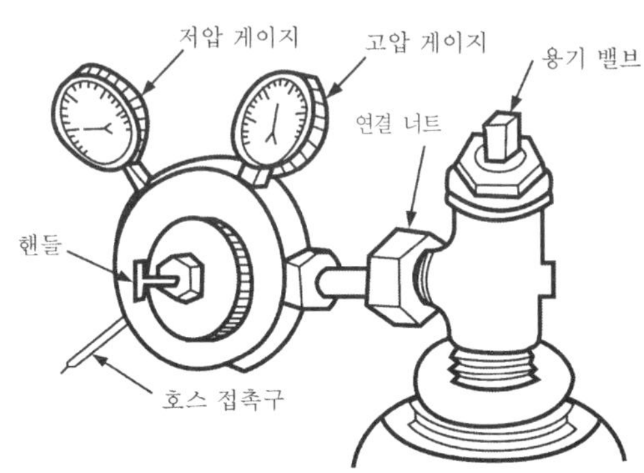

그림 3.20 압력 조정기

① 산소 조정기

산소 용기에 있는 고압의 산소를 용접 작업에 사용할 수 있게 1~5기압(kgf/cm^2)으로 감압한다.

② 아세틸렌 조정기

고압의 아세틸렌을 0.1~0.5kgf/cm^2로 감압한다.

압력 조정기는 용기의 내압을 재는 고압 게이지와 용접에 필요한 압력으로 감압한 압력을 재는 저압 게이지가 있다.

(5) 토치(torch)

가스 용접시 산소와 아세틸렌을 혼합시켜 용접 불꽃을 일으키는 기구를 토치라 하며 용량의 대소에 따라 다음과 같이 나눈다.

① 저압식 토치

아세틸렌의 압력이 0.07kgf/cm^2 이하 되는 것을 사용한다.

② 중압식 토치

아세틸렌의 압력이 0.07kgf/cm^2 이상 되는 것을 사용한다.

또한, 토치의 분출구에 니들밸브가 있는 가변압식(B형, 프랑스식)과 니들밸브가 없는 불변압식(A형, 독일식)이 있다.(그림 3.21참조)

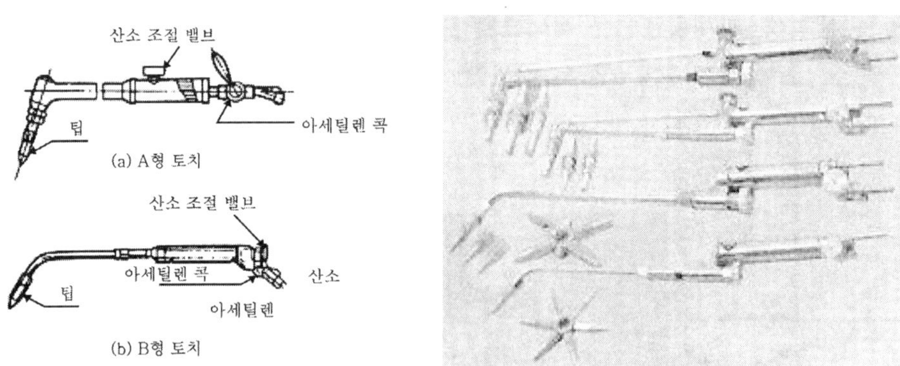

그림 3.21 토치의 구조

③ 팁의 능력

가변압식은 1시간 동안 표준 불꽃으로 용접할 때 아세틸렌의 소비량(l)으로 나타내며 불변압식은 연강판의 용접을 기준으로 해서 팁이 용접하는 판 두께로 나타낸다.

④ 역류, 인화 및 역화

ⓐ 역류

산소가 아세틸렌 호스 쪽으로 흘러 들어가는 것을 역류(contra flow)라 한다. 이는 팁 끝이 막혔거나 안전기가 고장일 때 일어난다.

ⓑ 인화

팁 끝이 순간적으로 막혔을 때 가스의 분출이 나빠 불꽃이 혼합선까지 들어가는 것을 인화(flash back)라 한다. 이 현상이 일어나면 즉시 아세틸렌 밸브를 잠가서 혼합선 속의 불을 끄고 이어서 산소 밸브도 잠근다.

ⓒ 역화

불꽃이 순간적으로 팁 끝에 흡인되어 "펑펑"하면서 꺼졌다가 다시 켜지는 현상을 역화(back fire)라 하며 이 현상은 팁이 과열되었거나 가스의 압력과 유량이 부적당할 때 생긴다.

(6) 가스관

가스관은 산소 또는 아세틸렌 용기나 발생기에서 토치까지 가스를 보내는데 사용되는 파이프나 고무 호스를 말한다. 산소용 고무 호스의 인장 강도는 아세틸렌용 고무 호스의 약 10배가 되며, 호스를 색으로 구별하기 위하여 산소용은 흑색 또는 녹색, 아세틸렌용은 적색으로 표시한다. 호스의 지름은 보통 토치에는 7.9mm정도, 소형 토치에는 6.3mm 정도를 사용하며, 길이는 3~5m를 표준으로 한다(그림 3.22참조).

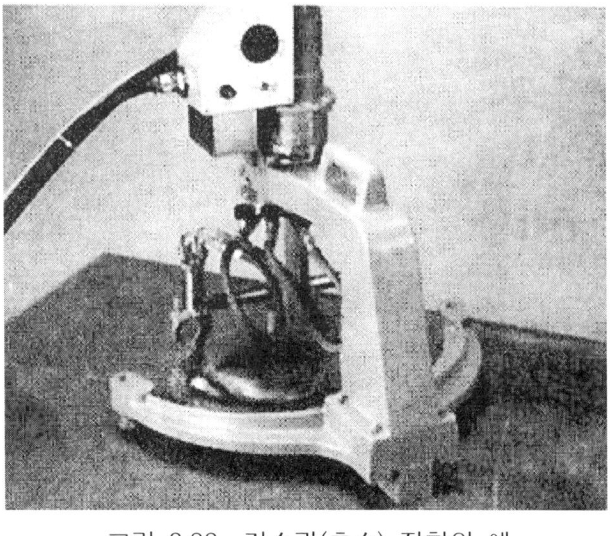

그림 3.22 가스관(호스) 장착의 예

3.3.5 가스 용접봉과 용재

(1) 가스 용접봉(gas welding rod)

종래에는 가스 용접봉을 중요시하지 않았으나, 최근에는 가스 용접에서 용착 금속은 모재와 같은 재질의 것을 얻도록 하는 것이 원칙이므로 매우 중요하다 할 수 있다.

용접봉의 성분은 보통 모재와 같거나 또는 용접 중에 산화 소실되기 쉬운 원소를 보충하고, 용융 금속의 유동성을 양호하게 하며, 작업을 용이하도록 한다.

연강용 가스 용접봉은 KS D 7005에 종류 및 특성을 규정하고 있다. 그 중에서 GA 46, GB 43 등의 숫자는 용착 금속의 인장 강도가 46kgf/mm^2, 또는 43kgf/mm^2 이상인 것을 나타내고, SR는 응력 제거한 것, NSR는 응력 제거를 하지 않은 것을 나타낸다.(표 3.14 참조)

가스 용접에 사용되는 용접봉의 표준 지름은 1~6mm이며, 판의 두께와 토치의 용량에 따라 알맞은 지름의 것을 택해야 한다.

표 3.14 연강용 용접봉의 종류와 기계적 성질(KS D 7005)

용접봉의 종류	시험편의 처리	인장 강도 (kgf/mm^2)	연신율 (%)
GA 46	SR	46 이상	20 이상
	NSR	51 이상	17 이상
GA 43	SR	43 이상	25 이상
	NSR	44 이상	20 이상
GA 35	SR	35 이상	28 이상
	NSR	37 이상	23 이상
GA 46	SR	46 이상	18 이상
	NSR	51 이상	15 이상
GA 43	SR	43 이상	20 이상
	NSR	44 이상	15 이상

표 3.15 연강의 판 두께와 용접봉의 지름(단위 : mm)

모재의 두께	2.5 이하	2.5~6.0	5~8	7~10	9~15
용접봉의 지름	1.0~1.6	1.6~3.2	3.2~4.0	4~5	4~6

(2) 용제(flux)

금속을 가열하게 되면 공기 중의 산소나 질소로 산화나 질화 작용이 일어나 산화물이 생겨서 모재와 용착 금속과의 융합을 방해하게 된다.

이와 같이, 용접 중에 생성된 산화물과 유해물을 용융시켜 슬래그로 만들거나, 산화물의 용융 온도를 낮게 하기 위하여 용제를 사용한다.

용제에는 분말 또는 용접봉 표면에 피복한 것도 있다. 분말로 된 것은 물이나 알코올에 개어서 용접봉이나 용접 홈에 그대로 칠해서 사용하고, 액체는 용접봉에 묻혀서 사용한다.

가스 용접에서 연강 용접 때에는 용제를 필요로 하지 않는다. 그 이유는 표준 불꽃을 사용하면 환원성 분위기가 되어 산화철 자신이 어느 정도 용제의 작용을 하기 때문이다. (표 3.16 참조)

표 3.16 각종 금속 용접에 사용되는 용제

용접 금속	용 제
연강	사용하지 않는다.
주철	탄산나트륨 15%, 붕사 5%, 중탄산나트륨 70%
구리 합금	붕사 75%, 염화리듐 25%
알루 미늄	염화나트륨 30%, 염화칼륨 45%, 염화리듐 15%, 플루오르화칼륨 7%, 황산칼륨 3%

(3) 가스 용접봉과 모재와의 관계

용접봉의 지름은 모재 두께에 따라 다음 식에 의하여 구한다.

$$D = T/2 + 1$$

여기서

D : 용접봉 지름

T : 판 두께

3.4 특수 용접

3.4.1 특수 아크 용접

피복 아크 용접은 피복 용접봉을 사용하기 때문에 큰 전류를 사용할 수 없고 용접봉의 길이가 한정되어 있어 용접 도중에 교체하여야 하므로 작업 능률이 떨어진다. 또한, 공업의 발달로 용접할 재료가 다양해지고, 작업의 능률도 향상시킬 수 있는 용접법이 필요하게 되었다.

이와 같은 요구에 따라 개발된 용접법이 특수 아크 용접이다.

(1) 불활성 가스 아크 용접(inert gas shielded arc welding)

① 불활성 가스 아크 용접의 원리(principle)

아르곤(Ar), 헬륨(He) 등 고온에서도 금속과 반응하지 않는 불활성 가스의 분위기속에서 텅스텐 또는 금속선을 전극으로 하여 모재와의 사이에서 아크를 발생시켜 용접하는 방법이다(그림 3.23참조).

불활성 가스 아크 용접은 불활성 가스를 사용하므로, 용접부가 대기로부터 차단되어, 보다 강하고 전연성과 내식성이 풍부한 이음을 얻을 수 있다. 또한, 용제(flux)를 이용하지 않으므로 용접 후의 청정 작업도 필요없어 경제적이며, 용접 작업 중에 스패터나 유해 가스의 발생이 거의 없다.

불활성 가스 아크 용접은 거의 모든 금속에 적용되며, 특히 스테인리스강, 알루미늄과 그 합금, 마그네슘과 그 합금, 니켈과 그 합금의 용접에 널리 이용되고 있다.

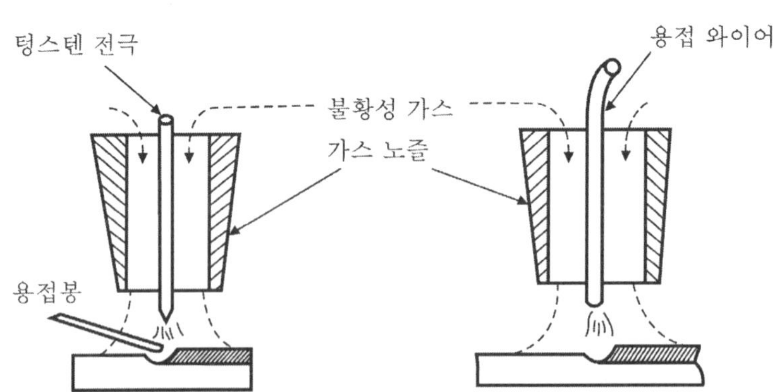

그림 3.23 불활성 가스 아크 용접의 종류

② 불활성 가스 아크 용접의 종류(classification)

ⓐ 불활성 가스 텅스텐 아크 용접(tungsten inert gas arc welding, TIG용접)

TIG용접은 용접 전극으로서, 거의 소모되지 않은 텅스텐 봉을 사용하며, 용접봉은 별도로 공급한다.

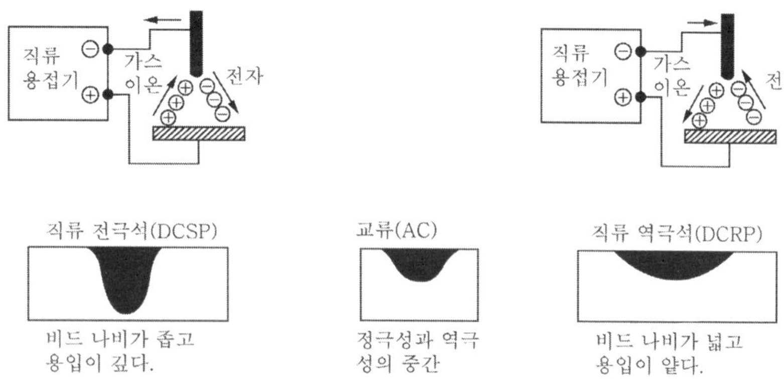

그림 3.24 불활성 가스 텅스텐 아크 용접의 구성

텅스텐 봉과 모재 사이에서 아크를 발생시켜 여기에 불활성 가스가 토치에서 분출되어 나오고 용가제인 용접봉을 아크 열로 용해시켜 용접하는 방법으로 주로 0.6~3mm의 얇은 판에 사용된다.

TIG 용접에서는 용접 전류로서 직류와 교류가 이용되고 있으며, 직류를 사용할 때에는 정극성(DCSP)과 역극성(DCRP)의 극성에 유의해야 한다. 정극성에서는 모재의 용입이 깊으며, 역극성에서는 용입이 넓고 얕아지고, 교류 용접의 용입은 정극성과 역극성의 중간 정도이다.(그림 3.24참조)

ⓑ MIG용법(metal inert gas arc welding)

용가제인 금속봉과 모재 사이에 아크를 발생시키고 전극 와이어를 연속적으로 보내어 용접한다. 주로 3mm 이상의 판재에 사용하여 반자동식과 자동식이 있다.

③ 불활성 가스 아크 용접의 특징(characteristcs)

ⓐ 산화, 질화 등을 방지할 수 있다.

ⓑ 청정효과에 의해 용제를 사용하지 않고 용접 가능

ⓒ 열의 집중이 좋아 용접 능률이 높다.

ⓓ 용착부는 연성, 강도, 기밀성 및 내열성이 우수하다.

ⓔ 아크가 극히 안정되고 스패터가 적다.

참고사항

◉ **정극성**

전자가 전극으로부터 모재쪽으로 흐르므로 전자가 모재에 강하게 충돌하며 깊은 용입을 일으킴

◉ **역극성**

전자가 전극을 향하고 가스 이온이 모재 표면에 넓게 충돌하므로 용입은 넓고 얕아짐

(2) 서브머지드 아크용접(submerged arc welding)

① 서브머지드 아크 용접의 원리

서브머지드 아크용접은 용접아크를 석회, 실리카, 망간산화물, 칼슘불화물 등으로 이루어진 미세한 입상의 용제(flux)로 덮는다. 용제는 그림 3.25에서 보여주는 것과 같이 노즐을 통해 중력으로 용접부에 공급한다. 두꺼운 층으로 된 용제는 융해된 금속을 완전히 감싸주고 아크가 흐트러지는 것을 막아준다. 따라서 서브머지드 아크용접에서는 복사열이나 연기가 많이 나지 않는다. 또한 용제는 보온재 역할을 하며 피용접물에 열이 깊이 침투할 수 있도록 도와주는 역할도 한다. 용접공은 장갑을 끼어야 하나 안전 색안경을 제외하고는 안면보호구를 착용하지 않아도 된다.

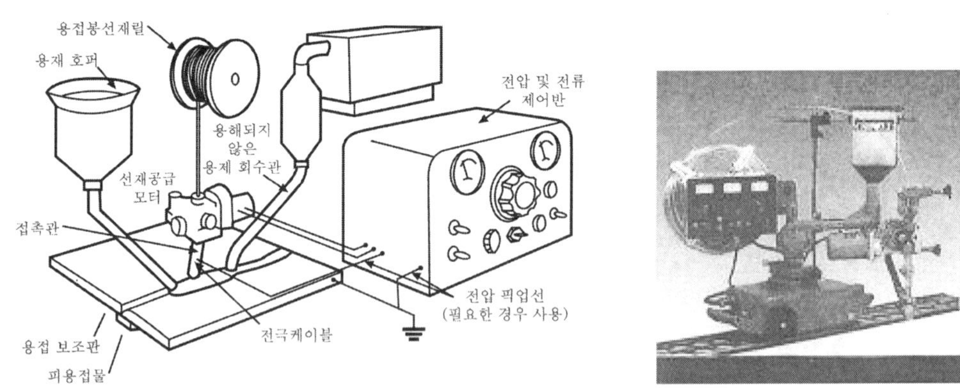

그림 3.25 서브머지드 아크 용접 공정의 개략도와 용접 장치

소모성 용접봉은 피복되지 않은 직경 1.5 내지 10mm인 봉재의 코일로 주어지며 용접건(welding gun)의 관을 통해 자동공급이 가능하다. 전원의 전류는 대개 600에서 2000A이며 교류나 직류 모두 사용이 가능하다. 용제는 자중에 의해 공급되므로, 서브머지드 아

크 용접은 평판이나 수평방향으로서의 용접에 국한되는 것이 보통이다. 관용접에서는 원주상의 용접도 가능하며, 이 경우에는 원관을 회전시키며 용접을 수행한다. 사용되지 않은 용제는 회수하여 재사용한다. 용접의 성능은 아주 우수하여 용접부위의 인성과 연성이 높고 기계적인 성질 또한 균일한 것이 특징이다. 서브머지드 아크용접의 생산성은 매우 높아서 피복금속아크 용접에 비해 한 시간에 4배에서 10배에 이르는 용접금속을 용착시킬 수 있다.

② 서브머지드 아크 용접의 특징 및 적용(application)

이 방법은 용제 속에서 용접하므로 용융 금속의 산화나 질화가 방지되고, 특히 균일하게 비드(bead)가 형성되므로 고품질이며, 외관이 매우 우수한 이음을 얻을 수 있다. 또, 용제는 보통 상태에서는 전기 부도체이나 용융되면 도체가 된다. 그러므로 대전류를 와이어에 흐를 수 있게 하며, 또 열의 발산도 방지되므로 수동용접에 비하여 매우 능률이 높다. 이 용접이 가장 널리 적용되는 공업 분야는 조선, 제관, 교량, 차량 등이며, 이밖에 철골 구조, 가스 터빈, 대형 전동기 등에도 쓰인다.

(3) 이산화탄소 아크 용접(CO_2 gas shielded arc welding)

① 이산화탄소 아크 용접의 원리

이산화탄소 아크 용접은 그림 3.26과 같이 이산화탄소로 용접부를 보호하면서 용접을 하는 방법이다.

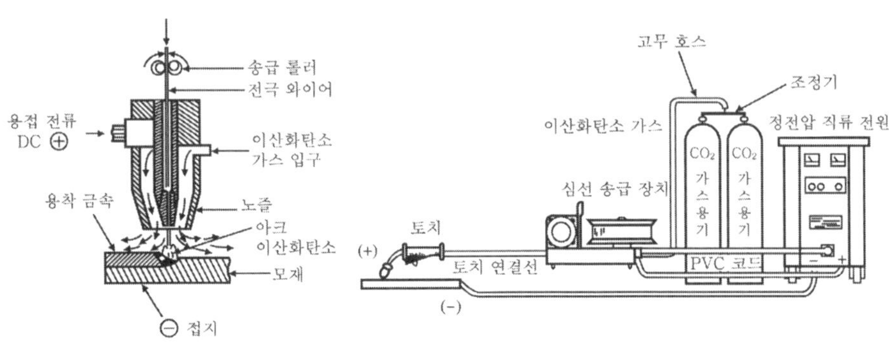

그림 3.26 이산화탄소 아크 용접

② 이산화탄소 아크 용접의 특징

이 용접법은 철강 용접에 한하지만, MIG용접과 같이 와이어의 지름에 비하여 비교적 대전류를 사용하므로 용입이 깊고, 또 가스의 가격이 저렴하기 때문에 경제적이다.

이산화탄소를 사용한 강재 용접에서는 공기(산소와 질소)의 영향은 거의 받지 않지만, 이산화탄소가 고온에서 일산화탄소와 산소로 해리되어 용착 금속을 산화시킴으로 전극 와이어에 탈산제를 첨가하는 방법 등으로 산화를 방지하여 양질의 용접 금속을 얻는다.(Mn-Si계 와이어 사용) 이 용접은 교량, 철도 차량, 전자 기기, 자동차, 조선, 건축 등에 많이 사용되고 있다.

(4) 플라즈마아크 용접(plasma-arc welding)

1960년대에 개발된 플라즈마아크 용접에서는 집중된 플라즈마아크를 만들어 용접부에 쏘아 주는데, 이 때 발생한 아크는 안정되며 최고 33,000°C(60,000°F)의 고온에 도달한다. 플라즈마는 거의 동수의 전자와 이온으로 합성된 이온화된 고온가스이다. 플라즈마는 저전류를 이용한 파일로트 아크를 이용하여 텅스텐 전극과 오리피스(orifice)사이에서 시작된다. 다른 공정과는 달리 플라즈마아크는 비교적 좁은 오리피스를 통과하므로 아크가 집중된다. 용접전류는 보통 100A미만이나 특별한 작업에서는 이보다 높게 사용한다. 용가재를 사용할 때에는 텅스텐 아크용접에서와 마찬가지로 아크 내로 이를 공급한다. 아크와 용접부는 아르곤, 헬륨, 또는 혼합가스로 보호한다.

플라즈마아크 용접에는 두 가지 종류가 있다. 그림 3.27(a)에 주어진 전달식 아크 용접(transferred-arc welding)에서는 피용접물이 전기회로의 일부분이 된다. 따라서 아크는 전극으로부터 피용접물로 직접 전달된다. 그림 3.27(b)의 비전달식 아크용접(nontransferred arc weleding)에서는 전극과 노즐 사이에 아크를 발생시키고 열은 플라즈마가스에 의해 피용접물로 전달된다.

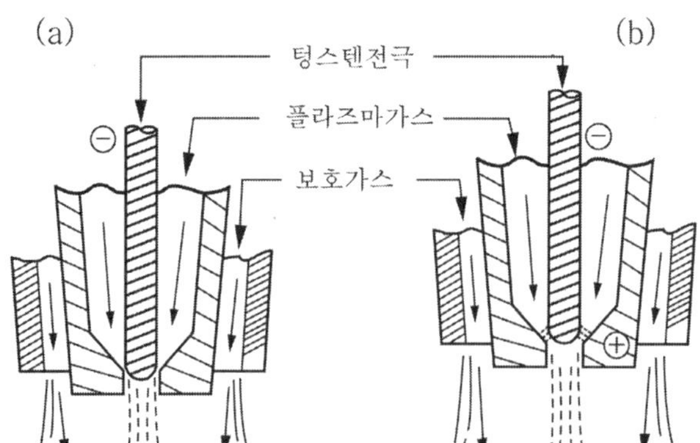

그림 3.27 두가지 형태의 플라즈마이크 용접

다른 아크용접방식에 비해 플라즈마아크 용접법은 에너지를 집중시킬 수 있어서 용입이 깊고 좁으며, 아크안전성이 좋고 2-16mm/s의 높은 용접속도를 가능케 하는 장점이 있다. 이 용접에 적합한 모재는 스테인리스강, 탄소강, 티탄, 니켈 합금, 구리 등이다.

참고사항

◉플라즈마

기체 분자는 매우 높은 온도로 가열하면 원자 상태로 분해(해리)된다. 특히, 고온 상태에서는 강렬한 열운동 때문에 이들 원자는 전자와 양이온으로 나누어진다(열전리). 고온의 기체원자의 대부분은 (−)의 전자와 (+)의 양이온으로 전리되어 도전성을 띄게 된다.

이와 같이 전자와 양이온이 혼재하여 도전성을 띤 기체를 플라즈마(plasma)라 하며, 고체, 액체, 기체 다음의 제 4의 물리 상태로 알려져 있다. 현재에는 종래의 아크에 비하여 10~100배의 에너지 밀도를 가지므로, 고온 플라즈마가 발생되어 이열원을 이용하여 각종 용접이나 절단에 사용한다.

3.5 기타 최신 용접법

3.5.1 일렉트로 슬래그 용접(electro slag welding)

(1) 일레트로 슬래그 원리(principle)

일렉트로 슬래그 용접(electro slag welding)은 용접의 일종으로 아크열이 아닌 와이어와 용융 슬래그 사이에 통전된 전류의 저항열(주울열)을 이용하여 용접한다. 용접 원리는 그림 3.28과 같이, 용융 상태에 있는 슬래그 속에서 용접 와이어와 모재와의 사이에 대전류를 통했을 때 발생하는 저항열을 이용하여 와이어와 모재를 녹여 접합한다.

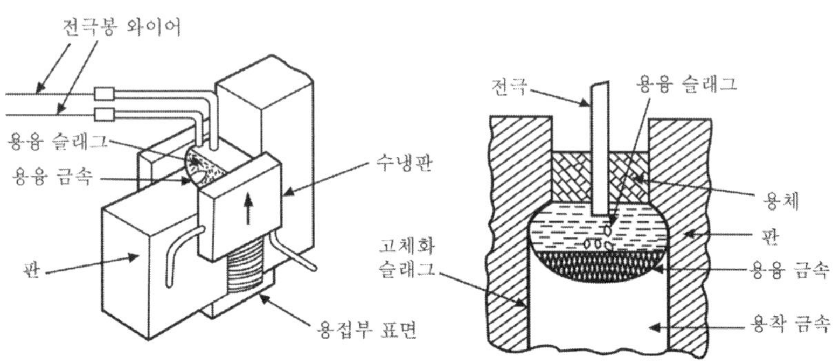

그림 3.28 일렉트로 슬래그 용접

용접할 때에 용융 금속과 용융 슬래그가 흘러 나오지 않도록 수냉식 미끄럼판을 서서히 위쪽으로 올리면서 와이어를 연속적으로 공급하여 용접을 하기 때문에 마치 주조하는 것과 같이 용접이 되고, 단층 상진 용접법이라고도 한다. 이 용접에서 저항열은 처음부터 발생하는 것이 아니고, 용제 공급장치로부터 미끄럼판과 모재 사이에 공급된 용제에 전류를 통하면 순간적으로 아크가 발생된다.

(2) 일렉트로 슬래그 용접의 적용(application)

일렉트로 슬래그 용접은 두꺼운 판 용접에 가장 적합한 것이다.(용접범위 50~900mm 이상의 두께를 한번에 용접할 수 있다.) 종래에 두꺼운 판을 아래보기 자세로 서브머지드 아크 용접을 하던 것을 용접 홈 가공을 하지 않은 상태에서 수직 방향의 일렉트로 슬래그 용접을 하면 준비 시간, 용접 시간, 용접 경비, 용접 공정수 등을 1/3~1/5정도로 감소 시킬수 있다. 일반적으로 60mm 이하의 판 용접에는 서브머지드 용접이 유리하고 그 이상은 일렉트로 슬래그 용접이 효율적이다.

또, 피복 아크 용접과 비교하면 아크 시간(arc time)은 4~6배의 능률 향상을 가져오며, 경제적인 면에서도 준비 시간을 포함하여 1/2~1/4의 경비 절약이 된다. 이 용접은 정밀을 요하는 복잡한 홈 가공이 필요없으며 직각 가스 절단 그대로의 I형 홈이면 된다.

용접속도는 0.2~0.6mm/s 정도이며 용접성이 뛰어나 중장비, 원자로 용기의 중구 조물 강판 용접에 사용된다.

3.5.2 전자 빔 용접(electron beam welding)

(1) 전자 빔 용접의 원리(principle)

전자 빔 용접(electron beam welding)은 그림 3.29와 같이 진공 속에서 발생된 고속의 전자 빔(electron beam)을 모재를 향해 충돌시켜 그 때에 생기는 충돌 발열을 이용하여 모재를 접합하는 방법이다. 1960년대에 개발된 전자 빔 용접은 용접 표면이 서로 평행하며 깊고, 좁은 곳을 매끄럽고, 열 영향부가 적도록 용접할 수 있다.

(2) 용접 장치

전자 빔 용접 장치(equipment)는 전자 빔을 발생하는 ① 전자 빔 건(electron beam gun)과, ② 가공품을 올려 놓는 가공대(carriage)가 진공실 속에 밀폐되어 있으며, 두 가지를 진공실 밖에서 자유로이 구동 제어하고, 용접은 설치된 감시창을 통하여 가공물을 관찰하면서 진행한다.

오늘날 전자 빔 용접이 각광을 받게 된 이유는 고진공 속에서 용접을 하기 때문에 산화 작용이 잘 일어나는 재료도 용접할 수 있고, 전자 빔을 집중시키므로 고용융재료인 텅스텐, 몰리브덴 등도 용접할 수 있기 때문이다. 또, 에너지 집중이 가능하기 때문에 얇은 판재(0.05mm)에서 두꺼운 재료(300mm)까지 광범위하게 고속 용접이 가능하다.

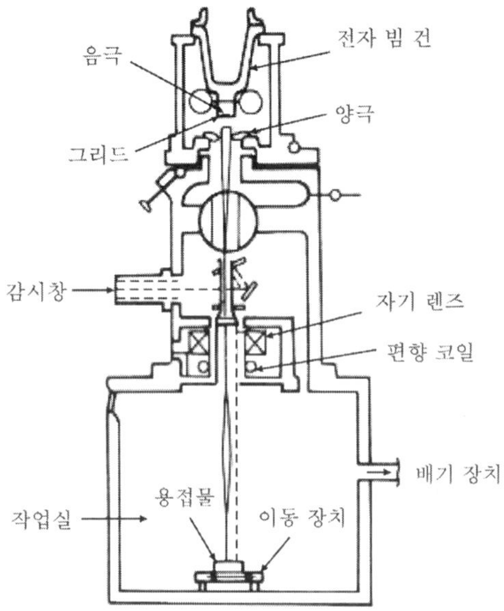

그림 3.29 전자 빔 용접

3.5.3 테르밋 용접(thermit welding)

(1) 테르밋 원리(principle)

미세한 알루미늄 분말(Al)과 산화철(Fe_2O_3, Fe_3O_4)의 혼합물(이것을 테르밋제, thermit mixture라 한다)을 도가니 안에 넣고, 그위에 과산화바륨과 마그네슘의 혼합분말로 된 점화제(ignitor)를 얹어 놓고 점화하면 다음 식에 의한 강렬한 발열반응(테르밋 반응)이 생겨서 약 2800℃의 순수한 용융철과 알루미늄으로 변환된다.

$$8Al + 3Fe_3O_4 \rightarrow 9Fe + 4Al_2O_3 + 719.3kcal$$

이 테르밋 반응을 이용하여 철강을 용접하는 방법 테르밋 용접(thermit welding)이라 한다. 실제로는 용융금속의 품질과 성질을 조정하기 위하여 테르밋제에는 다른 금속원자나 탈산제를 배합하고 있다. 점화제로는 과산화바륨 마그네슘을 혼합한 분말을 사용한다. 이 방법에서는 테르밋 반응의 결과 도가니 안에서 얻는 2800℃의 쇳물을 도가니 밑에서 그림 3.30과 같이 미리 이음의 주위에 만들어진 주형 내에 주입하여 홈을 용착한다. 용접

홈은 800~900℃이상으로 예열하여 용융금속과 모재의 용합을 촉진한다.

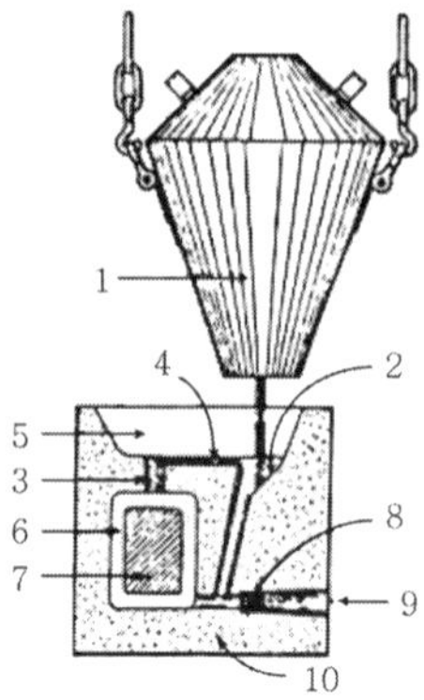

그림 3.30 테르밋 용접의 원리

(2) 테르밋 용접의 적용(application)

테르밋 용접은 철강 계통으로 주로 레일, 차축, 선박의 선미 프레임(stern frame), 큰 지름의 부조품이나 단조품 등에 사용된다.

(3) 테르밋 용접의 특징

① 용접 작업이 단순하며, 기술 습득이 용이하다.

② 용접용 기구가 간단하여 설비비가 싸고, 또 이동도 할 수 있다.

③ 용접 시간이 짧고, 용접 후 변형이 적다.

④ 용접 이음부의 홈은 가스 절단한 그대로도 좋고, 특별한 모양의 홈을 필요로 하지 않는다.

3.5.4 전기 저항 용접(resistance welding)

(1) 전기 저항 용접의 원리(principle)

저항용접(resistance welding)은 용접부에 대전류를 직접 통전하고, 이것에 의해서 생긴 주울(Joule) 열을 열원으로 하여 접합부를 가열하고, 동시에 큰 가압력을 주어서 금속을 접합하는 방법이다(그림 3.31참조).

저항용접에서는 용접할 금속 자체에서 발생하는 저항열을 이용하는 점에서 가스용접이나 아크 용접과는 근본적으로 다르다. 가스나 아크에서는 열원의 온도가 일정하지만,저항용접에서는 일정한 온도의 열원이 없고, 용접부가 적정온도로 되느냐 안되느냐는 용접 제요소에 따라서 정하는 것이며, 저항용접의 곤란 여부는 이 점에 있다. 일반적으로 금속에 전류를 통하면 다음 식의 줄(Joule)열을 발생한다.

$$Q = 0.24I^2Rt(cal)$$

여기서

Q : 발생열(cal)

I : 전류(A)

R : 전기 저항(Ω)

t : 시간(sec)

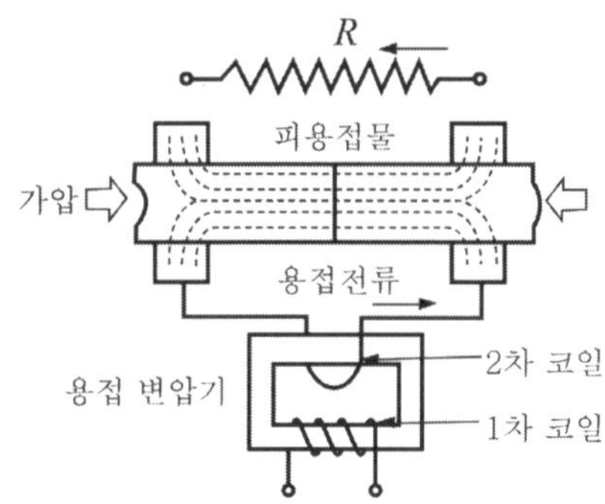

그림 3.31 저항 용접의 원리

용접부의 온도는 이 발생열과 열 방산의 차에 따라서 결정된다. 저항 용접의 결과에 영향을 끼치는 가장 중요한 요인으로는 용접 전류, 통전 시간, 가압력 등이며, 이를 저항 용접의 3대 요소라 한다.

(2) 전기 저항 용접의 종류(classification)

전기 저항 용접의 종류는 용접 방법에 의하여, 표 3.17과 같이 분류한다.

표 3.17 전기 저항 용접의 분류

- 저항 용접
  - 겹치기 저항 용접
    - 스폿 용접
    - 시임 용접
    - 프로 젝션 용접
  - 맞대기 저항 용접
    - 업셋 용접
    - 플래시 용접

① 스폿 용접(spot welding)

스폿 용접은 저항 용접 중에서 가장 널리 사용되는 것이다. 구리 합금으로 된 전극 팁(electrode tip) 사이에 접합할 금속판을 겹쳐 놓고, 알맞은 가압 방법으로 가압하면서 전류를 통한다. 전류는 전극 팁을 통해 집중력으로 흘러 접촉부를 용해하며, 가압력에 의해 접합이 된다. 이때, 접합면의 일부는 녹아 바둑알 모양의 단면으로 접합되는데, 이 부분을 너깃(nugget)이라 한다. 전류를 차단하면 용접부는 냉각하여 응고한다. 이때, 통전 시간은 재료에 따라 다르다.(그림 3.32참조)

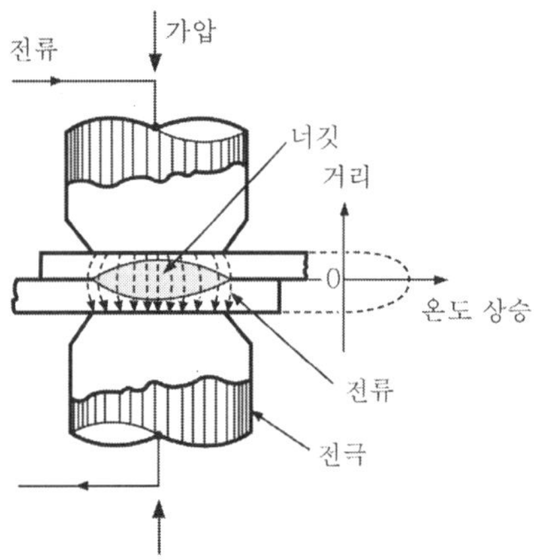

그림 3.32 스폿 용접기

② 심 용접(seam welding)

심 용접은 그림 3.33과 같이 회전 롤러 전극 사이에 두 장의 판을 끼워서 가압 통전하고 전극을 회전시켜 판이 이동되면서 연속적으로 선 모양으로 용접이 된다. 즉, 스폿 용접에서 사용되는 전극을 회전하는 휠(wheel) 또는 롤러(roller)로 대치한 것이다.

심 용접의 용접 조건은 롤러 전극의 접촉 면적이 넓기 때문에 점 용접에 비해 용접 전류를 1.5~2.0배, 가압력은 1.2~1.6배 정도로 한다.

심 용접은 주로 기밀, 수밀을 필요로 하는 탱크의 용접이나 자동차 부품, 판이음에 널리 이용되고 있다. 심 용접에 적용되는 모재는 탄소강, 알루미늄 합금, 스테인리스강, 니켈 합금 등이며, 용접이 가능한 판 두께는 보통 0.2~0.4mm 정도이다.

그림 3.33 심 용접기

③ 프로젝션 용접(projection welding)

프로젝션 용접은 스폿 용접과 거의 비슷한 것으로 그림 3.34에 나타낸 것과 같이 제품의 한쪽 또는 양쪽에 작은 돌기(projection)를 만들어 이 부분에 용접 전류를 통하면서 압접하는 방법이다. 프로젝션 용접은 점 용접과 달리 여러 점을 동시에 용접하기 때문에 능률이 매우 좋고, 돌기부의 형상을 잘 이용하면 견고한 이음을 얻을 수 있다.

이 용접은 프레스 가공품, 봉재, 선재, 파이프, 볼트, 너트나 단조품, 기계 가공품 전반에 걸쳐 널리 이용된다.

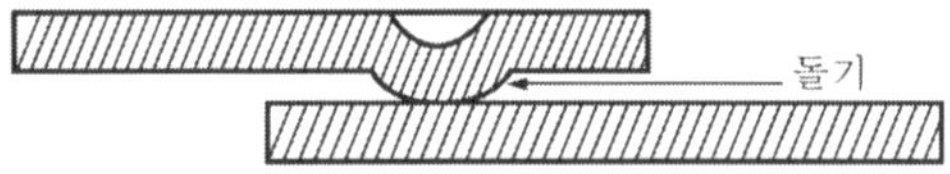

(a) 용접 전

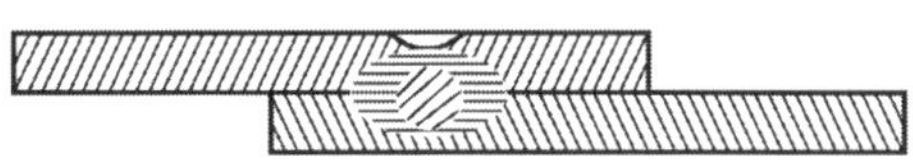

(b) 용접 후

그림 3.34 프로젝션 용접

④ 업셋 용접과 플래시 용접

업셋 용접(upset welding)은 그림 3.35와 같이 모재의 단면을 서로 맞대어 가압하면서 전류를 통하면 용접부는 접촉 저항에 의해서 발열된 다음, 고유 저항에 의해서 더욱 온도가 높아져 용접부가 압접 온도에 으르게 된다. 이 때, 모재를 축 방향으로 가압하게 되면 용접된다.

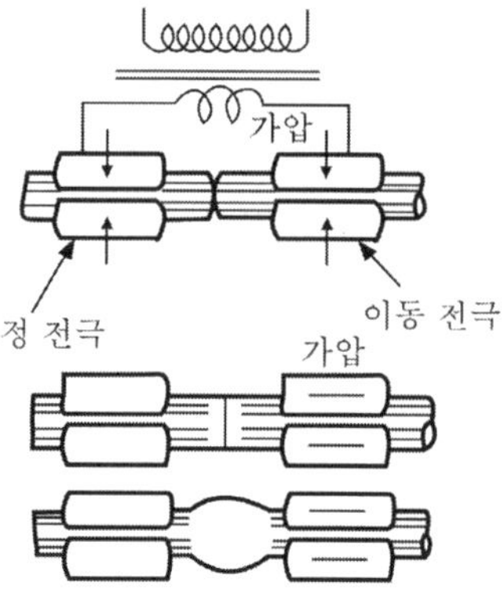

그림 3.35 업셋 용접

플래시 용접의 원리는 그림 3.36과 같다. 피용접재를 각각 고정 전극(stationary elec trode)과 이동 전극(movable electrode)에 고정한 후에 금속 단면을 가볍게 접촉시켜 여기에 대전류를 통하여 접촉점을 가볍게 집중적으로 가열한다. 접촉점은 가열, 용융되어 불꽃으로 흩어지나 그 접촉이 끊어지면 다시 용접재를 내보내어 항상 접촉과 불꽃 비산을 반복시키면서 용접면을 고르게 가열하여 적당한 온도에 도달하였을 때 강한 압력을 주어 압접을 한다.

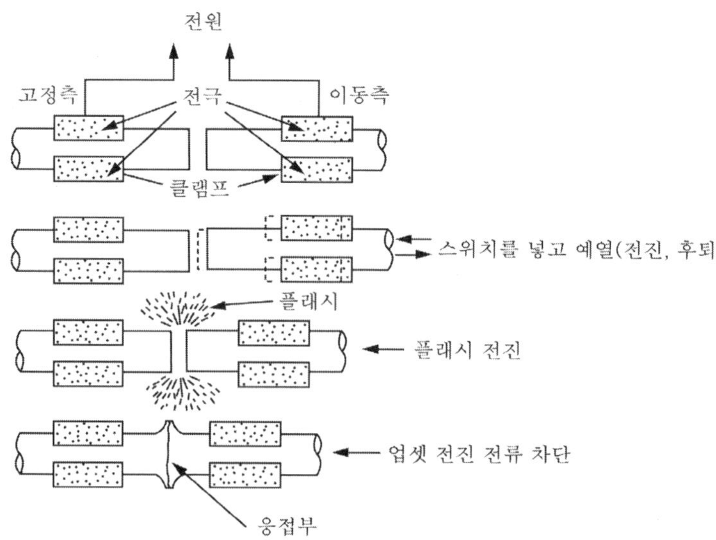

그림 3.36 플래시 용접의 원리

3.5.5 마찰 용접(friction welding)

(1) 마찰 용접의 원리(principle)

용접하는 두 재료를 마찰 용접기에 물려 한쪽은 고정시켜 두고 다른 한쪽을 2,000 r.p.mm정도의 고속으로 회전, 마찰시키면 그 마찰면이 접합에 충분한 온도에 도달한다.(1,200°C 내외). 이때, 순간적으로 회전을 멈추면서 강력한 기계힘으로 접합시키는 새로운 개념의 고상압접(固相壓接) 방식이다(그림 3.37참조).

(2) 마찰용접의 적용(application)

마찰 용접은 자동차 부품, 항공기, 섬유 기계 부품, 공작 기계 부품, 각종 밸브, 공구류 등에 널리 사용된다(그림 3.38참조).

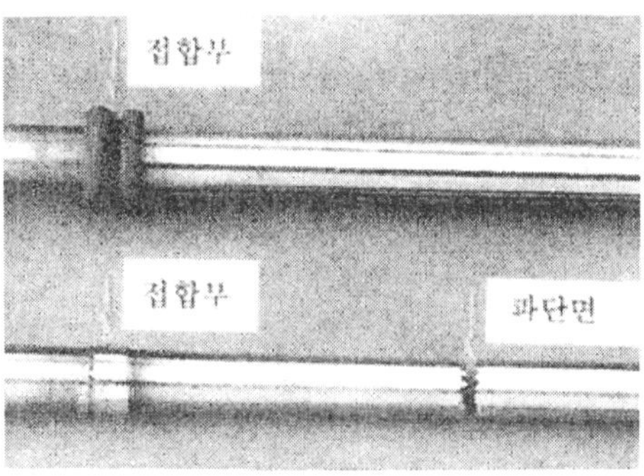

그림 3.37 마찰 용접

그림 3.38 마찰 용접 적용예

3.5.6 레이저 빔 용접(laser-beam welding)

레이저 빔 용접은 용접에 필요한 열원으로 집중된 고출력 단색광(단일파장)을 이용한다. 빔은 에너지밀도가 높으므로 용접물에 깊이 침투할 수 있으며 용접물에 정확하게 초점을 맞추어 직접 전달될 수 있다. 따라서 이 공정은 특히 좁고 깊은 접합부를 용접하는데 적합하다.

레이저 빔 용접은 두께 25mm까지의 재료에 다양하게 사용되며 특히 얇은 재료에 효과적으로 사용된다. 용접속도는 40mm/s으로부터 얇은 금속에 대해서는 1.3m/s정도까지 가능하다. 이 공정 자체의 특성 때문에 접근할 수 없는 위치에 대해서도 용접할 수 있다. 레이저빔 접합은 용접성이 뛰어나며 적은 양의 수축과 비틀림, 그리고 깊이대 폭비가 최대 30 : 1인 경우에도 사용가능하다. 그러나 전자빔용접에서와 마찬가지로 깊이대 폭비가 크므로 접합부의 중심을 따라 균열을 일으킬 수 있는 단점이 있다.

전자빔 용접에 비해 레이저 빔 용접의 주요 장점은 다음과 같다.

① 레이저빔은 공기를 통과할 수 있으므로 진공이 필요치 않다.

② 레이저빔은 여러 가지 모양으로 만들 수 있고 직진성과 광학적으로 초점을 맺을 수 있기 때문에 공정을 쉽게 자동화할 수 있다.

③ 레이저빔은 X선을 배출하지 않는다.

④ 용접부의 품질이 우수하며 불완전한 융해나 구멍 또는 기공이 생기는 경향이 적다.

3.5.7 초음파 용접(ultrasonic welding)

초음파 용접에서는 두 용접부재의 접촉면은 일정한 수직력과 진동하는 전단력을 받게 된다. 전단응력은 그림 3.39와 같이 초음파가공에 쓰이는 것과 유사한 트랜스듀서의 선단부(팁)에 의해 가해진다. 진동주파수는 일반적으로 10kHz에서 75kHz정도이며, 이보다 높거나 낮은 진동주파수도 쓰일 수 있다. 작업에 필요한 에너지는 결합될 재료의 두께와 경도에 따라 증가한다. 따라서 효율적인 공정을 위해서는 음향봉(sonotrode) 이라고 불리우는 트랜스듀서와 팁간의 적절한 결합이 매우 중요하다. 이와 같은 장치는 고상주파수변환기(solid-state frequency converter)와 같이 사용된다.

전단응력은 횡운동을 일으키고, 피용접물 접촉부에서 소성변형을 일으키며 산화막과 오염물을 제거하여 좋은 접촉과 강한 접합을 이룬다. 용접부위의 온도는 접합되는 금속 융점온도의 1/3이나 1/2정도까지(절대온도로) 도달한다. 그러므로 용융이나 융해과정은 수반되지 않으나 때로는 용접부의 금속적인 성질을 바꿀만큼 높은 온도에 다다르기도 한다.

초음파 용접 공정은 신뢰성이 높고 다양하게 사용된다. 이 공정은 이종 금속을 포함해서 다양한 금속과 비금속 재료의 용접에 널리 쓰인다. 따라서 박판, 호일, 얇은 선재 등의 겹치기 용접과 호일들을 이용한 패키징 등 전자산업에 광범위하게 쓰인다. 구조물의 심용접의 경우에는 용접팁을 회전하는 원판으로 대체할 수 있다.

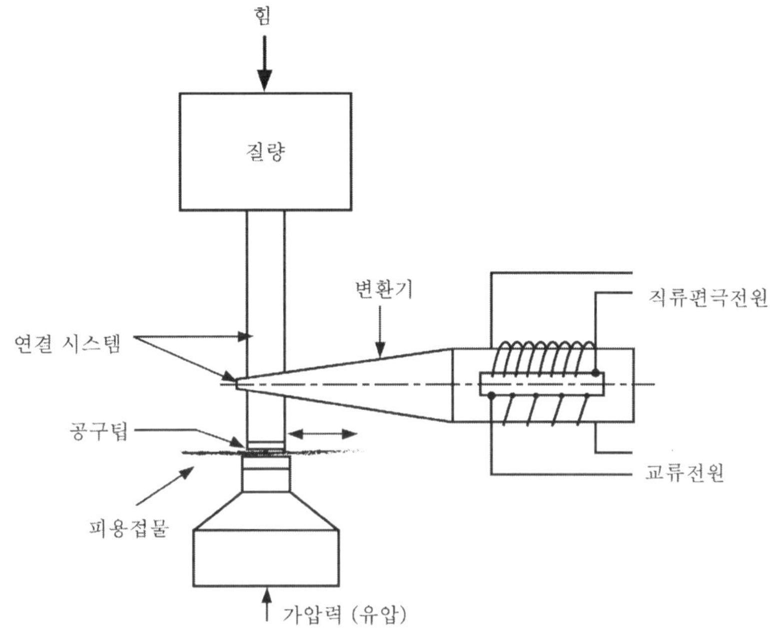

(공구팁의 좌우진동에 의한 소성 변형이 피용접물의 경계면에 접합을 이루어 줌)

그림 3.39 맞대기 용접에 사용되는 고주파 용접장치

3.6 절단법(cutting method)

3.6.1 절단의 원리(principle of cutting)

(1) 가스 절단(gas cutting)

산소는 그 자체가 연소하지 않으나 다른 물질이 연소하는 것을 돕는 성질을 가지고 있다. 산소-아세틸렌가스 절단(oxy-acetylene gas cutting)은 이 성질을 이용하여 철강을 연소시켜 절단하는 방법이다. 즉, 강의 일부를 가열(약 1000°C)하여 그 부분에 산소를 분출시키면 강은 연소하여 산화철을 생성한다. 이 산화철을 산소 분출력에 의하여 밀어내면 절단이 된다(산화철의 용융 온도 1350°C). 절단이 되려면 다음 조건이 구비되어야 한다.

① 금속의 산화 연소하는 온도가 그 금속의 용융 온도보다 낮을 것
② 연소되어 생긴 산화물의 용융 온도가 그 금속의 용융 온도보다 낮고 유동성이 있을 것
③ 재료의 성분 중 연소를 방해하는 원소가 적을 것 등이다.

(2) 아크 절단(arc cutting)

아크 절단은 아크열을 이용하는 절단법으로 모재를 용융시켜 절단하는 물리적인 방법이다. 이 방법은 가스 절단에 비하여 절단면이 매끄럽지 못하지만, 가스 절단이 곤란한 금속을 절단할 수 있는 장점이 있다. 압축공기나 산소기류를 이용하면 보다 능률적으로 절단할 수가 있다.

절단법을 분류하면 표 3.18과 같다.

표 3.18 절단법의 분류

- 절단법
  - 아크 절단
    - 공기 탄소 아크 절단
    - 탄소 아크 절단
    - 불활성 가스 아크 절단(TIG 절단)
    - 금속 아크 절단
    - 플라즈마 아크 절단
    - 피복 아크 절단
  - 가스 절단
    - 금속 분말 절단
    - 산소 아세틸렌 가스 절단
    - 산소 프로판 가스 절단
    - 산소창 아크 절단
    - 산소창 절단
  - 기타 절단
    - 전자 빔 절단
    - 레이저 빔 절단

3.6.2 절단 토치(cutting torch)

절단 토치는 예열용 아세틸렌의 압력을 기준으로 하여 저압식(0.07kgf/cm^2이하)과 중압식(0.07kgf/cm^2이상)으로 분류하며, 내부구조도 다소 다르다.

(1) 저압식 절단 토치

그림 3.40의 (a)와 같이, 산소와 아세틸렌을 혼합하여 예열용 가스를 만드는 부분과 고압의 산소만을 분출시키는 부분으로 나눈다. 또, 토치 끝에 붙어 있는 팁은 그림 (b)와 같이, 두 가지의 가스를 이중으로 된 동심원의 구멍으로부터 분출하는 동심형의 것과 각각 별개의 팁으로부터 가스를 분출하는 이심형이 있다.

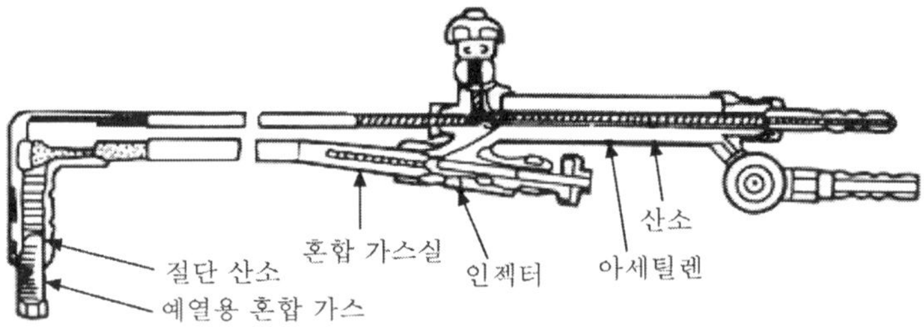

(a) 저압식 토치

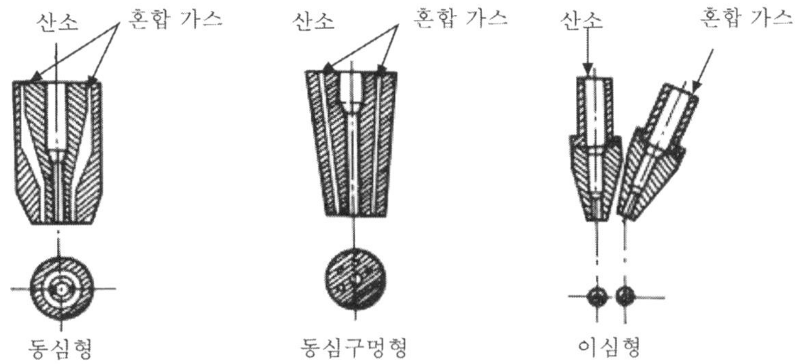

(b) 팁의 모양

그림 3.40 절단 토치

동심형(concentric type) 팁은 전후 좌우로 직선이나 곡선을 자유로이 절단할 수 있어서 널리 사용되고 있다. 이심형(ecentric type)은 예열 팁과 절단 팁(산소만 분출)이 분리되어 있어 작은 곡선의 절단은 어려우나 직선 절단에는 능률적이고, 절단면은 아름다우나 자동 절단기의 발달로 최근에는 거의 사용하지 않는다.

(2) 중압식 절단 토치

과거에는 저압식 토치를 많이 사용하였으나, 최근에는 중압식 토치를 많이 이용하고 있다. 그림 3.41과 같이 예열 산소와 아세틸렌의 혼합이 팁에서 이루어지는 팁 혼합형(tip mixing type)과 용접 토치와 같이 예열 산소와 아세틸렌이 혼합실에서 혼합되는 토치 혼합형(torch mixing type)이 있다. 팁 혼합형은 팁에 절단용 산소, 예열용 산소, 아세틸렌이 통하는 세 개의 통로가 절단기 머리 부분까지 이어져 있어 3단 토치라고도 한다. 이 토치는 역화가 일어나도 팁만 손상되고 혼합실까지는 역화되지 않으므로 많이 사용된다.

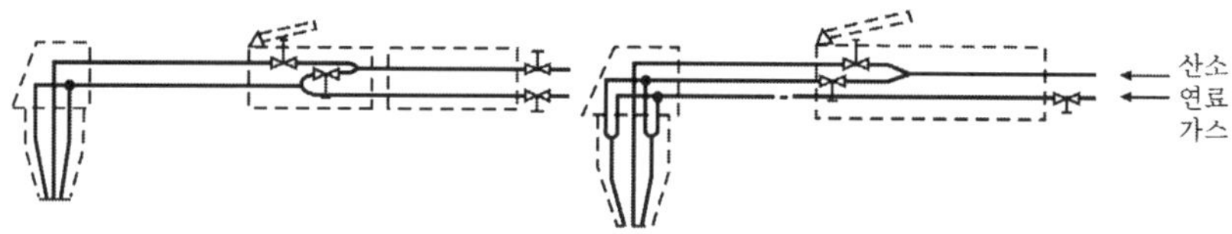

그림 3.41 중압식 절단 토치의 형식

3.6.3 특수 절단법

(1) 산소창 절단(oxygen lance cutting)

토치 대신에 가늘고 긴 강관에 절단 산소를 공급하고 이 강관이 산화 연소할 때의 반응열로 강관이 소모되면서 금속을 절단한다. 이때 쓰이는 강관을 창(lance)이라 한다.(그림 3.42)

산소창은 자신이 예열 불꽃을 가지지 않기 때문에 절단을 시작할 때에는 외부에서 강관의 끝을 가열하여야 한다.

두꺼운 강판이나 강괴의 절단, 암석의 구멍 뚫기에 이용된다.

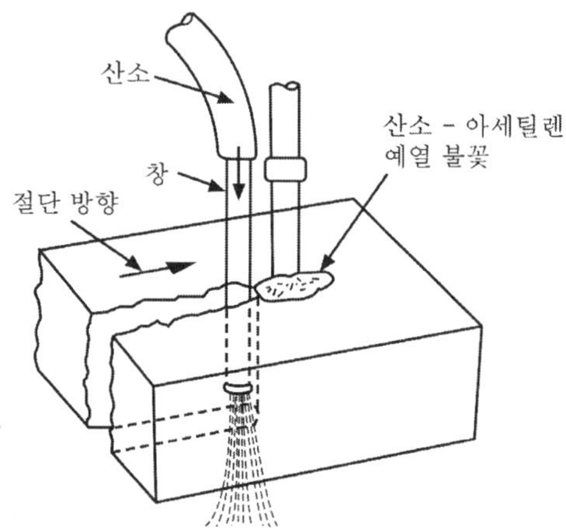

그림 3.42 산소창 절단

(2) 수중 절단(under water cutting)

수중 절단 토치는 그림 3.43와 같이 일반 가스 절단 토치와 비슷하나 팁의 바깥쪽에 커버가 있어 여기에서 압축 공기나 산소를 분출시켜 물을 밀어 내고 이 공간에서 절단을 하게 된다.

연료 가스로는 수소, 아세틸렌, 프로판, 벤젠 등이 있으나 주로 수소가 사용된다. 수소는 고압에도 사용이 가능하고 수중 절단 중에 기포의 발생이 적어 작업이 쉽다.

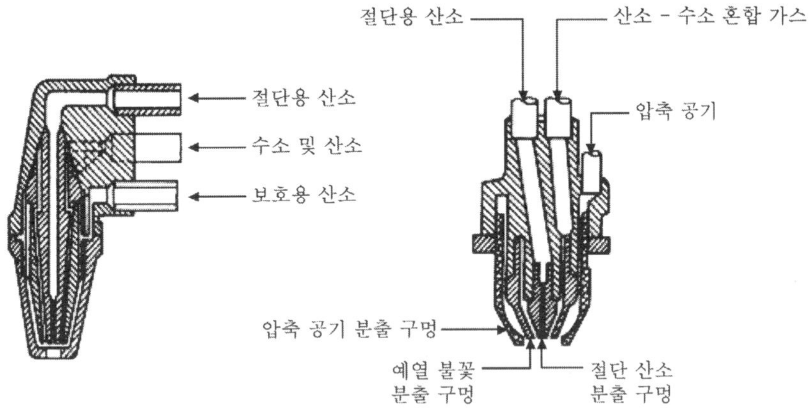

그림 3.43 수중절단 토치의 팁

아세틸렌가스는 압력이 높으면 폭발할 위험이 있기 때문에 깊은 곳에서는 점화할 수 없다. 프로판 가스도 압력을 가하면 액화하므로, 깊은 곳에서는 사용할 수 없다. 수중에는 절단 작업을 할 때 예열 가스의 양은 공기 중에 4~8배 정도로 절단 산소의 분출구도 1.5 ~2배로 한다.

주로 교량의 개조, 침몰선 해체 등에 이용된다.

(3) 분말 절단(powder cutting)

스테인리스강, 주철 또는 구리, 알루미늄과 그 합금 등은 가스 절단을 하기가 곤란하므로 절단 산소 기류 중에 가는 분말(철분)을 혼입하여 분출하면 철분은 예열 불꽃과 절단 산소에 의하여 격렬히 연소가 일어나며 매우 높은 온도와 다량의 열량을 내게된다.(그림 3.44참조)

이 고온, 고열을 이용하여 금속을 용융시키고, 절단 산소 분류의 운동 에너지에 의하여 가속된 용융 철분을 용융 금속에 분사시켜 제거하여 절단을 한다. 이 절단법을 분말 절단(powder cutting)이라 한다.

이 절단법은 특수강, 비철 금속뿐만 아니라 콘크리트 절단에도 이용되나, 절단면은 가스 절단면에 비하여 깨끗하지 못하다.

분말에는 철분을 주로 하는 것과 나트륨에 탄산염 및 중탄산염을 주로 하는 용제 분말을 사용할 때가 있다.

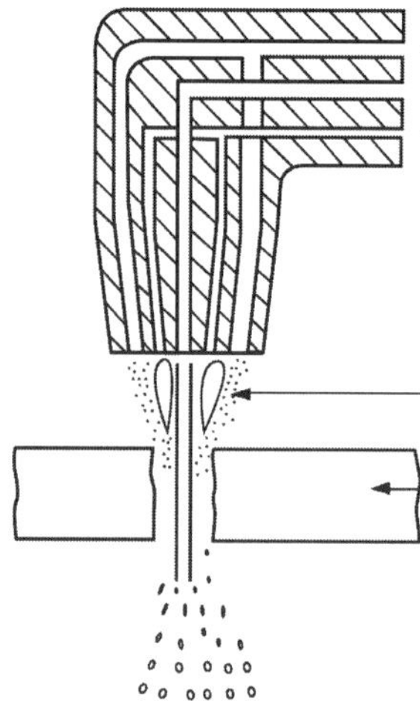

그림 3.44 분말 절단

3.6.4 자동가스 절단기

가스 절단기를 가공대(carriage)에 붙인 후, 이것을 자동적으로 이동시켜 가스 절단을 행하는 반자동식과 전자동식이 있다. 반자동식은 가공대의 이동만으로 자동으로 하고 절단 토치는 손으로 조작하여 주로 소형물이나 곡선 절단에 사용한다. 전자동식은 직선 절단이나 형 절단 전용에 사용된다.

(1) 직선 절단기(straight line cutting machine)

절단선 가까이에 설치된 안내 레일 위를 이동하면서 절단하는 것으로 긴 물체의 절단 및 V, X형의 용접 홈 가공에 사용된다(그림 3.45, 3.46참조).

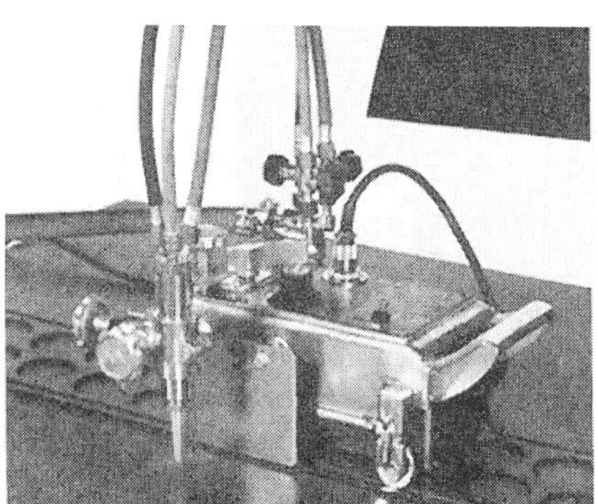

그림 3.45 직선 절단기

그림 3.46 용접 가공대

(2) 원형 절단기(circle cutting machine)

그림 3.47과 같이 원을 비롯하여 여러 가지 모양을 절단하는 것으로 축도기(pantagraph)를 써서 모형을 따라 조작하는 것과 그림 3.48과 같이 광전광을 이용하여 전자 트레서(electronic pattern tracer,추적 장치) 장치로 도면의 선상을 자동적으로 이동하여 절단을 하는 것이다.

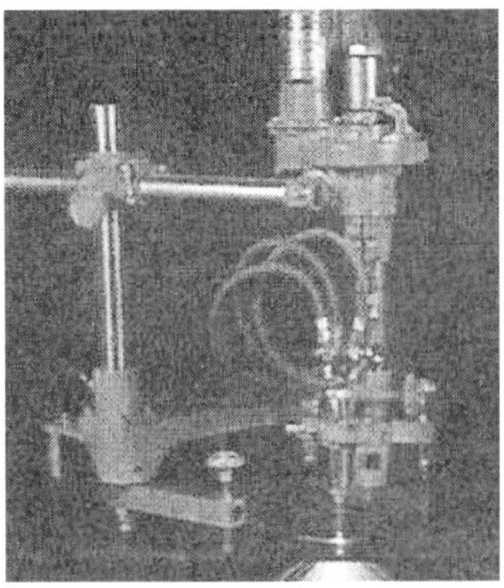

그림 3.47 원형 절단기

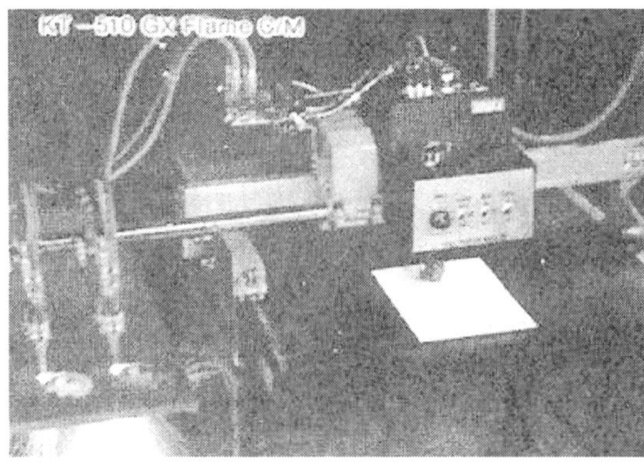

그림 3.48 광전관을 이용한 전자 트레서

(3) 수치제어형 절단기(numerical control shape cutting machine)

최근에는 형이나 도면을 이용하는 대신 수치제어(numerical control, NC) 방식을 이용하는 형 절단기도 있다. 절단 조건을 수치제어 테이프에 입력시켜 이것을 NC 제어 장치(director)에 넣으면 디렉터는 이것을 해독하여 전기식 제어 지령 신호를 가스 절단기에 보낸다. 지령 신호를 받은 절단기는 이것에 의해 X, Y모터가 작동하므로, 동작을 시작함과 동시에 점화, 기타 각종 동작도 자동 조작되어 절단이 행해진다.(그림 3.49)

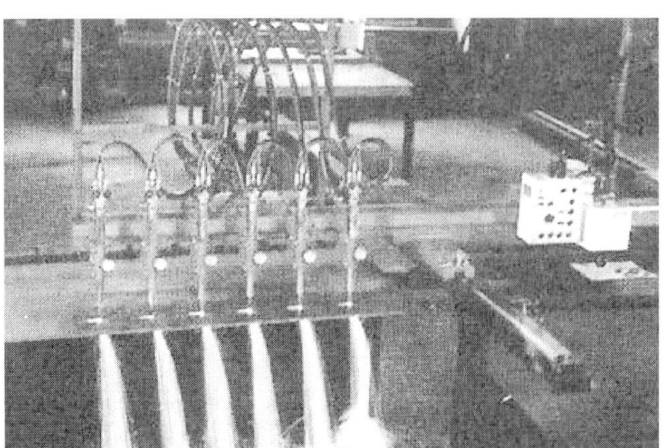

그림 3.49 NC형 절단기

3.7 용접 결함

3.7.1 용접 결함의 개요

용접부는 급열, 급랭을 받으므로 재질의 조직 변화에 따른 결함과 용접 기술의 불량으로 각종 결함이 생길 수 있다. 용접 결함에는 치수상의 결함, 구조상의 결함, 성질상의 결함 등으로 나눌 수 있다.

① 치수상의 결함

치수와 형상이 불량. 주로 용접시의 고온 및 냉각시의 저온에서 소성변형이 잔류 응력과 변형으로 잔류하여 생긴다.

② 구조상의 결함

용접물의 안전성을 해치는 주요인자로서 기공, 슬래그 섞임, 융합 불량, 용입 불량, 언더 컷, 피트, 오버랩, 용접균열 등이 있다.

③ 성질상의 결함

용접 구조물은 사용목적에 따라 기계적, 물리적, 화학적인 성질에 일정한 요구 사항이 있다. 따라서, 이들의 요구를 만족 시킬 수 없는 것을 성질상의 결함이라 한다. 이들 검사에는 X선 검사, 방사선 검사, 초음파 검사 등 각종 방법이 있다.

3.7.2 용접 결함의 종류

(1) 융합불량(incomplete fusion)

용착비드를 좋지 않게 만든다.(그림 3.50참조)

이에 대한 방지 대책은 다음과 같다.

① 모재의 온도를 증가시킨다.

② 용접하기 전에 용접할 곳을 깨끗이 한다.

③ 용접부의 설계를 적절히 하고 적절한 용접봉을 사용한다.

④ 적절한 보호가스를 사용한다.

(2) 용입부족(incomplete penetration)과 충전부족(under filling)

용입부족은 용접부의 깊이가 충분하지 않을 때 발생하며 충전부족은 용접부에 용착금속이 충분히 채워지지 않을 때 발생한다(그림 3.51참조).

이에 대한 개선책은 다음과 같다.

① 루우트 간격 및 치수를 크게 한다.
② 용접속도를 빠르지 않게 한다.
③ 슬래그가 벗겨지지 않는 한도내로 전류를 높인다.
④ 용접봉의 선택을 잘한다.

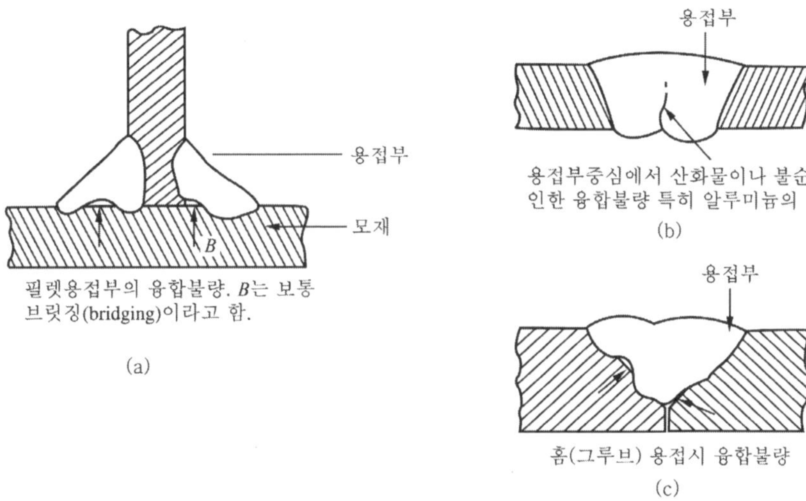

그림 3.50 융합 불량

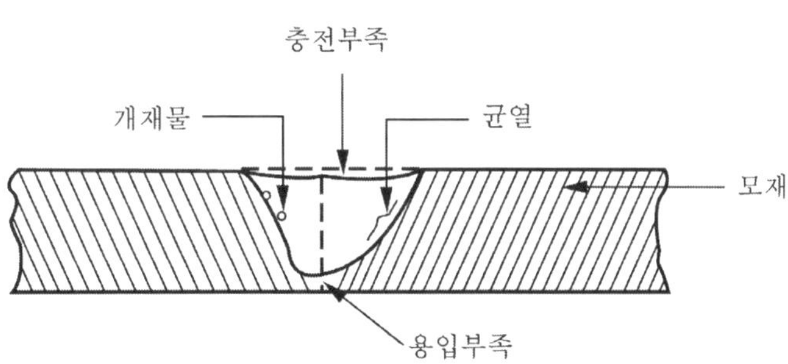

그림 3.51 용입부족과 충전부족

(3) 언더컷(under cutting), 오버랩(overlap), 기공(air hole)

언더컷은 모재가 필요이상으로 녹아 없어져 날카로운 홈이나 노치형상으로 모재가 패일 때 일어난다. 만약 용접 후 언더컷이 존재하는 경우에는 언더컷은 응력 집중 효과를 일으키며 용접부의 피로강도를 감소시켜 파괴를 유발할 수 있다. 오버랩은 용접을 잘못 수행함으로 인해 용접부의 표면이 균일하지 못하게 되는 것을 말한다(그림 3.52참조).

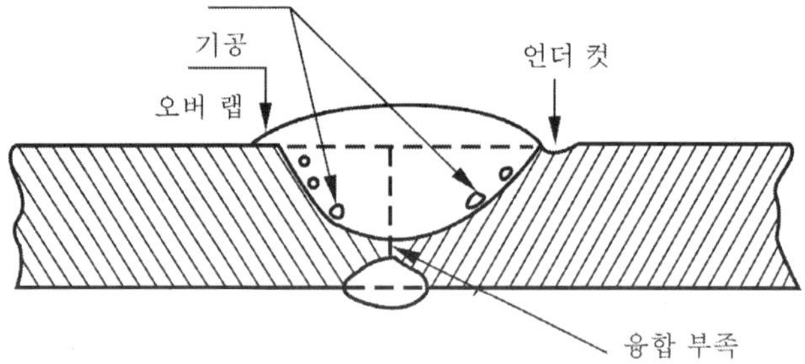

그림 3.52 언더컷, 오버랩, 기공

이들의 발생원인 및 방지대책은 표 3.19와 같이 정리할 수 있다.

표 3.19 발생원인 및 방지대책

결 함 의 종 류	발 생 원 인	방 지 대 책
언 더 컷	① 전류가 높을 때 ② 아크 길이가 너무 길 때 ③ 용접봉 취급의 부적당 ④ 용접속도가 너무 빠를 때 ⑤ 용접봉 선택 불량	① 낮은 전류 사용 ② 짧은 아크 길이 유지 ③ 유지각도를 바꾼다. ④ 용접속도를 늦춘다. ⑤적정봉을 선택한다.
오 버 랩	① 용접전류가 너무 낮을 때 ② 운봉 및 봉의 유지각도 불량 ③ 용접봉 선택 불량	① 적정전류 선택 ② 수평 필렛의 경우는 봉의 각도를 잘 선택한다. ③적정봉을 선택한다.
기 공	① 용접분위기 가운데 수소 또는 일산화탄소의 과잉 ② 용접부의 급속한 응고 ③ 모재 가운데 유황 함유량 과대 ④ 강재에 부착되어 있는 기름, 페인트, 녹등	① 용접봉을 바꾼다. ② 예열을 한다. ③ 충분히 건조한 저수 소계 용저봉을 사용한다. ④ 이음의 표면을 깨끗이 한다.

(4) 균열(crack)

균열은 용접부에서 다양한 위치와 방향으로 발생할 수 있다. 균열의 유형은 전형적으로 가로 방향, 세로 방향, 크레이터(crater), 언더비드(underbead), 균열 등으로 나뉜다(그림 3.53). 이들 균열은 일반적으로 다음 인자들이 복합되어 발생한다.

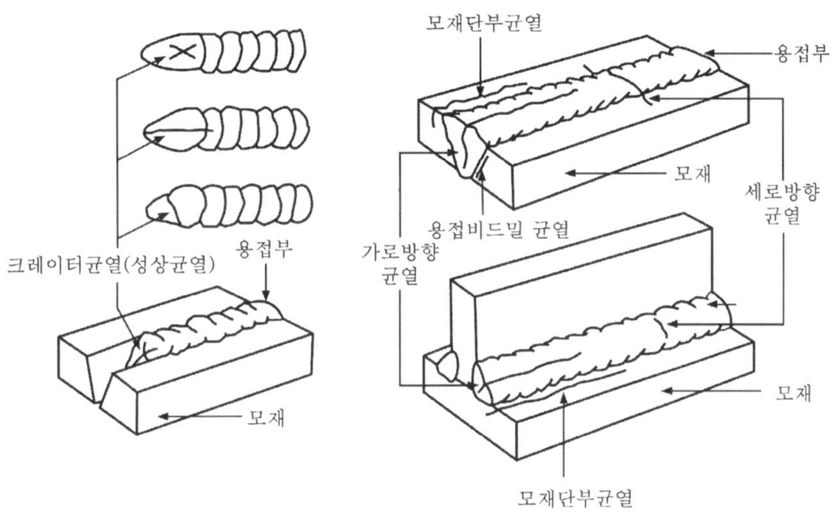

그림 3.53 용접 이음부 균열 형태

① 균열발생의 원인

ⓐ 용접부에 열응력을 발생시키는 온도구배.

ⓑ 서로 다른 수축률을 가지는 용접부 내의 화학적 조성의 차이.

ⓒ 용착금속의 응고시 고상과 액상의 경계면이 움직임에 따라 결정립 경계면에 황과 같은 원소가 편석됨으로 인한 결정립계 취화현상.

ⓓ 수소취화 현상.

ⓔ 응고과정 중에 자유롭게 수축하지 못하는 용착금속의 환경－주조시 주물에 일어나는 고온 균열과 유사.

② 균열발생의 방지 방안

ⓐ 예열, 피닝 작업을 하거나 용접비드 배치법 변경, 비드 단면적을 넓힌다.

ⓑ 적정봉을 택한다.

ⓒ 예열, 후열을 하고 저수소계봉을 쓴다.

ⓓ 적정 속도로 운봉한다.

3.7.3 용접 변형 및 교정

용접시에 가해지는 국부적인 가열과 냉각, 용접부의 팽창과 수축량에 의해 소재 내에 용접 변형이 발생한다. 용접 변형은 그림 3.54와 같이 용접부의 ① 가로 수축, ② 세로 수축, ③ 회전 수축, ④ 각 변형, ⑤ 세로 굽힘 변형, ⑥ 좌굴 변형 등을 일으킨다.

이러한 변형들을 교정하는 방법은 다음과 같다.

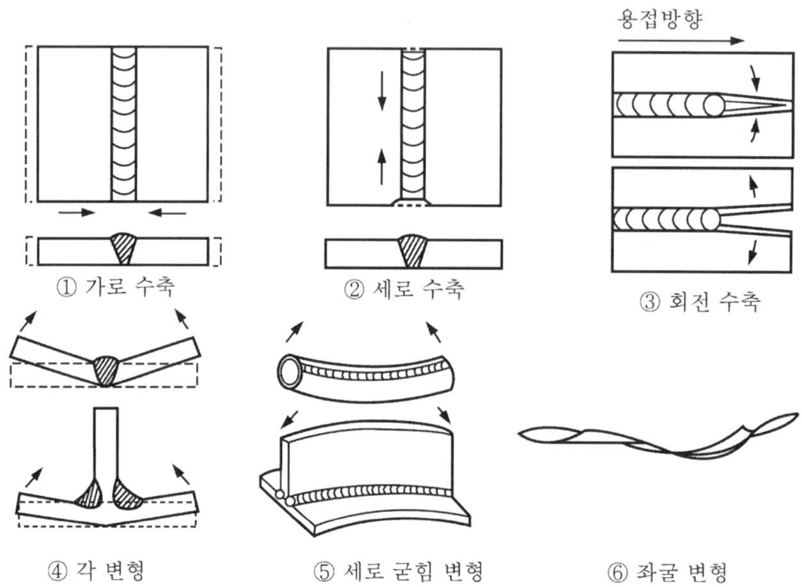

그림 3.54 수축과 변형의 종류

(1) 열응력의 이용하는 방법

얇은 판에 대한 점 수축법(가스 불꽃을 이용 변형 부분을 점 모양으로 가열한다. 가열 온도는 500~600℃, 가열시간은 약 30초, 가열점의 지름 20~30mm로 하여 가열 후 곧 수냉한다.)

(2) 가열 후 외력을 가하는 방법

① 해머로 두드림.

② 가열 후 압력을 가하고 수냉하는 방법.

(3) 외력만을 가하는 방법

① 롤러(roller)가공법

② 피닝법(peening)

금속 표면을 해머로 두드리는 가공법

3.7.4 용접 결함의 보수

용접부에 결함이 발생되었을 때 필요에 따라서는 용접부의 일부를 절단하여 재용접하여야 하는 경우도 있다. 그림 3.55의 ①과 같이 결함이 언더컷일 때에는 작은 지름의 용접봉을 사용하여 보수하고, ②, ③과 같이 오버랩이나 슬래그 섞임일 경우에는 일부분을 깎아 내고 재용접한다.

또한, ④, ⑤와 같이 균열이 발생되었을 때에는 균열의 끝단에 정지구멍(stop hold)을 뚫어 더 이상의 균열의 성장을 방지하고, 아울러 균열의 부분을 깎아내어 재용접한다.

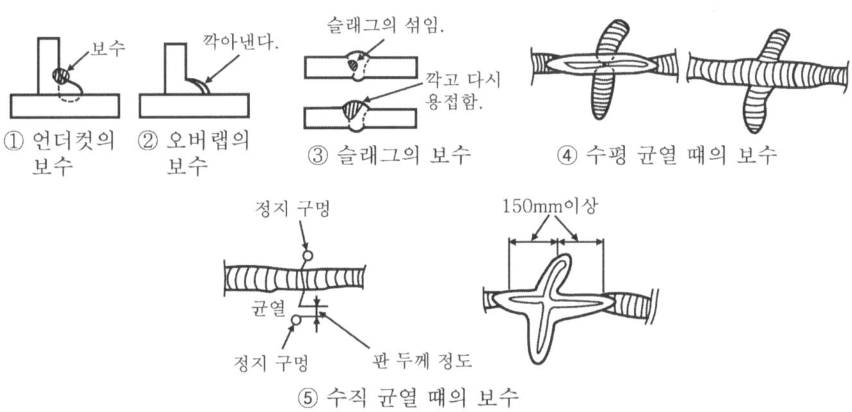

그림 3.55 결함부의 보수

제 4 장 소성 가공

4.1 소성가공의 개요

모든 재료는 힘을 가하면 변형하고 그 힘을 제거하면 변형이 사라져 원래의 형으로 복귀하고자 하는 성질이 있는데 이것을 탄성(elasticity)이라 하고, 이와는 반대 현상으로 힘을 제거하더라도 변형이 남는 성질이 있는데, 바로 이것을 소성(plasticity)이라 한다.

소성가공(plastic working)은 재료 특히 금속의 이 소성을 이용하여 소재에 힘을 가하여 변형(소성변형, 영구변형, plastic deformation)시켜 필요한 형상과 치수를 얻는 가공법의 총칭이다.

소성가공은 주조(casting)나 절삭가공 등과 나란히 기계나 구조물의 부품을 가공제조하는 가공법의 한 분야로 다른 가공법에 비해 생산성이 특히 높아 고속 대량 생산을 향하고 있으며, 제2차 세계대전 후에 세계적인 물리적 생활향상의 요구에 따라 확대, 발전해 온 가공방법이고 생산방식이다. 소성가공에는 다음과 같은 두 가지의 면이 있다. 첫째는 현장적 공업 · 생산기술로서의 소성가공이고, 둘째는 학문이론에 결부된 공학으로서의 소성가공이다.

전자의 소성가공은 기술적으로나 생산방식으로나 혹은 사용기계나 이용기기점에서도 범위가 매우 넓고 다종다양하며 또한 그것들이 재료의 소성변형(영구변형)을 이용한다는 근본으로 직결되어 있다. 또 학문이론으로서의 소성가공 방법은 그 연구가 최근 많은 사람들에 의해 연구되어 이론 및 해석의 분야에서 많은 결과가 이루어지고, 그 결과, 공학적 체계화 즉 소성가공학(과학의 일부)이라고 말할 수 있는 것이 완성되어 있어 기술의 기초를 이루고 있다.

4.1.1 소성가공의 특징

소성가공의 특징을 열거하면 다음과 같다.

(1) 절삭가공에서와 같은 chip이 생성되지 않으므로 재료의 이용률이 높다.

(2) 절삭가공에 비하여 생산률이 높다.

(3) 절삭가공 또는 주조제품에 비하여 강도가 크다.

4.1.2 소성가공에 이용되는 재료의 성질

소성가공에 이용되는 성질에는 가단성, 연성, 가소성 등이 있으며, 이들은 상호 관련성이 있다.

(1) 가단성(malleability)

금속을 단련할 때 변형되는 성질이다. 예를 들면, 해머(hammer)등으로 내려쳤을 때 깨어지지 않고 변형되는 성질, 즉, 압축에 의하여 재료가 영구변형되는 성질로서 가단성이 좋은 금속부터 나열하면 Au, Ag, Al, Cu, Sn, Pt, Pb, Zn, Fe, Ni 등이다.

(2) 연성(ductility)

금속선을 뽑을 때 항복점을 지나 파단에 이르기까지 길이 방향으로 늘어나는 성질이며, 연성이 큰 금속부터 나열하면 Au, Pt, Ag, Fe, Cu, Al, Ni, Zn, Sn, Pb 등의 순이다. 인장시험에서 연성을 나타내기위해 보편적으로 사용되는 양은 연신율(elongation)과 단면 감소율(reduction of area)이다.

(3) 가소성(plasticity)

재료에 하중을 가할 때 고체상태에서 유동하는 성질이다. 일반적으로 재료를 가열하면 소성이 커지며, 상온에서도 소성이 큰 재료는 상온가공을 할 수 있으며, 연성과 전성이 크면 소성이 커지게 된다.

4.1.3 소성의 성질

그림 4.1에서 나타내는 응력변형선도를 갖는 연강재료에서는 응력이 30kgf/mm^{2}를 넘으면 곡선 AB를 따라 소성변형이 진행하고, 응력이 40kgf/mm^{2}인 점 B에서 하중을 제거하면 OA에 평행한 BC를 따라 내려간다. 따라서 B′C는 탄성변형의 양이 OC는 영구변형, 즉, 소성변형의 양이다. 응력이 점 D를 넘으면 시험편의 일부가 가늘어지고 잘록함

(necking)이 생겨 재료에는 균열이나 구멍이 생겨 점 F에서 파단한다.

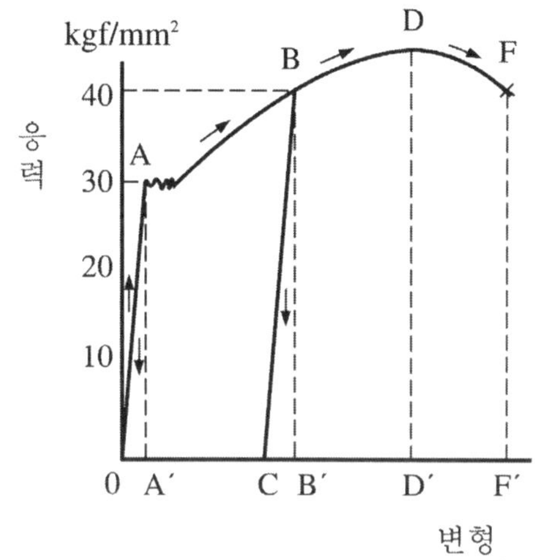

그림 4.1 응력변형선도

이상은 인장변형에 대한 설명이나, 굽힘, 비틀림, 기타 모든 변형에 대해서도 변형이 작으면 하중제거 후 재료는 원래의 형으로 복귀하나 어느 정도를 넘어 변형하면 하중을 제거하더라도 원래의 형으로는 복귀하지 않는다. 즉, 소성변형을 한다.

소성이란, 소성변형을 하는 재료의 성질을 말하는데, 그렇다면 소성이 없는 재료란 어떠한 재료인가하면 위의 예에서 알 수 있듯이 소성변형을 할 수 없어 탄성변형이 어느 정도를 넘으면 즉시 재료파단이 일어나는데 이와 같은 재료를 취성재료 라고 한다. 한편, 소성이 많은 재료란 그림 4.1에서 말하면, 탄성변형 OA′에 비해 변형 OD′ 혹은 OF′가 큰 재료이다.

그림 4.1에서 변형 OA′의 크기는 강(鋼) 재료에서 영률 $E = 2\times10^4 \text{kgf/mm}^2$ 이기 때문에 1.15%의 변형으로 된다. 변형 OD′와 OF′의 값은 재료에 따라 달라지나 수십 %에 이르므로 소성변형에 비해 탄성변형은 무시해도 될 정도로 작다. 이상은 인장변형을 예로 든 것이나 소성가공에서는 공구압력을 제대로 사용하면, 원래 길이의 수배, 수백 배로도 늘어난다.

4.2 소성변형의 개요

금속 재료는 격자 구조로 되어 있으므로, 재료가 외력을 받아서 소성 변형이(plastic deformation) 발생한다는 것은 결국 격자 구조가 변화하는 것이라고 생각할 수 있다.

이 때, 금속을 구성하는 결정립에 일어나는 변화를 살펴보면, 탄성 한계를 넘었을 때 결정립 내부에 평행한 선들이 나타남을 현미경으로 볼 수 있다. 외력이 점점 더 커져서 변형이 진행하면 이 선의 수도 증가한다. 이 평행한 선들을 따라서 격자 구조는 슬립(slip)을 일으키며, 표면상으로는 소성 변형이 진행된다.

그림 4.2의 (c)는 원상태의 격자 구조와 슬립 변형으로 인한 격자 구조의 변형을 나타내는 것으로서, 이는 마치 책장에 꽂아 둔 책들이 옆으로 쓰러지면서 높이가 낮아지고 길이가 길어지는 모양과 비슷하다 할 수 있다.

결정에 발생하는 소성 변형의 또 하나의 형태로는 쌍정(twin)이 있다. 이것은 그림 4.2의(d)와 같이, 외력이 작용하면 결정의 일부가 특정한 면의 경제로 전단 이동하여, 마치 거울면에 대칭으로 상이 나타나듯이 결정의 변형부와 비변형부가 대칭을 이룬다.

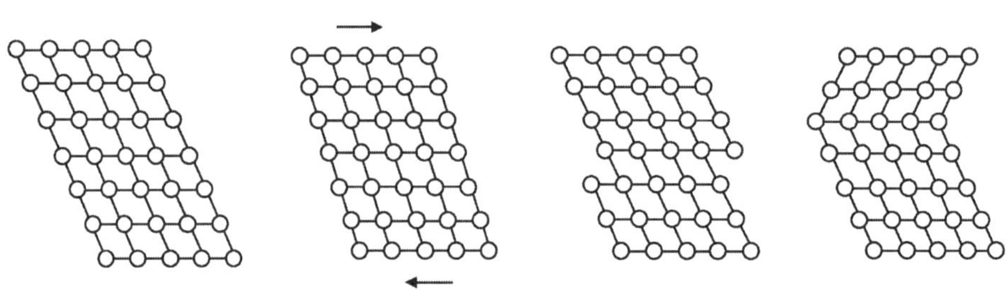

(a) 원상태 (b) 탄성 변형 (c) 슬립 변형 (d) 쌍정 변형

그림 4.2 슬립 변형과 쌍정 변형

소성 가공 중에는 단순 인장 시험에서 시편이 변형하는 것과 같은 간단한 변형만을 하지 않는다. 사용하는 공구의 형상과 가공속도, 공구와 재료간의 마멸로 인하여 재료에는 불균일 변형이 생기며, 이들이 누적되어 재료는 마치 공구 사이를 흐르는 모양을 하게 된다.

변형시 재료가 나타내는 저항을 변형 저항 또는 유동 응력이라 한다. 이 값은 온도에 따라 크게 달라지는데, 대체로 고온일수록 변형 저항이 작아진다.

그림 4.3은 강의 변형 저항을 나타낸 것으로서, 온도가 일정한 경우에는 변형의 속도에 의해서도 변형 저항이 달라짐을 알 수 있다. 일반적으로 온도가 높을 때에는 변형 저항이 가공 속도와 더불어 현저하게 감소한다.

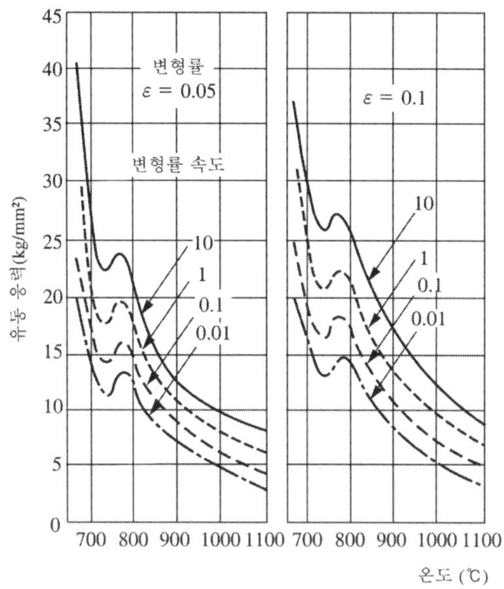

그림 4.3 연강의 변형저항

4.2.1 소성 변형의 유형

(1) 인장, 압축, 전단 변형

소성 가공 중에 발생하는 모든 변형과정은 그림 4.4에 주어진 기본적인 변형 양상(deformation mode)들 즉 인장, 압축, 전단 변형 중에서 어느 하나이거나 혹은 복합된 것으로 볼 수 있다.

예) 인장 변형 : 금속 판재를 신장성형하여 차체를 제작하는 경우
압축 변형 : 단조 (forging)로 크랭크 축(crank shaft)을 가공하는 경우
전단 변형 : 판재에 펀칭(punching)으로 구멍을 뚫는 경우(구멍 단면을 따라 재료에 전단응력(shear stress)이 작용하게 된다.)

소재가 받는 변형의 정도를 나타내기 위하여 변형률(strain)이 사용된다. 인장이나 압축의 경우 공학적(공칭) 변형률(engineering strain)은 다음과 같이 정의된다.

$$\varepsilon_o = \frac{l - lo}{lo}$$

인장의 경우는 변형률이 양(+)이 되며 압축의 경우는 변형률이 음(-)이 된다. 전단 변

형률(shear strain)의 정의는 다음과 같다.(그림 4.4 참조)

$$\gamma = \frac{a}{b}$$

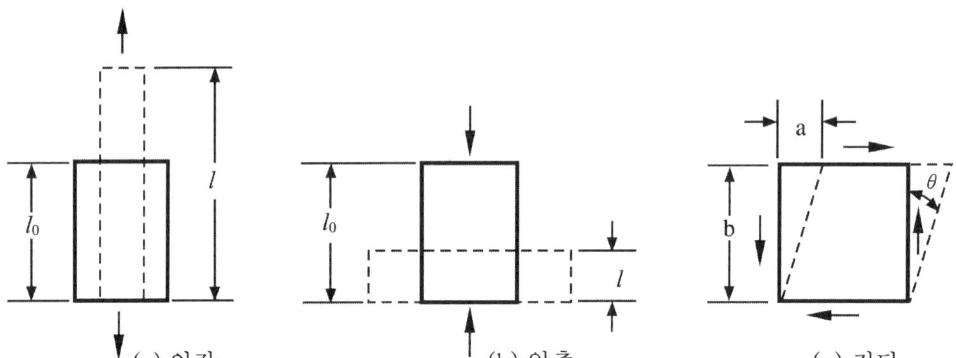

그림 4.4 변형의 유형

(2) 탄성 여효

탄성체에 외력을 가했다가 제거하면 탄성한계 내에서도 평형 상태로 복원하는데는 다소의 시간을 요하는데 이러한 현상을 탄성 여효(elastic after-effect)라 한다. (그림 4.5 참조)

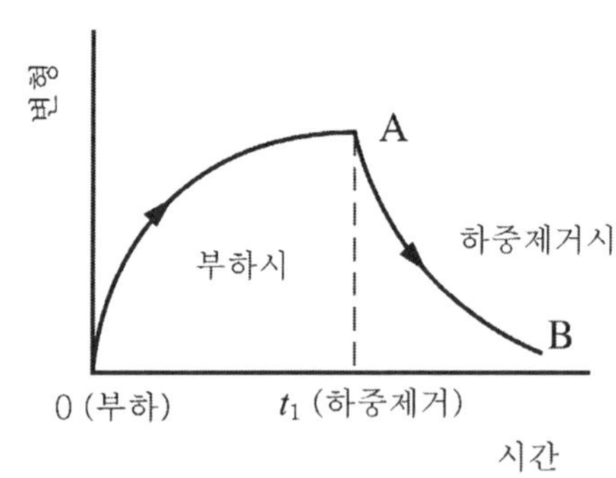

그림 4.5 탄성 여효

(3) 크리프 현상

어떤 재료에 외력을 일정하게 하고 일정온도로서, 하중을 계속 가하면 변형은 시간과 함께 점점 증대하여 가며, 이른바 크리프(creep)현상을 나타낸다.(그림 4.6) 온도가 높은 경우에 특히 중요하다.

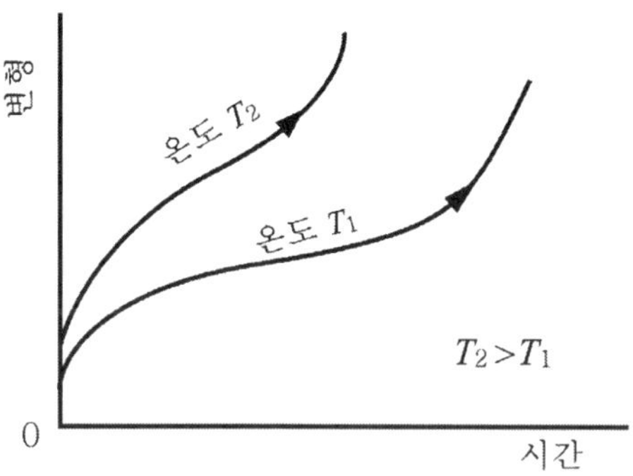

그림 4.6 크리프 곡선(일정부하)

(4) 등방성과 이방성

모든 재료는 처음에는 각 결정입자의 방향이 일정하지 않고 거시적으로 등방성(isotropy)을 가지고 있는 재료도 부하를 받아서 소성변형을 하면 결정학적인 방위가 부하에 의하여 특정방향의 공통축 쪽으로 천천히 회전하여 선택방향(preferred orientation)을 가지게 되며, 방향에 따라 기계적 성질이 다른 소위 이방성(anisotropy)을 가지게 된다. 표 4.1은 압연강판의 방향에 따르는 기계적 성질을 표시한 것이다. 압연과 같은 소성변형이나 소성가공에서는 선택방향에 의하여 생긴 섬유조직(fiber structure)을 나타내며, 이방성의 성장을 볼 수 있다. 대개의 경우 이론의 전개에서는 이것을 무시하고 등방성으로 취급한다.

표 4-1 방향에 의한 강판의 기계적 성질

방 향	인장응력(kgf/mm^2)	연 신 율(mm)
압 연 방 향	37.9	0.277
압연방향과 45°	39.7	0.241
압연방향과 90°	37.4	0.265

(5) 바우싱거 효과(Bauschinger effect)

소재를 가공할 때 처음에는 인장변형시키고 나중에 압축변형시키거나 또는 그 반대의 순서로 가공하는 일이 종종 있다. 그 예로서 소재를 굽혔다 펴는 작업, 판재교정 압연작업(roller leveling) 등이 있다. 인장항복강도 Y인 금속을 소성역까지 인장시켰다가 하중을 제거한 후 압축하면, 압축시 항복강도가 인장시보다 작아지는 경우가 있다.(그림 4.7) 이러한 현상을 바우싱거 효과라고 하며, 정도의 차이는 다소 있으나 모든 금속 및 합금들은 이러한 거동을 보이고 있다. 물론 바우싱거 효과는 하중경로가 반대일 경우, 즉 압축한 후 인장하는 경우에도 나타난다. 하중이 작용된 반대방향의 항복응력이 저하되기 때문에 이 현상을 변형연화(strain softening) 혹은 가공연화(work softening)라고도 한다.

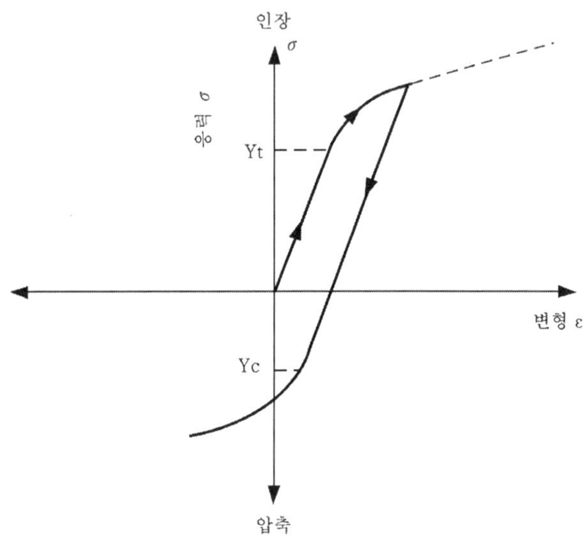

그림 4.7 바우싱거 효과

(6) 가공 경화(work hardening)

재료가 외력을 받아서 소성 변형을 하면 내부적으로도 변형하게 되는데, 가공도의 증가에 따라서 내부 변형도 증가하므로 결정 격자의 응력이나 결정면의 슬립에 대한 저항력이 더욱 증대된다. 즉, 가공 경화는 슬립선이 많이 생길수록 서로 간에 저항이 증대되기 때문에 나타나는 현상으로서 항복점(yield point)이 일정하지 않고 변형이 증가함에 따라 항복점도 증가하는 현상을 가공 경화라 한다.

가공 경화된 재료는 항복점이 높아져서 경도(hardness)가 증가하지만 전연성이 저하되고 취성(brittle)이 나타나므로, 가공을 계속하면 파단되는 상태를 이르게 된다.

(7) 재결정(recrystallization)

가공 경화가 일어난 재료를 어느 온도 이상으로 가열하면 가공에 의해서 생성된 결함과 슬립선들이 없어지면서 새로운 결정립이 생겨나는 것을 재결정이라 하고, 1시간 동안에 재결정이 완료되는 온도를 재결정온도라 한다.

이러한 재결정은 가공 중에 축적된 에너지에 기인하여 일어나는 현상으로 열처리 등의 조작에 의해서 축적된 에너지의 대부분이 없어져 변형이 전혀없는 새로운 결정이 생겨난다. 재결정에 의해서 가공시에 도입되었던 많은 전위들이 소실되기 때문에 기계적 강도도 큰 저하를 보인다. 재결정 온도 이상에서는 가공을 해도 곧바로 회복 및 재결정이 되므로 가공 경화 현상이 나타나지 않는다.

표 4.2는 각종 금속의 재결정 온도를 나타낸 것으로서 재결정 온도는 각 재료마다 다른 교유한 성질이며, 납이나 주석은 재결정 온도가 상온보다 낮으므로 상온에서는 가공 경화된 재료를 가열하면 결정립 내의 슬립선들이 없어지고 회복 및 재결정이 이루어지므로 그림 4.8에 나타낸 것처럼 재료는 원래의 전연성을 회복하게 된다.

보통, 재결정 온도는 재료의 연화 온도와 같다고 보아도 실제로 지장이 없으므로 이 온도를 표준으로하여 가공 또는 풀림이 행해진다.

표 4.2 각종 금속의 재결정 온도와 융점

금 속	재결정 온도(℃)	융 점(℃)	$\frac{\text{재결정 온도}(K)}{\text{융점}(K)}$
Sn	상온 이하	232	0.6 이하
Cd	상온	321	약 0.51
Pb	상온 이하	327	0.50 이하
Zn	상온	420	0.43
Al	150	660	0.45
Mg	200	659	0.51
Ag	200	960	0.38
Au	200	1063	0.41
Cu	200	1083	0.35
Fe	450	1530	0.40
Pt	450	1760	0.35
Ni	600	1450	0.51
Mo	900	3560	0.31
Ta	1000	3000	0.39
W	1200	3370	0.40

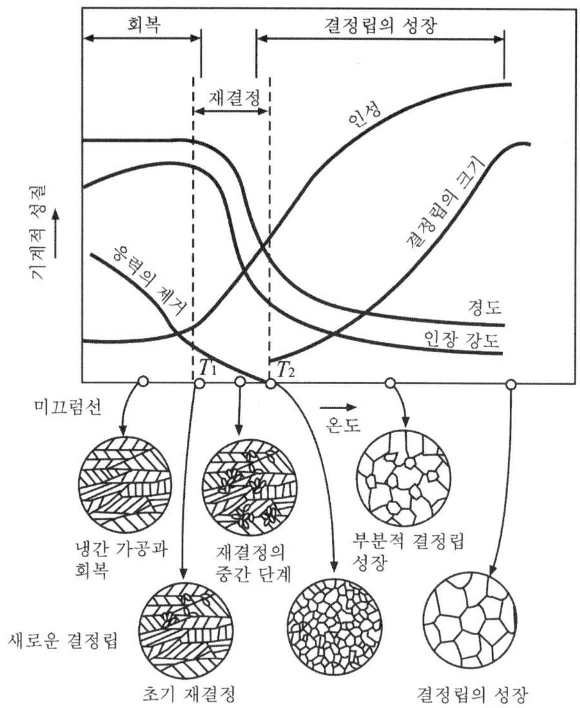

그림 4.8 소성변형한 재료의 가열에 의한 성질 변화

4.3 인장응력-변형률곡선

4.3.1 응력과 변형율 (stress and strain)

재료의 소성변형에 관한 특징을 파악하기 위해서는 인장시험에 의한 것이 보통이다. 인장시험은 비교적 간단하므로 재료가 가지는 하중-변형 특성을 구하기 위한 여러 가지 시험법들 중 가장 보편적으로 이용된다. 원단면적이 Ao이며, 최초의 표점(gage mark)거리 lo의 연강봉의 시편(test specimin)을 하중 P로 축방향으로 인장하여 길이가 l로 되었을 때 공칭응력 σo(nominal stress)를

$$\sigma_o = \frac{P}{A_o}$$

공칭변형률 εo(nominal strain)을

$$\varepsilon_o = \frac{l - l_o}{l_o}$$

라고 하여 연강의 응력변형 곡선을 그리면 그림 4.9의 실선과 같이 된다.

처음 응력과 변형 사이에 비례관계가 성립하고, 응력을 제거하면 변형은 0으로 되돌아가 잔류하기 시작한다. 그 잔류변형이 약 0.001~0.03% 정도로 되었을 때 재료는 탄성한도 A에 도달하였다고 본다. 그리고 비례관계(후크의 법칙)는 탄성한도를 약간 넘으면 성립하지 않게 된다. 이 한도를 비례한도(proportional limit)라고 한다. 보통 탄성한도(elastic limit) A와 비례한도 B 사이에는 거의 차이가 없다. 하중을 제거한 뒤 어느 정도 확실한 영구변형이 남을 때의 응력을 항복점(yield point)이라고 하며, 연강에서는 C점(상항복점)과 같이 확실히 확인할 수 있고, 또 인장하였을 때는 급격한 응력의 감소가 있어 거의 일정한 응력의 상태로 항복점 신장 CD를 생성하고, 미끄럼선(slipline)이 교차한 변형모양이 나타난다. 이 때의 응력을 하항복점이라고 한다. 이와 같이 소성변형은 진행하지 않게 되고, 변형에 대한 저항이 증대한다. 이것을 가공경화(work hardening) 또는 변형 경화(strain hardening)라고 한다. 인장하중이 더욱 증가하면, 지금까지 똑같이 신장되어 온 시험편의 일부가 가늘어져 네킹(necking)을 일으킨다. 이 때 인장하중은 최대로 된다. 최대 하중을 원래의 단면적 Ao로 나눈 것이 인장강도(ultimate tensile strength, UTS)이다(E점). 네킹이 발생한 뒤에는 공칭 응력이 점차로 감소되다가 재료는 파단된다. 파단까지의 시험편 변형은 전신장(total elongation)이라고 하며, 네킹이 발생하기까지를 균일신장(uniform elongation)이라고 구별한다.

대개의 금속이나 합금에서는 그림 4.9의 풀림처리(annealing)한 연강과 같이 항복점이 정확하게 나타나지 않아서 탄성 변형에서 서서히 소성 변형이 진행하므로 항복점 대신에 0.2%의 영구 변형이 생성되었을 때의 응력을 내력(proof stress)이라 하여 항복점과 같이 취급을 한다. 그림 4.10의 실선은 알루미늄과 동과 같은 재료의 응력 - 변형률곡선이다.

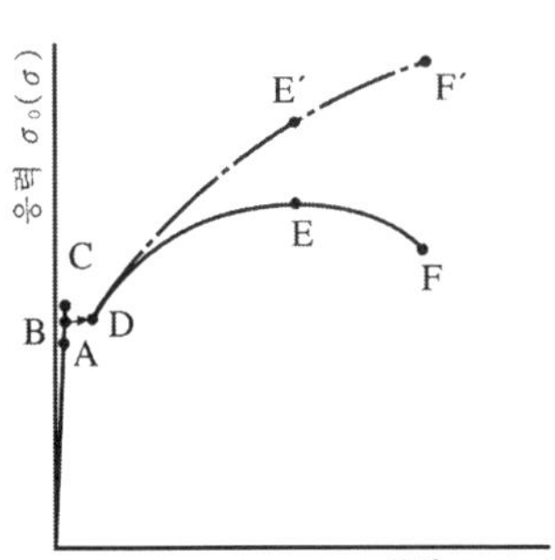

그림 4.9 연강의 인장응력-변형곡선

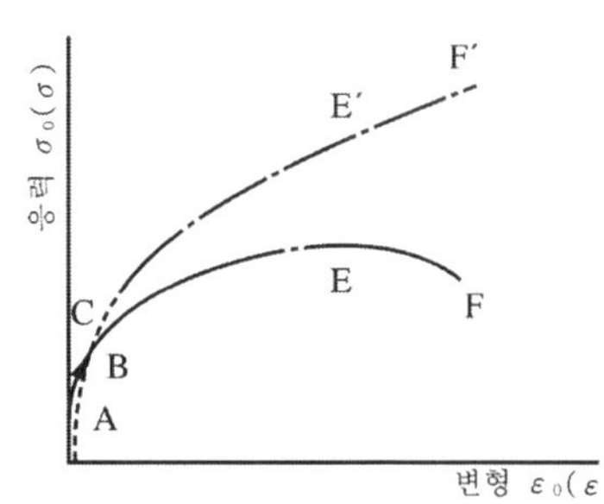

그림 4.10 알루미늄, 동 등의 인장응력-변형곡선

4.3.2 진응력과 진변형률(true stress and true strain)

그림 4.9의 실선은 인장이 변형중, 단면적 Ao가 변화하지 않는 것으로 구하였지만, 실제로는 신장이 커지면 인장된 재료의 단면적 A는 원래의 단면적 Ao보다 현저히 작아지기 때문에 공칭 응력 σo대신에 변형중의 그때 단면적의 A에서의 진응력 σ를 이용한다.

$$\sigma = \frac{P}{A}(A : \text{하중이 작용되는 순간의 실제 단면적}) \qquad \cdots\cdots(3)$$

재료를 비압축성이라고 하면

$$A_o \ell_o = A\ell \qquad \cdots\cdots(4)$$

가 성립하므로

$$1 + \epsilon_o = \frac{A_o}{A}$$

이 되므로

$$\sigma = \frac{P}{A} = \frac{P(1+\epsilon_o)}{A_o}$$

즉,

$$\sigma = \sigma_o(1+\epsilon_o) \qquad \cdots\cdots(5)$$

가 성립한다. 따라서 그림 4.9 또는 그림 4.10의 실선으로부터 일점 쇄선과 같은 **진응력 - 변형률** 곡선을 얻을 수 있다.

한편, 변형률도 공칭 변형률 ϵ_0를 사용하는 대신에 변형중의 각 순간의 재료 치수 l에 대한 변형의 증분으로서 $d\varepsilon = dl/l$를 생각하여

$$\epsilon = \int_{lo}^{l} d\epsilon = \int_{lo}^{l} \frac{d\ell}{\ell} = [\ell_n \ell]_{\ell_o}^{\ell} = \ell_n \frac{\ell}{\ell_o} = \ell_n (\frac{\ell + \epsilon}{\ell_n}) = \ell_n (1 + \epsilon_o) \qquad \cdots\cdots(6)$$

으로 한 대수변형률(logarithmic strain), 또는 진변형률(true strain)을 이용한다. 식 (6)에서 알 수 있는 것과 같이 ϵ와 ϵ_o는 작은 신장 사이에는 거의 차이가 없지만, 큰 변형의 경우에는 두 값의 차이는 급격히 커진다.(표4.3참조)

표 4.3 인장시 공칭변형률과 진변형률의 비교

ε_o	0.01	0.05	0.1	0.2	0.5	1	2	5	10
ε	0.01	0.049	0.095	0.18	0.4	0.69	1.1	1.8	2.4

전술한 바와 같이, 변형률이 작을 경우에는 두 변형률 사이에 차이가 거의 없으므로 어떤 변형률을 사용하여도 무방하다. 그러나 금속가공에서처럼 변형률이 클 경우에는 진 변형률을 사용하여야 한다. 다음의 두 가지 예는 변형률의 실용적인 척도로 진변형률을 사용하는 것이 타당함을 보이고 있다.

인장시편의 길이가 원래보다 두 배로 되었다고 하자. 이러한 변형은 압축시 시편의 높이가 반으로 줄어든 것에 상당한다. 인장과 압축에 의한 변형률을 각각 아래첨자 t와 c로 구별하면, $\epsilon_t = 0.69$ 및 $\epsilon_c = -0.69$ 인 반면에 $\epsilon_{ot} = 1$ 및 $\epsilon_{oc} = -0.5$ 이다. 따라서 진변형률이 보다 타당한 변형률 척도이다. 두 번째 예로 높이가 10mm인 어떤 시편이 높이가 0이 되도록 압축된다고 가정하자. 이 경우에 $\epsilon_c = -\infty$ 인 반면에 $\epsilon_{oc} = -1$ 이다. 따라서 진변형률은 어떤 변형이 무한히 가해지는 상황을 잘 표현하고 있다. 이상의 예들로부터 진변형률은 실제 물리적인 현상을 일관성있게 표현하나 공칭변형률은 그렇지 못함을 알 수 있다.

4.3.3 진응력 - 진변형률곡선

공칭 응력과 진응력, 그리고 공칭 변형률과 진변형률 사이의 관계를 이용하면 그림 4.9에서 공칭응력 - 공칭 변형률곡선을 진응력 - 진변형률곡선으로 변환시킬 수 있다.

대표적인 진응력 - 진변형률 곡선은 그림 4.11(a)와 같으며, 이 곡선은 다음과 같은 근사식 형태로 표현될 수 있다.

$$\sigma = K\epsilon^n \qquad \cdots\cdots(7)$$

식(7)로는 재료의 항복점이나 탄성영역을 표현하지 못함을 알 수 있다. 그러나 이러한 값들은 공칭응력 - 공칭변형률곡선으로부터 쉽게 구할 수 있다. 대부분의 금속재료들의 경우, 항복점에서의 변형률은 매우 작기 때문에 진응력이나 공칭적 응력 어느 것을 사용하여 항복응력값을 구하여도 그 차이는 무시할 만큼 작다. 즉, 원래 단면적 Ao와 항복시의 단면적 A의 차이는 매우 작다.

식 (7)은 다음과 같은 형태로 바꿀수 있다.

$$\log\sigma = \log K + n\log\epsilon \qquad \cdots\cdots(8)$$

따라서 진응력 - 진변형률곡선을 대수그래프상에 그리면 그림 4.11(b)와 같이 직선으로 된다. 기울기 n을 가공경화지수(work-hardening exponent) 혹은 변형경화치수(strain-hardening exponent)라 하고 K를 강도계수(strength coefficient)라 한다. K는 진변형률의 크기가 1일 때의 진응력값을 나타낸다.

공칭응력 - 변형률곡선과는 달리 기울기가 항상 양이며 변형률이 증가함에 따라 기울기는 감소한다. 탄성영역에서는 응력과 변형률이 비례하지만, 전체곡선은 지수식으로 근사화될 수 있다. 곡선에서 Y는 항복응력, Y_f는 유동 응력을 나타낸다.

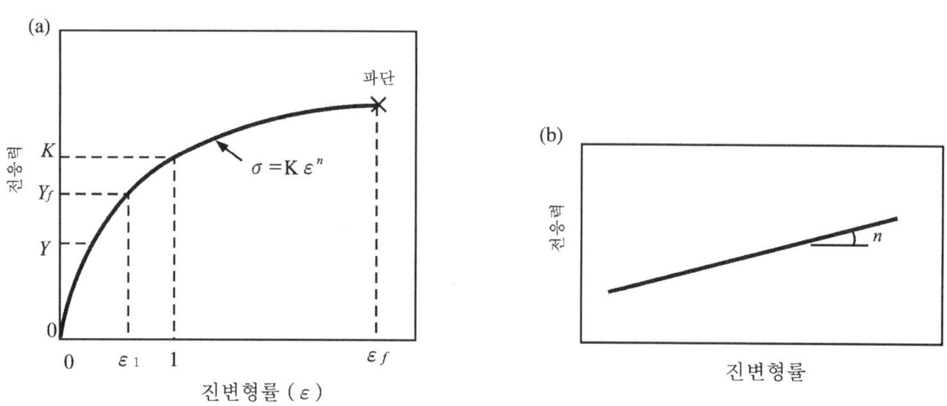

그림 4.11 인장에서의 진응력-진변형률 곡선

4.3.4 연성(ductility)

인장강도가 재료의 강도를 전반적으로 대표하는 실용적인 척도라면 파단시의 변형률은 연성, 즉 재료가 파단될 때까지 얼마나 많은 변형을 견딜 수 있는지를 나타내는 척도이다.

연신율은 파단된 시편을 다시 맞춘 후 표점 사이의 거리를 측정한 값, 즉 총 연신량으로부터 구해진다.

인장시험에서 연성을 나타내기 위해 보편적으로 사용되는 양은 연신율과 단면감소율(reduction of area)의 두 가지이다. 연신율의 정의는 다음과 같다.

$$연신율(\%) = \frac{l_f - lo}{lo} \times 100 \quad \cdots\cdots(9)$$

여기서 l_f는 파단시 길이이다.

네킹은 국부적으로 발생하는 현상이다. 여러 쌍의 표점을 표시한 후 인장시험을 하고 파단 후 각 표점간의 연신율을 구해 보면, 표점거리가 짧을수록 연신율이 큼을 알 수 있다. 네킹 부위에 가장 근접한 표점간에서의 연신율이 물론 가장 크지만, 표점거리가 크다고 해서 연신율이 영에 접근하는 것은 아니다. 왜냐하면, 시편은 파단되기 전에 이미 영구변형상태로 일정량만큼 균일하게 신장되었기 때문이다. 따라서 연신율에 관한 자료를 제시할 때는 표점거리도 같이 명시하여야 한다. 반면에 인장시험에 관련된 다른 물성치들은 일반적으로 표점거리와 무관하다.

연성을 나타내는 두 번째 척도는 단면 감소율로서 다음과 같이 정의된다.

$$단면감소율(\%) = \frac{Ao - A_f}{Ao} \times 100 \quad \cdots\cdots(10)$$

여기서 A_f는 파단면의 단면적이다. 고온에서의 유리막대와 같이 어떤 재료는 파단시 단면이 거의 점으로 줄어들 때까지 변형하여 단면감소율이 거의 100%에 가까운 경우도 있다.

흔히 사용되는 대부분의 공업용 금속은 일반적으로 연신율과 단면감소율 사이에 어떤 연관성이 있다. 대부분의 재료는 연신율이 대략 10%에서 60%정도이고 단면 감소율은 20%에서 90%사이에 있다. 실온에서의 유리나 분필과 같은 취성재료(brittle material)는 용어 자체가 뜻하는 바와 같이 연성이 없거나 매우 작다.

4.4 열간가공, 냉간가공, 온간가공

금속의 소성가공에 있어서 온도와의 관계는 매우 중요하다. 온도가 높고 낮음에 따라 열간가공, 냉간가공, 온간가공으로 분류된다.

4.4.1 열간가공(hot working)

보통 온도를 높게 하여 가공하면 모두가 열간가공이라고 생각하는데, 이것을 금속학적으로 표현하면 각각의 금속에는 재결정온도라는 것이 있는데, 그 재결정온도 이상으로 가공하는 것이 열간가공이다. 열간가공에서는 가공에 의해 결정입자가 변형하고 미세화하나, 바로 새로운 결정이 생겨 유연해 진다. 그러므로 열간가공에서는 다시 곧바로 큰 변형을 줄 수 있게 되는 셈이다. 즉, 변형(결정의 슬립변형)과 재결정을 반복하게 된다.

열간가공이라고 하면, 고온가공이라고 생각하는 것이 일반적이나, 그것은 철강 등에 적합하여 「철은 뜨거울 때 단련하라」라는 말이다. 아연이나 주석, 납 등은 실온에서 가공하더라도 재결정이 발생하여 금속학적으로 말하면 열간가공의 범위에 들어 가게 된다. 실제의 소성가공에서는 맨 처음 단계에서 주조(casting)등으로 만든 강괴(ingot)를 우선 열간가공한다. 그 목적은

① 변형저항을 낮게 하여 가공력을 저하시킨다.
② 변형능을 증대시킨다.
③ 확산에 의한 강괴의 편절을 소멸시킨다.
④ 블로 홀(blow hole)이나 조잡한 조직을 압착에 의해 소멸시킨다.
⑤ 가공에 의해 변형된 결정입자를 냉각 중에 재결정에 의해 미세화시켜 균일하게 해준다.

이와 같이 함으로써 주조조직보다 훨씬 인성과 가공성이 좋은 치밀한 조직으로 변화시킬 수 있다. 그림 4.12에서는 탄소강의 변형저항이 온도에 의해 어떻게 변화하는가를 개념적으로 나타낸다. 강(鋼)도 그렇지만 금속은 일반적으로 온도가 상승함에 따라서 변형저항은 저하하여 가공하기 쉬워진다. 변형저항 k(kgf/mm^2)에 대한 온도와의 관계식은 다음식으로 표시된다.

$$K = k \cdot \epsilon^{A/T} \quad \cdots\cdots(11)$$

여기서

k : 정수
T : 절대온도
A : 정수(강에서는 0.40×104~0.60~104)
ε : 변형률

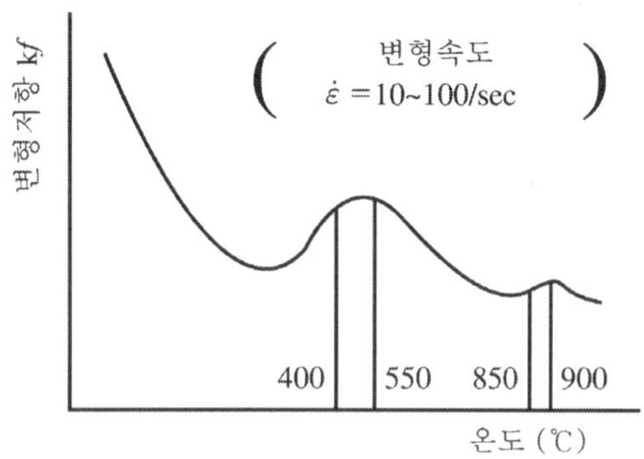

그림 4.12 탄소강의 변형 저항 변화

약간 전문적인 것이기는 하나 강에서는 400~500℃인 곳에 청열(靑熱) 인성역이 있고 800~900℃의 부근에 변태점이 있어 피크(peak)가 나타난다.

특히 그림 4.13는 변태점 부근에서의 변화를 탄소량으로 바꾸어 나타낸 그림으로서, 매우 흥미가 있는 것은 탄소량을 0.80, 0.20, 0.04%로 변화시킨 경우에 변태점보다도 높은 온도역, 즉 오스테나이트역 (γ상)에서는 탄소량의 영향을 별로 받지 않는다. 약간 정도의 C%가 변화하더라도 그리고 가공기계의 용량이 변화하지 않더라도 상관없는 셈으로 이것이 열간가공의 큰 특색이다. 그런데 변태점 이하의 온도역, 즉 페라이트역(α상)에서는 C%의 영향을 크게 받는데 이것은 냉간가공에서도 마찬가지이다.

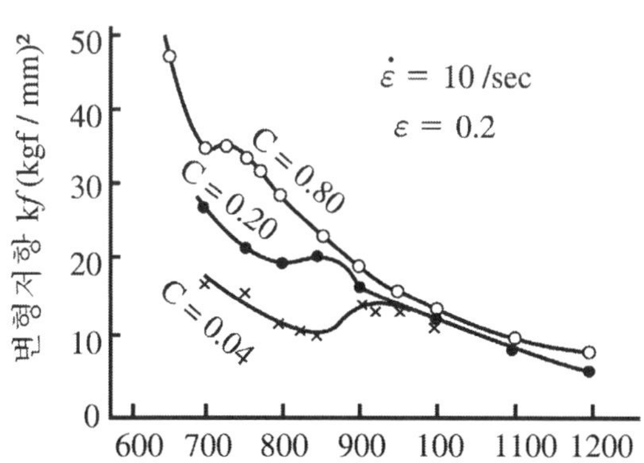

그림 4.13 변태점 부근에서 일어나는 변형저항의 변화

그림 4.14는 변태점 부근에서의 변형저항과 온도의 관계를 가공속도를 바꾸어 나타낸 그림인데, 이 그림에서도 γ상에 대한 가공속도의 영향은 적고 α상에 대해서는 커짐을 알 수 있다. 즉 변태점 이상의 온도에서 가공할 때는 가공속도를 변화시키더라도 염려가 없게 된다.

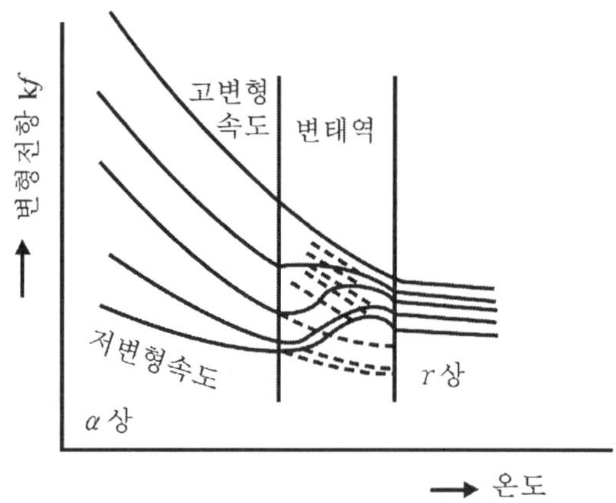

그림 4.14 변태점 부근의 변형저항에 대한 속도의 영향

강(steel)의 열간가공에서는 변태점 이상이면, 즉 탄소량도 가공속도도 별로 영향이 없다는 것을 뜻한다.

4.4.2 냉간가공(cold working)

일반적으로 실온에서 실시하는 소성가공은 모두 냉간가공이고 가공으로 인해 가공경화를 일으켜 사용량이 증가함에 따라 경화한다. 열간가공에서는 변형저항이 낮고 가공하기 쉬우나, 산화막이 발생하기 때문에 표면상태 및 두께 정밀도가 좋지 않다. 이에 대해 냉간 가공에서는 제품의 강도가 높아져서 표면 및 두께 정밀도가 훨씬 양호해진다. 따라서 금속의 소성가공 제1단계에서는 열간가공을 실시하나 다듬질단계에서는 반드시 냉간가공을 한다.

냉간가공에 의해 금속은 가공경화하고 강도는 증가하나 신장은 감소한다. 가공과 더불어 항복점과 내구력은 급증하여 인장강도에 접근한다. 결정입자는 미세화되고 전위밀도가 증대하고 결정격자의 변형은 커진다. 냉간가공의 가공도가 높아지면 경화가 심해져서 가공완료하기 전에 파괴를 초래하게 되어 풀림처리(annealing)를 하여야 한다.

그림 4.15는 소성가공에 의한 소재의 조직의 변화를 나타낸 것이다.

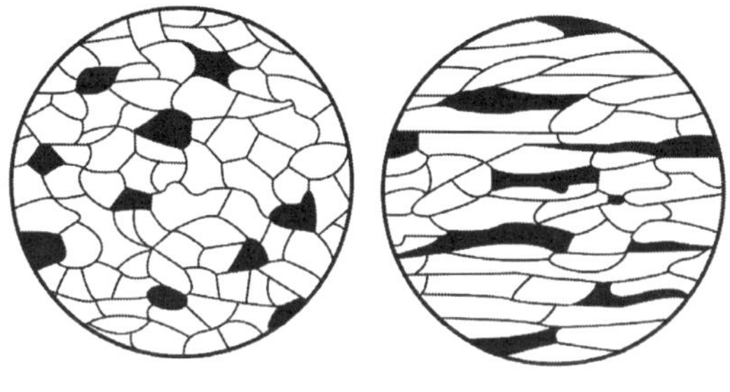

(a) (b)

그림 4.15 소성가공에 따른 소재의 조직의 변화

풀림처리 과정은 그림 4.8과 같으며 회복, 재결정입자 성장 등의 3단계로 나뉜다. 회복은 금속조직의 변화가 관찰되지 않음에도 불구하고 가공경화한 금속의 물리적, 기계적 성질이 원래의 상태로 복귀하려고 하는 단계에서 잔류응력이 비교적 저온에서 감소한다.

재결정은 냉간가공 조직에서 변형이 없는 새로운 결정입자로 변화하는 과정에서 현미경 조직에 의해 판단할 수 있고 강도와 경도가 감소하며 신장은 향상한다. 결정립의 성장은 재결정운동에서는 느리나 온도 의존성이 높아 성장온도로 되면 급속하게 거친 성장을 나타낸다.

4.4.3 온간가공

열간가공과 냉간가공 사이의 온도로 가공하는 것이 온간가공이다. 종래 철강에서는 청열(靑熱)전성역이 있어 전위밀도가 가공에 의해 급증하여 파괴를 초래하기 때문에 온간가공이 이용되지 않았으나 가공속도를 변화시켜 청열전성을 방지하거나 또는 청열전성역을 회피한 온도에서의 온간가공이 증가하였다. 이런 의미에서 철강에서는 변태점 이상을 열간가공, 이하를 온간가공이라고 부르는 일이 있다. 한편, 열간에서 냉간까지 동일한 오스테나이트상의 스테인레스강 등에서는 그 이용 가치가 높다.

4.5 소성가공의 종류

4.5.1 소성가공의 분류

(1) 주요 소성가공법

금속 가공법 중 소성가공은 그 범위가 매우 넓으면 단조가공, 압연가공, 인발가공, 전조가공, 판금가공, 프레스 가공 등이 이에 속한다.

그림 4.16은 주요 소성가공방법을 나타낸 것이다.

소성가공 중 단조가공은 농기구, 칼과 창 등의 무기 제조 기술로 시작되었으면, 오늘에 와서는 소성가공설비가 새롭게 개발되면서 대형화, 자동화, 연속화, 시스템화가 이루어지고, 생산 능률에 있어서도 크게 향상되고 있다. 이러한 결과 압연공장에서는 컴퓨터에 의한 제어로 압연 작업이 거의 무인화 작업에 의해 이루어지고 있다. 또한 자동차 생산 공장에서는 많은 대형 프레스 작업이 극소수의 인원으로 조업이 가능하게되는 등 소성가공 기술은 제품 제조 기술에서 큰 비중을 차지하고 있다.

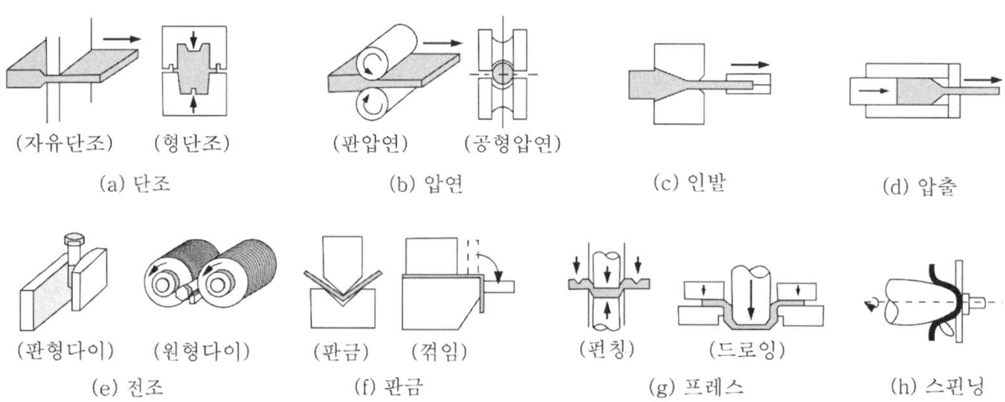

그림 4.16 주요 소성가공법

(2) 소성가공법의 분류

재료가 소성가공되어 제품이 되기까지에는, 소재로 가공되는 첫단계의 소성가공과 이들 소재를 사용하여 제품을 만드는 2단계의 소성가공을 받게 된다. 일반적으로 전자의 가공을 1차 가공, 후자의 단계를 2차 가공이라 한다. 이 분류에 따르면 1차 가공은 주로 압연, 단조, 인발, 압출가공에 의해 철강 재료와 비철 금속 재료의 소재를 만드는 가공이고, 2차 가공은 판금 프레스 가공에서 이루어지는 전단, 굽힘, 드로잉, 스핀닝 등의 가공 그리고 여러 가지 모양으로 성형하는 단조, 압출, 전조가공에 의해 각종 기계부품과 자동차, 냉장고 등의 본체를 만드는 가공이다.

표 4.4은 소성가공법을 1차 가공과 2차 가공으로 분류한 보기이다.

표 4.4 소성가공법의 분류

분류	가공법	제품의 분류
1차 가공	단조 가공 압연 가공 인발 가공 압출 가공	정, 집게, 크랭크축 등 판, 봉, 선, 관, 형재 봉, 선, 관재 봉, 관, 형재
2차 가공	판금 프레스 가공 전단가공 굽힘가공	기계, 기구, 구조물 등의 골조 등 외장에 사용되는 부품
	성형 가공 단조 가공(냉간단조)	기계구조부의 요소부품
	전조가공	나사, 기어, 축 등

4.5.2 압연(rolling)

(1) 압연의 개요

압연은 소성 변형이 비교적 잘 되는 금속 재료를 상온 또는 고온에서 회전하는 롤 사이에 통과시켜, 여러 가지의 판재, 형재, 관재 등의 소재를 만드는 가공법이다. 압연 가공은 주조나 단조와는 달리, 변형이 연속적으로 이루어지므로 생산 능력을 증가시킬 뿐만 아니라, 치수와 재질이 균일한 제품을 대량으로 얻을 수 있고, 생산비도 적게 들어 금속 소재 가공법 중 가장 많이 이용되고 있다.(금속 가공공정에 의해 생산되는 모든 금속의 약 90%를 가공)

그림 4.16은 여러 가지 압연의 공정을 나타낸 것이다.

후판은 보통 6mm 이상의 두께를 가진 것으로 선체, 보일러, 교량, 대들보, 기계 구조물, 원자로 등의 구조적 용도에 사용되며, 박판은 보통 두께가 6mm 이하로서 자동차 몸체, 가전 제품, 주방 및 사무 기기 등에 사용된다.(예: 민간용 항공기의 동체-보통 1mm 정도 두께의 알루미늄 합금판, 청량 음료 캔 - 0.15mm의 알루미늄 박판)

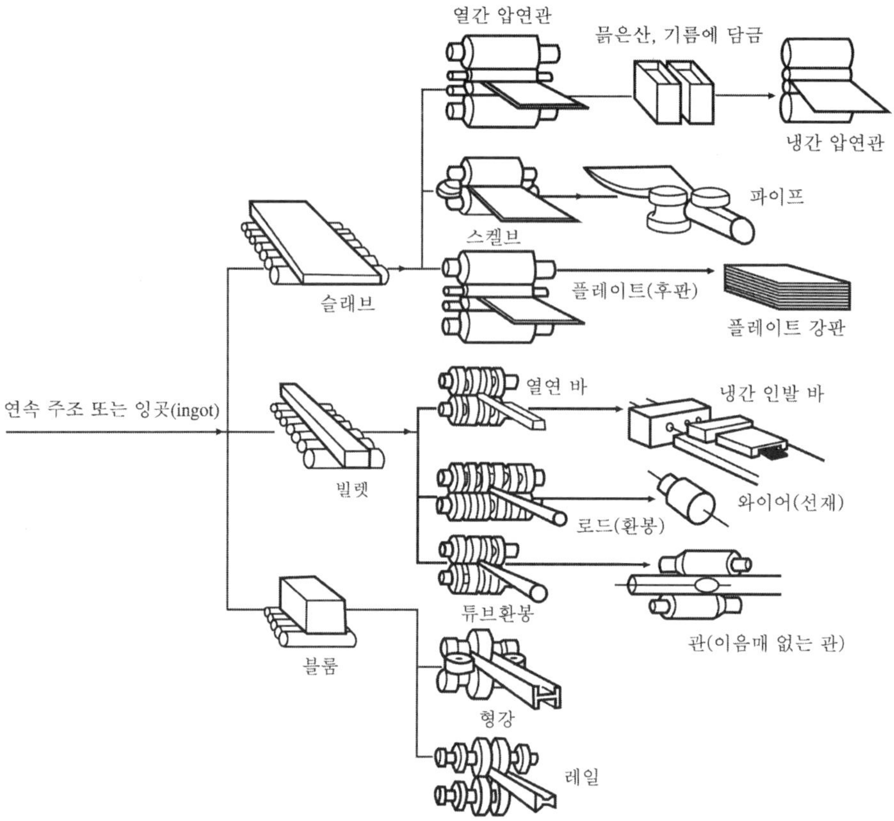

그림 4.17 여러 가지 압연 공정

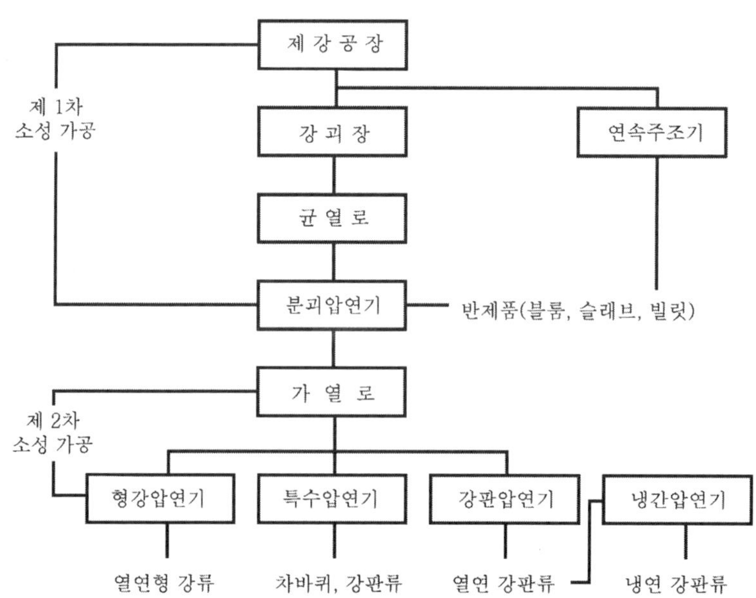

그림 4.18 압연공정

(2) 압연의 공정

제강 공장에서의 압연 공정을 살펴보면, 조정된 용강을 강괴로 만들어 이것을 균열로 또는 가열로에 넣어서 열간 압연 온도로 재 가열한 다음, 분괴 압연기에 넣어 블룸(bloom), 빌릿(billet), 슬래브(slab) 등의 반제품으로 압연한다. 최근에는 용강을 연속 주조하여 분괴 공정을 거치지 않고, 반제품을 얻을 수 있는 방법을 채택하고 있는 공장이 많다. 그림 4.18은 압연 공정을 나타낸 것이며 그림 4.19는 철강 제품의 생산 공정(일관제철법)을 나타낸 것으로서, 철광석에서 여러 가지 강재를 만들기까지는 크게 나누어 제선, 제강, 압연 공정의 3단계로 나눈다.

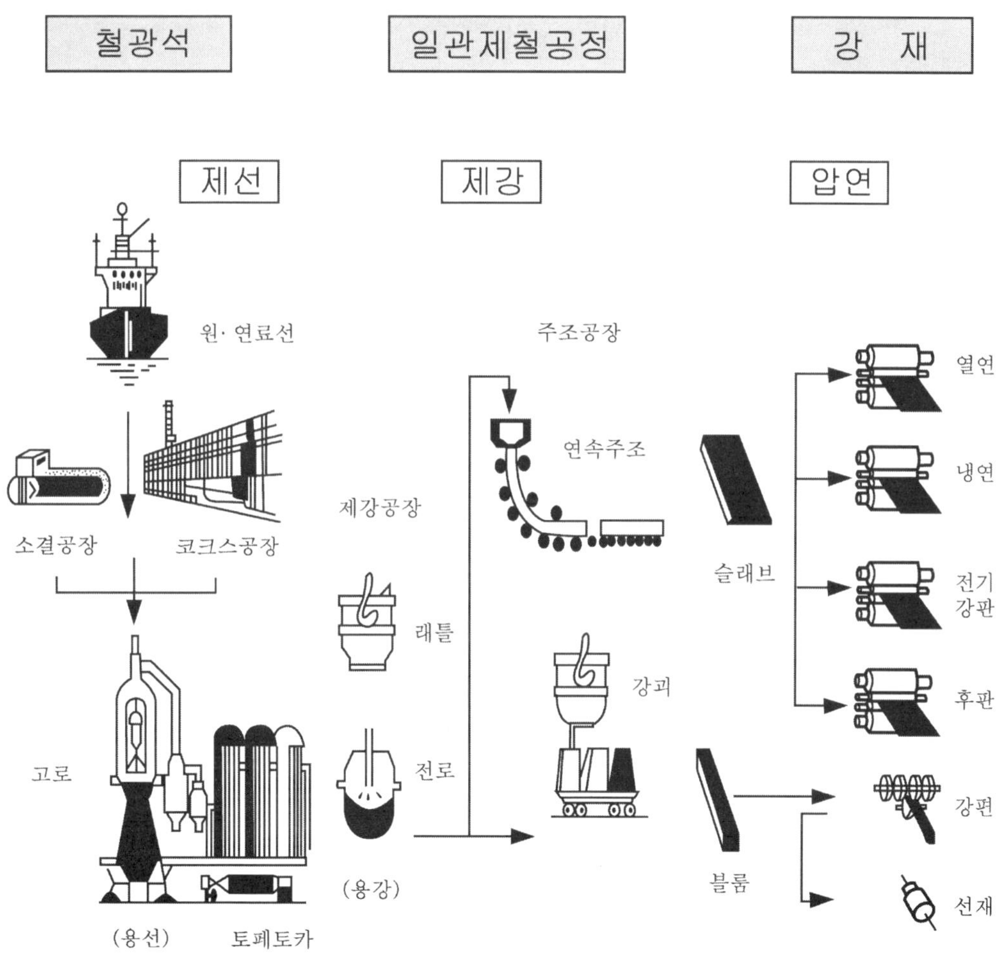

그림 4.19 철강 제품의 생산 공정

참고사항

◉ 제선공정

철광석과 소결공장에서 분광석을 사천리하여 만든 소결광 그리고 코크스공장에서 건류한 코크스를 고로(용광로)에 장입한 다음 열을 가하여 철광석을 녹여서 용선(熔銑)을 만드는 공정이다. 제선공정의 주요설비로는 고로본체와 원료장입 설비, 열풍로, 가스정정 설비 등의 부속설비가 있다.

◉ 제강공정

고로에서 토페도카(쇳물 운반차 : Torpedo Ladle Car)로 이송된 용선, 고철 및 부원료를 전로에 장입한 후 산소를 불어 넣어 용선중의 불순물을 제거시키고 필요한 성분을 첨가시켜 목표성분과 적정온도의 용강을 만드는 공정이다.

◉ 연속주조공정

제강공정에서 생산된 용강을 주형(Mold)에 주입하고 연속적으로 인발하면서 냉각시켜 직접 소정의 반제품 슬래브(Slab), 블룸(Bloom), 빌릿(Billet)을 제조하는 공정이다.

이 방법은 종래의 강괴(ingot) → 분괴공정을 생략하여 생산성 향상에 기여하였고 균질의 반제품을 생산할 수 있어 현재는 일부 고급합금을 제외하고 대부분의 강종을 연속주조 공정에서 생산하고 있다.

◉ 압연공정

연속주조기에서 생산된 반제품을 열연, 후판, 선재, 형강, 봉강공장으로 이송시켜 재가열한 후 각각의 열간압연기에서 소정의 형상 및 치수를 갖는 제품을 생산하는 공정 즉, 반제품을 가열하여 두 개의 롤(Roll)사이에 밀어넣고 압착시켜 여러가지 형태의 강재를 만드는 공정이다. 형태에 따라 판 재압연과 봉재, 선재압연으로 나누고, 압연온도에 따라 열간압연과 냉간압연으로 나눈다.

이와 같이 철을 만드는 순서는 제선 → 제강 →압연 순서로 이루어지며 이와 같은 공정에 필요한 설비를 경제적이고 합리적으로 함으로써 생산률을 높이는 한편 수정에 필요한 설비를 경제적이고 합리적으로 배치하으로써 생산능률을 높이는 한편 수송비를 절약하고 열효율을 좋게하는 등 생산비 절감을 고려하여 3단계 공정이 하나의 장소에서 이루어지도록하는 제철법을 일관제철법이라 한다.

◉ 반제품(半製品, Semi-Finished Steel Products)

강괴 가운데 일부는 그대로 강재나 단강품등 최종 제품으로 가공되는 것도 있지만 대부분은 분괴압연기를 거쳐서 압연, 단조, 프레스의 다음 공정에 적당한 크기나 모양으로 압연된다. 분괴, 조압연된 중간단계의 소재를 총칭하여 강반제품이라 한다. 강반제품을 용도에 따라 나누면 각종 강재의 재료가 되는 강편(블룸, 빌릿), 강판의 재료가 되는 슬래브, 시트바(Sheet Bar), 틴바(Tin Bar), 틴바 인 코일(Tin BarCoil), 강관 재료로 사용되는 스켈브(Skelp), 후프(Hoop), 관제봉강 등이 있다.(그림 4.19, 그림 4.20 참조)

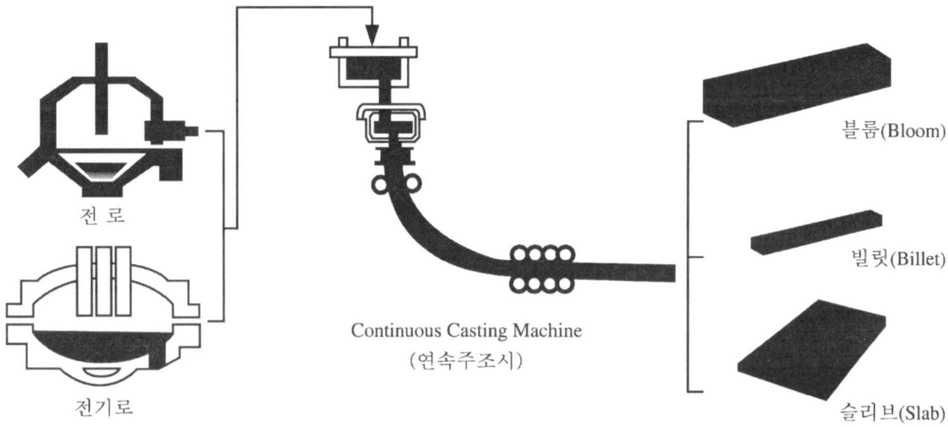

그림 4.20 반제품 제조 공정도

(3) 압연작업

① 분괴압연(blooming)

제강 공정에서 주조된 강괴(steel ingot)를 제품제작에 편리하게 이용될 수 있도록 각종 형상과 치수로 압연기에서 변형(반제품을 제작)하는 것을 분괴압연이라 하며, 소규모의 공장에서는 압연강재를 작은 강편으로 직접 만들 수도 있으나 일관제철소와 같은 대규모 공장에서는 강괴를 균열로에서 장시간 가열하여 그 내부와 외부의 온도를 균일하게(1,150~1,300℃)가열한 후에 분괴압연기로 강편을 만든다. 큰 강괴로부터 직접 강재를 만들려고 해도 도중에 온도가 내려가기 때문에 일단은 중간 크기로 강편을 만들어야 한다. 분괴압연은 대형의 롤(Roll)과 큰 동력의 모터를 사용하여 강한 힘으로 압연하기 때문에 강질을 보다 좋게하는 효과도 있다. 강편의 형태(반제품)는 최종제품을 만드는데 편리하도록 결정되며, 대략 다음과 같은 세가지 즉, 스래브(후판 및 강대용), 블룸(대형 조강류용), 빌릿(소형 조강류용) 등이 있다.

참고사항

◉ 조강류용 반제품

㉮ 블룸(Bloom)

블룸은 장방향의 대강편으로서 절단면은 거의 정방향이고 모서리는 약간 둥글다. 한

변이 160mm 이상, 480mm까지, 단면적은 25,600mm^2 이상이며 길이는 최소 1m부터 최대 6m까지 있다. 용도는 대부분 압연공장에서 대형, 중형조강류로 압연되지만 일부는 다시 분괴, 조압연하여 빌릿, 시트바, 스켈프, 틴바 등 소형의 반제품으로 만들어지는 경우도 있다.

㉯ 빌릿(Billet)

빌릿은 단면이 정방형으로 한변이 160mm이하, 단면적 25,600mm2이하의 각형강편으로서 소강편이라고도 한다. 각형강괴 또는 블룸을 분괴, 조압연하여 만들거나 연속주조에 의해 만든다. 용도는 소형조강류, 선재를 만들므로 시트바와 함께 사용량이 많은 반제품이다. 또 일부는 차량피스톤, 크랭크샤프트 등의 단조용 강편으로 사용된다.

◉ 강판용 반제품

㉮ 슬래브(Slab)

슬래브는 연속주조에 의해 직접 주조하거나 편평강괴 또는 블룸을 조압연한 것으로서 단면은 장방형이고 모서리는 약간 둥글다. 치수는 여러 가지이며, 보통 두께의 2배 이상의 강편, 강판 및 강대의 압연소재로 사용된다.

㉯ 시트바(Sheet Bar)

각형강괴 또는 블룸을 분괴, 조압연한 것으로서 판을 옆으로 절단한 것과 같은 모양의 가늘고 긴 형태로 되어 있다. 치수는 두께 7.6mm부터 16.8mm, 폭은 250mm, 길이는 최대 10mm이다. 박판, 규소강판 등 박판류의 재료로 사용되며 빌릿과 함께 생산량에 대한 판매량의 비율이 가장 큰 반제품이다. 또 일부는 차량피스톤, 크랭크샤프트 등의 단조용 강편으로 사용된다.

㉰ 틴바(Tin Bar)

블룸을 분괴, 조압연한 것으로서 석도원판의 재료이며, 형상 및 치수가 시트바와 같기 때문에 시트바에 포함시키기도 한다. 외판용은 길이 5m 정도의 것이 많고 이것을 구입하는 단순압연업체는 소요 원판의 치수에 따라서 적당히 절단하여 석도원판으로 압연한다.

㉱ 틴바인코일(Tin Bar in Coil)

석도원판용 소재를 연속 압연하여 코일모양으로 감은 것이다. 두께 1.9~1.2mm, 폭 200mm정도, 중량 2~3톤 정도의 것이 많이 만들어진다.

◉ 강관용반제품

㉮ 스켈프(Skelp)

각형강괴 또는 빌릿을 분괴, 조압연한 용접강관의 소재로서 띠모양이며, 양단이 용접에 편리하도록 88°~85°로 경사져 있다. 강괴는 극연강으로서 두께 2.2~3.4mm, 폭 56~

160mm, 길이 5m 전후의 것이 많다.

㉯ 후프(Hoop)

강판을 폭이 좁은 형상의 띠모양으로 절단가공하여 감아놓은 강대를 말한다. 주로 포장용으로 사용되며 용접강관, 전봉강관용 강대로 스켈프도 같은 강대이지만 코일로 되어 있는 점이 스켈프와는 다르다. 강질을 연강, 반경강에 해당한다.

그림 4.20은 압연작업의 실예를 나타낸 것이다.

그림 4.21 압연 작업의 실예

② 판재압연

ⓐ 열간압연

치수가 큰 재료를 압연할 때 많이 사용되는 것으로, 주조조직도 개선할 수 있고 기계적 성질도 향상 시킬 수 있으며, 또한 변형이 잘되어 가공에 소요되는 동력이 적게 드는 장점이 있다. 열간 압연에서 최초로 얻어지는 제품을 블룸, 슬래브, 빌릿으로 구분한다.

ⓑ 냉간압연

열간압연한 판을 다시 냉간압연기에 넣어서 치수 정밀도를 높인다. 압연의 도중에서 너무 경화된 것은 풀림을 한다.

강판을 제조하는 데는 슬래브 또는 시트바를 압연하여 만들고 강판의 경우는 두께에 따라서 6mm 이하의 박판으로 분류하고 1회의 압하율은 열간압연일 때 30~40% 냉간압연일 때 29%가 통례이고 윤활제를 충분히 주유시켜 집중압력을 저하시켜 가면서 두께를 얇게 한다. 냉간 압연은 재료의 두께나 단면이 작은 경우 및 압연 작업의 마무리 작업에 많이 사용되는 것으로, 치수가 정확하고 표면이 깨끗하며 강한 제품을 얻을 수 있다.

열간 압연판에서는 거의 이방성이 없으나, 냉간 압연판은 이방성을 나타내므로 주의하여야 한다. 압연 중간에 풀림을 함으로써 전체 변형을 크게 할 수 있다.

냉간 압연용 제품에는 열간 압연할 때 생긴 스케일과 기타의 결함이 있으므로 이들을 산세척(pick rolling)하거나 물분사나 연삭과 같은 기계적 방법으로 제거한다.

적층 압연(pack rolling)은 금속을 두 겹 이상 겹쳐서 압연하여 생산성을 높이는 작업이다. 예를 들어, 알루미늄 포일은 두 겹으로 겹침 압연되는데, 알루미늄 포일의 한 면은 윤이 나지만, 반대쪽 면에는 광택이 없는 것을 볼 수 있다. 이것은 포일과 포일이 겹친 면에서는 광택이 없고, 포일과 매끈한 롤이 닿은 면에서는 윤이 나기 때문이다.

가공 작업 중에 연강이 인장될 때에는 항복점 신장(yield point elongation)이란 현상을 겪는다. 이 현상으로 인해 신장 변형 무늬, 즉, 뤼더스(Luders)라 불리우는 불균일한 표면이 생긴다. 이 현상을 피하려면, 0.5~1.5% 정도의 압하율로 판재 조질 압연(temper rolling)을 한다.

그림 4.21는은 지름 D가 되는 롤을 사용하여 재료의 두께를 h_1에서 h_2로 압연할 경우의 롤과 재료가 서로 접촉하는 부분 상태를 나타낸 것이다.

A및 A′는 재료가 최초로 롤에 접촉하는 위치이고, B 및 B′는 압연된 재료가 롤에서 방출되는 점이다.

이 경우에 롤과 재료가 접촉하고 있는 부분을 그 압연에 있어서 접촉 면적이라고 하고, AA′를 입구, BB′를 출구라고 한다. 또, 상하 단면 경계선인 원호 AB, A′B′를 접촉호라 한다.

롤이 재료를 물어 넣는 경우, 우선 재료 선단이 접촉 면적의 입구에서 롤 표면에 부딪히게 되고, 이 부딪히는 힘이 크면 클수록 재료 선단에 의해 많은 부분적 변형이 생겨 롤과 재료의 접촉 마찰력을 유발한다.

롤 표면은 계속적으로 접촉 면적의 입구 쪽에서 출구 쪽으로 이동하고 있으므로, 거기에 작용하는 마찰력의 수평분력에 의해서 재료를 점점 접촉 면적의 안쪽으로 당겨 넣어 압연이 이루어진다. 롤의 접촉각 α는 그림 4.21에서 알 수 있는 바와 같이 다음의 일반식으로 나타낼 수가 있다.

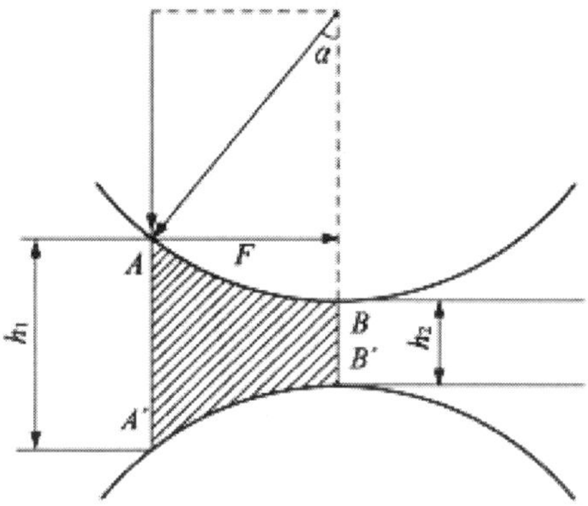

그림 4.21 압연 변형

$$f\cos\alpha = P_r \sin\alpha$$
$$\frac{f}{P_r} = \frac{\sin\alpha}{\cos\alpha} = \tan\alpha$$
$$f = \mu P_r$$
$$\mu = \tan\alpha$$

여기서

P_r : 재료가 롤면으로부터 받는 힘

μ : 마찰 계수

μP_r : 마찰력 (f)

F : 압연력

P : 롤이 누르는 힘

따라서, tanα의 값이 μ보다 크다면 피가공물이 롤에 의해서 물리어 공급될 수 없을 것이다. 만약, μ가 "0"이라면 압연을 할 수 없고 큰 슬래브를 사용할수록 μ값이 커져야 한다.

여기서 재료가 롤에 쉽게 물려 들어가기 위해서는 각 α가 작아져야 하므로 다음과 같은 사항에 유의한다.

- h_1-h_2(압하량)를 작게 한다.
- 롤 지름 D(=2R)를 크게 할 필요가 있다.

③ 형재압연

봉재(둥근 것, 사각, 육각), 평재, 형재(산형, 공형, H형, T형, Z형) 등의 거친 재료 등을 가공하는 데는 블룸(bloom) 또는 빌릿(billet)을 수회, 수십 회 홈롤로 압연해서 제작한다. 형재압연용 롤은 표면에 홈이 파진 롤을 써서 열간압연에 의하여 순차로 소재를 통과시켜 단면적을 감축시키면서 소정의 모양으로 성형하여 다량 생산하고 있다. 판재압연의 경우와는 달리 형재압연에서는 롤의 홈을 통과할 때 증폭이 억제되므로 길이방향으로 늘어나게 된다. 한 쌍의 롤에 파진 홈을 공형이라 하고 롤을 조립할 때 공형의 형식에 따라 개방공형과 폐쇄공형이라 하며 개방 공형 그림 4.23은 봉재나 거친 압연용으로 사용하고 폐쇄공형 그림 4.24는 형재압연으로 사용된다.

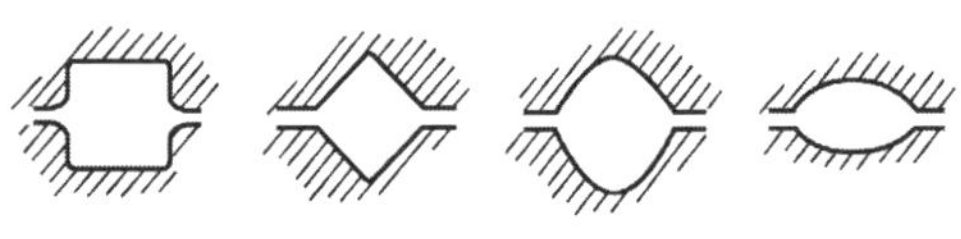

(a) (b) (c) (d)

그림 4.23 개방공형

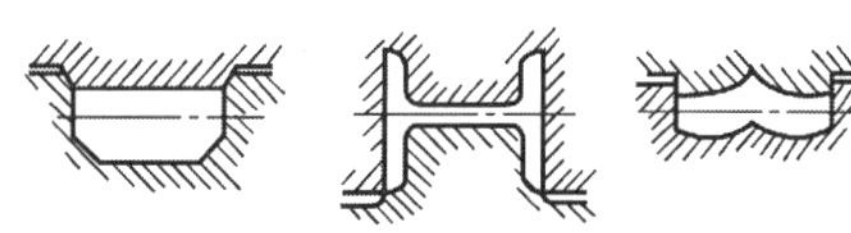

(a) (b) (c)

그림 4.24 폐쇄공형

봉재나 형재는 최종 공형을 마치면 목적하는 제품으로 압연되어야 하므로 첫째, 공형에서 최종 공형까지의 성형과정의 단면모양과 감축률이 적정하여야 소기의 제품의 모양과 치수가 정확하고 표면이 깨끗해야 한다. 둘째, 롤의 국부마멸이 적고 수명이 길어야 한다. 셋째, 재료의 유동이 균일하고 작업이 쉬어야 한다. 넷째, 롤의 강도 및 압연력에 무리가 없어야 한다.

(4) 압연에서 윤활유의 역할

박판의 압연에 있어서 윤활유를 사용하는 큰 목적으로서는 다음과 같은 항목을 열거할 수 있다.

① 압연하중 및 압연 토크를 감소시킨다.
② 롤 마모를 적게 하여 롤 수명을 늘린다.
③ 롤 및 판재료의 냉각을 효과적으로 실시한다.
④ 압연속도 및 압하량을 크게 하여 생산성을 향상시킨다.
⑤ 제품의 안정된 표면성상(표면결함을 일으키지 않음을 의미함) 및 광택이 우수한 표면을 얻는다.

참고사항

◉ 윤활유가 압연하중에 미치는 영향

롤과 재료의 경계면에 윤활유를 사용하면, 경계면에서 발생하는 마찰력을 낮게 억제함으로써 압연하중 및 압연 토크를 감소시킬 수 있다. 압연일 경우에는 그 마찰력에 의해 가공이 가능해지므로 그림 4.25에서와 같이 조건 $F\sin\alpha \leq \mu F\cos\alpha$을 만족해야만 한다.

특히 냉간압연에서 마찰계수를 낮게 하면 슬립(slip)에 의해 압연이 불가능해지거나 체터링(chattering : 떨림)현상이 발생하기도 하므로 윤활유를 선정할 경우에는 극단적으로 낮은 마찰계수가 되지 않도록 주의해야 한다. 윤활유에 의해 마찰계수를 어느 정도 낮게 하는 연구로서는 경계마찰계수를 저하시키는 첨가제(유성향상제 또는 극압제)를 첨가하든가 아니면 롤과 재료 사이에 도입되는 윤활유의 양을 늘려 유체윤활영역을 증대시키는 것을 생각할 수 있다.

열간압연의 경우에도 윤활유가 사용되고 있으며 그림 4.26에서와 같이 커다란 압연하중의 저감효과를 나타내었다. 압하율이 높은 가공일수록 효과가 커서 10~30% 감소로 되어 있다. 마찰계수의 저감효과가 큰 윤활유로서는 유지, 지방산, 합성 에스테르 등이 있다.

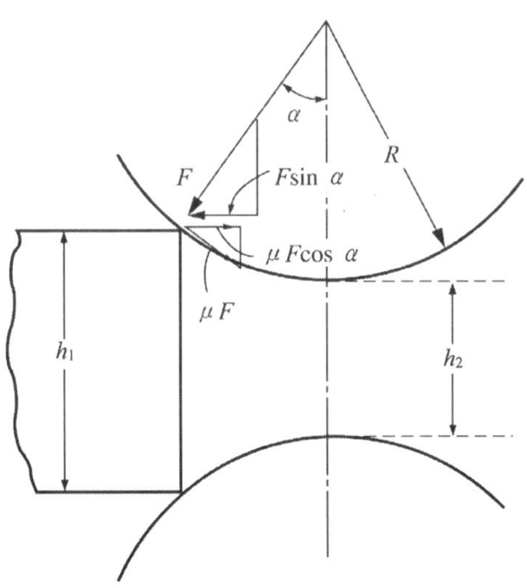

그림 4.25 압연 맞물림시 판에 작용하는 힘

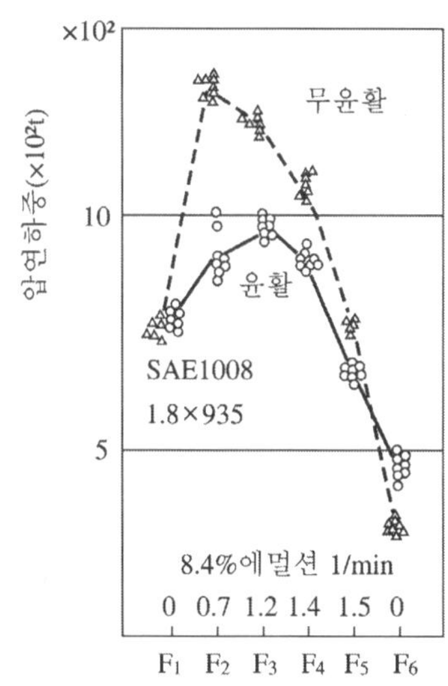

그림 4.26 열간압연에 있어서 윤활유가 압연하중에 미치는 영향

◉ 윤활유가 롤 마모에 미치는 영향

롤 마모를 낮게 하는 윤활유의 효과는 그림 4.26에서와 같이 열간압연에서 크고 실제에 있어서 롤 수명을 20~40% 개선하는 결과가 얻어져 있다. 그 효과로서는 다듬질전(前)

단계에서의 롤에서 발생하는 흑피에 대한 윤활유의 영향이 밝혀져 있기는 하나 그 상세한 것은 연구단계이다. 그러나 열간압연에서 윤활유를 사용하면 맞물림시 슬립이 발생하거나 장력변동이 일어나기 때문에 압연 제어를 어렵게 할 우려가 있다.

냉간압연에서는 알루미늄 킬드강판을 압연할 때 윤활유 영향에 의해 롤 표면이 경면화하여 슬립을 발생하는 일이 있다. 이 방지책으로서는 공작물 롤의 표면조도를 높게 하던가 윤활유에 포함되어 있는 첨가제를 변경하는 등의 방법이 취해져 있다. 냉간 압연에서 롤 수명을 연장하는 방법에 있어서의 윤활유 효과를 기대하기 보다는 롤 재료 자체의 개선이 크게 영향을 미친다고 할 수 있다. 최근에는 표면에 크롬도금을 실시하는 방법 등이 행하여지고 있다.

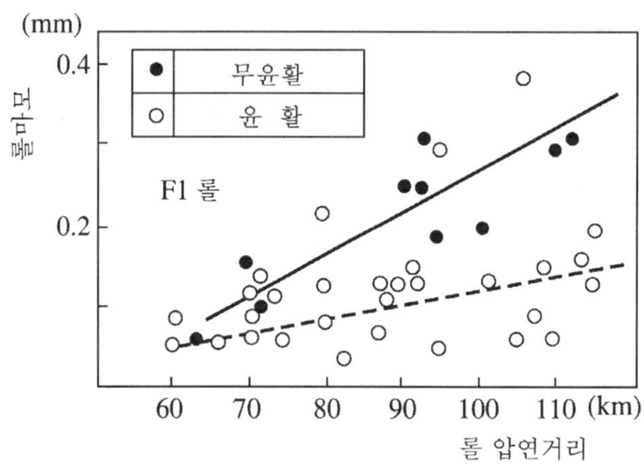

그림 4.27 열간압연에 있어서 윤활유가 롤마모에 미치는 영향

(5) 압연기(rolling mill)의 종류

압연기의 종류에는 여러 형식이 있는데, 일반적으로 다음과 같이 분류한다.

① 제품의 종류에 따른 분류

제품의 종류에 따라 분류하면, 분괴 압연기, 후판 또는 중후판 압연기, 박판 압연기, 형강 압연기 등이 있다.

② 롤의 배치에 따른 분류

ⓐ 2단식 압연기(비가역 2단 압연기) : 가장 간단한 형식으로, 스탠드 내에 지름이 같은 롤이 상하에 있어 재료를 롤에 통과시켜 압연을 하고, 롤 상부로 다시 되돌려 먼저 위치로 운반하여 압연을 되풀이할 수 있게 한 것이다.

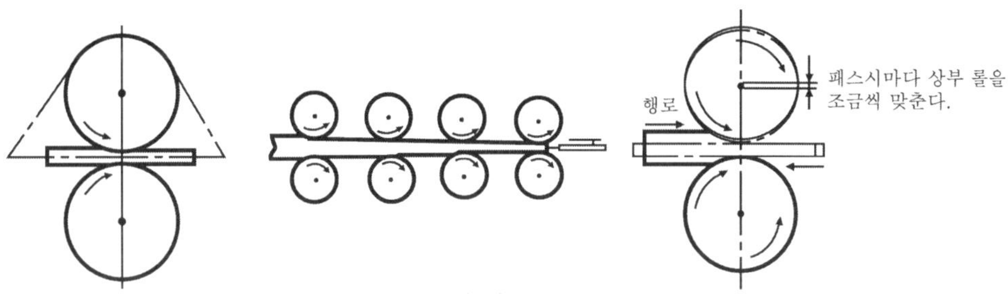

(a) 2단식 롤 (b) 2단 연속식 압연기 (c) 2단 가역 압연기

그림 4.28 2단식 압연기

한쪽 방향으로만 압연이 되며, 재압연을 위해서는 소재를 운반하여야 한다.

또한, 그림 4.28(b)와 같이 2 단식 압연기를 일직선으로 연속적으로 여러대 배치한 것을 2단 연속식 압연기라 하며, 이것은 소강편, 판재, 선재 등을 압연하는데 생산성을 높이고자 한 것이다.

그림 4.28의 (c)와 같이 1회 압연할 때마다 롤의 회전 방향이 반대로 되는 것을 2단 역전식 압연기라 한다. (a)와 같이 소재를 운반할 필요가 없으며 한번 압연하고 다음번 압연을 위하여 상부 Roller를 적당량씩 내려 보낸다.

ⓑ 3단식 압연기 : 그림 4.29와 같이 2단식 압연기 위에 또 1개의 롤을 설치하여 3단식으로 한 것으로, 서로 인접한 각 롤을 압연할 때 각각 반대 방향으로 회전하게 되어 있다. 이것은 롤을 역전시키지 않고 재료를 쉽게 왕복시켜 가공할 수 있으므로 대형 재료의 압연에 편리하다. 또한, 그림 4.30과 같이 중간 롤의 지름을 아주 작게 하여 압연 소요 동력을 줄이고 작업 효율을 좋게 한 것을 라우드식 3단 압연기라 한다.

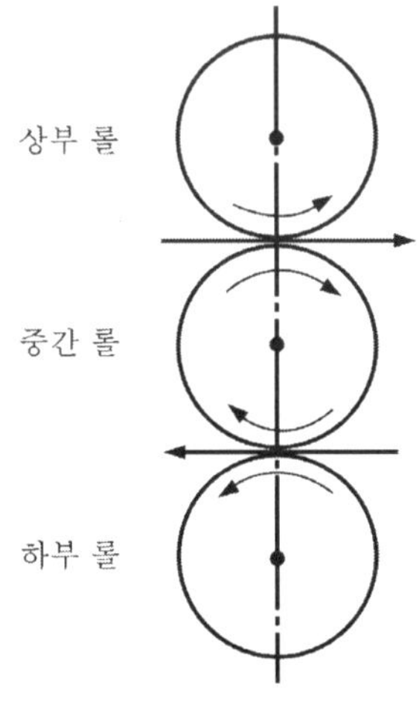

그림 4.29 3단식 압연기

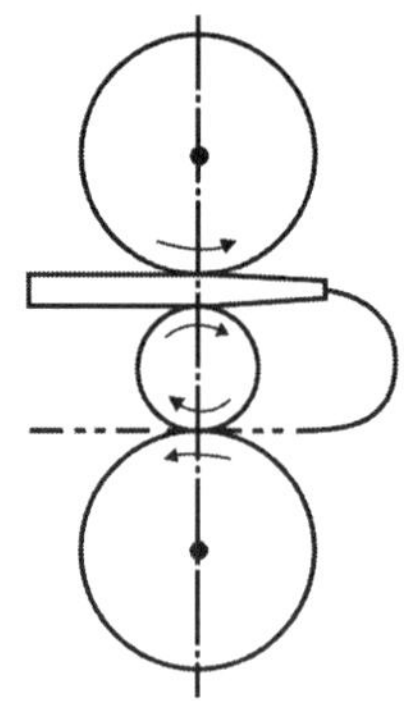

그림 4.30 라우드식 3단 압연기

ⓒ 4단식 압연기 : 그림 4.31과 같이 작업 롤이 휘는 것을 막기 위해 작업 롤을 통한 중앙선의 반대편에 중심을 가지고 작업 롤과 접촉한 지름이 큰 롤이 위아래에서 받쳐 주는 압연기를 4단식 압연기라 한다.

4단식 압연기에서는 지름이 작은 롤을 사용하므로 얇은 판재를 매우 정확한 치수로 압연 할 수 있다. 이 때, 받침 롤은 구동되고 작업 롤은 받침 롤의 마찰로 회전한다.

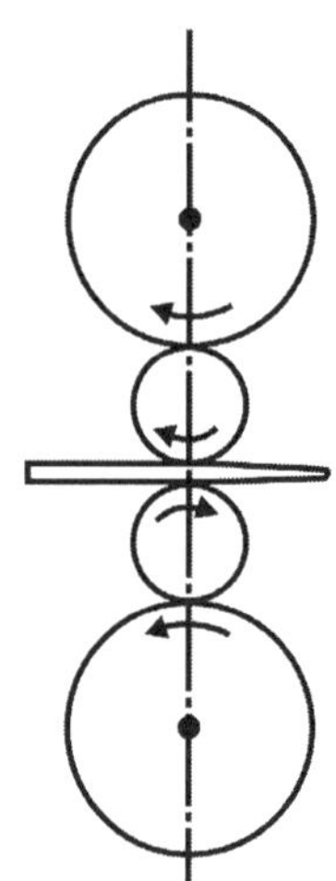

그림 4.31 4단식 압연기

ⓓ 다단식 압연기 : 4단식 압연기보다 작업 롤을 가늘게 하기 위하여 그림 4.32와 같이 상하 롤의 개수를 6단, 12단, 20단 등의 다단으로 한 압연기로, 판 두께가 얇고(0.02mm 정도) 치수가 정확한 판을 압연할 때 사용된다.

ⓔ 센지미어(Sendzimer) 압연기 : 그림 4.33과 같이 일종의 다단 압연기로서 강, 니켈,

티탄, 알루미늄계 합금 등과 같은 가공 경화가 잘 되는 재료의 박판 압연에 많이 이용되고 있으며, 매우 높은 전후방 인장이 가해진다.

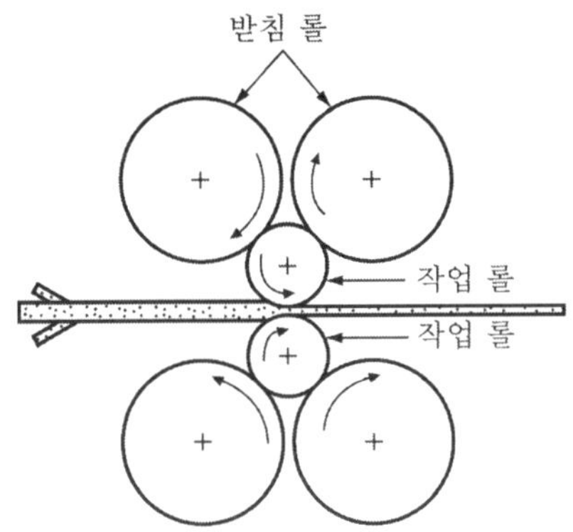

그림 4.32 6단식 압연기

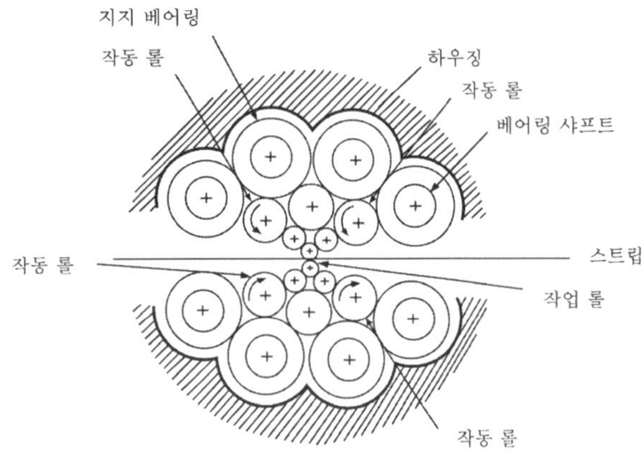

그림 4.33 센지미어 압연기

ⓕ 유성압연기 : 그림 4.33의 (a)와 같이 지름이 큰 받침 롤 주위에 지름이 작은 작업롤을 많이 배치하고, 이 작업롤의 공전과 자전에 의하여 압연하는 것으로 종래의 압연기와는 다른 구조이다. 1회에 90% 정도 압하율이 가능하다.

ⓖ 유니버셜 압연기 : 그림 4.33의 (b)와 같이 수평롤과 수직롤로 조합되어 1회의 공정으로 재료의 두께와 넓이가 동시에 압연이 되도록 제작되어 있다.

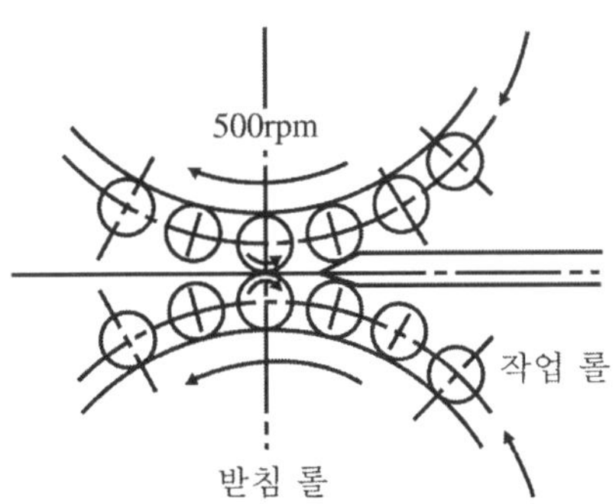

(a) 유성 압연기

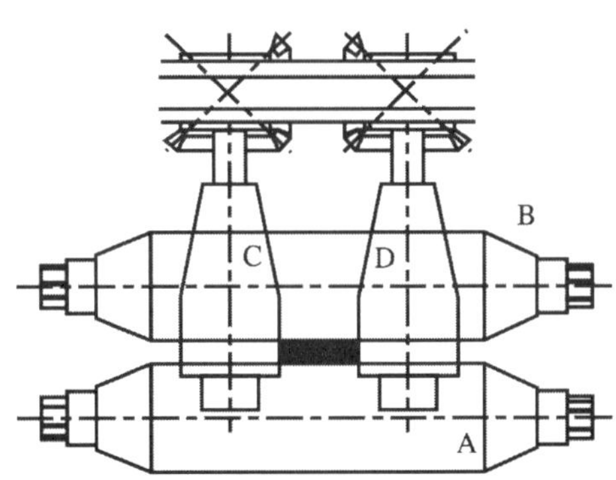

(b) 유니버셜 압연기

그림 4.34 유성 압연기 및 유니버셜 압연기

4.5.3 압출가공(extruding)

(1) 압출(extrusion)의 개요

압출은 재료(알루미늄, 구리, 아연합금, 등과 같은 소성이 큰 재료)에 압력을 가하여 다이의 구멍을 통과시켜서 다이의 구멍과 같은 단면 모양의 긴 것을 제작하는 가공법이다. 단면의 모양은 둥근 것, 각 모양은 물론 L형, 관 등 복잡한 단면을 만들 수 있다.

압출 제품은 높은 압력으로 성형되므로 조직이 치밀하고 강도가 크다.
압출에는 큰 힘이 필요하므로 금속의 변형 저항을 낮게 하기 위하여 대부분 열간에서 압출한다.

압출 가공에 의하면 소재를 얻기 위한 중간 공정을 덜 수 있어 작업 공정을 단순화할 수 있다. 최근에는 각종 강철 및 특수강도 압출 가공을 실시하는데, 대부분은 열간 압연이 곤란한 관재 및 이형 단면재의 가공에 이용된다.

그림 4.35는 여러 가지 압출 제품의 단면을 나타낸 것이며, 또, 압출된 소재를 일정한 두께가 되게 절단하여 받침대, 브래킷, 기어 등의 제품으로 만들 수도 있다.

그림 4.35 압출제품의 예

(2) 압출가공방식

압출에는 직접, 간접, 정수압, 충격의 네 가지 기본 유형이 있다.(그림 4.36)

① 직접 압출법(direct extrusion)

제품이 램(ram)의 진행 방향과 같은 방향으로 압출되는 형식으로서 전방 압출법이라고도 한다. 압출할 소재를 컨테이너(container)에 넣고서 램으로 가압하여 램의 반대측에 있는 다이로부터 압출한다. 압출판과 컨테이너 사이에는 틈새가 있어서 소재 표면의 산화막을 벗기면서 압출한다. 이 방법은 소재의 20~30%가 칩으로 남으므로 비경제적이다.

② 간접 압출법(indirect extrusion)

후방 압출법(back ward extrusion)이라고도 하며 다이의 중공 램에 붙어 있고 컨테이너의 반대쪽은 폐쇄되어 있다. 램을 이동하면 소재가 다이를 통하여 압출되고 제품은 램의 중공부를 반대쪽으로 빠져나간다. 이 방법은 직접 압출법에 비하여 재료의 손실이 적고, 소요 동력도 적게 들지만 조작이 불편하고 제품의 표면 상태가 좋지 못하다.

③ 정수압 압출(hydrostatic extrusion)

컨테이너를 유체로 채우고 이를 통하여 빌릿(소재)에 압력을 전달하여 다이를 통과시켜 압출되도록 한다. 종래의 냉간 압출에서는 소재와 다이, 컨테이너 사이에 상당히 큰 마찰력이 작용하여 압출 압력이 매우 높아 경도가 높은 재료의 압출이 곤란하였다.

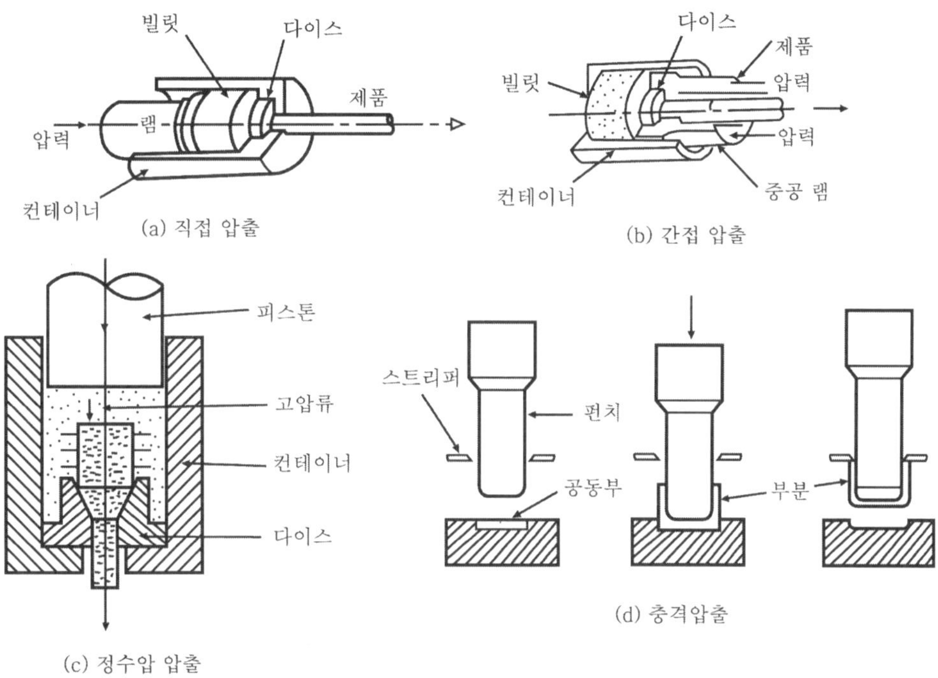

그림 4.36 각종 압출법

그러나 그림 4.36(c)와 같이 고압 액체를 매체로 하여 압출을 하면, 이 매체가 소재와 컨테이너의 접촉면 사이를 지나 외부로 새어나가려 함에 따라 유체 윤활 상태가 발생하여 접촉면의 마찰력은 크게 저하되고, 소재에 작용하는 고압 액체에 의한 소재 자체의 고압하의 연성 증대 효과와 더불어 재료의 변형이 극히 용이하여진다.

이와 같이 고압의 액체를 사용한 압출법을 정수압 압출(hydrostatic extiusion)이라 한다.

정수압 압출에서는 소재가 용기의 지름보다 작으며 용기에는 유체가 채워져 있어서 소재를 둘러싸고 있는 작업 유체를 통하여 압출에 필요한 압력을 전달한다. 따라서, 용기의 벽면에 마찰이 작용하지 않는 특징이 있다. 용기내에서의 고압으로 인하여 유체가 다이면으로 유출되므로 마찰력과 가압력을 현저하게 감소시켜준다.

④ 충격압출(impact extrusion)

간접압출의 일종으로 속이 빈 용기를 만드는 데 적합하다.

일반적으로 냉간에서 프레스를 사용해서 힘을 충격적으로 가하여 제품을 압출하는 방법으로 납이나 주석, 알루미늄, 구리, 동합금 등을 두께가 얇은 원통 모양으로 가공하는 경우에 사용된다. 충격 압출 제품으로는 치약 튜브나 약품 및 미술용의 튜브등이 있다.

(3) 압출가공의 응용

압출가공은 원래 연관 제조에서 유래 되었으며 후에는 전기 케이블선 납피복에 응용되었다. 그림 4.37은 압출 가공을 응용한 예로서 전기 케이블선을 납피복하는데 압출 가공을 적용하고 있는 것을 나타낸 것이다.

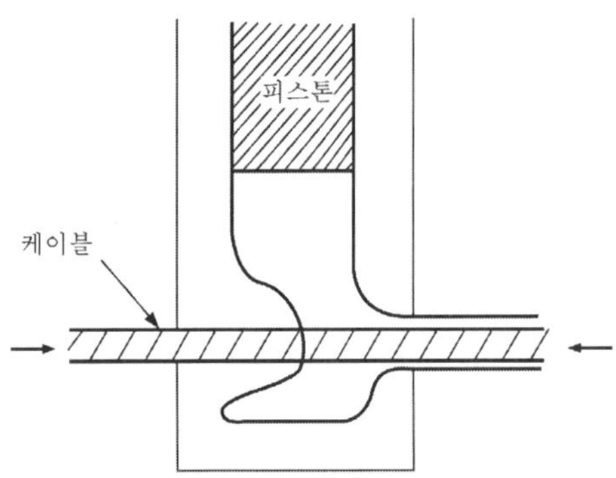

그림 4.37 압출 가공의 응용

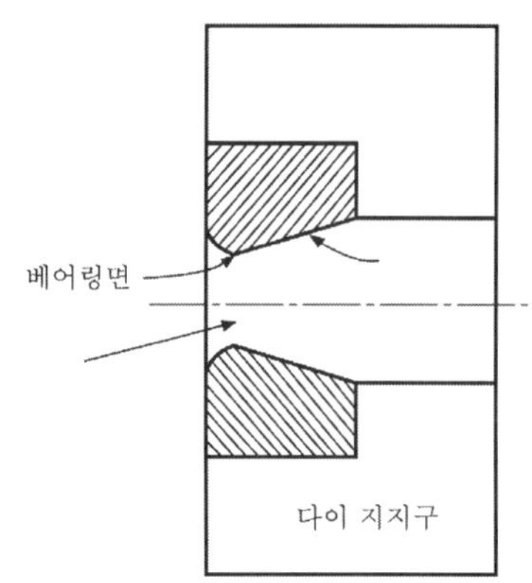

그림 4.38 평압출다이

(4) 압출 가공용 다이

압출용 다이와 공구에는 충분한 고온 강도를 가지고 있는 고합금강들이 사용되고 있다. 다이는 경화시킨 W강, Cr-Mo강을 사용하며 구멍 지름은 제품 지름이 25~65mm의 봉에 대하여서는 0.94배, 25mm이하일 때는 0.97배로 하여 압출된 제품이 소정의 치수가 되게 한다.

그림 4.37은 봉압출에 사용되는 평압출 다이의 한 보기를 나타낸 것이다. 이 다이는 90°의 다이 반각을 가지고 있는 직각 다이이다. 다이의 직각면에서 구멍으로 통하는 부분을 둥글게 되어 있고, 작업면을 지나서는 여유각만큼 구멍 지름이 커지고 있다. 다이의 치수를 정확히 유지하기 위해서는 베어링면의 짧은 구간을 원통상으로 하여야 한다. 너무 길어지면 마찰이 증가하고 압출이 곤란해지며 제품에 균열이 생기게 된다. 압출에 있어서의 적절한 다이 설계는 상당한 경험이 요구되며, 그림 4.39와 같이 단면이 대칭을 유지하

는 것이 중요하며 예리한 구석부와 단면 내에서의 급격한 치수 변화를 피해야 한다.

다이 수명을 늘리기 위해서 다이에 지르코니아를 코팅하는 경우도 있다.

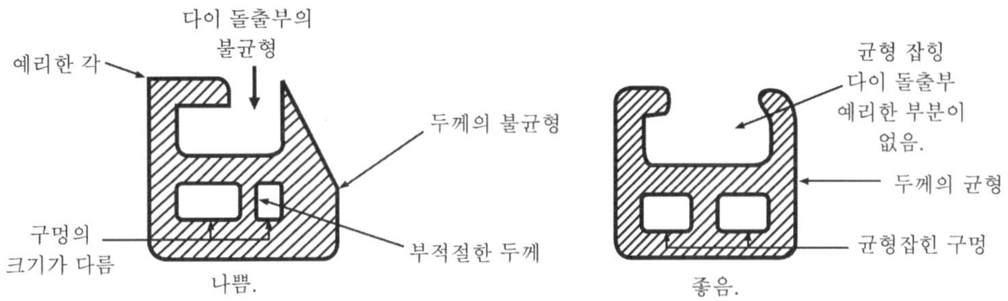

그림 4.39 압출단면의 설계변경의 예

(5) 데드메탈(dead metal)의 영향

평면 다이(직각 다이)에 의한 압출에서는 그림 4.40과 같이 재료의 일부가 다이와 컨테이너의 구석 부분에 변형되지 않은 데드 메탈(dead metal)로 남게 되어 다른 소재와 함께 압출되지 않는다. 이 데드 메탈과 압출되어 나가는 재료와의 경계에서는 재료가 큰 전단 변형을 받아, 표면이 매우 거칠은 원뿔 다이에 의한 압출과 비슷한 현상이 일어나 제품의 표면이 매끄럽지 못하게 된다. 따라서, 실제 작업에서는 데드 메탈 영역에 적당한 링을 두어 유해한 데드 메탈의 발생을 방지하고 있다.

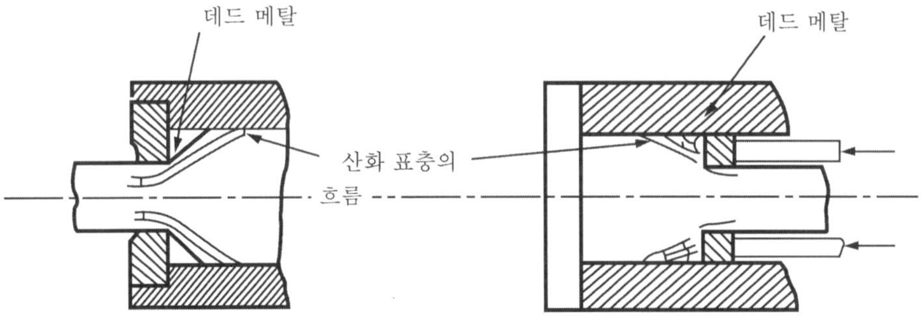

그림 4.40 컨테이너 구석에 생긴 데드 메탈

(6) 압출시의 금속의 유동

압출에서는 빌릿이 다이를 통과하며 단면적이 크게 감소하므로, 금속유동의 양상은 공정전반에 걸쳐 중요한 인자이다.

압출할 때의 유동 양상을 조사하기 위해 흔이 사용되는 방법은 둥근 소재를 길이 방향으로 자른 뒤, 한 쪽 단면에 사각 격자 무늬를 입히고, 두 쪽을 다시 합쳐서 용기에 넣고 압출을 한 다음 단면을 잘라서 격자 무늬를 살피는 살피는 방법이 있는데, 이 방법에 의하면 재료의 유동을 쉽게 알 수 있다.(이때 두 조각이 붙어 있도록 서로 체결 또는 경납땜 한다.)

그림 4.41은 평면 다이(90°의 다이 반각)를 사용하여 직접 압출하였을 때 볼 수 있는 전형적인 세가지 유동 양상을 나타내고 있다. 이렇게 다른 유동 양상이 얻어지는 이유는 다음과 같다.

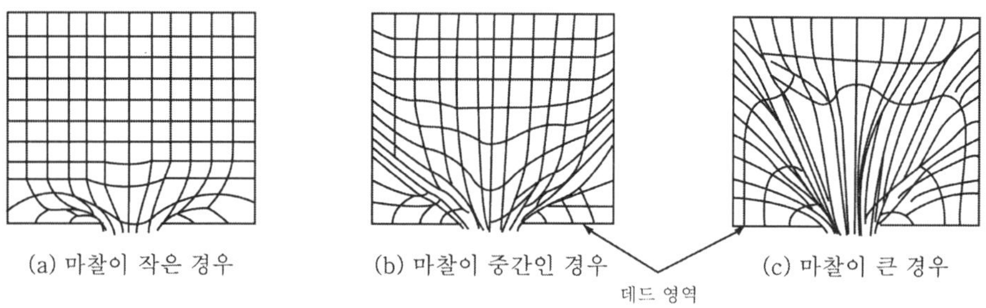

그림 4.41 평면 다이로 압출하였을 때의 금속 유동의 형태

① 빌릿-용기-다이 간에 마찰이 없는 경우에 얻어지는 가장 균일한 유동양상이다. 이러한 유동은 윤활제를 매우 효과적으로 사용하였거나 간접압출의 경우에 나타난다.

② 모든 접촉면에서 마찰이 클 때는 데드 메탈 영역(dead-metal zone)이 발생하게 된다. 재료가 다이 출구로 유동함에 따라 전단을 심하게 받은 부분이 원추(cone)의 형상으로 형성된다. 이러한 모양으로부터 빌릿표면(산화층 및 윤활제와 함께)은 전단을 심하게 받은 부분을 통과한 뒤에 압출되므로, 압출제품에 결함이 생성될 수 있다.

③ 전단을 심하게 받은 영역이 뒷부분에까지 확장되어 있다. 이러한 확장은 컨테이너 벽면에서의 마찰이 높아서 빌릿의 유동을 지연시키거나 온도가 높아져서 재료의 유동응력을 떨어뜨렸기 때문이다. 열간가공에서는 용기와 접촉한 부분의 재료는 급격히 냉각되므로 강도가 증가하게 된다. 그 결과로 중심부의 재료는 외주부의 재료에 비해 다이 쪽으로 쉽게 유동되므로 데드 메탈 영역이 넓게 형성되고 유동은 불균일해 진다.

이상으로부터 압출에서의 금속유동에 크게 영향을 주는 두 인자는 빌릿-용기-다이 면에서의 마찰조건과 빌릿 내부의 온도구배임을 알 수 있다.

(7) 압출 가공의 조건

알루미늄, 구리, 마그네슘 및 그 합금과 강, 스테인리스강, 등은 열간 상태에서 연성이 풍부하여 여러 가지 형상으로 비교적 쉽게 압출된다.

티타늄이나 내열 합금강은 압출이 가능하나 까다로운 편이고, 다이 마멸도 심하다.

압출은 준 연속 작업이나, 소량 생산뿐만 아니라 대량 생산의 경우에도 생산성이 좋은 가공 방법이며 공구 경비는 일반적으로 낮은 편이다.

압출비는 보통 10 : 1~100 : 1 사이가 된다. 특수한 경우에는 매우 높거나 낮을 수도 있지만, 재료를 다이 구멍을 밀어 내기 위해서는 최소한 4 : 1 정도는 되어야 한다. 압출 제품의 대부분은 외접원 지름이 0.25m 이내이지만, 알루미늄의 경우에는 외접원 지름이 최소 6mm에서 최대 1m에 이르는 경우도 있다. 강의 경우에는 높은 압출력이 필요하므로 외접원 지름은 최대 0.15m까지로 제한된다.

램 속도 0.5m/s까지 가능하나 일반적으로 알루미늄, 마그네슘, 구리 등에는 낮은 속도를 사용하는 반면, 강, 티타늄, 내열 합금에는 속도를 높게 한다.

압출 제품의 길이는 보통 7.5m 이내인데, 그 이유는 길이가 이보다 길면 다루기가 어렵기 때문이다. 단면적이 작고 길이가 긴 대부분의 압출 제품은 압출 후에 정직 작업 또는 꼬임 작업이 필요한 경우가 많다.

압출에서는 다이 각도가 있으므로 소재의 끝 부분은 작업이 끝난 다음에도 용기 내에 남아 있게 된다. 이 부분을 스크랩이라고 하는데, 소재를 다이 출구부에서 절단하여 제거한다. 전작업에서 압출되지 않고 남아 있는 부분을 압출하기 위해 용기 내에 다른 소재나 흑연 덩어리를 넣고 압출하는 방법도 있다.

압출 전의 컨테이너 예열 온도는 알루미늄합금에서는 빌릿 온도보다 30℃ 정도 낮게 순마그네슘에서는 360~390℃로 하며 일반적으로 압출 속도가 느릴수록 고온으로 예열한다.(표 4.5참조)

표 4.5 각종 열간 압출 재료의 압출 조건

재료		가열 온도(℃)	압출비	압출속도 [m/min]	압출압력 [kg/㎟]	용도
알루미늄 및 그 합금	순알루미늄 내 합 금 고역 합금 2.4종	400~550 380~520 400~480 380~440	~550 6~(30~80) 6~30 6~30	27~75 1.5~30 1.5~6 1.5~5.5	30~60 40~100 75~100 75~100	건축, 차륭, 장식, 항공기용
연 및 그합금		200~600	-	6~60	30~65	가스, 수도관용, 땜납선
마그네슘 및 그 합 금	순마그네슘 AZ 31,61,80X Daw metal	350~440 300~400 300~420	~100 10~(50~80) 10~80	15~30 1~10 05~75	~80 ~100	건축, 차륜, 항공기, 방식 전극
아연 및 그합금	순아연 합 금	250~350 200~320	~200 ~50	2~23 2~(5~12)	~70 80~90	저압냉수관, 저기 부분품, 건축 레일
동 및 그 합 금	순 동 α+β황동·청동 10~13% Ni동 20~30% Ni동	820~910 650~840 700~780 980~1100	10~400 10~(300~400) 10~(150~200)	6~300 6~200 6~100 6~(25~35)	13~65 20~50 60~80 50~86	황동 봉재, 선 소재, 열교환기관용재, 건축용
니켈 및 그합금		1000~1200	유리~200 흑연~20	20~220	-	내열관, 터빈 날개
철 강	강, 저합금강 스테인레스강 고속도강	1100~1300 1150~1200 1100~1150	10~(20~45) 10~35	120~220	40~120	강관, 중공 강재, 베어링 강관, 이 형재
티 탄 및 그 합 금	순티탄 합금	370~540 870~1040 650~760 815~1040	유리20~100 그리이스8~40	0.4~1.5 2.5~5.0	- -	제트 기계 부분품, 화공용기, 열 교환기, 가스 터빈 부분품

(8) 윤활

알루미늄, 구리, 납, 아연 등의 열간 압출에서는 윤활제를 사용하지 않고도 압출이 가능하나, 마그네슘의 열간 가공에는 콜로이드 상태의 흑연을 파라핀에 희석한 것이 사용된다. 강의 경우에는 보통의 윤활제로는 다이의 마멸이 심하여 압출 가공이 곤란하였으나, 최근에는 유리 분말을 윤활제로 사용하는 방법이 개발되어 공업적으로 생산·사용하게 되었다. 유리는 강, 스테인레스강, 고온재료의 압출에 우수한 윤활제로 사용된다. 유리는 고온에서 점도를 잃지 않고 접촉특성이 양호하며, 빌릿과 용기 및 다이 사이에서 열차폐물 작용을 한다. 유리를 윤활제로 사용할 때는 다이입구부에 최적다이각을 형성한다. 이 방법에서 유리의 온도-점도 특성은 중요한 인자이다. 열간압출에서는 그라파이트나 이황화몰리브덴과 같은 고체윤활제도 사용된다. 비철금속은 윤활제를 사용하지 않거나, 그라파이트를 이용하여 압출한다.

용기나 다이에 잘 달라붙는 재료를 압출할 때는 구리나 연강과 같이 소재보다 강도가 낮고 연한 재료로 얇은 용기를 만들어 소재를 씌운다. 이러한 공정은 쟈켓팅(jacketing) 또는 캐닝(canning)이라고 한다. 덧씌운 부분은 경계면에서의 마찰을 낮게 하는 작용을 하는 외에 주위로부터 소재를 보호하거나 소재의 재료가 유독성이거나 방사능을 방출하는 경우 주위를 오염시키는 것을 막아 준다.

그림 4.42는 윤활 조건에 따른 재료의 흐름 상태를 나타낸 것이다.

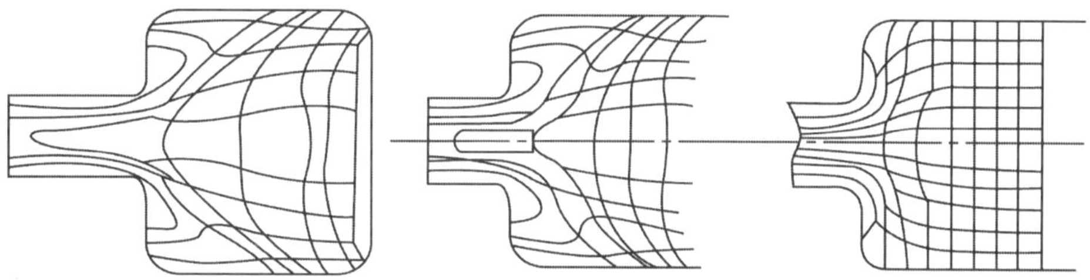

(a) 나쁨 (b) 중간 (c) 좋음

그림 4.42 윤활 조건에 따른 재료의 흐름 상태

(9) 압출 결함

압출에 있어서의 주요 결함은 표면 균열, 파이프, 내부 결함 등이 있다. 결함에는 육안으로 관찰할 수 있는 것도 있지만 어떤 결함은 특수한 검사법을 사용하여야 찾아 낼 수 있다.

① 표면균열(surface cracking)

압출온도, 마찰, 속도 등이 너무 높으면, 표면온도가 급격하게 증가하여 표면균열 및 터짐을 일으킨다. 이 때의 균열은 결정립간의 결정립계를 따라서 일어나며 보통 적열취성(hot shortness)에 기인한다. 이 결함은 알루미늄, 마그네슘, 아연 합금 등에 특히 잘 생기며 몰리브덴합금에도 생긴다. 이는 소재의 온도와 압출속도를 낮춤으로써 방지할 수 있다.

표면결함은 낮은 온도에서도 일어날 수 있는데, 이 때의 결함은 압출된 제품이 다이 랜드부에 주기적으로 부착되기 때문에 생긴다. 다이 랜드부에 압출제품이 부착되면 압출압역이 급격하게 증가하게 된다. 곧 압출제품은 앞으로 밀려나고 압출 압력은 감소된다. 이러한 주기가 연속적으로 반복되면 표면 둘레에 주기적인 결함을 형성하는 원인이 된다. (그림 4.43의 a)

그림 4.43 압출재의 결함

② 파이프 결함(extrusion defect)

그림 4.42(b)에 나타난 것과 같은 금속유동양상은 표면의 산화물이나 불순물을 소재의 중심부로 끌어들이기 쉬운 깔때기의 형상을 하고 있다. 이 때의 결함을 파이프결함(또는 tailpipe, fishtailing)이라고 한다. 이 결함은 압출제품 전체길이의 3분의 1에 달할 수도 있고 해당부분은 결국 잘라서 버려야 한다.

파이프 현상은 유동양상을 보다 균일하게 함으로써 줄일 수 있는데, 이는 마찰의 조절, 온도구배를 줄임 등으로 가능하다. 그 밖에 압출하기 전에 소재의 표면을 기계가공하여 스케일이나 표면의 불순물을 미리 제거하는 방법도 있다.

③ 내부균열(internal cracking)

압출제품의 중심부에서도 그림 4.44와 같은 균열이 생길 수 있으며, 이 때의 균열은 중심부균열, 중심부터짐, 셰브론균열(chevron craking) 등으로 다양하게 불리 운다.

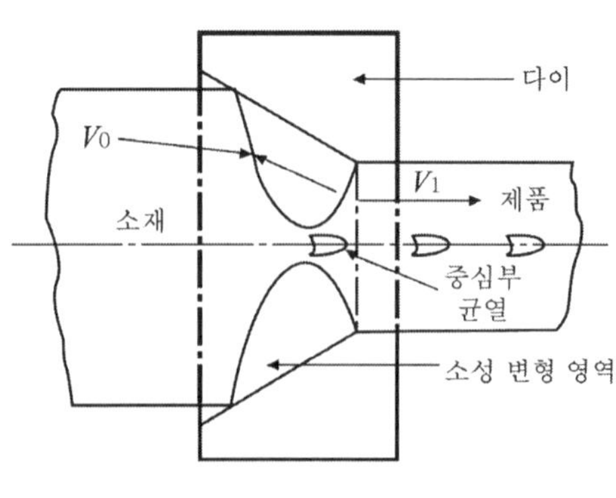

그림 4.44 원형봉에 생긴 중심부 균열

이러한 결함은 검사를 통하여 찾아내지 못하면 사용중에 제품이 파단될 수 있다. 이 균열은 그림 4.44와 같이 두 변형 영역이 떨어져 있을 때, 다이 내의 변형 영역에서 중심선을 따라서 정수압으로 인한 인장 응력 상태 때문에 생기는 것으로 알려져 있으며, 이는 인장 시험편에서 생기는 네킹(necking)영역과 유사하다. 중심부 균열은 다이 각도와 불순물의 양이 증가할수록 증가하고, 압출비와 마찰이 증가할수록 감소한다.

4.5.4 인발가공(drawing)

(1) 인발의 개요.

인발가공이란 그림 4.44와 같이 테이퍼 구멍을 가진 다이를 통과시켜 재료를 잡아 당겨서 재료에 다이의 최소 단면 형상치수를 주는 가공법이다. 외력으로는 인장력(tensile force)을 작용시키나 다이 벽면과 재료 사이에는 압축력이 작용한다. 인발에서는 큰 소재를 그대로 사용하는 경우는 거의 없고, 압출이나 압연에 의하여 어느 정도 가공된 소재를 사용한다. 특히, 압출이나 압연에서 가공하기 어려운 지름이 작은 와이어(선재)의 인발을 와이어 드로잉(wire drawing)이라 한다. 인발용 다이의 구멍은 보통 그림 4.45와 같이 4개의 부분으로 나누어진다.

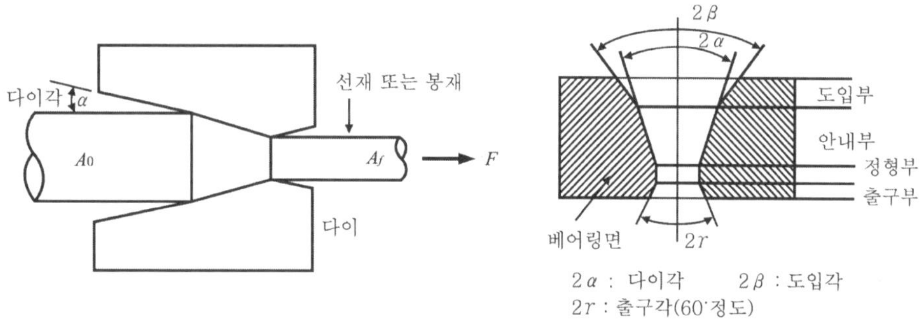

그림 4.45 인발용 다이

① 도입부 : 재료의 입구

② 안내부 : 재료의 단면 감소

③ 정형부 : 정확한 치수로 가공

④ 출구부 : 재료의 출구 등이다.

* 베어링면 : 다이로부터 나갈 때 로드(rod)나 와이어(wire)를 안내하는 역할을 하는 면

(2) 인발가공 방식

① 봉재 인발

봉재 인발은 그림 4.46의 (a)와 같이 프레임에 고정된 다이 또는 그림 4.45의 (b)와 같은 롤 다이를 사용한다.

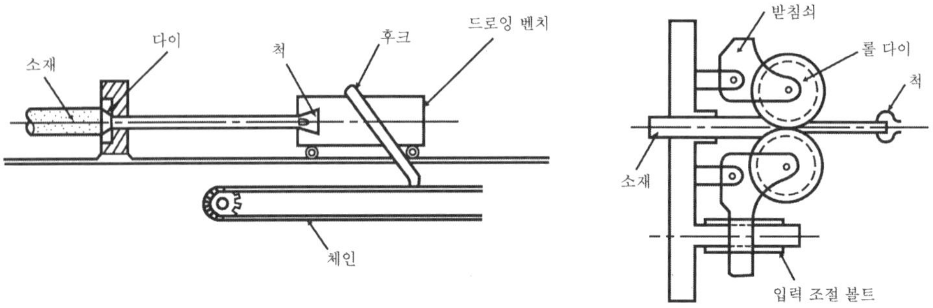

그림 4.46 봉재 인발

롤 다이를 이용하는 경우에는 마찰이 적고 비교적 균일한 인발 제품을 얻을 수 있다.

인발 후의 결함을 줄이고 표면의 질을 높이기 위해서는 재료가 다이(die)내에서 적절하게 유동하여야 하므로, 다이의 적절한 설계 및 1회 통과할 때 단면 감소율 등을 결절하여야 한다.

1회 통과시 단면 감소율은 10%~45%정도이며, 소재의 단면적이 작을수록 일회통과 감소율도 작게 한다. 감소율이 45%이상이면 윤활막이 끊겨져 표면정도(surface roughness)가 나빠진다.

인발속도는 사용되는 재료 및 단면적에 따라 다르다. 단면적이 복잡하고 넓은 경우에는 최저 0.25m/s 정도이고, 매우 가는 선을 인발할 때는 50m/s에 달하기도 한다. 인발 속도가 빠른 경우에는 열이 소산될 시간이 충분치 않으므로 온도가 급격히 올라가서 제품의 질에 유해한 영향을 줄 수도 있다.

② 관재 인발

관재를 인발하여 바깥 지름을 일정한 치수로 할 때에는 그림 4.47과 같은 다이를 고정시키고, 내부면과 안지름을 정확하게 조정하기 위하여 플러그나 맨드릴을 관의 내부에 넣어 가공한다.

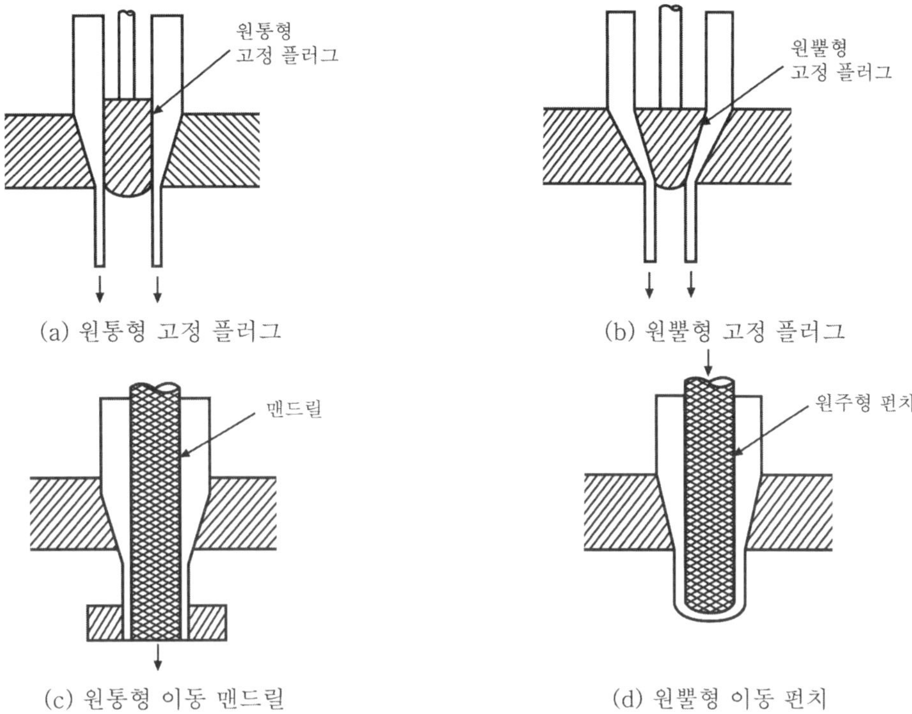

그림 4.47 관재 드로잉의 방법

③ 선재 인발

직경 약 5mm이하의 가는 봉재의 인발을 선재인발(wire drawing) 또는 신선이라고 한다. 즉, 열간 가공으로 가공되는 최소 직경은 5mm이다. 이 이하의 선은 감을 수 있으므로 기계로서 신선기를 사용한다. 전자석용 전선의 경우 최소 0.01mm까지 가공 할 수 있다. 선재는 전기 및 전자 회로의 전선, 케이블, 망, 인장 하중을 받는 구조재, 용접봉, 스프링, 종이 클립, 자전거 바퀴살, 악기의 현 등과 같이 매우 다양한 곳에 사용된다.

와이어 드로잉을 할 때 주의 사항으로서 재료의 열간 가공이나 열처리에 의해 생성된 산화 스케일을 제거하여야만 한다. 제거 방법으로는 선재를 황산염이 들어 있는 탱크에 담긴 화학적 제거하는 방법과 숏 블라스트 등과 같은 기계적 제거 방법이 있다.

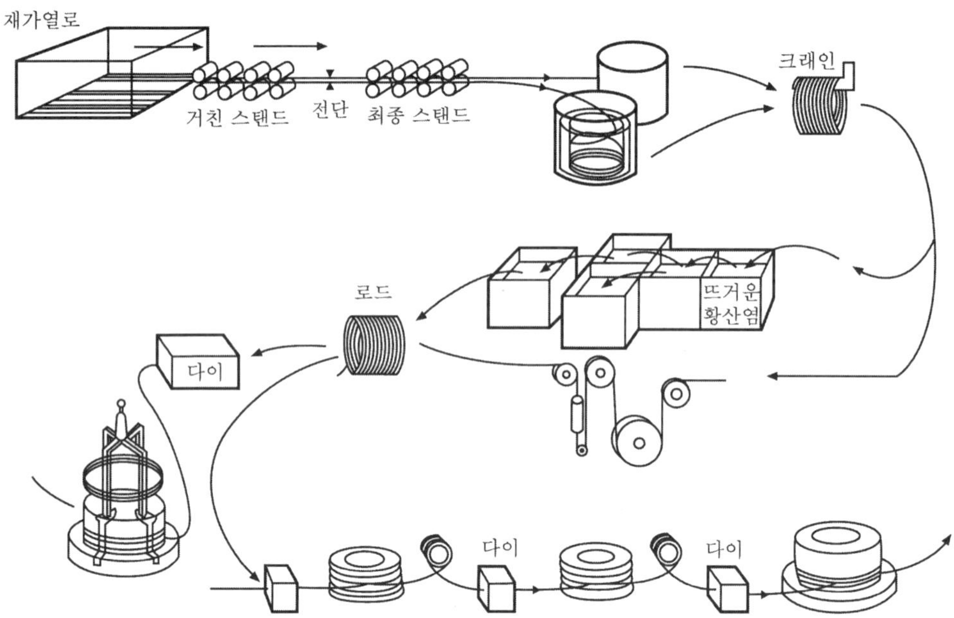

그림 4.48 직선봉으로부터 강선을 인발하는 공정의 개략도

(3) 인발 설비(equipment)

① 드로벤치(drawbench)

일정한 치수의 다이와 맨드릴을 사용하여 소재를 인발하는 설비이다. 드로벤치형은 길이가 긴 수평형 인장 시험기와 유사한 것으로 그림 4.49와 같이 인발 재료의 끝 부분을 잡아당기는 조(jaw)가 달린 드로 헤드가 프레임 위를 따라서 이동할 수 있게 되어 있다. 인발력은 체인 구동이나 유압으로 사용하며, 지름 20mm 이상의 직선봉이나 관을 한 방향으로 인발하는데 사용된다.

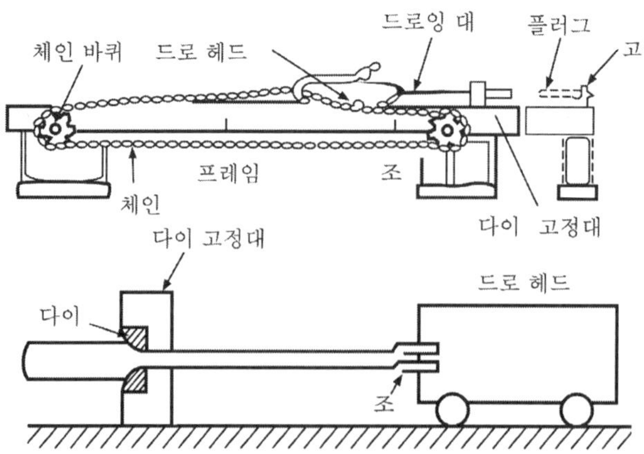

그림 4.49 드로벤치

벤치의 길이는 20~30m정도이며, 체인의 속도는 10~20m/min정도이다.

지름 13mm이하의 단면적이 작고 길이가 매우 긴(수 km에 달하는) 봉이나 선재는 그림 4.50과 같이 회전하는 드럼(캡스턴)에 의해 인발된다. 선재에 걸리는 장력이 인발에 필요한 인발력이 되며, 보통 다수의 다이를 통하여 인발된다.

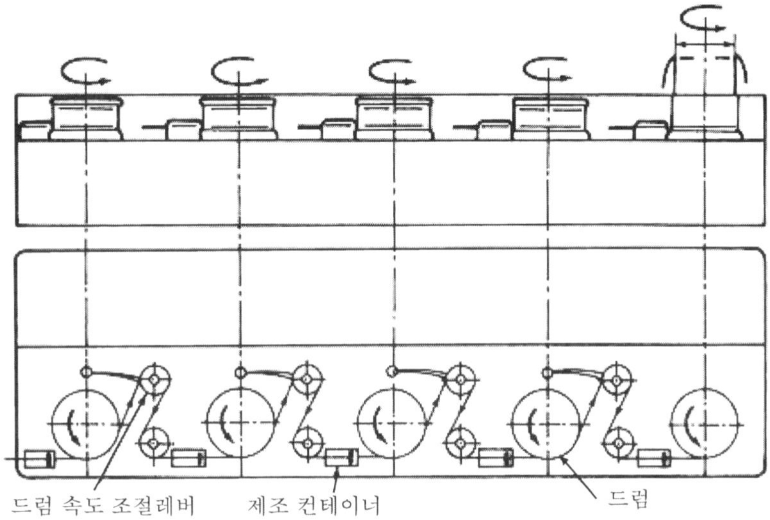

그림 4.50 전선용 구리선의 제조에 사용되는 신선기

② 와이어 드로잉 머신

지름 5mm 이하의 선을 뽑는데 사용되는 기계를 와이어 드로잉 머신(wire draw-ing machine)이라 하며, 그 구조는 그림 4.51과 같다. 이하의 선을 뽑는데 사용되는 기계를 와이어 드로잉 머신 와이어 드로잉 머신에는 단식과 연속식이 있으며, 또 드럼 축의 방향에 따라 수평식과 수직식이 있다.

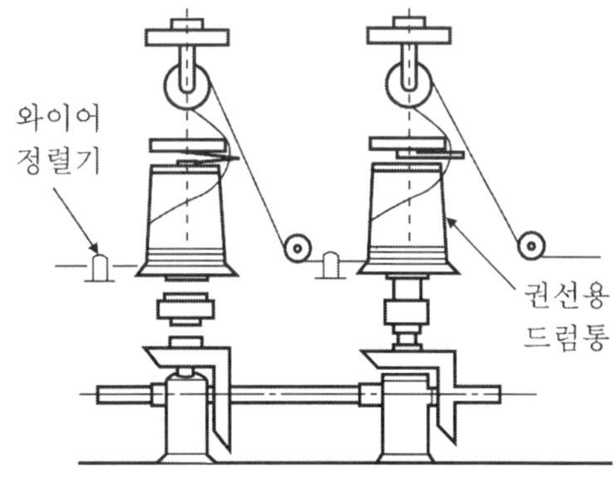

그림 4.51 와이어 드로잉 머신의 구조

③ 인발 다이

인발용 다이의 재료에는 공구강이나 초경합금이 보통 쓰이고, 가는 선의 인발에는 다이아몬드가 사용된다. 다이아몬드 다이는 (세선의 인발에 사용) 단결정 다이아몬드나 금속모재에 다이아몬드 입자를 압착시킨 다결정형태로 만들어진다. 다이아몬드나 초경합금 다이는 인서트(삽입형)로 만들어 강제의 케이스에 의해지지 되도록 하여 사용한다.

다이각 중에서 가장 중요한 것은 α로 표시한 접근각인 다이 반각으로 알루미늄 및 은에서는 α=8°~9°, 동에서는 6°~8°, 황동 및 청동에서는 5°~6°, 강재류에서는 2.5°~6°로 채택하고 있다. 또, 베어링면이 너무 길면 인발력이 증가하고 선재 내의 응력도 높아지므로 될 수 있는 대로 짧게 하는 방법을 취하고 있다.

(4) 인발 윤활

인발 작업에서는 윤활재의 선택이 대단히 중요하다. 인발할 때에는 다이의 압력이 매우 높으므로 마찰력을 감소시키고 다이의 마모를 적게 하며, 제품의 표면 정도를 개선시키기 위하여 적절하게 윤활하는 것이 필수적이다.

윤활 방법에는 건식과 습식이 있고, 고형 윤활제로는 석회, 그리스, 비누, 흑연, 등이 사용되며, 또한, 경질금속의 인발에는 납, 아연 등을 도금하여 사용한다. 즉, 건식 인발(dry drawing)은 인발할 봉재의 강도 및 마찰 특성에 따라 표면에 각종 윤활제를 바르는 방식으로, 보통 사용되는 윤활제로는 비누를 들 수 있다. 인발소재는 우선, 산세(pickling)라는 방식으로 표면처리 된다. 이 처리법으로 표면결함을 일으키거나, 마모제가 될 수 있는 표면 스케일을 제거하여 다이수명을 향상시킨다. 그리고 나서 비누분말이 가득찬 상자(stuffing box) 속을 통과시켜 비누를 표면에 바르는 방식이다.

강, 스테인레스강, 고온합금 등과 같은 고강도재료는 인발소재의 표면에 강도가 낮은 금속으로 전환피복(conversion coating)한다. 구리나 주석을 소재의 표면에 확학적으로 용착시키면, 강도가 낮은 이들 금속의 얇은 막이 인발시에 고체윤활제로 작용한다. 전환피복은 소재에 황산염이나 옥살산염을 바른 후 윤활제로 비누를 도포하기도 한다. 티타늄의 인발에는 풀머리를 고체윤활제로 사용하기도 한다.

습식인발(wet drawing)은 다이와 봉재를 윤활제에 완전히 잠기도록 하며, 윤활제로는 기름, 염소처리된 첨가제 및 각종 화합물의 유화액(emulsion)이 보통 쓰인다.

4.5.5 전조(form rolling, component rolling)

(1) 전조의 개요

다이(die)나 롤(roll)과 같은 성형공구를 회전 또는 직선운동시키면서 그 사이에 일반적으로 원형의 소재를 밀어 넣어 국부, 또는 전체에 성형하는 소성가공법을 전조라 한다.

전조로 가공되는 부품에는 기어, 나사, 볼, 링, 차축 등을 가공할 수 있으며 전조기에는 제품에 따라 특수한 장치를 갖춘 전용기가 있다. 원래 나사나 기어 등은 절삭가공으로 생산해 왔으나 최근에 와서는 전조기의 발달에 따라서 강도를 필요로 하는 나사의 골이나 이 뿌리부분이 가공경화현상으로 강해질 뿐만 아니라 내부조직이 파괴되지 않고 치밀하여 강도, 충격, 피로 등에 강하고 칩(chip)을 내지 않아 재료가 절약되며 가공시간이 짧아지므로 정밀도가 균일한 제품의 대량 생산에 적합하다.

(2) 전조 가공

보통나사를 절삭가공할 경우에는 소재를 제작할 때 생긴 섬유조직을 절단하게 되지만, 전조 조직은 제품의 표면에 연속된 섬유 조직(fiber structure)을 갖게 된다. 그림 4.53은 나사 전조, 그림 4.54는 기어전조, 그림 4.55는 강구의 전조 방법의 예이다.

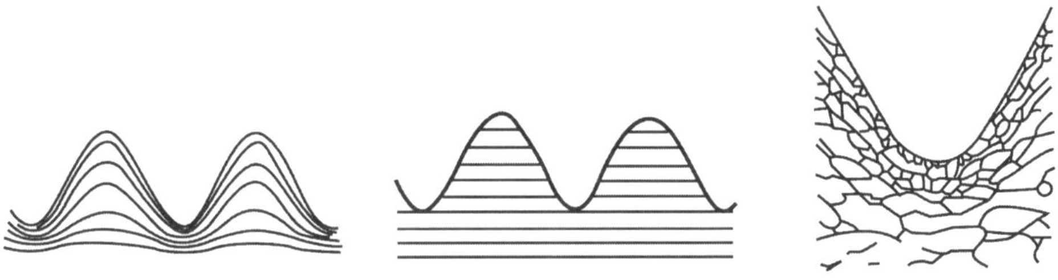

(a) 전조나사 (b) 절삭나사 (c) 전조된 나사의 조직

그림 4.52 전조 조직

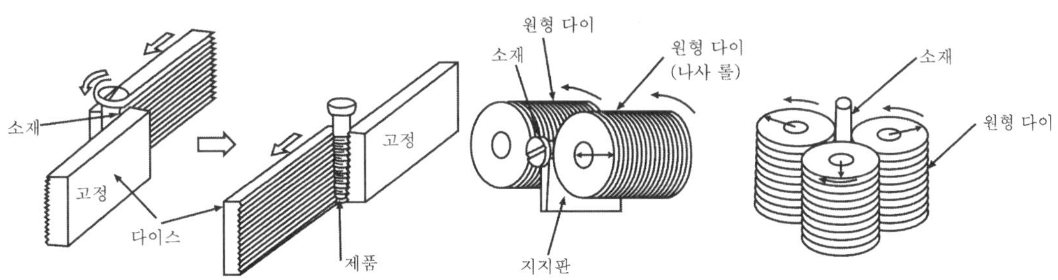

(a) 평형 다이식 (b) 원형 다이식

그림 4.53 나사 전조

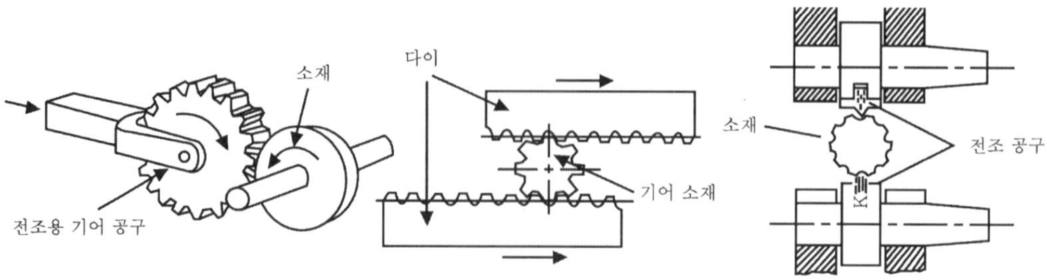

(a) 피니언형 공구에 의한 기어 전조 (b) 래크형 공구에 의한 전조 (c) 호브형 공구에 의한 기어 전조

그림 4.54 기어 전조

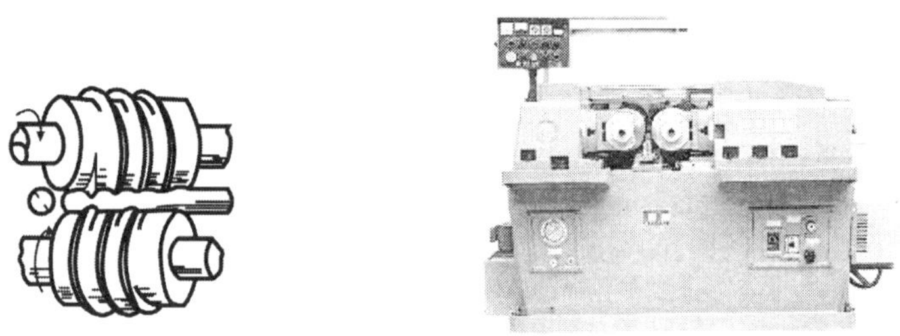

그림 4.55 강구의 전조

4.5.6 단조(forging)

(1) 단조의 개요

금속재료를 소성하기 쉬운상태(적당한 온도로 가열)에서 충격력을 가하여 단련하는 것을 단조라고 한다. 대부분의 금속은 고온에서 소성이 크고 가공이 용이하므로 단조할 재료를 가열하는 것이 보통이다. 단조품은 주물에 비하여 조직이나 기계적 성질에서 신뢰성이 있으므로 기계의 중요한 부품으로 많이 사용되고 있다.

일반적으로 단조품에는 볼트, 커넥팅로드, 기어, 공구 등의 기계부품과 기계, 철도, 수송기계의 구조용 부품을 들 수 있다.

단조의 특징을 요약하면 다음과 같다.

① 주조에서 생긴 재료 내부의 기포나 불순물 등이 제거된다.

② 거칠고 큰 결정 입자가 파괴 되어 미세, 치밀한 조직이 된다.

(2) 단조 설비(equipment)

① 가열로(heating furnace)

소재의 가열 방법은 단련효과에 큰 영향을 끼치므로, 가열 온도나 노안의 상황조건 등이 정확하여야 한다. 소재의 가열용 노는 단조 작업을 연속적으로 할 수 있는 충분한 능력과 재료의 가열로 인한 손실이 적고, 열효율이 좋아야 한다. 즉, 단조 작업 방식과 규모 등에 따라 가열할 재료의 크기, 모양 등에 따라 적당한 가열속도로 사용할 수 있는 노를 선택하여야 하며, 재료가 균등하게 가열되고 온도 조절이 쉬워야 한다.

단조용 가열로에는 개방형인 화덕이 있으며, 이것은 주로 코크스나 석탄을 사용하여 작은 소재를 가열할 때 사용된다. 이밖에 단조용 노에는 중유로, 가스로 등이 있으며 이들은 일반적으로 가공물이 크거나 많은 양을 가열할 때 쓰인다.

그림 4.56(a)는 단조용 설비인 중유로를 나타낸 것이며, 그림 4.55(b)는 송풍에 의한 노(개방형 화덕)를 나타낸 것으로서 ⓐ는 날개끝 ⓑ 송풍 ⓒ 수조(水槽) ⓓ 굴뚝 ⓔ 연료이다. 콤프레서 및 송풍기로 ⓑ를 송풍하고 ⓔ의 연료를 연소하여 금속재료를 붉게 하면 ⓐ의 날개끝이 더워지므로 ⓒ의 수조에서 물을 보내어 냉각한다. 온수는 화살표와 같이 아래관(管)에서 위의 관으로 흘러 순환한다. 연소 된 연기는 ⓓ의 굴뚝으로 빨아들여 외부로 보낸다.

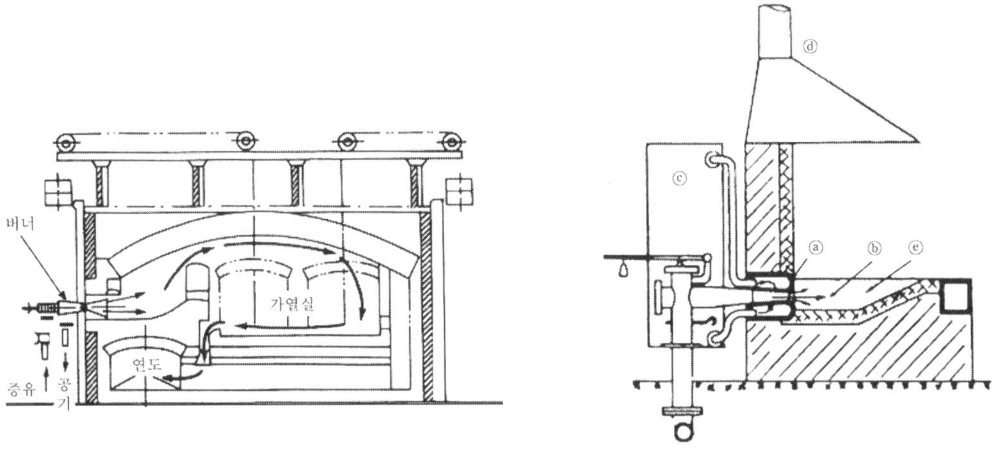

(a) 중유로 (b) 개방형로

그림 4.56 가열로의 종류

② 단조공구(forging tools)

단조할 때 쓰이는 여러 가지 공구에는 앤빌(anvil), 스웨이지 블록(swage block) 및 손해머, 집게, 다듬게, 펀치 등이 있다.

ⓐ 앤빌

일반적으로 사용되는 것은 130~150kg, 대형은 250kg, 소형은 70kg정도이다. 앤빌의 뒷부분에는 공구 또는 가공물을 끼우기 위한 정사각형과 원형의 구멍있다.

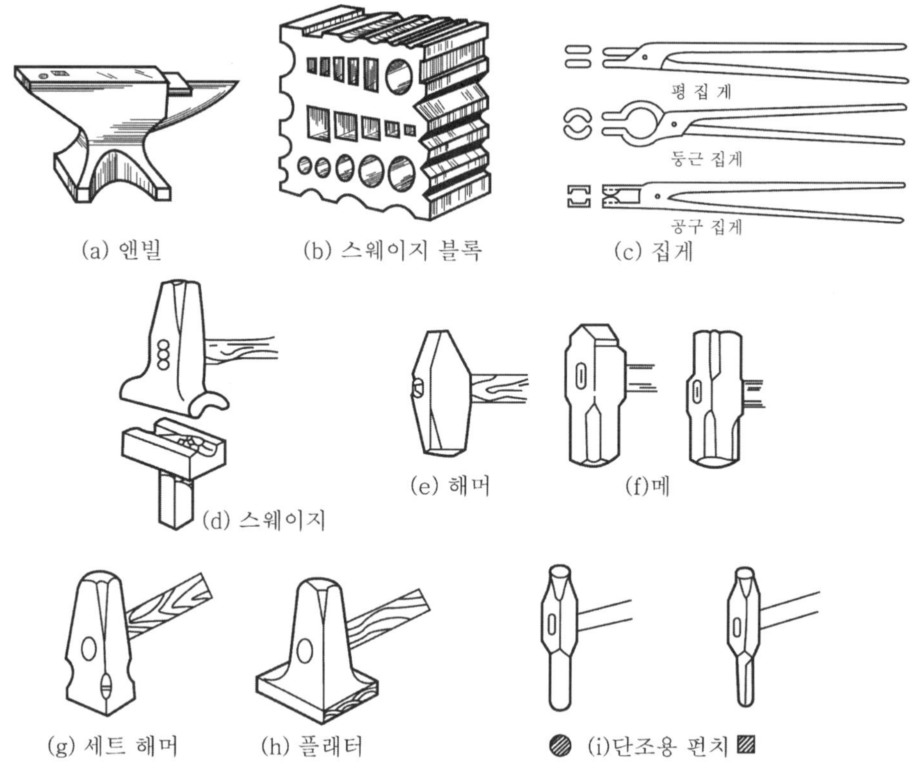

그림 4.57 단조용 공구

ⓑ 스웨이지블록

앤빌, 정반 및 스웨이지 등 세가지의 역할을 겸할 수 있는 단조용 공구.

ⓒ 집게

재료의 모양과 크기 등에 따라 단단히 잡을 수 있도록 여러 가지 모양으로 되어 있다.

ⓓ 스웨이지

곡면이나 원형봉을 다듬질한다. 아랫부분의 스웨이지는 앤빌이나 스웨이지 블록의 사각 구멍에 끼워 사용하는데 이것을 단조용 탭(forging tap)이라 한다.

ⓔ 해머

한손으로 사용하는 작은 해머(hand hammer)

ⓕ 메(sledge)

무게 3~10kg의 것으로 손잡이는 1m정도로서 양손으로 쥐고 공작물을 세게 타격할 때 상용한다.

ⓖ 세트해머(set hammer)와 플래터(flatter)

넓은 가공면 다듬질용

ⓗ 단조용펀치

가열된 소재에 구멍을 뚫는데 사용.

③ 단조용 기계(forging machine)

단조 능률을 높여 대량생산 하고자 할 때, 단조용 기계를 사용한다. 단조용기계로서는 타격을 가하는 기계해머와 큰 압력이 천천히 가해지는 단조 프레스로 크게 분류된다. 기계해머에는 스프링해머, 공기해머, 증기해머 등이 있으며, 이들은 주로 중·소형물의 단조에 사용된다. 단조용프레스는 수압을 이용하여 큰 압축력이 가해지는 수압 단조용프레스가 많이 사용된다.

ⓐ 공기해머(air hammer)

그림 4.58과 같이 압축공기로 피스톤에 붙어 있는 해머를 상하 운동시킨다. 기계는 공기압축장치 부분과 해머가 직결된 타격부분으로 구성되어 있다. 이해머는 해머실린더의 밸브를 조절함으로써 타격의 단속과 해머의 낙하거리 및 낙하 속도를 조절할 수 있는 구조로 되어 있으며, 운전이 간편하다.

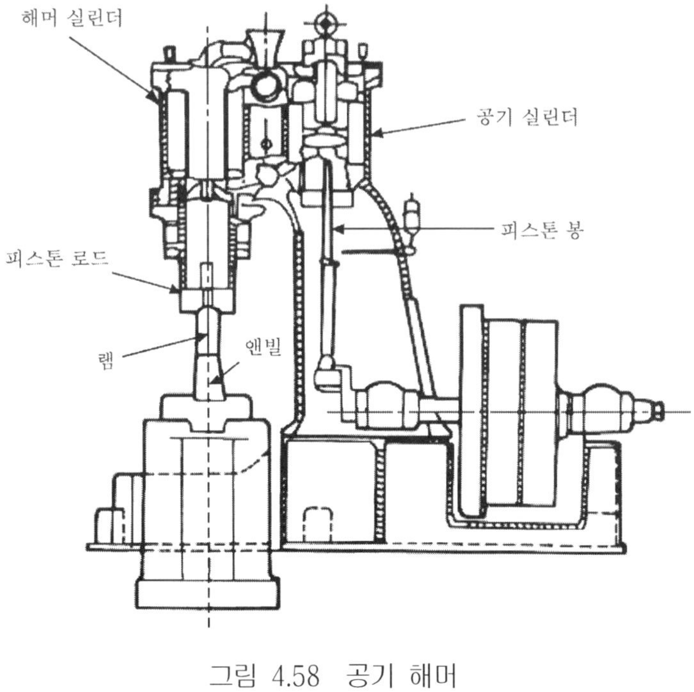

그림 4.58 공기 해머

ⓑ 증기해머(steam hammer)

증기해머는 공기해머와 같은 구조이며, 압축공기 대신에 증기를 사용한다.

ⓒ 스프링 해머

스프링 해머는 구조가 간단하고 대부분이 크랭크식 기구와 타격에 가속도를 주기 위하여 스프링 작용을 이용하며, 주로 공구 등의 작은 공작물의 자유 단조에 사용된다. 필요에 따라 크랭크 핀의 위치를 변경하면 행정 거리를 조절할 수 있다. 그림 4.59는 스프링 해머의 원리를 나타낸 것이다.

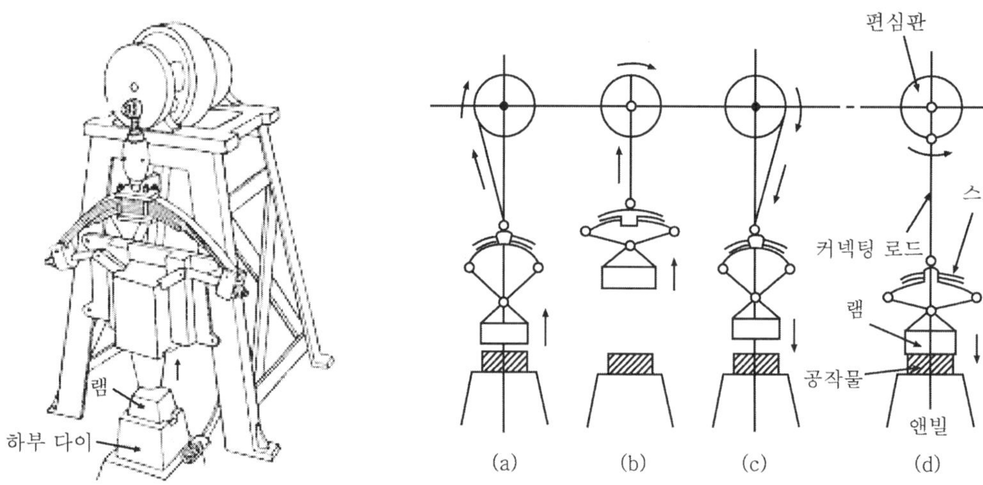

그림 4.59 스프링 해머의 원리

(3) 단조 작업

단조 작업은 작업 방법에 따라 자유 단조와 형단조로 크게 나누어진다.

① 자유 단조(open-die forging)

해머로 두드려서 성형하는 방법으로 절단, 늘이기, 넓히기, 굽히기, 압축, 구멍 뚫기, 비틀림, 단짓기 작업 등이 있다. 이밖에 두 재료의 접합 부분을 용융점 부근까지 가열한 후 결합부를 서로 겹쳐 가압하여, 접착시키는 단접이 있다.

② 형 단조(impression-die and closed-die forging)

그림 4.60과 같이 상하 2개의 단조 금형 사이에 가열한 재료를 끼우고, 가압 성형하는 방법을 형 단조라 한다. 모양이 복잡한 것은 1공정만으로 제품을 만들기가 어려우므로 여

러 공정으로 나누어 작업하는 경우가 대부분이다. 가열된 소재에 압축력이 가해지면 재료의 흐름은 형 내에서 일어나면서 소성 변형을 하게 되며, 재료에 작용하는 압력이 커짐에 따라 다이와 같은 모양의 섬세한 제품을 얻을 수 있다. 형 단조는 금형값이 비싸지만, 균일한 제품을 능률적으로 가공할 수 있으므로 대량 생산에 적합하다. 그림 4.61은 형 단조 시에 재료가 성형되는 과정을 나타낸 것으로서, 재료의 섬유 조직이 연속되며, 단련 효과로 인하여 조직이 미세화 되어지는 과정을 보여준다.

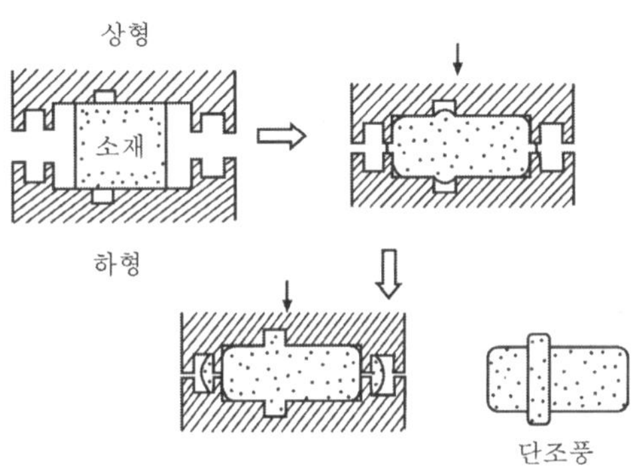

그림 4.60 단조 공정

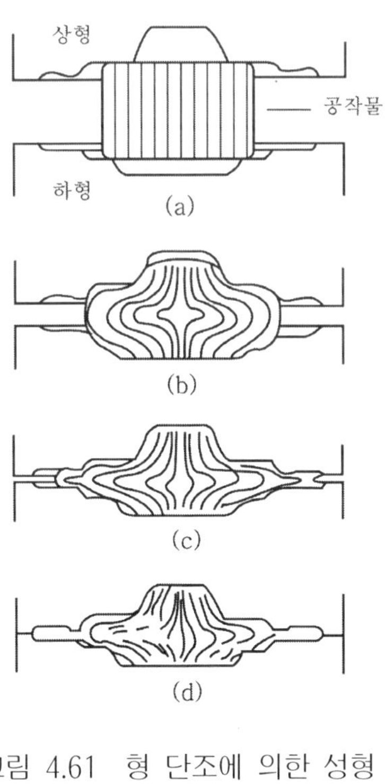

그림 4.61 형 단조에 의한 성형

참고사항

◉ 플래시(flash)

단조가 진행되는 동안 재료의 일부가 다이 밖으로 유동된 것을 플래시라 한다. 플래시는 형 단조시 재료의 유동에 있어서 매우 주요한 역할을 하며, 두께가 얇으므로 급속히 냉각되고, 또, 마찰 저항으로 인하여 다이 공동부(die cavities)에 있는 재료에 높은 압력을 가하여 재료가 다이 공동부를 채울 수 있도록 해 준다. 플래시는 단조 작업 후 제거된다.(그림 4.62참조)

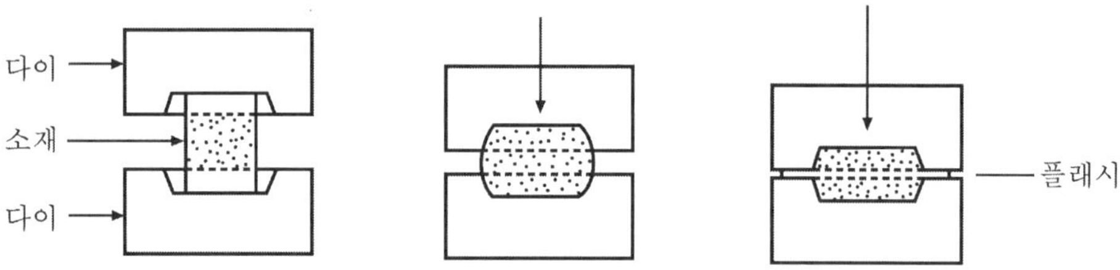

그림 4.62 형 단조에서의 플래시

◉ 풀러링과 에징(fullering and edging)

풀러링과 에징은 예비성형 작업(preforming processes)으로서, 풀러링은 재료를 특정 부분으로 분산시키는 작업을 말하며, 에징은 특정 부분으로 재료를 모으는 작업을 말한다.(그림 4.63참조)

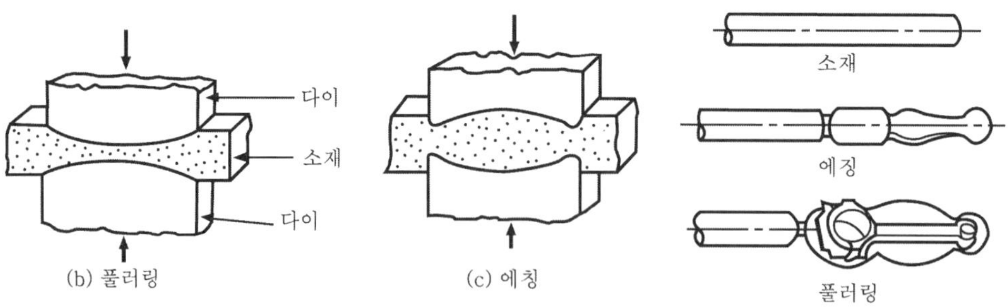

그림 4.63 플러링과 에징

(4) 단조 온도

일반적으로 금속 재료는 온도가 높을수록 단조하기가 용이하다. 그러나 가열이 지나치면 재료의 표면 성분이 변화되기 쉬운 조직으로 되기 때문에 재료가 부서지거나, 잘라지기 쉽기 때문에 단조가 곤란하다. 보통 연소되거나 용융되기 시작하는 온도 보다도 대략 100°C정도 낮은 온도가 좋다.

단조시에는 가공에 의해 재료의 결정 입자가 미세해지지만 가공이 끝났을 때의 온도가 재결정 온도 이상이면 결정 입자가 다시 조대화(粗大化)하게 된다. 따라서 가공이 끝나는 온도는 재결정 온도 정도가 바람직하지만 그 이상의 온도는 안된다. 강재를 단조할 때 온도가 800℃ 이하로 되면 재가열하여 단조를 계속하고, 재료 내부에 잔류 응력이 남지 않도록 주의하여야 한다. 또한, 강재는 300℃ 부근에서 청열 메짐 온도가 일어나게 되어 이 온도에서는 상온 때보다 오히려 가소성이 저하되므로, 이 온도 부근에서는 단조 가공을 피해야 한다.

표 4.6은 여러 가지 금속의 단조 표준 온도를 나타낸 것이다.

표 4.6 단조 재료의 표준 단조 온도

재료명	가열온도(℃)	단조 온도(℃)	재 료 명	가열 온도(℃)	단조 온도(℃)
탄소강 주괴	1,250	850	질 화 강	1,200	1,070
합금강 주괴	1,250	850	구 리	870	750
탄소강 강재	1,250	800	망간 청동	800	600
니 켕 강	1,200	850	알루미늄 청동	800	650
크 롬 강	1,200	850	인 청 동	600	400
니켈 크롬강	1,200	850	도넬메탈	1,150	1,040
망 간 강	1,200	900	양 백	825	600
스테인리스강	1,200	900	알루미늄	510	260
공 구 강	1,150	900	두랄루민	510	400
고 속 도 강	1,250	950	마그네슘	480	240
침 탄 강	1,200	800	6:4황동	750	500
스 프 링 강	1,150	900	7:3황동	850	700

표 4.7 탄소강의 색상과 온도

색 상	온 도(℃)	색 상	온 도(℃)
암갈색	530~580	황 색	1,050~1,150
적갈색	580~650	담황색	1,150~1,250
담적색	800~830	황백색	1,250~1,350

4.5.7 프레스 가공 (press work)

(1) 프레스 가공의 개요

프레스(press) 가공은 펀치(punch)와 다이(die) 사이에 소재를 넣고 외력을 가하여 소성 변형시켜 가공하는 방법으로 널리 사용되고 있다.

프레스 가공은 연강판이나, 구리판과 같이 소성이 큰 금속판을 사용하여 각종 용기, 가구, 장식품, 자전거 부품, 일반 기계, 자동차 등 공업 제품을 제작하는데에 이용된다. 프레스 가공이 널리 이용되는 이유는 제품 제작을 할 때 정확한 치수의 제품과 가공 시간의 단축 및 대량 생산에 적합하기 때문에 프레스를 사용하여 연강 또는 비철 금속판을 절단하거나 금형을 사용하여 원하는 모양으로 성형하는 작업이다. 프레스의 램(ram)에는 금형의 상형을 고정시키고, 테이블에는 하형을 고정시켜 램이 상하로 움직여 판재를 가공한다.

일반적으로 프레스 가공은 그 종류가 많고 가공 방법 및 내용이 복잡하지만, 주로 판재를 사용하여 전단 및 필요한 모양으로 성형(forming)하는 것이다.

그림 4.64는 프레스 가공 과정을 나타낸 것이다.

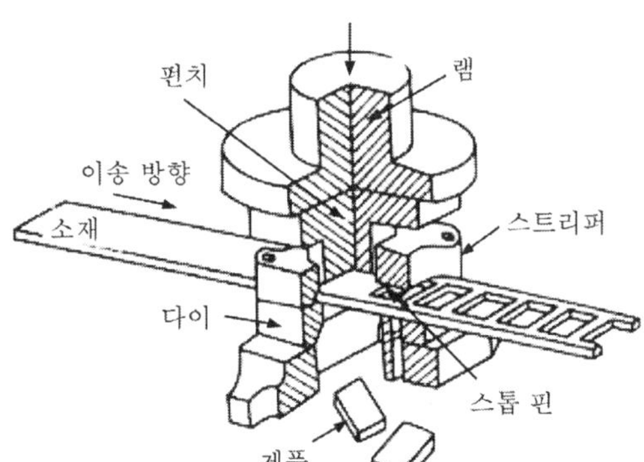

그림 4.64 프레스 가공

(2) 프레스 가공의 분류 (classifications of press work)

① 전단 가공(shearing work)

전단(shearing), 블랭킹(blanking), 펀칭(punching), 트리밍(trimming), 셰이빙(shaving), 브로우칭(broaching) 등

② 굽힘 가공(bending work)

충격 굽힘, 이송 굽힘, 꺾어 접기

③ 성형 가공(formage)

커핑(cupping), 디이프 드로잉(deep drawing) 등

④ 압축 가공(sgueezing work)

업세팅(upsetting), 코이닝(coining), 엠보싱(embossing), 스웨이징(swaging), 사이징(sizing), 압출가공(extruding) 등

(3) 프레스의 분류(classifications of press)

① 동력원에 따른 분류

- 인력 프레스
  - 수동 프레스
    - 핸드 프레스(hand press)
    - 나사 프레스(screw press)
    - 랙 · 피니언 프레스(rack pinion press)
  - 풋 프레스
- 동력 프레스
  - 기계 프레스
    - 크랭크 프레스
      - 단동식
      - 복동식
    - 토글 프레스(toggle press)
    - 마찰 프레스(friction press)
  - 액압 프레스
    - 1. 유압 프레스 ···· 단동식, 복동식
    - 2. 수압 프레스 ·····단동식, 복동식

② 프레임(frame)의 형상에 따른 분류

ⓐ C형 프레임 프레스

ⓑ 직주형 프레스

ⓒ 4주형 프레스

ⓓ 아아치형 프레스

③ 구조 형식에 따른 분류

ⓐ 경사식 프레스(Iincline press)

ⓑ 가경식 프레스(inclinable press)

ⓒ 수평식 프레스(horizontal press)

ⓓ 수직식 프레스(vertical press)

(4) 주요 프레스의 구조와 특징

① 인력 프레스(manual press)

ⓐ 수동 프레스(hand operated press)

손의 힘을 이용하여 구동시키는 프레스

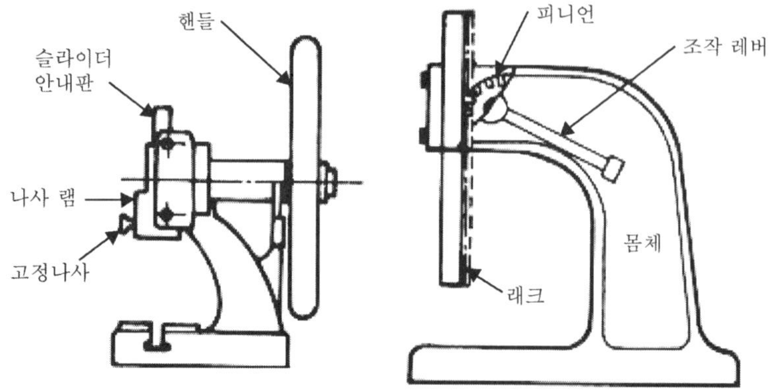

(a) 편심식 (b) 래크·피니언 프레스

그림 4.65 수동 프레스

ⓑ 풋 프레스(foot press)

지렛대를 이용하여 발의 힘을 가공력으로 이용한다.

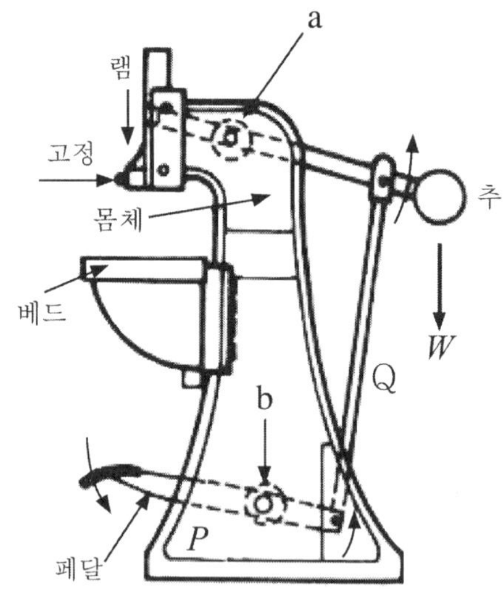

그림 4.66 풋 프레스

② 동력 프레스(power press)

동력 프레스는 기계 프레스와 액압 프레스로 크게 나누며, 또 이를 구동 기구에 따라 크랭크 프레스, 마찰 프레스, 토글 프레스 및 유압 프레스 등으로 나눈다.

ⓐ 크랭크 프레스 (crank press)

프레스의 대표적인 것으로서 플라이휠의 회전 운동을 직선 운동으로 바꾸어 프레스에 필요한 슬라이더에 상하 운동을 주어 가압 작업을 하게 한다. 보통 크랭크 프레스는 그림 4.67과 같이 크랭크가 1개인 단동식이 많이 사용되지만, 폭이 넓은 공작물을 가공할 때는 크랭크가 2개 또는 그 이상인 프레스가 사용된다. 디프 드로잉에서는 복동식 프레스가 사용된다.

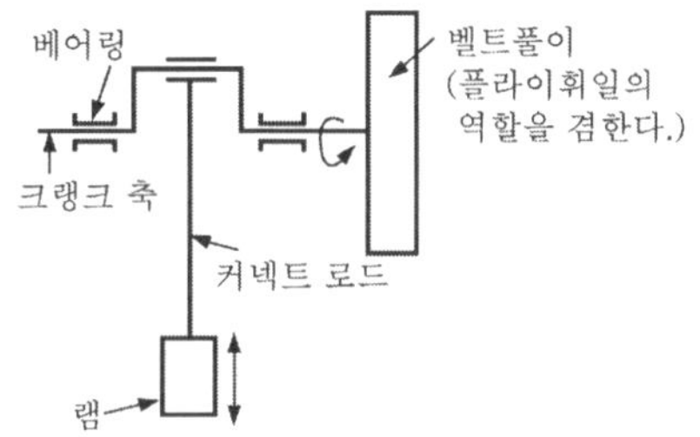

그림 4.67 단동식 크랭크 기구

ⓑ 토글 프레스(toggle press, knuckle press)

플라이 휠의 회전 운동을 크랭크 기구에 의하여 왕복 운동으로 바꾸고, 다시 토글(toggle) 기구로 슬라이드에 직선 운동을 준다.

이 프레스는 가공의 마지막 단계에 큰 힘이 필요할 때, 즉 단조나 코이닝 작업 등에 적합하다.

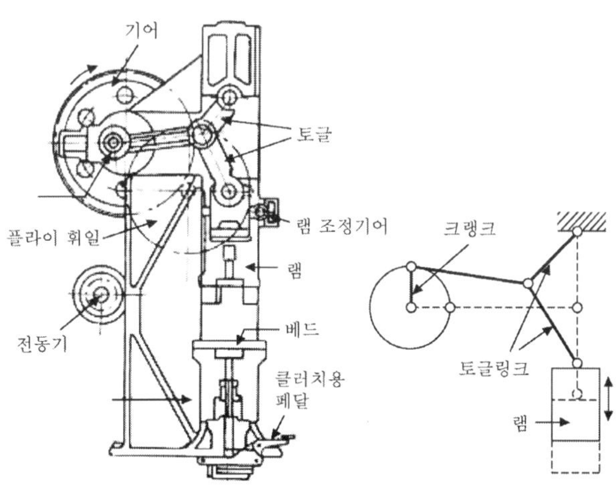

그림 4.68 토글 프레스

ⓒ 마찰 프레스(friction press)

그림 4.69와 같이, 같은 축에 붙은 2개의 마찰차를 회전시켜, 그 중 어느 하나를 플라이 휠에 접촉시키면 플라이 휠에 회전이 전달되고, 이 회전 운동은 나사 기구를 통하여 슬라이드에 상하 운동을 준다. 이 프레스는 제동이 확실하지 못하여 위험성이 있다. 용도로는 단조, 가압가공 등에 사용된다.

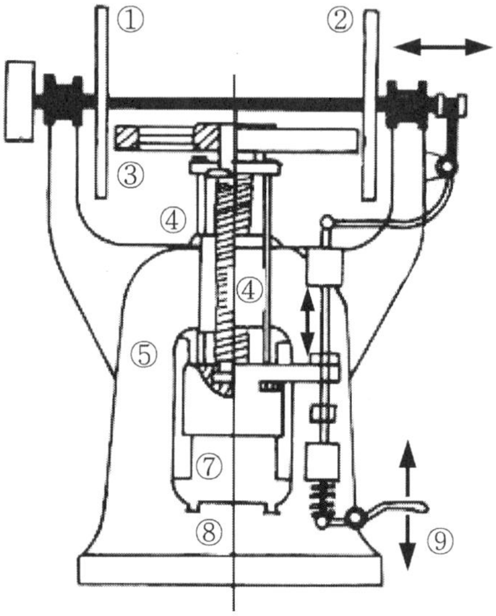

①, ② 마찰차 ③ 플라이 휠 ④ 스핀들 ⑤ 프레임 ⑥ 슬라이드
⑦ 슬라이드의 안내 ⑧ 베드 ⑨ 핸들

그림 4.69 마찰 프레스

ⓓ 액압 프레스(hydraulic press)

수압이나 유압으로 작동되는 용량이 큰 프레스로서, 펌프로부터 압축된 액체를 실린더의 상부와 하부 쪽으로 번갈아 보냄으로써 피스톤이 왕복 운동을 하고, 따라서 램이 달린 실린더가 상하 운동을 하여 작업을 하게 된다.

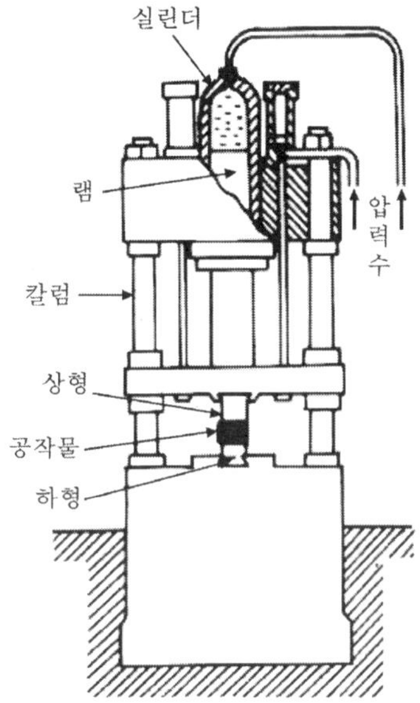

그림 4.70 액압 프레스

(5) 프레스 금형의 구조

그림 4.71은 전단형 금형을 나타낸 것으로, 각부 명칭과 역할은 다음과 같다.

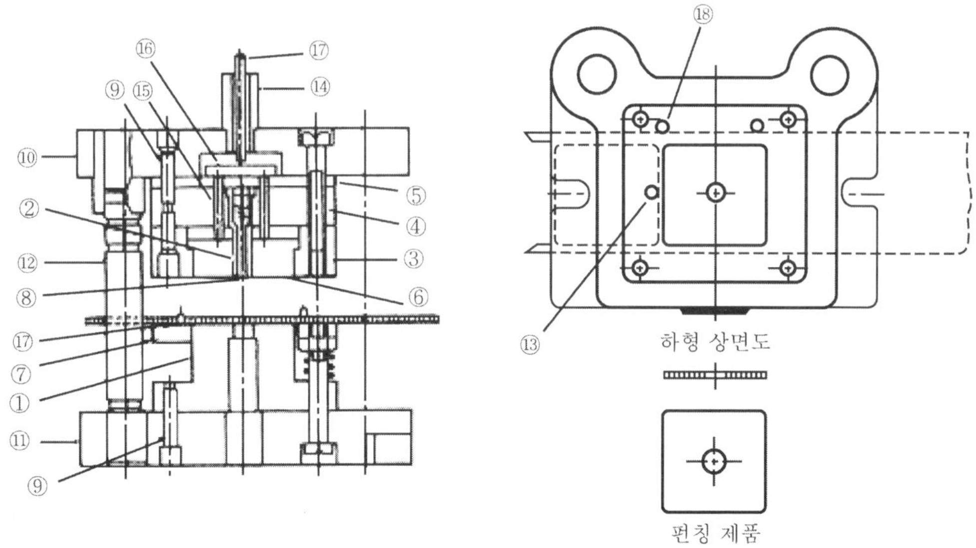

① 외형펀치 ② 구멍펀치 ③ 외형 펀치 다이 ④ 펀치 플레이트 ⑤ 백 플레이트 ⑥ 녹아웃 ⑦ 스트리퍼 ⑧ 기가 핀 ⑨ 로크 핀 ⑩ 펀치 홀더 ⑪ 다이 홀더 ⑫ 가이드 포스트 ⑬ 스토퍼 ⑭ 생크 ⑮ 녹아웃 핀 ⑯ 녹아웃 받침 ⑰ 녹아웃 축 ⑱ 재료 가이드(스톡 가이드)

그림 4.71 전단형 금형

①, ③ 다이와 ② 편치-편치와 다이는 가공되는 판재에 직접 접촉되어 압축, 충격, 마찰 등을 받으므로 강도나 마멸에 대하여 잘 견디는 재료를 써야 한다. 금형 재료로는 탄소 공구강, 합금 공구강, 초경합금, 티타늄 합금 등이 사용된다.

④ 펀치 플레이트 - 펀치를 펀치 홀더에 고정시키는 것

⑤ 백 플레이트(위판) - 펀치 뒷면을 받치는 얇은 판으로 열처리하여 경화시킨다.

⑥ 녹아웃 - 보통 상형에 설치하여 펀치 상승시 제품을 떼어내는 역할을 한다.

⑦ 스트리퍼 - 판재를 펀칭한 다음 남은 판재가 펀치에 끼어 올라가지 못하게 한다.

⑧ 기가 핀 - 펀칭할 때 스크랩이 펀치 밑면에 붙여서 올라감을 막아 주는 것으로 펀치 중심부에 둔다.

⑨ 로크 핀 - 홀더에 부착된 펀치와 다이의 위치를 정하는 핀으로, 분해, 조립할 때 기준이 된다.

⑩ 펀치 홀더 - 상형에 속하는 것으로 펀치 플레이트와 펀치를 부착하는 것

⑪ 다이 홀더 - 보통의 경우 하형에 속하며, 다이와 스트리퍼를 교정하는 것이다.

⑫ 가이드포스트와 부시 - 상형과 하형의 물림을 항상 일정하게 유지시키는 안내축을 말한다. 재료는 탄소 공구강을 사용하고 규격화되어 있다.

⑬ 스토퍼 - 재료의 진행 방향에 대하여 가공 위치를 정해 주는 것으로 하형에 고정되어 있다.

⑭ 생크 - 금형을 프레스의 슬라이더에 끼우는 자루이며, 소형 금형에만 붙어 있다.

참고사항

◉ **다이세트**

편치와 다이를 그림 4.72와 같은 다이 세트에 고정하고 이 전체를 프레스에 설치하는 것이다.

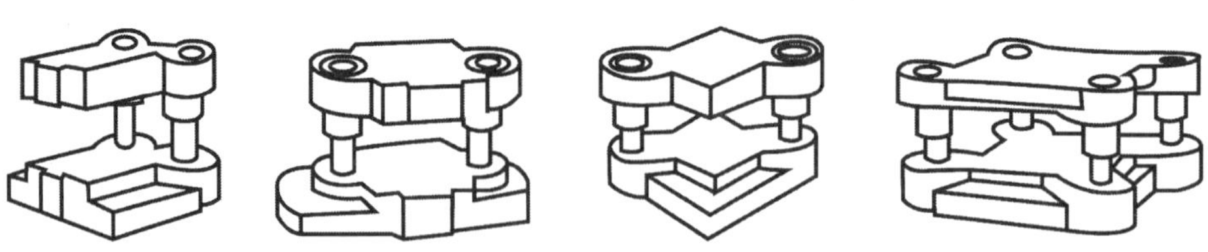

그림 4.72 다이세트

다이 세트는 프레스 가공에 있어서 금형을 설치하는데 익숙하지 않아도 되고, 시간을 절약할 수 있으며, 상하형이 잘 일치되므로 깨끗한 제품을 얻을 수 있고, 금형 관리가 쉬

우며, 얇은 금형을 사용할 수 있는 등의 장점이 있다. 그러나 이를 제작하는데 고도의 기술과 우수한 공작 기계가 필요하므로 중요할 때만 사용하고 보통은 프레스 가이드를 이용한다.

다이 세트의 재료는 주철을 사용하나, 비교적 얇은 것이나 강도를 요하는 경우에는 구조용 탄소강을 사용한다.

(6) 전단 가공(shearing)

소재를 한 쌍의 날이 달린 공구 사이에 끼우고 압력을 주어 소재에 전단 응력을 발생시키어 필요한 형상으로 절단하는 가공을 전단 가공이라 한다.

전단가공에 작용하는 중요한 공정 변수(para meter)는 펀치의 압력(P), 펀치의 누르는 속도, 윤활, 표면 조건, 펀치와 다이의 재질, 모서리 부위의 곡률 및 펀치와 다이사이의 틈새(clearance)등이 있다.

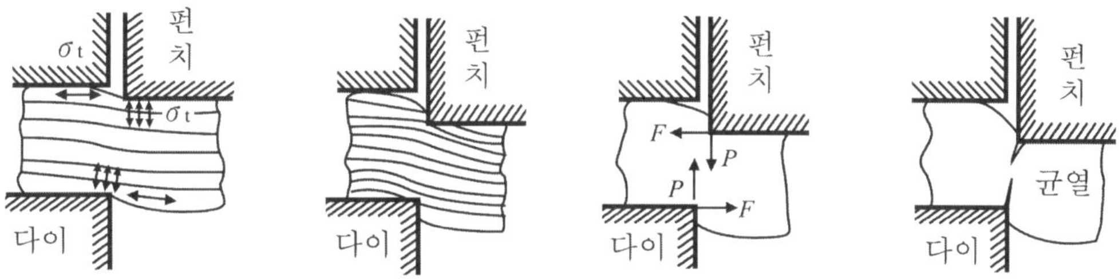

(a) 펀치가 재료에 들어갔을 때의 응력 상태　　(b) 섬유 조직의 절단
(c) 공구 날끝이 작용하는 힘　　(d) 균열의 발생

그림 4.73 전단과정

① 전단 가공의 기구

그림 4.74와 같이 펀치가 하강하여 판재에 접촉한 후 공구 어덴덤(addendum)부가 판재를 언더컷(under-cut)해 가는 모습을 나타낸다. 공구면으로부터의 코너 힘에 의해 판재는 굽힘을 받아 공구면으로부터 떨어지려고 한다. (P_P, F_P)와 (P_d, F_d), 두 힘의 조합이 일종의 쐐기작용을 일으켜 이들의 힘이 어느 정도 커지면 어덴덤 근방에서부터 균열이 발생한다. 이 때 그림 4.73(b)에서 나타내는 굽힘영향에 의해 일반적으로 균열은 다이측부터 먼저 들어 간다. 그러나 판재에 스토퍼를 대고 판의 다이면부터의 튀어오름을 방지하면 펀치 측면에 접하는 시어 드루프(shear droop)측의 재료가 인장되고 다이면 위의 재료가 압축응력을 받으므로 이 때에는 펀치의 어덴덤측부터 균열이 들어가게 된다. 균열이 성장하고 상하 양방향으로부터의 균열이 서로 만나 전단과정이 종료한다.

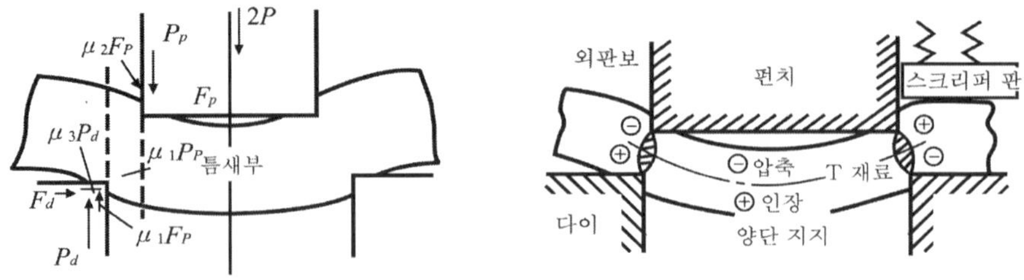

(a) (b)

그림 4.74 전단 가공의 기구

이 전단 절삭면의 형상은 그림 4.75에서와 같이

ⓐ 큰 전단변형을 받은 면에서 그리고 공구의 측면에서 버니싱(burnishing)가공되어 광택이 있는 깨끗한 부분 a(전단면이라고 함)

ⓑ 공구가 언더컷할 때 끌려들어 간 자유표면의 부분(소재가 펀치의 끝날에 눌려진 면) b(시어 드루프)

ⓒ 균열이 생겨 파단한 부분에서 결정입자면이 나타난 미소한 요철이 심한 부분 c(파단면)

ⓓ 어덴덤은 높은 응력상태에 있기 때문에 균열 발생점은 절삭날의 선단보다 약간 측면에 들어간 곳에 생기는 결과 만들어지는 부분 d(복귀) 등 4부분으로써 이루어져 있다

.

이들 부분의 절삭면에서 차지하는 비율은 재료의 종류와 전단조건에 따라 달라지 는데 일반적으로 연성이 많은 재료에서는 절삭의 대부분이 전단에 의해 형성되어 시어 드루프와 복귀가 비교적 크다. 이에 대해 연성이 부족한 재료에서는 절삭면의 대부분 이 파단면으로 되고 시어 드루프와 전단은 작다. 동일 재료일지라도 틈새의 크기에 따라 전단절삭면의 형상이 변화한다.

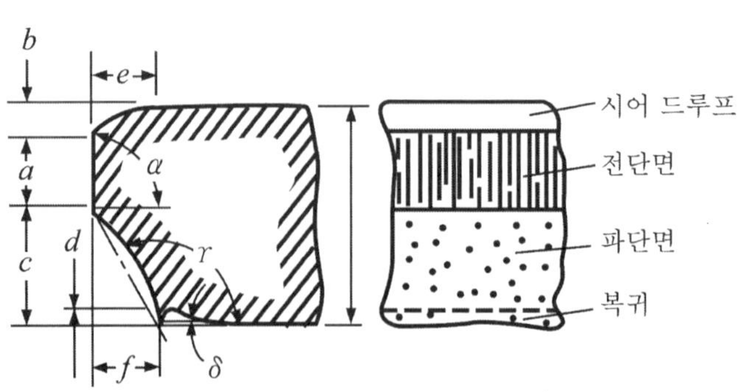

그림 4.75 전단 절삭면의 형상

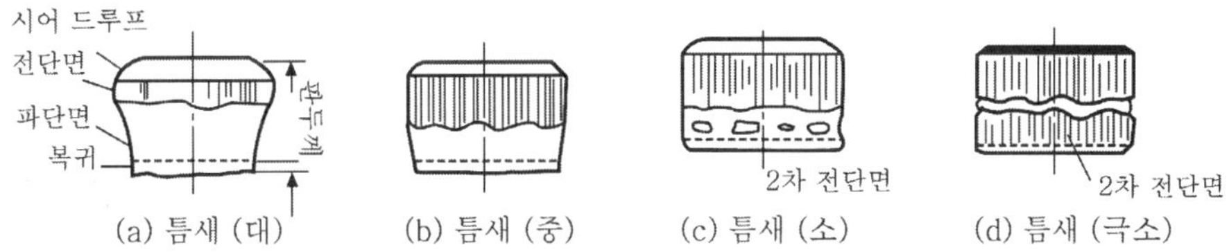

그림 4.76 전단절삭면의 성상에 미치는 틈새의 영향

한편, 균열이 발생·성장하는 형태는 그림 4.77과 같이 틈새의 영향을 받는다. 전단가공에 있어서의 최종분리는 양절삭날의 사이를 연결하는 균열에 의해 이루어지므로 이 균열의 화합이 제대로 이루어져 아름다운 전단절삭면이 얻어지듯이 적정한 틈새는 재료의 종류에 따라 달라진다.

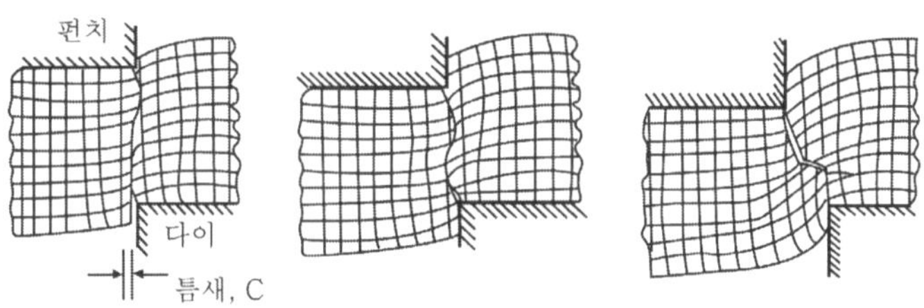

그림 4.77 틈새가 균열이 성장형태에 미치는 영향

표 4.8 일반 작업용 틈새

재 료	틈새(c/t%)	재 료	틈새(c/t%)
순 철	6~9	황 동(연질)	6~10
연 강	6~9	인 청 동	6~10
경 강	8~12	양 은	6~10
규 소 강	7~11	알루미늄(경질)	6~10
스테인레스강	7~11	(연질)	5~8
구 리(경질)	6~10	알루미늄 합금(경질)	6~10
(연질)	6~10	(연질)	6~10
황 동(경질)	6~10	납	6~9
비 금 속	1~3	비 금 속	1~3

즉, 전단금형의 틈새의 크기를 결정하기 위해서는 제품의 수량과 정도 및 형상에 따라서 결정하여야 하고 금형의 구조 및 가공속도와 금형을 어떠한 재료로 제작하느냐에 따른 복합적인 요소를 충분히 검토하여 결정하여야 한다.

② 틈새의 계산

그림 4.78에서

D : 다이의 직경(mm), d : 펀치의 직경(mm)

t : 가공 소재의 두께(mm), c : 편측 틈새(%)

라 하면 틈새 c는 다음과 같이 나타낼 수 있다.

$$c = \frac{D-d}{2t} \times 100(\%)$$

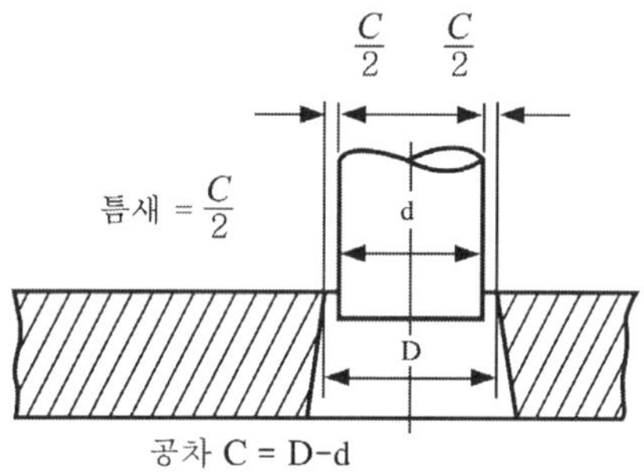

그림 4.78 틈새

예제 1 다이의 직경이 40mm이고 펀치의 직경은 39.94mm이며 소재의 두께가 0.5mm 라 하면 편측 틈새는 얼마인가?

☞

$$c = \frac{D-d}{2t} \times 100$$

$$= \frac{40-39.94}{2 \times 0.5} \times 100 = 6$$

∴ 편측 틈새는 소재의 두께의 6%가 된다.

예제 2 두께가 2mm이고 직경이 20mm인 제품의 블랭킹가공을 위한 펀치와 다이의 직경을 구하라. 단 소재의 편측 틈새는 4%이다.

☞

블랭킹 가공의 다이 구멍 직경은 제품의 직경과 같으므로 D=20mm이다.

펀치의 직경

$$d = D - \frac{2tC}{100}$$

$$= 20 - \frac{2 \times 2 \times 4}{100} = 19.84[\text{mm}]$$

이다

③ 전단력의 계산

판재를 전단가공에 의해 절단·분리하거나 천공 및 외형 펀칭을 할 때, 필요로 되는 하중은 기본적으로 「재료의 전단하중」과 「전단면적」의 적(積)으로서 간단히 구할 수 있다. 「재료의 전단하중」이란, 재료가 전단되려고 할 때 저항하는 힘을 말하는 것으로, 단위면적당 강도로 나타내어 재질과 압연조건, 열처리 조건 등에 의해 달라지는 값이 된다.

표 4.9에서는 각종 금속재료의 전단저항 값을 나타내는데, 이들 값은 대개 각 재료 인장강도의 80% 정도로 되어 있는 것으로 알아두면 편리하다. 또, 전단면적이라는 것은 전단절삭이 되는 부분의 면적이기 때문에 「전단윤곽의 전장」과 「판의 두께」의 적으로 계산된다.

전단에 필요한 하중은 다음 식과 같이 나타내어 계산할 수 있다.

$$P = C \cdot l \cdot t \cdot \tau [kg]$$

l = 전단선의 길이(mm) t = 소재의 두께 (mm)

τ = 재료의 전단강도 (kg/mm2) C = 보정계수(전단각에 따른 보정계수)

예제 3 **두께 10mm의 연강판을 전단길이 100mm로 전단가공할 때 필요한 전단력은 몇 kg인가? 단 보정계수 C = 0.6, 연강의 전단응력 τ = 35kg/mm^2 이다.**

☞ $P = C \cdot l \cdot t \cdot \tau$

$= 0.6 \times 100 \times 10 \times 35$

$= 21{,}000\,\text{kg}$

실제의 전단하중은 날과 날의 틈새와 절삭날의 예리함, 윤활의 유무 등의 가공조건에서도 영향을 받는다. 따라서 전단하중을 엄밀히 생각할 경우에는 이와 같은 전단조건을 고려한 보정이 필요로 된다. 전단조건 중 하중에 가장 영향이 있는 것은 날의 예리함 즉,

마모의 상황이고 날이 둔화하면 전단하중은 10~15% 정도의 증감이라고 보면 된다. 또, 전단하중은 온도나 가공속도에 의해서도 달라지는데 일반적으로 온도가 높을수록, 또 속도가 느릴수록 전단하중은 낮아지는 경향이 있다. 아무튼 일반 조건에서 상온가공하는한 앞에서 설명한 식에 의해 전단하중을 견적하면 실용상의 문제는 없다고 말할 수 있다.

전단하중을 작게 하기 위해 절삭날에 전단(shear angle)각을 두는 방법이 일반적으로 적용된다. 이것은 종이를 가위로 자를 때와 같이 절삭날을 기울여 전단하는 방법이다. 전단각이 없는 보통 전단에서는 전단하고자 하는 전체 길이가 동시에 절리되는 것임에 대해 전단각을 둔 전단에서는 부분적으로 순차 절리해 가는 상태로 되기 때문에 하중은 작게 끝난다. 전단각 ω가 클수록 전 단 하중 $P(\omega)$는 작아지나, 전단완료시까지의 절삭날 행정이 길어진다. 그러므로 프레스 능력을 결정함에 있어 필요로 되는 전단 에너지 값으로서는 전단각을 둠으로써 반드시 작아진다고는 할 수 없다. P

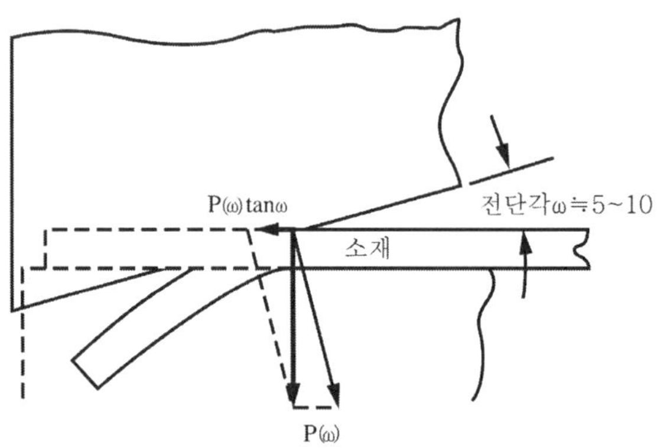

그림 4.79 전단각 붙이 공구에 의한 전단

천공이나 외형 펀치 등 펀칭 공구에 전단각을 두는 경우에는 펀치 또는 다이의 어느 것인가를 그림 4.80과 같은 형상으로 한다. 이 때 벗겨지는 부분이 펀치의 바닥면 형상을 따라 변형하므로 외형 펀치의 경우에는 ⓐ, ⓑ와 같이 펀치 바닥은 평평하게 하여 다이측에 각도를 두고, 천공일 경우에는 ⓒ~ⓕ와 같이 펀치측에 전단각을 둔다. 또 전단각을 두면 그림 4.79에서와 같이 횡방향의 추력 $P(\omega)\tan\omega$이 작용하기 때문에 재료가 슬라이드하거나 펀치가 부러지기 쉬어진다. 이것을 방지하기 위해 누름판 장치를 이용하거나 전단각을 좌우 대칭으로 두는 등의 연구가 실시된다.

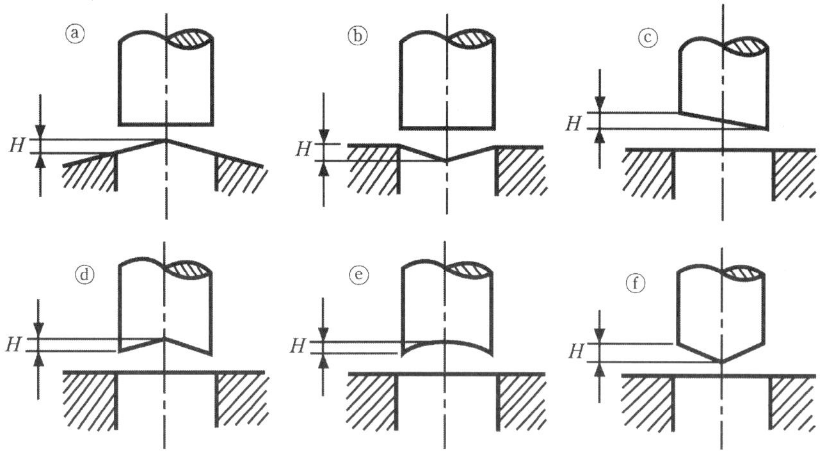

그림 4.80 전단각 붙이 펀칭공구의 예

전단 각이 너무 크면 절삭날의 강도가 약해지므로 전단의 양(H)은 전단되는 재료의 판두께와 동등위로 두는 것이 표준으로 되어 있다. 그리고 재료나 전단각을 두는 법에 의해서도 달라지는데, H를 판두께와 동등하게 정한 경우의 전단하중은 전단각이 없는 경우의 1/2~2/3 정도로 절감할 수 있다.

표 4.9 각종 금속재료의 전단저항

재 료	전 단 저 항 Ks(kgf/mm²)		재 료	전 단 저 항 Ks(kgf/mm²)	
	연 질	경 질		연 질	경 질
강 판					
열간압연 강판(SPH)	26 이 상		구 리	18~22	25~30
냉간압연 강판(SPC)	26 이 상		황 동	22~30	35~40
디프드로잉용 강판	30 ~ 35		청 동	32~40	40~60
구조용 강판(SS34)	27 ~ 36		양 은	28~36	45~56
(SS41)	33 ~ 42		은	19	-
탄 소 강 0.1%C	25	32	알 루 미 늄	7~11	13~16
0.2%C	32	40	듀 랄 루 민	22	38
0.3%C	36	48	니 켈	25	-
0.4%C	45	56	아 연	12	20
0.6%C	56	72	주 석	3~4	-
규 소 강 판	45	56	납	2~3	-
스테인리스 강판	52	56			

예제 4 인장강도가 40kg/mm^{2}이고 두께가 2mm인 강판으로 그림 4.84와 같은 제품을 가공하는데 필요한 전단력을 계산하라. 단 보정계수 C=1로 한다.

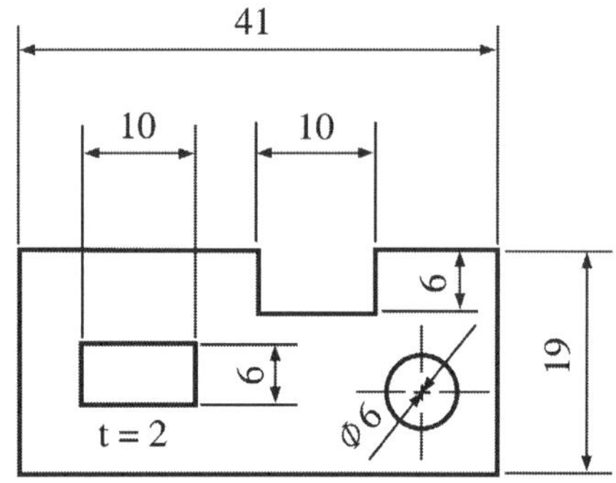

그림 4.81 제품도면

☞

외곽 전단선의 길이 : $\ell_1 = 2\times41 + 2\times6 + 19\times2 = 132$(mm)

구멍 전단선의 길이 : $\ell_2 = 2\times10 + 2\times6 + 6\pi = 50.85$(mm)

전단선의 길이 : $\ell = \ell_1 + \ell_2 = 182.85$(mm)

전단강도 : 인장강도의 약 80% 정도를 취할수 있다.

$$P = C \cdot l \cdot t \cdot 0.8 \cdot \sigma$$

$$= 1\times182.85\times2\times0.8\times40 = 11{,}702.4(kg)$$

④ 전단 날끝의 모양

전단 공구의 날끝 모양은 일반적으로 그림 4.81과 같이 측면 압력을 줄이기 위하여 여유각 α를 두고, 또 재료의 변형과 전단 저항을 줄이고 압축력을 집중시키기 위하여 전경사각 β를 두어서 공구 날끝각 Θ를 약 90°이하로 한다. 일반적으로 여유각은 0°로 하며, 블랭킹, 펀칭하는 경우에는 제품이나 스크랩을 잘 빠지게 하기 위하여 다이의 여유각 δ를 1~3°정도로 한다.

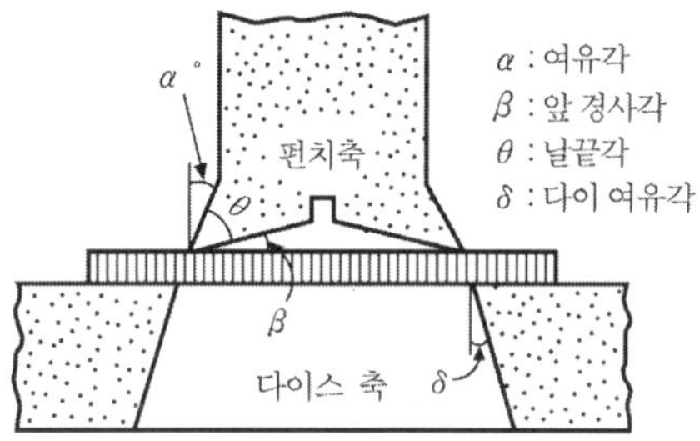

그림 4.82 전단공구의 날 끝

⑤ 전단 가공의 종류

ⓐ 전단(shearing)

매우 접근되어 있는 예리한 2개의 날로 소재를 일단으로부터 가로질러서 직선 또는 곡선으로 절단하는 것을 전단이라 한다.

또한, 분단(parting)은 같은 형의 부품을 분리하는 작업이며, 노칭(notching)은 제품의 가장자리를 여러 모양으로 잘라 내는 작업이다.

ⓑ 블랭킹(blanking)

제품의 모양, 즉 외형을 따내는 작업을 블랭킹이라 한다.

ⓒ 펀칭(punching)

제품의 요소에 구멍을 내는 작업을 펀칭(punching or piercing)이라 하며, 펀칭에 의하여 뽑힌 부분이 스크랩(scrap)이 되고, 남은 부분이 제품이 된다. 블랭킹 작업에서는 이와 반대이다.

ⓓ 트리밍(trimming)

트리밍은 펀칭 작업에서 생긴 지느러미(fin) 부분을 바른 모양의 제품을 얻기 위하여 정한 절취선 부분을 절단하는 작업이다.

ⓔ 셰이빙(shaving)

셰이빙은 펀칭이나 전단 가공을 한 제품의 전단면을 바른 치수로 다듬질을 하거나, 아름답지 못한 단면을 매끈한 면으로 다듬질하는 작업을 말한다.

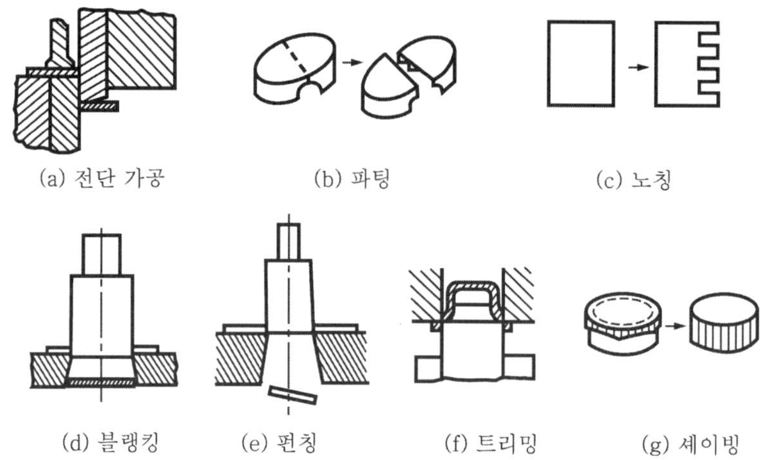

그림 4.83 전단가공의 종류

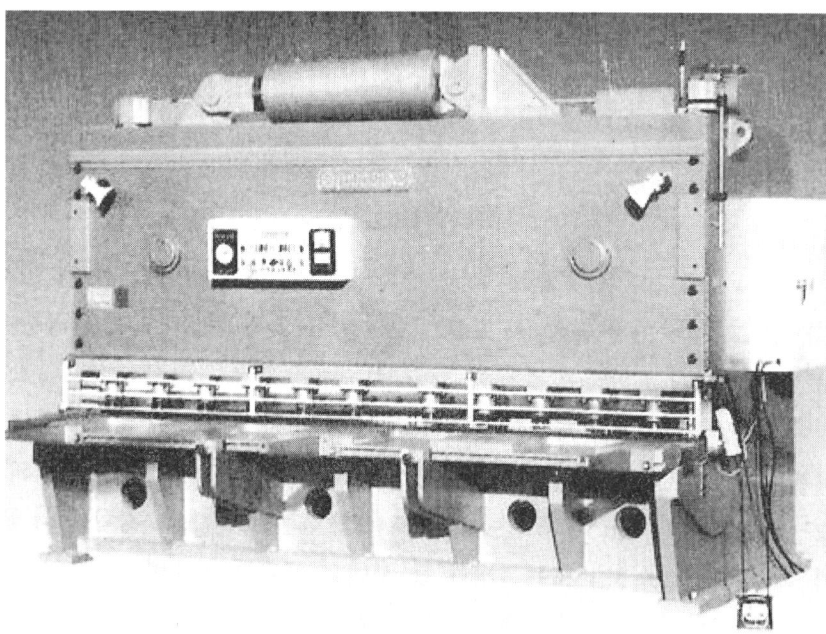

그림 4.84 유압 전단기(후판용 9mm~50mm)

(7) 굽힘가공(bending)

① 굽힘가공의 분류

판재의 굽힘가공은 프레스 가공 중에서 매우 넓은 범위를 차지하고 있으며, 굽힘변형 그 자체는 전단, 디프 드로잉, 팽창 등 각종 판금프레스 가공중에서도 이들의 변형양식과 조합하여 존재해 있다.

이 굽힘가공법을 크게 나누면, 그림 4.85에서와 같이, (a) 프레스기에 펀치와 다이를 이용하여 판재를 굽히는 돌출굽힘(또는 다이굽힘)양식, (b) 판재의 한쪽 끝을 고정하고 다른 변을 따라 감아 올리도록 굽히는 절곡(또는 감아 올려 굽힘, 눌러감기 굽힘)양식, (c) 3개 또는 4개의 롤 사이로 재료를 보내어 연속 이동시키면서 굽힘 가공되는 이송굽힘양식 등 3가지로 분류할 수 있다.

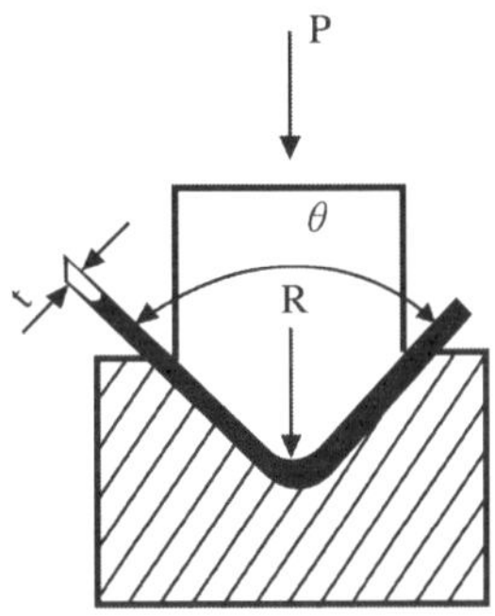

(a) 돌출 굽힘 양식

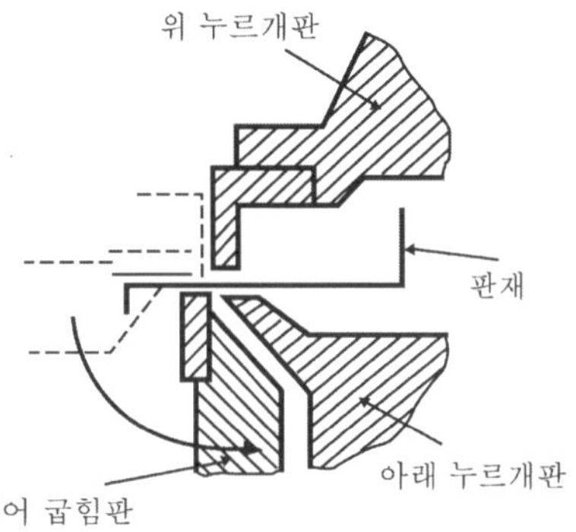

(b) 절곡 양식

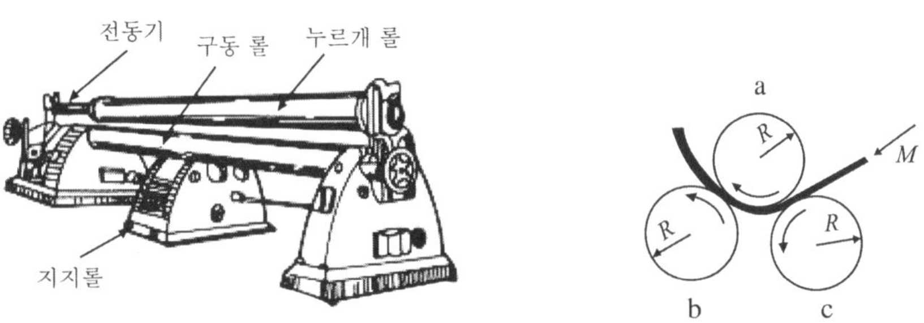

(c) 이송 굽힘 양식

그림 4.85 각종 굽힘 가공

(a) 굽힘 (b) 신장 플랜지 성형 (c) 수축 프랜지 성형

그림 4.86 굽힘선의 모양에 따른 굽힘가공의 종류

한편 판의 굽힘가공이란 앞서 말한 바와 같이 통상 직선둘레를 따라 판을 굽히는 경우를 의미하나 그림 4.86(a), (b), (c)와 같이 어떤 굽힘형상의 굽힘둘레를 따라 판을 굽혀 곡면을 얻는 방법은 굽힘둘레에 평행한 섬유를 신축시키므로 각각 신장 플랜지 성형 및 수축 플랜지 성형이라고 불러 굽힘가공과는 구별하여 성형가공으로서 취급되는 경우가 많다. 그림 4.87에서는 절곡법을 이용한 기계의 일례인 탄젠트 벤더의 굽힘기구와 그 제품 예를 나타낸다. 표면에 습동상처를 남기지 않고 아름다운 제품을 가공할 수 있다.

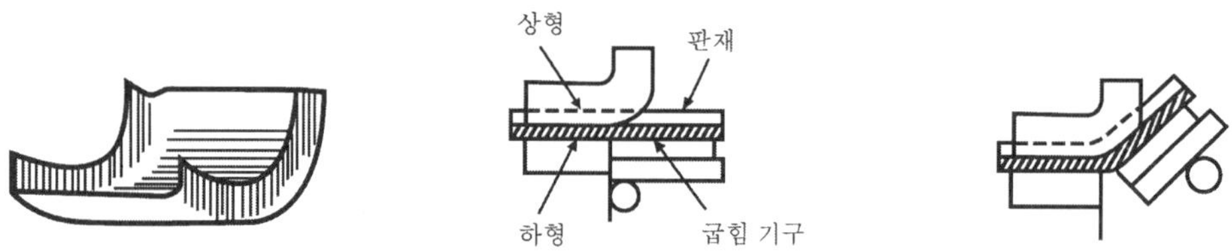

그림 4.87 탄젠트 벤더

그림 4.88은 유압식 벤딩롤러(hydraulic bending roller)의 예이다.

그림 4.88 유압식 벤딩 롤러

② 굽힘다이(bending die)

굽힘다이의 대표적인 것에는 그림 4.89와 같은 V형 굽힘다이와 U형 굽힘다이를 들 수 있다.

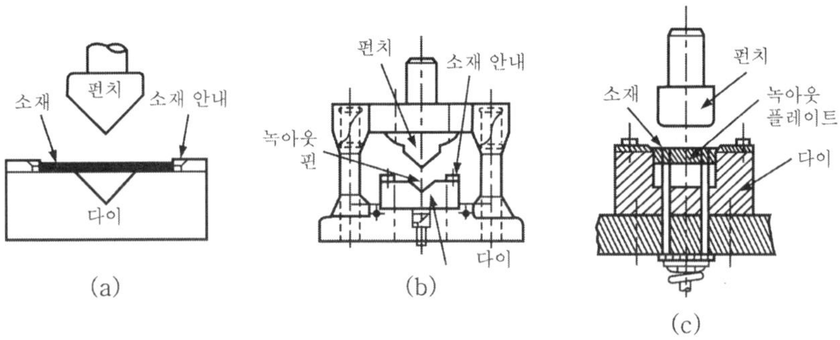

그림 4.89 V, U형 굽힘다이

ⓐ V형 굽힘다이

소정의 치수로 절단한 소재를 직각으로 굽힌다.
그림 4.90과 같이 펀치를 바꾸어 주면 복잡한 굽힘 작업도 할 수 있다. 이 경우에는 굽힘 순서와 치수에 주의하여야 한다.

ⓑ U형 굽힘 다이

판재의 두 곳을 동시에 직각으로 굽히는 작업으로서 그림 4.89(c)와 같이 펀치가 펀칭한 다음 상승하면 소재 밑에서 받치고 있던 녹아웃에 의해 제품이 튀어나오도록 되어 있다. 다중 굽힘 작업이란 두 세곳을 동시에 굽히므로 홈이 생길 염려가 있다. 그러므로 재료의 흐름을 보면서 서서히 가공하는 것이 좋다.

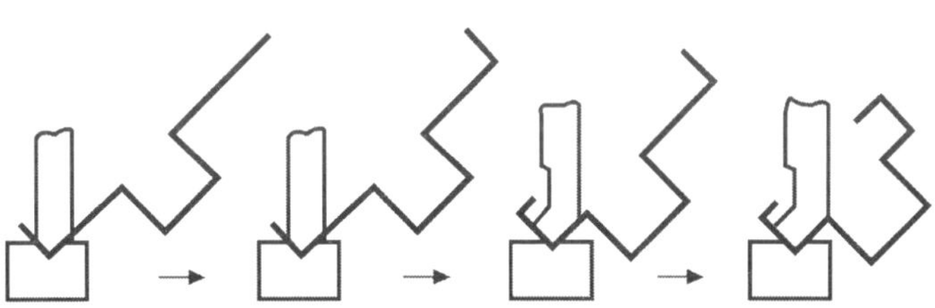

그림 4.90 꺾어 굽히기

③ 굽힘력의 계산 및 굽힘 판재의 길이

ⓐ 굽힘 가공력

굽힘 가공에서 필요한 압력은 판재의 두께, 재료 강도, 가공법, 다이의 견폭(걸침 길이)에 따라 달라진다. 가공력이 급격히 변하지 않는 범위에서의 단순 굽힘으로 가정하여 굽힘 모멘트에 의하여 구하면 다음과 같이 계산된다. 마찰을 무시하면 최대 굽힘력 P는 그

림 4.90(a), (b)를 참조하면

$$P = k\frac{bt^2}{W}\sigma_u$$

과 같이 주어진다. 여기서 P는 펀치에 가해지는 굽힘력, b는 판재의 폭, t는 판의 두께, W는 다이의 걸침 길이, σ_u는 판재의 인장 강도이다. 상수 k는 다이견폭과 판의 두께에 대한 보정 계수로서 V형 다이는 1.3, U형 다이는 0.7, 와이핑다이(wiping die)의 경우 0.3을 적용한다.

ⓑ 굽힘 가공시의 판재의 길이

굽힘 가공시 판재의 길이를 구하려면 중립면의 길이를 구하면 된다. 그림 (c)에서 판재 전체 길이 L을 근사값으로 구하려면, 직선부의 길이 a+b에 굽힘부의 길이 x를 더하면 된다.

즉,

$$L = a + b + x = a + b + \frac{2\pi\alpha}{360}(R + kt)$$

여기서, R은 굽힘 반지름, t는 판 두께, α는 굽힘 각도, kt는 중립면까지의 판 두께이다. 이 때, 중립면이 판 두께의 중앙에 있으면 k=0.5이다.

연강의 경우 k는 다음과 같다.

R<2t이면 k=0.35

R>2t이면 k=0.5

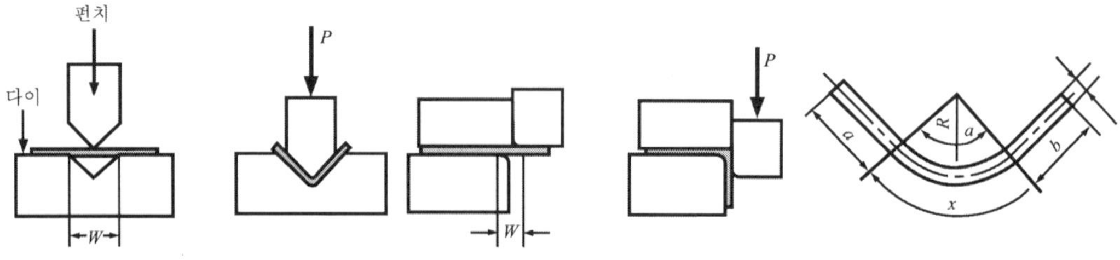

(a) V-다잉 (b) 와이핑 다이 (c)

그림 4.91 V형 굽힘력 및 판재의 길이

④ 스프링백(spring back)

굽힘가공을 완료한 후, 제품을 다이에서 취출할 때, 굽힘각도가 소정의 각도로 되지 않고 그림 4.92에서와 같이 굽힘각의 정밀도가 나지 않는 경우가 있다. 이 현상을 스프링백이라고 하고, 굽힘변형과정을 통해 판재의 각 부위가 받은 변형상태에 따라 탄성변형함으로써 생기는데, 이 되튀김각도가 작을수록 제품의 치수정밀도가 좋아지므로 가공할 때에는 가능한 한 스프링백이 적어지도록 해야 한다. 스프링백 각도는 재료 다이 형상, 치수, 가공형상, 가압력 등에 의해 변화한다.

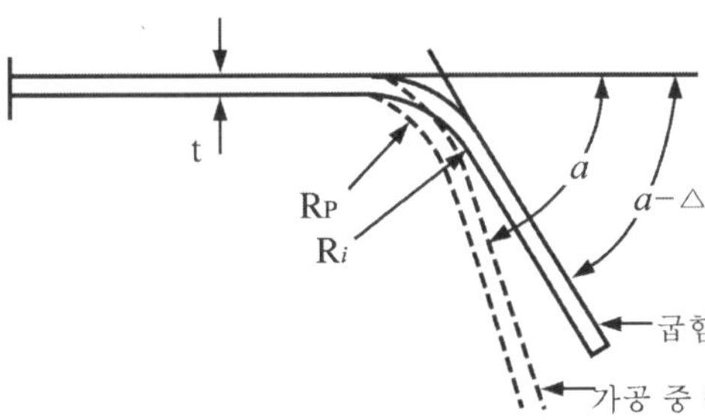

그림 4.92 V굽힘에 있어서의 스프링백

ⓐ 탄성한도가 높은 탄성변형이 크고 가공경화가 현저한 재료일수록 크다.

ⓑ 굽힘반경과 판두께의 비가 클수록 크다.

ⓒ 굽힘각도가 클수록 크다.

ⓓ V굽힘에 있어서 다이스 어깨부의 폭이 너무 넓어지면 굽힘 플랜지부에 팽창이 발생하고 판두께의 8배 이하가 되면, 그리고 펀치 선단부의 반경이 크면 스프링백이 커져서 차이가 생기기 쉬어진다.

스프링백은 평판에서뿐 아니라, 봉재, 각재, 선재 등 어떤 단면을 가지는 소재에서도 일어난다.

스프링백의 정도를 나타내는 척도를 스프링백 비라고 하며, 스프링백 비 Ks는 $\frac{R}{t}$비로 결정된다. 스프링백 비가 K_s=1이면, 스프링백이 일어나지 않는 경우이고, K_s=0이면 자동차의 겹판 스프링에서처럼, 완전한 탄성 계수 E에 따라 결정된다. 즉, 응력 수준이 높고 탄성 계수가 작을수록 탄성 복원량은 커진다.

⑤ 스프링백의 보정

성형 작업에서 스프링백을 보정하는 데는 소재를 약간 과도하게 굽히는 방법을 많이 사용한다(그림 4.93). 요구하는 정도를 얻기 위해서는 몇 번의 시행 오차를 거쳐야 한다. 또다른 방법으로는 펀치 끝과 다이면에서 높은 압축 응력이 걸리도록 굽힘 부위를 압축하는 방법이나 굽힘이 일어나는 동안 소재에 인장이 걸리도록 하는 신장 굽힘을 들 수 있다. 또한, 항복 응력이 작으면 스프링백도 작아지므로, 스프링백을 줄이기 위해 고온에서 굽힘 작업을 하는 수도 있다.

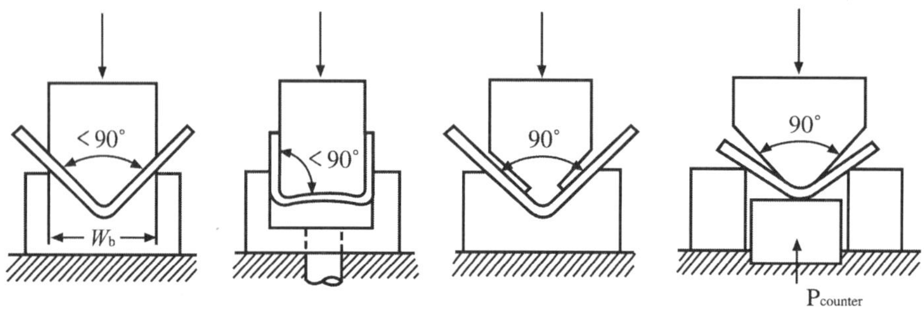

그림 4.93 스프링백의 보정

(8) 드로잉(drawing)

평평한 판재를 사용하여 이음매가 없는 용기를 성형하는 가공법을 드로잉이라 한다. 드로잉 가공은 일상 생활에 쓰이고 있는 일용품으로부터 가전 제품, 자동차, 항공기 등에 이르기까지 넓은 범위에서 이용되고 있다. 그림 4.94는 드로잉 다이의 구조를 나타낸 것이다.

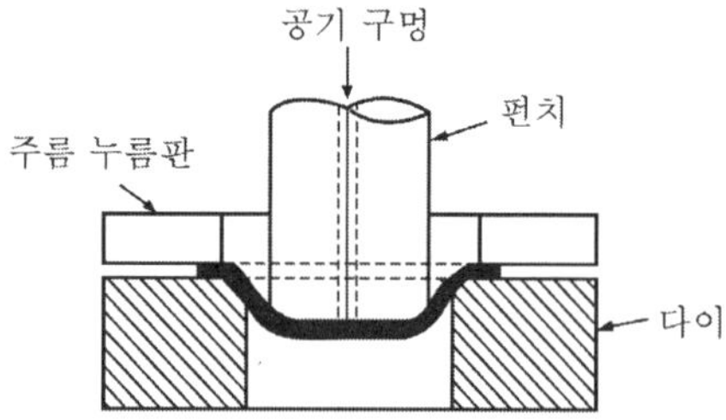

그림 4.94 다이의 구조

① 드로잉 가공의 원리

드로잉 가공은 다이와 펀치 사이에서 성형이 이루어진다. 이 때, 다이의 구멍은 제품의 바깥지름과 거의 같고 펀치의 지름은 제품의 안지름과 거의 같다. 그림 4.95는 성형 과정을 나타낸 것이다.

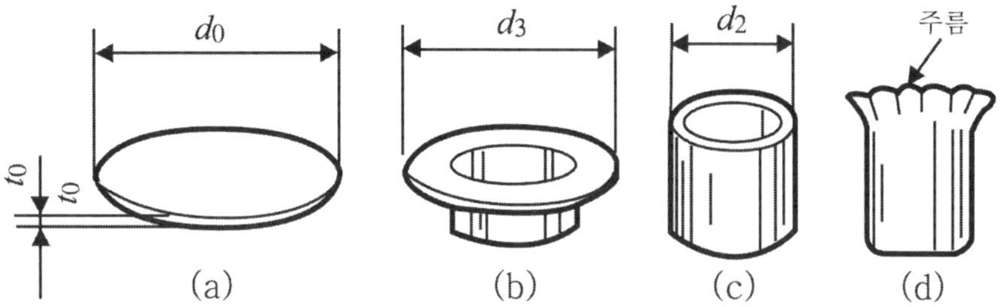

그림 4.95 성형 과정

편치가 다이 사이로 들어가면 소재는 원주 방향으로는 압축되어 줄어들고, 깊이 방향으로는 인장되어 늘어난다. 이 때, 판이 얇을 경우에는 그림 4.95(d)와 같이 주름이 생기므로 그림 4.96의 주름 누름판(blank holder)을 사용하여 이를 방지해야 한다.

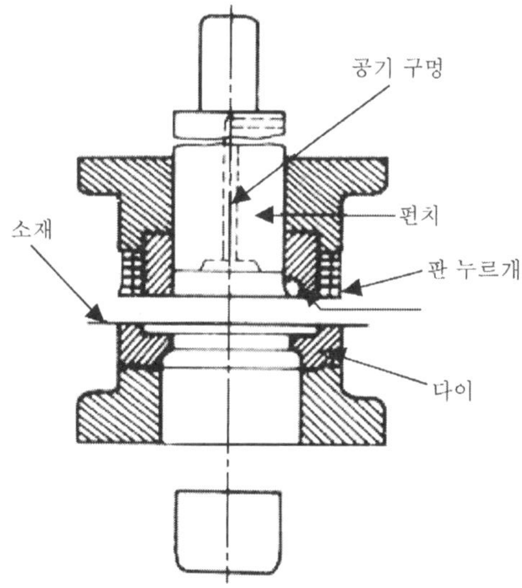

그림 4.96 주름 누름판

ⓐ 드로잉 가공에 필요한 힘

편치를 다이 안으로 삽입하는데 필요한 드로잉의 힘을 P_m이라 하면, 다음 식과 같은 관계가 성립된다.

$$P_m = 3(\sigma_b + \sigma_s)(d_0 - d_i - r_d)t_0 \text{(kgf)}$$

여기서

σ_b : 소재의 인장강도(kgf/mm^2)

σ_s : 소재의 항복응력 (kgf/mm^2)

d_o : 소재의 지름(mm)

d_i : 펀치의 지름(mm)

r_d : 다이 입구 어깨 부분의 반지름 (mm)

t_o : 소재의 처음 두께 (mm)

ⓑ 드로잉률

지름이 같은 재료라도 깊이를 깊게 하려면 소재의 지름이 커져야 하며, 따라서 변형해야 할 부분도 넓어진다. 펀치의 지름 d_i와 소재의 지름 d_o의 비를 m이라 하면, m을 드로잉률이라 하며

$$m = \frac{d_i}{d_o}$$

이다.

표 4.10은 실용 한계 드로잉률을 나타낸 것이다.
원통 용기의 드로잉에 필요한 힘 P는 다음 식으로 나타낸다.

$$P = \pi \cdot d \cdot t \cdot \frac{\sigma_s + \sigma_b}{2}$$

여기서

t : 판의 두께 (mm)

d : 평균 지름 = $\dfrac{\text{다이의 지름} + \text{펀치 지름}}{2}$

σ_s : 소재의 항복점 응력 (kgf/mm^2)

σ_b : 소재의 인장 강도 (kgf/mm^2)

ⓒ 펀치와 다이 사이의 간격

드로잉 가공을 할 때 펀치의 입구 쪽에서는 소재의 두께보다 두껍고 아래로 내려가면서 점점 얇아져 밑면이 가장 얇은 현상으로 나타난다.

펀치와 다이 사이의 틈새가 너무 좁으면 드로잉의 종말에서 펀치력이 커지고, 틈새가 너무 넓으면 원뿔형의 모양이 된다. 이 간격은 가공 방법과 판의 두께에 따라서 달라지게 된다.

ⓓ 소재의 지름

디프 드로잉에 의해 용기를 만드는데, 그 용기의 평면적을 알면 드로잉 전후의 판재 두께의 변화를 무시하고 소재의 지름을 구할 수 있다. 지금 그림 4.97(a)와 같이 바닥 구석이 둥근 경우 소재의 지름이라 하면,

$$D_o = \sqrt{d^2 + 4d(h - 0.43r)}$$

그림 (b)와 같이 용기 밑의 구석이 직각인 경우는

$$D_o = \sqrt{d^2 + 4dh}$$

로 블랭크의 지름을 구할 수 있다.

여기서

d : 용기의 지름(또는 펀치의 지름)(mm)
h : 용기의 높이(mm)
r : 용기의 밑바닥 구석 반지름(mm)

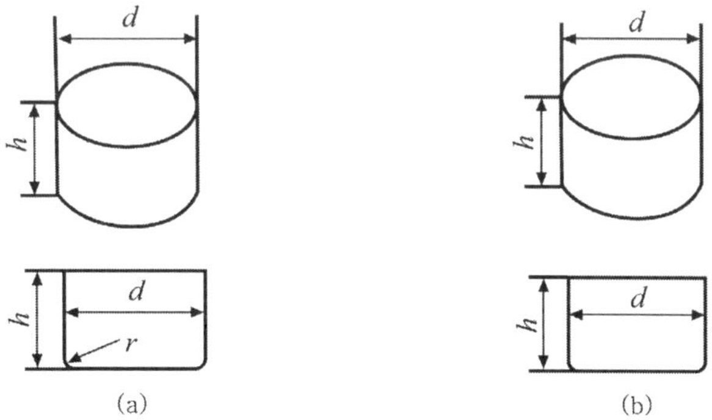

그림 4.97 원통용기

② 드로잉 가공

프레스에 의한 드로잉 작업은 다음과 같다.

ⓐ 커핑(cupping)

그림 4.98(a)와 같이 단일 공정에서 만들어진 제품을 컵 모양으로 한 디이프 드로잉하기 전의 1차 과정의 제품을 만드는 가공을 커핑이라 한다.

ⓑ 디프 드로잉(deep drawing)

그림 4.98(b)와 같이 1차 공정에 의하여 커핑된 것을 다시 디이프 드로잉하여 소재를 성형, 완성시킨다. 디프 드로잉 가공은 다음과 같이 분류된다.

- 직접 디프 드로잉(direct deep drawing)
- 역식 디프 드로잉(inverse deep drawing)

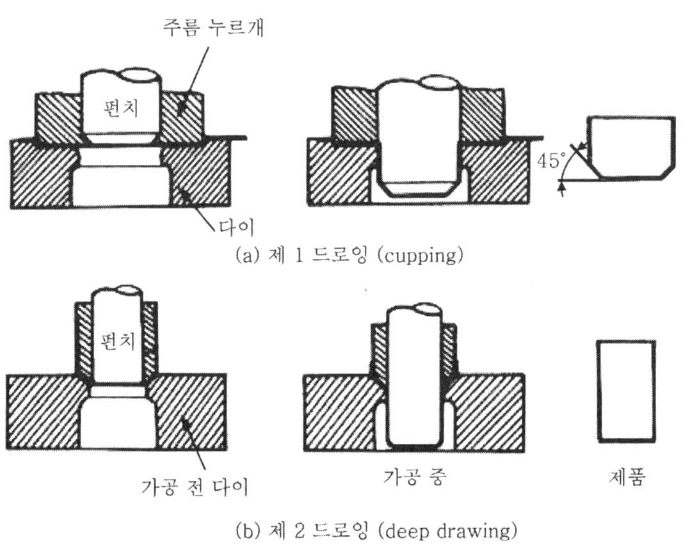

그림 4.98 디프드로잉 가공

역식 디프 드로잉은 그림 4.98과 같이 디프 드로잉으로 가공된 제품의 하부에서 반대로 펀치를 압입하여 가공하는 방식이다. 일반적으로 역식 디프 드로잉 방식보다 직접 드로잉 방식이 많이 사용되고 있다.

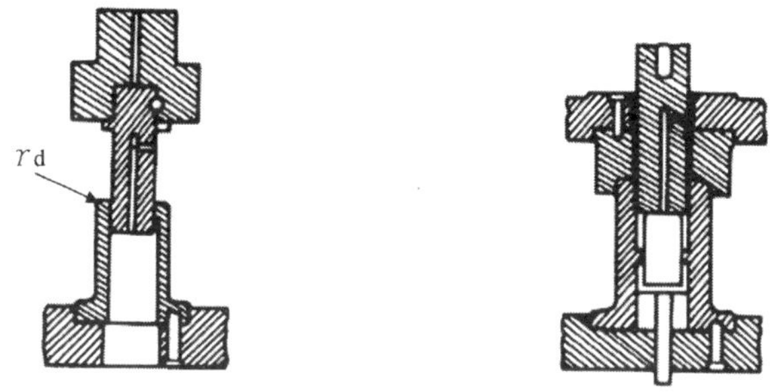

(a) (b)

그림 4.99 역 드로잉

지름에 비해서 두꺼운 용기를 역드로잉하는 경우는 그림 4.99의 (a)와 같이 블랭크 홀더없이 가공하지만, 지름이 크고 얇은 용기의 경우는 그림 4.99(b)와 같이 블랭크 홀더를 설치하여 역드로잉한다.

표 4.10 실용한계 드로잉률

재료	드로잉률	재료	드로잉률
디프드로잉용 동판	0.55~0.60	황동	0.50~0.55
스테인리스강	0.50~0.55	아연	0.65~0.70
도금강판	0.58~0.65	알루미늄	0.53~0.60
구리	0.55~0.60	두랄루민	0.55~0.60

(9) 압축가공

① 압축 가공의 원리

압축 가공은 소재를 다이 사이에 놓고 강한 압축력을 가하여 재료 내에 높은 압축 응력을 발생시켜 소재를 요철 모양의 변형을 주어 성형하는 방법이다.

이 때, 압축력 P는 다음 식으로 주어진다.

$$P = k_c \cdot A$$

여기서

k_c : 압축 변형 저항(kgf/mm^2), A : 단면적(mm^2)

그림 4.100은 가공 상태를 나타낸 것이다.

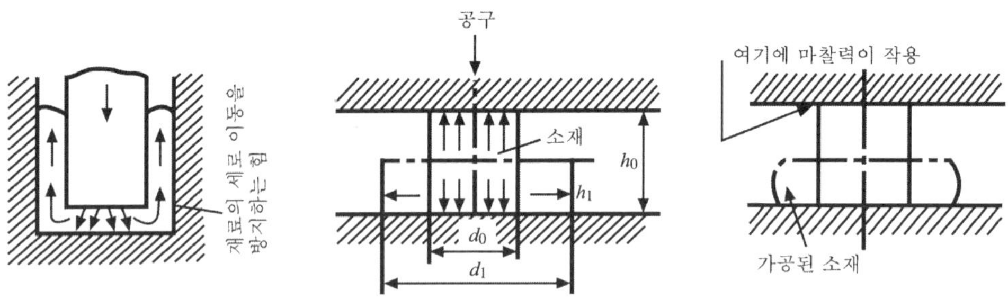

그림 4.100 압축 가공 방법

② 압축 가공의 종류

ⓐ 업세팅(upsetting)

업세팅은 재료의 길이 방향으로 압축력을 가하여 길이를 감소시키고, 길이 방향과 직각 방향으로 재료를 유동시켜 단면을 크게 만드는 성형 가공법이다.

ⓑ 코이닝(압인가공, coining)

코이닝은 조각된 한 쌍의 다이 사이에 소재를 넣고 위 아래의 전면에 압축력을 주어 주화, 메달 및 여러 가지 장식품 등의 모양을 만들면서 두께를 감소시키는 가공방법으로 압인 가공이라고도 한다.

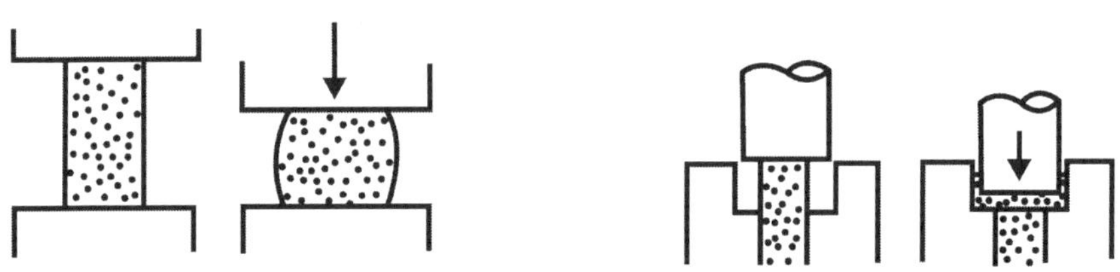

그림 4.101 업세팅

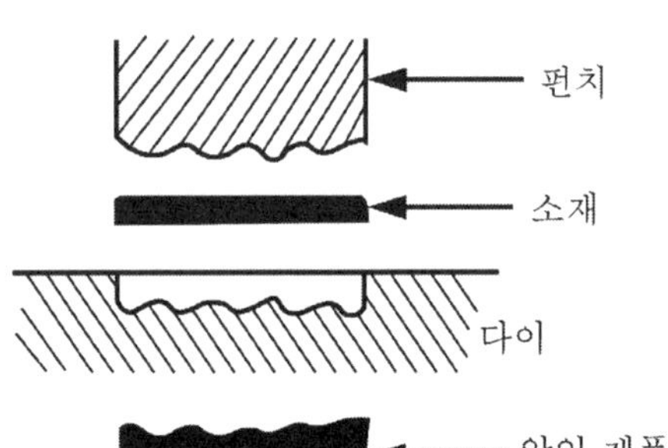

그림 4.102 코이닝

ⓒ 엠보싱(embossing)

엠보싱은 요철이 서로 반대로 되어 있는 한 쌍의 다이 사이에 얇은 판재를 놓고, 압축력을 가하여 제품을 성형 가공하는 방법이다. 그림 4.103은 엠보싱 가공의 보기를 든 것이다. 위 아래 다이가 요철로 되어 있기 때문에 소재의 두께 감소는 없다. 엠보싱과 코이닝의 차이점은 코이닝은 가공 제품의 양면이 서로 다른 모양을 가지지만, 엠보싱 제품은 양면이 같은 모양이고, 한 면이 오목하면 그 뒷면은 볼록 부풀어 오른 모양이 된다.

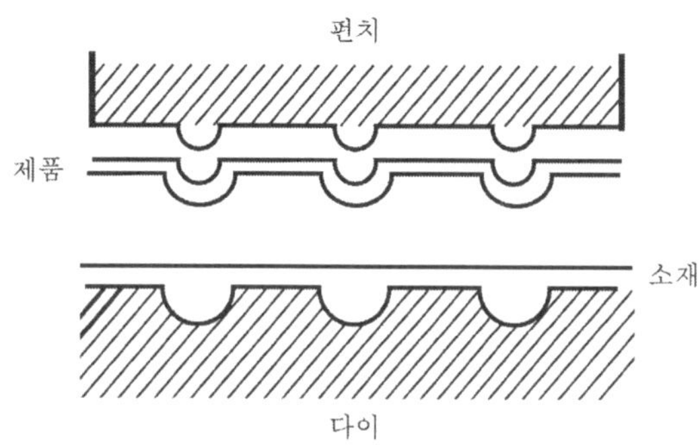

그림 4.103 엠보싱

(10) 특수 성형법(special forming)

① 벌징(bulging)

벌징 가공은 그림 4.104는 같이 원통 용기, 관 등의 내부에 압력을 가하여 소재가 확장되어 형과 같은 모양으로 성형하는 가공이다. 이 때, 사용되는 물체는 공기, 물, 지방, 고무 등이며, 내부로부터 압력을 가하는 장치로서는 방사성으로 분할된 펀치 등이 사용된다.

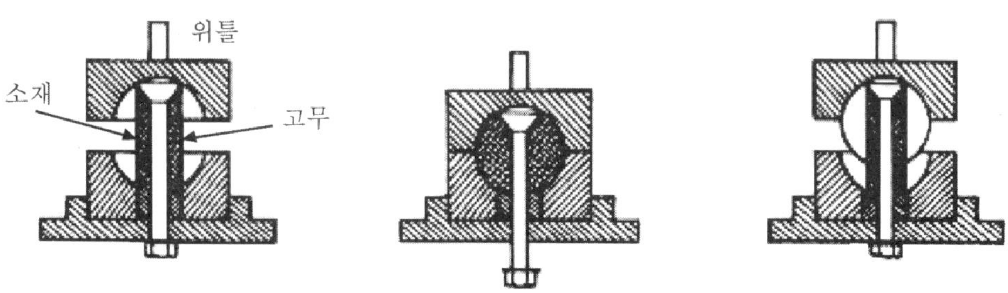

(a) 성형 전 (b) 성형 시 (c) 성형 후

그림 4.104 벌징

② 마포밍법(marforming)

탄성이 풍부하고 유연한 고무 다이를 사용하며 성형 가공하는 방법으로서, 가공시 밀폐된 다이내의 고무는 펀치의 모양과 같은 모양으로 성형되므로 다이의 가공이 필요없고 고무의 특성을 충분히 이용하여 효과적인 성형을 할 수 있다. 형 드로잉보다 더 깊게 가공할 수 있고, 복잡한 형상도 가공이 가능하다.

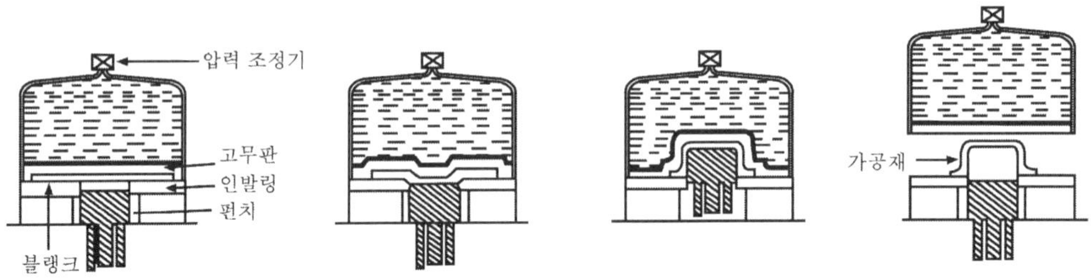

그림 4.105 마포밍법

③ 게링법(guering process)

그림 4.106과 같이 프레스 베드 위에 제품과 같은 형 위에 블랭크를 놓고, 상형틀에 채워진 고무로 누르면 고무의 탄성에 의하여 형 모양으로 성형된다. 이 방법을 게링법이라 한다. 얇은 부품이나 소량 생산에 이용된다.

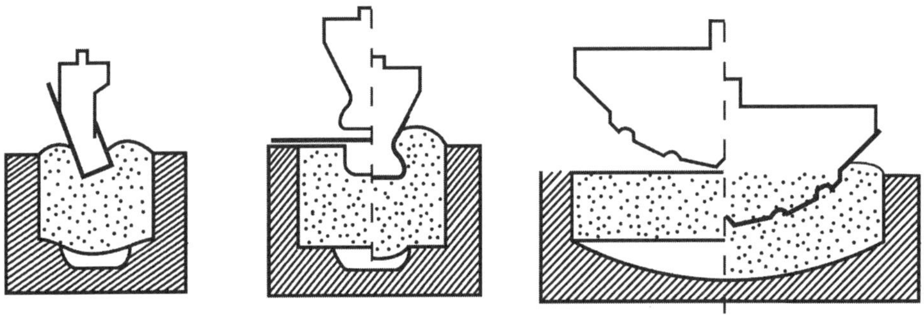

그림 4.106 게링법

④ 하이드로 포밍(hydroforming)

그림 4.107과 같이 마포밍법에 고무 대신 액체를 이용한 방법을 하이드로포밍법이라 한다. 깊은 드로잉이나 복잡한 제품의 성형에 이용된다.

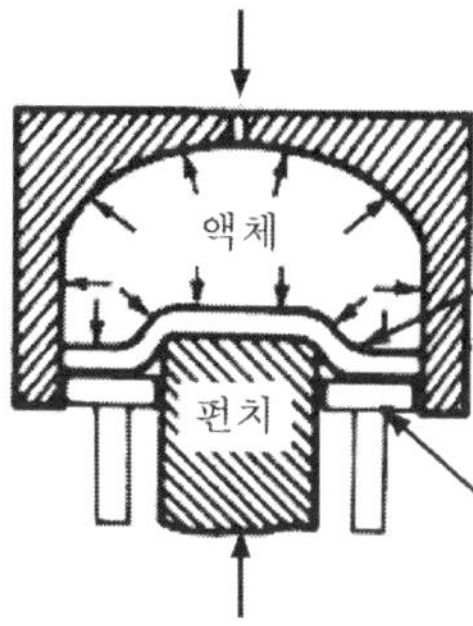

그림 4.107 하이드로 포밍법

⑤ 스피닝(spinning)

스피닝 작업은 선반을 사용하여 판재를 형과 함께 회전시키면서 성형하는 가공법이다.

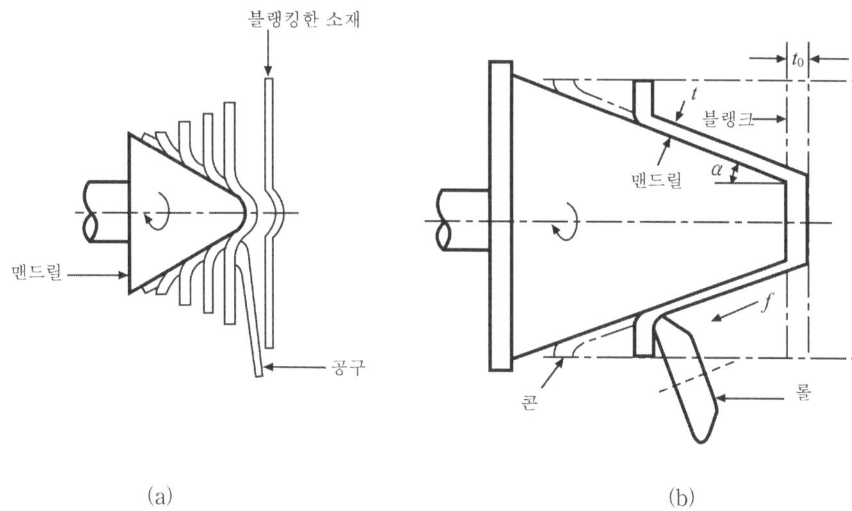

그림 4.108 스피닝

ⓐ 일반 스피닝(conventional spinning)

일반 스피닝은 평판 또는 예비 가공된 원형 판재를 회전하는 맨드릴에 걸고 강체인 공구로 압력을 가하여 맨드릴의 형상대로 가공하는 방법이다. (a) 상당한 숙련도를 요구하며, 다른 가공법으로는 성형하기 불가능하거나, 비경제적인 원추형이나, 곡선 형상 가공에 적합하다. 제품의 지름이 6m인 것도 있다.

ⓑ 전단 스피닝(shear spinning)

전단 스피닝 가공(동력 스피닝, 하이드로 스피닝, 스핀 단조라고도 함.)은 소재의 지름을 일정하게 유지하면서 원추형 및 곡선 형상의 축 대칭 제품을 가공하는 방법으로서, 전형적인 제품으로는 로켓의 모터케이싱과 미사일의 머릿부분(missile nose cone)을 들 수 있다. (b) 최대 3m인 대형 부품도 전단 스피닝으로 정밀하게 가공되며, 재료의 손실없이 비교적 단시간에 작업이 완성된다.

⑥ 폭발 성형법(explosive forning)

폭발 성형법은 그림 4.109와 같이 케이스 속에 다이를 넣고 소정의 판을 그 다이 위에 설치한 후 케이스 내에 장치된 폭약을 일정 거리에서 폭발시켰을 때 발생되는 충격파와 분출되는 가스의 압력에 의해서 성형하는 방법이다.

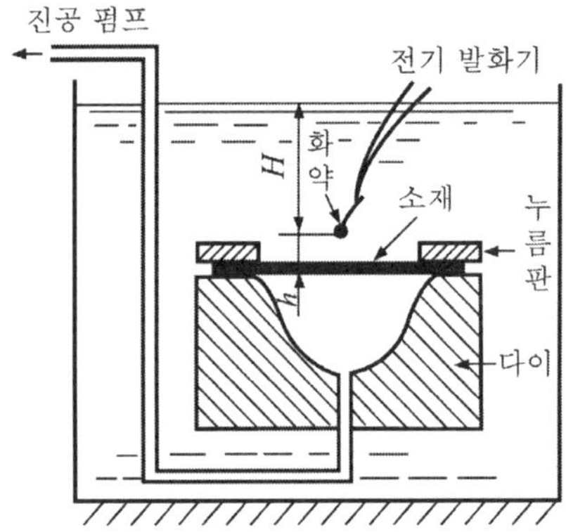

그림 4.109 폭발 성형법

4.6 플라스틱 가공

4.6.1 플라스틱의 개요

20세기는 플라스틱의 시대라고 할 정도로, 플라스틱 제품은 우리의 생활용품과 공산품 재료로서 없어서는 안 될 중요한 재료로 사용되고 있으며, 그 용도도 일용품, 섬유류, 전자 공업 재료, 기계 재료 그리고 접착제에 이르기까지 광범위하다.

종래에 금속 재료로 제조하여 사용하던 기계 구조와 부품용 재료가 플라스틱으로 대체되는 경우가 많아지고 있다. 특히 플라스틱 재료는 강도의 요구도가 그다지 크지 않고 내약품성, 내마멸성, 충격의 흡수 등이 중요시되는 기계 요소용 재료에 사용되는 경우가 많다. 최근에는 우수한 품질의 합성 수지가 개발되어 부품 재료는 물론 구조용 강재의 대용으로 까지 실용화가 이루어지고 있다. 이에 따라 합성 수지 재료인 플라스틱은 각종 기계 재료로 각광을 받으며 그 사용량이 날로 늘어나고 있으며 앞으로도 더욱 늘어나게 될 전망이다.

4.6.2 플라스틱의 종류와 성질

(1) 플라스틱의 종류

합성 수지는 그 특성에 따라 열가소성 수지와 열경화성 수지로 크게 분류하고 있다.

① 열가소성 수지

열가소성 수지(熱可塑性樹脂, thermoplastic resin)는 주로 선 모양의 고분자로 이루어진 것으로서 가열하면 부드럽게 되어 가소성을 나타내므로 여러 가지 모양으로 성형할 수 있다. 냉각되면서 성형된 모양이 그대로 굳게 되는데, 가열하면 다시 유동체(fluid)로 된다. 폴리에틸렌, 폴리염화비닐, 폴리스티렌, 아크릴 수지 등과 같은 고분자 화합물이 여기에 속한다.

② 열경화성 수지

열경화성 수지(熱硬化性樹脂, thermosetting resin)는 액상 또는 분말 형태의 반제품으로 생산되어 가공하는데 경화제를 첨가하거나 가열과 가압하여 비 망상의 거대분자로 된 반제품으로 조밀한 망상으로 이루어진다. 이 것을 가열하면 경화되는 성질을 가지며, 한번 경화시키면 불용융성 물질이 된다.

표 4.11은 플라스틱의 종류와 특성 및 용도를 요약한 것이다.

(2) 플라스틱의 성질

합성 수지는 종류, 합성법에 등에 따라 그 성질도 다르며, 나날이 새로운 성질과 특성이 있는 플라스틱 재료가 개발되어 생산되고 있는데, 일반적인 성질은 다음과 같다.

- ① 가소성이 우수하여 임의의 제품 형성이 가능하여, 성형물의 절삭, 접합 및 표면 처리가 쉽다.
- ② 전기 절연성이 좋다.
- ③ 산, 알칼리, 기름, 약품류에 잘 견딘다.
- ④ 잘 타지는 않으나 금속에 비해 내열성이 떨어진다.
- ⑤ 가볍고 무색 투명하며, 임의로 착색이 가능하다.
- ⑥ 장기간 햇볕을 쬐거나 외기에 접하면 색깔이 변하고 표명이 거칠어져서 경도와 강도가 감소된다.

표 4.11 플라스틱의 종류와 용도

합성 수지명		특징	용도
열경화성 수지	페놀수지	전기절연성, 강도 내열성이 양호(알칼리에 약한)	전기기기, 통신기기, 기계부품, 도료접착제
	멜라닌수지	경도가 높고 내수성이 좋다.	화장판, 식기, 전기부품, 종이, 섬유가공, 도료
	디알린푸탈레이트수지	저압성형이 가능, 전기절연성, 안정성, 내열성 양호(다소 비싸다)	전기절연재료, 화장판
	에폭시수지	금속이나 무기 물질과의 접촉성 양호, 전기절연성, 내약품성 양호	접착제, 도료, 전기절연재료, 유리섬유, 강화 플라스틱
	규소수지	전기 절연성, 내열성, 방수성 양호, 액상, 고무상, 수지상 등(비싸다)	전기절연재료, 윤활유, 이형제(離型劑), 도료
	염화비닐수지	내약품성, 전기절약성 양호(내열성 약함, 연소에 의해 염화수소 가스 발생)	포장용, 농업용, 필림, 전선피복, 관(管)이음
	염화비닐리덴수지	염화비닐수지보다 내열성, 내약품성 양호, 습기나 기체가 통하기 어렵다.	식품포장용 필름, 섬유
열가소성 수지	폴리스티렌	무색투명, 전기절연성, 내약품성, 내유성 양호	잡화, 완구, 식탁용품, 전기부품, 포장 단열 발포품
	ABS수지	강인, 광택양호, 내약품성, 내유성양호	전기기기 하우징, 자동차부품, 포장단열용 발포품
	폴리에틸렌	가볍고 유연, 전기절연성, 내약품성, 내수성 양호(인쇄, 접착성이 나쁘다)	포장, 농업용 필름, 병, 전기절연 재료, 잡화 운반상자
	불소수지	내약품성, 내마모성, 열안정성, 전기절연성 양호(비싸다)	전기절연재료, 내약품재료 축받이
	폴리아미드	강인, 내유성, 내마멸성 양호(흡수성이 높다)	디스플레이, 방풍유리, 조명기구, 잡화
	폴리아세탈	폴리아미드와 비슷한 성질, 내크립성, 내용제성 양호 (분해시 포르말린 냄새 발생)	차차, 축받이, 자동차부품, 사무기기 부품
	폴리카보네이트	강인, 전기적 성질, 내열성, 내한성, 내후성이 좋고 투명	전기부품, 기계부품, 잡화, 창유리, 포장필름

참고사항

◉ 플라스틱의 기계적 성질

표 4.12(a),(b) 는 플라스틱의 기계적 성질을 나타낸 것이다.

◉ 플라스틱의 사용온도

표 4.13은 플라스틱의 사용 온도 범위를 나타낸 것이다.

표 4.12(a) 플라스틱의 기계적 성질

종류		인장강도 [kgf/cm^2]	연신율 [%]	압축강도 [kgf/cm^2]	경도 [HB]
열가소성 수지	폴리에틸렌	11~130	200~550	-	R11
	폴리스틸렌	350~630	1~3.6	800~1,100	M65~90
	폴리염화비닐(경질)	350~630	2~40	550~900	D70~90(H.S)
	폴리염화비닐(연질)	70~250	200~400	70~250	-
	폴리염화비닐리덴	210~350	<250	140~190	M50~65
	폴리아미드(나일론)	490~770	90	500~900	R111~118
	아트릴 수지	490~630	3~10	850~1,250	M85~105
	폴리테트라플루오르에틸렌	110~210	100~200	120	D50~65(H.S)
	폴리크로트리플루오르에틸렌	400	35~100	2,250~5,600	R11~115
열경화성 수지	페놀수지	470~560	1.0~1.5	700~2,100	M124~128
	효소수지	420~910	0.5~1.0	1,750~2,450	M115~120
	멜라민수지	420~910	0.6~0.9	1,750~3,000	M110~125
	실리콘수지	130~300	-	1,100~1,700	M89
	폴리에스테르(경질)	420~700	<5	900~2,550	M70~115

표 4.12(b) 각종 복합 재료와 금속 재료의 기계적 성질 비교

항목 / 재료	밀도 [g/cm^2]	인장강도 [kgf/mm^2]	비강도 [10^5cm]	인장탄성률 [kgf/mm^2]	비탄성률 [10^5cm]
탄소 섬유/에폭시수지	1.5	140	9.3	13,000	8.7
보론 섬유/에폭시수지	2.1	140	6.7	21,000	10.0
KEVIAR-49/에폭시수지	1.4	140	10.0	8,000	5.7
유리섬유/에폭시수지	2.0	140	7.0	5,600	2.8
고장력강(鋼)	7.9	180	2.3	21,000	2.7
알루미늄합금	2.8	50	1.7	7,500	2.7
티타늄합금	4.4	100	2.2	11,000	2.5

표 4.13 플라스틱의 사용 온도 범위

플라스틱종류	사용온도[℃]
폴리에틸렌	70
폴리염화비닐	80
나일론	140
멜라민	100
에폭시	150

4.6.3 플라스틱 가공법

열가소성 수지는 가열하면 연화되고, 냉각하면 다시 굳어지는 성질을 이용하면 여러 가지 형태로 쉽게 가공할 수 있으나, 일단 굳어진 열경화성 수지는 다시 재생하기 어렵다. 그러므로, 열가소성 수지의 가공 방법과 열경화성 수지의 가공 방법은 다르다. 넓은 의미에서 플라스틱 가공은 판재나 봉재 등을 사용하여 자르거나 구브려 붙이는 등의 가공 방법과 플라스틱 원료를 금형이나 컨테이너에서 가열하여 사출·압축 등의 방법으로 성형하는 가공이 포함된다.

(1) 성형가공법

일반적으로 플라스틱 성형가공법에는 압축성형(compression molding), 이송성형(transfer molding), 사출성형(injection molding), 압출성형(extrusion molding), 블로성형(blow molding) 등이 있다.

① 압축성형

분말 또는 입상(粒狀, Pellet)의 재료를 그림 4.109와 같이 금형에 넣고 적당한 온도로 가열하여 압축성형하는 방법을 압축성형법(壓縮成形法, compression molding)이라 한다. 열경화 수지를 금형 속에 넣고 가열하던 온도가 상승함에 따라 유동성을 가지게 되며, 성형할 수 있는 상태가 되면 가압해서 성형한다. 성형 후 경화가 시작되어 완전 고화되면 성형이 끝난다. 이 때의 성형 온도와 압력은 성형 재료에 따라 다르나, 150℃ 정도에서 성형된다.

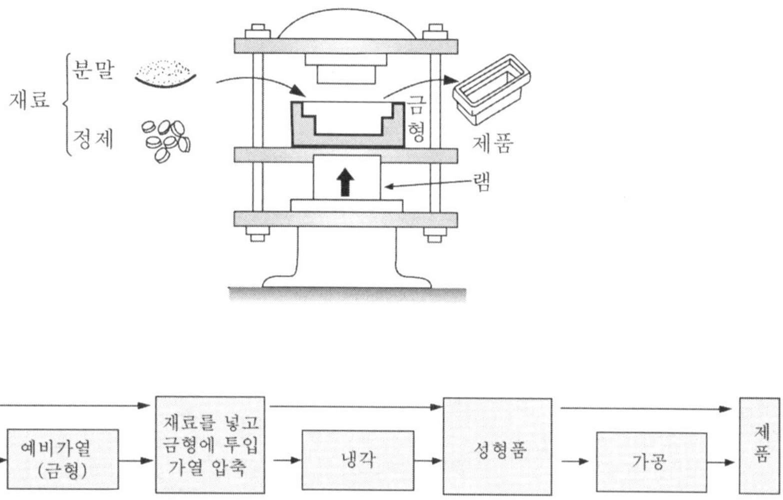

그림 4.110 압축성형법

열가소성 재료를 압축, 성형할 때에는 성형이 되었으면 금형을 식힌 다음, 압력을 제거해야 한다. 그러나 열경화성 재료일 때에는 금형을 식히지 않아도 경화되므로 경화 반응이 끝나면 수압 플런저를 내려 성형품을 꺼낸다. 성형품이 금형에서 잘 떨어지게 하기 위하여 금형 표면에 실리콘유 등의 이형제를 바른다.

② 이송성형

이송성형법(移送成形法, transfer molding)은 예열 가소화된 재료를 그림 4-110과 같이 금형의 트랜스퍼 포트에 공급하고, 이것을 플랜저로 가압하여 폐쇄된 금형에 주입시켜 성형하는 방법이다. 이 방법에 의하면 압축성형법에 비해 압력이 1/3정도이고 성형 시간도 짧으며, 섬세하고 복잡한 모양도 성형할 수 있다.

수지는 잠재적으로 반응성을 가지고 있으므로, 가열과 압력을 정확하게 유지하는 것이 매우 중요하다. 만약 가열과 압력이 너무 낮아지면 유동성이 저하되며, 반대로 가열과 압력이 지나치면 수지가 금형의 구석구석에 들어가기 전에 굳어져 완전한 제품을 얻을 수 없게 되고, 심하면 예열실 안에서 굳게 되어 기계 고장의 원인이 된다.

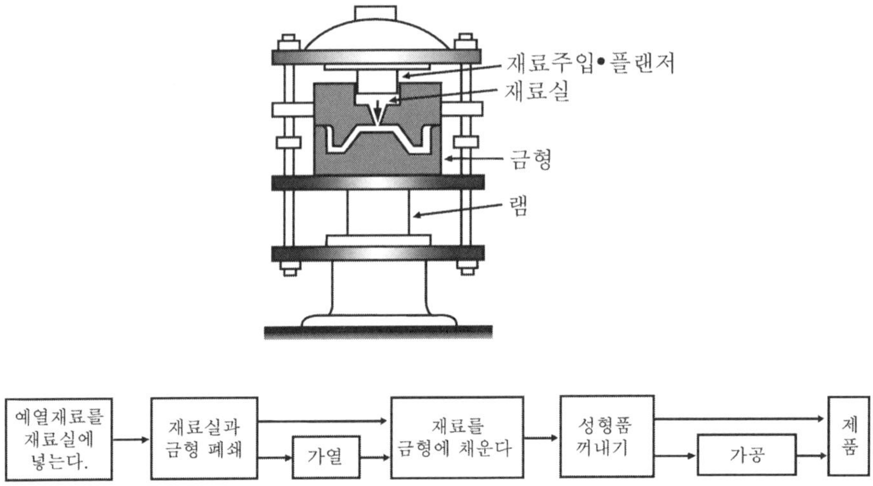

그림 4.111 트랜스퍼 성형법

③ 적층성형

얇은 플라스틱과 종이, 직물, 매트등을 서로 겹쳐 놓은 상태에서 가열, 가압 경화시켜 단일체로 성형하는 방법을 적층성형(積層成形)이라 한다. 이 때에 가해지는 압력에 따라 저압적층은 50kg/cm^{2}이하에서, 보통적층은 50 ~ 100kg/cm^2, 고압적층은 100 ~ 300kg/cm^{2}에서 성형하는 경우를 말하며, 페놀수지, 멜라민 수지 등과 같은 축압형의 수지를 사용한 경우에 적용된다.

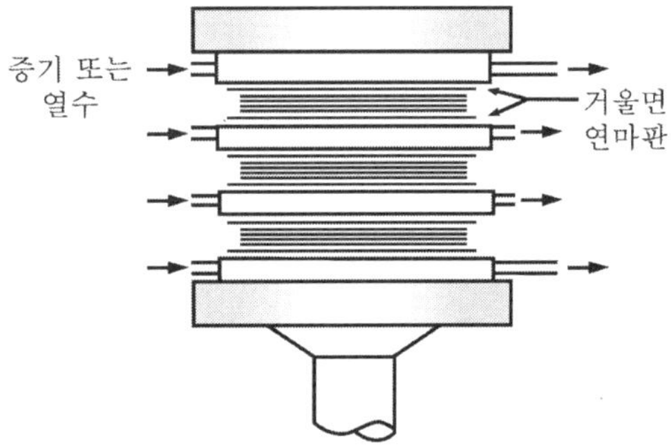

그림 4.112 적층판의 성형

유리섬유 매트나 직물을 사용하여 성형하는 강화 플라스틱은 저압적층의 대표적인 성형법이다. 적층성형에서는 적층판, 화장판, 기어, 베어링, 안전모 등을 만들며 각각 적합한 성형법이 사용된다.

그림 4.112는 여러 종류의 소재를 프레스에 쌓아 놓은 상태에서 가열, 가압 성형하는 작업을 하는 작업을 보여준다.

④ 사출성형

사출성형법(射出成形法, injection molding)은 열가소성 수지의 성형에 많이 사용되고 있는 대표적인 성형법으로, 입상(粒狀)의 재료를 호퍼(補給器, hopper)에 넣고, 일정량을 가열통에 보내고, 가열 후 금형에 사충하여 성형하는 방법이다.

요즈음에는 성형조건의 설정과 관리를 컴퓨터를 이용한 프로그램에 의해 전자동으로 고품질의 제품을 성형할 수 있으며, 열경화성 수지도 성형할 수 있다. 연속 성형주기는 10~30초로 짧아서, 제품을 능률적으로 대량 생산이 가능한 성형법이다.

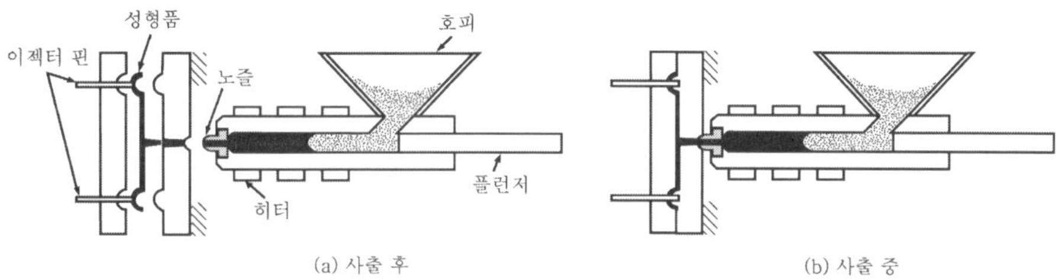

그림 4.113 플런저형 사출성형기의 구조

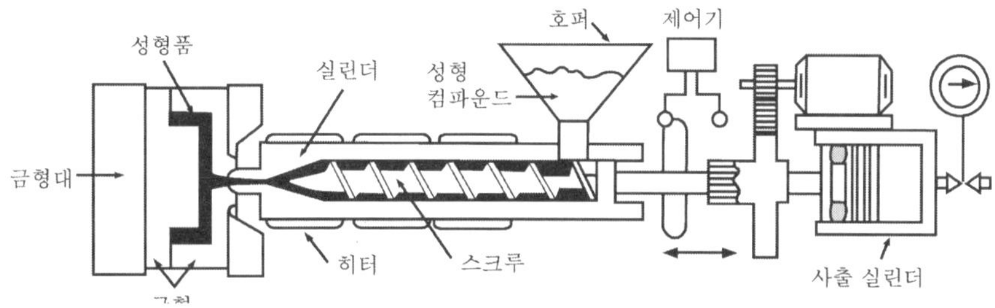

그림 4.114 스크류형 사출성형기의 구조

그림 4.115는 사출성형의 과정에서 열경화성 수지를 보기로 재료의 온도 변화를 나타낸 것이다. 사출성형은 작은 제품에서 텔레비전이나 라디오 케이스, 냉장고의 문 등과 같이 큰 제품의 성형에 적용할 수 있다.

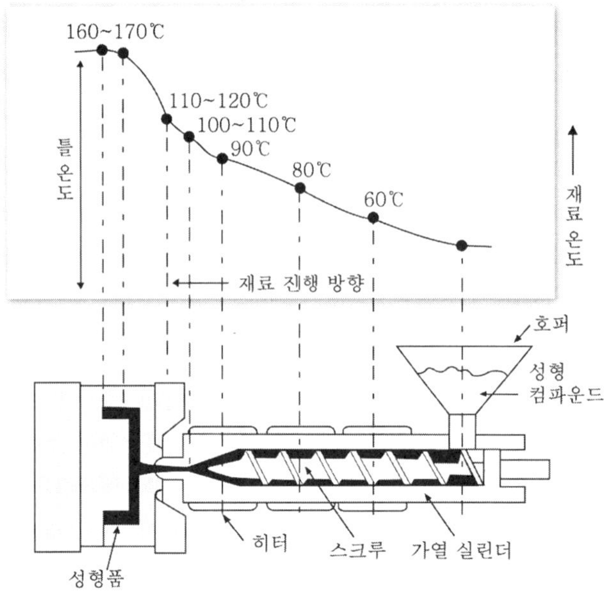

그림 4.115 사출성형과정에서 재료의 온도변화(열경화성수지)

⑤ 압출성형

압출성형(押出成形, extrusion molding)은 압출기에서 가열, 연화한 열가소성 플라스틱을 압출시켜 다이의 구멍 모양과 같은 단면을 갖고 있는 파이프, 시트, 피복 전선 등과 같은 제품을 연속적으로 제조하는 가공법이다.

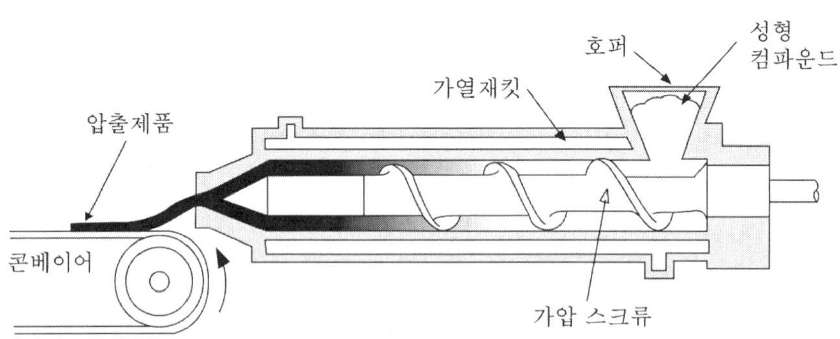

그림 4.116 압출성형기의 구조

(2) 플라스틱의 특수성형법

① 블로성형

블로성형(blow molding, blow forming)이란, 압출과 사출성형을 병용한 것으로, 우선 길이가 짧고 가는 관상(管狀)의 패리슨(parison)을 압출 또는 사출하고, 이 중간 제품인 관상의 성형품을 다이 속에 넣고 가열한 후 그 속에 공기를 불어 넣어 속이 빈 제품을 만드는 성형법이다.

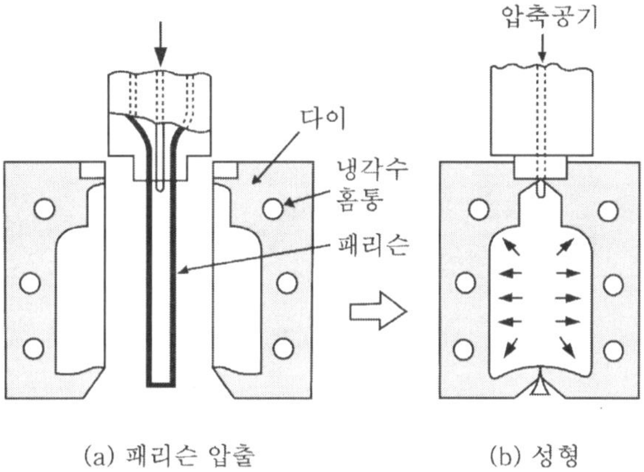

그림 4.117 압출·블로 성형법

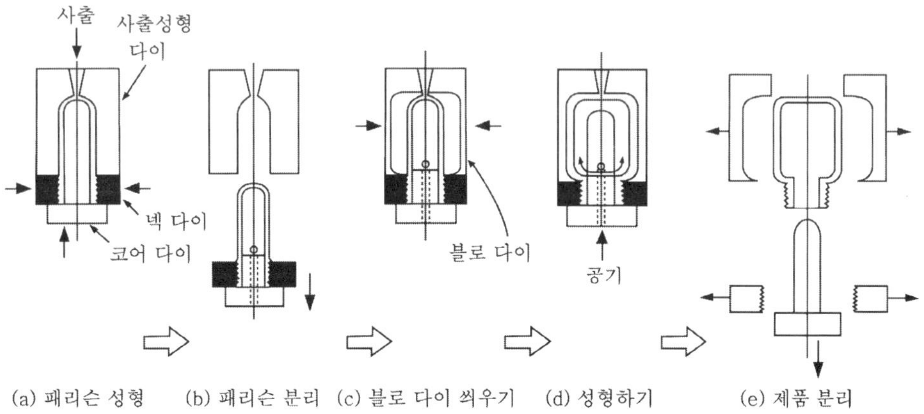

그림 4.118 사출·블로 성형 공정

② 강화 플라스틱의 성형

플라스틱의 성질을 보완 개선하기 위한 방법으로, 열경화성 수지뿐만 아니라 열가소성 수지에도 유리섬유, 카본섬유, 면 등을 조합한 강화 플라스틱인 FRP(fiber reinforced plastics) 제품이 성형가공되고 있다.

ⓐ 핸드레이업 성형법 : 오목 또는 볼록형인 단일형을 사용하며 수작업으로 제품을 만드는데, 그림 4.119(a)와 같이 소재를 형의 표면에 놓고 그 위에서 수지를 묻힌 핸드레이업용 롤로 표면에 문질러 발라 수지를 기재에 함침시키면서 목적한 두께가 될 때까지 이 조작을 되풀이 하여 성형하는 방법을 핸드 레이업 성형(hand ray-up forming)이라 한다. 보강재로서는 유리섬유 매트가 주로 사용되는데 요구되는 제품의 강도에 따라서 여러 가지 직물도 사용되고, 필요에 따라서 매트와 직물의 혼성구조로 하는 경우도 있다.

ⓑ 스프레이업 성형 : 스프레이업 성형(spray-up forming)은 성형현장에서 금형의 형면(型面)상에 수지와 함께 스프레이하는 방식이며 스프레이한 다음에는 롤로 표면을 평활하게 한다. 그림 4.119(b)는 스프레이업법의 원리로, 섬유 유리와 수지를 스프레이 건(spray gun)으로 다이에 뿌려서 성형하는 방법이다. 보트 및 대형 제품의 성형에 이용된다.

ⓒ 레진 인젝트 성형 : 레진 인젝트 성형(resin injection forming)은 FRP로 자웅(雌雄) 한쌍의 형을 만들고 유리섬유를 형 속에 넣어 형을 닫아 클램프한 다음 수지와 촉매의 혼합물인 수지액을 주입구로 고속 주입하여 경화한다. 이 방법은 생산성이 좋고, 성형품의 양면이 모두 매끄러운 특징이 있으며, 중간 정도 크기의 제품 양산에 적합한 가공법이다.

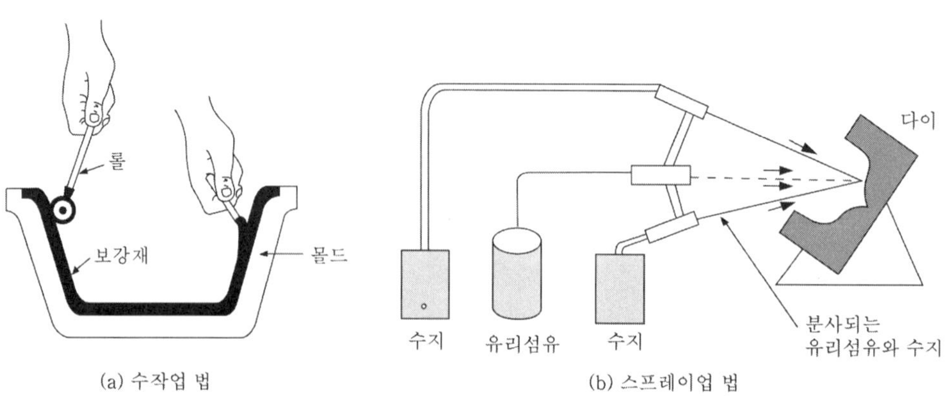

그림 4.119 강화플라스틱 성형법

③ 열성형

열성형(熱成形)이란 열가소성 수지인 시트 또는 판재에 열을 가하여 연화시킨 상태에서 외력을 가하여 성형하는 방법으로, 단순 굽힘가공과 복잡한 곡면 성형법이 있다.

굽힘가공은 그림 4.120과 같이 히터를 가열한 다음 시트의 굽힘부에 접촉시키면 소재가 가열, 연화하여 꺾어 굽힌다. 복잡한 공면의 성형에는 자유취입성형, 진공성형, 압공성형, 프레스 성형 등이 있다.

ⓐ 자유취입성형

그림 4.121과 같이 가열한 시트의 주변부를 고정하고 밀폐된 상태에서 압축 공기를 안으로 붙어 넣어 자유로이 팽창시켜 반구상의 성형품을 얻는 성형법이다. 주로 아크릴수지 시트에 이용되고 있으며, 조형, 기구, 디스플레이, 방진 마스크 등이 이 방법으로 만들어지고 있다.

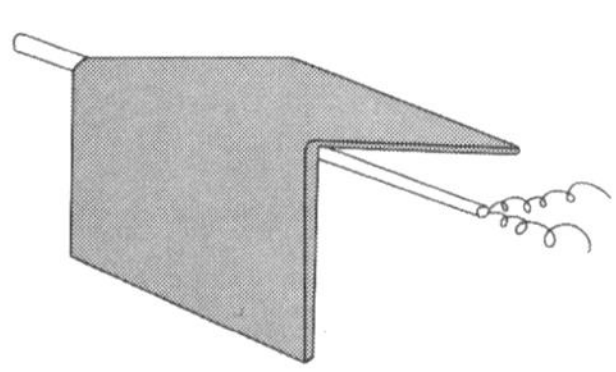

그림 4.120 단곡면의 굽힘 가공

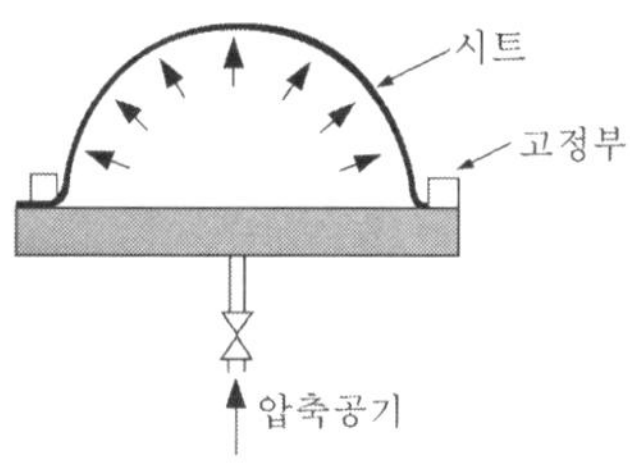

그림 4.121 열가소성 수시 시트의 자유취입 성형

ⓑ 진공성형

진공성형(眞空成形)은 1차 가공으로 제조된 플라스틱 판재를 다이 위에 고정한 다음, 소재를 가열 연화시킨 다음 다이의 공간을 진공상태로 하여 소재가 다이에 밀착한 상태에서, 성형이 완료되면 분리하는 방법이다. 이 성형법은 작업이 간단하고, 진공성형법은 아이스크림 용기와 같은 작은 용기에서부터, 욕조, 냉장고의 내장품, 간판 등과 같은 대형 성형품도 만들 수 있다.

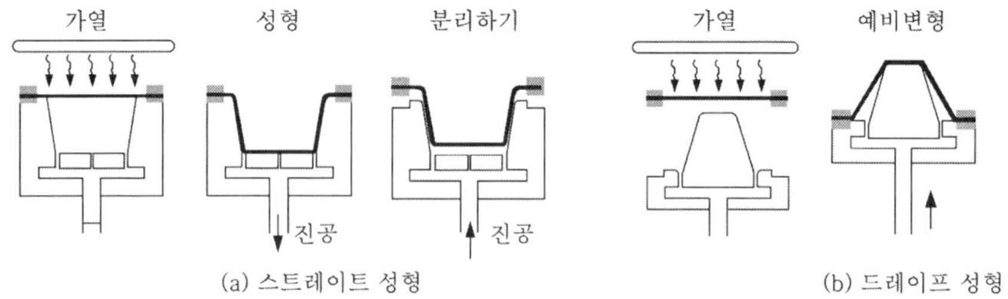

그림 4.122 각종 진공 성형법

ⓒ 압공성형

시트를 형의 위에서 압축공기로 압착시켜 가공하는 방법을 압공성형이라고 한다. 압축공기가 사용되므로 진공성형에 비하여 성형압력이 높아지고 형에 따라 세밀한 성형품을 얻을 수 있으므로 각종 용기와 소형 성형품의 제조에 이용되고 있다.

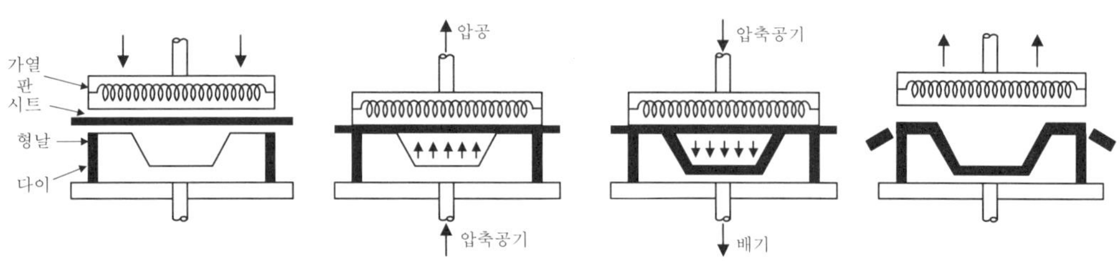

그림 4.123 압공 성형 공정

제 5 장 열처리(Heat Treatment)

5.1 열처리의 개요

열처리(heat treatment)라 함은 금속을 적당한 온도를 가열 및 냉각시켜 사용 목적에 적합한 성질로 개선하는 것을 말한다.

열처리의 기원은 정확히 알 수 없지만 철을 가열하여 물이나 기름에 담금질함에 의해 철을 단단하게 만들었던 철기시대일 것으로 추측된다 그 후 1886년 Henry C. Sorby가 그의 미세조직 연구에서 금속재료의 조직을 조성과 처리조건 그리고 기계적, 물리적 특성과 상호 관련시킴으로서 얻어진 과학적인 유용한 정보를 영국에서 출판하였을 때까지 수세기 동안 열처리는 숙련공들에 의해 경험적으로 실행되어 왔다. Sorby와 그의 제자들의 혁신적인 연구가 이러한 분야의 연구에 자극을 주어 야금학을 오늘날의 과학으로 발전시키는데 일익을 담당하였다. 따라서, 오늘날의 열처리과정은 잘 알려져 있는 원칙에 근거를 두고 있으며 종종 정교한 장치와 제어기술과도 연계된다.

일반적으로 열처리 기술은 제조 공정의 최종 단계에서 실시하여 각종 재료로 만들어진 각종 부품 및 제품의 내마모성, 내충격성, 내구성, 유연성 등을 향상시키는 중요한 역할을 한다. 따라서, 열처리 기술은 기계 공업, 자동차 공업, 전기·전자 공업 등 중 산업의 발전에 근간이 되고 있으며, 관련 부품 및 제품의 품질과 성능, 원가 등에 큰 영향을 미치는 생산 기반 기술이다.

5.2 열처리의 종류(classifications)

열처리는 다음과 같은 열처리 방법이 적용된다.

(1) 담금질(quenching)

급랭시켜 재질을 경화한다.

(2) 뜨임(tempering)

담금질하여 재료에 인성을 갖게 한다.

(3) 풀림(annealing)

재료를 연하게 하고 내부 응력을 제거하여 재질을 균질하게 한다.

(4) 불림(narmalizing)

재료를 균질하게 하여 표준화시킨다.

(5) 표면 열처리(surface hardening treatment)

재료의 표면 성질을 개선하는 방법

5.3 열처리 방법의 예

그림 5.1은 탄소강소재를 담금질할 때의 방법을 나타낸 것으로서 적당한 형상의 탄소강 소재를 약 800℃로 일정시간 가열 후 10~30℃의 물속에 담금질한다.

이때 담금질에 의한 변형을 방지하려면 다음과 같은 사항에 유의하여야 한다.

(1) 열처리할 소재를 액중에 가라앉게 하지 말 것
(2) 가열된 소재를 냉각액 중에서 급격히 흔들 것
(3) 소재를 대칭되는 축 방향으로 냉각액 중에 넣을 것.(축은 수직으로, 기어류(gear)는 수평으로 급랭시킬 것)
(4) 스핀들(spindle)과 같은 중공 물품은 구멍을 막고 작업할 것
(5) 복잡한 형상, 두꺼운 이형 단면의 소재는 최대 단면 부분이 먼저 냉각액에 닿도록 할 것 등이다.

(a) 정확한 방법 (b) 불량한 방법

그림 5.1 담금질 방법의 예

5.4 열처리 설비

열처리에 필요한 설비에는 다음과 같은 가열로, 냉각 장치 및 고온계 등이 있다.

5.4.1 가열로(heat trreatment furnace)

널리 사용되는 가열로를 구조상으로 분류하면 다음과 같으며 사용연료로는 석탄, 코크스, 가스, 중유 및 전기 등을 사용한다.

(1) 담금질, 뜨임, 불림용

머플로(그림 5.2), 전기 저항로(그림 5.4) 연속 가열로, 염욕로(그림 5.5) 등

(2) 풀림용

반사로(그림 5.3)

◎ **가열로의 구비조건**

ⓐ 온도 조절이 용이하여야 한다.

ⓑ 노 내의 온도 분포가 균일해야 한다

ⓒ 간접 가열에 의해 산화 및 탈탄 등이 없어야 한다.

5.4.2 염욕로(salt bath)

열처리 중 공기중의 산소와 재료의 표면이 접함으로서 표면의 산화 및 탈탄 등을 제거할 목적으로 각종 염을 용융하여 유지하며 이를 이용하여 가열하는 열처리로이다. 이러한 염욕로의 특징은 아래와 같다.(그림 5.5 참조)

(1) 가열로의 산화 및 탈탄 등이 방지된다.

(2) 전극의 간격 조절로 온도 조절이 용이하다.

(3) 균일하게 가열되어 변형이나 균열의 가능성이 없다.

(4) 대류 및 복사에 의한 가열보다 4~5배 빨리 가열된다.

(5) 노의 설비비가 적다.

표 5.1은 염욕로의 온도 범위에 따른 용도이다.

표 5.1 염욕로의 적용 범위

조성	용융점(℃)	적용 온도(℃)	용도
22% $NaNO_3$+78% KNO_3	254	<550	뜨임용
60% $BaCl_2$+40% KCl	660	550~950	탄소강 담금질용
70% $BaCl_2$+30% $Na_2B_4O_7$	940	1100~1300	고속도강 담금질용

5.4.3 냉각 장치(quenching equipment)

냉각 속도가 빠를수록 열처리 효과는 크다. 냉각액 중 중요한 것은 물과 기름이며, 물이 가장 널리 사용된다. 온도를 조정하면 여러 가지 목적을 달성할 수 있다. 일반적으로 사용되는 냉각액의 냉각 효과가 적은 것부터 나열하면 기름, 물, 소금물, 묽은 황산 용액 등이나 온도를 조절하면 여러 가지 목적에 사용할 수 있다. 냉각액은 항상 일정한 온도를 유지하도록 하기 위하여 각종의 사용 목적에 따라 특수 설비를 하여야 하며 가능하면 냉각조(cooling tank)를 크게 하고 냉각액을 잘 순환할 수 있게 하여 온도를 일정하게 유지하는 것이 좋다.

5.4.4 고온계(pyrometer)

열처리에서 가장 중요한 것은 열처리 로의 온도 측정으로 열을 잘 관리하는 것이라 할 수 있다. 따라서 열처리 노내의 온도 측정을 위하여서는 각종 온도 측정 장치를 사용한다.

가장 일반적으로 사용하는 온도 계기로서는 전기 저항식 온도계 및 열전대식 온도계 등이 있으나 일반적으로 열전대식 고온계가 사용되며 2개의 상이한 금속을 접합하였을 때 그 접점에서 발생하는 기전력에 의하여 온도를 측정한다.

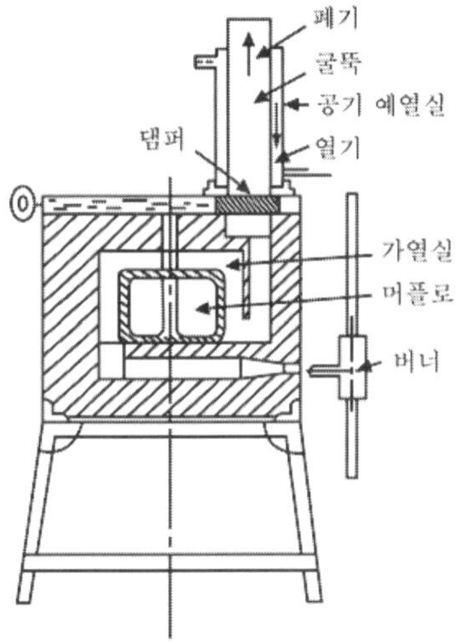

그림 5.2 머플식 가스로

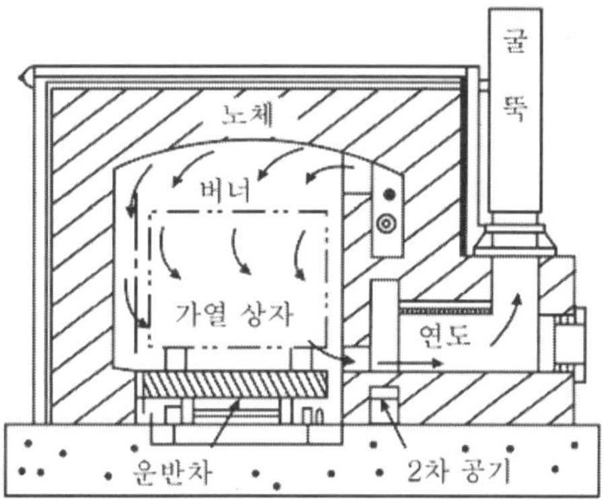

그림 5.3 반사로

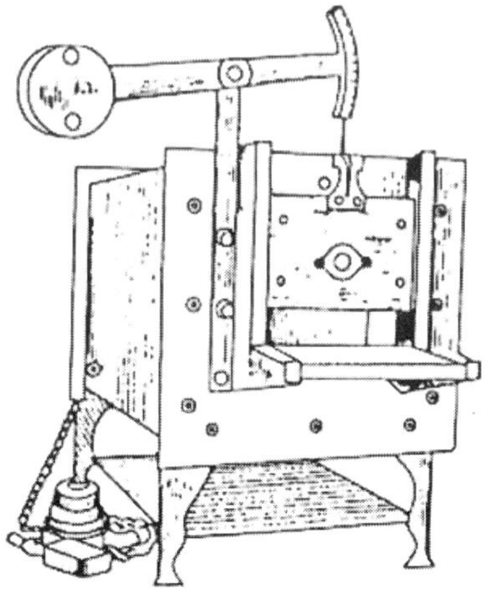
그림 5.4 전기저항 머플로

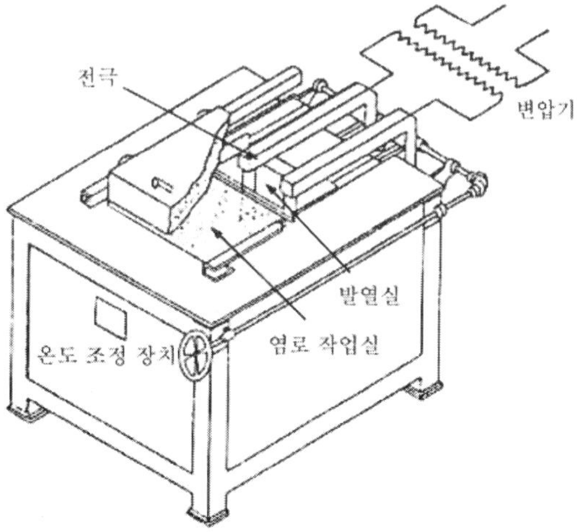

그림 5.5 전기 저항 염욕로

5.4.5. 열처리 공장의 시설의 예

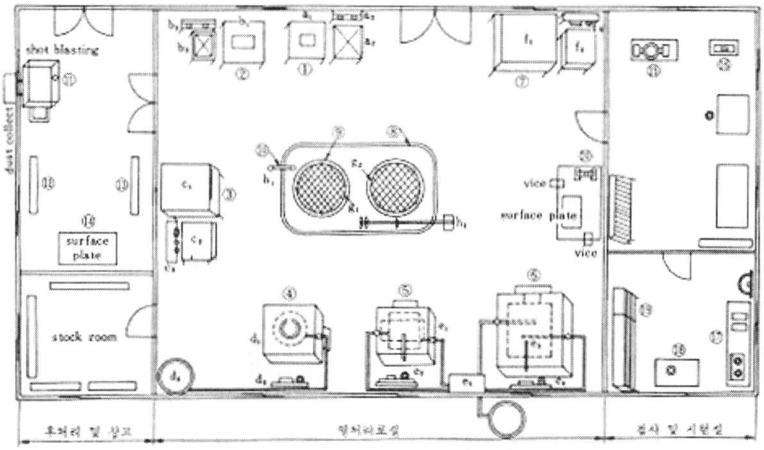

그림 5.6 열처리 공장의 예(8m×18m)

① 전기가열 염욕로(1350℃용) ② 염욕로(1000℃용) ③ 전기로(머플로)(1000℃용) ④ 중유가 열 염욕로(900℃용) ⑤ 중유 가열 머플로(1200℃용) ⑥ 중유 가열 머플로(1000℃용) ⑦ 전기저항 뜨임로(650℃용) ⑧ 냉각조 ⑨ 냉각용 기름탱크 ⑩ 냉각순환용 펌프 ⑪ shot blasting ⑫ hand grinden ⑬ ⑭ straighting press 및 surface plate ⑮ Brinell hardness tester ⑯ Rockwell hardness tester ⑰ specimen polisher ⑱ metal microscope ⑲ 현미경사진 장치 ⑳ bench grinder ㉑ 고온계(pyrometer)(10set)

열처리 시설에는 열처리로 및 냉각장치와 후처리 시설들이 필요하고, 이와 더불어 검사 시설 및 부대 시설 등이 필요하다. 그림 5.6은 정밀절삭공구 열처리 공장의 시설의 예를 표시한 것이다.

5.5 열처리의 원리(principle of heat treatment)

열처리란 고체금속의 열에 의한 여러 가지성질의 변화를 공업적으로 이용하는 기술이라 할 수 있다. 그러면 왜 금속은 열에 의해 성질이 변화하는 것일까? 금속이 열에 의해 성질이 변화한다는 사실은 과거 경험에 의하여 알려지고 있었다. 그러나 오늘날에 와서는 원자의 구조나 원자의 배열들에 의해 보다 더 과학적으로 이 기술을 이해하게 되었다. 따라서, 열처리 기술을 습득하기 위해서는 과거에 알아 왔던 것보다 훨씬 더 광범위한 분야를 알지 않으면 안되게 되었다. 다음에 열거하는 사항들은 열처리를 이해하는데 매우 큰 비중을 차지한다고 할 수 있다.

5.5.1 철강재료의 분류

공업용으로 쓰이는 철강 재료에는 광석이나 제조 과정으로부터 철 이외의 여러 가지 원소 즉 탄소, 규소, 망간, 인, 황 등이 함유되며, 이들을 철강의 5원소라고 한다.

그 중에서 탄소는 함유량이 가장 많으며, 철강의 성질에 미치는 영향이 대단히 크므로 철 재료를 분류하는 데에는 탄소의 함유량에 따라 분류하고 있다.

철강 재료를 탄소 함유량에 따라 분류하면 순철(pure iron), 강(steel), 주철(cast iron)로 크게 나눌 수 있다.

- 철강
  - 순철 : 0.02%C이하
  - 강
    - 아공석강 : 0.02~0.77%C
    - 공석강 : 0.77%C
    - 과공석강 : 0.77~2.11%C
  - 주철
    - 아공정 주철 : 2.11~4.30%C
    - 공정 주철 : 4.30%C
    - 과공정 주철 : 4.30~6.67%C

5.5.2 금속의 결정구조

금속은 결정체이므로 원자를 3차원적으로 규칙적인 배열을 할 수 있으며, 일반적으로 그림 5.7과 같이 면심입방격자(FCC), 조밀육방격자(HCP), 체심입방격자(BCC)의 3종류로 구분할 수 있다.

(1) 면심입방격자(face-centered lattic FCC)

면심입방격자는 그림 5.7(a)와 같이 입방체의 각 정점과 각 면의 중심에 원자가 위치하고 있는 것이다. 면심입방격자를 가지는 금속 또는 합금은 표 5.2에서 알 수 있듯이 전성과 연성이 좋다.

(2) 조밀육방격자(hexagonal close packed lattic HCP)

조밀육방격자는 그림 5.7(b)와 같이 정육각주의 정점과 상하면의 중심 및 정육각주를 형성하고 있는 6개의 정삼각주의 체중심을 하나 건너로 원자가 위치하고 있으며, 모든 조밀육방격자 구조의 금속은 다른 구조의 것에 비해 연성이 떨어진다.

(3) 체심입방격자(body-centered lattic BCC)

체심입방격자는 그림 5.7(c)와 같이 입방체의 각 정점과 체중심에 원자가 위치 하고 있는 간단한 격자구조를 가진 것이다. 이 격자구조를 가지는 금속은 전성과 연성이 면심입방

구조의 금속 다음으로 좋다.

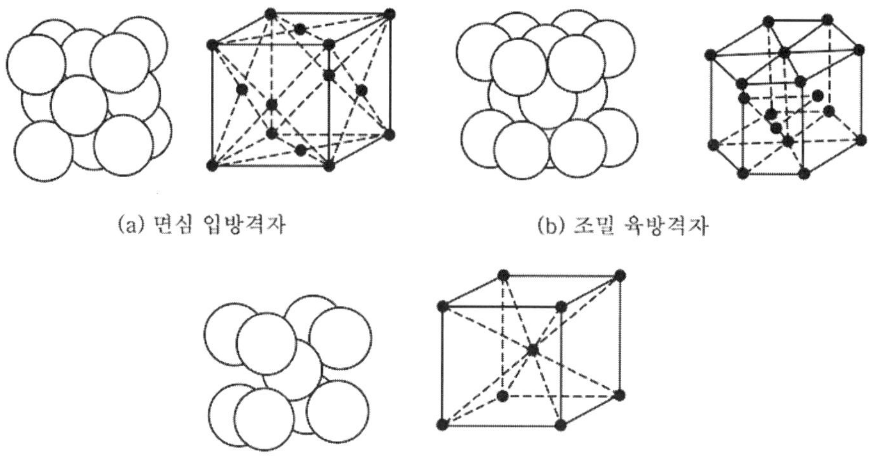

(a) 면심 입방격자 (b) 조밀 육방격자 (c) 체심 입방격자

그림 5.7 결정구조의 종류

일반적으로 철은 상온에서 체심입방구조로 이루어져 있으며, 이러한 구조를 가진 철을 α 철이라 한다. 이 α철은 911℃까지는 안정하나 온도가 더 올라가면 면심입방구조를 갖는 γ 철로 변한다. 이 γ철은 1394℃까지는 안정된 상태로 존재하지만 그 이상의 온도로부터 융점(1538℃)까지의 사이에서는 다시 체심입방구조를 갖는 δ철로 변한다. 이와 같이 순철은 911℃와 1394℃에서 구조 변화를 일으키며, α철은 상온에서 강자성체이나 768℃ 이상에서는 상자성체로 변한다.(그림 5.8 참조)

표 5.2 주요 금속의 결정구조

결정구조	주요금속
면심입방형	Au, Ag, Cu, Al, Fe(γ), Ni
조밀육방형	Zn, Ti(α), Mg, Co
체심입방형	Cr, Fe(α), Na, Mo, V

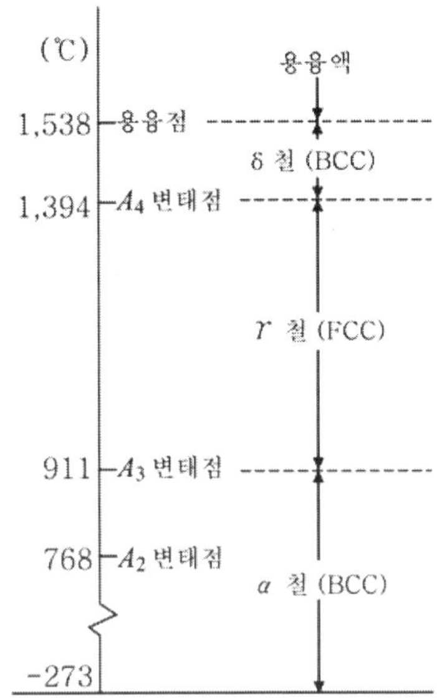

그림 5.8 순철의 변태

5.5.3 고용과 확산

불순물이 전혀없는 순금속을 얻는 것은 매우 어려운 일이며, 거의 모든 금속이 불순물을 포함하고 있다. 또한, 하나의 금속에 다른 원소를 의도적으로 첨가함으로써 여러 가지 다양한 성질을 갖는 합금을 얻을 수 있다. 이와 같은 합금의 형태에는 철-납 합금과 같이 단순한 혼합물로 각 성분이 별도로 결정을 만들어 혼합되어 있는 경우도 있으며, 완전히 녹아서 고용체로 결정을 만드는 경우도 있고, 특정한 비율로 섞여서 비교적 복잡한 결정구조를 나타내는 화합물도 있다. 이와 같이 합금 중에는 고용체, 화합물, 순금속이 단일 또는 조합된 상태로 존재하게 된다.

고용체에는 그림 5.9와 같이 침입형과 치환형이 있다. 침입형 고용체란 용매 금속원자의 결정 사이에 형성되는 틈새에 용질원자가 끼어들어 고용체를 형성한 것이다. 그러므로 용질원자는 직경이 매우 작아야 한다. 예를 들어 철의 경우에는 철원자보다 직경이 매우 작은 산소, 수소, 질소, 탄소 등의 원소가 침입형으로 고용된다. 그러나 원자의 직경차이가 16% 이하가 되는 경우에는 금속내부에서 원자가 서로의 위치를 교환하여 치환형 고용체가 된다. 철에 있어서는 크롬이나 니켈 등이 이러한 고용체를 형성한다.

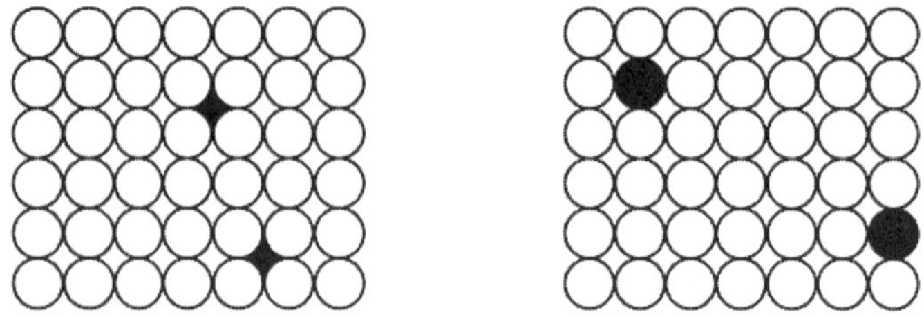

(a) 침입형 (b) 치환형

그림 5.9 고용체중에 용질원자가 들어가는 방법

강은 주로 철-탄소 원자로 이루어지는데 철원자의 직경은 약 2.5Å이고, 탄소원자는 1.5Å이므로 상온에서는 탄소를 거의 고용하지 못한다. 그러나 1147℃에서 존재하는 γ철에는 최대 2.4% 정도의 탄소를 고용할 수 있다. 이것을 원자수로 표시하면 1000개의 철에 대해 약 100개의 탄소가 고용할 수 있음을 의미하는 것으로 γ철은 빈틈이 매우 많은 면심입방격자임을 알 수 있다. 예를 들어 0.8% 탄소강은 상온에서 탄소를 거의 고용하지 않는 페라이트(ferrite)와 Fe 대 C의 비율이 3:1인 Fe3C(cementite) 화합물의 혼합물로서 존재한다. 그러나 이 강을 800℃로 가열하면 0.8%의 탄소를 고용한 γ철(이 철을 오스테나이트라고 함)이 된다. 이와 같이 온도가 증가함에 따라 탄소원자는 온도가 증가함에 따라 탄소원자는 농도가 낮은 쪽으로부터 높은 쪽으로 이동하게 되며, 이를 확산이라 한다. 그림 5.10은 니켈이 도금된 철을 가열할 때 니켈과 철이 서로 확산하게 됨을 보여주는 그림이다.

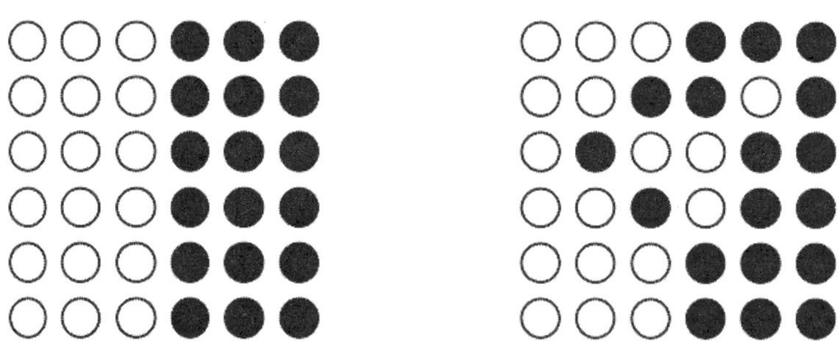

(a) 확산전 (b) 확산후

그림 5.10 도금시 도금경계의 원자배열

5.5.4 금속의 상 변태

같은 성분의 금속이라도 고체 상태에서 하나 이상의 결정 구조를 가지게 되는데, 이러한 결정 구조는 온도 또는 압력의 변화에 의하여 달라지게 된다. 이와 같이, 같은 물질이 한 결정 구조에서 다른 결정 구조로 그 상이 변하는 것을 변태(transforation)라 하며, 변태가 일어나는 온도를 변태점(transformation point)이라 한다.

(1) 동소 변태

탄소는 화합 탄소와 흑연의 두 상태로 존재한다. 이와 같이, 서로 다른 상태로 존재하는 동일 원소의 두 고체를 동소체(allotropy)라 한다. 동소체는 원자 배열의 변화에 따라 나타나는 현상으로 이러한 현상을 동소 변태(allotropic transformation) 또는 격자 변태라 한다.

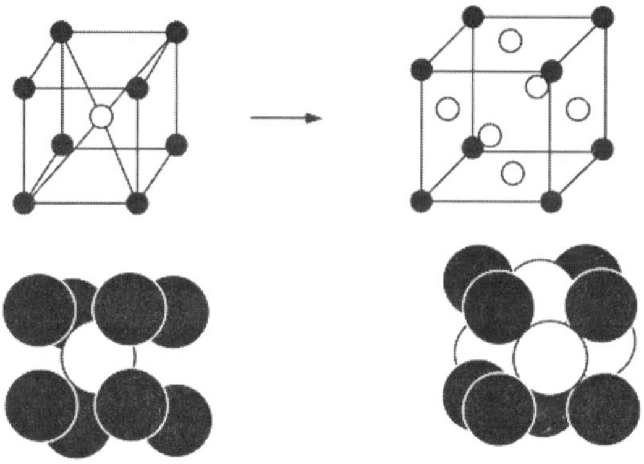

그림 5.11 동소 변태

(2) 자기 변태

철(Fe), 코발트(Co), 니켈(Ni) 등과 같은 강자성체인 금속을 가열하면, 일정한 온도 이상에서 금속의 결정 구조는 변하지 않으나 자성을 잃고 상자성체로 자성이 변하는데, 이와 같은 변태를 자기 변태(magnetic transformation)라 한다. 따라서, 자기 변태는 상의 변화가 아닌 단순한 에너지적인 변화이다.

예를 들면, 철은 상온에서는 강자성체이나 768℃ 부근이 되면 상자성체로 변하는 자기 변태가 일어나는데, 이 변태 온도를 A_2 변태점이라 한다.

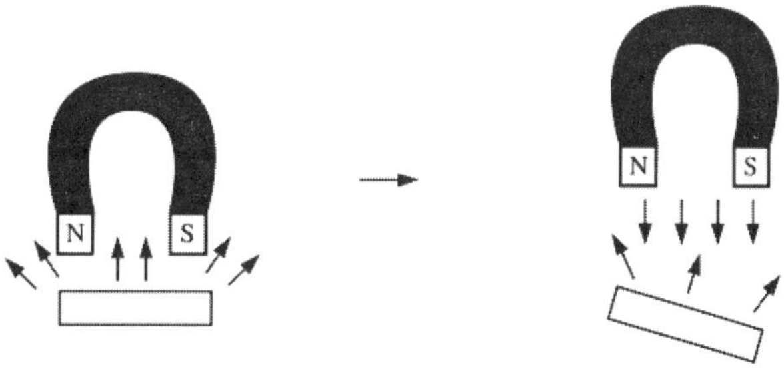

그림 5.12 자기 변태

5.5.5 탄소강의 현미경 조직

강은 탄소 함유량과 냉각 속도 등에 따라 조성된 조직에 의해 그 성질이 현저히 달라진다. 강의 현미경 조직도 그림 5.14와 같이 순철의 경우와는 매우 다르게 나타난다.

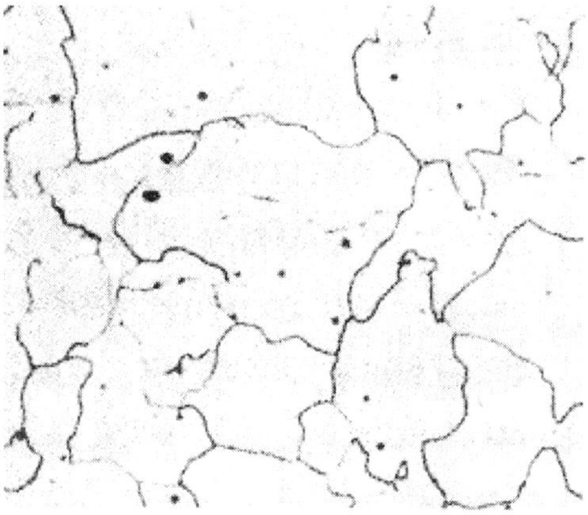

그림 5.13 순철의 현미경 조직

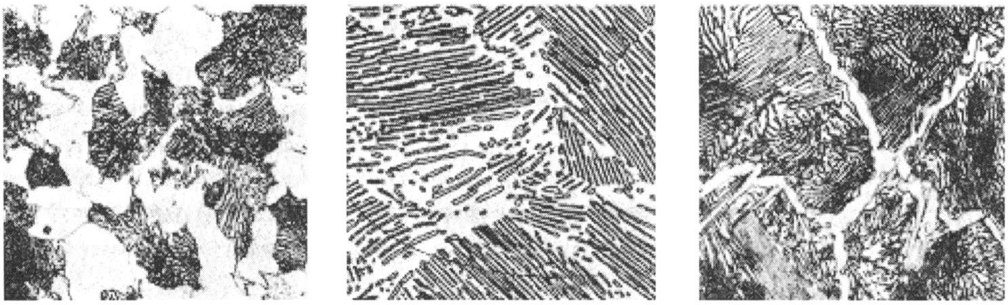

(a) 아공 석강(0.38%C)
흰색 : 시멘타이트
검정 : 퍼얼라이트

(b) 공석강(0.77%C)
퍼얼라이트

(c) 과공석강(1.4%C)
희고 가는 경계 : 시멘타이트
바탕 조직 : 퍼얼라이트

그림 5.14 탄소강의 현미경 조직

탄소강의 조직은 초산(HNO3) 또는 피크린산 용액으로 부식(etching)시킨 후 현미경으로 검사한다. C<0.86%의 재료는 상온에서 페라이트(ferrite)와 퍼얼라이트(pearlite)라고 하는 2종의 혼합조직으로 되어있다. 탄소 함유량이 증가함에 따라 퍼얼라이트의 양이 증가되고, 페라이트양은 감소되며, C=0.86%에서는 페라이트는 소실되고 전부 퍼얼라이트로 되며, C>0.86%에서는 퍼얼라이트와 유리된 시멘타이트(cementite) 조직으로 된다.

(1) 서냉조직

① 페라이트(ferrite) 탄소를 함유하지 않은 철로서 현미경조직은 백색으로 보이며, 강철 조직에 비하여 경도와 강도가 작다.

② 퍼얼라이트(pearlite) 페라이트와 탄화철(Fe3C)이 서로 파상으로 배치된 조직으로 그 현미경 조직은 흑백으로 된 파상선을 형성하고 있다. 이 결정 조직은 강하고 또한 질긴 성질이 있다.

③ 시멘타이트(cementite) 탄화철(Fe3C)로서 침상 또는 망상조직을 형성하며, 탄소강 또는 주철 중에 섞여 있다. 매우 경도가 큰 조직으로 여린 취성(brittlenss)이 있다.

(2) 급랭조직

① 오스테나이트(austenite) 급랭시킨 조직으로서 탄소가 감마철 중에 고용 또는 용해되어 있는 상태의 현미경조직이다.

② 마르텐사이트(martensite) 급랭된 조직으로서 침상조직을 형성하며, 경도가 가장 큰 열처리 조직이다.

③ 트루스타이트(troostite) 오스테나이트를 냉각할 때 마르텐사이트를 거쳐서 점점 탄화철이 큰 입자로 나타나는 조직으로 알파철과 탄화철의 혼합된 조직이다. 경도는 상당히 크나 마르텐사이트보다는 작다.

④ 소르바이트(sorbite) 서냉으로 된 조직으로 트루스타이트보다 A_1 변태가 더 높은 온도에서 완료되어 경도가 작고, 질이 트루스타이트보다는 연하나 매우 직기도 탄성이 큰 조직이다.

⑤ 퍼얼라이트(서서히 냉각된 pearlite) 오스테나이트를 매우 천천히 냉각하면 A_1 변태가 700℃ 부근에서 완료되어 그 조직은 α철과 시멘타이트의 파상의 혼합 조직이 된다. 강철 조직으로서는 가장 연하고 연성이 크며 절삭성과 상온가공성이 좋다.

그림 5.15는 실용적으로 많이 나타나는 각종 조직의 특성을 표시한 열처리 조직의 예이다.

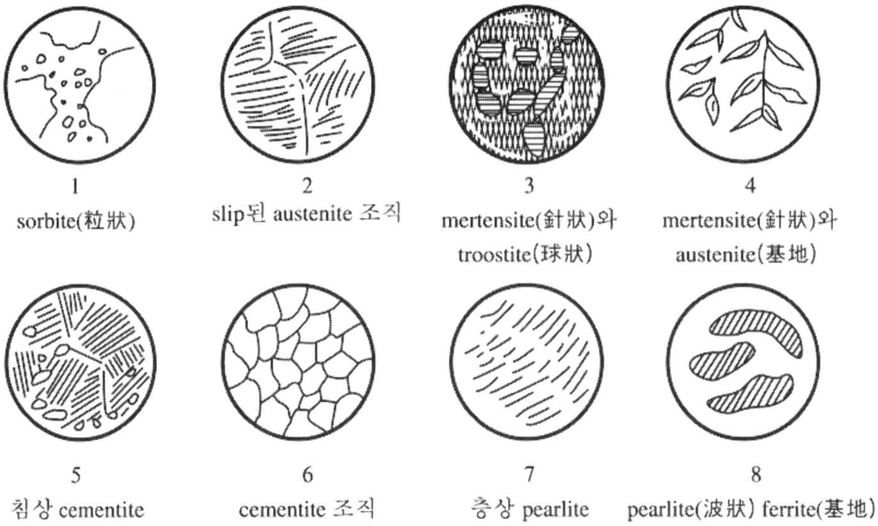

그림 5.15 강철의 현미경 조직

5.5.6 Fe-C 상태도

그림 5.16과 같이 가로축을 Fe와 C의 2원 합금 조성(%)으로 하고 세로축을 온도(℃)로 하였을 때 각 조성의 비율에 따라 나타내는 합금의 변태점을 연결하여 만든 선도를 철-탄소계 평형 상태도(Fe-C diagram)라 한다.

철과 탄소의 합금은 액상선(그림 5.16의 ABCD선) 이상의 온도에서는 완전히 용융 상태로 되며, 그 이하의 온도에서는 융체와 고체의 혼합상태로 된다. 또한, 고상선(AHJECF선) 이하의 온도에서는 완전한 고체 상태가 된다. 완전히 응고된 합금은 냉각되는 과정에서 탄소량이 E점 보다 적은 탄소량을 함유할 경우에는 γ고용체만의 영역을 통과하게 되지만, 반대로 E점 보다 많은 탄소량을 함유할 경우에는 이 γ고용체 영역만을 통과하지는 않는다. 이러한 차이에 따라 탄소량이 E점 보다 적은 합금을 강이라고 부르며, E점 보다 많은 합금을 주철이라고 한다. 따라서 강의 열처리는 고상선(AHJE선) 이하의 온도에서 실시하는 처리라고 할 수 있다.

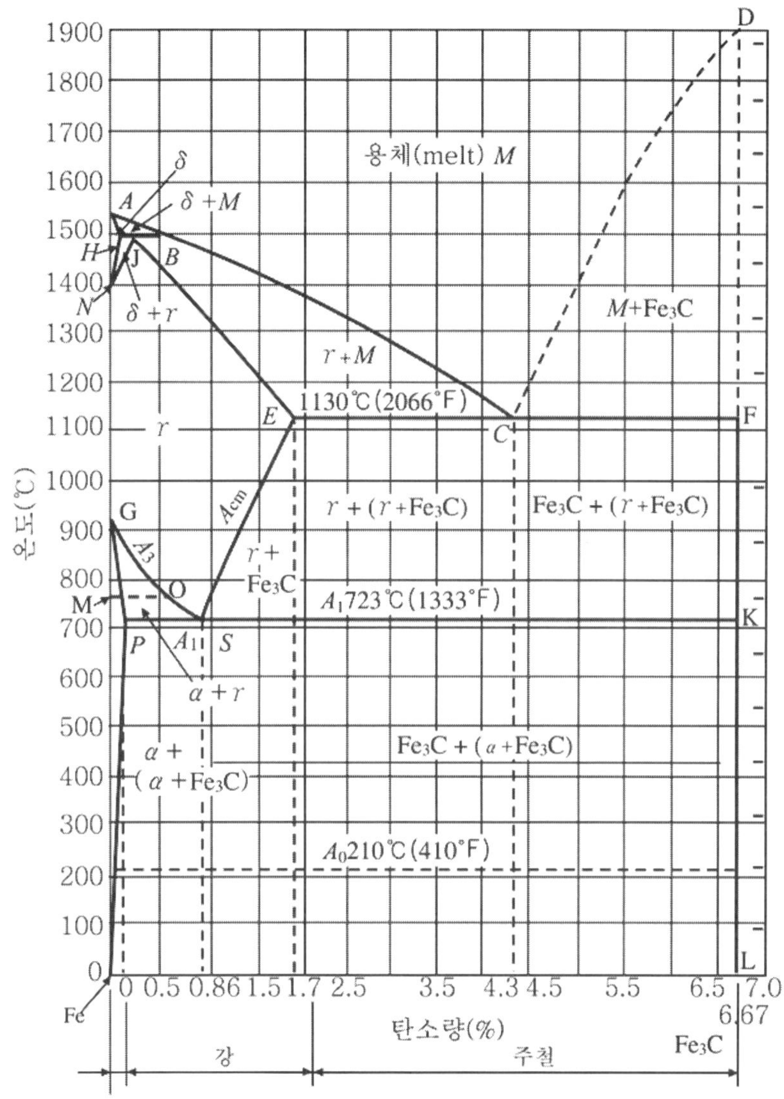

그림 5.16 Fe-C 평형 상태도

그림 5.16에 표시되어 있는 선과 점의 의미는 표 5.13과 같다.

표 5.3 Fe-C 평형 상태도의 각점과 선

A	순철의 융점(1,538℃)
N	순철의 A4 변태점. α철 ⇄ γ철(1,394℃)
AB	δ페라이트(δ철에 C가 약간 고용한 것)에 대한 액상선이며, 융체에서 δ페라이트가 정출하기 시작하는 온도
AH	δ페라이트에 대한 고상선이며, 0.09%C 이하의 강에 있어서 δ페라이트의 정출이 완료하는 온도
HN	δ페라이트가 오스테나이트로 변화하기 시작하는 온도
JN	δ페라이트가 오스테나이트로 변화가 끝나는 온도
HJB	포정선(peritectic)이며, 1,495℃에 있어서 0.17%C(J점)~0.53%C(B점)의 강에는 다음과 같이 포정 반응이 일어난다. δ페라이트(H)+융체(B) ⇄ 오스테나이트(J)
BC	오스테나이트에 대한 액상선이며, 융액으로부터 시멘타이트가 정출하기 시작하는 온도
JE	오스테나이트에 대한 고상선이며, 오스테나이트의 정출이 완료되는 온도
CD	시멘타이트에 대한 액상선이며, 융액으로부터 시멘타이트가 정출하기 시작하는 온도
ECF	오스테나이트와 시멘타이트의 공정선이며, 이 온도에서 융액 ⇄ 오스테나이트(E)+Fe_3C(F)의 반응에 의해 융액으로부터 오스테나이트와 Fe_3C(F)가 동시에 정출한다.
C	공정점(1,148℃, 4.3%C). 이 조성은 공정 조직(Ledeburite)으로 된다.
E	오스테나이트에 대한 C의 최대 용해도(1,148℃, 2.11%C), 이 점에서 철과 주철로 구분된다.
ES	오스테나이트에 대한 Fe_3C의 용해도 곡선. 오스테나이트로부터 Fe_3C가 석출하기 시작하는 온도이며, A_{cm}선이라고 부른다.
G	순철의 A_3 변태점. γ철 ⇄ α철(912℃)
GS	오스테나이트로부터 페라이트가 석출하기 시작하는 온도이며, A_3 선이라고 한다.
S	공석점(0.77%C, 723℃)
PSK	공석선 EH는 A_1선이라고 하며, 이 온도(723℃)에서 오스테나이트(S) ⇄ 페라이트(P)+Fe_3C(K)의 반응에 따라 퍼얼라이트(pearlite)가 생성된다.
GP	오스테나이트로부터 페라이트로의 변태가 완료되는 온도
P	페라이트에 고용하는 C의 최대 고용도(727℃, 0.0218%C)
PQ	페라이트에 대한 Fe_3C의 용해도 곡선. 상온에서 C의 고용도는 0.007ppm이하이다.
M	순철의 A_2 변태점
MO	강의 A_2 변태점(768℃)

5.6 탄소강의 열처리

5.6.1 담금질(quenching)

탄소강의 강도 및 경도를 높이기 위하여 오스테나이트 구역 온도로 가열한 다음 물이나 기름 등의 냉각제 중에서 급랭하는 열처리를 담금질(quenching)이라 한다.

담금질에 의하여 탄소강이 경화되는 정도는 냉각 속도, 탄소 함유량 및 담금질 온도에 따라 달라진다.

(1) 담금질 온도

아공석강의 경우에는 Ac_3 변태점(가열시의 A_3 변태), 과공석강의 경우에는 Ac_1 변태점(가열시의 A_1 변태) 이상으로 가열하여 오스테나이트나 그와 혼합된 조직을 얻은 다음, 서냉하면 오스테나이트를 거쳐 트루스타이트, 솔바이트, 퍼얼라이트의 순으로 조직이 변한다. 그러나 냉각 속도를 크게 하면 그 중간 조직인 마르텐사이트, 트루스타이트, 솔바이트 등에서 멈추게 된다.

냉각 속도의 차이에 따른 변화를 나타내면,

오스테나이트(austenite, A)(냉각 속도 가장 빠른 경우)→마르텐사이트(martensite, M) → 트루스타이트(troostite, T)→솔바이트(sorbite, S)→퍼얼라이트(pearlite, P)(냉각 속도가 가장 느린 경우)이고,

경도가 강한 순서는

마프텐사이트>트루스타이트>솔바이트>퍼얼라이트

순으로 냉각 속도가 빠르면 빠를수록 경도가 커진다.

그림 5.17은 탄소강의 탄소 함유량과 담금질 온도의 관계를 표시한 것이다.

온도가 너무 낮으면 담금질 효과가 적고, 너무 높으면 재질이 변하기 때문에 보통 Ac_{321} 변태점보다 20~30℃ 더 높은 온도에서 행한다.

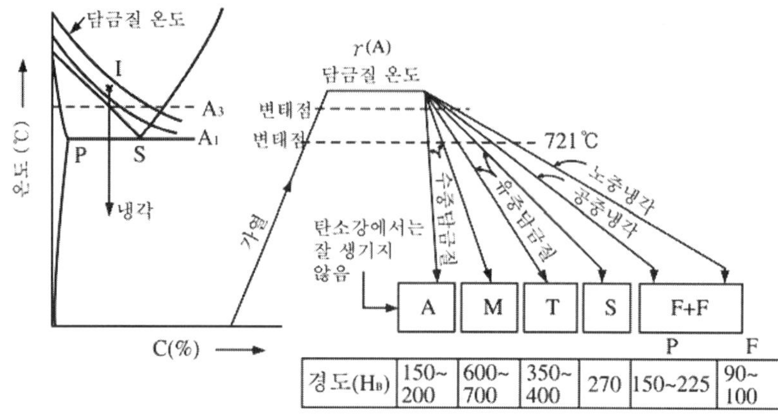

그림 5.17 C=0.8% 탄소강의 냉각 속도와 조직 및 경도의 관계

(2) 냉각 속도(Cooling rate)

담금질의 효과는 냉각액에 따라 크게 다르다. 즉, 냉각액의 비열, 열전도도, 점성, 휘발성과 그의 온도에 따라 다르다. 일반적으로 물이나 기름이 많이 사용되며, 물은 기름에 비하여 냉각 속도는 크나, 기름은 120℃ 정도에서도 담금질 효과의 변화가 적고, 물은 30℃이상만 되면 현저히 저하된다.

냉각 능력이 적은 액에는 유류, 비눗물 등이 있고, 큰 것에는 염수, NaOH용액, 황산 등이 있다. 냉각 작업에 있어서 가열물을 액 중에서 흔들어 주거나 냉각액을 저어 주어 물체에서 열 전도성이 나쁜 증기를 털어 주는 것이 담금질 효과를 크게 한다. 그림 5.18은 냉각액과 냉각 속도와의 관계를 나타낸 것이다.

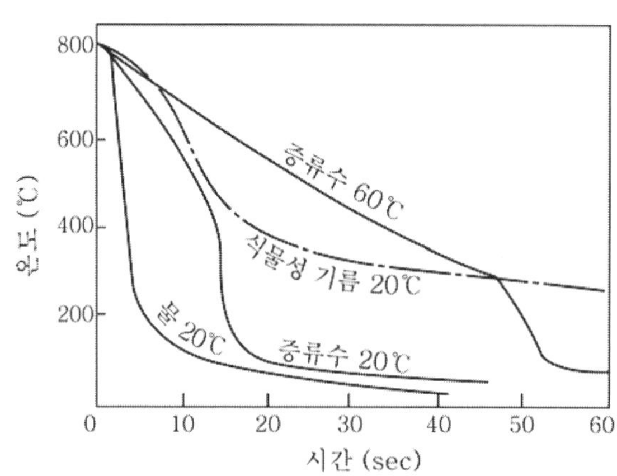

그림 5.18 각종 액의 냉각 속도

(3) 담금질의 질량 효과와 경화능 시험

① 질량효과

질량의 대소에 따라 담금질 효과가 다른 현상을 질량 효과(mass effect)라 한다.

시험 결과 질량 효과가 작다는 것은 질량이 작은 강편과 같이 내부와 외부의 냉각 속도 차가 작아 내부와 외부 조직의 차이가 없이 열처리가 잘 된다는 것이고, 반대로 질량 효과가 크다는 것은 질량이 큰 강편에서와 같이 내부와 외부 조직의 차이가 생긴다는 것을 뜻한다. 즉, 큰 강편은 작은 것에 비하여 냉각 속도가 느리므로 담금질 효과가 적고, 작은 강편은 담금질 효과가 크다.

일반적으로, 탄소강은 질량 효과가 크며, 니켈(Ni), 크롬(Cr), 망간(Mn), 몰리브덴(Mo) 등을 함유한 특수강은 임계 냉각 속도가 낮으므로 질량 효과도 작다.

② 경화능 시험

재료에 따라 담금질이 어느 정도 잘 되느냐하는 성질을 나타낼 때 경화능(hardenability)이라 하고, 강의 열처리 효과는 경화능과 담금질재의 냉각능에 의해 결정된다.

경화능의 측정에는 여러 가지 방법이 있으나, 담금질재의 종류에 관계 없는 값으로써 이상적으로 급랭시켰을 경우의 임계 지름(ideal critical diameter)을 계산하여 강의 경화능을 나타낸다. 일반적으로는 그림 5.19(a)와 같은 시험 장치에 의한 조미니 시험(Jominy test)이 널리 이용되고 있다.

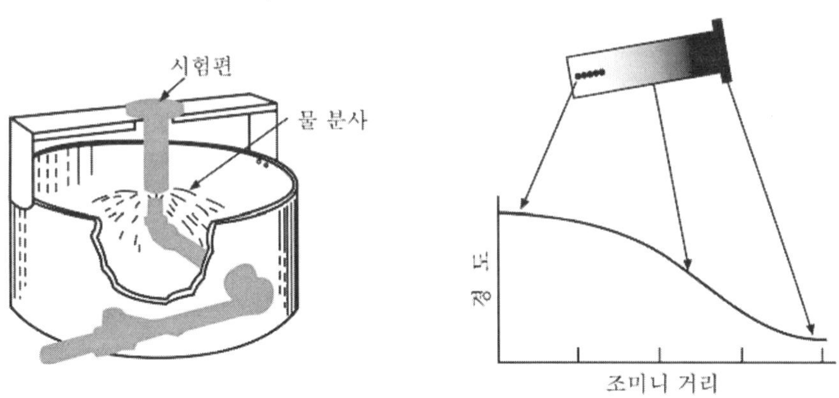

그림 5.19 경화능 시험 장치의 시험값

조미니 시험편은 그림 5.20과 같이 지름 25mm, 길이 100mm의 원형봉을 사용하여 임계 온도 구역까지 가열한 다음 수직으로 고정시키고, 바로 밑의 12mm 정도 떨어진 곳에서 25℃의 물을 65mm 높이로 분사시켜 전체가 냉각되게 한 다음, 이것을 길이 방향으로 0.4mm 정도 연마하고, 이 연마 면에 대하여 담금질한 끝에서부터 경도를 조사한다. 그림

5.19(b)는 담금질한 끝 부분에서의 거리와 경도 관계를 기록, 조사한 예이다.

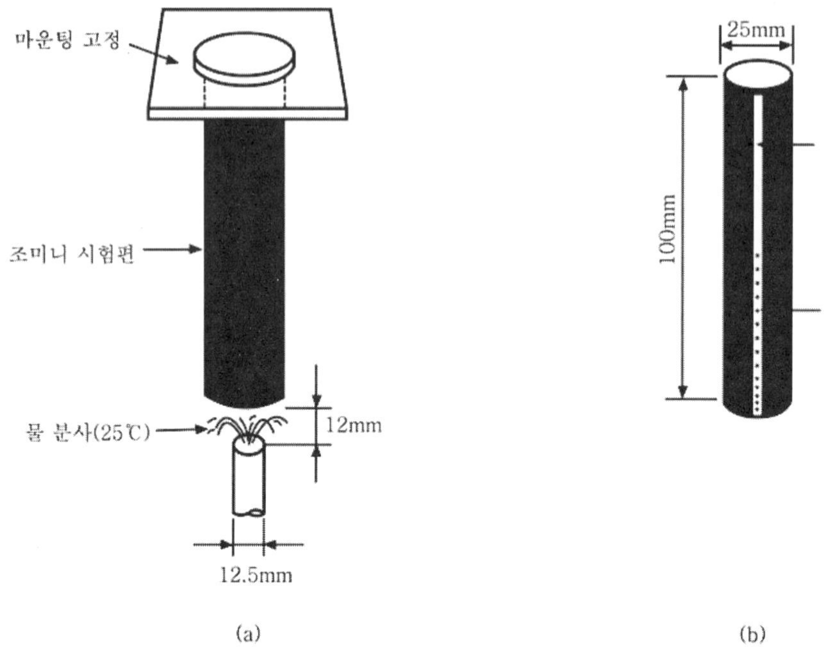

그림 5.20 조미니 시험편

5.6.2 뜨임(tempering)

뜨임이란 강을 오스테나이트 상태에서 퀜칭(즉, 급랭)하면 매우 단단한 마르텐사이트로 된다. 그러나 이렇게 하여 얻어진 마르텐사이트에는 취성이 있으므로, 이 취성을 없애기 위해 A_1점 이하의 온도로 재차 가열하여 약간의 경도를 희생하더라고 점성을 주는 방법을 말한다.

그림 5.2은 뜨임(tempering)에 의한 조직변화를 표시한 것이 마르텐사이트 조직은 탄소를 무리하게 고용한 α철이므로, 가열을 하면 이러한 불안정한 탄소가 미세한 탄화물 입자로 석출하게 된다. 400℃ 부근의 온도로 가열하여 나타나는 조직을 트루스타이트(troostite)라 하며, 600℃에서 뜨임하면 석출한 탄화물의 결정립이 응집하여 커다란 결정립이 되어 경도는 비교적 내려가지만 점성이 매우 큰 소르바이트(sorbite)조직이 된다. 이와 같이 템퍼링 처리로부터 얻어진 조직은 여러 가지면에서 층상조직보다 우수하다고 알려져 있으며, 구조용강 등에서는 이러한 이유로 인하여 담금질 후에 고온 뜨임 즉, 조절처리를 행하게 된다.

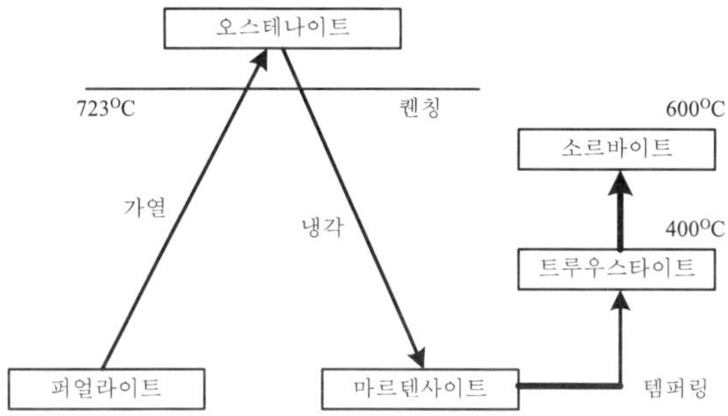

그림 5.21 템퍼링에 따른 조직변화

표 5.4 뜨임한 조직의 변태

열처리 조직명	온도범위
오스테나이트 → 마르텐사이트	100~300℃
마르텐사이트 → 트루스타이트	200~400℃
트루스타이트 → 소르바이트	400~600℃
소르바이트 → 퍼얼라이트	600~700℃

5.6.3 풀림(annealing)

기계 가공을 하기 위해 단단한 재료를 연하게 하거나 내부 응력을 제거하기 위하여 그림 5.22와 같이 A_3~A_1 변태점보다 30~50℃ 높은 온도로 가열하여 오스테나이트로 변화시킨 다음, 이것을 노 중이나 재 속에서 서서히 냉각시켜 연화시키는 작업을 말한다. 어닐링의 종류에는 A_1 변태점보다 높은 온도로 가열하는 고온 풀림과 A_1 변태점보다 낮은 온도에서 풀림하는 저온 풀림이 있다.

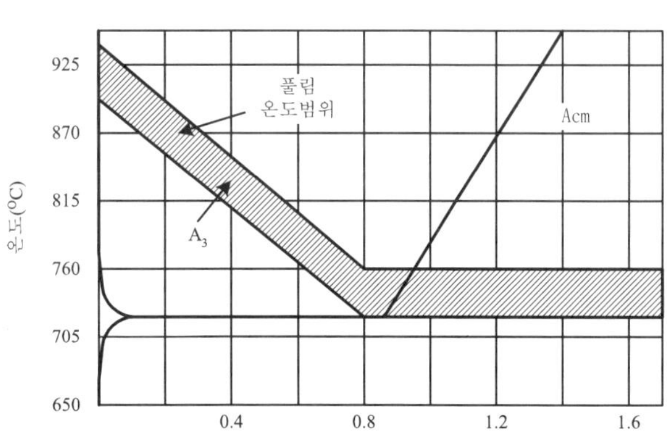

그림 5.22 탄소강의 풀림온도

표 5.5 풀림 온도(압연재)

탄소 함유량(%)	온도(℃)
0.12이하	875~925
0.12~0.20	840~870
0.20~0.49	815~840
0.50~1.00	790~815
1.00~1.50	800

5.6.4 불림(normalizing)

강을 열간 가공하거나 열처리를 할 때 필요 이상의 고온으로 가열하면 γ고용체의 결정입자가 조대해져 기계적 성질이 나빠진다. 이러한 조직을 A_3 변태점 또는 Acm 선보다 40~60℃ 높은 온도로 가열한 다음, 일정한 시간을 유지하면 균일한 오스테나이트 조직으로 된다.

그 다음, 안정된 공기 중에서 냉각시키면 미세하고 불림 균일한 표준화된 조직을 얻을 수 있는데, 이러한 열처리 조작을 불림이라 한다.

이 열처리의 목적은 결정 조직을 미세화하고, 냉간 가공, 단조 등에 의한 내부 응력을 제거하며, 기계적 성질, 물리적 성질 등을 개량하여 조직을 표준화시키는 열처리 방법이다.

그림 5.23은 탄소강의 노멀라이징 및 풀림 온도의 범위를 나타낸 것이다.

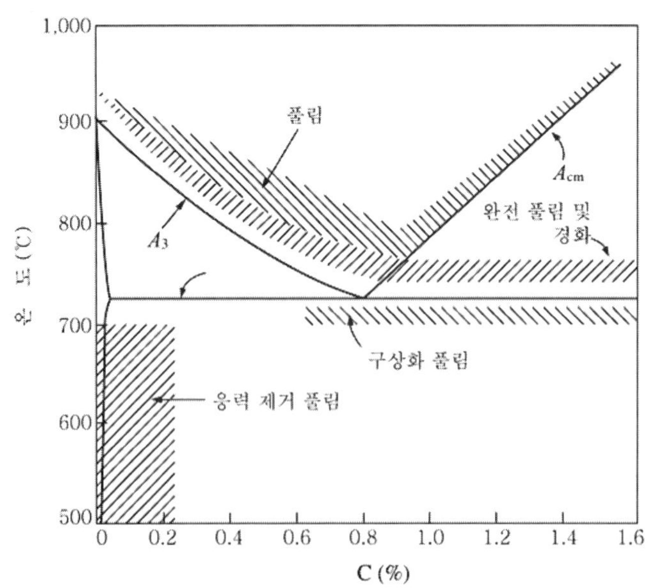

그림 5.23 탄소강의 노멀라이징 및 풀림 온도

5.6.5 항온 열처리(isothermal heat treatment)

담금질과 뜨임의 두 가지 열처리를 동시에 하는 열처리 방법이며, 그림 5.24에서 AB간을 가열하여 오스테나이트로 되게 하고, 이를 균일하고 완전한 오스테나이트가 되도록 BC간을 유지한 후, CD간은 염욕로에서 급랭하여 담금질한다. 뜨임 온도에서 DE간을 유지한 후, 공냉하여 뜨임을 행한다.

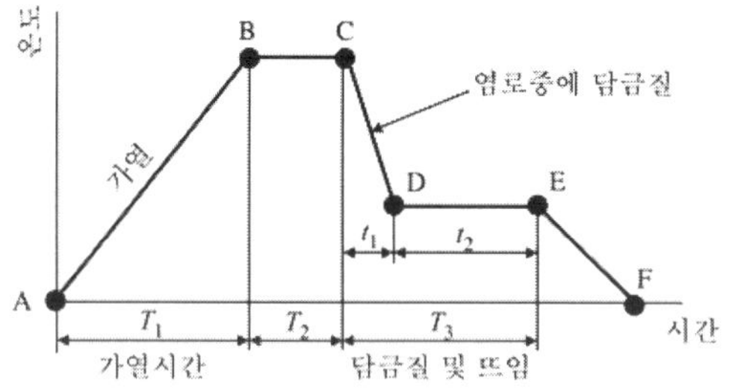

그림 5.24 항온 열처리에서의 가열 및 냉각

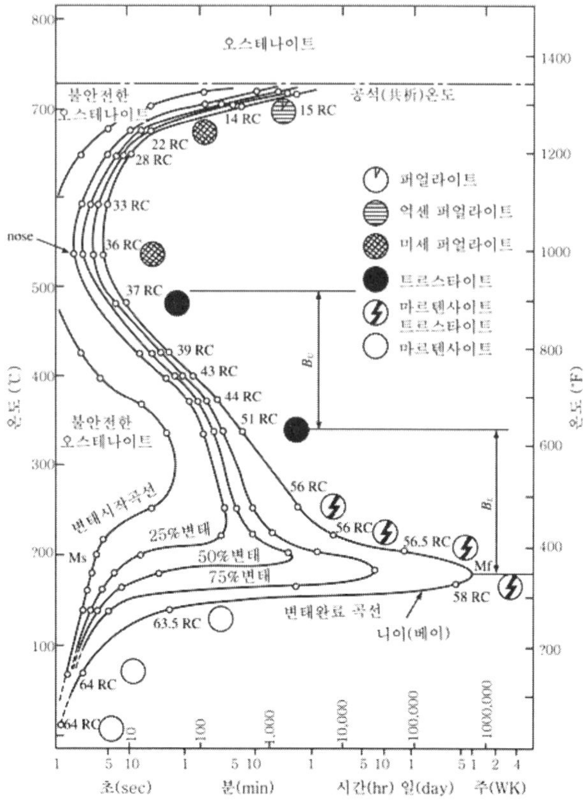

그림 5.25 강의 항온 변태 선도(Bain의 S곡선, TTT 곡선)

그림 5.25는 강의 항온 변태 선도(isothermal transformation diagram)로서 TTT곡선(Time-Temperature-Transformation diagram, S곡선 또는 C곡선이라고도 부른다)를 나타낸 것이다. 이 곡선을 이용하여 온도와 냉각 속도를 적당히 조정하고 유지시킴으로서 재료가 필요로 하는 조직을 얻을 수 있다.

그림에서 Ms는 마르텐사이트 변태의 개시점이며, Mf는 마르텐사이트 변태 완료점을 표시한다. S곡선의 좌단의 코(nose)가 좌단으로 이동할수록 담금질의 냉각속도가 커야 하기 때문에 담금질하기가 힘든 재료이며, 우단으로 이동할수록 재료의 경화능이 커지게 된다. 강의 전 조직을 마르텐사이트로 할 수 있는 냉각 속도(최고 속도)를 임계 냉각 속도(critical cooling rate)라 하며, 무릎(knee, bay)측에 존재한다. 항온 변태를 응용한 열처리 방법에는 다음과 같은 방법을 일반적으로 사용한다.

(1) 마르퀜칭(marquenching)

M_s 바로 위의 온도에서 염욕로 등에 담금질하여 강의 내외의 온도가 동일하도록 항온 유지하고 꺼내어 공냉하는 방법이며, 수중 담금질에 비하여 경도는 다소 떨어지나 담금질 균열 등이 생기지 않는다. 합금강, 고탄소강, 침탄부 등의 담금질에 적합하며, 너무 오래 유지하면 마르퀜칭의 효과가 떨어진다(그림 5.26).

(2) 오스템퍼링(austempering)

그림 5.27과 같이 M_s 상부 과냉 오스테나이트에 변태가 완료될 때까지 항온 유지하여 베이나이트(bainite)를 충분히 석출시킨 후 공냉하며, 이것을 베이나이트 담금질이라고도 한다. 공구강과 고탄소강에 유효하다.

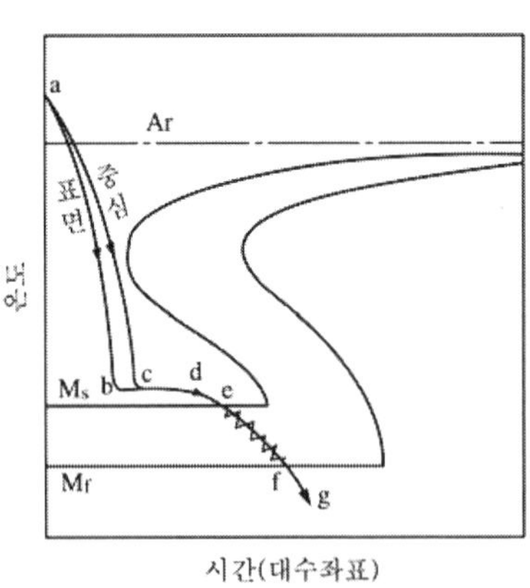

그림 5.26 마르퀜칭(marquenching) 열처리 선도

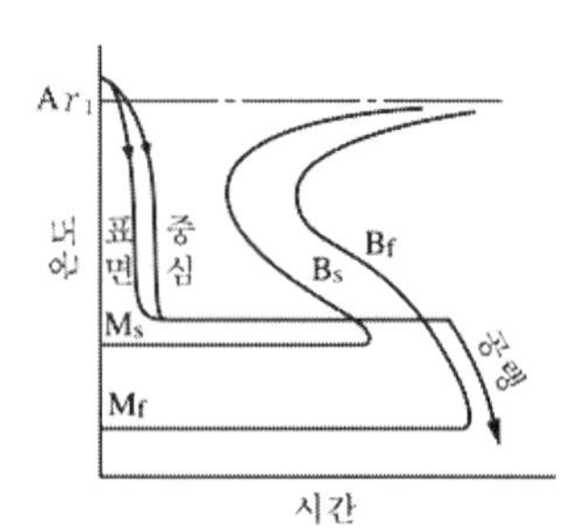

그림 5.27 오스템퍼링(austempering) 열처리 선도

(3) 마르템퍼링(martempering)

오스템퍼링(austempering)보다 낮은 온도(M_s 이하)인 100~200℃에서 항온 유지한 후에 공냉하는 열처리로서, 오스테나이트에서 마르텐사이트와 베이나이트의 혼합조직으로 변한다. 그림 5.28은 이를 표시한 것이며, 경도가 상당히 크고 인성이 매우 크게 된다. 결점으로는 유지 시간이 길어 대형의 것에는 부적당하다.

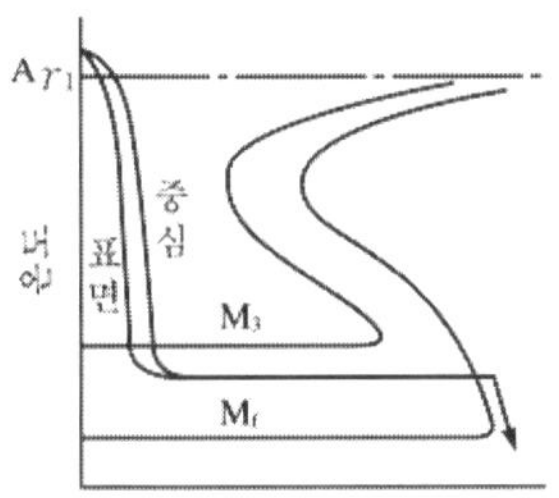

그림 5.28 마르템퍼링(martempering)

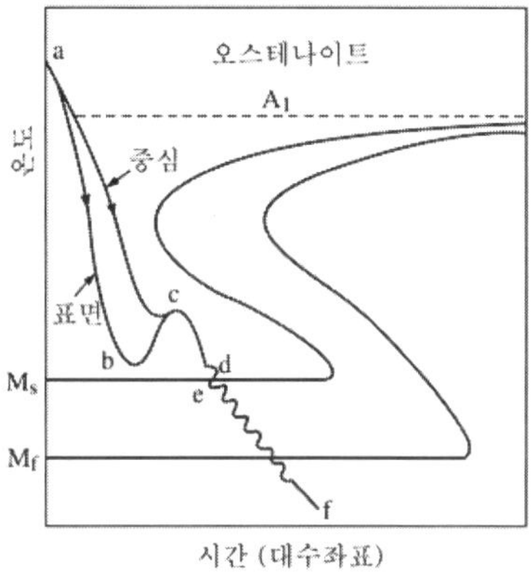

그림 5.29 인상 담금질(time quenching)

(4) 인상 담금질(time quenching)

그림 5.29와 같이 ab간은 물 또는 기름에 담금질하여 물체가 300~400℃로 냉각된 후 꺼내어 표면의 온도가 bc간에서 상승하고, 다시 물 또는 기름 속에서 cf간에서 냉각한다. 물 또는 기름 중에서 유지 시간은 수냉의 경우 두께 3mm당 1sec, 유냉의 경우 1mm당 1sec의 비율로 한다. 탄소 공구강 등에 이용된다.

5.6.6 구상화 처리(spheroidizing)

고 탄소강인 공구강 등의 기계적 성질을 개선하여 기계 가공성을 증가시키고 담금질의 예비 처리로서 담금질 후, 인성을 증가시키고 담금질 크랙(crack)을 방지할 목적으로 망상 시멘타이트의 구상화 작업을 한다. 기계 가공성을 목적으로 할 경우에는 구상 시멘타이트의 조직을 성장시키고 열처리 후의 결함을 방지할 목적으로 미세하고 균일한 구상화로 실시된다.

시멘타이트의 구상화는, 담금질한 제품은 쉽게 되는데 비해서 완전 풀림한 것은 시간이 많이 걸린다. 냉간 가공을 한 판이나 선은 아주 쉽게 구상화된다. 이들의 구상화 작업은 재결정(recrystallization) 온도 이상 700℃ 이하에서 짧은 시간에 구상화가 된다. 열간 소성 가공(hot plastic working)한 것은 가공 중 또는 가공이 끝나면 서냉이 된다. 이 때에는 불림을 한 다음 구상화 처리를 한다.

구상화 처리의 방법은 그림 5.30과 같은 열처리 선도와 같이 한다.

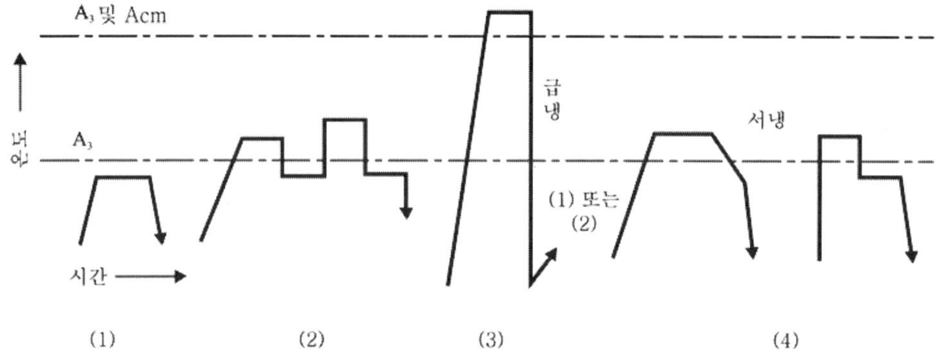

그림 5.30 시멘타이트의 구상화 처리

① 650~700℃의 Ac_1 직하에서 가열 유지 후 냉각시킨다. 조대한 망상 시멘타이트는 구상화되지 않는다. 냉간 가공 및 담금질한 재료에 실시된다.

② A_1 변태점을 경계로 하여 반복해서 가열 및 냉각을 해 준다. A_1 변태점 이상 으로 가열하여 유지시키는 것은 망상 시멘타이트의 석출을 방해하는 것이고, A_1 변태점 이하에서 유지하는 것은 시멘타이트의 구상화이다. 소형 공구의 시멘타이트 구상화에 이용된다.

③ Ac_3 및 Acm선 이상으로 가열 유지하여 시멘타이트를 완전히 고용체로 한 다음 급냉한다. 이 때 망상 시멘타이트의 석출이 방해되고 다시 가열하여 ①, ②와 같은 구상화 처리 작업을 실시한다.

④ Ac_1 직상의 온도까지 가열하여 유지시킨 다음, A_1 이하에서 유지 후 냉각한다.

5.7 표면경화법(surface hardening treatment)

지금까지 알아 본 열처리 공정은 미세 조직의 변경과 경화에 의한 재료의 전체적인 성질을 변화시키는 공정이었다. 그러나 많은 경우에 표면의 성질만 바꾸는 것이 필요한 경우가 있다. 예를 들면 기어의 경우 치면은 강한 경도를 가져 내마모성에 견디어야 하며 내부는 강한 인성과 강도로 하중에 견디어야 할 필요가 있다. 이러한 성질을 고루 갖추기 위하여 침탄용 강이나 질화용 강을 사용하여 표면 강도만을 높이는 열처리 법을 표면 경화라 한다.

5.7.1 침탄 경화법(carburizing)

담금질 효과는 강의 탄소량에 비례하므로 담금질할 물체의 표면에 탄소를 침투시켜 담금질하면 표면은 경강이 되고, 내부는 연강으로 남아 있게 된다. 이와 같이 침탄하여 담금질하는 것을 침탄 경화라 한다.

(1) 침탄용강의 구비조건

① 저 탄소강이어야 한다.
② 장시간 가열하여도 결정 입자가 성장하지 않아야 한다.
③ 표면에 결함이 없어야 한다.

(2) 침탄제의 예

① 목탄, Na_2CO_3, $BaCO_3$등의 혼합물
② KCN, $K_4Fe(CN)_6$의 혼합물
③ 목탄 90%, NaCl 10%의 혼합물
④ $K_4Fe(CN)_6$, $K_2Cr_2O_7$의 혼합물

(3) 고체 침탄법

침탄제와 물체를 철제의 상자에 넣고 가스가 새지 않도록 내화 점토로 바르고로에서 1,000℃ 정도로 100~200분간 가열한다. 침탄 깊이는 가열 시간에 따라 다르나 보통 0.5~2mm 정도이다. 침탄제는 반복 사용하면 침탄 효과가 떨어지므로 매 회마다 적당량의 새로운 침탄제를 보충해야 한다.

부분 침탄이 필요할 경우에는 침탄이 필요없는 부분에는 다음 방법을 취한다.

① 동 도금 또는 청화 동액을 바른다.
② 점토, 규산 나트륨, 식염, 산화철 분말, 석면의 혼합물을 도포한다.
③ 가공 여유를 주어 침탄 후 깎아낸다.

(4) 가스 침탄법(gas carburizing)

가스 침탄제에는 CO_2, CO, CH_4, C_2H_6, C_3H_8, CmHn 등이 있으며, 이들 가스가 고온의 강재에 접촉되면 활성 탄소가 석출되어 γ철 중에 고용된다. 예를 들면

$$CH_4 \rightarrow C + 2H_2$$

$$\gamma Fe + CH_4 \rightarrow (\gamma Fe + C) + 2H_2$$

로 되어 C가 γ철 중에 고용된다.

5.7.2 질화법(窒化法, nitriding)

질소는 고온 강철에 작용하여 경도가 큰 질화철을 형성하며, 표면에만 작용시키면 표면은 내마모성이 크고 내부는 원소재의 성질을 갖게 된다. 이 방법은 담금질 할 필요가 없어 질화층이 생기는 것만으로도 큰 경도가 얻어진다. 강철을 NH_3 가스 분위기에서 500℃ 정도로 장시간(50~100시간) 가열하면 Fe_2N 및 Fe_4N의 질화층이 형성된다.

질화법의 특징은 다음과 같다.

① 경도는 침탄 경화에 의한 것보다 크고 경화층은 얇다.
② 담금질을 하지 않으므로 변형이 적다(질화 처리 전에 담금질을 함).
③ 가열 온도가 낮다.

부분적으로 질화를 방지하기 위해서는 동 도금 또는 아연 도금을 한다. 질화에 사용되는 강을 질화강(窒化鋼, nitriding steel)이라 하며, C = 0.3 ~ 0.4%, Mn = 0.4 ~ 0.7%, Cr = 1.2 ~ 1.8%, Al = 0.6 ~ 1.5%, Mo = 0.15 ~ 0.3%의 성분 범위가 좋다.

5.7.3 청화법(靑化法, Cyaniding)

철을 청화물 CN과 작용시켜 침탄과 질화가 동시에 진행되는 표면 경화법이며, KCN, NaCN을 주성분으로 하고, 융점을 낮게 하기 위하여 KCl, NaCl, K_2CO_3, Ka_2CO_3 등을 첨가한 액 중에서 일정시간 침청하여 가열하고 물 또는 기름에 담금질한다. 이를 액체 침탄법이라고도 하며, 다음은 그 화학 변화의 예이다.

$$2NaCN + O_2 \rightarrow 2Na(CN)O$$

$$4Na(CN)O \rightarrow 2NaCN + Na_2CO_3 + CO + 2N \uparrow \text{(강으로)}$$

$$2CO \rightarrow CO_2 + C \uparrow \text{(강으로)}$$

청화법의 장점은 다음과 같다.

① 균일한 가열이 이루어지므로 변형이 적다.
② 온도 조절이 용이하다.
③ 산화가 방지된다.

그러나 비용이 많이 들고 침탄층이 얇으며 가스가 유독하다. 이상은 청화법 중 침지법이고, 가열된 강에 분말인 청화물을 살포하고 물이나 기름에 담금질하는 살포법도 있다.

5.7.4 화염 경화법

이 방법은 담금질 효과를 나타낼 수 있는 C = 0.35 ~ 0.7%의 탄소강이나 합금강을 산소, 아세틸렌 가스 등의 화염을 이용하여 국부적으로 가열하고 공기 제트나 물로 냉각시키는 것이다. 물체의 형상 및 치수, 필요로 하는 경도 등에 따라 화염의 크기, 이동 속도, 담금질 시간 등이 정해져야 한다.

화염 경화법은 기어의 치면, 저널 베어링(journal bearing), 장축(長軸) 등에 이용된다.

5.7.5 고주파 경화법

가열물의 표면만을 담금질 온도로 가열하기 위하여 그림 5.31과 같이 가열물을 고주파 유도 전류(200kc 이상)에 의하여 가열하고 냉각시키는 방법이다. 주파수가 높을수록 표면에 와전류(渦電流)가 집중하므로 가열물이 클수록 저주파수를 이용하는 것이 좋다.

유도 코일 자체가 가열되어 녹는 것을 방지하기 위해서 파이프 내를 통하여 냉각수로 냉각한다. 또한 가열물과 유도 코일의 접촉에 의한 방전을 막기 위하여 적당한 간격을 유지하여야 한다.

고주파 경화법의 특징은 다음과 같다.

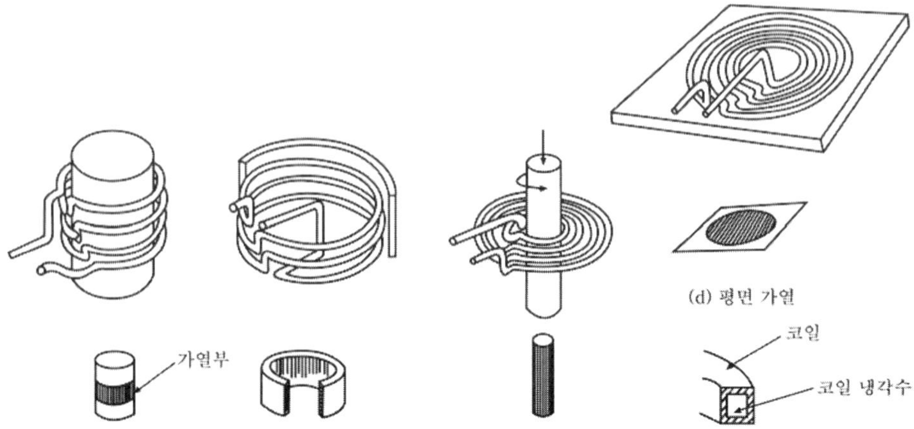

(a) 원통 외면 가열 (b) 원통 내면 가열 (c) 원통 외면 또는 내면 가열 (e) 코일 단면

그림 5.31 고주파 담금질

① 중심부까지 열의 전도가 없으므로 재질의 변화나 변형이 적다.

② 가열 시간이 수초이므로 탈탄 및 산화의 염려가 적다.

5.7.6 아크 방전 경화법

경화하고자 하는 부분에 아크 방전을 일으켜서 담금질 온도에 도달하였을 때 냉각시키는 방법으로서 처음에 교류에서는 60~80V, 직류에서는 40~60V 정도의 전압에서 방전을 일으킨다. 가열부의 크기, 경화층의 깊이 및 전극에서 가열부까지의 거리 등에 따라 아크 전류를 정한다.

5.7.7 하드 페이싱

소재의 표면에 스텔라이트나 경합금 등을 융접 또는 압접으로 융착시키는 표면 경화법을 하드 페이싱(hard facing)이라고 한다.

제 6 장 손다듬질(수기가공, handfinishing)

6.1 손다듬질의 개요

손다듬질은 공작기계를 사용하지 않고 정(chisel), 줄(file), 스크레이퍼(scraper), 해머(hammer)등의 수공구를 사용하여 기계부품을 가공하는 작업을 말한다. 또한, 작업의 능률을 향상시키기 위하여, 핸드 그라이더(hand grinder)가공, 드릴링, 리이밍, 태핑 등의 간단한 작업도 손다듬질에 포함된다. 최근에는 공작기계의 발전과 공작법의 진보에 따라서 손다듬질의 영역은 점차 좁아져가고 있는 실정이다.

6.2 손다듬질용 설비(equipment)

손다짐질용 설비에는 다음과 같은 것들이 있다.

(1) 정반(surface plate)

가공물을 올려놓는 평면대를 정반이라 하며, 평면은 금긋기 작업에 있어서 기준면이 된다. 평면 정밀도는 10μm이하 이어야 한다. 재질에 따라 주철제와 석정반으로 나눈다. 주철제 정반은 표면의 정도를 유지하기 위해서 녹이나 상처가 나지 않도록 주의하여야 한다. 석정반은 화강암을 매끈하게 연마한 것으로 온도의 변화에 영향을 받지 않으며, 마모가 심하지 않아 일반적으로 많이 사용되고 있다.(그림 6.1참조)

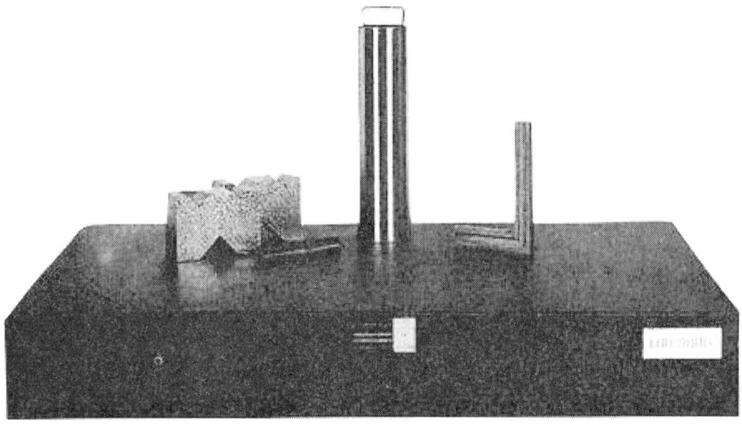

그림 6.1 정반

(2) 바이스(vice)

바이스는 공작물을 고정할 때 사용된다.(그림 6.2)

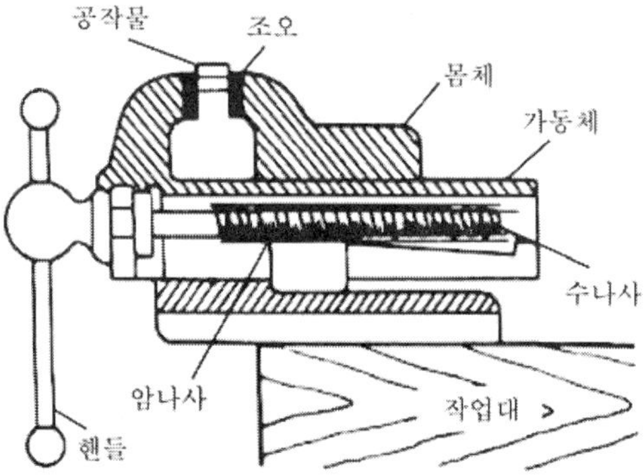

그림 6.2 수평 바이스

(3) 작업대

작업대는 바이스를 고정하여, 절단, 줄작업 등을 할 수 있는 것으로서, 작업대 윗면은 주로 목재로 되어있다.

(4) 핸드 그라이더(hand grinder) 및 드릴링머신 등.

6.3 손다듬질 작업

손다듬질 작업에는 다음과 같은 작업들이 있다.

6.3.1 금긋기(marking off, laying out)

금긋기는 공작물을 기계가공 및 손다듬질을 하기 위하여 정확히 금을 그어 절삭여유부를 결정하는 작업이며, 필요한 중심점, 선, 기준선 등을 표시하는 작업이다.

그림 6.3은 정반위에서 여러 가지 공구를 사용하여 금긋기 작업을 하는 예이다.

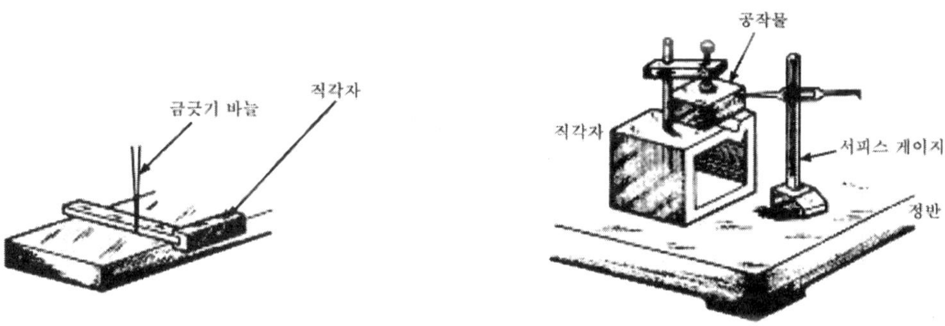

그림 6.3 금긋기 작업의 예

(1) 금긋기 작업의 순서

가공도면을 참고하여, 공정 순서에 따라 다음과 같이 작업한다.

① 기준면 또는 중심면을 정한다
② 금긋기 도료를 칠한다
③ 정반위에 적당한 지지용구로 공작물의 기준면과 정반이 평행이 되도록 한다.
④ 금을 긋는다.
⑤ 중심선 또는 잘보이지 않는 곳에는 센터펀칭을 한다.

(2) 금긋기 작업용 공구

① 금긋기 바늘(scriber)

금긋기 바늘은 직선자나 형판에 따라서 공작물에 금을 긋는 공구로서 바늘의 끝은 담금질하거나 초경합금을 붙여서 사용하며, 나사로 고정하였다가 필요에 따라 갈아 끼울 수 있는 것 등 여러 가지가 있다. 보통 공작물의 면과 바늘의 각도가 60°되게 하여 금을 그으며 바늘 끝이 스케일면에 닿지 않도록 한다.(그림 6.4)

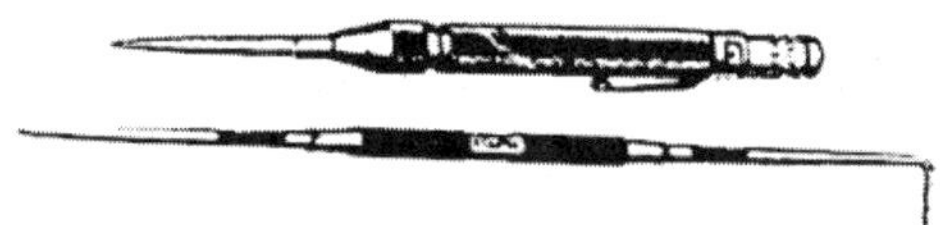

그림 6.4 금긋기용 바늘

② 서피스 게이지(surface gauge)

서피스 게이지는 공작물에 중심을 잡거나 정반 위에서 공작물을 이동시켜 평행선을 그을 때 또는 평행면의 검사용 등으로 사용된다.(그림 6.5)

최근에는 그림 6.6과 같은 디지매틱 하이트 게이지(digimatic height gauge)로서 공작물에 평행선을 정밀하게 긋거나 측정검사도 한다.

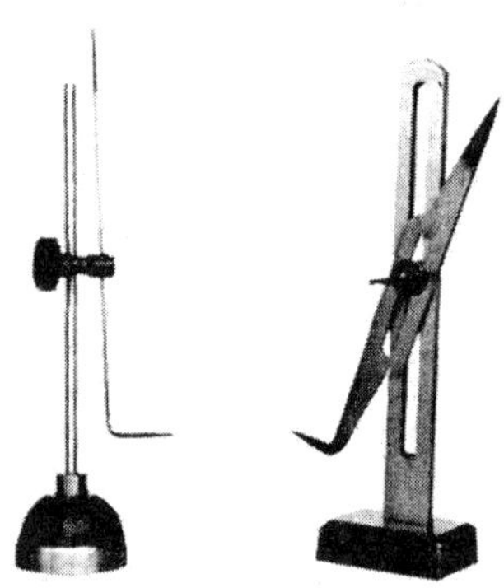

그림 6.5 서피스 게이지

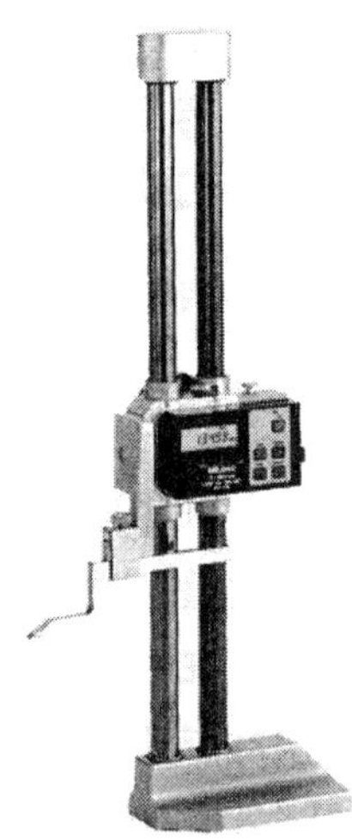

그림 6.6 디지매틱 하이트 게이지

③ 펀치(punch)

금긋기 선이나 원의 중심 등의 위치를 확실하게 표시하기 위해서 펀치 마크(mark)를 찍는다. 보통 펀치의 종류는 그림 6.7과 같으며 (a)는 프릭 펀치(prick punch)로서 금긋기 위에 찍는 펀치이며 각도는 50°이하이다. (b)는 센터 펀치(center punch)용으로 펀치의 끝은 60~90°원뿔로 되어 있다. (c)는 자동펀치로 내부의 스프링에 의해 스핀들(spindle)이 작동되므로 한 번에 많은 량의 펀칭 작업을 할 때 사용된다.

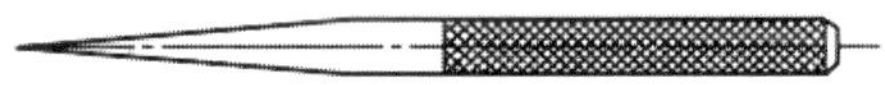

(a)

(b)

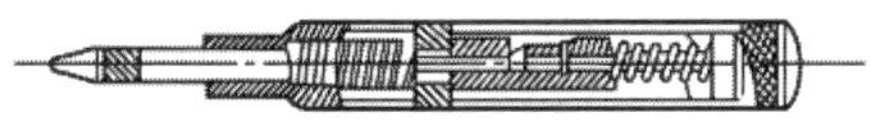

(c)

그림 6.7 펀치의 종류

④ 캘리퍼스와 디바이더(calipers and dividers)

캘리퍼스는 다리 끝에 공작물을 대고 다리를 벌리므로써 크기를 측정한다. 자눈이 있어서 직접 측정할 수 있는 것(마이크로미터, 버어니어 캘리퍼스)과 자눈이 없어 다른 자를 이용하여 간접적으로 측정하는 것이 있다. 자눈이 없는 캘리퍼스를 "퍼스"라고도 한다.

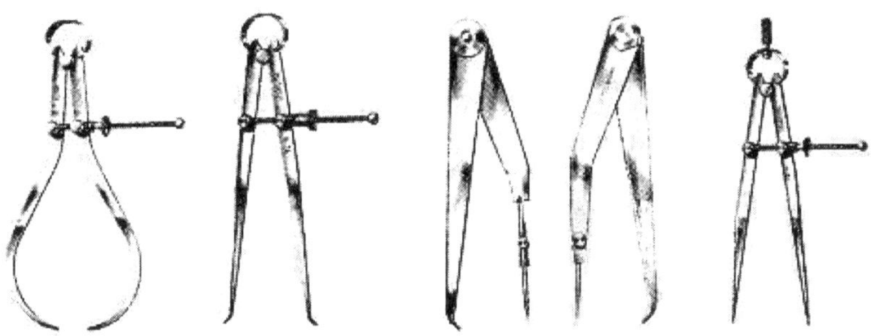

(a) 외경 캘리퍼스 (b) 내경 캘리퍼스 (c) 편파스 (d) 디바이더

그림 6.8 캘리퍼스와 디바이더

그림6.8의 (a), (b)는 외경 캘리퍼스(outside calipers), 내경 캘리퍼스(inside calipers)를 나타낸 것이다. (c)는 편파스(herma phrodite calipers)로서 원통의 중심이나 어떤 기준면에 대하여 평행선을 금긋기 할 때 사용되는 것으로 한쪽다리 끝이 구부러져 있다. (d)는 디바이더(dividers)로서 선 또는 점사이의 치수를 측정 및 분할 작업을 하고, 원 또는 호를 그리는데 사용된다.

⑤ 트래멜(trammels)

트래멜은 큰 원을 그릴 때 사용하며, 비임(beam) 위에 바늘의 위치를 조절하는 장치가 있다. 비임의 길이는 200~300mm 정도이다.(그림 6.9)

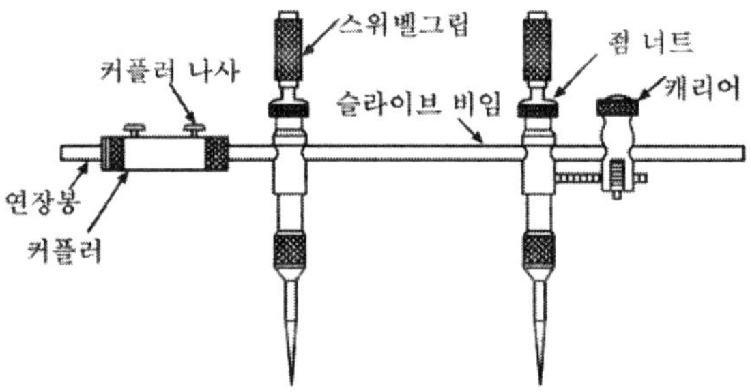

그림 6.9 트래멜

⑥ 조합 직각자(combination square)

홈이 있는 자에 센터헤드(center head), 직각자 틀(square head) 수평 및 분도기를 나사로 고정하여 조합한 것으로서 직각자, 치수의 옮김, 각도의 측정 등을 측정하는데 사용하며, 센터헤드는 2면이 자의 한측과 45°를 이루고 있으므로 둥근 봉의 중심을 구하는데 사용한다.(그림 6.10)

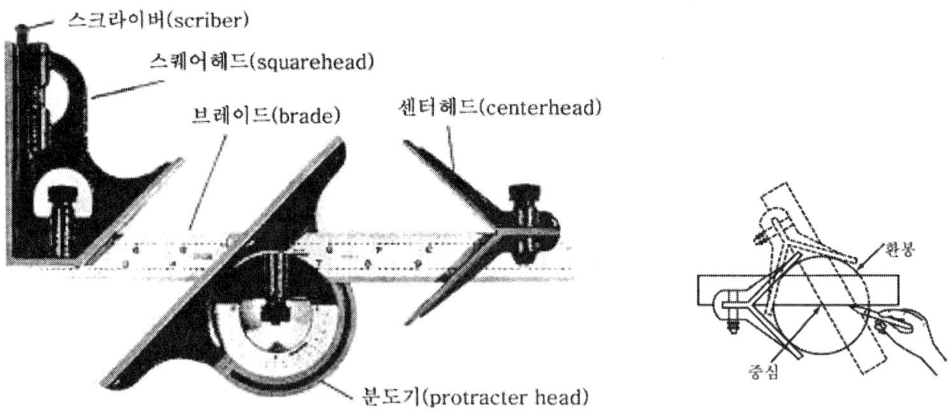

그림 6.10 콤비네이션 세트

⑦ V블록(V-block)

원통형이나 육면체의 금긋기에 사용되고 90°V 홈을 가지고 있으며, 원통형 외면에 구멍을 뚫을 때 사용되기도 한다. 그림 6.11은 V 블록과 클램프를 나타낸 것이다.

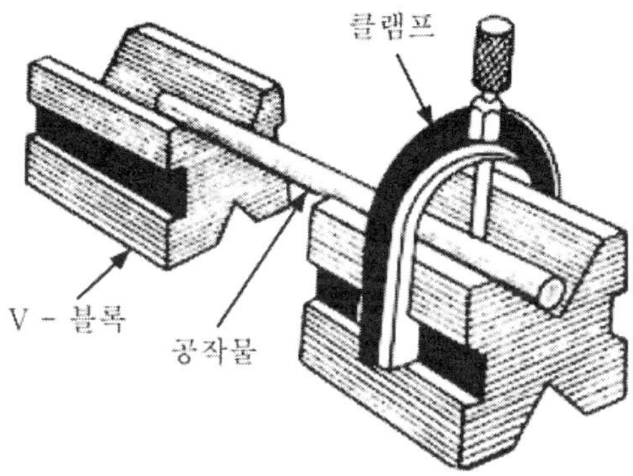

그림 6.11 V-블록

⑧ 기타 공구

기타 금긋기 작업의 공구는 작업에 따라 많은 종류가 있으나, 직각자, 평형대, 바이스, 해머, 패너, 드라이버, 앵글 플레이드, 수준기, 각도 분도기, 마이크로미터, 정, 추 등이 있다. 또한 공작물에 금긋기 작업 전에 선이 잘 나타나도록 도료(물감)를 칠하는데 일반적으로 백묵, 마킹 페인트, 매직잉크 등을 사용하고 있다.

6.3.2 줄 작업(filing)

줄을 사용하여 공작물의 평면이나 곡면을 원하는 모양으로 다듬질하는 작업을 줄 작업이라 한다. 줄 작업은 기계가공이 어려운 부분, 기계가공 후의 끝손질, 조립할 때 서로 잘 맞지 않는 부분 등을 다듬질하는 작업으로 손다듬질 중에서 가장 중요한 작업이라 할 수 있다.

(1) 줄의 각부 명칭과 종류

줄은 그림 6.12와 같이 일정한 단면을 가진 소재에 줄날을 세운 절삭 공구로서 줄날이 있는 본체와 줄자루를 꽂을 수 있는 탱(tang)으로 되어 있다. 줄의 크기 표시는 탱을 제외한 줄날의 길이로 호칭하고 있다. 줄의 종류는 용도에 따라 분류하기도 하나 주로 단면의 형상(그림 6.13), 길이, 날눈의 거칠기, 날눈 방식, 윤곽 등으로 분류한다. 또한 줄눈의 거친 정도에 따라 황목 중목, 세목으로 나누어지는데 황목과 중목은 날눈이 거칠기 때문에 한 번에 많은 양을 절삭할 때 사용되고 세목은 고운 다듬질 작업에 사용된다

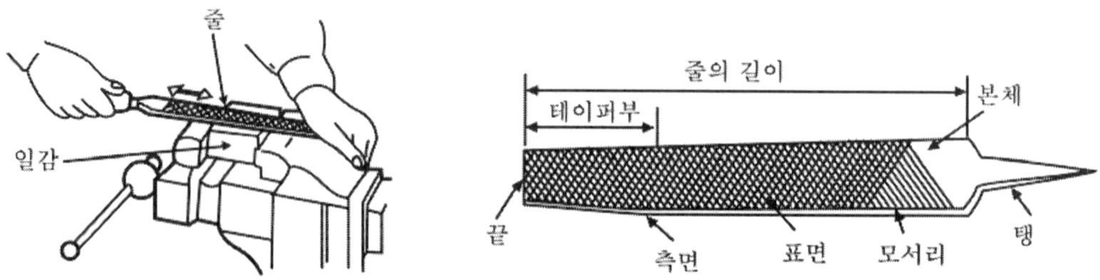

그림 6.12 줄 작업과 줄의 각부 명칭

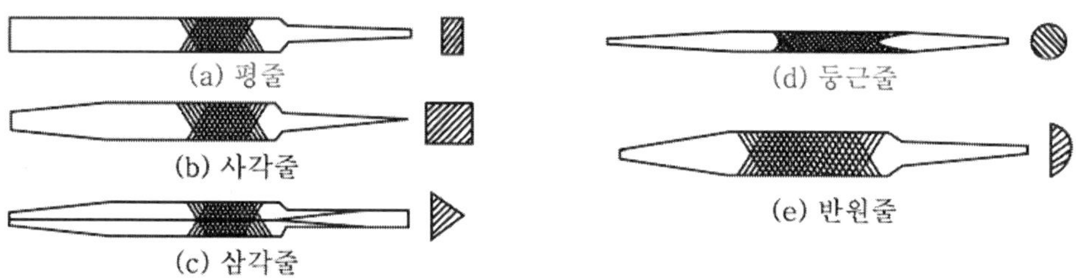

그림 6.13 단면의 형상

날눈의 세워진 방식에 따라서 단목(single cut) 복목(double cut), 파목(curved cut), 귀목(rasp cut)의 종류가 있다(그림 6.14참조).

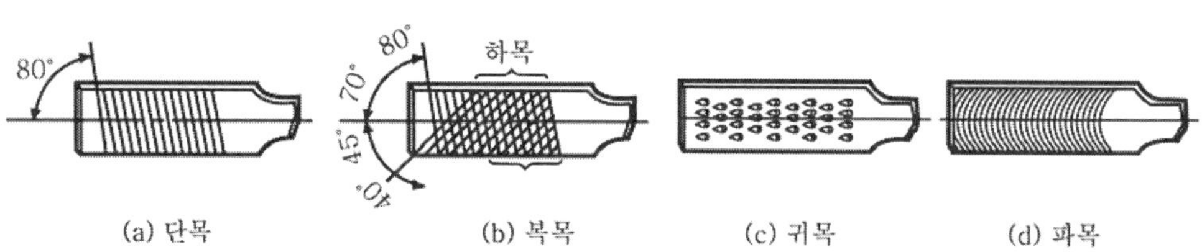

그림 6.14 줄눈의 모양

(2) 줄 작업

줄 작업은 정확하고 빠르게 오랜 시간 작업을 하여도 피로하지 않도록 바른자세가 필요하다.(그림 6.15참조)

보통 줄의 사용 순서는 항목→중목→세목 순으로 작업한다.

평면을 다듬질할 때의 줄 작업 방법은 그림 6.16과 같이 사진법, 직진법 등이 있다. 사진법은 넓은 평면을 다듬질할 때 사용되며, 직진법은 좁은 평면을 다듬질할 때에 사용된다. 그림 6.17은 곡면, 홈, 원기둥, 구면의 줄작업의 예를 나타낸 것이다.

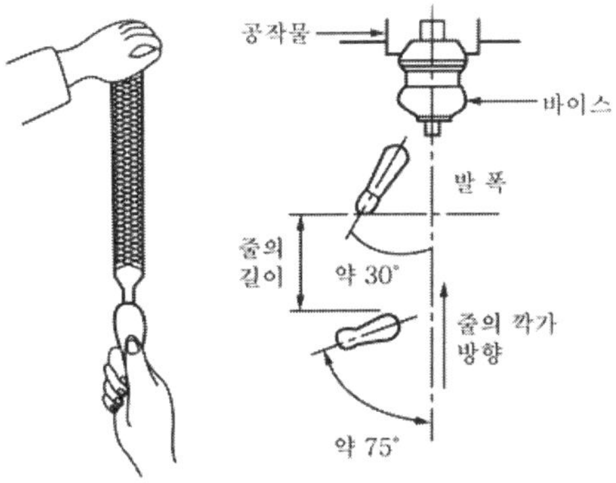

그림 6.15 줄 잡는법과 발의 위치

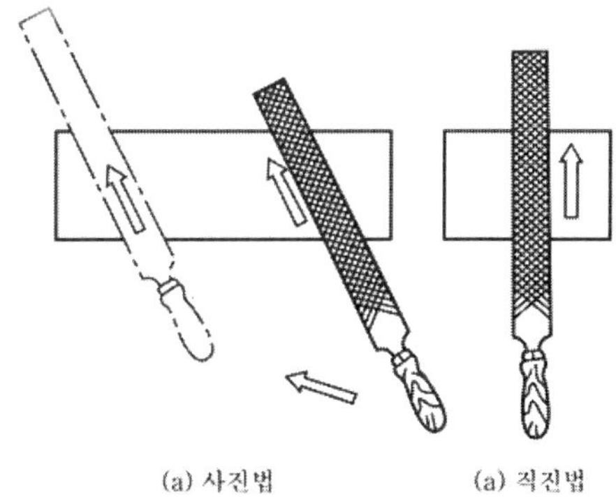

그림 6.16 평면의 줄질 방법

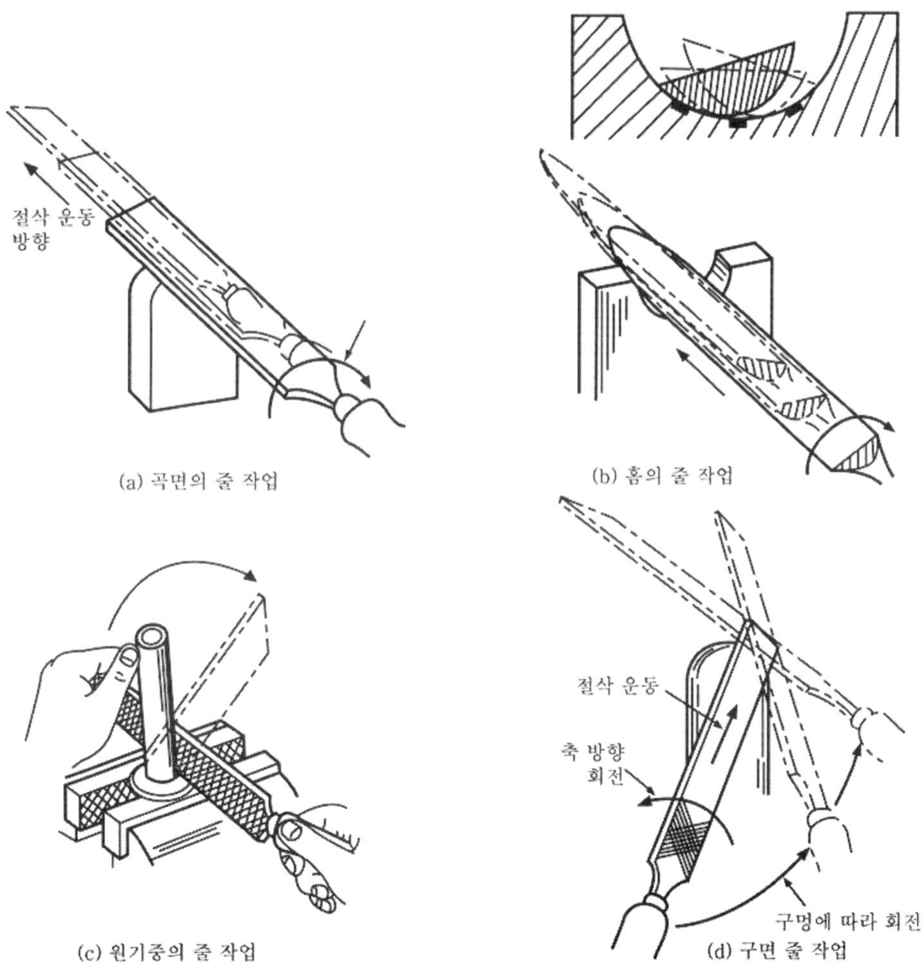

그림 6.17 줄작업의 예

6.3.3 절단 작업(cutting)

(1) 쇠톱(hacksaw)

쇠톱은 금속재료를 절단하는 작업 공구로서 프레임(frame)에 톱날을 끼워서 사용한다. 쇠톱은 톱날의 구멍을 프레임과 조임대의 핀에 끼운 후 나비 너트로 죌 수 있도록 되어 있다. 톱날은 탄소 공구강, 합금 공구강, 고속도강으로 만들며, 한쪽에 날이 가공되어 있고 톱날의 이수는 절단하는 재료의 종류에 따라서 선택한다. 연강과 황동 등에 쓰이는 것은 날이 거칠고 이수는 적지만 강이나 박강판의 절단용 톱날은 이수가 많은 것을 주로 사용한다. 그림 6.18은 쇠톱날의 모양을 표시한 것으로 (a)는 잇날을 엇갈리게 굽혀서 소세팅(saw setting)한 것이고, (b)는 3개마다 소세팅 한 것이다. (c)는 잇날을 밀어 굽혀서 파문을 만든 것으로 절단할 때 저항이 적다. (d)는 잇날의 두께보다 몸체의 두께를 얇게 하여 절삭저항을 감소시킨 것이며 (e)는 잇날의 측면에도 날을 만든 것으로서 특수용도에 주로 사용한다.

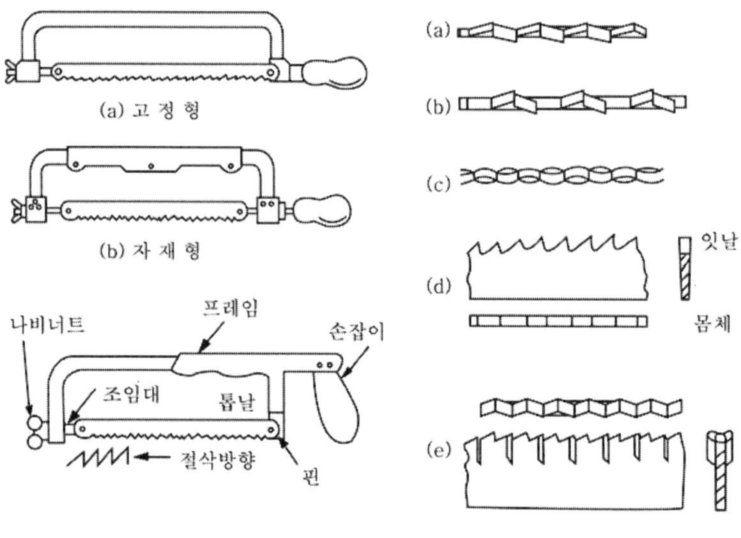

그림 6.18 쇠톱의 종류와 구조 및 형상

(2) 쇠톱의 절단 작업

쇠톱의 절단 작업을 밀 때에는 힘을 주고 당길 때에는 모의 상체를 일으키는 기분으로 톱날에 힘을 주지 않는다. 톱날의 왕복 횟수는 1분에 약 50~60°회가 적당하며, 절단이 끝날 무렵에는 힘을 빼고, 가볍게 절삭하도록 한다. 톱날의 절삭 각도는 보통 수평으로 하나 절단하는 재료에 따라 다르고, 약 3~5°경사지게 작업을 하는 것이 좋다.(그림 6.19)

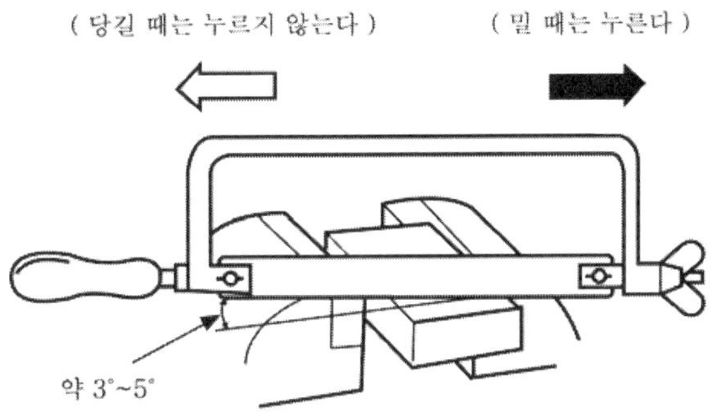

그림 6.19 쇠톱의 절단 작업

6.3.4 리밍(reaming)

드릴로 뚫은 구멍은 보통 진원도 및 내면의 다듬질 정도가 양호하지 못하므로 리머를 사용하여 구멍의 내면을 매끈하고 정확하게 가공하는 작업을 리머 작업 또는 리밍(reaming)이라고 한다. 일반적으로 리머의 여유는 0.2~0.3mm 정도가 주로 사용된다.

(1) 리머의 각부 명칭

리머는 보통 그림 6.20과 같이 날부분과 샹크(자루)부분으로 되어 있고, 샹크는 평형과 테이퍼의 두 종류가 있다. 날 모양에는 평행날과 비틀림 날이 있으며, 보통 고속도강으로 만든다.

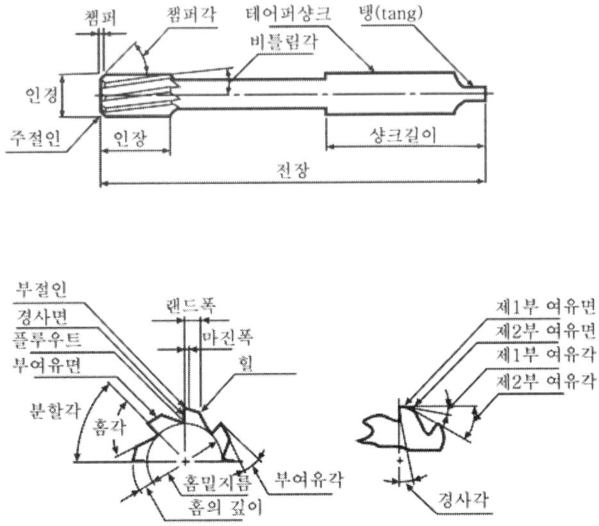

그림 6.20 리머의 각부 명칭

(2) 리머의 종류와 특징 및 용도

리머를 사용하는 방법에 따라 손으로 하는 핸드 리머와 공작기계를 사용하는 기계 리머로 나누기도 하며, 리머의 특징과 용도는 표 6.1과 같다.

표 6.1 리머의 종류

명 칭		형 상	특 징 및 용 도
핸드 리머		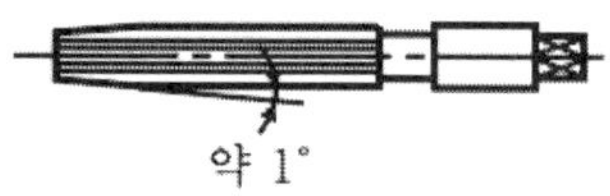	자루의 지름은 리머의 지름보다 0.02~0.06mm 작기 때문에 리머 구멍에 관통시킬 수 있다. 핸들에 끼워 손으로 작업한다.
기계 리머	처킹 리머	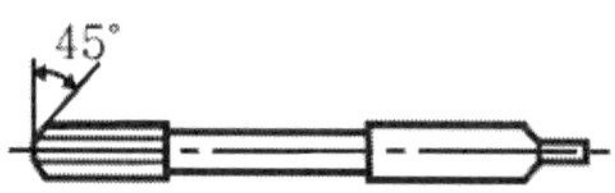	날의 길이가 짧고 선단에 모떼기가 있다. 공작 기계에 장치하여 사용하며, 거친 다듬질용으로 쓰인다.
	조버스 리머	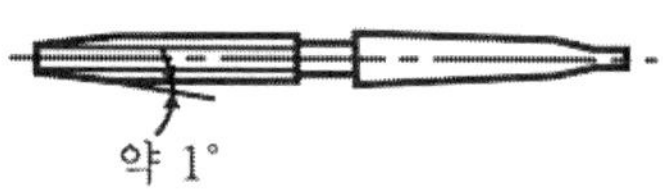	날 부분은 수동 리머와 같이 만들며, 정밀한 구멍 다듬질용으로 널리 사용된다.
	브리지 리머	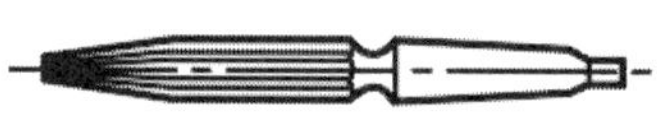	볼트 구멍, 리벳 구멍 등의 엇갈린 구멍을 수정하는데 쓰이며, 주로 전기 드릴에 장치하여 공사 현장에서 사용한다.
테이블 리머	모스 테이퍼 리머	 다듬질용	0~7번까지의 모스 테이퍼를 가공하는 리머로서, 황삭용과 다듬질용이 있다.
	테이퍼 핀 리머		1/15의 테이퍼 핀을 가공하는 것으로 기계용과 수동용이 있다.
	파이프 리머	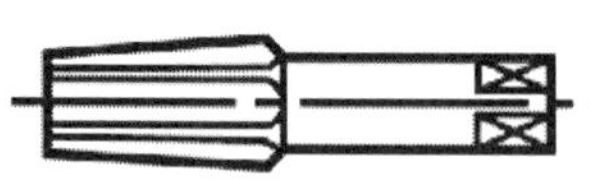	1/16의 테이퍼로 되어 있으며, 파이프 소켓의 안지름 테이퍼 가공에 사용된다.
조정 리머	조정 리머	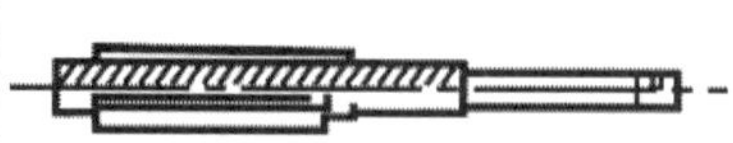	날을 교환할 수 있고 치수를 조정할 수 있으므로, 수리 공장에서 많이 사용한다.
	팽창 피머	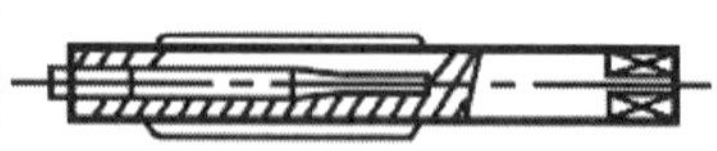	테이퍼 핀을 죄어 지름을 확장시킬 수 있는 것으로, 극히 작은 양의 구멍 확대에 사용한다.
세트 리머			큰 구멍의 다듬질에 사용되며, 날과 자루가 별도로 되어 있어 조립하여 사용한다.

(3)리머 작업

① 핸드 리머 작업

리머를 자루의 4각부에 알맞은 핸들에 끼우고, 기초구멍에 그림 6.21과 같이 리머를 수직으로 세운 다음 그림 6.22와 같이 핸들 양쪽에 고르게 힘을 가하여 천천히 일정한 속도로 이송한다. 작업 중에 적당한 절삭제를 주고 역회전 시키지 않는다.(시계방향으로 작업)

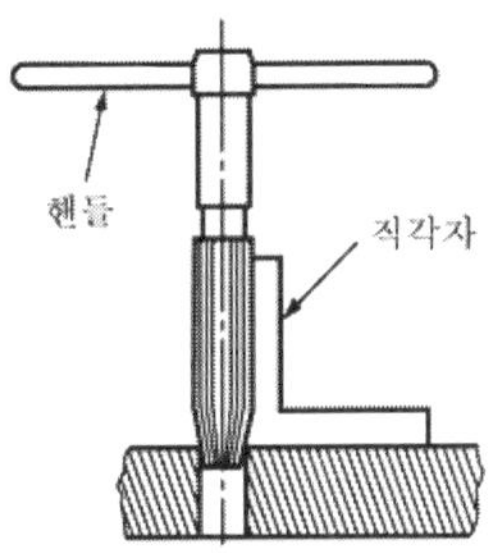

그림 6.21 수직으로 리머 세우기

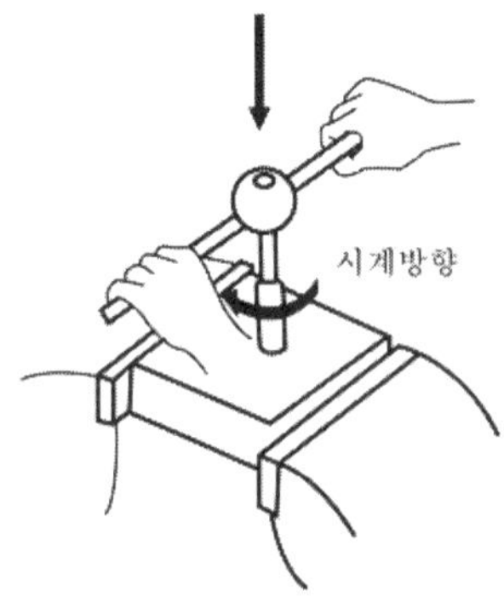

그림 6.22 리머 작업

② 기계 리머 작업

기계 리머는 리머의 중심선을 정확하게 일치시키기 위하여, 드릴로 구멍을 뚫은 후 리머작업을 한다.

③ 테이퍼 리머 작업

테이퍼 구멍의 리머 작업은 처음에 가공여유를 남긴 기초 구멍을 여러단으로 나누어 구멍 뚫기를 한 후 테이퍼 리머로 리밍한다. 테이퍼 리머는 수동 리머와 같이 흔들리지는 않으나 선단이 가늘고 테이퍼 전체로 절삭하므로 절삭 칩이 홈에 막히기 쉽다. 그러므로 가끔 빼내서 절삭칩을 제거하고, 절삭제를 충분히 사용하며, 힘을 너무 많이 주지 않도록 해야 한다.

④ 절삭제

절삭제는 드릴 가공과 같이 공작물의 재질에 따라 사용하나, 절삭여유가 적으므로 날끝의 냉각보다는 주로 칩의 배출과 깨끗한 가공면을 얻기 위하여 사용한다. 일반적으로 수용성 절삭유, 광유 등이 사용되며, 주철 등에는 사용하지 않는다.

6.3.5 탭 및 다이스 작업

손다듬질이나 조립 작업에서 탭(tap)으로 암나사를 내고, 다이스(dies)로 수나사 작업을 한다. 보통 탭과 다이스에 의한 작업은 지름이 25mm 정도까지 할 수 있다. 그림 6.23은 탭과 다이스의 각부명칭을 나타낸 것이다. 둥근 막대에 수나사를 깍을 때에는 다이스를 사용하고, 구멍에 암나사를 깎을 때에는 핸드 탭을 사용한다. 핸드 탭은 3개가 1조로 되어 있으며, 1번 탭, 2번 탭, 3번 탭 순으로 차례로 사용하여 나사를 깎는다.(그림 6.24참조) 다이스 작업이나 탭 작업을 할 때에는 그림 6.25와 같은 탭 핸들과 다이스 핸들을 사용한다. 그림 6.26은 탭 및 다이스 작업의 순서를 나타낸 것이다. 그림 6.27은 특수한 탭의 특징과 용도를 나타낸 것이다.

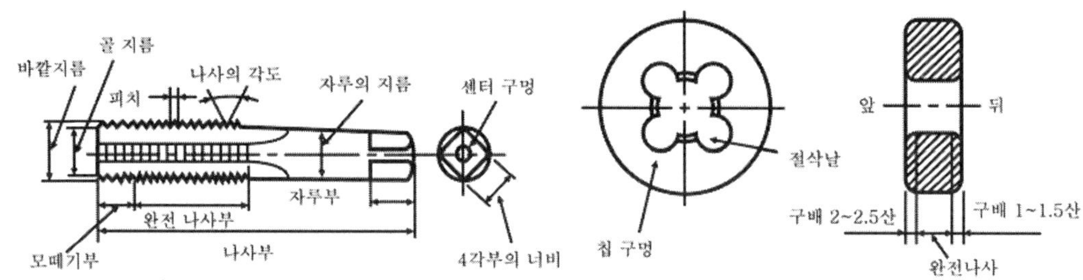

그림 6.23 탭과 다이스의 각부명칭

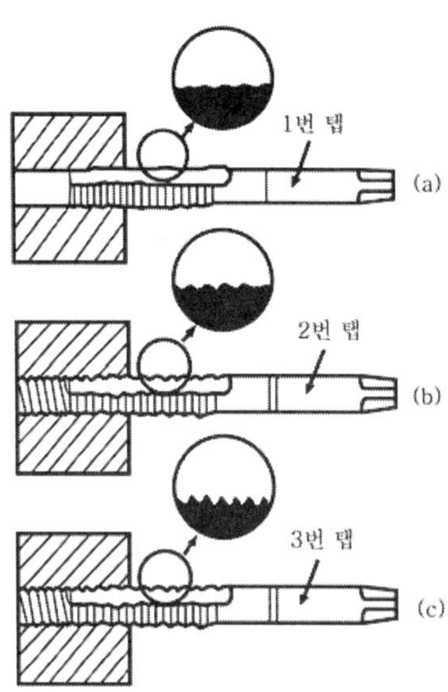

그림 6.24 탭작용

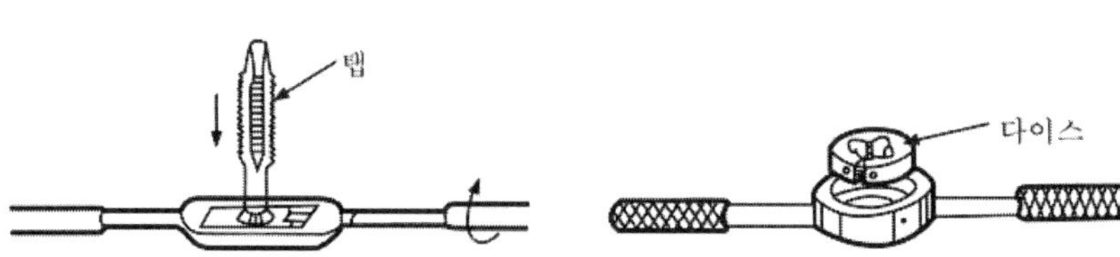

그림 6.25 탭 핸들과 다이스 핸들

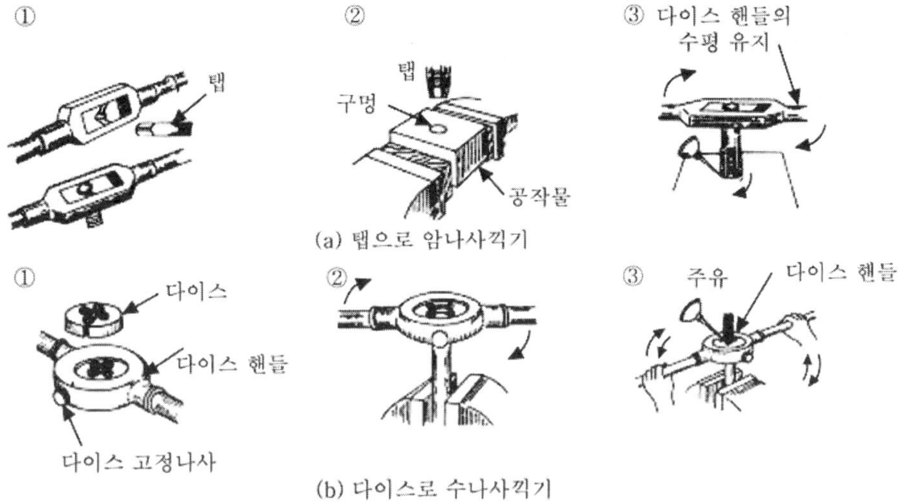

그림 6.26 탭 및 다이스 작업

명 칭	형 상	특 징 및 용 도
스파이럴 탭		나사부의 홈이 비틀림 홈으로 되어 있어 칩의 배출이 잘 되므로 막힌 구멍이나 인성이 강한 재료의 나사내기에 쓰인다.
마스터 탭	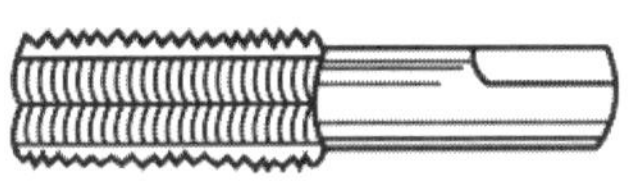	핸드 탭보다 나사부의 홈이 많이 있고 나사부를 정밀하게 연삭한 것으로 다이스체이서 등의 절갓공구 제작에 사용한다.
드릴 탭	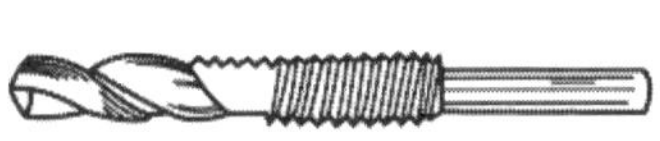	나사 구멍의 지름과 같은 치수의 드릴과 탭을 조합한 것으로 드릴로 구멍을 뚫고 이어서 나사내기를 할 수 있다.
스테이볼트 탭		리머와 탭이 조합된 것으로 리머로 나사 구멍을 다듬질해 가며 나사내기 한다. 보일러 등의 제관작업에 쓰인다.
밴드 탭		자루가 구부러진 탭으로서 자동 태핑머신에서 너트를 대량으로 생산할 때 쓰인다.
건 탭		나사부의 길이가 짧고 칩이 선단으로 빠지게 되어 있어 납, 크롬, 바나듐 강 등 점성이 강한 재료의 관통 구멍에 적합하다.
에크미 나사탭	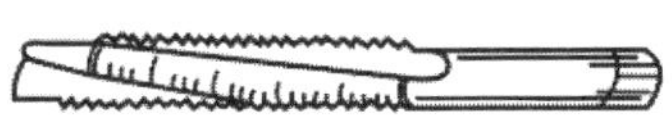	사다리꼴 나사를 내기 위한 탭으로 29°와 30°의 것이 있다.

그림 6.27 특수한 탭의 특징과 용도

6.3.6 스크레이퍼(scraper)작업

(1) 스크레이퍼 가공

스크레이퍼 가공은 숙련자의 수작업에 의한 평면의 고정밀도 다듬질 가공방법의 하나로서, 이것에 의해서 얻어지는 가공면의 높은 평면도와 우수한 윤활성능에 의해 옛부터 공작기계나 정밀측정기의 슬라이딩, 각종접합면, 정반의 기준면 등에 채택되어 왔다. 최근에는 가공코스트나 가공능률의 문제에 더하여 숙련작업자의 부족이 현저해져 스크레이퍼 가공이 연삭 등의 기계가공으로 대체되는 경향이 있으나, 고정밀도인 평면을 기계가공만으로 실현하기에 곤란한 실정이다. 그래서 숙련 작업자의 노하우를 해석하여 스크레이퍼 가공을 자동화 하고자 하는 시도도 연구중이다.

그림 6.28은 스크레이퍼의 종류를 나타낸 것으로서, 재질은 보통 공구강, 고속도강이며, 경도가 높은 공작물을 가공하기 위하여, 초경합금을 용접하여 사용하기도 한다.

명 칭	적 용	스크레이퍼의 형태
평 스크레이퍼	평면 작업	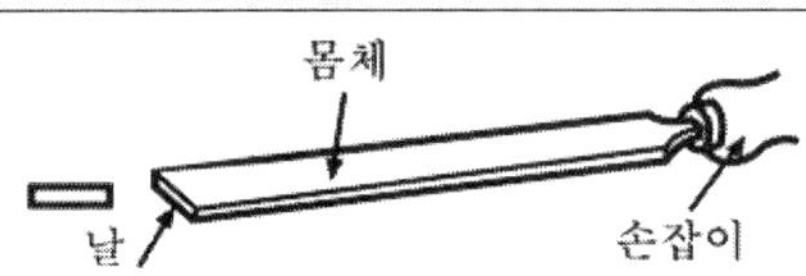
조립 평 스크레이퍼	평면 작업	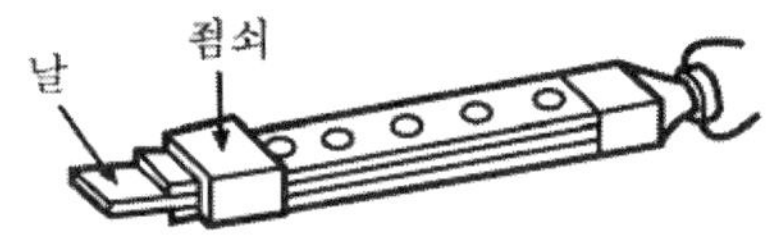
삼각 스크레이퍼	평면, 곡면 작업	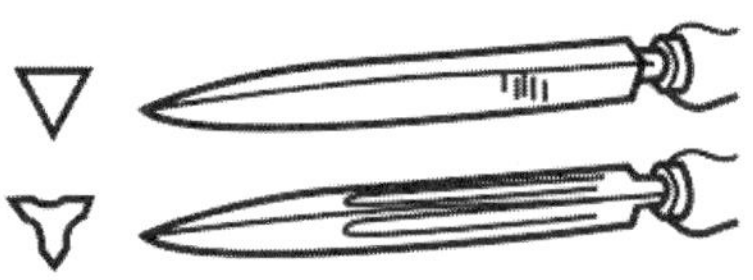
곡면 스크레이퍼	곡면 작업	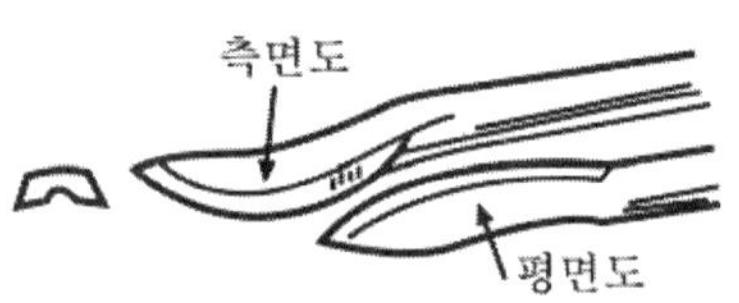

그림 6.28 스크레이퍼의 종류

일반적으로 스크레이퍼 가공은 그림 6.29와 같은 공정으로 가공되며, 각 공정간에는 가공면에 광명단(光明丹)도료를 도포하여 이것을 기준정반과 비벼 맞춤하고, 도료의 부착상황을 눈으로 봐서 가공면의 요철상태를 평가한다. 닿음이 많은 부분을 깍아가는 것에 의해 최종적으로 대단히 고정밀도의 평면과 균일한 닿음 상태가 실현된다.

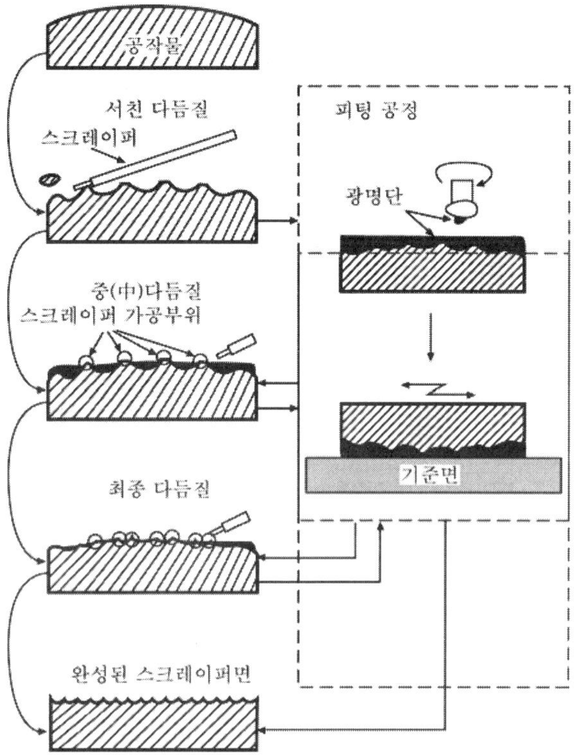

그림 6.29 스크레이퍼 가공의 일반적 순서

(2) 스크레이퍼의 절삭각, 공구의 절삭 방향, 가공 방법

① 절삭각

스크레이퍼의 절삭각은 그림 6.30과 같이 항상 90°보다 크게 한다.

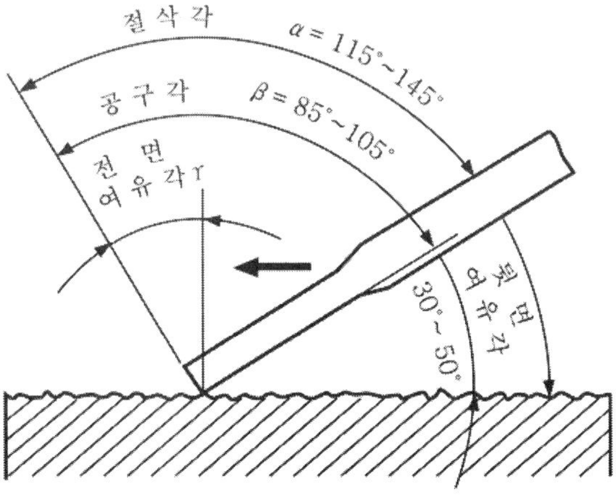

그림 6.30 스크레이퍼 공구의 절삭 방향

② 공구의 절삭방향

그림 6.31과 같이 약 45°를 취하고, 먼저 공작물의 테두리부터 작업한 다음, 공작물의 안쪽에서부터 바깥쪽으로 작업해 나간다. 항상 접촉점 부분만을 절삭한다.

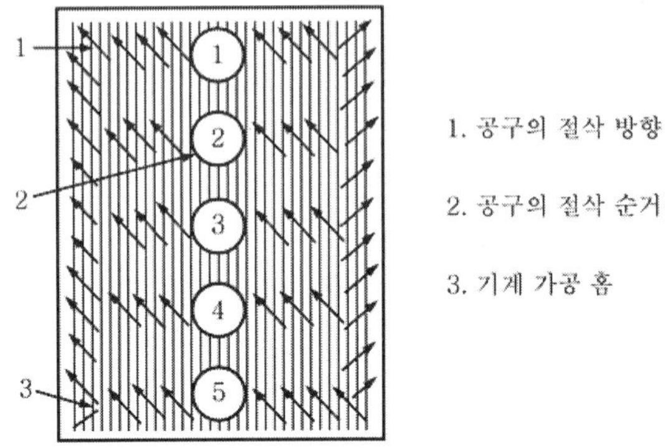

그림 6.31 스크레이퍼 공구의 절삭방향

③ 가공방법

그림 6.32와 같이 스크레이퍼를 밀어내는 동시에 중심선을 축으로 하여 약간씩 돌려 주며 작업한다.

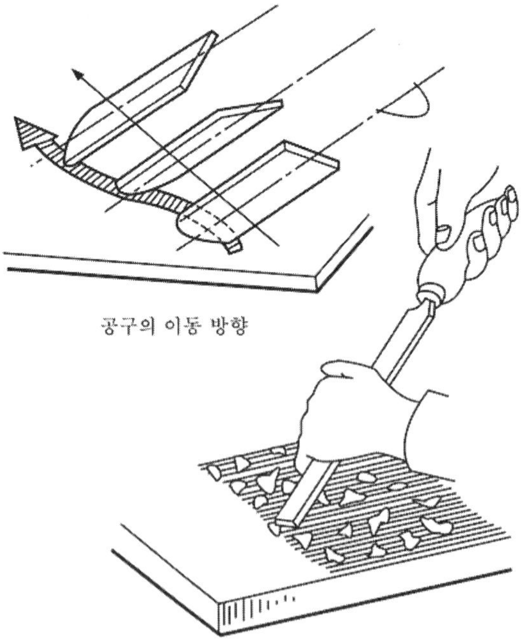

그림 6.32 가공 방법

6.3.7 정 작업(chipping)

(1) 정작업

정작업은 쐐기형으로 된 정을 사용하여, 공작물에 대고 해머로 쳐서 절단하거나 홈 및 평면을 가공하는 작업이다.

(2) 정의 종류

정은 탄소 공구강(0.8~1.2%C)으로 제작하며, 날끝은 담금질 후 뜨임을 한다.(그림 6.33 참조)

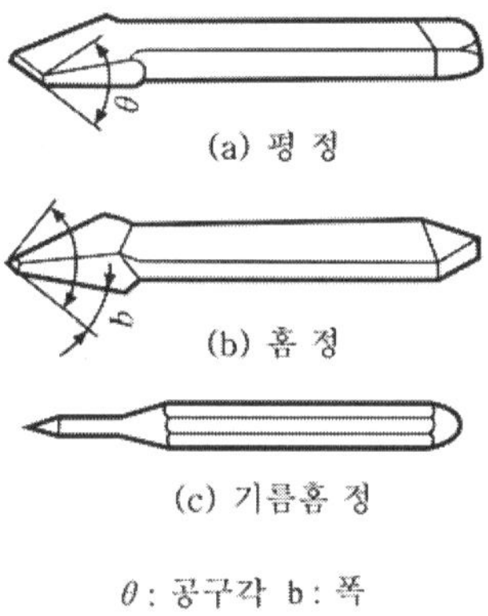

그림 6.33 정의 종류

① 평정 : 평면 따내기 및 판금의 절단에 사용.

② 홈정 : 홈을 파거나 절삭여유가 많은 거친 절삭에 이용.

③ 기름홈 정 : 베어링 메탈 회전축에 기름홈을 파는데 사용.

제 7 장 측정(measuring)

7.1 측정의 개요

측정이란 어떤 측정량을 단위로써 사용되는 다른 양과 비교하는 것으로서, 측정량은 직접측정기 안에 들어 있는 기준편에 의해 직접 치수를 측정하는 방법과 별도로 준비된 게이지를 기준으로 하여 그 차를 측정하고 피측정물의 치수를 구하는 방법이 있다. 전자를 ① 직접측정이라 하고 후자를 ② 비교측정이라 한다. 또한, 나사, 기어 등과 같이 기하학적으로 복잡한 물체의 경우에는 구하는 양을 직접 측정할 수 없는 경우가 많다. 이러한 경우에는 측정하고자 하는 양을 수학적 관계로부터 구한 후, 피측정물의 측정량을 측정한다. 수학적인 관계는 기하학적 관계에서 얻을 수 있으므로 이러한 종류의 측정을 ③ 간접측정이라 한다.

7.2 측정의 기본적 방법

중요한 측정의 방식은 다음과 같이 크게 3가지로 나눌 수 있다.

(1) 절대 측정

직접 측정이라고도 하며, 측정기로부터 직접 측정치를 읽을 수 있는 방법이다. 절대 측정기에는 눈금자, 버니어 캘리퍼스, 마이크로미터 등이 있다.

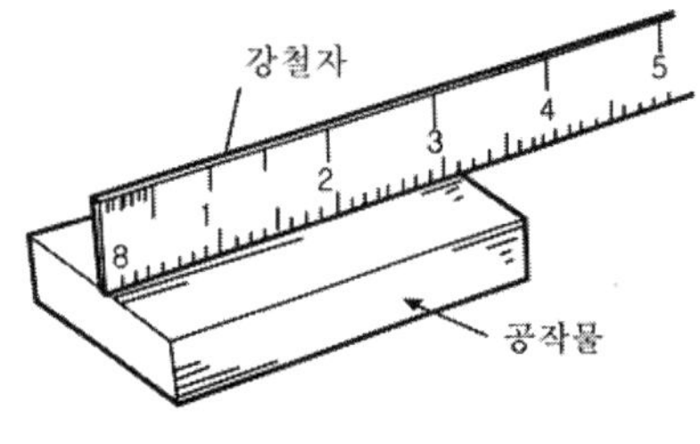

그림 7.1 직접측정

(2) 비교 측정

표준 길이와 비교하여 측정하는 방법으로 비교 측정기에는 다이얼 게이지, 내경 퍼스 등이 있다.

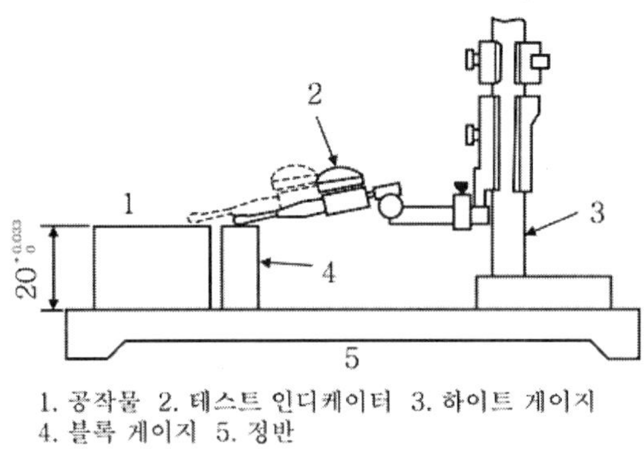

그림 7.2 비교측정방법

(3) 간접 측정

나사 또는 기어 등과 같이 형태가 복잡한 것에 이용되며, 기하학적으로 측정값을 구하는 방법이다.

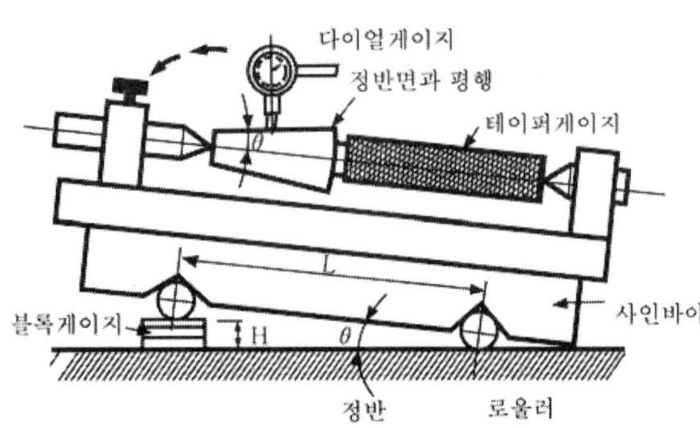

그림 7.3 간접측정

7.3 측정기의 종류

표 7.1은 측정대상과 측정기기의 예를 나타낸 것임으로서, 기계부품의 측정은 측정할 부품의 모양과 정밀도에 따라 측정기기를 적절히 선정하여야 한다.

정밀측정에 사용되는 검사용 기기는 다음과 같이 분류할 수 있다.

(1) 도기(standard)

일정한 길이 또는 각도를 눈금 또는 면으로 구체화한 것이다. 선도기(line standard)는 눈금의 간격을 치수 단위로 구체화한 것이고 블록 게이지와 같이 양단면의 간격으로 길이를 구체화한 것은 단도기(end standard)라고 한다.

(2) 지시 측정기

측정중에 손 또는 자동적으로 표점이 눈금에 따라 이동하는 측정기이다.

(3) 시준기

기계적인 접촉없이 간격을 측정하기 위하여 조준선 또는 시준선을 점 또는 물체의 모서리를 맞추도록(주로 광학적으로)된 측정기이다. 예를 들면 초점경이 붙은 현미경 또는 망원경이나 스크린 위에 표시선이 있는 투영기 등이다.

(4) 인디케이터(indicator)

일정량의 조정 또는 지시에 사용되는 것을 마이크로미터나 측장기 등의 측정력을 일정하게 하려는 목적으로 사용된다.

(5) 게이지(guage)

검사해야 할 물체의 치수 및 모양을 구체화한 것으로 측정중에 움직이는 부분을 갖지 않는 것이다.

(6) 측정 보조구

측정기 또는 공작물을 지지하기 위한 스탠드, 프레임 또는 앤빌 등을 말한다.

표 7.1 측정대상과 측정기기

측 정 대 상	측정기기의 명칭
바깥지름, 길이	버니어 캘리퍼스, 외경 마이크로미터, 축용 한계 게이지, 공기 마이크로미터, 외경 지침 측미기 등
안 지 름	구멍용 한계 게이지, 내경 마이크로미터, 내경 지침 측미기 등
각 도	만능 각도기, 사인 바아, 각도 게이지 등
나 사	나사 마이크로미터, 공구 현미경 등
기 어	기어시험기 등
다 듬 면	옵티컬 플랫, 스트레이트 에지, 정반, 정밀 수준기, 오토콜리미터 등

7.4 측정오차의 종류(error classification)

동일 측정기로 하나의 부품을 반복하여 측정하였을 때 반드시 측정값이 같지 않고 편차가 생길 때가 있다. 이것은 여러 가지 원인으로 측정시에 오차(error)가 포함되기 때문이다. 이 원인으로는 부주의로 인한 인위적인 것과 측정기의 구조나 주위 환경의 부적당 등을 들 수 있다.

측정 방법으로서 가장 이상적인 것은 양 측정면 사이에 기준편을 넣어 0점을 맞추고 그 상태에서 기준편과 피측정물을 바꾸어 측정하는 치환법이다. 이 방법을 채택할 수 없을 때는 표준자와 피측정물은 동일축 선상에 있어야 한다.(아베의 원리) 예를 들면 그림 7.4(a)와 같이 표준자와 피측정물이 동일 축선상에 있는 마이크로 미터는 그림 (b)와 같이 어떤 거리만큼 떨어진 평행선상에 있는 버니어캘리퍼스에 비하여, 같은 기울어짐에 대하여 생기는 오차가 극히 작은 것을 알 수 있다.

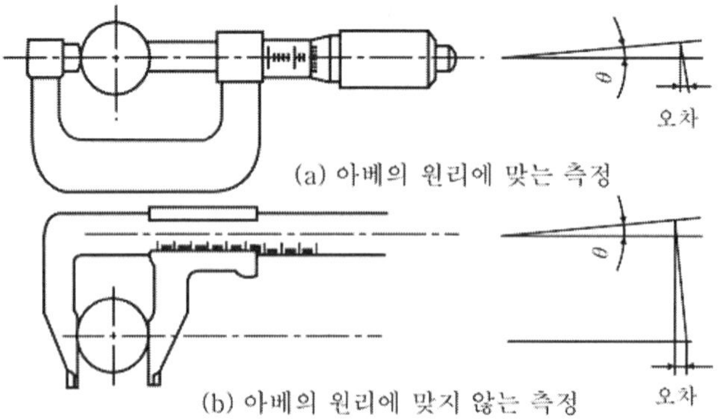

그림 7.4 측정오차

① 참값(true actual vale)V_a

한 측정대상의 실제 크기(이양의 계산에 있어 근사치는 가능하지만 엄격한 의미에서 참값을 결정할 수는 없다)이다.

② 지시값(indicated value)V_i

측정 시스템으로부터 직접 지시된 크기(이것은 실험 그대로의 값 또는 직접 기록된 데이터의 값)이다.

③ 보정(calibration)

지시값에 적용되는 교정이며 결과의 가치를 높여준다.

④ 결과(result)V_r

지시값에 대한 모든 보정을 행한 후에 얻어진 값

$$V_r = AV_i + B$$

여기서 A와 B는 곱셈과 덧셈의 보정상수이다.

⑤ 오차(error)

참값과 결과와의 실제적인 차

오차=V_r(결과 또는 측정값)-V_a(참값)으로 표시할 수 있다. 오차의 형태를 분류하기는 애매할 수 있으나 다음과 같이 나눌 수 있다.

(1) 계통오차(고정오차, systematic errors)

주로 측정기, 측정방법 및 피측정물의 불안전성과 환경의 영향에 의해 생기는 것이다. 예를 들면 측정력의 영향, 선도기의 눈금오차, 측정온도의 편차에 의해서 생기는 피측정물과 도기(standard)의 길이 변화 등이다. 구체적으로는 다음과 같이 분류한다.

① 보정 오차(calibration error)

② 일괄적으로 반복되는 인위적 오차(certain types of consistently recurring human error)

③ 기술상의 오차(error of technique)

④ 로우딩 오차(loading errors)

⑤ 시스템 해상도의 한계(limitations of system resolution)

(2) 우연오차(precision or random errors)

우연오차는 측정기, 피측정물, 환경 및 관측자가 파악할 수 없는 변화에 의해 일어나며, 동일한 조건하에서 항상 같은 크기를 갖지 않는 측정오차를 우연오차라 한다.

① 환경의 변화에 의한 오차(errors stemming from varying environmental conditions)
② 인위적 오차(certain types of human errors)
③ 선명도와 변화에 의한 오차(errors resulting from variations in definition)
④ 측정계의 강도 부족에 의한 오차(errors derived from insufficient sensitivity of the measuring system)

(3) 불합리 오차(illegitimate errors)

① 실수(blunders or mistakes)
② 계산착오(computational errors)

그림 7.5는 불합리 오차에 의한 예이다. 측정기가 정확하게 치수를 지시하고 있을지라도 측정자의 부주의때문에 생기는 오차로서, 그림 7.5와 같이 측정자의 눈의 위치에 따라 눈금의 읽음 값에 오차가 생기는 경우가 있다. 이것의 방지를 위해서는 측정자의 눈의 위치는 항상 눈금판에 수직이 되도록 습관을 기르도록 한다. 최근에는 측정값이 직접 숫자(digital)로 표시되는 측정기도 있다. 시차와 함께 측정자의 미숙(정확히 중심선을 못 맞추는 등)으로 발생하는 오차를 개인오차라고 한다.

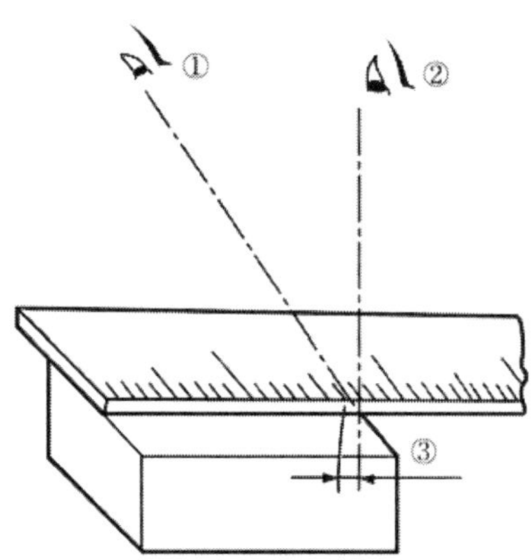

① 그름 ② 바름 ③ 오차

그림 7.5 불합리 오차의 예

(4) 긴 물체의 휨에 의한 오차

가늘고 긴 모양의 측정기 또는 피측정물을 정반위에 놓으면 접촉하는 면의 형상오차 때문에 불규칙한 변형이 생기므로, 보통 두점에서 지지한다. 이때, 긴 물체는 자중에 의해 휨이 생기고 정확한 치수측정이 불가능하다. 따라서 각 지점의 지지 위치에 따라 모양이 각각 달라지므로, 사용 목적에 따라 가장 적합한 것을 선택해야 한다. 예를 들면, 그림 7.6(a) 에어리점(airy point)은 긴 블록 게이지와 같이 양 끝면이 항상 평행 위치를 유지해야 할 필요가 있을 때의 지지점으로 S=0.2113L이면, 그림 7.6(b) 베셀점(bessel point)은 중립면상에 눈금을 만든 선도기에서와 같이 전체길이의 측정오차를 최초로하기 위한 기지점으로 S=0.2203L로 한다.

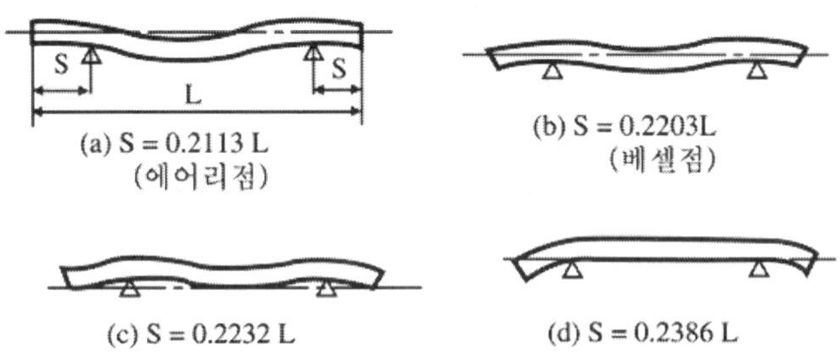

그 림	그림 (a)	그림 (b)	그림 (c)	그림 (d)
특 징	양끝면의 축선과 수직 및 평행선을 그을 수 있다.	중립축에 미치는 영향을 가장 적게 지지할 수 있다.	전체의 휨이 가장 적고, 양끝과 중앙의 휨이 같게 된다.	양 지점간의 휨이 가장 적다
용 도	단 도 기	눈 금 자	면 의 측 정	면 의 측 정

그림 7.6 긴 물체의 사용 목적에 따른 지지점의 위치

7.5 측정의 용어(measuring word)

(1) 최소 눈금(scale interval)

① 1눈금이 나타내는 측정량을 말한다.

② 생물학 및 심리학적 측정 정도 눈금선 길이는 0.7~2.5mm가 가장 좋다(1눈금의 1/10을 눈가늠으로 읽을 수 있다.)

(2) 측정기의 감도(sensitivity)

측정량의 변화 ΔM에 대한 지시량의 변화 ΔA에 비(감도 $E=\Delta A/\Delta M$)를 말한다.
(지시량 : 눈금상에서 읽을 수 있는 측정량을 말한다)

(3) 배율(magnification)

배율 V는 눈금간격 l대 최소금 s의 비이다.

$$V = l / s$$

(4) 지시범위(scale range)

① 눈금상에서 읽을 수 있는 측정값의 범위를 말한다.

② 지시범위는 반드시 0으로부터 시작할 필요는 없다.

[예] 마이크로미터는 0~25mm, 25~50mm ……. 다이얼 게이지는 5 또는 10mm이다.

③ 대부분의 길이 측정기는 지시범위와 측정범위가 일치한다.

(5) 조정범위

측정 테이블 또는 앤빌이 조정이 가능한 측정기에서는 측정범위를 조정할 수 있는 범위를 말한다.

(6) 전사용 범위

조정범위와 지시범위의 합을 말한다.

(7) 유효측정범위(effective range)

오차가 일정한 수치 이하인 지시범위 부분을 말한다.

(8) 참값(truth value)

측정에 의해서 구한 값(관념적인 값으로 실제로는 구할 수 없다)을 말한다.

(9) 측정치(measuring numerical value)

측정되는 양의 참값을 말한다.

(10) 평균치(average numerical value)

측정치를 모두 더하여 측정 횟수로 나눈 값 즉, 측정치의 산술 평균값이다.

(11) 정확도(accuracy)

치우침이 작은 정도를 말한다.

(12) 정밀도(precision)

분산이 작은 정도 즉, 얼만만큼 참값에 가깝게 했느냐의 정도를 말한다.

(13) 오차(error)

측정치로부터 참값을 뺀 값(오차의 참값에 대한 비를 오차율이라 하고, 오차율은 %로 나타낸 것을 오차의 백분율이라 한다)을 말한다.

(14) 편차(declination)

측정치로부터 모평균을 뺀 값을 말한다.

(15) 허용차(permission difference)

기준으로 잡은 값과 그에 대해서 허용되는 한계치와의 차를 말한다.

(16) 공차(tolerance)

① 규정된 최대치의 최소치와의 차

② 허용차와 같은 뜻으로 사용한다.

7.6 공작용 측정기

공작용 측정기로서는 다음과 같은 것들이 있다.

7.6.1 길이 측정기

(1) 버니어 캘리퍼스(vernier calipers)

① 버니어 캘리퍼스의 구조

학교 실습장 또는 현장의 각종 공작기계의 작업대에서 흔히 볼 수 있는 버니어 캘리퍼스는 거친 재료나 일반기계 공장의 황삭, 중삭용의 치수 측정에 사용되고 있으며, 최소측정치는 0.05mm 또는 0.02mm로 간단히 피측정물의 치수를 직접 측정할 수 있기 때문에 널리 사용되고 있다. 버니어 캘리퍼스는 본척(어미자)의 눈금보다 작은 치수를 읽기 위하여 부척(아들자)를 이용한 측정기구로서, 공작물의 바깥지름, 안지름, 깊이 등을 측정하는데 사용된다. 그림 7.7은 버니어 캘리퍼스 구조를 그림 7.8은 버니어 캘리퍼스의 측정 예를 나타낸 것이다.

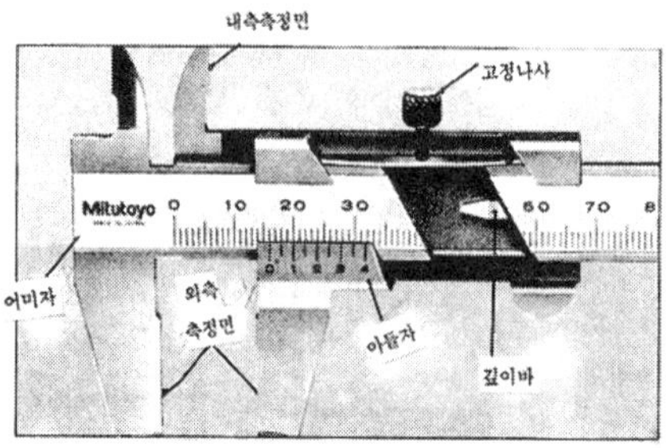

그림 7.7 버니어 캘리퍼스 구조

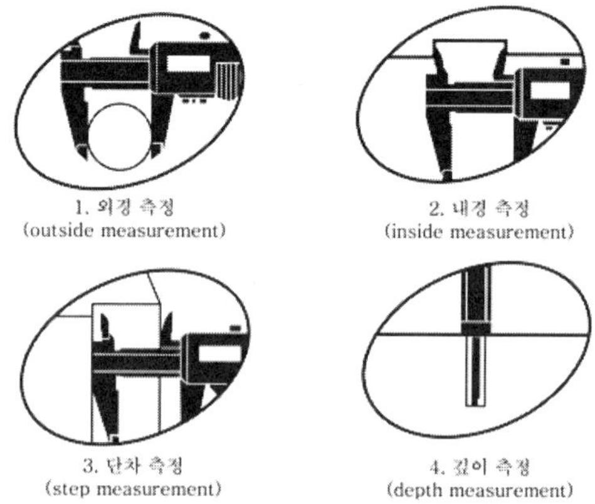

그림 7.8 버니어 캘리퍼스의 측정 예

② 버니어 캘리퍼스의 눈금 읽는법

그림 7.9는 본척(어미자)의 한눈금을 1mm로 하고, 본척의 19(n) 눈금을 부척(아들자)의 눈금으로 20(n+1)등분 한 것이다. 그림에서 버니어 캘리퍼스 조의 벌림 *l*은 어미자에서 11mm까지는 읽을 수 있으나, 12mm 근처의 중간치수는 확실하게 읽을 수가 없으므로, 아들자에 의하여 읽게 된다. 이 때, 아들자로 읽을 수 있는 것은 0.05mm가 된다. 즉, 그림에서 8과 9사이의 눈금(17번째 눈금)이 겹쳐 있으므로, 11mm+(17×0.05mm)=11.85mm가 된다.

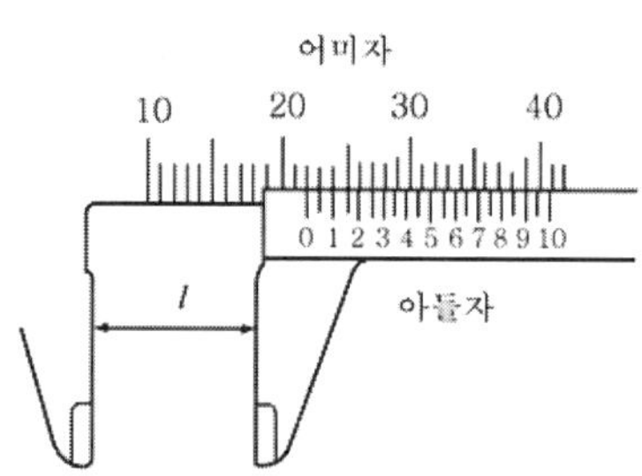

그림 7.9 버니어 읽는 법

(2) 하이트 게이지(height gauge)

하이트 게이지는 대형부품, 복잡한 모양의 부품 등을 정반 위에 올려 놓고 정반면을 기준으로 하여 높이를 측정하거나 스크라이버(scriber)끝으로 금긋기 작업을 하는데 사용한다. 하이트 게이지의 기본 구조는 스케일과 베이스 및 서피스 게이지를 한데 묶은 것이다. 그림 7.10은 버니어 하이트 게이지의 작업예를 그림 7.11은 디지매틱 하이트 게이지의 작업 예를 나타낸 것이다.

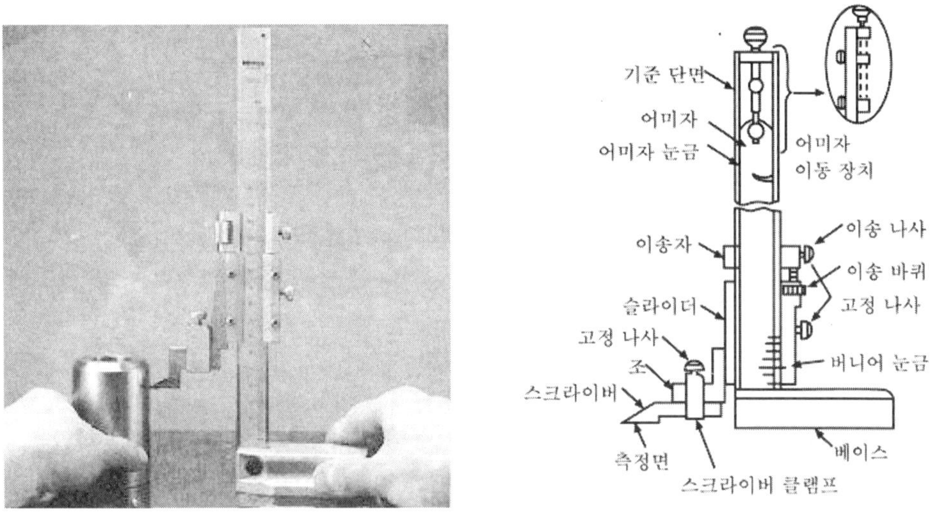

그림 7.10 버니어 하이트 게이지

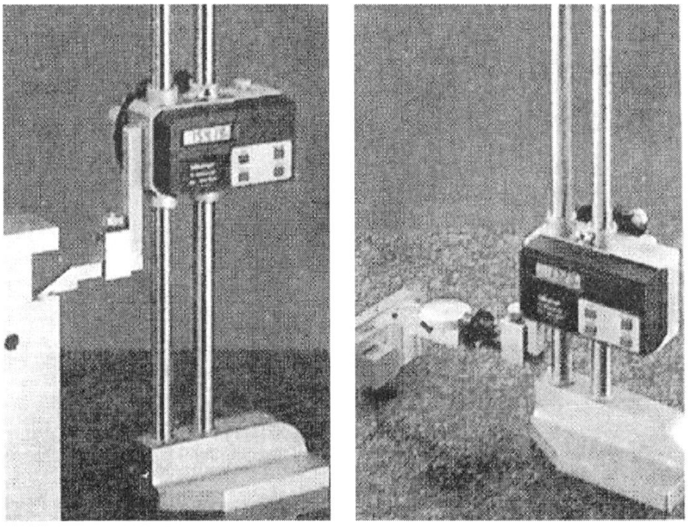

그림 7.11 디지매틱 하이트 게이지

(3) 마이크로미터(micrometer)

① 마이크로미터의 구조

마이크로미터는 피치가 정확한 나사를 이용하여 치수를 측정하는 기구이며 간단하고 정밀한 측정기구로서 가장 많이 사용되고 있다. 마이크로미터의 주요부분은 그림 7.12와 같으며 스핀들의 일부분에 정확한 수나사(보통 피치가 0.5mm)가 나 있으며, 이 수나사에 프레임과 일체가 되어 있는 암나사가 끼워져 있다.

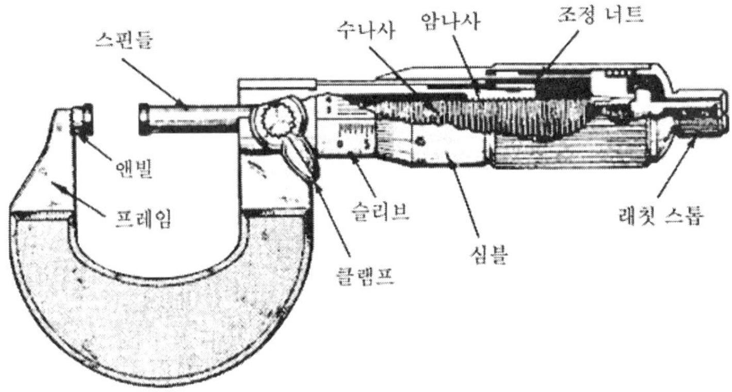

그림 7.12 외측 마이크로미터의 구조

② 마이크오미터의 눈금 읽는 법

슬리브 면에서 0.5mm의 눈금이 새겨져 있으며, 이 눈금으로 읽을 수 없는 0.01mm까지의 치수는 심블 끝의 눈금에 의하여 읽을 수 있다. 스핀들의 나사 피치를 0.5mm라 하고 심블의 원주를 50등분 하였다면, 스핀들이 1회전 하였을 때 심블은 $\frac{1}{50}$ 회전하므로 $0.5 \times \frac{1}{50} = \frac{1}{100}$ mm가 되어 심블의 한 눈금은 0.1mm가 된다.(그림 7.13참조)

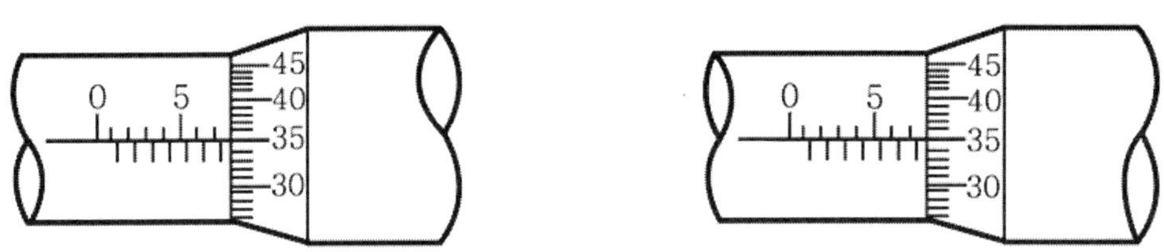

(a)

슬리브의 읽음	7.5[mm]
심블의 읽음	0.35[mm]
마이크로미터의 읽음	7.85[mm]

(b)

슬리브의 읽음	9.0[mm]
심블의 읽음	0.36[mm]
슬리브의 읽음	9.36[mm]

그림 7.13 마이크로미터의 치수 읽는 법

그림 7.14는 각종 마이크로미터의 측정 예를 나타낸 것이다.

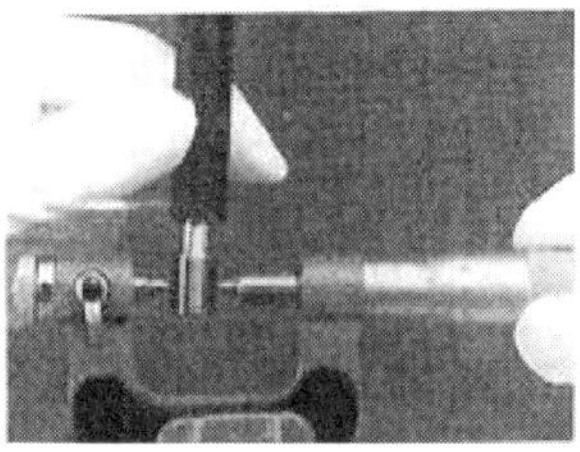

(a) screw thread micrometer

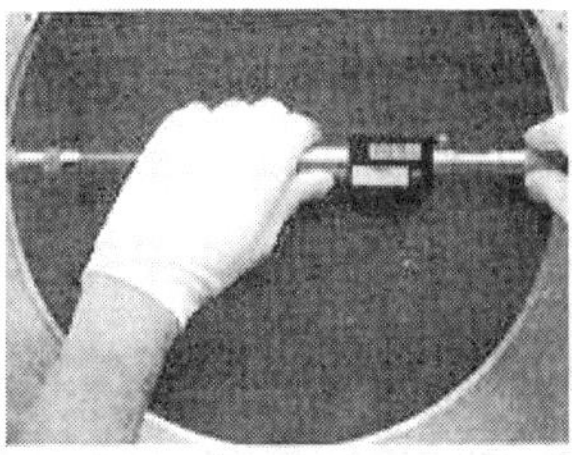

(b) inside micrometer(안지름측정)

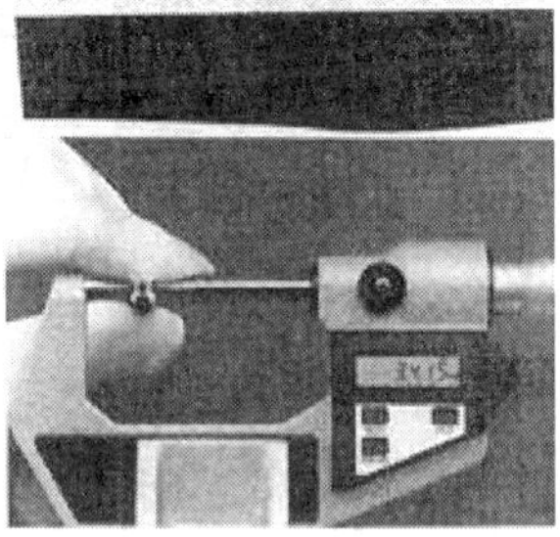

(c) point micrometer(드릴, 탭, 나사의 골지름, 곡면형상의 두께를 측정)

(d) gear tooth micrometer(평기어, 헬리컬기어의 걸치기 두께를 측정)

그림 7.14 각종 마이크로미터의 측정 예

7.6.2 비교 측정기(comparator)

블록 게이지와 측정되는 제품과를 비교하여 치수차를 정밀하게 알아내는 측정기로서, 대표적인 것으로서 ① 다이얼 게이지 ② 지침측미기가 있다.

(1) 다이얼 게이지(dial gauge)

다이얼 게이지는 측정자의 움직임을 기어를 이용한 확대기구로 확대하여 그것을 지침(바늘)의 움직임으로 나타낸 일종의 비교측정기이다. 일반적으로 지침의 회전범위가 1회전 이상인 것으로 지침측미기와 구별하고 있으며, 0.01mm 또는 0.001mm의 최소 눈금에 의해 기준 게이지와 비교측정외에도 공작물가공 또는 조립된 면의 측정, 회전축의 흔들림, 공작기계의 정도 검사, 기계 가공의 이동량 등을 확인하는데 사용된다.

① 다이얼게이지의 특징

ⓐ 소형, 경량으로 취급이 용이하다.

ⓑ 측정범위가 넓다.

ⓒ 다이얼 눈금과 지침에 의한 측정이므로 읽음 오차가 적다.

ⓓ 연속된 변위량은 측정이 가능하다.

ⓔ 다원 측정(많은 개소의 측정을 동시에 가능)의 검출기서로 활용할 수 있다.

ⓕ 어태치먼트의 사용 방법에 따라 측정이 광범위하다.

② 다이얼 게이지의 구조 및 종류

그림 7.15는 다이얼 게이지와 내부구조를 나타낸 것이다. 그림 7.15에서 피측정물의 치수변화에 따라 움직이는 스핀들의 직선운동은 스핀들에 가공된 래크와 피니언에 의해 회전운동으로 바뀐다. 이 회전운동1은 피니언과 같은 축에 고정된 제 1기어에 의해 확대되어 이에 맞물린 지침 피니언에 의해 눈금판의 지침이 회전한다. 또한 제 2기어와 같은 축에 고정되어 있는 헤어 스프링은 기어를 항상 동일 치면에 물려주어 백래시(back lash)를 제거하여 스핀들의 상하운동시 지시오차를 없애준다. 또 코일 스프링은 측정력을 주기 위한 것이며 안내 핀은 스핀들의 안내 홈을 따라 직선으로 움직여 스핀들의 회전을 방지하여 래크와 피니언이 정확하게 물리게 한다.

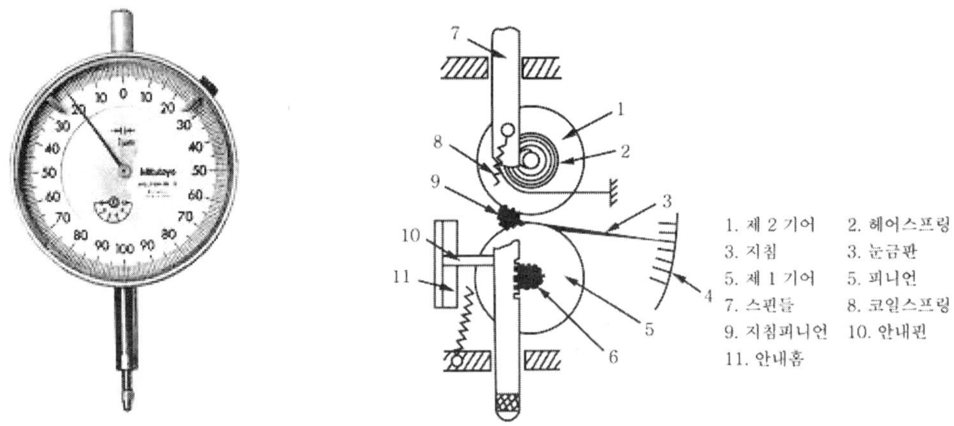

그림 7.15 다이얼 게이지와 내부구조

다이얼 게이지의 종류는 측정자의 움직임 상태, 형상, 최소 눈금에 따라 다음과 같이 분류한다.

ⓐ 보통형 다이얼게이지

일반적으로 다이얼 게이지라고 불리우는 것으로 0.01mm 다이얼 게이지는 측정 범위가 5mm, 10mm의 것이 있으며 0.01mm 다이얼 게이지의 측정 범위는 0.2mm, 1mm, 2mm, 5mm의 것이 있다(그림 7.15참조)

ⓑ 레버식 다이얼 게이지(test indicator, lever type dial gauge)

레버식 다이얼 게이지는 측정자의 회전에 의해 그려지는 원호를 작은 범위의 각도에서 직선변위로 간주한 것이다. 측정자의 회전변위가 선형기어(sector gear)의 회전운동으로 변환되어 피니언과 동축의 크라운 기어를 지나 지침 피니언에 확대되어 지침에 의해 읽게 된다. 또 측정자와 선형기어는 일반적으로 마찰 결합되어 있어 지침의 지시에 관계없이 90°C 이상 범위에서 임의의 위치에 고정시킬 수 있다. 그리고 클러치가 있는 것과 없는 것이 있어 클러치의 절환에 의해 측정 방향을 조정할 수 있다. 최소 눈금이 0.01mm인 것은 측정 범위가 0.5mm(0-25.0)와 0.8mm(0-40-0)로 되어 있으며 0.002mm인 것은 0.2mm (0-100-0)로 되어 있다.(그림 7.16참조).

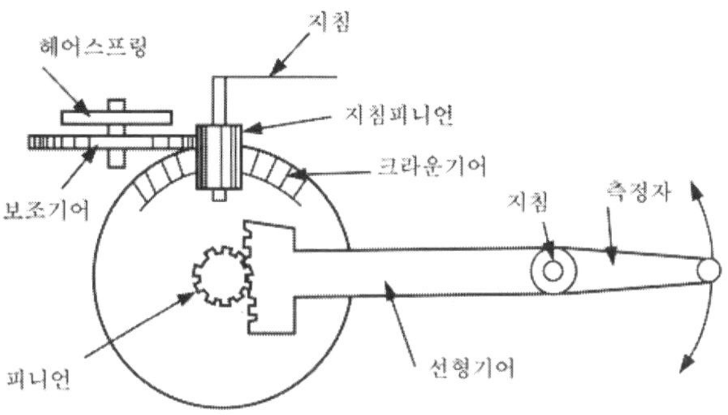

그림 7.16 레버식 다이얼 게이지와 내부구조

③ 다이얼 게이지의 응용

ⓐ 두께의 측정(thickness gauge)

그림 7.17과 같이 정밀 측정대를 쓰는 것이 원칙이며, 직접 치수를 읽을 수 있는 다이얼씨크네스 게이지도 있다. 손으로 잡고 리프터(lifter)의 조작이 가능해서 짧은 시간에 작은 부품(종이, 비닐, 고무 등)의 측정에 적당하다.

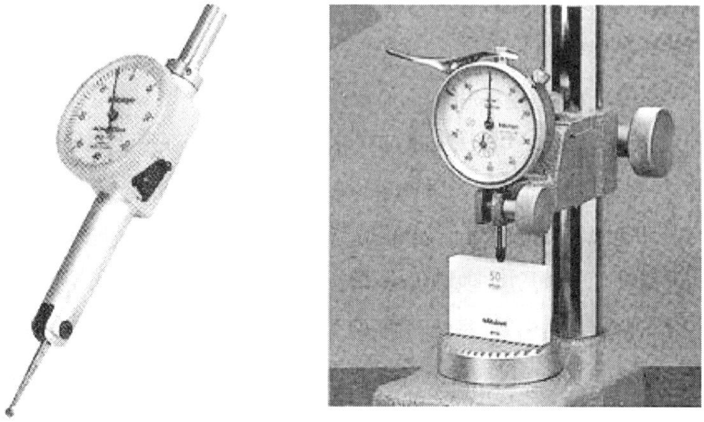

그림 7.17 두께의 측정

ⓑ 구면 및 큰지름의 측정

원통이나 구면의 지름을 직접 측정하지 않고 곡면의 일부의 높이를 다이얼 게이지로 측정하여 계산에 의해 곡률반경을 구한 방법이다. 곡률 반경(R)을 구하는 식은 구면계의 기준평면의 읽음과 피측정물상의 읽음과의 차를 BD=h라 하고 측정자로부터 다리까지의 길이를 r이라 하면 $R = h^2 + r^2/2h$로 표시된다.(그림 7.18)

ⓒ 직각도의 측정

그림 7.18(b)와 같이 다이얼 게이지 두 개를 응용해서 직각도를 측정하는 방법으로 기준 게이지를 써서 직각도 측정기를 접촉시켜 다이얼 게이지의 0점을 맞춘 다음 피측정물을 접촉시켰을 때 다이얼 게이지의 읽은 값을 a, b라고 하면, 직각도 =(a-b)/L로 표시된다.

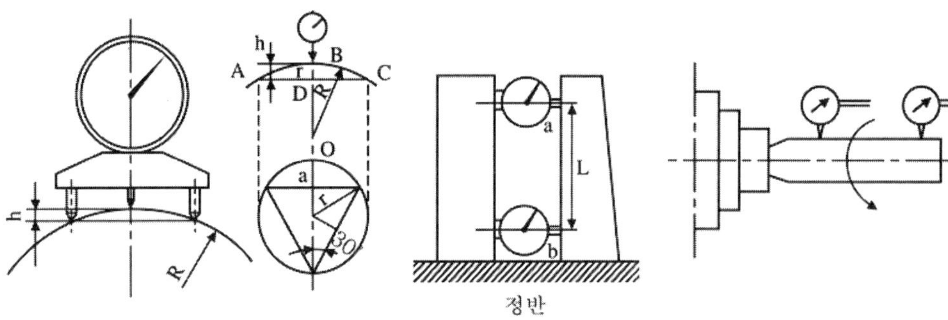

그림 7.18 다이얼 게이지의 응용 예

ⓓ 흔들림의 측정

공작기계 등의 스핀들의 흔들림을 측정하려면 스핀들에 테스트 바(test bar)를 끼워 다이얼 게이지의 지침의 변위가 곧 흔들림량이 된다.(그림 7.18(c))

ⓔ 가공길이 및 공구의 위치 결정

공작기계의 이송부분에 다이얼 게이지 스핀들을 접촉하고 미소변위를 이동시켜 공구를 정확하게 움직이는데 사용한다. 그림 7.19(a)는 가공길이를 다이얼 게이지로 읽는 방법으로 주의할 점은 공작물에 대한 지름방향의 이송량에 대하여 절삭량은 2배가 된다는 점이다. 그림 7.19(b)는 다이얼 게이지 눈금으로 항상 일정한 치수까지 공구를 이송시켜 주는 것으로 대량생산에 적합하다.

최근에는 그림 7.19(c)와 같이 각종 범위 공작기계에 디지털 카운터용 스케일을 부착하여 X, Y, Z축의 이동량을 고정도로 표시할 수 있으며, 오랫동안 전자기술의 축적과 개발로써 복잡한 전자회로를 직접화하여 사용하기에 편리하도록 키보드 방식으로 되어 있다. 이 기능으로서는 기준점 설정, 가·감산 기능, 프리세트 데이터 기억 기능 mm-inch 연산기능 등이 있어 짧은 시간 내에 가공길이 및 공구의 위치 결정을 할 수 있다. 이외에도 진원도 측정, 안지름의 측정, 깊이의 측정 등에 적용할 수 있다.

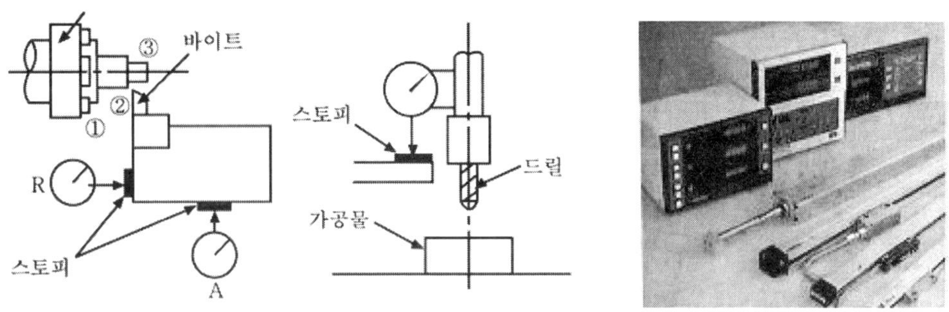

그림 7.19 가공 길이 및 공구의 위치 결정

④ 보지구

보통형 다이얼 게이지는 마이크로미터나 버니어 캘리퍼와 달리 단독으로 측정기로 사용될 수 없으며 그림 7.20과 같은 보지구가 필요한다.

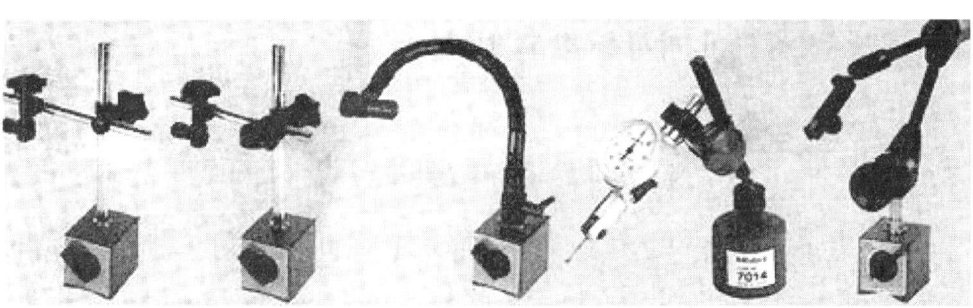

그림 7.20 마그네틱 스텐드

(2) 지침 측미기(microindicator)

확대 기구로서 기어, 평행 박편 등을 이용한 각종 기계적 비교 측정기(comparator)로 공작용 측정기로 널리 사용되고 있다. 기계적 비교 측정기는 다른 형식의 것보다 값이 싸고 외부에서 전기, 공기 등 공급원이 필요하지 않으며, 견고하고 간단하여 운반하기에 편리하다. 그러나, 운동 부분의 마찰이 크며, 운동부분의 배클래시 때문에 정밀도가 낮고, 기구의 관성 때문에 진동에 대하여 민감한 결점이 있다. 최근에는 그림 7.21과 같은 디지매틱 지침측미기(digimatic microindicator)의 사용이 확대되어 가고 있다.

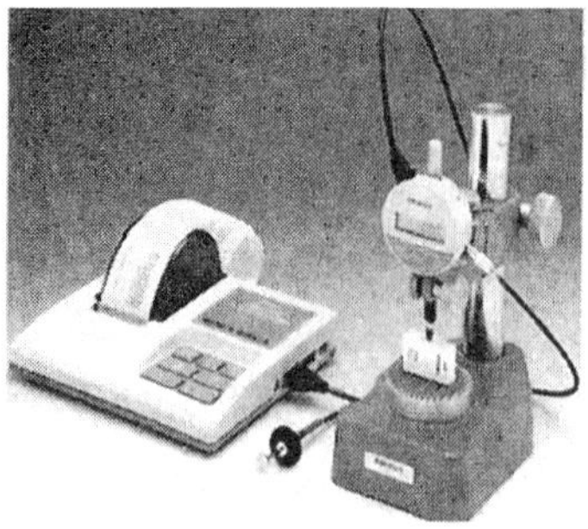

그림 7.21 지침측미기

그림 7.22 내경지침 측미기의 측정 예

이것은 고정도로 만들어져 있는 비교 측장기로서, 특히 고정도를 요구하는 경우나 검사실 등에서 쓰인다. 그 구조로는 단일 레버식, 복레버식 지침 측미기, 레버 기어식 지침 측미기 등으로 사용되고 있다. 그러나 지침측미기는 비교적 고가이기 때문에 일반적이지는 못하고 지시 오차의 허용차는 ±1.0μm이하이며, 지침의 회전 범위가 1회 미만인 것을 다이얼 게이지와 구분하여 지침 측미기(microindicator)라 한다. 사용 방법은 표준 게이지(블록게이지 등)를 측정자 사이에 끼우고 지시계(indicator)의 바늘이 0이 되도록 조정한 다음, 눈금판에 있는 지표를 한계 치수가 되도록 놓는다. 다음에 측정할 공작물을 측정자 사이에 끼우고 이때의 바늘의 위치를 보면 공작물의 치수가 공차범위에 있는지를 곧 알 수 있다.

(3) 하이트 마이크로미터(height micrometer)

하이트 마이크로미터는 블록게이지와 마이크로미터를 조합한 측정기로서, μm단위의 높이를 설정하거나 또는 비교 측정에서의 기준 게이지로 사용된다. 고정된 블록게이지는 마이크로미터의 암나사와 연결되어 스핀들의 회전에 따라 상하로 움직이며, 마이크로 미터의 이송 행정은 조합된 블록 게이지의 한 피치 정도만 움직이며, 블록 게이지가 조합된 높이까지는 0.001mm 단위의 높이 설정이 가능하다. 측정 방법은 그림 7.24와 같이 하이트 게이지에 고정된 레버식다이얼 게이지의 측정자를 공작물의 측정면에 접촉시켜 레버식 다이얼게이지의 0점을 맞춘 다음, 하이트 마이크로미터의 블록게이지 위에 다시 접촉시켜 0점이 되도록 마이크로미터의 손잡이를 돌리고, 그 때의 마이크로미터 헤드의 눈금을 읽음으로써 공작물의 높이를 구할 수 있다.

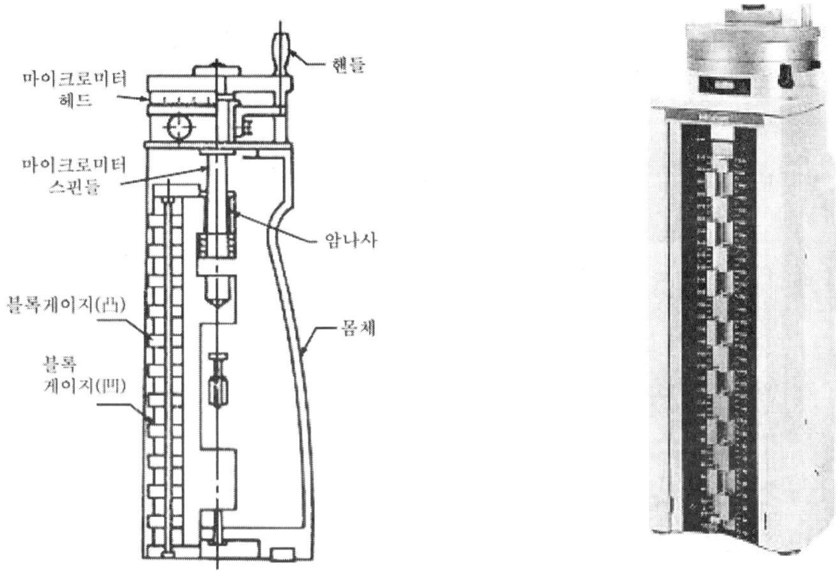

그림 7.23 하이트 마이크로미터의 구조

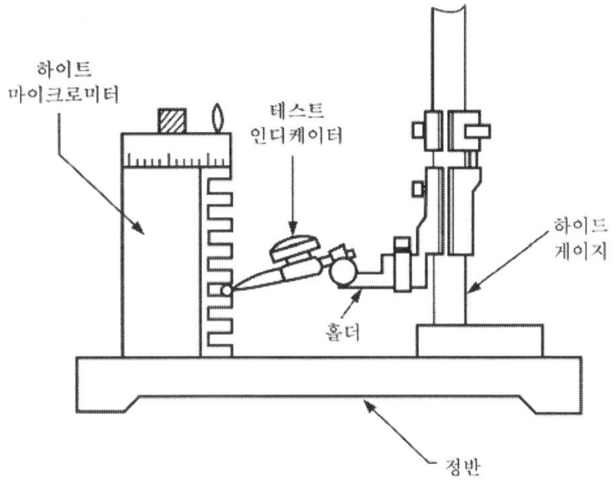

그림 7.24 하이트 마이크로미터에 의한 비교 측정

7.6.3 기준게이지(표준게이지, refernce standard gauge)

기준게이지란, 공작용 게이지와 검사용 게이지의 기준으로 사용되는 눈금이 없는 측정 기구로서 측정기의 검사나 비교 측정기의 위치를 정하는데 사용한다.

(1) 블록게이지(block gauge)

블록게이지는 길이의 기준으로 사용되고 있는 평형 단도기(end standard)로서 102개의 게이지에 의해 1mm로부터 201mm까지 0.01mm 간격으로 2만개 정도의 높은 치수를 1개 또는 몇 개를 조합하여 얻을 수 있다. 조합된 블록 게이지의 치수 오차는 측정면이 잘 가공되어 있으므로, 밀착하여 사용해도 1μ간격으로 조합할 수 있으며 정밀도가 높아 쉽게 임의의 치수를 얻을 수 있다. 블록 게이지는 기계공장에서 길이의 기준으로 사용되며, 각종 측정 지시값의 확인과 교정 등의 비교측정의 기준 게이지로 사용된다.

① 블록 게이지의 구조

블록 게이지 형상은 직사각형의 단면을 가진 요한슨형, 중앙에 구멍이 뚫린 정사각형의 단면을 가진 호크(hoke)형과 원형으로 중앙에 구멍이 뚫린 캐리(cary)형, 팔각형 단면으로서 2개의 구멍을 가진 것들이 있다. KS에서는 요한슨형으로 1,000mm까지의 치수를 규정하고 있으며 열팽창계수는 $(11.5 \pm 1.0) \times 10^{-6}$/deg로 정하고 있다.(그림 7.25)

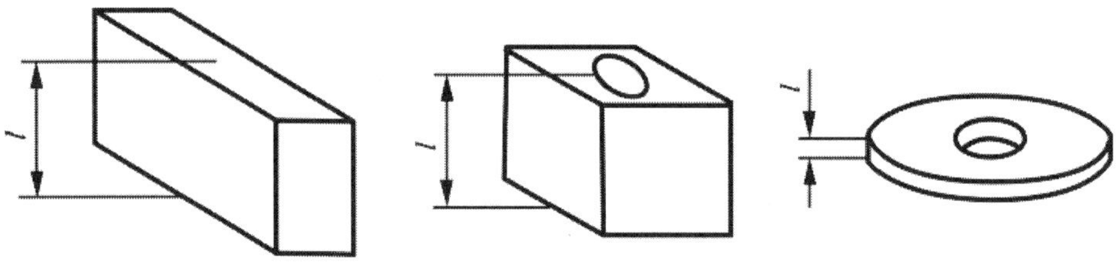

그림 7.25 블록 게이지의 종류

② 블록 게이지의 재질

일반적으로 블록 게이지의 재질은 고탄소강을 많이 사용하며, 마멸을 방지하기 위하여 초경합금으로 제작되고 있으며 고탄소강제의 블록 게이지에 크롬도금을 한 것 및 최근에는 세라믹(ceramic)으로 제작되어 각광을 받고 있다.

③ 블록 게이지 치수

블록 게이지 치수란 측정면상의 임의의 점 즉, 변두리로부터 1mm를 제외한 측정면 위에 임의의 점에서 다른 측정면에 밀착시킨 동일표면, 동일재질의 정반에 내린 수선의 길이로써 정의한다.

블록 게이지의 치수 중 한 측정면 중심의 치수(M)라 하고, 최대 치수(L_1)와 최소 치수(L_2)와의 차를 치수편차(P)라 한다. 치수 편차에는 양측정면의 평행도와 평면도의 오차가 포함된다. 그림 7.27은 블록 게이지의 단면 치수를 나타낸 것이다.

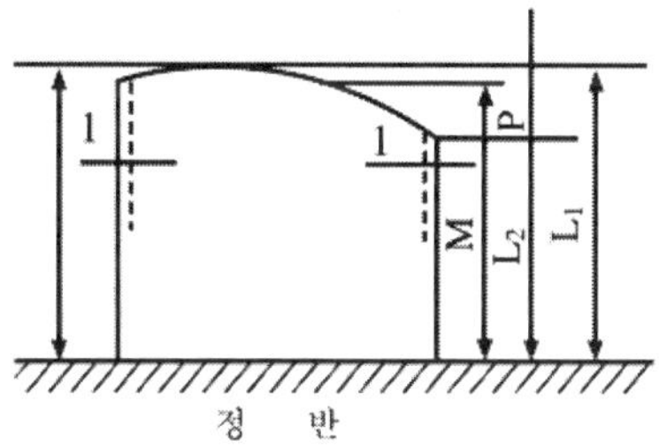

M = 중앙 치수
P = 치수편차(L_1-L_2)

그림 7.26 블록 게이지의 치수

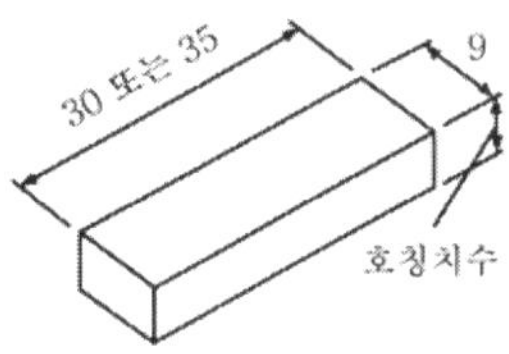

호칭치수	단면치수
10.5 이하	$30^{\ 0}_{-0.2} \times 9^{\ 0}_{-0.1}$
10.5 초과	$35^{\ 0}_{-0.2} \times 9^{\ 0}_{-0.1}$

그림 7.27 블록 게이지의 단면 치수

표 7.2 블록게이지의 등급과 용도

사 용 목 적		등 급
공 작 용	공구, 절삭공구의 설치	C
	게이지 제작, 측정기류의 조정	B또는 C
검 사 용	기계부품, 공구 등의 검사	B또는 C
	게이지의 정도 점검, 측정기류의 정도 검사	A또는 B
표 준 용	공작용 블록게이지의 정도 점검 검사용 블록게이지의 정도 점검	A또는 B
참 고 용	표준용 블록 게이지의 정도 점검 학술적 연구	AA또는 A

④ 사용상의 주의점

ⓐ 선택 방법

블록 게이지는 각종 용도에 적합하게 표준치수의 것이 세트로 공급된다.(그림 7.28참조). 표준조합 선택을 할 때에는 필요로 하는 최소 치수단계, 최소의 개수로 선택한 것이 좋다. 또한, 밀착 개수가 많아지면 오차가 커지며, 사용 횟수에 따라, 손상, 마모가 발생하므로 현장용으로는 개수가 많은 것이 유리하다(표 7.2참조).

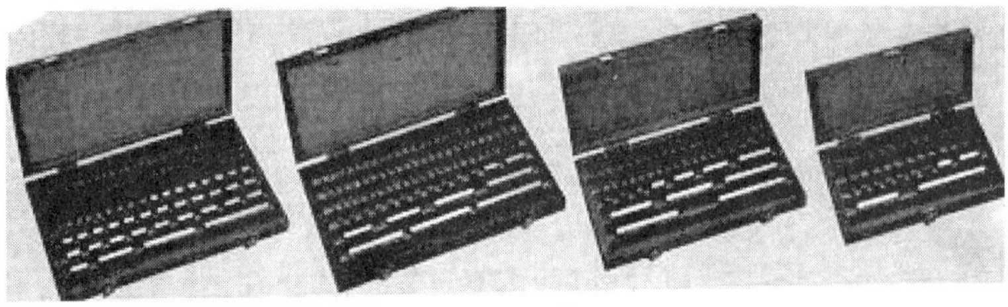

(a) 강재

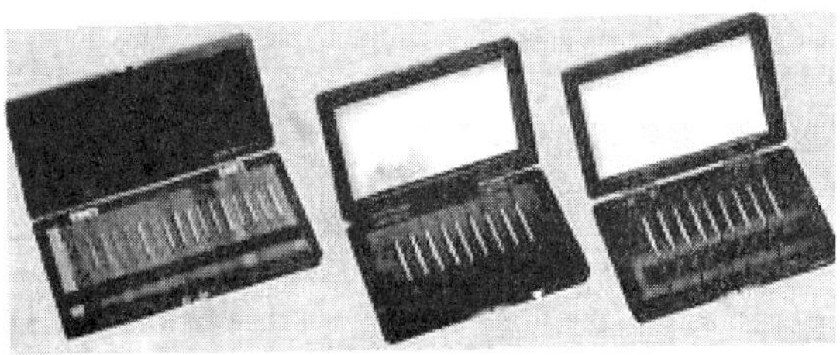

(b) 세라믹형

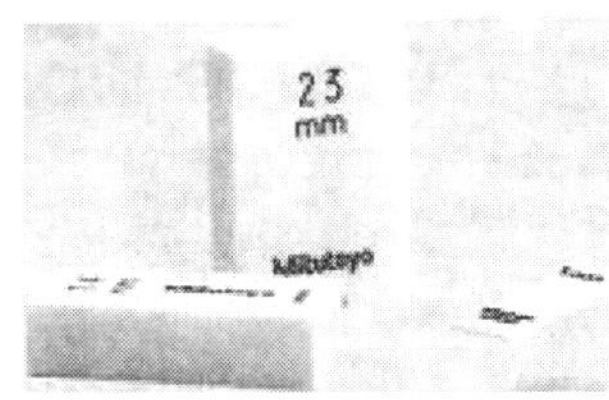

(c) 세라믹 블록의 예

그림 7.28 표준 블록 게이지

ⓑ 치수의 조립

㉠ 조합의 개수를 최소로 할 것

㉡ 정해진 치수를 고를 때에는 맨 끝자리부터 고를 것

㉢ 소수점 아래 첫째자리 숫자가 5보다 큰 경우에는 5를 뺀 나머지 숫자부터 선택

ⓒ 밀착방법(wringing)

㉠ 밀착하기 전에 깨끗한 천으로 방청유와 먼지를 깨끗이 닦아 낸다.

㉡ 측정면의 중앙에서 서로 직교하도록 댄다.

㉢ 가볍게 누르면서 돌려 붙이면 밀착이 된다.

㉣ 방향을 맞춘다. 이때, 흡착력은 20～40kgf정도이다.

㉤ 두꺼운 것과 얇은 것과의 밀착은 얇은 것을 두꺼운 것의 한 쪽에 대고 가볍게 누르면서 밀어 넣어 밀착시킨다.

㉥ 얇은 것끼리의 밀착은 먼저 얇은 것 1개를 ㉤항과 같은 요령으로 밀착시키고 밀착된 얇은 것 위에 다시 밀착시킨다. 그림 7.29는 밀착방법에 예를 나타낸 것이고, 그림 7.30은 블록 게이지를 이용한 측정방법의 예이다.

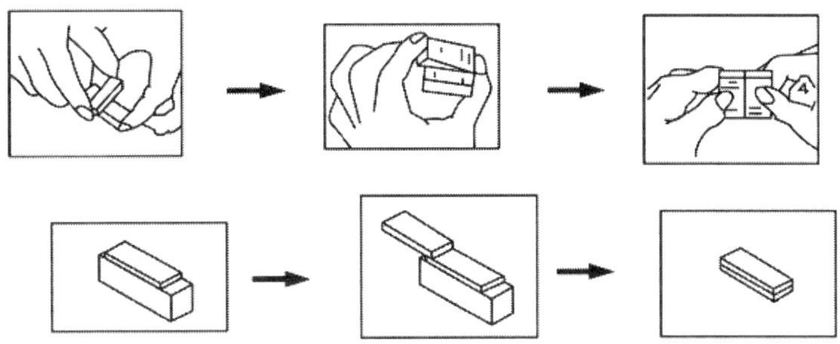

그림 7.29 밀착방법에 예

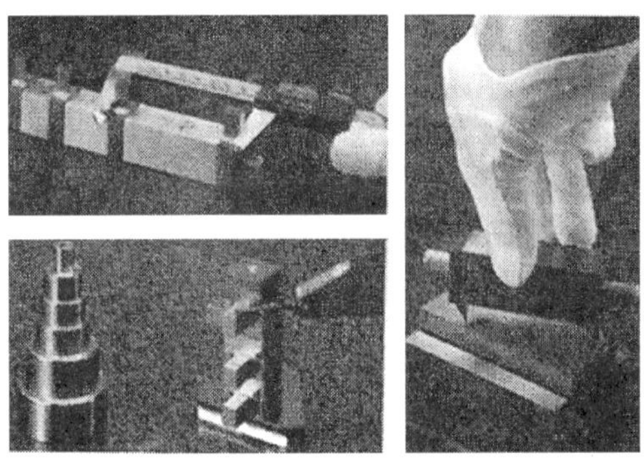

그림 7.30 블록 게이지를 이용한 측정방법의 예

(2) 한계 게이지(limit gauge)

① 표준 게이지(standard gauge)

호환성 생산방식에 필요한 게이지로서 드릴 게이지, 와이어 게이지, 틈새 게이지 등을 사용한다. 드릴 및 와이어 게이지는 크기 순으로 단계적으로 만든 절입 또는 구멍을 갖는 각형 또는 원형의 박판 등으로 제작한 것이며 틈새 게이지는 두께가 다른 1조의 강제 박편으로 가공물의 형상에 따라 사용하나 이는 적당한 판을 결합하여 측정한다.(그림 7.31)

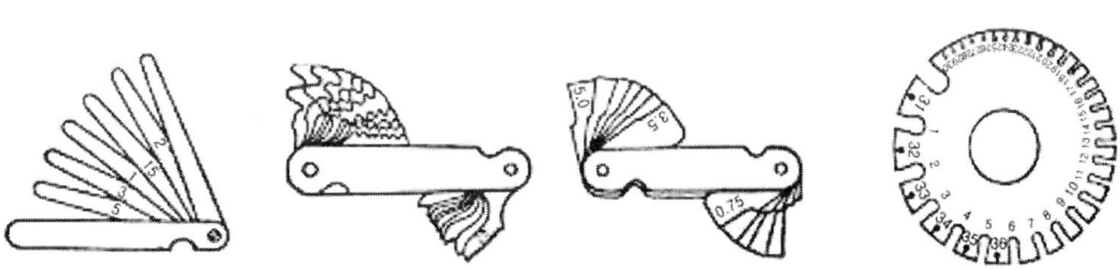

(a) 틈새 게이지 (b) 피치 게이지 (c) 반지름 게이지 (d) 와이어 게이지

그림 7.31 표준 게이지

② 한계 게이지(limit gauge)

표준 게이지는 공작물을 되도록 게이지에 맞추기 위해서는 공작비가 많이 들어서 비경제적이다. 어떤 일정한 편차를 허용하여도 사용 목적에 어긋나지 않는 경우도 있으므로 사용 목적에 따라서 크고 작은 2개의 한계 사이에 들도록 하는 것이 합리적이다. 이 2개의 한계를 나타내는 치수를 허용 한계 치수(limit of size)라 하고, 큰 쪽을 최대 허용치수, 작은 쪽을 최소 허용치수라 하며, 한계치수 차를 공차(tolerance)라 한다.

기계 부품 제작시 그 정밀도에 따라 최대 치수와 최소 치수의 범위를 정하고, 그 범위 안에 들도록 가공하기 위하여 쓰이는 측정기로서, 이것을 한계 게이지라 하며, 구멍용(플러그 게이지)과 축용(스냅 게이지)이 있다.

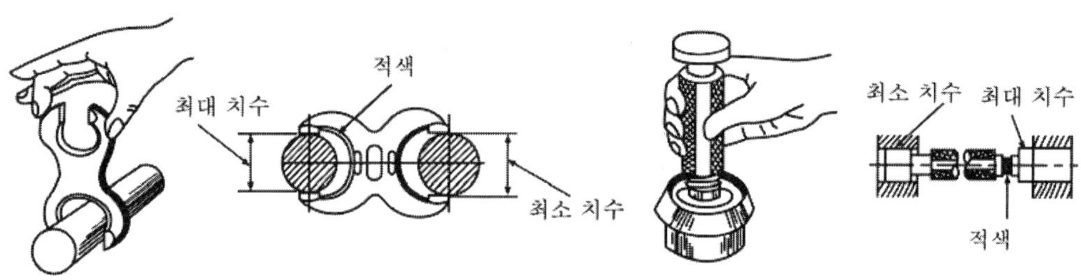

(a) 스냅 게이지 (b) 플러그 게이지

그림 7.32 한계 게이지

그림 7.32는 한계 게이지의 보기를 나타낸 것인데, 구멍용에서는 최대 치수쪽을 정지측, 최소 치수쪽을 통과측이라 하고, 축용에서는 최대 치수쪽을 통과측(go gauge), 최소 치수쪽을 정지측(no go gauge)이라 한다.

7.6.4 공기 마이크로미터(air-micrometer)

측미기의 일종으로 치수의 미소량의 변화를 배출되는 공기량의 변화로 전환시켜 이것을 확대하여 지시 되도록 한 것이다.

(1) 공기 마이크로미터의 구조(structure)

그림 7.33과 같이 공기를 일정 압력으로 조절하는 정압부, 변위를 압력 또는 유량변화로 지시하는 지시부 및 변위를 검출하는 측정부로 되어 있다.(2) 공기 마이크로미터의 원리(principle) 공기 마이크로미터에 의한 측정방법은 단위 시간내에 회로에 흐르는 공기량의 최소 유효 단면적에 의하여 변화한다는 현상에 기초를 두고 있다. 그림 7.33과 같이 측정노즐과 피측정물 사이의 틈새가 있으면 이 틈으로 공기가 빠져 나오는데, 이 틈새가

크면 흘러 나오는 공기의 양이 많게 된다. 이 때, 공기의 양을 측정하면 그 틈새의 크기를 알 수 있다. 피측정물과 기계적으로 접촉하는 경우에 사용하는 측정 스핀들은 원뿔형 또는 밸브형이 있다. 공기 마이크로미터는 그 원리에 의하여 유량식, 배압식, 유속식의 3가지로 구분된다.

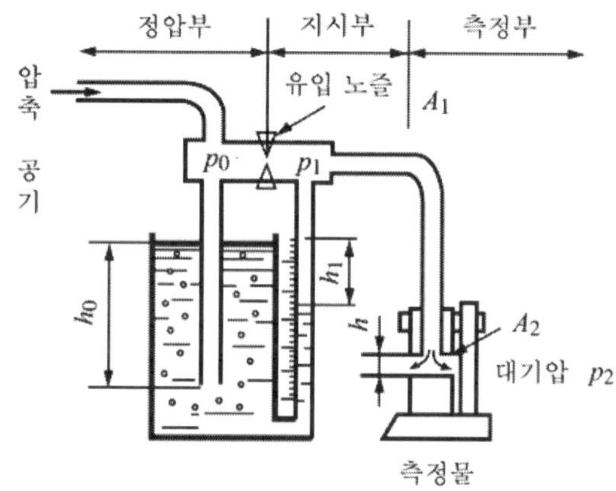

그림 7.33 공기 마이크로미터의 구조

(3) 공기 마이크로미터의 장, 단점

① 장점(advantage)

확대율이 매우 크고 조정도 쉬우며, 측정력이 작아 무접촉의 측정이 가능하며, 반지름이 작은 다른 종류의 측정기로는 불가능한 것을 측정할 수 있다. 또, 많은 치수의 동시 측정, 선별이나 치수 결정이 자동으로 되고, 원격 측정, 자동 제어 등에 사용하기도 한다.

② 단점(disadvantage)

높은 정도의 압력 조정기를 포함한 보조장치가 필요하며, 장치의 지지, 운반 등이 용이하지 않고, 눈금이 같지 않은 것 등이다.

7.6.5 각도 측정기

각도 측정은 일반적으로 만능 각도기(universal protractor)가 사용되며, 정밀 측정에는 사인 바(sine bar), 형상 투영기(controur mesasuring projector)등이 사용된다.

(1) 만능 각도기(universal protractor)

2개의 곧은 자와 눈금판으로 되어 있고, 2개의 자로 이루어지는 각은 아들자 눈금을 사용하여 보통 5분(′)까지 읽을 수 있도록 되어 있다.

(2) 컴비네이션 세트(combination set)

강철자, 직각자 및 분도기 등을 조합하여 각도 측정에 사용하는 측정기이다.

(3) 각도 게이지(angle gauge)

각도가 정확한 블록들을 그림 7.34과 같이 조합하여 여러 가지 각을 만들어 비교, 측정한다.

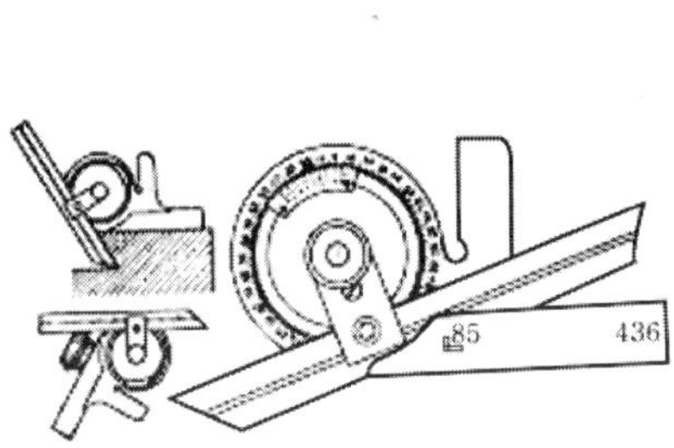

(a) 만능 각도기

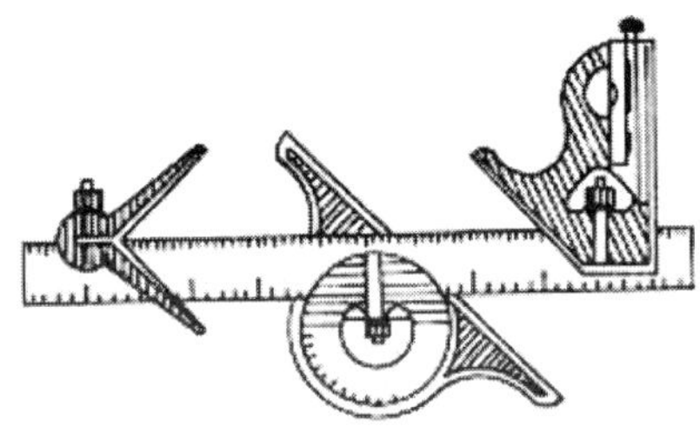

(b) 컴비네이션 세트

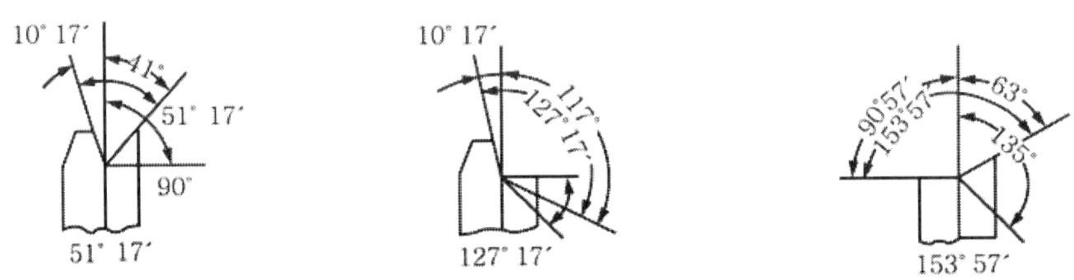

(c) 각도 게이지의 조합 예

그림 7.34 각종 각도 게이지

(4) 사인 바(sine bar)

사인 바는 길이를 측정하여 직각 삼각형의 삼각 함수를 이용한 계산에 의하여 임의각의 측정 또는 임의각을 만드는 기구이다. 그 원리는 그림 7.35(a)와 같은 블록 게이지로 양단의 높이로 조절하여 각도를 구하는 것으로 정반 위에서 높이를 H, h라 하면, 정반면과 사인봉의 상면과 이루는 각은 다음 식으로 구한다.

$$\sin\Theta = \frac{H-h}{L}$$

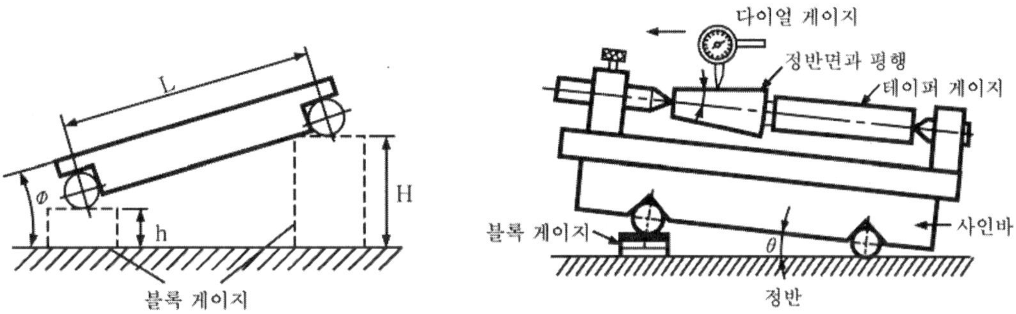

그림 7.35 사인바

구조는 직정규의 양단 근처를 담금질한 후 연마하여 여기에 정확히 다듬질된 플러그를 끼운 것으로, 플러그의 중심선은 직정규의 사용면에 평행으로 되어 있다. 또 플러그의 중심거리는 계산을 쉽게 하도록 보통 100mm 또는 200mm, 300mm로 만들어져 있다. 사실상 사인 바의 치수 정미도는 상면의 평행도, 플러그의 치수 및 진원도가 같은 것과 플러그의 중심이 상면에 평행이고 간격이 정확하고 서로 평행한 것이 필요하다. 이들의 각 공차는 1~2μm정도이다. 사용할 때는 각도가 45°보다 큰 각을 쓸 때는 오차가 커지기 때문에 사인 바는 기준면에 대하여 45°보다 작게 사용한다. 그림 7.35(b)는 사인 바를 사용하여 테이퍼 플러그 게이지를 양 센터의 고정구로 지지한 것으로 게이지 상면이 정반면과 평행일 때 원추각은 사인 바가 주는 각도와 똑같다. 이 때 평행은 인디케이터를 화살표 방향으로 이동하였을 때 게이지의 바늘이 움직이지 않는 것으로 확인할 수 있다.

(5) 테이퍼 측정

길이에 따라 지름이 변화하는 것을 테이퍼(taper), 반지름이 변화하는 것을 기울기(slope)라 한다.

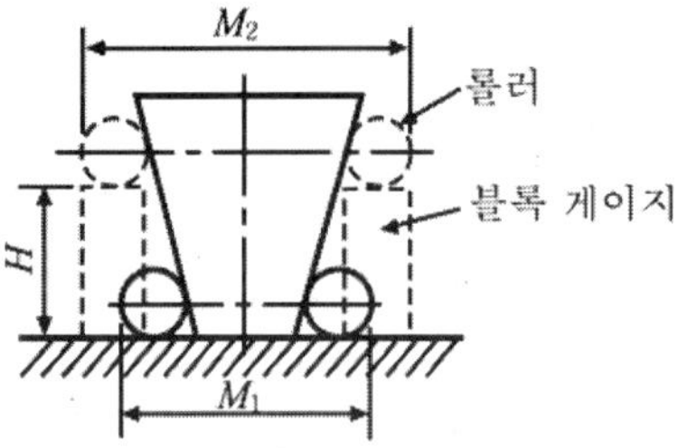

(a) 지름이 같은 롤러를 사용하는 방법

$$\text{테이퍼} = \frac{(M_2 - M_1)}{H}$$

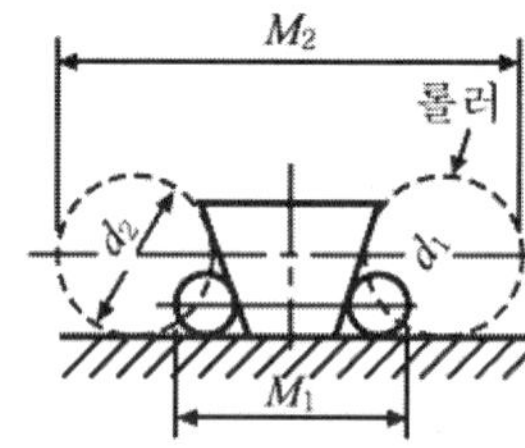

(b) 지름이 다른 2조의 롤러를 사용하는 방법

$$\text{테이퍼} = \left(\frac{(M_2 - M_1)}{d_2 - d_1} - 1\right) - \frac{1}{\dfrac{M_2 - M_1}{d_2 - d_1} - 1}$$

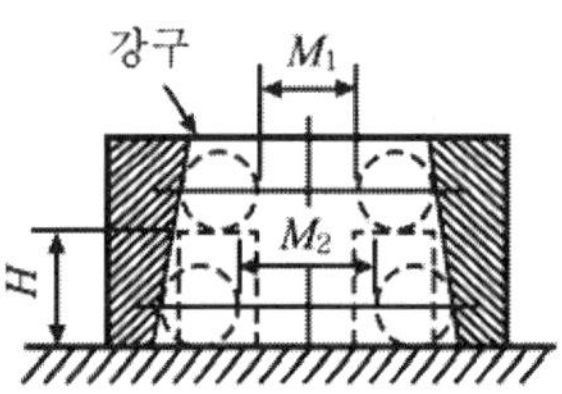

(c) 지름이 같은 강구와 블록 게이지를 사용하는 방법

$$\text{테이퍼} = \frac{(M_2 - M_1)}{H}$$

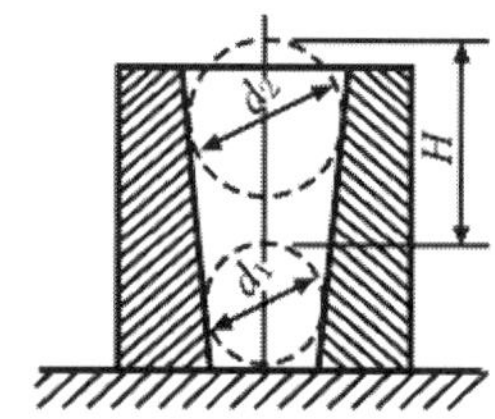

(d) 지름이 다른 2개의 강구를 사용하는 방법

$$\text{테이퍼} = \frac{2\ (d_2 - d_1)\sec a}{[2H - (d_2 - d_1)]}$$

$$\text{단, } \sin\frac{a}{2} = \frac{d_2 - d_1}{2H - (d_2 - d_1)}$$

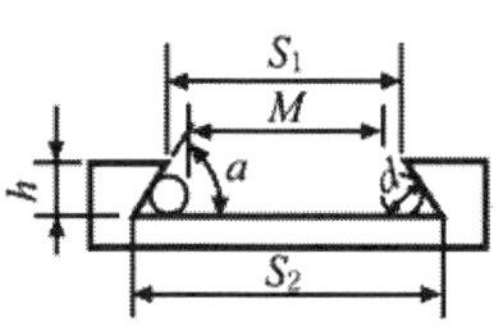

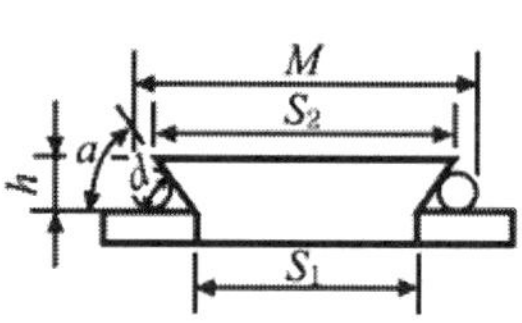

(e) 경사면 측정

$$S_2 = M + d\left(1 + \cot\frac{a}{2}\right)$$
$$S_1 = S_2 - 2h\cot a$$

$$S_1 = M - d\left(1 + \cot\frac{a}{2}\right)$$
$$S_2 = S_1 + 2h\cot a$$

그림 7.36 롤러 또는 볼에 의한 테이퍼 측정의 예

테이퍼 측정은 기울기 측정과 같이 삼각법에 의하거나, 테이퍼 게이지로 검사한다. 그림 7.36은 롤러나 볼을 이용한 테이퍼 측정의 계산 방법들이다.

(6) 공구 현미경(tool makers microscopes)

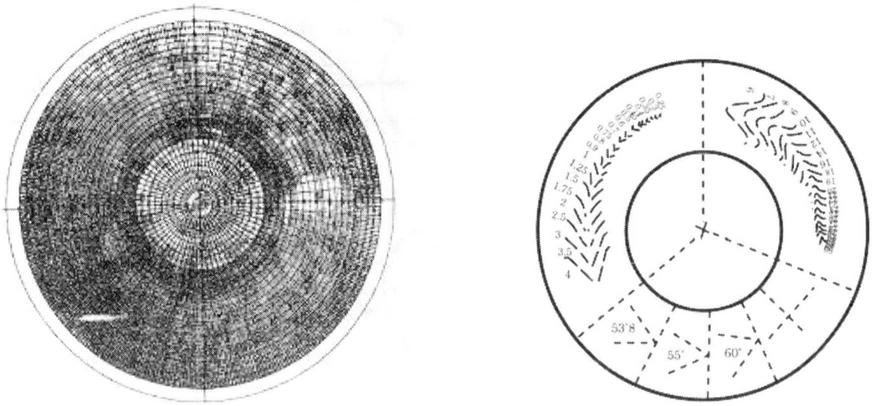

그림 7.37 각도측정, 나사산형 형판

공구 현미경은 피측정물을 확대 관측하여 길이, 각도, 형상, 윤곽 등을 측정하는 것으로서, 공구 현미경에는 테이블을 서로 직각방향으로 움직이게 하는 마이크로미터가 있으며, 접안 렌즈에는 각도 눈금과 나사산 모양을 나타내는 형판(template)이 있다.(그림 7.37) 이것으로 정밀부품 측정, 각종 게이지, 측정나사의 유효지름, 피치, 나사산의 각도 등을 측정할 수 있다. 그림 7.38은 공구현미경의 구조 및 각부 명칭을 나타낸 것이다.

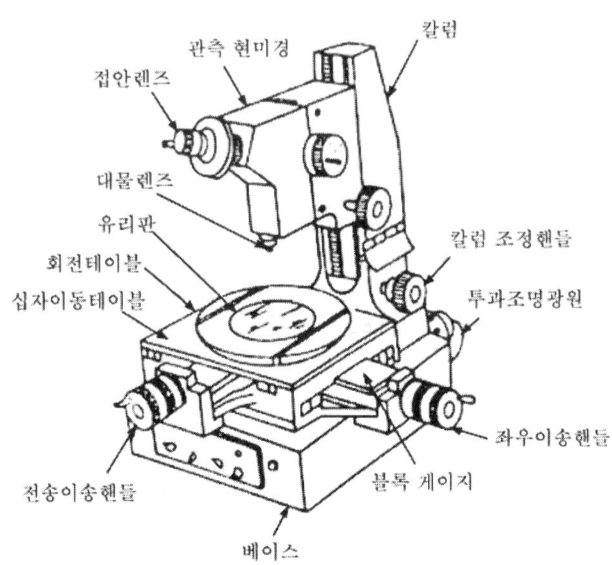

그림 7.38 공구현미경의 구조

(1) 영상에 의한 길이 측정

제품을 센터 지지대 또는 회전 테이블 위에 놓고, 접안 렌즈 가운데 점선을 기준으로 하여, 테이블을 좌우로 여러 번 움직이면서 제품의 측정면과 테이블의 이동 방향으로 일치시킨다.

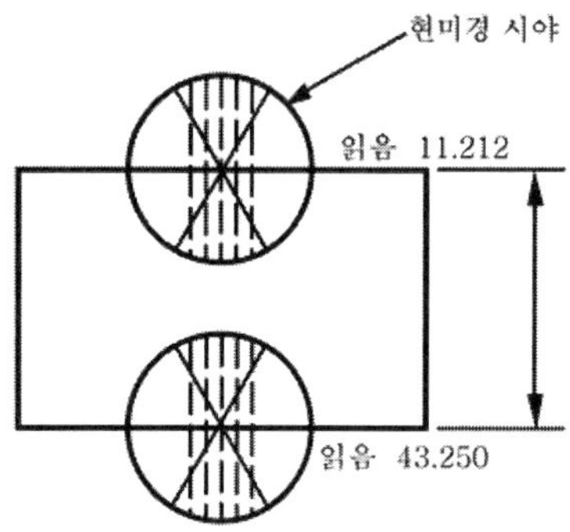

그림 7.39 길이 측정

현미경 시야 내의 점선을 측정 위치에 일치시켜 마이크로미터를 읽음을 구하고, 또 한쪽의 측정 위치까지 테이블을 이동시켜 마이크로미터의 읽음을 구하여, 그 차이값이 제품의 길이가 된다.(그림 7.39)

(2) 나사 피치 측정

그림 7.40과 같이 나사의 플랭크 측면에 접안경의 십자선(+)을 맞추고, 그 때의 마이크로 헤드의 눈금을 읽은 후, 4-5 피치 정도 이동하여 마이크로 헤드의 눈금을 읽어 거리를 구한 다음, 이동한 피치 수로 나누어 종합피치를 구한다.

피치 (P)=마이크로 이동거리(L)/피치 수(P)로 구하여 진다.(그림 7.40)

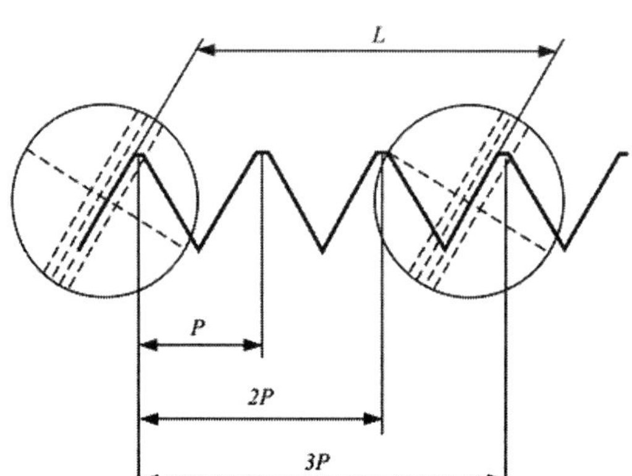

그림 7.40 나사 피치 측정

7.6.7 표면 거칠기의 측정

기계 부품 중 상대운동을 하는 미끄럼면 등에서는 정밀도와 함께 다듬질면의 상태도 충분히 고려하여야 한다. 다듬질면의 좋고, 나쁨은 그 다듬질면의 형상 정밀도와 표면 정밀도를 고려하여 이들이 어느 정도까지 허용되는지에 따라 결정된다.

표 7.3 평면도, 진직도의 측정

측정내용	측정기기	측 정 물
편위도 (기준과 사이의 최대 거리)	옵티컬 플랫 곧은 자 정반, 측미기	소형부품 정반, 공작기계의 미끄럼면(안내면) 소형부품
기울기 (기준에 대한 최대 경사)	정밀 수준기 오토콜리미터	공작기계의 미끄럼면(안내면) 공작기계의 미끄럼면(안내면)

(1) 평면도와 진직도의 측정

① 평면도

정반이나 선반의 안내면과 같은 평면이 기하학적 평면과 어느 정도의 차이가 나는지를 나타낸다.

② 진직도

구멍의 중심선인 직선부분이 기하학적 직선과 어느 정도 틀리는지를 나타낸다. 평면도와 진직도를 측정, 검사하는데 사용되는 기기는 표 7.3과 같다

(2) 광선 정반(optical flat)

광선 정반은 비교적 작은 부분의 평면도를 측정, 검사하는데 사용되는 것으로, 천연 수정 또는 광학유리로 지름 30~60mm, 두께 11~15mm의 원판이며, 그 양면은 매우 정확한 평행평면으로 되어 있다.(그림 7.41) 이것을 측정면에 올려놓고 표면에 백색빛 또는 단색빛을 투사하면 이 빛에 의하여 나타나는 간섭무늬로 평면도를 측정한다. 무늬줄은 그림 7.42(a)와 같이 등거리 평행선일 때 평면도임을 나타낸다.

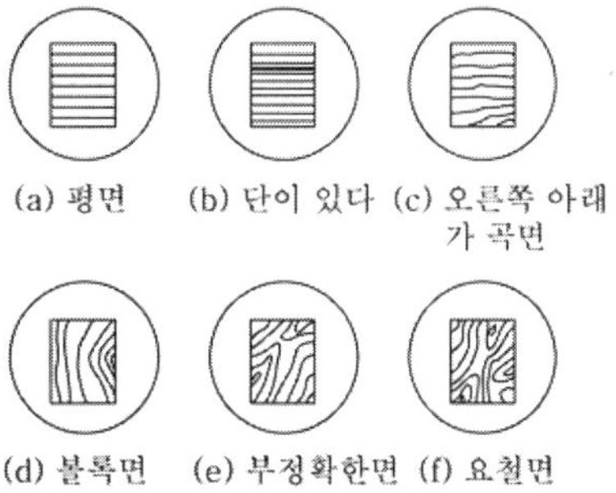

그림 7.41 광선 정반에 의한 블록 게이지의 밀착상태 검사 그림 7.42 무늬와 측정면

(3) 표면 거칠기(surface roghness)

① 개요

KS에서 표면 거칠기라 함은 작은 간격으로 나타나는 표면의 요철로서 "거칠다", "매끄럽다"하는 감각의 근본이 되며, 파상도(waviness)라 함은 거칠기에 비하여 큰 간격으로 거듭 나타나는 기복이며 전체의 길이에 비하면 작은 간격으로 나타나는 요철이다.

② 표면 거칠기의 필요성

그림 7.43(a)는 미끄럼면의 표면 거칠기가 거칠은 상태를 나타낸 것이며 (b)는 표면이 매끄러운 상태를 나타낸 것이다. 그림 (a)에서는 임의의 길이 중 2개소에 있어서 금속이 접촉하고 있는 것을 볼 수 있다. 이 접촉부분에서는 상당히 큰 힘이 가해지고 이 사이에 기름의 층이 불균일하여 윤활의 역할을 할 수 없다. 결국 접촉부분은 변형 등 파괴현상이 일어난다. 반면에 그림 (b)는 금속간의 접촉점이 윤활막에 의해 뜨게 되며 하중 또한 분산된다.

즉, (b)의 경우는 마모가 거의 없어 마찰부분의 정도를 오래 보존할 수가 있다.

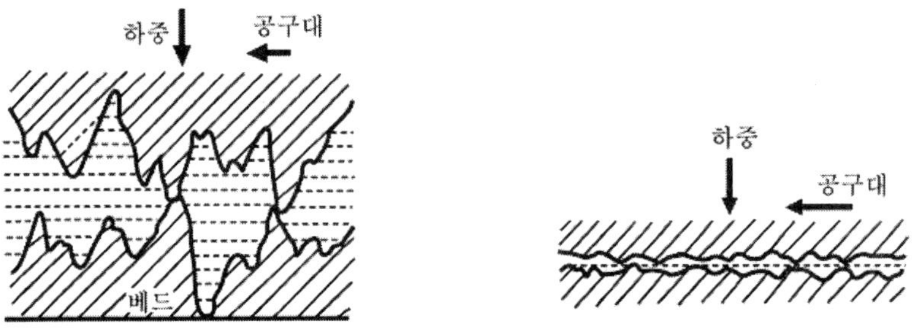

그림 7.43 미끄럼면의 형상

③ 표면 거칠기의 측정 적용부분

ⓐ 기계류의 미끄럼 면, 운동부분 표면

ⓑ 블록 게이지, 마이크로미터의 측정면 등 기준이 되는 면

ⓒ 피스톤링, 밸브, 유압 실린더 등과 같이 유밀, 기밀을 요하는 부분

ⓓ 도장부분 등 접착력을 요하는 부분의 표면

ⓔ 내식성을 필요로 하는 피복 표면

ⓕ 외관 및 성능에 영향을 주는 부분

ⓖ 기타 반복하중을 받는 스프링, 정밀 가공표면

④ 표면 거칠기의 측정방법

표면 거칠기 측정방법은 다음과 같다.

ⓐ 광절단식 표면 거칠기 측정

피측정물의 표면에 수직인 방향 00′에 대하여 β쪽에서 좁은 틈새(slit)로 나온 빛을 투사하여 광선으로 표면을 절단하도록 한다.

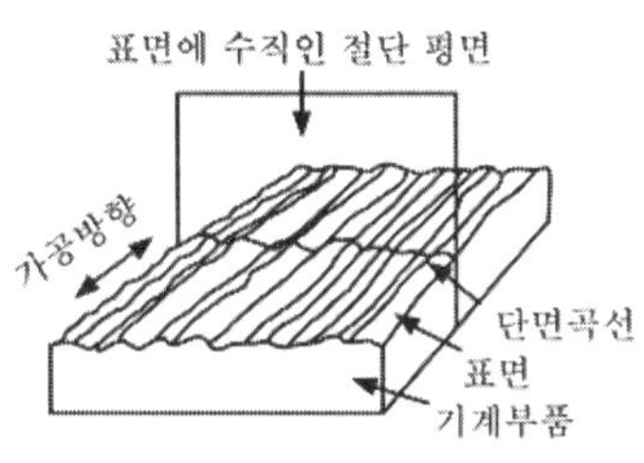

(a) 표면의 절단법

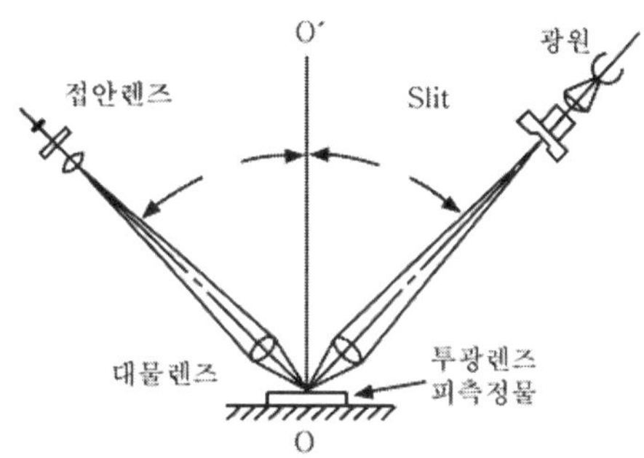

(b) 광절단식표면거칠기 측정법

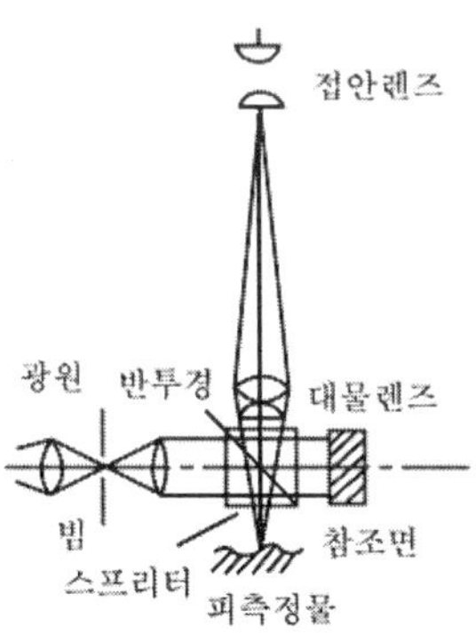

(c) 현미 간섭식 측정법

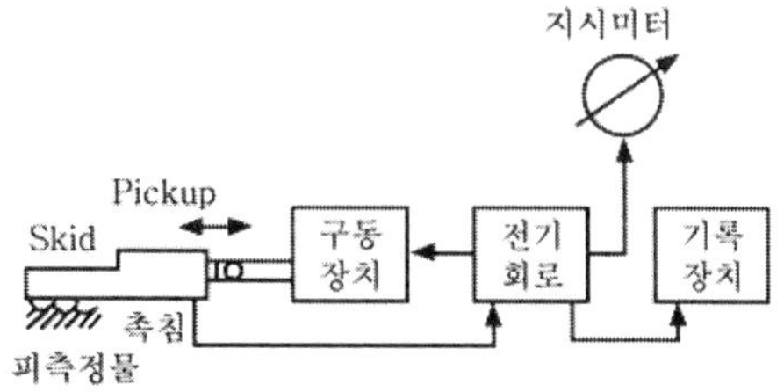

(d) 촉침 전기식 측정법

그림 7.44 표면거칠기 측정 범위

이와 같은 선상에 비추어진 부분을 γ의 방향에서 현미경이나 투영기에 의해서 확대하여 관측하든가 또는 사진을 찍던가 한다. 이렇게 하면 표면의 요, 철 상태를 잘 알 수 있다. 최대 1000배까지 확대되며 비교적 거칠은 표면측정에 사용한다.(그림 7.44(a), (b) 참조).

ⓑ 비교용 표준편과 비교 측정

비교용 표준편과 가공된 표면을 비교하여 측정하는 방법으로 육안검사 및 손톱에 의한 감각검사, 빛, 광택에 의한 검사가 쓰인다.

ⓒ 현미간섭식 표면 거칠기 측정법

빛의 표면 요, 철에 대한 간섭무늬의 발생상태로 거칠기를 측정하는 방법이며, 요, 철의 높이가 1μm이하의 비교적 미세한 표면 측정에 사용된다(그림 7.44(c)참조).

ⓓ 촉침식 측정기

촉침을 측정면에 긁었을 때, 촉침의 상하 이동량에 의하여 전기 증폭장치에 의해 표면 거칠기를 측정한다.(그림 7.44(d) 참조)

그림 7.45는 촉침식 측정기와 레코더의 예이다.

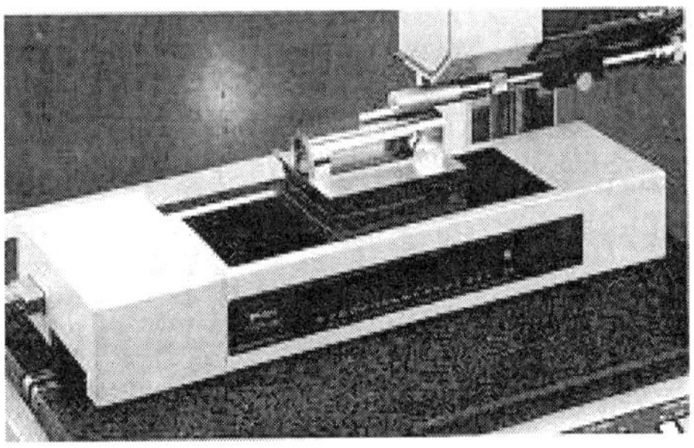

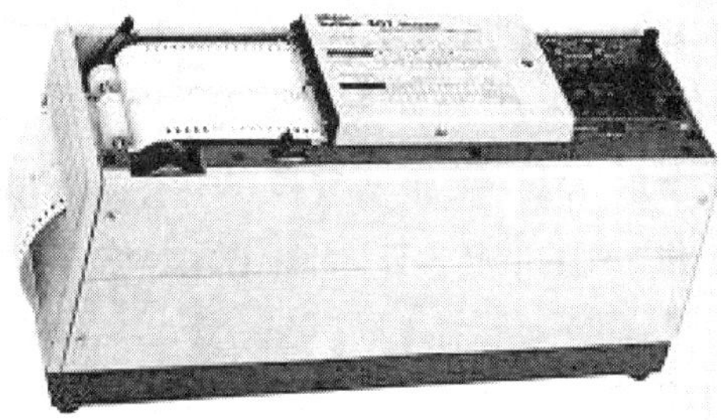

그림 7.45 촉침식 측정기와 레코더

표7.5 공작법과 표면 거칠기의 범위 (단위 : μm)

표면거칠기 R_{mzx} / 공작법	0.1 이하	0.2 이하	0.4 이하	0.8 이하	1.6 이하	3.2 이하	6.3 이하	12.5 이하	18 이하	25 이하	35 이하	50 이하	70 이하	100 이하	140 이하
평 삭 (플레이닝)								←	—	—	—	—	—	→	
형삭(세이핑)								←	—	—	—	—	—	→	
밀 링						정밀 ←	→	←	—	—	—	—	—	→	
줄 다듬질						정밀 ←	→	←	—	—	—	—	—	→	
선 삭			정밀 ←	—	→	상 ←	→	중 ←	—	→	하 ←	—	—	—	→
보 링						정밀 ←	→	←	—	—	—	—	—	→	
리 밍					정밀 ←	→	←	—	—	→					
브 로 칭					정밀 ←	→	←	—	—	→					
세 이 빙						←	—	—	—	→					
연 삭			정밀 ↔	상 ←	→	중 ←	→	하 ←	—	—	—	→			
호 닝			정밀 ←	→	←	—	→								
슈퍼 피니싱	정밀 ←	→	←	→											
버 핑		정밀 ←	—	—	→	←	—	→							
래 핑	정밀 ←	→	←	→											
액 체 호 닝			정밀 ←	→	←	—	→								
전 해 연 마	정밀 ←	—	—	—	→	←	—	→							

Part 2. 절삭가공편

제 1 장 절삭가공(cutting)

1.1 절삭가공의 개요

절삭공구(tool)를 사용하여 칩(chip)을 발생시키면서 원하는 형상으로 가공하는 방법을 절삭가공이라 하며, 절삭가공의 목적에 따라 여러 가지의 공작기계가 사용 된다.

공작기계를 사용하여 작업하는 절삭가공과 연삭가공 등을 포함하여 기계 가공(machining)이라 하고, 각종 수공구(hand tool)를 사용한 가공을 수기가공(hand finishing)이라 하여 이와 구별한다.

기계가공이란 포괄적인 의미로 사용되는 용어로서 재료의 불필요한 부분을 제거(removal)함으로써, 원하는 형상을 얻는 모든 가공방법들을 나타낸다.

제조 산업 분야에서 이러한 기계가공이 널리 사용되고 있는 이유들을 요약하면 다음과 같다.

(1) 주조(casting)나 성형 가공(formming)만으로는 요구되는 치수 정확도를 얻기 힘들다.(예 : 단조된 크랭크축의 베어링면 또는 윤활용 구멍).
(2) 열처리된 부품들의 변형 및 표면변색, 따라서 요구되는 최종 치수 정확도와 표면정도(surface roughness)를 얻기 위한 마무리 공정이 추가적으로 필요할 경우 등이다.

그러나, 기계가공은 재료의 낭비가 불가피하고 일반적으로 성형가공에 비하여 자본 및 노동력이 더 많이 요구된다.

그러므로 가능한 기계가공 공정수를 줄이는 것이 바람직하다.

1.2 공작기계의 기본운동

공작물을 절삭하기 위해 공작기계는 ① 절삭해 낼 수 있는 힘, ② 이송장치가 필요하며, ③ 공구의 위치를 조절할 수 있는 기능이 있어야 한다.

1.2.1 절삭운동(cutting motion)

절삭할 때 칩(chip)의 길이방향으로 공구가 움직이는 운동으로서 공작기계 동력의 대부분은 이 절삭운동에 소비된다. 절삭속도(cutting speed)는 절삭작용을 하는 공구와 공작물 사이의 상대속도를 말하며, 단위는 m/min으로 표시한다.

(1) 회전운동과 직선운동의 결합에 의한 가공

① 선반가공 : 척(chuck)에 고정한 공작물을 회전시키고, 절삭공구를 전후, 좌우로 이동시켜가며 가공

② 밀링가공 : 주축에 공정된 절삭공구의 회전운동과 전후, 좌우, 상하로 이송되는 공작물의 상대적 운동으로 가공

③ 드릴링 : 절삭공구인 드릴이 회전운동과 상하의 직선운동을 하며 가공

(2) 직선운동과 직선운동의 결합에 의한 가공

- 세이퍼 : 공구를 고정한 램(ram)이 좌우로 직선왕복 운동을 하고 이에 직각방향으로 공작물이 이송하면서 가공 (급속귀환운동(quick return motion) 기구 사용)

(3) 회전운동과 회정운동의 결합에 의한 가공

① 원통연삭 : 공작물과 공구인 숫돌이 모두 회전운동을 하며 연삭 가공

(4) 기 타

① 전기적인 방전작용을 이용 : 고경도의 재료 또는 절삭공구로 잘 깎이지 않는 재료 가공

② 화학적인 방법 : 도금의 원리를 역으로 이용하여 표면을 가공

그림 1.1은 공작기계의 기본절삭 운동을 나타낸 것이다.

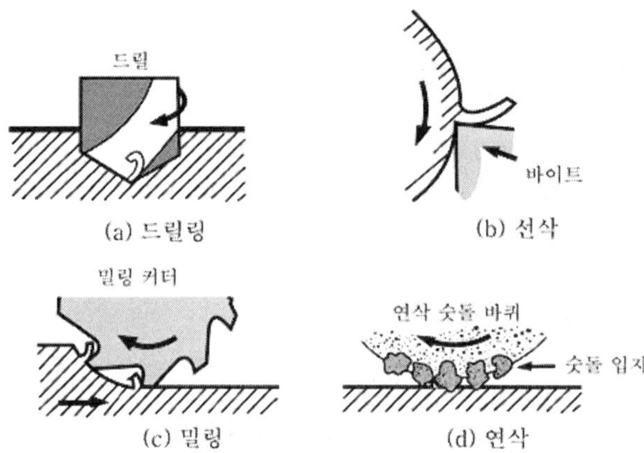

그림 1.1 공작기계의 기본 절삭운동

1.2.2 이송운동(feed motion)

절삭공구 또는 가공물이 절삭방향으로 이송하는 운동이며, 절삭단면을 알맞게 조절하기 위한 목적으로 진행되는 운동이다. 일반적으로 다음과 같은 원칙이 있다.

① 1회의 이송량(feed)은 공구의 폭보다 적게 한다.
② 이송운동 방향은 절삭운동방향과 직각이며, 가공면과 평행 또는 직각으로 한다.
③ 이송운동은 절삭운동과 일정한 관계가 있고 규칙적으로 진행한다.

이송속도(velocity of feed)는 회전 절삭운동할 때는 1회전 당의 이송량(mm/rev)으로 하고, 직선 절삭운동을 할 때는 1왕복 당 이송량(mm/stroke)으로 하는데, 이를 보통 피드(feed)라 한다

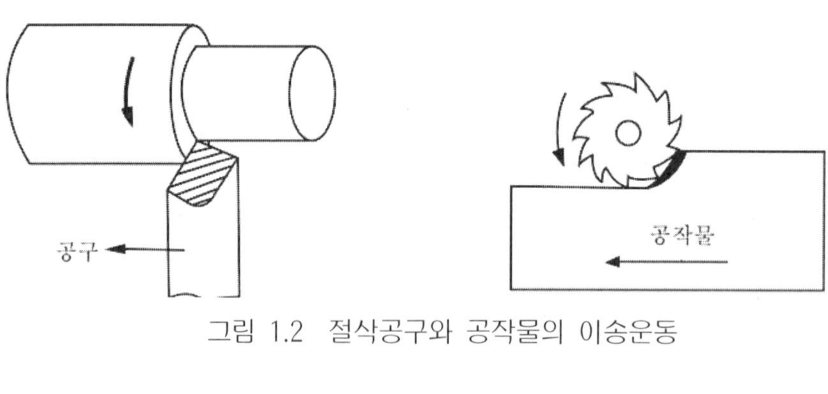

그림 1.2 절삭공구와 공작물의 이송운동

1.2.3 위치 조정운동(position adjustment motion)

능률적인 작업을 위하여 공작물과 공구간의 절삭조건에 따른 절삭 깊이 조정 및 시간을 단축할 수 있도록 다음과 같이 위치를 조정한다.

① 기계의 운동중심과 가공위치 사이의 거리조정
② 이송을 시작하는 위치와 끝점의 위치조정호
③ 절삭 깊이와 이송위치의 조정(그림 1.3참조)

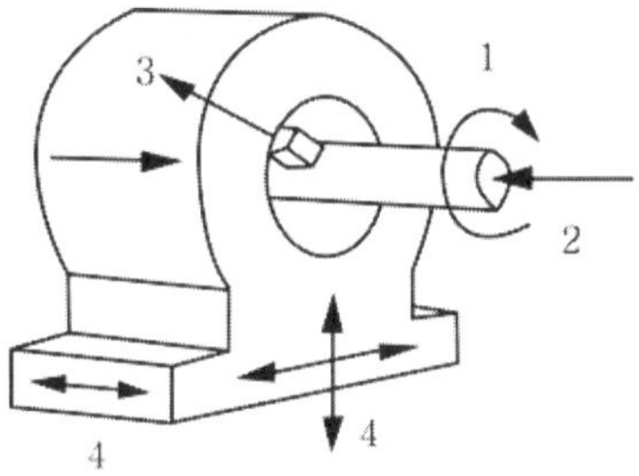

그림 1.3 위치 조정운동

1.3 공작기계의 분류(classifications)

공작기계의 분류는 한국표준산업 분류표상 금속공작기계 및 목공작기계 제조업(3823 : 한국표준산업 분류번호)에 속하고, 공작기계는 크게 금속공작기계와 금속가공기계로 분류되며, 금속공작기계는 다시 범용공작기계, 전용공작기계, NC공작기계로 분류된다.(표 1.2 참조)

기계제작에 사용되는 재료는 제작과정(process)에 따라 적당한 가공방법을 선택하게 되며, 여기에는 절삭가공과 비절삭 가공방법이 있다. 절삭가공은 절삭공구를 사용하여 칩(chip)을 발생시키면서 필요한 모양으로 가공하는 방법이며, 절삭가공의 목적에 사용되는 기계를 금속 공작기계(metal cutting machine tools)라 한다. 비절삭가공은 소재와 제품의 형은 변하여도 칩이 생기지 않고 체적이 심하게 변하지 않는 가공방법이며, 비절삭 가공에 사용되는 기계를 금속가공기계(metal forming machine tools)라 한다.

넓은 의미의 공작기계는 절삭 및 비절삭에 사용되는 모든 공작기계를 말하나 일반적으로 공작기계라 함은 금속공작기계를 지칭하며 주로 금속공작물을 절삭, 연삭 등에 의해 불필요한 부분을 칩의형태로 제거하여 소요형상으로 만드는 기계로서, 구체적으로 선반,

밀링, 보링머시인 등이 그 대표적인 기계들이다.

공작 기계의 구체적인 분류는 다음과 같다.

표 1.2 공작기계의 분류

- 공작기계
  - 금속 공작기계 (Metal Cutting Maching Tool)
    - 범용 공작기계
      - 절삭공구 사용기계
        - 고정공구 사용기계
          - 선삭 : Lathe
          - 형삭 : Shaper
          - 평삭 : Planer
        - 회전공구 사용기계
          - 밀링 : Milling M/C
          - 드릴링 : Drilling M/C
          - 보링 : Boring M/C
          - 쏘잉 : Sawing M/C
      - 연삭공구 사용기계
        - 연삭 : Grinding M/C
        - 호빙 : Hobbing M/C
    - 전용 공작기계
      - 전용기(Special Purpose M/C)
    - N.C. 공작기계
      - N.C. Lathe
      - N.C. Drilling M/C
      - N.C. Milling M/C
      - N.C. Boring M/C
      - N.C. Grinding M/C
      - Machining Center
  - 금속 가공기계 (Metal Forming Maching Tool)
    - Press
    - Rolling M/C
    - Shearing M/C
    - Bending M/C

1.3.1 가공능률에 따른 분류(macining efficiency)

(1) 범용 공작기계(general purpose machine tool)

보통선반, 밀링 머신, 드릴링 머신, 세이퍼, 플레이너, 슬로터, 연삭기 등과 같이 특징은 없으나 기능이 다양하고, 용도가 보편적인 공작기계를 범용 공작기계라 한다.

(2) 전용 공작기계(special purpose machine tool)

범용 공작기계의 형체를 변형하여 특정한 모양이나 치수의 제품을 대량 생산하는데 적합하도록 설계된 공작기계를 전용 공작기계(special purpose machine tool)라 한다.

(예) ① 차륜선반 ② 트랜스퍼 머신(transfer machine) ③ 크랭크축 선반
④ 모방선반, 자동선반, 생산형 밀링 머신 등

(3) 단능 공작기계(single purpose machine tool)

단순한 기능의 공작기계로서 한 가지의 가공만을 할 수 있는 기계를 말한다. 즉, 단일 종류의 가공만을 할 수 있는 기능을 가지고 있으므로 대량생산성은 높지만, 다른 종류의 가공은 못하므로 유연성은 없다.

(예) 절삭공구연삭기(tool grinder) : 바이트 연삭용, 센터링 머신 등

(4) 만능 공작기계(universal machine tool)

다양한 가공을 할 수 있도록 제작된 공작기계이다. 즉, 선반, 밀링 머신, 드릴링 머신 등의 공작기계를 조합하여 한 대의 기계로 제작하였기 때문에 여러 가지 작업을 이 한 대로 할 수 있으나, 대량생산 체제에는 적합하지 않다. 따라서 장소가 좁고 많은 작업을 하지 않는 소규모의 공장이나 보수작업을 주로 하는 선박 또는 발전소의 수리공장 등에 편리하다.

(5) 생산형 공작기계(manufactuing machine tool)

단능 공작기계와 만능 공작기계의 중간 위치에 있는 전용 공작기계의 일종으로서 강력 가공과 대량생산에 적합 하도록 된 공작기계이다.

1.3.2 가공방법에 따른 분류

(1) 절삭가공기계

공구의 절삭날로 공작물을 절삭하여 가공하는 기계를 말하며 선반, 밀링 머신, 드릴링 머신, 세이퍼, 플레이너, 보링 머신, 호빙 머신, 브로칭 머신, 회전톱 기계 등이 있다.

(2) 비절삭 가공기계

소성가공에 속하는 기계로서 단조, 압연, 인발, 압출, 프레스, 판금가공을 주로 하는 기계들을 말하며, 이런 종류의 공작기계는 넓은 의미에서는 공작기계라 하지만, 좁은 의미에서는 금속가공기계로 분류하기도 한다.

(3) 연삭 가공기계

연삭 숫돌이나 숫돌입자를 사용하여 연삭 작용으로 공작물을 가공하는 기계를 말하며,

연삭기, 호우닝 머신, 슈퍼 피니싱, 래핑머신 등이 있다.

(4) 특수 가공기계

전기를 이용하거나 작은 강구를 사용하여 가공하는 공작기계를 말하며, 전해 연마기, 초음파 가공기, 쇼트 피닝 머신(shot peening machine)등이 있다.

제 2 장 절삭 이론

2.1 절삭의 정의(definition of cutting)

절삭(cutting)이란 공작물보다 경도(hardness)가 높은 공구로서 공작물에서 칩(chip)을 깍아내어 요구하는 형상의 제품을 만드는 작업이다. 이때 사용하는 공구로서는 바이트(bite), 드릴(drill), 밀링커터(milling cutter)와 같은 절삭날로 된 것과 연삭숫돌, 래핑제(lapping compound)와 같은 입자(abrasive)로 된 것으로 구분되나 모두 대소의 차이는 있을지라도 칩을 내며 공작물에서 불필요한 부분을 절삭하는 데는 다름이 없다.

2.2 절삭이론의 의의(meaning of cutting theory)

절삭이론에서 취급되는 사항 중에는 절삭의 기구, 절삭저항, 절삭온도, 다듬질면, 공구의 수명, 피삭성, 진동, 절삭유 등의 문제가 포함되는데 이런한 것들은 모두 실제로 작업할 때 능률적(efficency)으로 또한 합리적(rationality)으로 절삭함에 있어서 항상 고려해야할 중요한 요소이다.

절삭이론에 포함되는 이와 같은 사항에 대해서 정확한 지식을 갖고 적절한 판단을 하려는 것이 아니고는 실제 작업을 합리적으로 관리할 수가 없다. 예를 들면 어떠한 기계부품을 선삭할 경우 그 절삭조건으로서는 어떤 것이라도 도달할 수가 있는데, 그 조건을 취하는 방법에 따라서 제품의 정밀도, 다듬질면의 거칠기, 생산능률과 경제성은 크게 달라진다. 이와 같은 경우 절삭조건을 선정함에 있어서, 절삭이론에 포함되는 여러가지 문제에 대해 검토하여 공작물의 재질, 치수, 사용 공작기계 및 공구, 제품에 요구되는 정밀도, 생산 수량 등의 사항에서 가장 적당한 절삭조건을 선정하지 않는다면 합리적인 작업을 실시하기란 불가능하다.

2.3 절삭공구의 형상

절삭공구의 형상(shape)과 각도(angle)는 칩(chip)의 배출 상태를 결정하고 절삭 다듬질면, 공구수명(tool-life), 절삭동력 등을 좌우하는 중요한 변수(parameter)이다.

절삭공구는 단인공구(single-point tool)와 다인공구(multi-point tool)로 나누어진다. 단인공구는 절삭에 관계하는 절삭날부분이 하나밖에 없는 절삭공구로서 선삭용 공구, 평삭용 공구 등이 이에 해당한다. 다인공구는 여러 개의 절삭날(cutting edge)이 절삭에 관계하는 공구로서 드릴(drill), 밀링커터, 탭 등이 이에 해당한다.

2.3.1 단인공구(single-point tool)

절삭에 관여하는 공구면과 이것들이 서로 교차하여 나타나는 절삭날은 여러 가지로 생각할 수있다. 이 날의 상대위치가 칩(chip)의 크기, 그 모양 및 발생상태와 절삭저항(cutting reistance)에 영향을 미친다. 그림 2.1은 바이트(bite)의 형상을 나타 낸 것으로서 바이트는 공구홀더(tool holder)에 지지하는 지지부 즉, 자루(shank)와 절삭을 하는 절삭날부(cutting part)로 나누어진다.

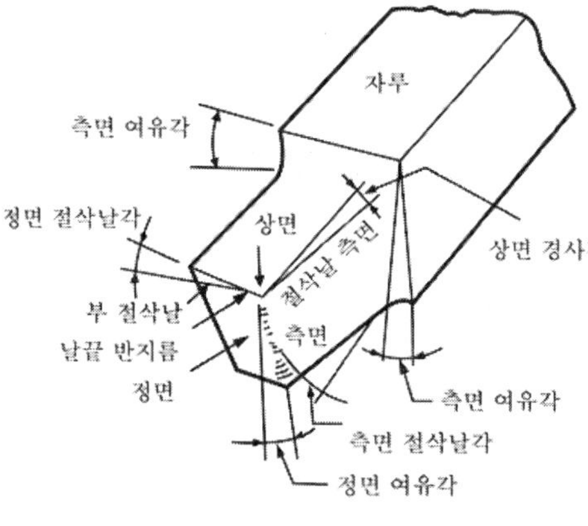

그림 2.1 바이트 각부의 명칭

공구의 크기는 폭, 높이, 길이로 나타내며 절삭공구의 각도를 표시하는 방법은 그림 2.2와 같다. 절삭날(cutting edge)에는 주절삭날과 부절삭날이 있고, 절삭날면에는 공구상면(tool face)과 측면(flank)이 있다. 주절삭날과 부절삭날이 맞닿는 곳은 보통 곡선으로 되어 있으며 날끝반지름(nose)이라 하며, 이것들이 절삭에 관여하는 주요부분이다.

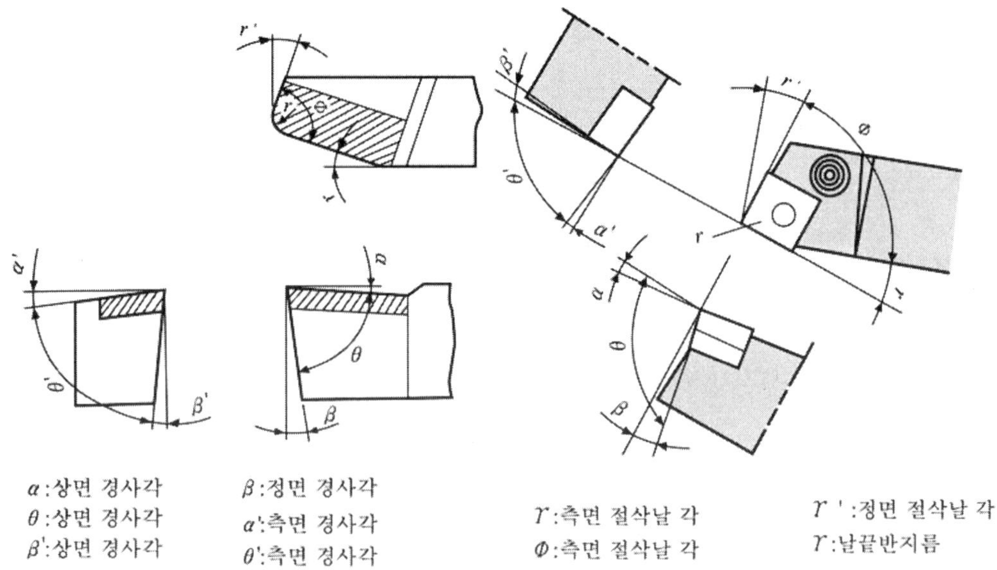

그림 2.2 바이트의 기본 각도

2.3.2 다인공구(multi-point tool)

다인공구도 절삭날부 하나하나를 생각하는 경우 절삭기능은 단인공구와 원칙적으로 같다. 그림 2.3의(a)는 단인공구, (b)는 다인공구의 예를 나타낸 것이다.

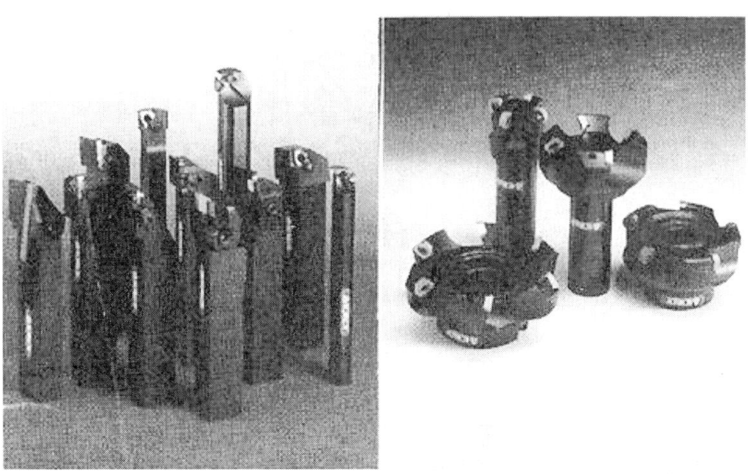

(a) (b)

그림 2.3 단인공구 및 다인공구의 예

2.4 절삭조건(cutting condition)

작업자가 공작기계를 조작하여 쉽게 조절할 수 있고, 또한 절삭률(rate of metal removal), 단위시단당의 절삭량에 영향을 끼치는 변수들의 조합을 절삭조건(cuttingcondition)이라고 한다.

이러한 절삭조건에서는 공구재료와 공구형상, 절삭속도, 절삭깊이, 이송속도, 절삭유제 등이 포함된다.

2.4.1 절삭속도(cutting speed)

절삭속도는 공작물이 단위시간에 공구의 날끝을 통과하는 거리로 표시하며, 공작물과 공구와의 재질 관계, 절삭유의 사용여부, 가공정밀도, 절삭깊이, 이송속도, 사용공구의 모양 등에 따라 달라진다. 그러므로 공작물이나 공구의 지름을 D(mm)라 하고, 절삭속도를 V(m/min), 공작물의 회전수를 N(rpm)이라 하면, 다음과 같은 식이 성립된다.

$$V=\frac{\pi DN}{1000}, \quad N=\frac{1000V}{\pi D}$$

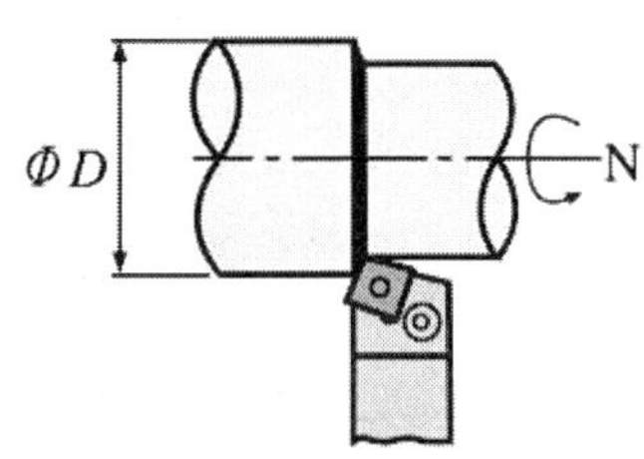

그림 2.4 절삭속도

2.4.2 이송속도(feed rate)

절삭중 공구와 공작물간의 횡방향의 상대운동의 크기, 즉 이송운동의 속도를 말한다.

단위는 mm/rev(in/rev), mm/min(in/min)로 표시한다.

2.4.3 절삭깊이(depth of cut)

그림 2.5와 같이 가공물의 표면과 가공되는 면과의 거리, 즉 공구의 절식깊이를 말한다. 단위는 mm(in)로 표시한다.

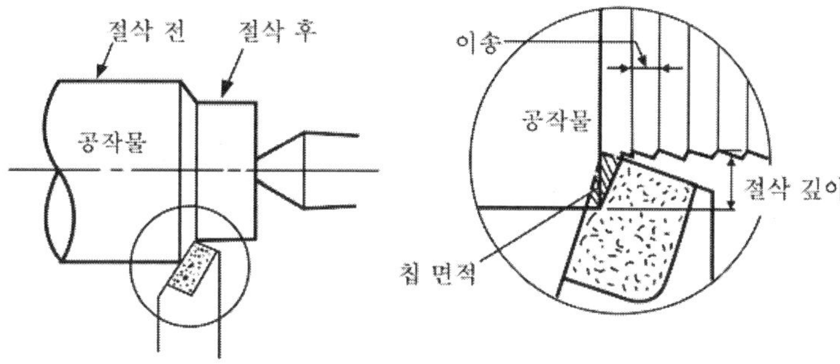

그림 2.5 절삭깊이

2.4.4 절삭단면적(chip area)

절삭될 부분의 단면적, 즉 칩의 단면적을 말한다.

$$A = ft\,\mathrm{mm}^2(\mathrm{in}^2)$$

여기서,

A : 절삭단면적
f : 이송속도
t : 절삭깊이 이다.

2.5 2차원 절삭과 3차원 절삭

공구와 공작물의 기하학적 운동양식에 의해 2차원 절삭(orthogonal cutting), 3차원 절삭(oblique cutting)으로 분류된다.

2.5.1 2차원 절삭

2차원 절삭은 그림 2.6(a)와 같이 공구의 절삭날 능선과 절삭 운동방향이 직교하고 절삭날에 수직한 단면 내의 변형은 능선변형이 균일하다. 이와 같은 변형을 평면변형이라 한다. 완전한 2차원 절삭은 없고 절삭폭이 절삭깊이에 비해 충분히 클 때에는 2차원 절삭이라고 한다.

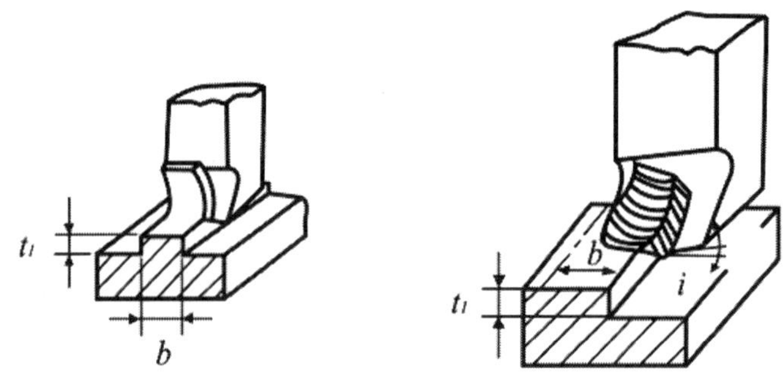

(a) 2차원 절삭　　　　(b) 3차원 절삭

그림 2.6 절삭양식

실제 절삭가공에서는 절단이나 브로칭이 여기에 속한다. 그러나 보통 절삭가공의 대부분은 복잡한 3차원 절삭이다. 그림 2.7은 2차원 절삭모형을 나타낸 것이다.

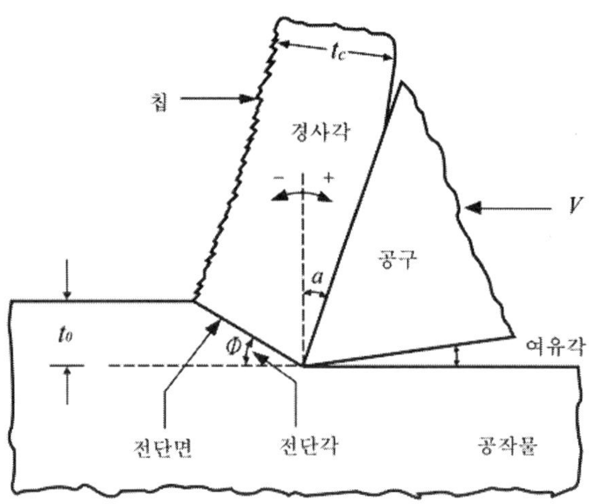

그림 2.7 이차원 절삭모형(직교절삭)

2.5.2 3차원절삭

그림 2.6(b)와 같이 절삭저항이 공구의 진행방향과 직각방향 및 절삭날의 방향으로 작용하는 것을 3차원 절삭(oblique cutting)이라 하며, 절삭날이 공구의 진행방향과 직각이 아니고 임의각 i만큼 경사지게 되는 경우이다.

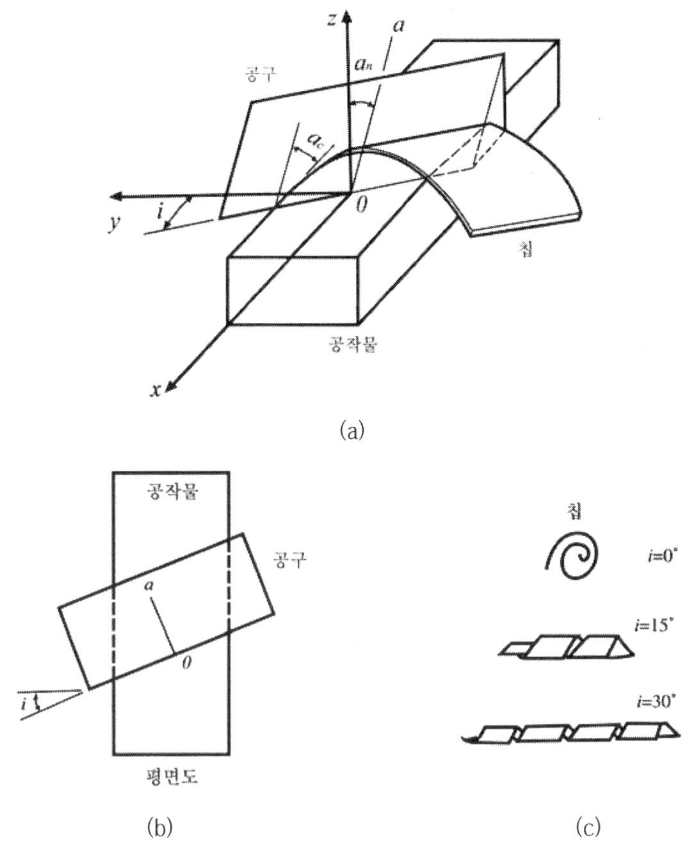

그림 2.8 3차원 절삭

3차원 절삭에서는 그림 2.8(a)에 도시된 바와 같이 칩이 공구경사면을 어떤 각 a_n방향으로 경사지게 올라간다. 여기서, 각a_n는 칩유동각(chip flow angle)으로 공구경사면 상에서 측정된 각이다. 각 a_n은 상면경사각(normal rake angle)으로 공작물표면에 대해 수직인 선 $0z$와 공구경사면 상의 선분 $0a$가 이루는 각이다.

공작물은 속도 V로 공구에 접근한 후, 속도 Vc로 공구면을 거슬러 칩으로 배출된다. 이들 두 속도벡터가 형성하는 면 상에서 유효경사각(effective rake angle) a_e가 다음과 같이 정의된다. 칩유동각 a_c가 기움각 i와 같다고 가정하면(실험적 관찰에 의하면 두 각이 거의 일치함을 알 수 있다).

$$a_e = \sin^{-1}(\sin^2 i + \cos^2 i \sin a_n)$$

각 i및 a_n은 직접 측정이 가능하므로, 이들 각을 윗식에 대입하여 유효경사각을 구한다.

기울각이 증가하면, 유효경사각도 증가하여 얇고 긴 칩이 형성된다(그림 2.8(c)참조).

절삭현상을 이론적으로 취급하는 경우 3차원의 응력과 변형을 논해야 한다. 그러나 3차원 절삭의 모든 경우를 완전히 설명할 수 있는 학술적인 뒷받침은 아직 완성되어 있지 않다. 그러므로 먼저 2차원의 문제로서 절삭을 취급하여 여기서 얻은 이론을 3차원으로 응용하는 것이 편리하다.

2.6 칩의 생성과 구성인선

2.6.1 칩의 생성(chip formation)

칩이 어떻게 생기는가를 살펴보기로 한다. 깎여지는 재료는 그림 2.7과 같이 2차원 모형으로 제시되어 있는 것처럼 공구가 전진함으로써 압력이 전해진다. 그리고 공구의 앞에 있는 재료부분은 그 어떤 변형을 시작한다. 그리고 깎여지는 재료에서 분리하면서 칩(chip)으로 변화하여 공구의 경사면을 미끄러지면서 흘러 나간다.

그림 2.9와 같이 ABCD의 재료부분이 있다고 생각하고 공구의 날끝의 A에서 B점으로 전진했다고 하면 ◇ABCD는 ◇A′BCD′로 변형한다. 그리고 이것이 칩이 되는 것이다. 전단면은 유동형 칩에 있어서는 거의 일정한 경사를 가지고 잇따라 생겨나고 있다. 이 경사를 전단각이라고 말하며 희랍문자 ϕ로 표시한다.

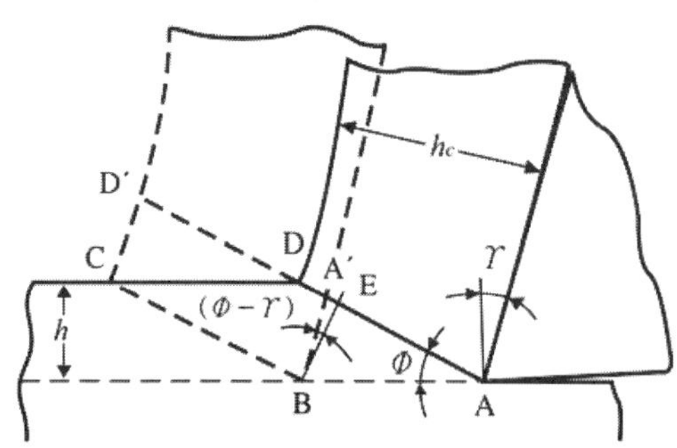

그림 2.9 절삭에 있어서의 전단 변형

칩이 생기는 모양은 공작물 및 절삭 공구의 재질, 절삭속도, 공구의 모양, 절삭깊이 등에 따라 달라지는데, 다음과 같이 4가지 기본형으로 분류하고 있다.

① 유동형 칩(flow type chip)

② 전단형 칩(shear type chip)

③ 열단형 칩(tear type chip)

④ 균열형 칩(crack type chip)

그림 2.10은 이러한 칩(chip)의 발생상태를 나타낸 것이다. 이 분류방법은 일반적으로 사용하는 것인데, 영국과 독일에서는 열단형 칩과 균열형 칩을 합하여 균열형 칩이라고 한다. 또한 미국에서는 그림 2.10의 (b), (c), (d)의 칩은 연속적으로 나오지 않으므로 불연속 칩(discontinuous or segmental type chip)이라고 하며, 1형 칩(type 1 chip)으로 표시한다.

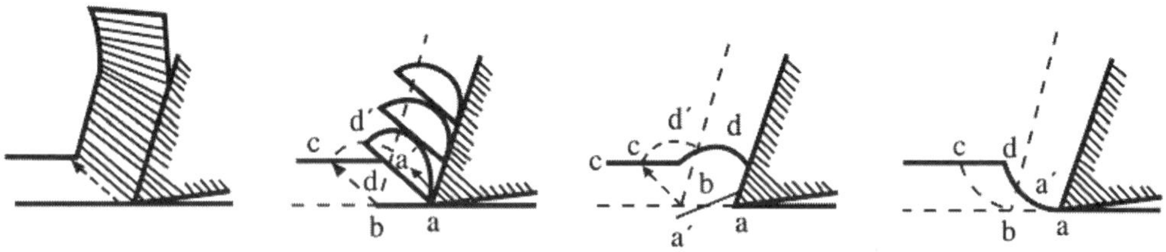

그림 2.10 생성의 기본형태

그림 2.10(a)의 유동형 칩 중에서 구성인선(built-up edge)이 없는 것을 2형 칩(type 2 chip, continuous chip without built-up edge)이라 하고, 구성인성이 있는 것을 3형칩(type 3 chip, continuous chip with built-up edge)이라고 표시한다(그림 2.11참조).

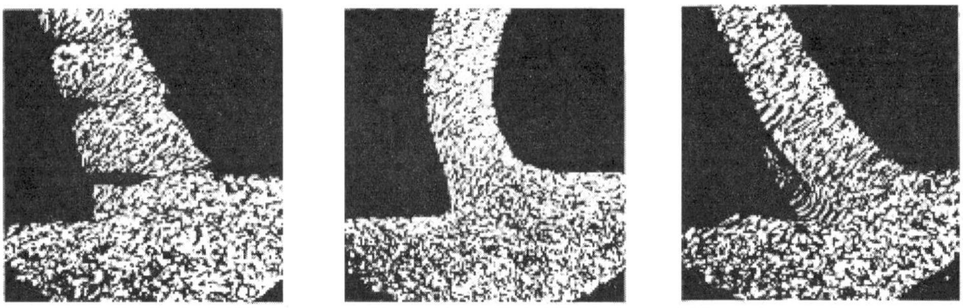

그림 2.11 칩의 3형태

이와 같이 표현 방법은 여러가지가 있는데 그 근본적인 형태로서 앞서 제시한 4종류에 대해서 설명하기로 한다.

(1) 유동형 칩

연속하여 긴 칩이 흐르는 것처럼 나올 때, 이 칩을 유동형 칩(flow type chip)이라고 한다. 표면은 한결같고 요철이 거의 없고 두께는 일정하다. 실제로는 모형과 같은 유동형 칩은 존재하지 않지만 칩 두께의 1/10 정도의 요철이 있어도 유동형이라고 한다. 유동형 칩이 생성될 때에는 절삭날에 가해지는 힘이 안정되고 있어서 깎은 후의 면은 평활해지고 좋은 다듬질면을 얻을 수 있다. 진동에 의한 공구손상도 적기 때문에 공구의 수명도 길어진다. 다만 이 칩은 잘 꺾이지 않고 연속되기 쉬우므로 다듬질면에 상처를 주거나 피삭재에 엉켜서 회전하여 작업자에게 상처를 주는 일이 있으므로 칩을 파단시키는 방법을 생각하지 않으면 안된다.

(2) 전단형 칩

절삭날의 경사면과 접촉하여 마찰한 면은 거의 평활하지만 그 반대쪽의 칩 표면은 톱니와 같이 들쑥날쑥하며 또한 주기적으로 깊이가 잘록한 형태로 되어 있다.

이와 같은 현상이 일어나는 것은 전단면이 부풀어 오르고 활처럼 변형한 다음에 제자리에 급히 되돌아가기 때문이라고 설명되고 있다. 비교적 연한 재료를 작은 상면 경사각으로 절삭시 자주 생긴다. 이것은 재료가 물러서 칩의 변형이 지나치게 커지지 않는 동안에 균열이 발생하고 재료의 집중적인 미끄럼과 균열을 짧은 주기로 되풀이하기 때문에 생겨나는 칩이다. 아무튼 전단형 칩이 생겨나는 것 같은 절삭상태에서는 칩 두께의 변동에 따라 공구나 절삭날에 가해지는 힘도 변동하므로 가공 후의 다듬질면에 대한 거칠기도 유동형 칩의 경우보다 거칠어지고 공구의 손상도 일어나기 쉽다.

(3) 열단형 칩

점성이 큰 재질을 작은 경사각의 공구로 절삭할 때, 절삭 깊이가 클 때는 칩이 날끝에 달라붙어 유동이 어려워진다. 또, 칩이 압축되어 그림과 같이 공구의 진행에 따른 점착현상의 증가로 날끝 앞쪽에서 터짐이 일어나거나 가공한 면을 뜯어낸 것과 같은 자리를 남기고 절삭력의 변동이 커지므로 좋지 못한 결과를 가져온다.

(4) 균열형 칩

주철과 같은 취성의 재료를 저속으로 절삭할 때 순간적으로 공구날끝 앞에서 그림과 같이 공작물에 균열이 일어나고 이때 발생하는 칩으로 인한 진동 때문에 작은 파손이 생겨 깎인 면도 매우 불량하다. 절삭이 시작되면 곧 칩이 되는 부분에 균열이 들어가고, 균열은 전단형 칩과 같이 도중에서 칩이 멈추는 일이 없고, 칩은 완전히 분단된다. 이와 같은 절삭상태에서는 당연히 공구의 날끝에 가하여지는 힘은 크게 변동하며 균열이 다를 때는 깎는 면보다 깊이 균열되며 상처를 남기므로 가공 면은 거친 요철이 많은 것이 된다

2.6.2 절삭 조건에 의한 칩의 형태변화

(1) 공작물 재질에 의한 변화

공작물로서 강 · 구리합금 · 알루미늄과 같은 인성(toughness)이 있는 것을 절삭할 때에는 절삭조건에 따라서 유동형 · 전단형 · 열단형의 칩을 생산한다. 그것에 비해서 주철과 같은 취성 (brittleness)재료를 절삭할 때에는 주로 균열형의 칩을 생산한다.

취성 재료는 인장에 대해서 매우 약하므로 약간의 인장력에 의해서도 날끝의 앞쪽에서 인장응력에 의해 파괴되어 균열형 칩이 발생하는 것이다. 또 인성이 있는 재료는 인장에 대해서 강도가 크므로 인장강도에 의해서 파괴되기 힘들고 전단응력에 의해서 파괴하기 쉬으므로 유동형 · 전단형 칩이 발생한다(표 2.1참조).

(2) 절삭조건에 의한 변화

그림 2.12는 공구 경사각과 절삭깊이에 의한 칩 형태를 나타낸 것이다. 절삭깊이가 작고 경사각이 큰 공구로 절삭할 때에는 유동형이 되고, 절삭깊이가 크며 경사각이 공구로 적절할 때에는 열단형 칩이 된다. 그리고 그 중간의 절삭깊이도 경사 각도 작을 때에는 전단형 칩이 된다(표2.2 참조).

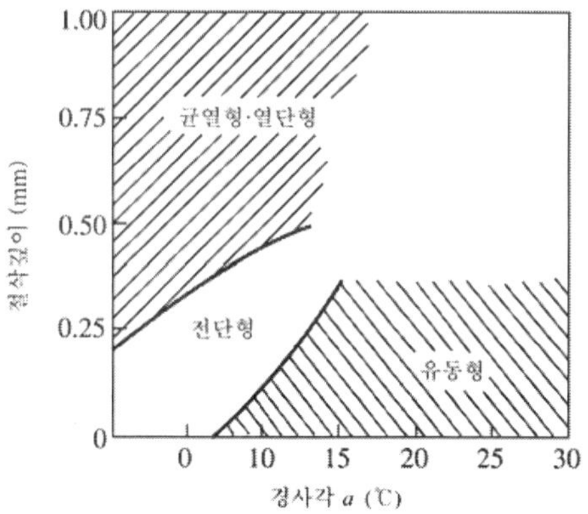

그림 2.12 절삭조건에 따른 칩의 형태

표 2.1 공작물 재질과 칩의 형태

강의 종류	극저속에서 일반적으로는 불연속 칩이 되고 건절삭에서는 대체로 열단형이고, 양호한 절삭유를 사용하면 전단형이 된다. 단 경사각이 크고 절삭두께가 작은 경우에는 건절삭이라도 거의 유동형이며 절삭유를 사용하게 되면 완전한 유동형에 가까운 상태가 된다. 중간속도 영역에서는 일반적으로 구성인선이 생긴다. 이 영역에서는 절삭조건을 바꾸어도 구성인선을 방지하지 못한다. 고속영역에서는 일반적으로 유동형이지만 중절삭에서는 강성이 불량하면 전단형이 된다.
주철의 종류	일반적으로 균열형 및 전단형의 중간 상태이다. 보통 주철에서는 균열형에 가깝고, 고급주철에서는 전단형에 가깝다. 절삭조건 윤활의 유무는 본질적인 변화를 일으키지 않는다. 고급주철에서는 중간속도영역에서 명확한 구성인선이 생기지만 보통주철에서는 유사한 부착물은 있어도 명확한 대형의 구성인선이 생기지 않는다. 또, 고급 주철은 유동형에 가까운 전단칩을 일으키는 일이 많고 구상흑연주철에서는 측면 구성인선이 생긴다.
황동의 종류	α－황동(7－3황동)은 전속도 영역에서 유동형이 되고 구성인선이 생기지 않는다. α＋β황동(4－6황동 연쾌삭황동)은 높은 경사각, 경절삭인 경우에 유동형이 되지만 전반적으로 전단형이 많다. 극저속영역에서 구성인선이 생기는 경우가 있다. 황동은 소위 "깎기 쉬운" 재료로서 공구면에서의 용착 경향은 적다.
Al의 종류	순수한 Al 및 순동은 저속절삭에서는 열단형이 나타나고, 절삭유사용, 절삭속도가 증대되면 유동형이 나타난다. 말하자면 이는 점성재료이며, 또한 경사면에 용착이 발생하여 절삭하기 어렵다. Al합금 duralumin계는 강의 종류의 경우와 유사하다. 순수한 Al은 구성인선이 생기지 않지만 Al합금에서는 저속영역에서 발생한다.

표 2.2 절삭조건에 의한 칩 형태변화

	유동형	전 단 형	열 단 형	균열형	구 성 인 선
피삭재의 연성	크 다	중간 또는 작다	크 다	작 다	관계 없다
경사각(α)	크 다	관계 없거나 작다	작 다	관계없다	크거나 소형화
절삭두께(t)	작 다	관계 없거나 작다	크 다	관계없다	작거나 소형화
절 삭 폭(b)	크 다	관계 없거나 작다	작 다	관계없다	관계없음
절삭속도(v)	크 다	관계 없다	작 다	관계없다	Al, Brass : 저속도,강류:중속도
윤 활	양 호	관계 없거나 불량	불 량	관계없다	관계 없거나 불량
절삭제의 강성	크 다	관계 없거나 적다	관계없다	관계없다	관계 없다

2.6.3 구성인선(built-up edge)

구성인선이란 경사면과 여유면의 일부와 절삭날에 고착된 퇴적물이며, 공구절삭날을 대신하여 절삭작용을 하는 것을 말한다(그림 2.13 참조). 즉, 연강(miid steel), 스테인레스강(stainless steel) 및 알루미늄(Al) 등의 연한 재료(인성을 지닌 재료)를 절삭할 때 칩과 공구경사면 사이의 높은 압력과 큰 마찰저항 및 절삭열에 의하여 칩의 일부가 가공경화하여 이상 변질물로서 날끝 앞에 퇴적하여 마치 절삭날과 같은 작용을 하여 공작물을 절삭하게 되는데 이것을 구성인선이라고 한다. 구성인선이 공구끝에 형성되면 이것이 절삭에 관여하여 공구에 채터(chatter)을 일으킬 뿐만 아니라 가공표면의 정밀도를 저하시킨다.

구성인선은 발생, 성장, 분열, 탈락의 과정을 반복한다. 이 주기의 시간은 1/100초 정도로 짧다. 즉 1초간에 100회 성장하고 탈락하는 셈이다. 탈락에 있어서는 대부분이 칩과 더불어 제거되는데 일부는 절삭면에 잔류하여 다듬질면 조도를 거칠게 한다. 또 다듬질면을 기계부품으로 사용할 때는 가공경화를 받은 구성인선의 파단은 상대금속을 마모시키므로 좋지 않다. 일반적으로 구성인선은 취성 재료(보통 주철, 청동, 유리, 대리석) 등에는 발생하지 않는다. 이것은 칩 파단에 수반되는 불규칙한 충격응력이 퇴적의 발생과 대형화로 이를 억제하기 때문이다(고급주철, 구상흑연 주철에는 구성인선을 일으킨다).

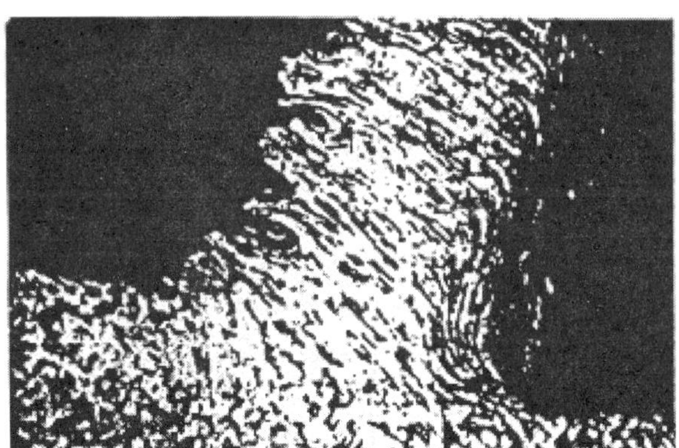

그림 2.13 구성인선

2.6.4 구성인선 발생에 따른 영향

그림 2.14와 같이 구성인선은 둥근 날끝을 하고 있는 관계로 이것에 의해 절삭된 다듬질면은 필연적으로 거칠게 된다. 또 이때에는 구성인선의 절삭날은 공구의 날끝보다 아랫쪽에 있는 관계로 예정의 절삭깊이 이상으로 공작물을 절삭하게 되므로 제품의 정밀도를 저하시킨다. 즉 그림 2.15와 같이 과절삭(over-cut) 상태로 된다. 구성인선은 전체로서 안

정된 경우에도 그 선단은 항상 생성·탈락을 반복한다. 따라서 다듬질면은 과절삭 두께 정도의 조도를 만들며, 생성·탈락의 불규칙성, 구성인선 형상의 불규칙성 등에 의해 다듬질면은 크게 약화된다.

그림 2.16은 선삭공구에 대한 조도곡선의 예이다. *v*=120m/min 이상에서 구성인선을 소실하게 되는 것을 알 수 있다.

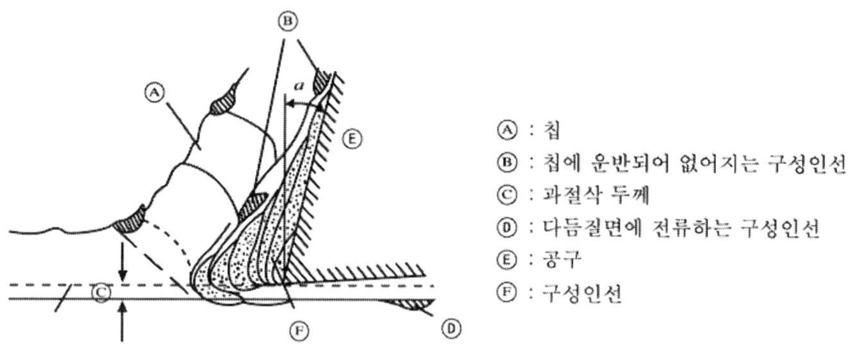

그림 2.14 구성인선의 성장의 실제

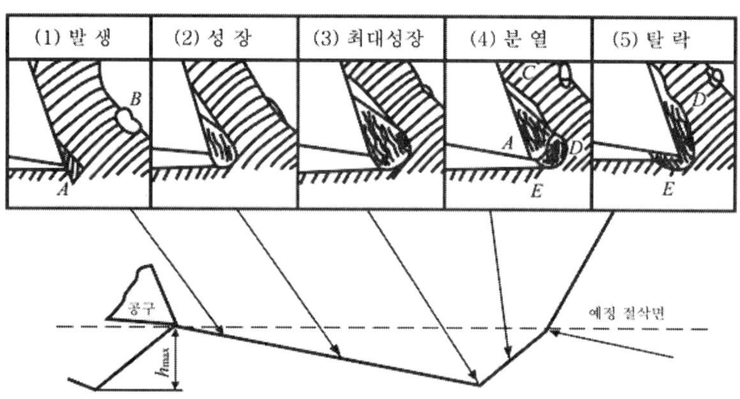

그림 2.15 구성인선의 성장분열과 다듬질면 조도

일반적으로 절삭온도가 공작물 재료의 재결절 온도 이상이 되는 조건에서는 구성인선의 발생은 없거나 적어도 크게 성장하지는 않는다고 한다.
절삭온도는 120m/min 이상의 고속절삭에서는 충분히 높아지므로 구성인선에 의한 다듬질면의 흩어짐은 적어진다. 고속절삭으로 다듬질면 조도가 개선되는 것은 이 때문이다.

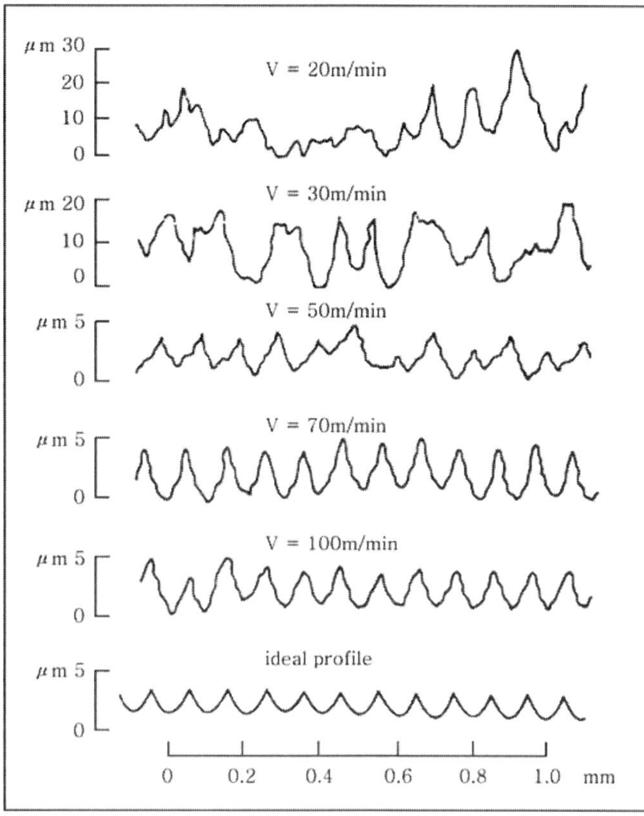

그림 2.16 선삭 다듬질면 형상의 절삭 속도에 의한 변화

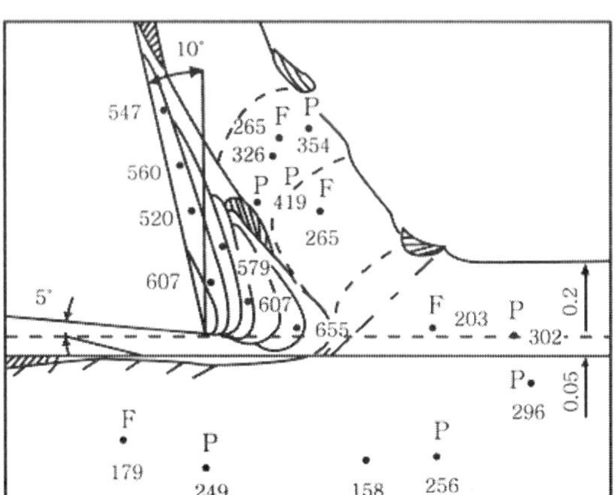

마이크로 비커스 경도(하중 50g), P(펄라이트), F(페라이트), 0.3% 탄소강(풀림), 초경 S_2 경사각 10°, 절삭두께 0.2mm, 절삭폭 3mm, 절삭속도 22mm/min, 건절삭

그림 2.17 구성인선, 칩, 피삭재의 경도차이

그림 2.17은 구성인선과 모재, 칩의 경도 비교이며, 구성인선이 현저히 높은 경도인 것을 알 수 있다. 물론 이 경도는 냉각 후의 시편에 대해서 측정된 것이지만 공구날끝을 대신하여 절삭작용을 하는 한 절삭중에도 그림 2.17과 비슷한 경도차는 유지된다고 보아도 좋을 것이다. 또 모재와 동일 조직이며, 재결정도 생기지 않는 것은 고경도가 주로 가공경화(work hardening)에 의해 얻어지는 것이다. 가공경화 성능이 큰 재료에서는 더욱 그 경도는 증대하게 되며 거의 공구의 경도에 도달하는 경우도 있다.

그림 2.18은 절삭온도와 구성인선의 소실관계를 나타낸 것이다. 그림 2.18에서 다음과 같은 사실을 알 수 있다.

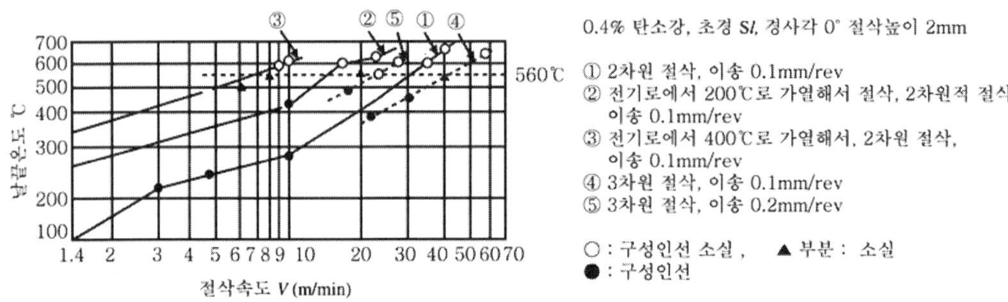

그림 2.18 절삭속도와 구성인선의 손실

(1) ①, ②, ③, ④, ⑤의 어느 경우도 절삭속도가 증애됨에 따라서 ●→▲→○의 순 으로 변화한다.

(2) ▲→○로 변화할 때의 날끝 온도는 대개 560° C이다. 즉 구성인선은 인선 온도가 어떠한 값(임계온도)을 넘으면 없어지는 것을 알 수 있다. 그림 2.19는 공구재질에 의한 구성인선 소실속도의 차이를 나타낸 것이다.

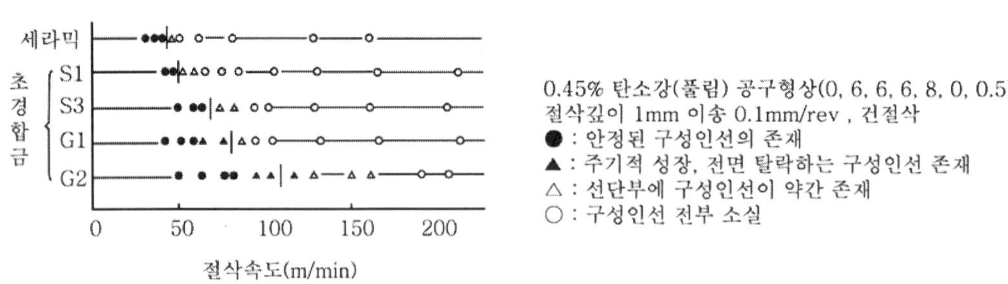

그림 2.19 공구채질에 의한 구성인선 소실속도의 차이

2.6.5 구성인선의 방지법

구성인선이 발생되지 않기 위해서는 다음과 같은 방법이 있다.

① 공구의 경사면을 윤활하게 하여 깎여지는 재료의 용착을 방지한다. 절삭유제나 깎기 쉽게 개량을 한 쾌삭재료를 선정하면 이 목적에 부합시킬 수 있다.

② 절삭온도를 높인다. 깎여지는 재료의 재결정 온도(가공경화한 금속재료를 가열하면 변형된 입자가 미세한 다각형상의 결정입자로 변하기 시작하는 온도) 이상이 되면 가공경 없어지고 구성인선도 없어진다. 절삭온도를 올리기 위해서는 절삭에너지를 많이 사용하면 된다. 즉, 절삭속도를 빨리하고 절입이나 이송을 많이 하는 것이다. 또한 좀더 직접적으로 온도를 올리기 위해서는 그 부분을 가열하든가, 가열한 피삭재를 가공하면 된다. 실제로 가열하면서 가공하는 고온 절삭법도 몇 가지가 연구되고 있다.

③ 절삭성을 양호하게 한다. 이 방법은 경우에 따라서는 역효과가 되므로 유의할 필요가 있다. 왜냐하면 절삭성을 양호하게 하면 절삭온도는 일반적으로 내려가는 경향에 있으며 ②에서 기술한 내용에 반하기 때문이다.

구체적인 방법으로서는 절삭공구의 경사각을 크게 한다. 절입·이송을 적게 하며 절삭유에 의한 윤활을 하는 것 등이다. 이러한 것은 절삭조건으로서 선정할 수 없는 경우가 있다. 스로어웨이식(throw away type bite) 바이트 등으로는 경사각을 변경시킬 수 없다. 그러나 이러한 방법은 적어도 구성인선을 소형으로 하고 그 나쁜 영향을 억제하는데 있어서 유용하다.

④ 고속절삭을 한다. 특히 절삭속도의 증대는 효과가 크고 어떤 속도이상(연강에서 120~150m/min)이 되면 소멸된다.

⑤ 마찰계수가 작은 절삭공구를 사용한다(초경합금 공구, 세라믹).

2.7 절삭저항

2.7.1 절삭저항(cutting resistance)

공구에 의해서 공작물을 절삭하는 것은 공작물에 큰 소성변화를 주어서 칩을 분리하는 것이며 이때 공구는 공작물로 인하여 큰 저항을 받는다. 이 저항이 절삭저항이다. 그 방향과 크기는 공작방법이나 절삭조건, 가공재료의 종류에 따라서 여러가지로 달라진다.

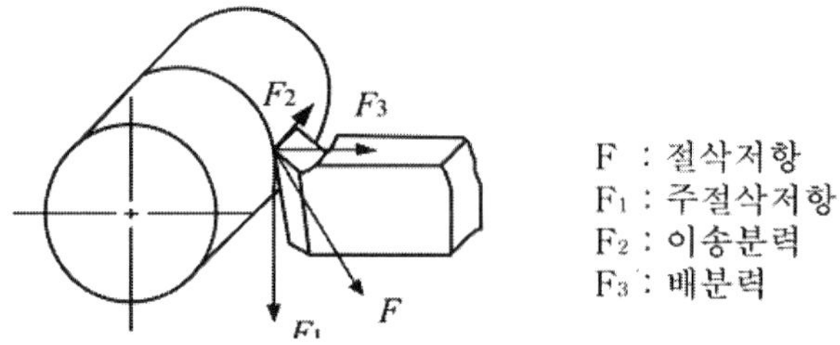

그림 2.20 절삭저항의 분력

그림 2.20은 선반으로 원형봉(bar)을 절삭할 때의 절삭저항을 나타낸 것이다. 공구에는 F의 절삭저항이 작용한다. 절삭저항 F는 공구의 절삭방향으로 작용하는 주분력 F_1, 공구의 축방향으로 작용하는 배분력 F_3, 이송방향으로 작용하는 주분력 F_2의 3분력으로 나눠서 생각하는 것이 보통이다. 주분력 F_1은 주절삭력이라고도 하며 가장 큰 값을 나타낸다. 각 분력의 크기를 비교하면

$$F_1 : F_2 : F_3 = (10) : (1 \sim 2) : (2 \sim 4)$$

로서, 이송분력이 가장 작은 값임을 알 수 있다.

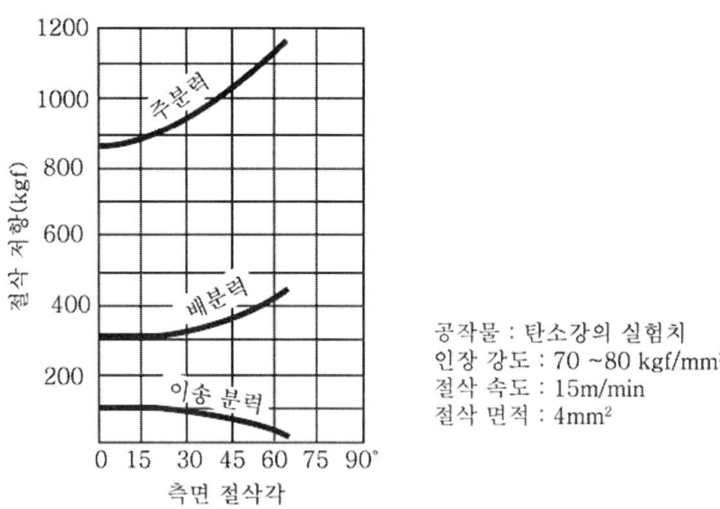

그림 2.21 절삭 저항의 3분력

절삭저항의 값을 아는 것은 절삭의 현상을 취급함에 있어서 중요한 사항이다. 즉 절삭저항의 대소는 직접 절삭에 필요한 동력(power)의 대소를 결정하는 것이며, 또 절삭의 난

이성, 즉 공작재료의 피삭성 판정의 한 기준이 된다. 기타 공구의 형상, 각도, 절삭깊이, 이송, 절삭속도와 같은 절삭조건이 적합여부를 아는 데 있어서도 중요한 역할을 하는 것이다. 또한 최근에는 자동가공에 있어서 절삭가공에 절삭상태의 모니터를 절삭력으로 실시하도록 시도하게 되었다.

그림 2.21은 절삭면적(절삭깊이×이송/rev)과 절삭저항의 관계를 탄소강에 대하여 측정한 것을 나타낸 것이다.

2.7.2 절삭저항의 측정

절삭저항의 측정법은 이미 1900년경부터 구동전동기의 소비전력에서 구하는 방법이 사용되고 있었다. 그후 1950년경까지는 절삭력에 의한 공구(tool)의 휨을 좋은 정밀도로 검출하는 각종 연구가 있었으나 저항선 변형게이지(strain gauge)의 보급과 더불어 이것을 사용한 측정이 주류가 되고, 또한 1960년 이후에는 전자기술의 진보로 인해 전기적 측정의 신뢰성도 높아지고 또 각종 새로운 검출소자(압전소자)의 실용화의 더불어 절삭저항의 측정은 연구실 단계에서 이미 실용단계로까지 일반화하고 있는 실정이다(그림 2.22).

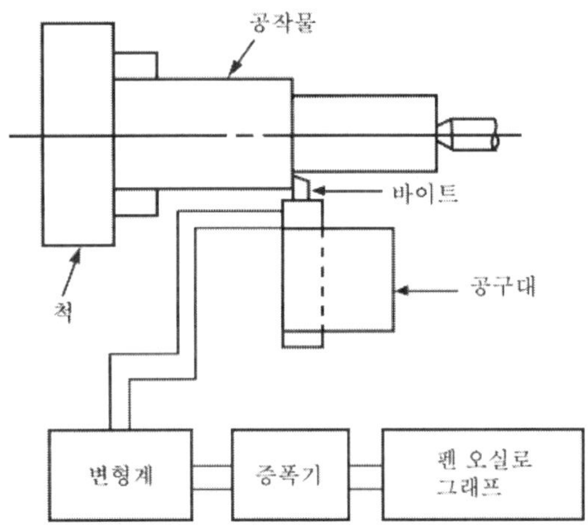

그림 2.22 절삭 저항의 측정 장치

그림 2.23 (a)에서 표시하는 선삭과 같이 절삭공구가 회전하지 않는 경우에는 절삭속도 방향의 힘 F_1, 이송방향의 힘 F_2와 F_1, F_2에 수직인 공구 자루부축 방향의 힘 F_3를 측정하는 것이 보통이다. 이 경우 F_1는 주분력, F_2는 이송분력, F_3는 배분력이라고 한다. F_1, F_2는 각각 2차원 절삭에 대한 수평분력 F_H, 수직분력 F_V에 대응한다. 또 선삭과 같이 공작물이 회전하는 경우에는 공구에 작용하는 힘을 측정하는 것이 편리하지만 그림 2.23(b)의 평삭과 같이 공구나 공작물이 회전하지 않는 경우에는 공작물에 작용하는 힘을 측정하여도 좋다. 어느 것을 선정하는가는 공작기계, 실험목적, 측정이 편리하도록 선택한다.

이에 대해 그림 2.23(c)의 밀링작업과 같은 회전절삭 공구에는 공작물에 작용하는 힘을 측정하는 것이 쉽다. 그러나, 목적에 따라서는 절삭날 1개에 작용하는 절삭날을 기준으로 그림에서의 3분력 F_1', F_2', F_3'를 직접 측정할 필요가 있으며, 경우에 따라서는 독특한 장치가 요구될 때도 있다. 그림 2.23(d)는 드릴, 리이머, 엔드 밀 등의 작은 지름을 가진 회전공구의 경우이며, 이러한 경우에는 축방향 힘 F_S, 원주방향력 F_T(또는 토크)가 공작물에 걸리는 힘으로서 측정되는 것이 보통이다. 절삭력을 측정하는 데는 이것을 3분력으로 나누어 적당히 다른 물리량으로 바꾸어야 하지만 보통의 경우 이러한 변환기를 포함한 장치에 공구 또는 공작물을 부착시켜 측정하는 것이 편리하다. 이 장치를 공구동력계(dynamometer)라고 한다.

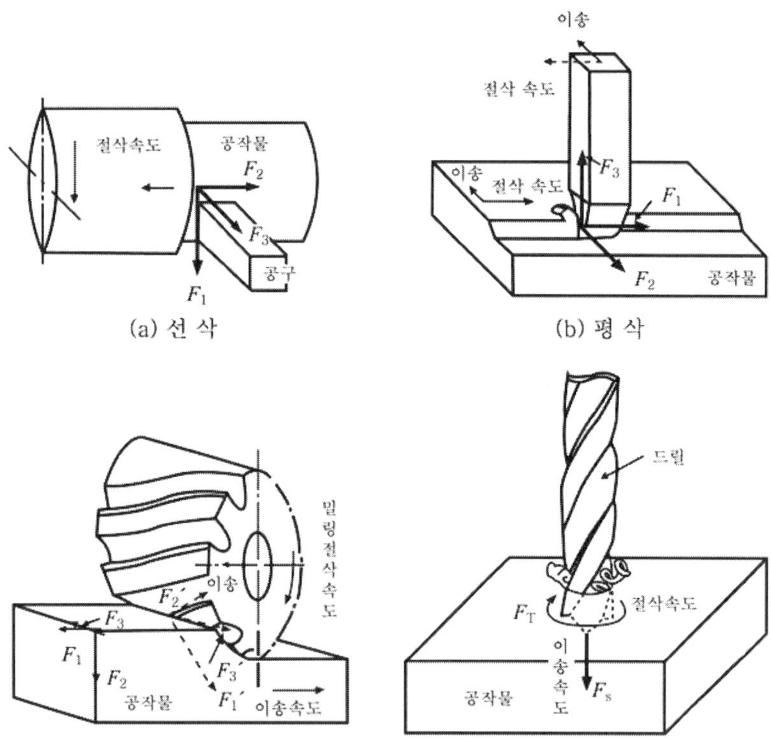

그림 2.23 각종 절삭법의 절삭저항력

(1) 공구동력계의 요구사항

① 고감도, 고강성 일 것

② 고유진동수가 클 것

(W_n=K/N) (K : 스프링 상수, N : 질량)

③ 각 분력의 측정에 상호간섭이 생기지 않을 것

④ 하중-출력의 교정곡선이 직선이며, 이력(hysterisis)곡선을 그리지 않을 것
⑤ 장시간 안정하게 작동할 것
⑥ 가볍고 소형이어야 하며 제작이 용이할 것 등이다.

2.7.3 절삭저항의 기초이론

(1) 전단면(shear plane)

그림 2.24(a)에 있어서 공구는 정위치에 있고 공작물이 오른쪽으로 움직인다. 절삭공구 전방에 있는 공작물의 동력상태는 다소 복잡하나 재료 내에는 전단응력이 최대가 되는 면이 존재한다. 재료에 전연성이 있으면 처음에 파괴가 일어나지 않고 이 면을 따라 소성유동(plastic flow)이 나타나고 칩이 형성되며, 공구상면을 따라 위로 올라간다. 이와 같이 칩은 그림 2.24(a)와 같이 전단면(shear plane)을 따라 금속이 입자 조직에 소성변형을 일으킨다. 이 변형은 전단면을 따라 정확히 발생하는 것이 아니며 일정한 거리의 폭을 가지고 일어난다. 조직은 그림 2.25의 AB를 따라 완전히 변형될 때까지 계속된다. 입자의 조직이 늘어나기 시작하는 아랫면과 연신이 끝나는 칩이 나타나는 윗면 사이의 부분을 전단영역(shear zone)이라고 한다.

전단변형에 의한 칩의 형성과 칩이 공구상면을 따라서 위로 올라가는 모양은 바로 경사지게 쌓아놓은 카드를 그림 2.24(b)와 같이 밀 때 미끄러져 올라가는 것과 같다.

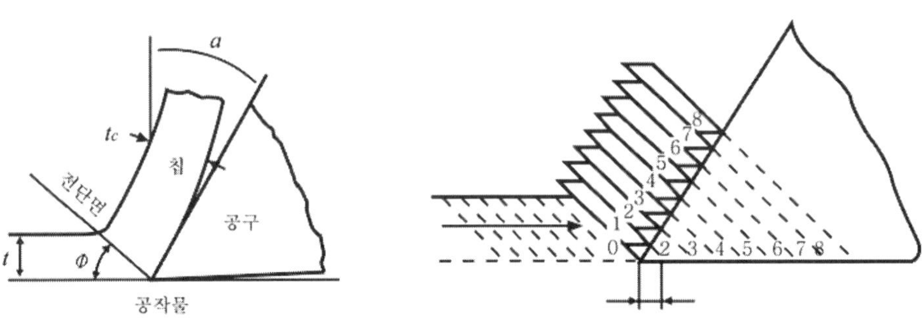

그림 2.24 전단면

카드 1이 카드 0위를 움직이는 동안 그 사이에는 미끄럼이 일어나고, 또한 파괴, 즉 분리된다. 카드 1 밑 가장자리에는 새로이 절삭된 면 ΔS가 형성된다.

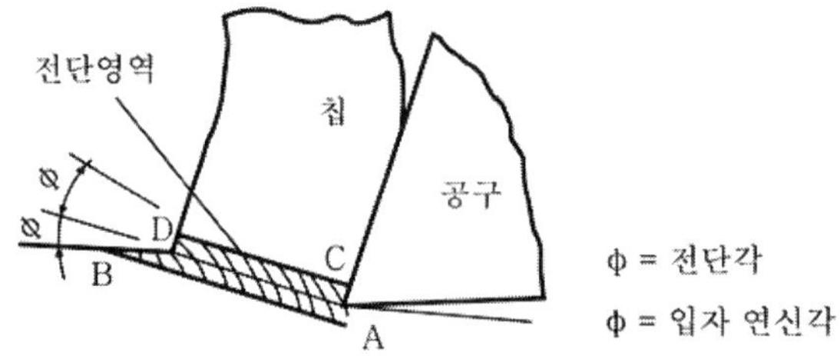

그림 2.25 전단영역의 기하학적 표시법

(2) 칩과 공구에 작용하는 힘

① 2차원 절삭의 힘 균형

2차원 절삭에 관하여 공구상면 및 칩에 작용하는 힘의 균형을 살펴보면 2차원 절삭에 있어서 칩에 작용하는 힘은 그림 2.26과 같다.

여기서,

Fs : 칩을 형성하는 데 금속의 전단에 대한 저항력(전단면을 따라 작용)

Fn : 전단면에 직각방향으로 작용하는 힘(공작물에 의하여 나타나는 칩을 올려 미는 힘)

N : 칩에 작용하는 힘(공구상면에 직각으로 작용하며, 칩에 의하여 가압되는 힘의 반력)

F : 칩에 작용하는 공구의 마찰저항력(칩이 공구상면을 따라 위로 미끄러져 올라갈 때 칩의 운동을 방해하는 아래방향으로 작용하는 힘)

그림 2.30(b)에서 힘 Fs와 Fn은 그 합력 R, 힘 F와 N은 그 합력 R′로 변환한 칩에 작용하는 힘을 나타낸 것이다. 즉, 칩에는 2개의 합력 R과 R′만이 작용한다고 생각한다.

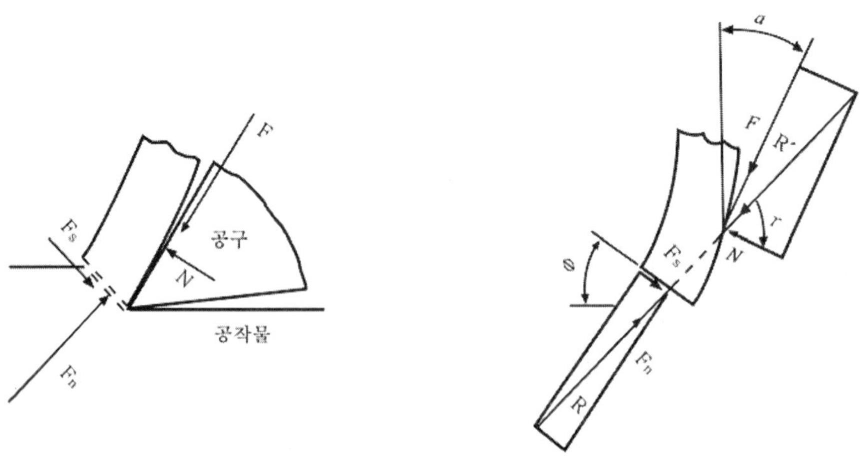

(a) (b)

그림 2.26 칩에 작용하는 힘

그림 2.26(a)에서 공작물이 칩에 작용하는 힘의 분력은 전단력 Fs와 압축력 Fn임을 알 수 있다. 반대로 칩이 공작물에 작용하는 힘은 -Fs와 -Fn이다. 그림 2-26은 그림 2.26(b)의 두 힘의 삼각형을 겹친 것이다. 즉, 2개의 같은 힘 R과 R′를 겹쳐서 그린 것이다. Fs와 Fn은 직교하는 F와 N도 직교하므로, 그 교점들은 R을 지름으로 하는 원 주위에 있다. 이 선도는 여러가지 힘과 각의 상호관계를 결정하는데 도움이 된다.

여기서

Fc : 공작물에 작용하는 공구의 수평절삭력
Ft : 공구를 공작물에 밀착시켜주는 수직력

Fc와 Ft가 결정되면 그림 2.27를 그릴 수 있으며, 그 합력은 원의 지름 R과 같다. 공구 윗면 경사각 α를 그리면 힘 F와 N이 결정된다. Fc, Ft, a 및 ϕ를 알면 칩에 작용하는 모든 힘의 분력을 그림 2.27에서 결정할 수 있다. 이 관계는 금속절삭 과정의 양적인 관계와 금속의 조직, 공구재료, 공구각, 공구상면의 다듬질 정밀도, 절삭속도 및 절삭유의 영향을 받는 여러가지 금속을 가공할 때 필요한 동력을 예상하는 데 도움이 된다.

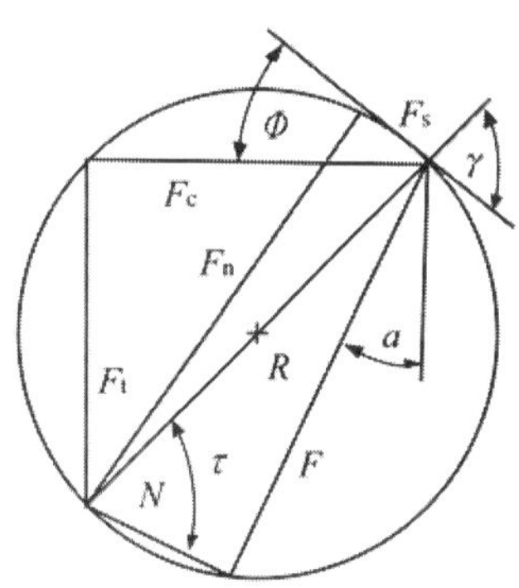

그림 2.27 금속절삭에 있어서 작용하는 힘의 관계

(3) 공구상면과 칩 사이의 마찰계수, μ

공구상면과 칩 사이의 마찰계수 μ는 다음과 같이 계산된다. 그림 2.32에서

$$F = Ft\cos a + Fc\sin a$$
$$N = Fc\cos a + F_t\sin a$$
$$\therefore \mu = \tan\tau = \frac{F}{N} = \frac{F_t\cos a + F_c\sin a}{F_c\cos a - F_t\sin a}$$
$$\therefore \mu = \frac{F_t + F_c\tan a}{F_c - F_t\tan a}$$

여기서 τ는 마찰각이다.

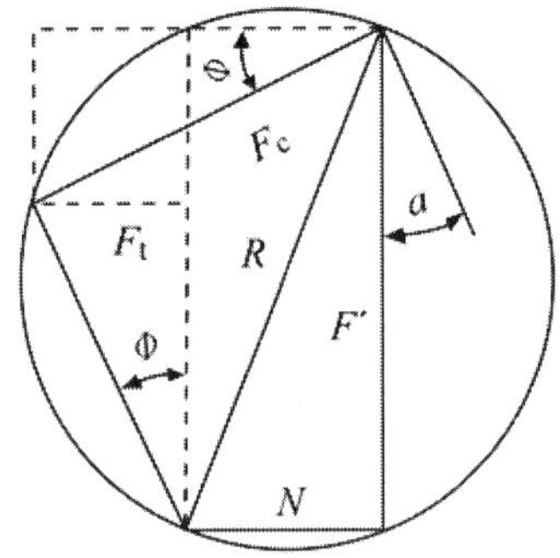

그림 2.28 공구상면에서의 분력

(4) 평균전단응력, S_s

공작물을 절삭하기 전의 칩 단면적을 A_0라 하고, S_s를 전단면 위의 평균 전단응력이라 하면

$$Fs = F_c\cos\Phi - F_t\sin\Phi$$

전단면적 A_s는

$$As = A_o\sin\phi$$

$$\therefore S_s = \frac{F_s\sin\phi}{A_o} = \frac{F_c\sin\phi\cos\phi - F_t\sin^2\phi}{A_o}$$

로 나타낼 수 있다.

(5) 전단에 소요되는 일, W_s

전단각은 공구가 이동하는 방향과 전단면 사이의 각이다. 전단각이 작을 때는 전단의 길이(path of shear)는 길어지며, 칩은 두꺼워진다. 따라서 t_1의 두께를 절삭하는 데 필요한 일은 증가한다. 각이 커지면 전단의 길이는 짧아지며, 칩의 두께는 얇아지고 소요되는 일은 적게 된다.

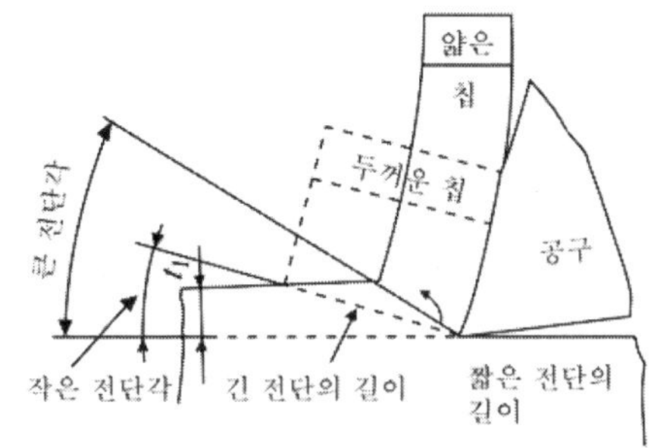

그림 2.29 전단각의 크기와 전단길이와의 관계

전단 변형률(shearing string) ε은 그림 2.34에서 공구 끝 A가 O까지 이동하는 동안에 공작물 위의 한 점 A는 A′에, B는 B′에 이동하여 평행사변형 AOCB는 A′OCB′로 소성 변형을 한다.

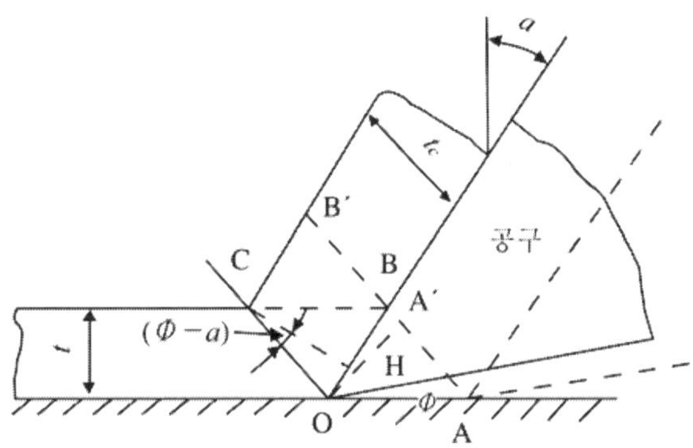

그림 2.30 전단 변형률

단위길이에 대한

$$\varepsilon = \frac{AA'}{OH} = \frac{AH + HA'}{OH} = \cot\phi + \tan(\phi - a)$$

이며, 따라서 전단에 소용되는 일 Ws는

$$W_s = S_s[\cot\phi + \tan(\phi - \alpha)]$$

로 된다.

(6) 칩의 운동(kinematics of chip)과 일(work)

① 절삭비(cutting ratio)

그림 2.31(a)에서 전단각 ϕ가 각 AOB를 2등분할 때 칩의 두께 t_c는 절삭깊이 t와 같다. 그러나 전단각은 일반적으로 그림 2.35(b)와 같이 $\phi < \frac{1}{2}$ AOB이므로 $t_c > t$이다. 칩 두께의 비를 γ이라고 하면

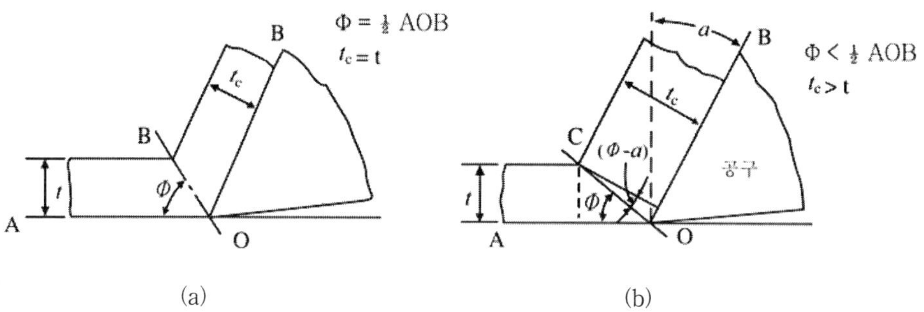

그림 2.31 칩의 두께

$$r = \frac{t}{t_c} = \frac{OC\ \sin\phi}{OC\ \cos(\phi - \alpha)} = \frac{\sin\phi}{\cos(\phi - \alpha)}$$

가 된다. 이것을 tanφ에 관하여 풀면

$$\tan\phi = \frac{r\ \cos\alpha}{1 - r\ \sin\alpha}$$

로 나타낼 수 있다.

2차원 절삭에서 절삭폭은 같으므로 다음과 같이 나타낼 수 있다.

$$tL = t_c . L_c$$
$$r = \frac{t}{t_c} = \frac{L_c}{L}$$

여기서

Lc : 칩의 길이

L : 공작물에서 깍아낸 재료의 길이

② 칩 흐름의 속도와 속도비

칩은 절삭깊이보다 두꺼우므로 칩이 공구상면을 따라 흘러갈 때 칩의 속도는 절삭속도보다 느리다. 이 속도는 다음과 같이 계산된다. 그림 2.36에서 V_c는 공작물에 대한 절삭속도, V_f는 공구상면을 따라 미끄러지는 칩의 공구에 대한 관계속도라고 하면 절삭된 칩은 전단면을 따라 공작물에 대하여 V_s의 벡터(vector)로 움직인다. 벡터 V_c 및 V_s는 그림 2.24(b)에서 미끄러지는 카드의 해석법으로 알 수 있다. 그림 2.32(b)에서 공구상면을 따라 미끄러지는 칩의 속도는

$$V_f = \frac{V_c \sin\phi}{\cos(\phi - \alpha)}$$

$$\therefore V_f = rV_c$$

가 된다. 전단면을 따라 칩이 흘러가는 속도 Vs는

$$V_s = \frac{V_c \cos\alpha}{\cos(\phi - \alpha)}$$

로 된다.

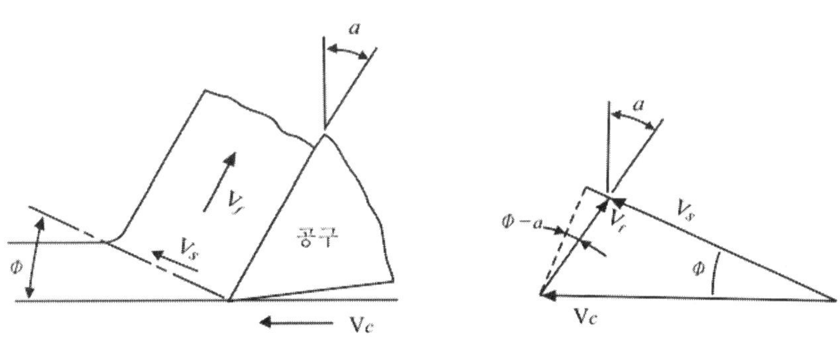

(a) 공구와 칩 (b) 속도 다각형

그림 2.32 금속절삭의 속도관계

③ 칩과 공구 사이의 마찰일, W_f

단위 체적을 단위시간네 마찰을 이겨 위로 올라가게 하는데 필요한 일은

$$W_f = \frac{F\ V_f}{V_c A_o} = \frac{F\ \sin\phi}{A_o \cos(\phi - \alpha)}$$

가 된다.

(7) 절삭에 소요되는 일(total work done cutting), W_n

2차원 절삭에 있어서 절삭에 소요되는 일은 칩을 전단하는 데 소요되는 일과 공구와 칩 사이에서 전단을 이기는 일을 합한 것이 될 것이다. 따라서

$$W_n = W_s + W_f = S_s \left[\cot\phi + \tan(\phi - \alpha) + \frac{F}{A_o} \frac{\sin\phi}{\cos(\phi - \alpha} \right)$$

$$= F_c \sin\phi \cos\phi - F_t \sin^2 \frac{\phi}{A_o} \left[\frac{\cos\phi}{\sin\phi} + \frac{\sin(\phi - \alpha)}{\cos(\phi - \alpha)} \right]$$

$$+ \frac{\sin\phi(Ft\cos\alpha + Fc\sin\alpha)}{A_o \cos(\phi - \alpha)} = \frac{F_c}{A_o} \frac{\cos(\phi - \alpha)}{\sin(\phi - \alpha)}$$

$$W_n = \frac{F_c}{A_o}$$

로 나타낼 수 있다.

(8) 절삭 동력

공작기계의 주축용 모터에는 AC(교류)와 DC(직류)모터가 쓰이며 모터의 라벨이나 시방서를 보면 정격 5.5Kw, 10Kw 등의 표시를 볼 수 있다. 이것을 기본적으로는 모터의 최대 소비전력을 표시한 것이다.

선반에서 절삭하면 바이트에 절삭력이 걸리고 이것을 이겨낼 수 있는 힘이 주축쪽에 있지 않으면 주축은 회전을 멈춘다. 또 같은 절삭력이라도 절삭속도가 다르면 선삭하는 일의 비율(일률)이 달라 주축용 모터에 걸리는 부담이 다르다.

절삭에서 이 일률을 절삭동력이라 부르며 주축용 모터의 정격출력에 의하여 허용되는 최대 절삭동력도 제한된다.

절삭에서 공작기계의 일률(절삭동력)은 절삭저항 주분력 Fh와 절삭속도 V(m/min)의 곱으로 계산되며 미터 마력(PS)으로 1PS=75kg · m/sec이면 절삭마력 Nc는

$$N_c = \frac{F_h \cdot V}{75 \times 60} \text{(PS)}$$

로 된다.

여기에서 1PS = 0.736Kw 이므로 공작물 지름의 D(mm), 주축 회전수 n(rpm)이라 하면 절삭동력 N은

$$N = \frac{\pi \cdot D \cdot n}{1000} \cdot F_h \cdot \frac{1}{4500} \times 0.736 (\text{Kw})$$

로 계산된다.

N은 절삭에서 정미 절삭동력인데 실제 절삭동력에서는 이것에 이송동력이 가산된다. 그러나 이송동력 (이송분력×이송속도)은 이송속도가 절삭속도에 비해 매우 작으므로(보통 1% 이하) 무시해도 되는 값이다. 또 주축용 모터에서 주축에 동력이 전달되는 사이에 벨트나 기어에서도 동력이 소비되므로 주축용 모터에 부하되는 동력은 식 (2)로 계산된 값의 1.2배 정도로 생각해야 한다. 이 값이 주축용 모터의 정격 출력보다 작으면 정상절삭이지만 크면 과부하 상태로 되어 극단적인 경우에는 모터가 정지하거나 과열상태로 되어 정상적인 절삭이 계속되지 못하게 된다.

예제 1 φ60mm의 환봉을 선반주축 회전수 1300 rpm으로 절삭했을 때 주분력을 80kg으로 할 때의 절삭동력을 구하시오.

☞

$$N_c = \frac{F_h \cdot \pi \cdot D \cdot n}{75 \cdot 60 \cdot 1000} = \frac{80 \times 3.14 \times 60 \times 1300}{75 \times 60 \times 1000} = 4.35 (\text{PS})$$

예제 2 절삭동력이 3.2KW이고 선반주축 회전수가 1300 rpm일 때 φ60mm의 환봉을 절삭하는 절삭 주분력을 구하시오.

☞

$$F_h = \frac{102 \times 60 \times 1000 \times N_c}{\pi D n} = \frac{102 \times 60 \times 1000 \times 3.2}{3.14 \times 1300 \times \alpha 60} = 80 (\text{kg})$$

2.8 절삭온도(cutting temperature)

2.8.1 절삭온도의 발생

절삭할 때 공급된 에너지는 여러가지 형태의 일로 소비되며, 이 소비에너지의 대부분은 열로 변한다. 이때 발생된 열의 일부는 ① 칩에 의하여 제거되고, ② 일부는 공구에 전달되며, 일부는 ③ 대기중으로 방열되거나 절삭유에 의해 제거된다. 이때 공작물 내부에 잔류되어 있는 일정한 양의 열을 절삭온도라 한다. 절삭에서 나타나는 열은 다음 3가지로 생각할 수 있다.

① 전단면에서 전단 소성변형에 의한 열(전단면 A, B부분에서 나타나는 전단변형과 칩의 소성 변형)
② 칩과 공구상면과의 마찰열(칩의 경사표면 AC에 대하여 가압하면서 통과시 생기는 마찰)
③ 공구선단이 절삭표면인 AO면을 통과할 때(공작믈에서 칩이 분리될 때) 생기는 마찰 등으로 열이 생기게 된다.

절삭온도가 높아지면 공구의 날끝 온도가 상승하여 ① 공구가 빨리 마모되고 ② 공구수명이 짧아질 뿐만 아니라, 공작물도 온도상승에 의한 ③ 열팽창으로 가공 치수가 달라지는 나쁜 영향을 받게 된다. 이와 같이 공구의 온도가 상승하면 필연적으로 공구재료의 연화와 마모가 생겨 공구의 수명은 매우 짧아지게 된다. 일반적으로 공구의 내구력에 대해서 가장 큰 영향을 미치는 것은 절삭속도라고 알려져 있는데, 이것은 적삭속도의 상승으로 말미암아 공구날끝의 온도가 상승하여 그로 인해 공구의 연화와 마모를 초래하기 때문이다. 이와 같이 절삭온도는 공구의 수명에 가장 큰 영향을 주는 것이며 절삭연구에 있어서 중요시되는 이유도 여기에 있다. 특히 최근 고속절삭이 일반화되었으므로 절삭온도의 문제가 더욱 주목을 끌게 되었다.

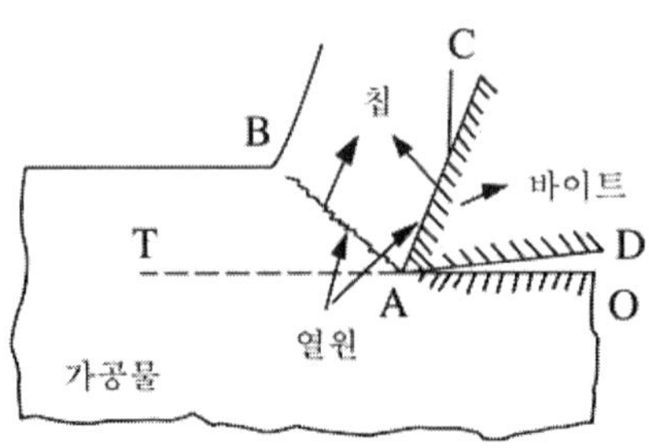

그림 2.33 2차원 절삭의 절삭열의 발생

2.8.2 절삭속도와 절삭공구의 온도

그림 2.34은 절삭온도와 절삭속도의 관계를 밀링커터로 고속절삭시험을 연구한 결과를 나타낸 것으로서, 절삭공구의 온도는 절삭속도가 빨라지면 높아지나, 공구에 따른 어느 일정 범위를 넘으면 그림 2.34과 같이 공구의 날끝 온도가 오히려 떨어지는 현상을 나타내기도 한다. 여기에서 각종 공구재료에 따라서 절삭이 불가능한 속도 범위가 나타나며, 이 범위를 넘으면 다시 절삭이 가능하게 된다. 예로서 황동은 고속도강 공구로 절삭할 때 약 50~400m/min의 속도 범위에서는 절삭이 불가능하다. 그러나 이 범위를 넘으면 다시 절삭이 가능하게 된다. 또한 공작물을 200~800°C 정도로 가열시켜 절삭을 하면, 재료의 경도가 떨어져 절삭저항도 감소하는 기계적 성질을 이용하는 고온절삭(hot machining)이 있고, 이와 반대로 공작물을 -20~-150°C 정도로 냉각시켜 절삭하면 공구의 마모가 적어지고 절삭성능이 오히려 향상되는 재료를 이용하는 저온절삭(cold machining)도 있다.

공구재료가 발전함에 따라 절삭속도는 빨라졌다. 예로서 연강재료는 탄소공구강을 사용하였을 때는 절삭속도가 10m/min 정도이나, 고속도강은 30m/min 정도이고, 초경질 합금인 경우는 100m/min 이상의 절삭속도로 가공하게 되었다. 절삭속도가 빠르면 가공능률은 향상되나 절삭온도가 높아져 공구의 마모가 빨라진다. 이와 같이 상반되는 결함을 줄이기 위하여 고온에서도 연화되지 않는 ① 공구재료를 선택하게 되고, ② 공구의 온도상승을 막기 위하여 적합한 절삭유를 사용하게 된다.

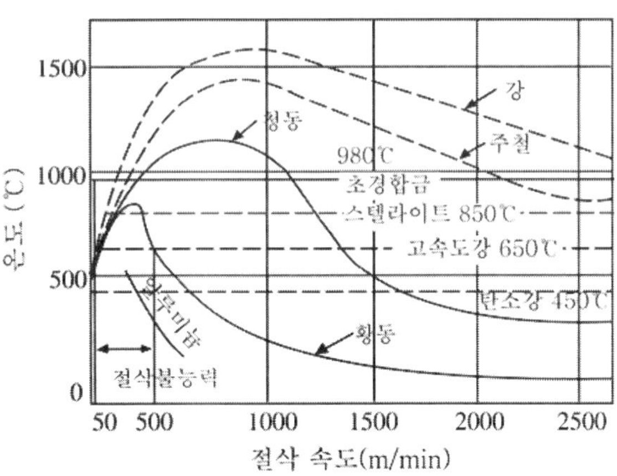

그림 2.34 절삭온도와 공구끝의 온도

2.8.3 절삭조건과 절삭온도의 관계

그림 2.35는 절삭속도 V의 영향에 관해서 이론값(실선) 및 실험값(파선)을 구한 것인데, 거의 $V^{1/2}$에 비례하여 $\bar{\theta}_i$가 증가하는 것이 표시되어 있다. 이런 경우 공구, 공작물, 칩의 에너지 배분비율은 그림 2.36과 같으며 높은 절삭속도는 대부분 칩에 의해서 열이 제거된다는 것을 표시하고 있다.

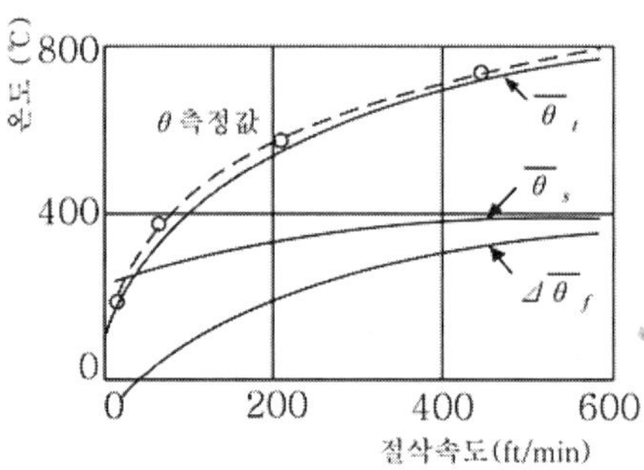

공작물 : B1113, 공구 : K2S초경, 경사각 : 20°
절삭깊이 : 0.06mm, 절삭폭 : 3.8mm

그림 2.35 절삭속도와 절삭온도의 관계

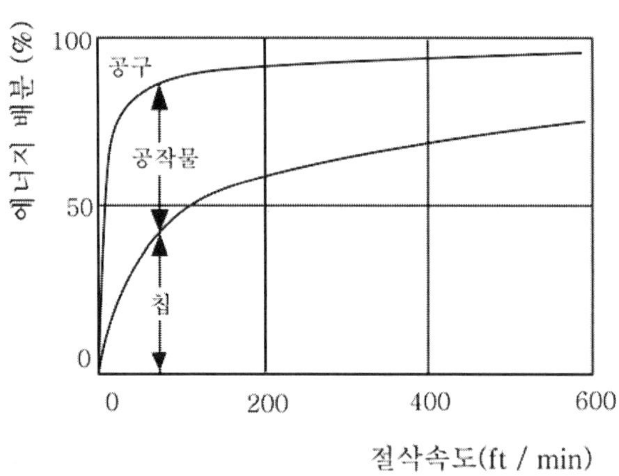

그림 2.36 절삭열의 배분

2.9 절삭공구재료

2.9.1 개요

공작기계를 이용한 금속의 절삭 가공에 있어서 그 가공의 효율성을 결정하는 가장 중요한 요소 가운데 하나는 절삭 공구의 재질이다. 절삭공구 재질의 발달은 절삭시 요구되는 상온과 고온에서의 높은 경도와 인성을 갖는 재종 개발의 역사라고 할 수 있다.

19세기 초의 탄소공구강 개발로부터 고속도강(HSS)의 개발이후 1940년대 탄화텅스텐(WC)을 이용한 초경합금, 1960년대의 세라믹, 1970년대의 탄화티탄늄(TiC)를 이용한 서멧(cermet) 개발이 이루어졌다. 또한 CVD 및 PVD 코팅에 의한 공구가 개발되었다. 최근에는 다이아몬드, 입방정질화붕소(CBN)까지 등장하여 초경합금 공구보다 훨씬 높은 가공속도를 낼 수 있게 되었다. 아무리 공작기계의 정밀도 및 강성이 뛰어나다 할지라도 공구의 성능이 따라가지 못할 때에는 그 앞의 모든 노력이 결실을 거두기가 어렵다.

절삭 공구에 요구되는 성능을 요약하면, 첫째로 고정밀 가공용 공구, 둘째로는 생산성을 높일 수 있는 공구(즉, 고속·고이송에서 수명이 긴 공구), 그리고 셋째로는 산업의 다양화에 따른 피삭재의 변화에 민감한 공구, 즉 난삭재 가공이 가능한 공구로 분류할 수 있다. 이러한 성능은 공구의 절삭시 압력과 마찰로 인한 열 및 기계적 마모로 인한 날끝의 국부적인 파손에 의한 결손에 대한 저항력으로 표시될 수 있다. 열 및 기계적 마모에 대한 저항성과 결손에 대한 저항성은 실제 작업온도에서의 피삭재의 절삭성과 공구재질의 기계적 성질에 의해서 결정된다. 피삭재에 의해서 절삭성이 결정되며 최근에는 이러한 분류에 의해서 난삭재로 분류되고 있다. 이에 따른 절삭공구의 재질도 용도별로 세분화되어 있으며 대부분의 경우 내마모성과 내결손성은 서로 상반되는 특징을 가지고 있어서 개발의 어려움이 되고 있다. 피삭재와 공구재종의 주어진 특성을 가지고 절삭 원리를 이용한 여러 공구의 형상들이 개발되고 있다. 이들은 주로 절삭저항의 감속에 의한 열발생억제와 진동방지에 의한 공구수명 연장 및 정밀도의 향상을 목표로 하고 있다. 절삭시 고경사각에 의한 절삭 저항 감소와 절인의 호닝이나 모서리 작업에 의한 인선부 강인성의 증가가 대표적인 예이다. 이와 같은 요인들에 의한 정밀도 및 생산성의 향상을 위해서 최적의 절삭조건에서 작업하는 것이 무엇보다도 중요하다. 이 때문에 적정 절삭조건의 선정이 더욱 중요하게 된다.

- 고정밀도 가공
- 고속 고이송가공
- 난삭재 가공
  - 공구재질개발
    - 상온 고온경도가 높다
    - 인성 내충격성이 높다
    - 내열충격성이 높다
    - 내용착성이 높다
  - 공구형상개발
    - 원활한 칩 breaking 유도
    - 절삭저항감소
    - 진동발생 방지
    - 원활한 절삭유의 공급
    - 형상설계에 의한 인성 내마모성 향상
  - 적정 절삭 조건선정
    - 공구의 재종에 따른 변화
      - 고온경도 및 인성
      - 열전도성
    - 피삭재의 성질에 따른 변화
      - 고온경도
      - 가공경화성
      - 열전도성
    - 공구 크기에 따른 변화
      - 공구강성
      - 절삭유 급유

그림 2.37 절삭가공의 발달에 따른 공구 및 사용조건

2.9.2 공구의 고온 특성

실제 절삭시 온도가 500℃로부터 최근의 고속절삭시에는 1000℃ 이상까지 상승하는 사실을 고려하면 공구의 고온 특성에 대한 검토가 이루어져야 한다. 그림 2.38와 그림 2.39에서 공구재료별 온도에 따른 경도변화와 강성의 변화가 개괄적으로 나타나 있다.

탄소공구강이나 HSS공구는 상온 및 그림 2.38 절삭공구의 재종별 고온경도 특성고온에서 모두 떨어짐을 알 수 있고 초경합금공구와 세라믹 및 세라믹의 특성은 서로 상반되는 면이 있다. 그림 2.39에서 서멧의 인성은 온도의 영향이 작으나 서멧, 초경합금의 순으로 급격히 감소함을 알 수 있다. 그러므로 초고속가공에서는 세라믹 공구가 적합함을 알 수 있으나 낮은 항절력으로 이송량의 제약이 크다. 중・저속가공에서는 서멧과 초경합금 공구의 상승된 인성으로 좀더 높은 이송량을 적용할 수 있다. 저속가공에서는 높은 인성을 요구하기 때문에 HSS 공구와 같은 재질이 사용된다. 공구재질에 따른 개괄적인 절삭조건이 그림 2.40에 나타나 있다.

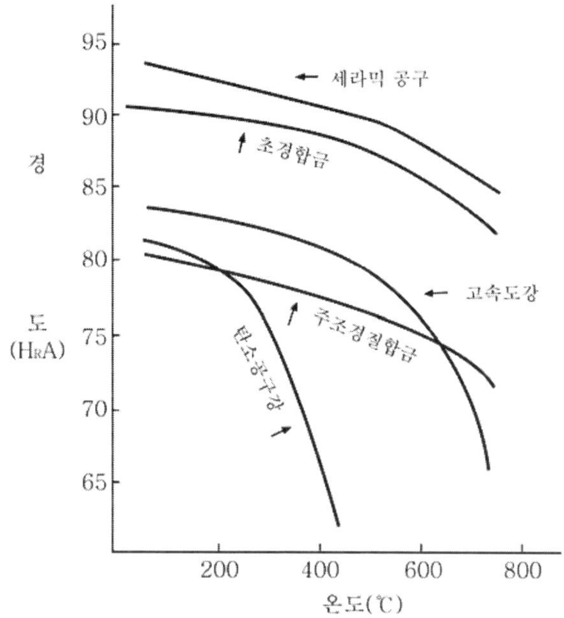

그림 2.38 절삭공구재료의 온도와 경도

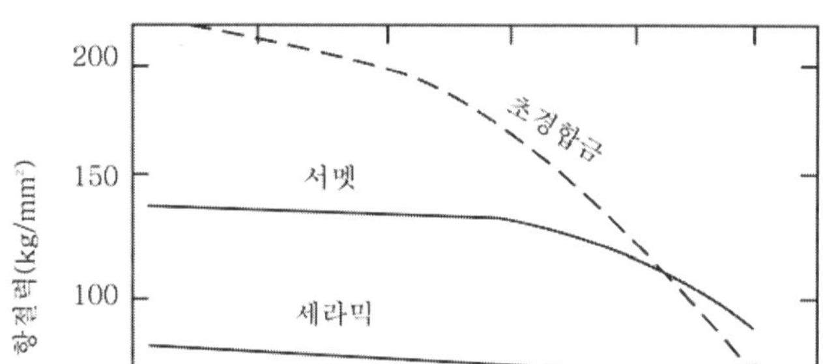

그림 2.39 절삭공구의 재종별 고온강도 특성

CVD와 PVD코팅 공구는 초경합금 공구의 인성과 피복층의 내마모성과 내열성을 겸비한 이상적인 공구로 각광을 받고 있다. 이 그림에서 현재까지의 공구의 발전이 내마모성에 의한 절삭속도 면에서는 많은 발전이 되었으나 이송량을 증가시키는 내결손성 면에서는 많이 뒤떨어지고 있음을 알 수 있다.

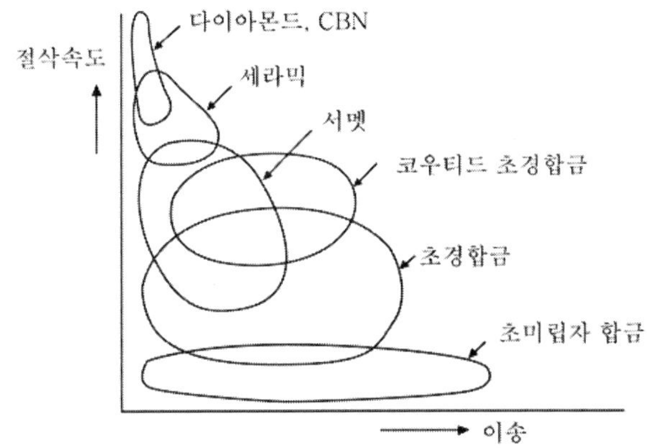

그림 2.40 공구재질별 적정절삭조건

2.9.3 공구재료의 종류 및 특성

(1) 탄소공구강(carbon tool steel)

탄소공구강은 0.9~1.5%의 탄소를 함유한 탄소강이며, quenching하여 경도와 강도, 강성을 크게 하여 공구로 사용한다. 그러나 날끝의 온도가 200℃ 부근에 달하면 tempering 효과를 가지게 되어 경도 저하로 사용이 불가능하게 된다.

최근에는 총형공구나 특수목적용으로 사용된다.(예 : 쇠톱날)

(2) 합금공구강(alloy tool steel)

탄소공구강에 Cr, W, Ni, V, Co, Mo, Mn 등의 성분을 첨가한 것으로 탄소공구강보다 절삭성능이 좋고 내마멸성과 고온 경도가 높다. 450℃ 정도까지 경도를 유지한다.

(3) 고속도강(high speed steel)

고속도강은 0.8% 정도의 탄소강에 텅스텐, 크롬, 바나듐을 합금시킨 것이며, 적당한 열처리에 의해 현저하게 경화되며 날이 600℃ 정도의 고온에 달하여도 절삭할 수 있어 절삭공구로서 처음으로 큰 진보를 가져왔던 공구재료로서 현재도 많이 사용되고 있으며 W 18%, Cr 4%, V1%의 조성의 것은 18-4-1 표준형 고속도강이라 한다. 이밖에 Co를 함유한 것, W의 일부를 Mo로 대치한 것들도 있다. 고속도강의 열처리는 상당히 엄격하여 재질에 적합한 열처리를 하지 않으면 충분한 경도를 얻을 수 없다. 고속도강은 저속중 절삭용, 밀링커터, 호브, 브로치, 드릴 등에 많이 사용된다. 또 초경공구에 비해 염가이므로 대형의 총형공구, 호브, 브로치 등에 유리하다. 또 연삭성형이 용이하고 정밀한 날끝을 만들 수 있다.

(4) 주조합금(cast alloy tool steel)

주조합금의 대표적인 것으로 스텔라이트(stellite)가 있다. 이것은 Co, W, Cr, C 등을 주조하여 만든 합금으로 구조가 열처리가 되지 않으면서도 매우 단단하다. 주조작업에서 성형한 것을 연삭으로 다듬질하여 그대로 사용한다. 그러나 단단한 만큼 취성이 있고 값이 비싸다. 절삭성능력으로는 고속도강과 초경합금의 중간에 위치한다. 중속절삭영역의 절삭온도는 500-800℃ 정도이며 스텔라이트는 고온경도 특성으로부터 내열 부품재료로서 사용되는 일이 많으며, 최근에는 절삭공구로서는 사용되지 않고 있다.

(5) 초경합금(cemented carbide steel)

초경합금의 기본 성분은 탄화텅스텐(WC)이며, 여기에 티탄(Ti), 탈탄(Ta) 등의 탄화물의 분말을 Co 또는 Ni분말과 혼합하여 프레스로 성형한 후 약 1400℃ 이상의 고온에서 소결(sintering)한 것이다. 800℃ 정도의 고온까지도 경도가 저하되지 않으므로 고속도강에 비하여 3~5배 정도까지 절삭속도를 높일 수 있다. Co는 WC분말을 결합하는 역할을 한다. WC는 칩에 의하여 크레이터가 공구상면에 나타난다. 이 크레이터(crater)를 줄이기 위해 Ti 또는 Ta을 포함시키면 칩이 WC 공구에 용착하는 것을 방지하여 공구의 열전달을 감소시키므로 칩에 의하여 열이 많이 빠지고 공구는 저온을 유지한다. 초경합금은 고온, 고속절삭에서도 높은 경도를 유지하므로 절삭공구재료로 뛰어나게 좋은 특징이 있으며 특히 탄화티탄계는 강재를 절삭하는 데 좋다. 다만, 진동이나 충격을 받으면 부서지기 쉬우므로 주의해야 한다.

초경합금은 공구 팁(tip), 삽입날(insert blade) 형식으로 사용하며 강공구 홀더에 연납땜 또는 기계적 고정방식을 택한다. 팁 모양은 삼각형, 사각형, 원형, 부등변 사각형 등이 있고, 한 끝이 마모 또는 그밖의 이유로 사용할 수 없으면 돌려붙여서 사용한다.

최근에는 WC공구의 표면에 탄화티탄(TiC), 질화티탄(TiN), 알루미나(AL2O3) 등의 코팅을 입힌 코티드 초경합금 공구가 보급되고 있는 실정이다.

코티드 초경합금(coated carbide steel)은 초경합금의 모재 위에 경질재료인 TiC, TiN, AL_2O_3와 같은 세라믹을 입힌 재료로서 초경공구의 급격한 품질향상을 이끌어가고 있다. 제조방법에 따라서 CVD(Chemical Vapor Deposition, 화학증착법)과 PVD(Physical Vapor Deposition, 물리증착법)의 두 가지로 구분된다. CVD법은 반응 가스에 열에너지를 공급하여 열성분에 합성(1000℃)에 의한 화학반응을 일으켜 증기압이 낮은 원소를 생성, 모세표면에 증착시킨다. CVD법에 의한 초경공구는 요구되는 고인성을 위한 모재 위에 경질물질에 의한 표면의 내마모성을 갖춤으로서 인서트(insert)와 같은 1회용 공구에 가장 이상적이다. 선반가공과 같은 내마모성을 요구하는 경우에는 상당한 공구수명 연장효과가 있는 반면 밀링가공에서와 같은 내충격성을 요구하는 경우에는 상당한 공구수명 연장효과가 있는 반면 밀링가공에서와 같은 내충격성을 요구하는 경우에는 코팅층의 취성으로 인해서 적용이 어려웠으나 최근에 코팅의 발달에 따라 밀링에도 적용이 되고 있다. 특히 코팅모재의 내충격성의 급격한 향상으로 밀링가공에서 새로운 영역을 확보하고 있어서 초경재종의 절삭공구로서의 새로운 가능성을 제시하고 있다. PVD법은 고진공상태에서 열에너지 대신 전기에너지를 공급하여 이온(ion)을 생성, 모재표면에 증착시킨다. PVD법에 의한 코팅은 비교적 저온(400~600℃)이기 때문에 모재의 인성 저하가 없고 납땜(brazing)에 의한 납접공구의 경우에도 brazing부의 연화가 발생치 않기 때문에 엔드밀, 드릴과 같은 재연삭 가능한 공구에 적용 가능하다. 코티드 초경합금 공구는 TiC, TiN과 같은 피복재의 우수한 열적 성질로 인하여 스텐레스강이나 내열합금의 절삭시에 특히 우수한 특성을 갖는다.

(6) 서멧(cermets)

서멧은 Ceramic과 Metal의 합성어로서 세라믹인 Tic, TiCn 또는 TiN의 경질재료에 금속인 Ni 및 Co의 결합상을 이용 첨가한 소결재료이다. 이 재질은 초경합금보다 고온강도가 높고 내산화성, 내용착성이 뛰어나서 고속절삭이 가능하고 긴 수명을 갖는다. 서멧의 개발은 1995년 미국 포드사에 의해서 TiC 서멧이 주류를 이루었지만 1970년대에는 TiC-TiN 서멧의 연구가 왕성하였다. TiN의 첨가는 입자 성장을 저지하며 열충격저항과 내산화성을 증가시켜 고온에서 공구의 특성을 향상 시킨다. 초경합금에 비하여 고온경도는 뛰어나지만 인성이 다소 떨어진다. 그러나 최근에 인성의 향상이 활발히 이루어지고 있어서 절삭공구의 새로운 영역을 확보하고 있다. 고속가공에서 피삭재와의 친화성이 작아서 미려한 면을 기대할 수 있다. 마무리면 형성 작업에 관해서는 절삭날의 경계마모와 마모성이 크게 향상되어서 고정밀도 가공에 크게 공헌한다. 최근에는 서멧 solid 앤드밀이 개발되어 정밀 마무리작업을 위한 연삭작업을 대체할 수 있다.

(7) 세라믹

세라믹 절삭공구는 고순도 초미립의 Al_2O_3, Si_3N_4 등을 주성분으로 하여 ZrO_3, TiC 등을 첨가하여 정밀하게 제어된 공정을 통하여 미세한 조직으로서 내열성 및 내마모성이 우수하다. 세라믹 공구는 1938년 독일의 Degussa사가 Al_2O_3계 세라믹을 시판한 것이 처음이었다. 세라믹스 공구는 그림 2.42와 2.43에 나타낸 바와 같이 고온경도와 강도가 높고 고온 화학안정성도 풍부하여 산화마모나 피삭재와의 활산마모가 잘 생기지 않지만 최대의 난점으로는 상온에서의 인성이 작아서 날부가 결손하기 쉬운 점이 있다. 대부분의 세라믹스의 절삭공구 재종으로서의 개발은 절삭날의 신뢰성을 높이는데 집중되어 왔다.

Al_2O_3-TiC계의 세라믹스는 순 Al_2O_3계에 비하면 고인성이며 절인의 신뢰성이 높다. 1980년대에 들어와 질화규소 재료의 출현으로 높은 강도와 충격에 강하여 주철의 고속가공, 거친가공, 단속가공 뿐 아니라 습식가공까지도 가능하게 하고 있다. 최근의 위스커(whisker) 강화 세라믹 복합체 개발은 높은 인성으로 현재는 제조 가격으로 인해서 제한되고 있으나 세라믹 드릴의 개발이 예상되고 있다. 세라믹 공구의 고속절삭이 가능한 선삭가공에서는 급격한 생산성의 향상이 기대됨에도 불구하고 아직 전체 절삭공구 소요량의 5% 미만인 것은 고속절삭에 필요한 공작기계의 고급화와 일부 공정에서 급격한 생산성의 향상이 전체공정의 생산성에 영향을 미치지 못함으로 사료된다. 그러므로 세라믹 공구의 수요확산을 위해서는 인성이 보강된 재질개발에 의한 적용범위를 확대하는 것이 필요하다.

재종의 특성에 있어서는 그림 2.42와 2.43에서 보는 바와 같이 서멧 공구의 고온 특성이 초경합금과 세라믹의 중간적 성질을 나타내는 사실로부터 현재 주종을 이루고 있는 초경합금 공구가 서멧의 개발에 의해서 교체될 것을 예측할 수가 있으며 일본에서는 이미 이러한 현상이 두두러지게 나타나고 있다. 이와 유사한 이유로 인해서 코티드 초경공구가 그림 2.44에서 보는 바와 같이 초경합금보다 절삭조건영역이 향상되어 고속절삭이 가능하게 되고 공구수명 또한 길어서 생산성 향상에 기여하는 경제적인 공구로서 그 영역을 넓혀가고 있다. 그 적용에 있어서도 종전의 선삭공구에서 밀링공구로 넓혀가고 있다.

(8) CBN공구(cubic boron nitride tool)입방 질화 붕소

다이아몬드 다음가는 경도를 지닌 공구로서 CBN의 미소분말을 초고온, 고압(2000℃, 7만 기압)으로 소결한 공구로서 최근에 많이 사용하고 있는 소재이다. CBN은 초경합금이나 세라믹보다도 고경도, 고열전도율, 저열팽창률의 장점을 갖고 있으며 다이아몬드 공구와는 달리 공기중에도 안전된 물질로서 철과의 반응성이 작으므로 고온으로 되는 철계금속의 절삭에는 이상적인 특성을 갖고 있다.

절삭가공 분야에서 현재까지의 일반적인 상식은 열처리 후의 고경도의 각종 난삭재료는 비능률적으로 경제적인 절삭이 곤란하여 부득이 열처리 전에 절삭가공을 하고 열처리한 후 연삭가공을 할 수밖에 없었다. 또한 알루미늄(Al)의 연삭가공에 있어서는 로딩(lodaing)작용 등 어려운 점이 있어 절삭가공으로 완성하는 것이 능률적으로 볼 수 있다. 이러한 때에 CBN공구에 출현으로 각종 난삭재료, 고속도강, 퀜칭강(담금질강), 내열강 등의 절삭공구로서 해결할 수 있게 되었고, 또한 연삭숫돌의 재료로서 SiC계, Al_2O_3계보다 장점을 많이 가지고 있어 각종 난삭재 연삭가공에 많이 활용되고 있다.

(9) 다이아몬드(diamond)공구

다이아몬드 공구는 절삭가공하기에 곤란한 연성재료의 고정도 표면 다듬질과 같은 특수한 목적에 때때로 사용된다. 다이아몬드는 고속도이며, 금속에 대한 융착성이 적으므로 절삭시 마찰계수가 적으며, 구성인선도 생기기 어렵다. 따라서 다듬질면이 양호하다. 그러나 값이 고가이며 결손의 위험이 높고 연마가 어려운 결점이 있다. 또 공기중에서는 815℃(1500°F) 정도에서 CO_2로 분해되므로 철계금속 및 절삭온도가 높은 중절삭에는 적당하지 못한다. 다이아몬드의 일반적인 성질은 다음과 같다.

① 알려져 있는 물질 중에서 가장 경도가 크다(HB : 7000)
② 어떤 순수한 물질보다도 열팽창이 적다.
③ 열전도율이 크다(강의 2배, 알루미늄의 1/3배).
④ 공기중에서 815℃로 가열하면 연소하여 CO2로 된다.
⑤ 금속에 대한 마찰계수가 적다.

다이아몬드를 절삭공구로 사용할 때는 이러한 성질들을 염두에 두어야 한다.

2.10 절삭유제(cutting fluids)

2.10.1 절삭 유제의 기능과 구비조건

(1) 절삭 유제의 작용

절삭 과정에서 일어나는 공구의 날끝과 공작물, 칩과 공구의 윗면 등에서 발생하는 마찰과 열은 가공면과 공구의 수명에 나쁜 영향을 주게 됨으로, 이를 방지 할 목적으로 금속 또는 비금속의 절삭에 쓰이는 기름 또는 액체를 절삭 유제(切削油劑, cutting oil), 절삭제(切削劑) 또는 절삭유(切削油)라 한다. 절삭유제를 사용하면 공구의 수명이 길어지고, 다듬질면을 좋게 하는데, 그 작용으로는

① 공구의 날끝과 공작물의 가공면을 냉각하는 냉각작용
② 공구의 경사 윗면과 칩과의 마찰을 줄여주는 윤활작용
③ 절삭칩을 제거하는 세정작용

등을 하게 된다.

또, 절삭 유제를 칩과 공구 윗면 사이에서 윤활의 역할도 하며, 윤활 작용으로 유동형

칩의 형태로 바꾸기도 한다. 이와 같이 절삭유제를 첨가함으로써 마찰이 감소되고, 칩의 전단각이 증가하여 칩의 두께를 감소시킨다. 그리고, 공구 끝에 나타나는 빌트업 에지의 발생을억제하여 가공 표면의 정밀도를 향상시킨다.

(2) 절삭 유제의 구비조건

① 사용 중에 칩으로부터 분리, 횟수가 용이하다.

② 변질이 되지 않는다.

③ 공작물고 공작기계의 녹슨는 것을 방지한다.

④ 악취 등이 없이 위생상 무해하다.

⑤ 값이 싸야한다.

2.10.2 절삭 유제의 종류와 선택

일반적으로 수용성 절삭 유제는 냉각 작용이 크고, 불수용성 절삭 유제는 윤활 작용이 큰 특징이 있다. 절삭 유제를 사용할 때에는 기계, 공구, 절삭 조건 등에 따라 알맞은 것을 선택하여야 하는데 일반적으로 충분한 양, 저속에서 중절삭할 때에는 윤활성이 큰 것을, 고속에서 경절삭할 때에는 냉각성이 큰 것이 요구된다.

(1) 절삭 유제의 종류

절삭 유제의 종류는 절삭유를 그대로 사용하는 불수용성 절삭유(不水溶性切削油)와 물로 희석(稀釋)하여 사용하는 수용성 절삭유(不水溶性切削油)로 크게 나뉜다.

① 수용성 절삭 유제

ⓐ 알칼리성 수용액(水溶液) : 냉각작용이 좋은 물에 알칼리성 첨가제를 방부제(防腐劑)로서 혼합한 중크롬산 수용액이 있으며, 주로 연삭작업(研削作業)에 많이 사용된다.

ⓑ 유화유(乳化油) : 광유(鑛油)에 비누를 첨가하면 유화(乳化)되는데, 냉각작용과 윤활성(潤滑成)이 좋고, 값이 싸므로 절삭제(切削劑)로 널리 쓰이며, 용도에 따라 물을 섞어 쓴다.

② 불수용성 절삭 유제

ⓐ 광유(鑛油) : 경유(輕油), 머신 오일, 스핀들 오일 및 기타 광유 등이 있으며 윤활작용이 좋으나 냉각작용이 떨어지므로 경절삭(輕切削)에 쓰인다.

ⓑ 동식물류(動植物油) : 돈유, 올리브유, 종자유(seed oil), 피마자유, 콩기름 등은 윤활작용이 좋으나 냉각작용이 떨어지므로 경절삭(輕切削)에 쓰인다.

ⓒ 첨가제 : 절삭제의 성능을 향상시키기 위해 첨가제(添加劑)로 황(S), 황화물(黃化物), 흑연, 아연분말 등을 동식물계의 절삭제에 첨가하고, 인산염(燐酸鹽), 규산염 등은 수용성 절삭유에 첨가한다. 그리고 표면활성(表面活性)을 위하여 사염화탄소(CCl_4)도 첨가한다.

(2) 절삭 유제의 선택

절삭유는 공구의 수명을 길게 하고 다듬질면을 좋게 할 목적으로 사용한다. 그러나 이 두 가지를 모두 만족하게 구비할 수 있게 절삭 유제는 없으므로 절삭 조건에 따라 적당한 것을 선택 하여야 한다.

절삭 유제는 충분한 양을 사용하는 것이 좋으며, 저속에서 중절삭할 때에는 윤활성이 큰 것을 사용하고, 고속에서 경절삭할 때에는 냉각성이 큰 것이 필요하다. 표 2-3은 재질과 절삭별 절삭 유제의 선택 사례를 나타낸 것이다.

표 2-3 절삭별 절삭 유제의 선택

재질	거치른 절삭	다듬질 절삭	나사(screw)절삭
연강	수용성유제	수용성유제, 등유	수용성유제, 종유
공구강	수용성유제	각종 동식물유	종유(種油), 라드(lard)
합금강	수용성유제	각종 동식물유, 수용성유제 비눗물	벤졸, 테레빈유, 등유
주강	수용성유제	-	수용성유제, 비눗물
가단주철	-	유화유	종유(種油)
주철	-	등유(칠드 주철용)	종유
황동	수용성유제	-	종유
청동	수용성유제	-	종유
동	수용성유제	-	종유
알루미늄	수용성유제	등유	종유, 수용성유제
두랄루민	-	등유	종유
실루민	수용성유제	등유	등유, 종유, 수용성유제

2.11 공구의 수명(tool life)

2.11.1 공구수명의 개요

절삭공구를 계속 사용하여 절삭날이 마모가 되면 절삭성이 저하될 뿐만 아니라 가공치수의 정밀도가 떨어지고 표면거칠기(surface roughness)가 나빠지며 소요 절삭동력이 증가하게 된다. 이와 같이 절삭날이 손상될 때까지의 실제 절삭시간의 합을 공구수명으로 하며, 분(min)으로 나타낸다. 즉, 공구의 수명이란 공구 절삭날의 재연마 또는 교환할 때까지의 절삭시간으로 표시된다.

공구수명을 판정하는 기준에는 여러가지가 있으며 다음과 같은 항목이 사용되는 경우가 많다.

① 공구의 마모량이 어떤 일정값에 달한 경우
② 공구절삭날에 치핑(chipping)이 생긴 경우
③ 다듬질면 거칠기, 치수정밀도 등의 규격치 값을 넘는 경우

이밖에 거스러미(burr)의 발생, 칩 형상의 변화 등으로 공구수명을 판단하는 경우도 있다. 어쨌든 공구수명의 판단기준이 되는 것은 공구의 손상과 밀접하게 관계되어 있다. 실제작업에서는 ②, ③에서 판단하나, 연구 수준에서는 ①의 공구마모량을 측정하여 판단하는 경우가 많다.

2.11.2 공구의 마모

(1) 공구마모의 제특성

절삭공구의 마모는 기계부품의 마모와는 다르며, 다음의 가혹한 조건에 있는 것을 지적해 둔다.

① 경사면의 마찰응력은 칩의 전단강도에 가까운 값을 가지며, 여유면의 마모부에서도 같은 상태라고 생각되고 잇다.
② 접촉면의 온도는 800~1000℃ 정도의 고온이다.

이러한 조건 때문에 절삭공구의 마모속도는 현저하게 크고 강한 온도 의존성, 대규모의 확산이나 합금생성 등 일반적인 마모과정으로 볼 수 없는 특징을 가지고 있다. 또, 큰 마모속도 때문에 점차 ⓐ 절삭공구 교환이 많아지고 ⓑ 기계가공에 있어서 공구에 드는 비용은 대단히 많게 된다.

(2) 공구의 마모 형태

공구는 물리적·화학적 반응으로 인하여 마모가 발생하며, 실제의 형태로서 다음 3가지 종류로 나누어 생각할 수 있다.

① 경사면 마모(crater wear)

그림 2.46에 표시된 바와 같이 칩이 절삭공구의 경사면 (rake surface)상을 슬라이드 (silde)할 때 의하여 공구상면에 오목 파진 부분이 생기게 된다. 즉, 변형에 의하여 현저하게 가공경화된 칩에 의한 공구표면이 긁히는(scratch) 작용으로 인하여 절삭되어 떨어지거나(기계적 파괴 마모) 또는 고온·고압등으로 공구가 절착과 융착을 일으켜서 그 표층이 절삭도중에 떨어져 나가므로 융착마모로 생각할 수 있다. 크레이터링(cratering)은 유동형 칩을 만드는 경우에 주로 발생하며, 크레이터의 발생, 성장을 지연시키는 방법은 공구날 위의 압력을 감소시킨다(경사각이 크면 클수록 공구날 위의 압력을 감소시킨다.). 공구상면의 칩의 흐름에 대한 저항을 감소시킨다.

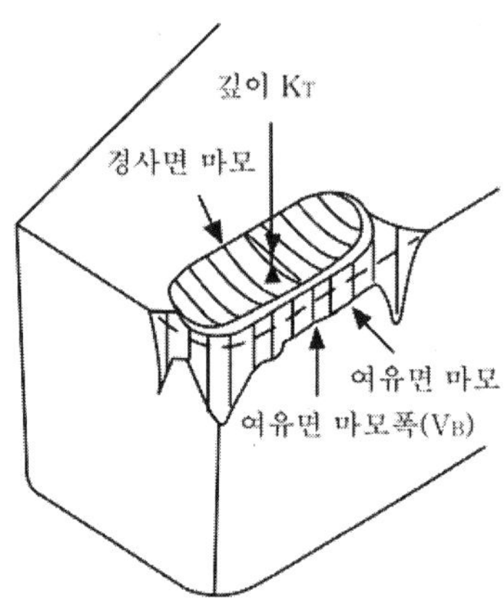

그림 2.41 경사면마모

② 여유면 마모(flank wear)

절삭공구의 여유면이 절삭면에 평행하게 마모되는 것을 말하며, 여유면과 절삭면과의 마찰에 의하여 일어난다. 주철을 절삭할 때와 같이 분말상 칩이 생길 때에는 특히 뚜렷하고 다른 경우에도 다소 발생한다. 본래 공구에는 여유각이 있으므로 플랭크의 가공면에 대한 마찰량은 그림 2.44(c)의 여유면 마모의 폭으로 표시하는 것이 보통이다. 여유면 마모는 가공면이 공구측면에 접하고 연삭작용이 이루어지는 과정에서 자주 나타나며, 공구의 측면 마모로 인하여 가공면은 거칠어진다.

위의 2가지 마모, 즉 경사면 마모(crater wear)의 척도로서 평균깊이 K_T로 표시하면, 여유면마모(flank wear)의 척도로서는 평균 폭 V_B로 표시한다. 양자의 마모는 그림 2.42에 표시한 경과를 거치며 V_B, K_T가 급증하기 직전에 공구를 교환(재연마)하는 것이 보통이다. 가장 일반적으로 채용되고 있는 마모량의 척도는 V_B이며 이 값이 0.2.1mm가 되었을 때 공구수명으로 하여 공구는 교환 또는 재 연마된다. V_B의 기준값 크기는 면 품질을 중시하는 작업에서는 작게, 공구의 경제성을 생각 할 때에는 크게 취한다. 경사면의 마모깊이 K_T를 기준으로 할 때는 K=50μm으로 취해질 때가 많은데 측정이 번거로운 점도 있어서 전자만큼 일반적인 것이 아니다.

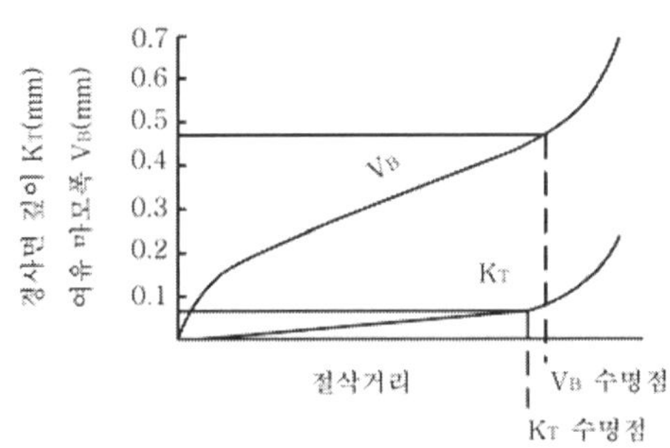

그림 2.42 마모경과

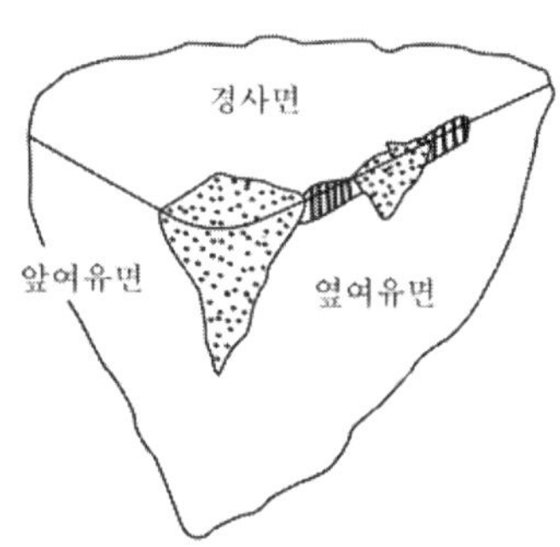

그림 2.43 공구의 손상형태

③ 치핑(chipping)

경도가 매우 높고 인성이 부족한 공구(예 : ceramic, cemented cabide tool)에서는 그림 2.43과 같이 절삭날 모서리를 따라서 갖가지 형상의 손상이 발생하기 쉽다. 칩 용착이 심한 경우, 진동이 심한경우 단속절삭인 경우, 공구가 급열·급냉되어 열충격이 심한 경우에 일어나기 쉽다.(크기가 10분의 수mm이하인 것을 치핑, 그것보다 큰 것을 손상과 구별하여 부를 때가 있다.)

그림 2.44는 절삭에 있어서 여유면 마모와 경사면 마모의 예를 구체적으로 나타낸 것이다. 또한, 그림 2.45는 각종 공구 손상(failure)의 종류와 표 2.4는 공구 손상의 원인을 구체적으로 설명한 것이다.

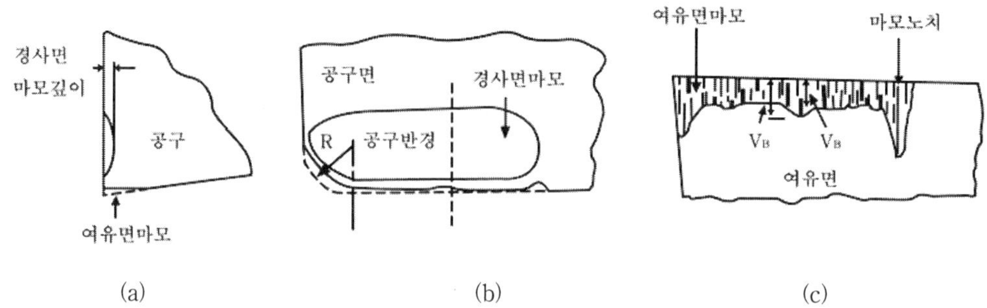

그림 2.44 절삭에 있어서 경사면 마모와 여유면 마모의 예

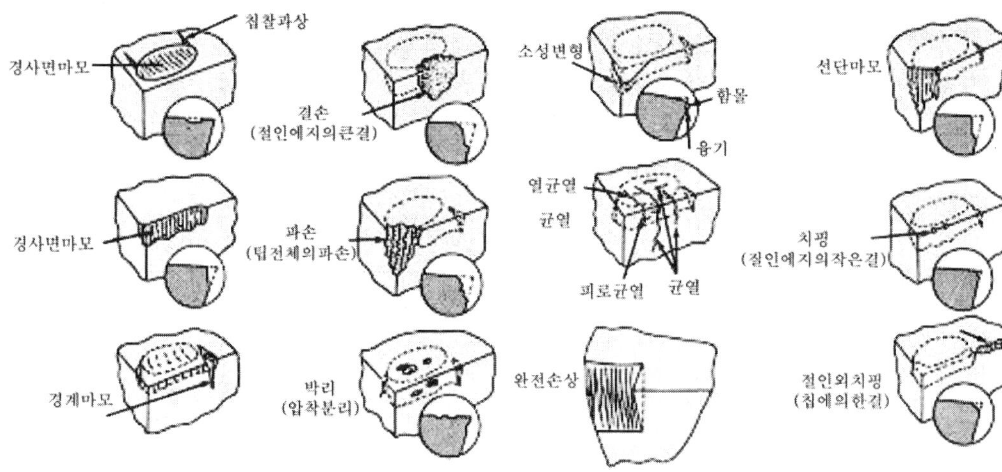

그림 2.45 공구 손상의 종류

표 2.4 공구 손상의 원인

<table>
<tr><td rowspan="10">공구손상의 종류</td><td rowspan="4">마모</td><td>플랭크 마모
(여유면 마모)</td><td>공구여유면과 피삭재와의 접촉으로 발생되는 기계적마모.(공구수명 판정 기준과 가장관계가 깊다)</td></tr>
<tr><td>크레이터
마모
(경사면 마모)</td><td>칩과 경사면이 마찰에 의해 고온・고압으로 생긴 열적마모(강, 주강, 닥타일 주철과 같이 긴칩이 배출되는 피삭재의 경우에 주로 발생)</td></tr>
<tr><td>경계마모</td><td>피삭재와 공구의 접촉 경계부(횡절인과 전절인)에 발생되는 마모</td></tr>
<tr><td>선단마모</td><td></td></tr>
<tr><td colspan="2">치핑</td><td>기계적・열적충격, 칩에 의한 압착과 용착 및 자상으로 인하여 생긴 작은 결(결)</td></tr>
<tr><td colspan="2">결손</td><td>절인에 나타나는 큰 결</td></tr>
<tr><td colspan="2">파손</td><td>텁전체의 파단</td></tr>
<tr><td colspan="2">절손</td><td>드릴,엔드밀과 같은 긴공구의 파단</td></tr>
<tr><td colspan="2">박리(압착분리)</td><td>경사면과 여유면의 표면이 벗겨지거나 균열이 일어나 떨어져 나가는 손상</td></tr>
<tr><td colspan="2">소성변형</td><td>공구의 인선에 집중적인 열이 발생하여 절인에 연화되어 함몰되는 현상(고정도재나 내열강의 절삭에서 많이 발생)</td></tr>
<tr><td rowspan="3">공구손상의 종류</td><td rowspan="2">균열</td><td>열균열</td><td>경사면에 발생하는 경우가 많고, 최초에는 절인에 직각 방향으로 일어나지만 균열이 증가하면서 평행 방향으로 발생하여 텁이 "U" 형상으로 떨어져 나감.</td></tr>
<tr><td>피로균열</td><td>단속 절삭시에 수반되는 충격력과 절삭력으로 인하여 반복적인 기계적 응력이 작용하여 절인에 평행하게 발생되는 균열(열 균열에 비해 절인에 근접하게 일어난다)</td></tr>
<tr><td colspan="2">완전손상</td><td>마모가 진행되면서 텁의 상당부분이 떨어져나가 절삭이 불가능한 상태</td></tr>
</table>

2.11.3 공구수명의 측정

(1) V-T선도

절삭조건 중에서 가장 공구수명에 가장 영향을 미치는 것은 절삭속도 V이다. 여러가지 절삭속도 V하에서 V_B(또는 K_T) 기준으로 공구수명 T를 측정하여 그 관계를 로그 눈금위에 표시하면 근사적으로 직선관계가 얻어진다(그림 2.51). 이 V와 T의 관계선도를 테일러 곡선(Taylor curve)라고 한다. Taylor(미국)는 1907년 방대한 실험을 수행한 결과를 정리하여 $VT^n=C$라는 식을 제안하였다.

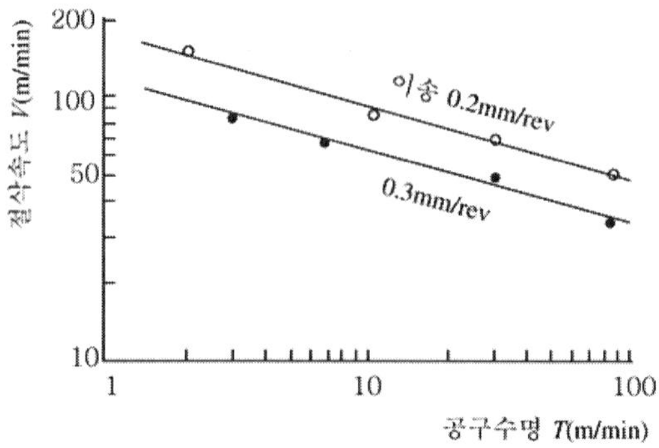

그림 2.46 테일러 곡선

표 2.5 테일러 방정식의 상수

공구재료	n의 범위	n의 평균값	C의 크기의 비
고 속 도 강	0.06-0.12	0.1	1
초 경 합 금	0.15-0.25	0.2	3-5
세 라 믹	0.30-0.60	0.4	5-8

여기서 C는 공구와 공작물에 의해서 정해지는 상수로서 피삭성이 좋은 재료, 내마모성이 높은 공구일수록 큰 수치를 취한다. n는 양로그 눈금상에 표시한 VT선도 구배(기울기값)의 절대값에 해당하는 것이며 대략 표 2.9와 같은 값이다. 내열성이 큰 공구재료 일수록 n의 값은 크다. 공구수명 T는 식 $VT^n=C$의 지수 n이 1보다 매우 작은 데에서 알 수 있듯이 절삭속도 V의 약간의 변화에 대해서도 민감하며 크게 변화한다. 그런데 식 $VT^n=C$는 일정한 절삭깊이 t, 이송 s에 대한 것인데 t, s를 변수로 하면 다음과 같이 바꿔 쓸 수가 있다.

$$< VT^n s^{-a} t^{-b} = C_1 >$$

단, $C=C_1 s^a t^b$ a,b : 이송, 절삭깊이를 나타내는 지수이며, (s/t)의 비에 따라서 변화하며 대략 a≒0.65, b≒0.4이다.

VT선도에는 시간과 비용의 관계에서 대개의 경우 s, t가 일정한 값하에서 구해지는데 식 $VT^n s^{-a} t^{-b} = C_1$을 사용하여 각종의 절삭깊이, 이송에 대해서 식 $VT^n=C$의 방정식을 정할 수 있다.

(2) 최적 절삭속도

절삭능률을 높이기 위해 절삭속도 V를 크게 하면 공구수명 T가 저하한다. 테일러 방정식의 지수 n이 작을수록 이러한 경향이 심하다. 따라서 공구교환이 빈번해지며 전체로서 작업능률을 반드시 높아지지는 않는다. 그래서 어떤 공구수명 또는 절삭속도일 때 전체로서 경제적인 절삭을 할 수 있는가를 테일러 방정식에서 구하고 있다.

절삭코스 C_T가 공임과 공구비로 된다고 하면, C_T는 $VT^n=C$의 관계를 고려하여 공전시 공임, 실절삭시의 공임, 공구교환시의 공임, 공구 비용의 합으로서 다음과 같이 나타낼 수 있다.

$$C_T = K_1 t_1 + K_1 A V^{-1} + K_1 t_{tc} A \frac{V^{(\frac{1}{n}-1)}}{C^{\frac{1}{n}}} + K_2 A \frac{V^{(\frac{1}{n}-1)}}{C^{\frac{1}{n}}}$$

여기서,

K_1 : 공임(직접 및 간접, 원/min)

K_2 : 공구 코스트(초기 및 재연마, 원/절삭날)

t_1 : 공전시간 (min), t_{tc} : 공구 교환시간(min/회)

A : 절삭량(주행거리 환산, m)

V : 절삭속도(m/min)

이다.

일반적으로 C_T는 V에 대해서 아래로 철곡선이 되므로 $(\partial C_T/\partial V)=0$으로 놓으면 절삭비용 최소의 절삭속도 V_m이 구해진다.

$$V_m = C\left\{ \frac{K_1}{[(1/n)-1][K_{1t_{tc}} + K_2]} \right\}^n$$

또 일정시간 내에 최대의 생산 개수를 올리기 위한 절삭속도 Vp는 동일한 취급에서 다음과 같이 구해진다.

$$V_P = \frac{C}{\{[(1/n)-1]t_{tc}\}^n}$$

한편 경험적으로 공구수명 60분 정도가 작업성의 면에서 무리가 없으며 60분의 공구수명에 주는 절삭속도를 V_{60}으로 표시하여 이것을 실작업에 많이 사용한다.

2.11.4 공구마모의 측정

(1) 공구마모 측정의 개요

최근에 FA나 FMS등 고도로 자동화된 절삭가공 시스템이 개발되고 실용화되고 있으나 절삭공구에 대한 신뢰성이나 내구성이 불충분하기 때문에 항상 공구계의 상태나 가공제품의 형상 등을 측정하기 위한 센서를 필요로 하고 있다.

생산공정의 궁극적인 목표인 무인화 가공을 실현하고 정밀한 제품가공을 위해서는 공구의 정확한 설치와 공구의 절삭날에 대한 형상 및 마모에 대한 정밀한 측정, 보상제어, 공구의 파손 검출 등과 같이 온라인으로 감시(monitoring)할 수 있는 공구관리 시스템(tool management system)이 필요하다. 특히 마모센서는 FMS에서의 공구관리를 위한 전문가 시스템(expert system)의 중요한 구성요소를 이루기 위해 공구마모상태에 대한 수많은 정보를 주어야 하므로 공구교환을 위한 적절한 방법을 개발하고 체계화된 절삭데이터를 축적시켜 공구에 대한 적절한 보상을 CNC장치에 전달해야 한다. 특히 공구마모 및 파손으로 인해 작업손실 및 가공물의 정밀도에 큰 영향을 미치기 때문에 공구의 마모 및 파손의 자동 감지 기술은 중요한 과제로 대두되었다.

(2) 공구마모 측정용 계측기의 조건

① 고정밀도, 고신뢰성이 있어야 한다.

② 측정대상물에 악영향을 주지 않아야 한다.

③ 조작성이 좋아야 한다.

④ 데이터 처리가 용이하여야 한다.

2.12 가공면의 거칠기

절삭에 의한 가공면의 거칠기는 절삭조건에 따라 다르게 된다. 즉 절삭속도, 절삭제, 바이트의 형상, 크기, 이송, 절삭깊이, 공작물의 재질 등에 따라 영향을 미친다.

그림2.47 는 절삭공구의 날끝형상에 따른 가공면의 거칠기를 보여준다.

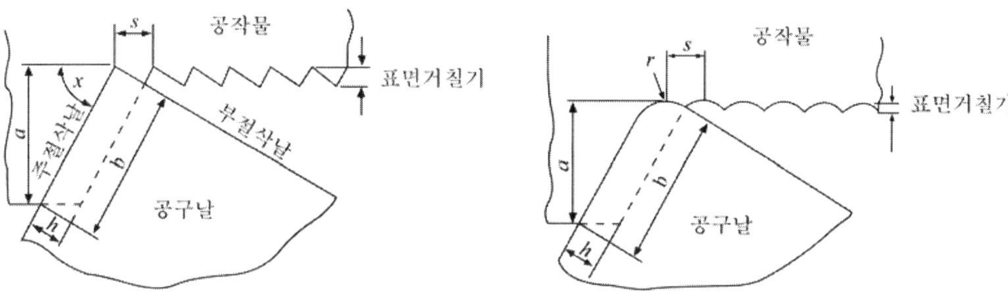

그림 2.47 가공면의 거칠기

그림 2.48과 같이 바이트 날끝 둥근부분을 r, 이송을 S 로 한다. 공작물이 날 모양대로 절삭이 되면 그림과 같이 가공면은 요철이 생기며 요철의 최대높이를 H 라 하면

$\triangle BCD \backsim \triangle DCA$ 이므로

$$\frac{BC}{CD} = \frac{CD}{CA} \qquad \therefore \frac{H}{S/2} = \frac{S/2}{2r-H}$$

실제로 H는 $2r$에 비해 대단히 작은 값으로 근사적으로 $2r-H \fallingdotseq 2r$로 간주할 수 있으므로 $\frac{H}{S/2} = \frac{S/2}{2r}$로 되고

$$H = \frac{(S/2)^2}{2r} = \frac{S^2/4}{2r} = \frac{S^2}{8r}$$

으로 된다.

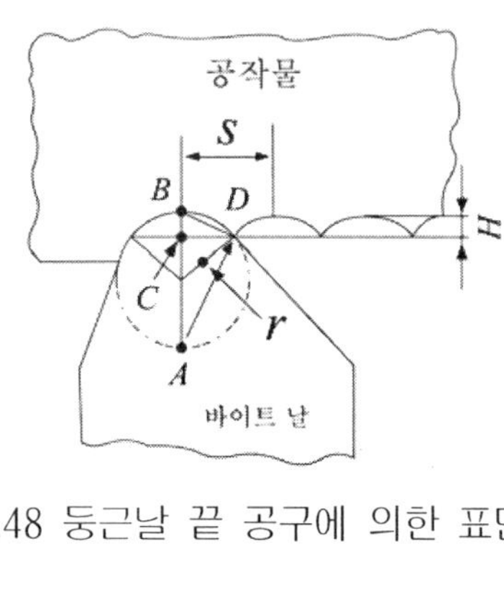

그림 2.48 둥근날 끝 공구에 의한 표면거칠기

제 3 장 선삭 가공

3.1 선반의 개요

선반(lathe)은 주축에 고정한 공작물을 회전시키고 공구대에 설치된 바이트에 절삭 깊이와 이송을 주어 공작물을 절삭하는 공작기계로서, 초기(B.C 1000년경)에는 인력으로 기계를 돌리고 바이트를 손으로 잡고 절삭하는 것으로써 구조가 매우 간단하였으며, 겨우 목재 제품을 가공할 정도로 치수·형상 등의 정확성이 없었다. 그후 현재 널리 사용되고 있는 구조를 가진 선반이 1792년 영국의 기술자 모즐리(Henry Maudslay)에 의해 개발되어 비로서 금속가공용 선반으로 발전하게 되었다.

선삭(turning)이란 공작물을 회전시키면서 절삭한다는 뜻이며, 그림 3.1에 나타낸 바와 같이, 선삭작업은 그 활용범위가 매우 넓으며 다양한 형상으로의 가공이 가능하다.

① 외경절삭(turning)

축, 핀, 핸들 등 각종 기계 부품들의 외면을 가공하는 가장 일반적인 형태의 선삭작업이다.

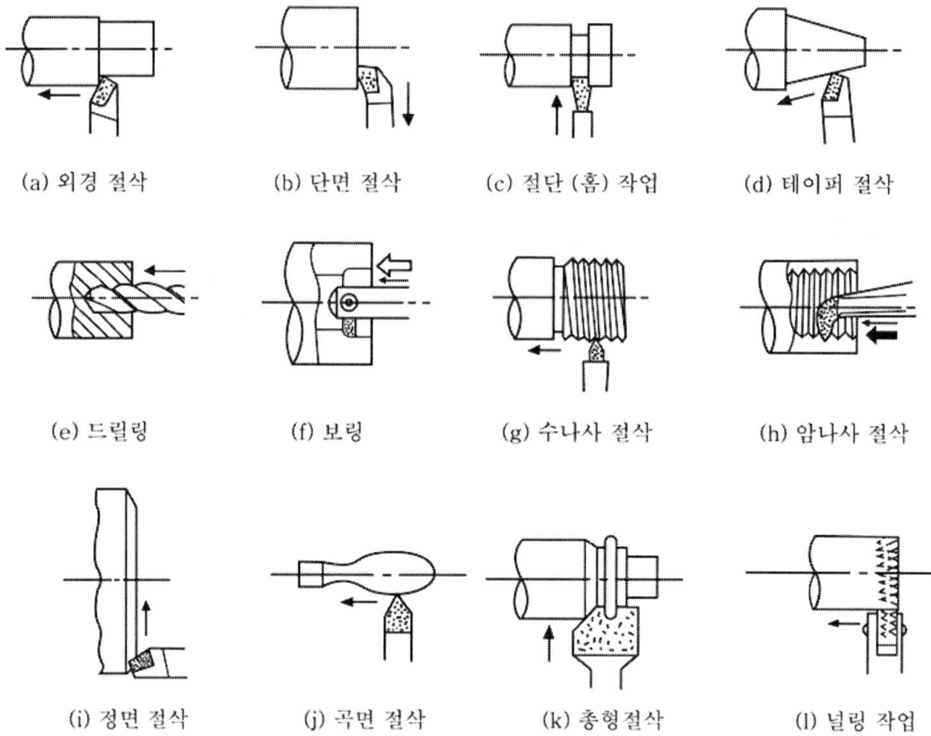

그림 3.1 각종 선삭 작업

② 단면(정면)절삭(facing)

다른 부품과의 연결 등의 목적으로 단면을 편평하게 가공하거나, 혹은 O-링 자리와 같은 단면상의 홈을 가공하는 작업

③ 총형공구(form tool)를 이용한 절삭

기능 혹은 외양상의 이유로 독특한 형상을 가진 제품을 이와 동일한 형상의 총형고구로 가공하는 것

④ 보링(boring)

이미 뚫어진 구멍을 더 크게 확장시키거나, 혹은 내면의 홈을 가공하는 작업

⑤ 드릴링(drilling)

구멍을 뚫는 작업이며, 구멍의 치수정확도와 표면정도를 향상시키기 위하여 후에 보링 작업을 한다.

⑥ 절단(parting : Cutting-off)
가공이 완료된 제품을 분리시키는 작업

⑦ 나사절삭(threading)
공작물의 외면이나 내면에 나사를 내는 작업

⑧ 널링(knurling)
미끄러짐을 방지할 목적으로 원통형 표면에 규칙적인 모양의 무늬를 새기는 작업

3.2 선반의 구조와 부속장치

3.2.1 선반의 구조

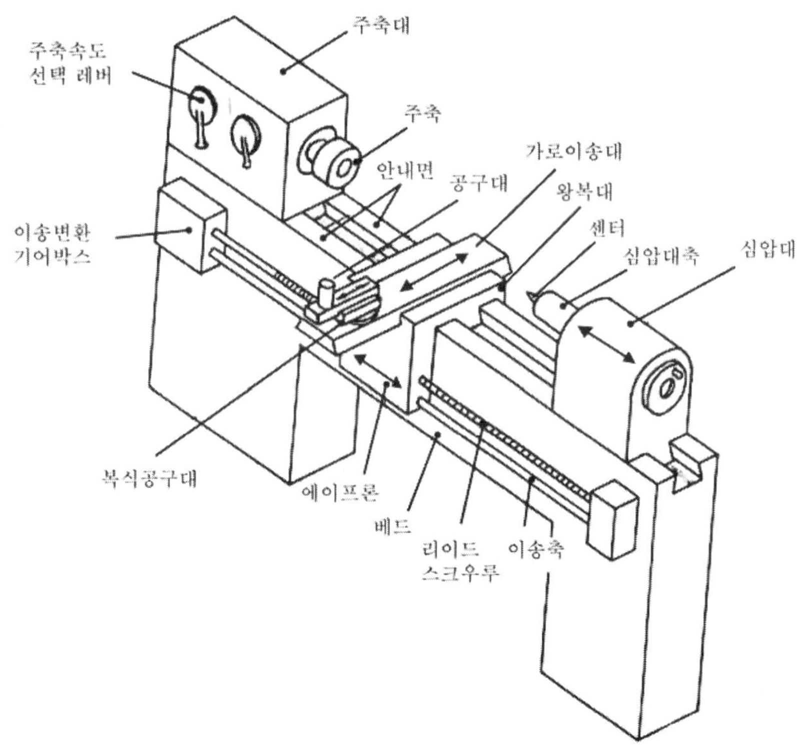

그림 3.2 선반의 구조

선반은 여러 가지 기계 요소들과 부속품들로 구성되어 있으며, 그 중요한 구성 요소들은 다음과 같다. ① 베드(bed)는 다른 모든 중요 구성요소들을 지지하는 역할을 한다. ② 왕복대(Carriage : carriage assembly)는 가로이송대(cross-slide), 공구대(tool post), 에어프론(apron)의 조립품으로 베드상의 안내면(slide way)을 따라 이동한다. 절삭공구는 공구대에 설치되며, 공구대는 일반적으로 공구의 위치조정을 위하여 회전가능한 복식공구대(compound rest) 위에 설치된다. ③ 주축대(headstock)는 베드에 고정되어 있으며, 주축(spindle : 스핀들) 및 이송봉(feed rod)을 여러 가지 회전속도로 돌리기 위하여 모터, 풀리, V-벨트, 기어 등의 동력공급 및 전달장치들을 장착하고 있다.(그림 3.2 참조)

(1) 베드(bed)

베드는 골격(rid)이 있는 상자형의 주물로서 그 위에 주축대, 심압대, 왕복대 및 공작물 등을 지지하며, 절삭운동의 저항 및 안내작용을 하는 구조로 되어 있다. 배드는 주축대의 회전운동, 절삭력, 상부의 중량 등으로 인하여 진동 및 휨 등이 생기기 쉬운 관계로 충분한 강도가 필요하며 칩의 처리와 절삭유의 회수 등을 고려하여 그 형태를 결정한다.

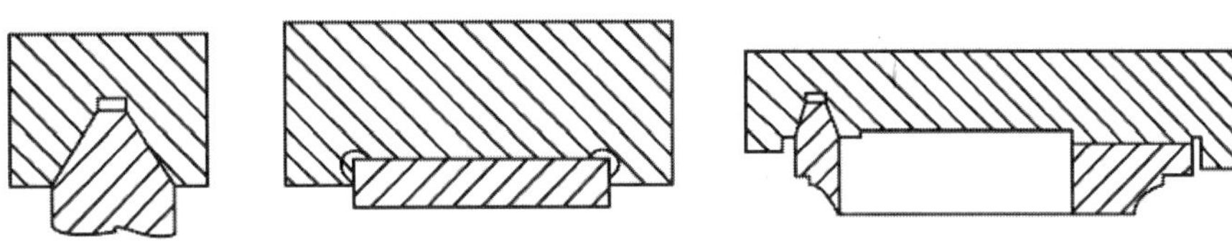

(a) 산 형 (b) 수평형 (c) 산형과 수평형릐 복합

그림 3.3 베드의 형상

베드의 형상은 그림 3.3(a)의 산형, 그림 (b)와 같은 수평형의 두 종류가 대표적이다.

베드의 재질은 미이하나아트 주철로 완전 어닐링처리 하였으며 슬라이드면은 고주파 열처리 후 정밀연삭하여 내마모성이 우수한 상태로 처리한다. 또한 베드와 다리는 일체식 이중벽 구조로 설계되어 있어 외부의 충격과 진동을 흡수하는 구조로 되어 있다.

(2) 왕복대(carriage)

왕복대는 베드의 안내면 상에 놓여지고, 주축대와 심압대의 사이에 위치하며, 좌우 왕복운동을 한다. 왕복대를 구성하는 구조는 그림 3.4와 같다.

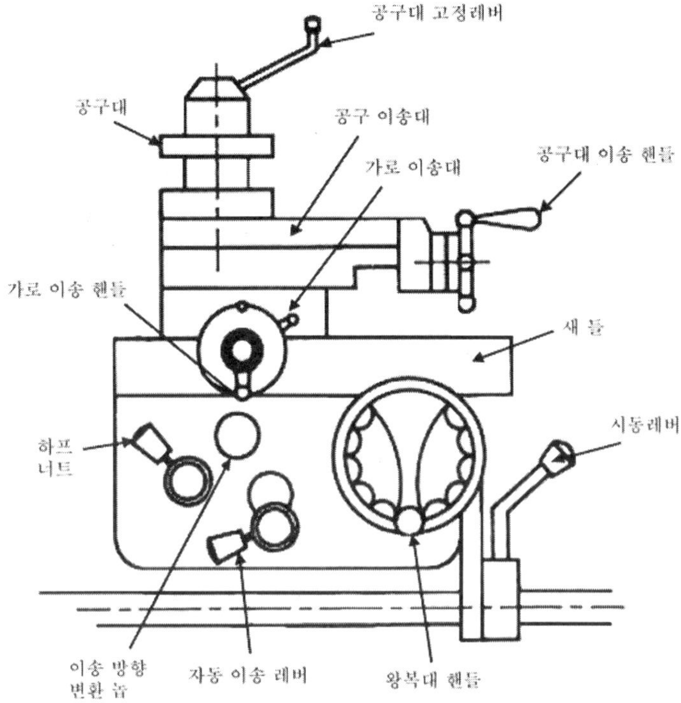

그림 3.4 왕복대의 구조

왕복대는 새들, 에이프런, 공구대 등으로 구성되어 있으며, 몸체는 H자 형의 새들을 통하여 베드 안내면에 놓여 있고, 그 위에 공구대가 있다. 새들은 베드위를 왕복하고 바이트에 가로 이송을 주는 부분으로 그 위에 가로 이송대가 있다. 세로, 가로 이송은 수동, 자동을 할 수 있으며, 가로 이송대위에는 회전 공구이송대, 사각 공구대 등의 복식 공구대가 있다.

(3) 심압대(tail stock)

주축대와 상대되는 베드 위에 있으며 센터작업을 할 때 공작물을 지지하거나 드릴, 리머, 탭 등의 공구를 심압축의 테이퍼 구멍에 끼워서 작업을 하는 역할을 한다. 심압대의 구비 조건은 다음과 같다.

① 심압대는 베드의 어떠한 위치에도 적당히 고정할 수 있어야 한다.
② 센터를 고정하는 심압대의 스핀들은 축방향으로 이동하여 적당한 위치에 고정할 수 있어야 한다.
③ 심압대의 상부는 조정나사에 의하여 축선과 편위시켜 테이퍼 절삭을 할 수 있어야 한다.

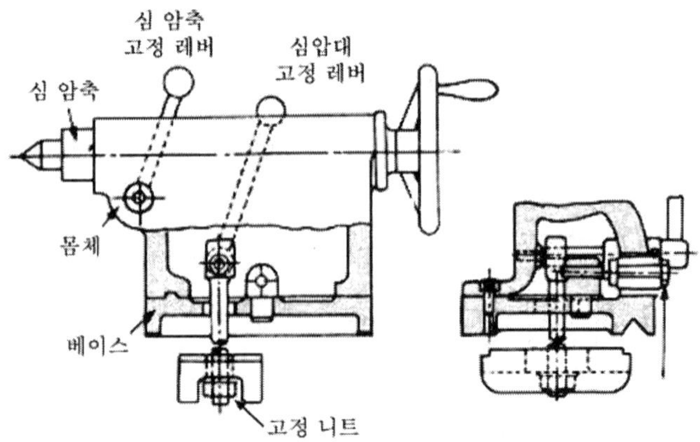

(a) (b)

그림 3.5 심압대

(4) 주축대(head stock)

주축대는 가공물을 고정시켜 회전하고 회전수의 변경, 바이트를 자동이송시키는 원동력 등을 전달하는 원천이 된다. 보통 주철로 된 박스 속의 중앙위치에 주축이 있고, 주축의 회전을 변속시키는 장치 및 왕복대에 이송을 변환시켜 주는 장치와 리이드 스크루(screw)에 동력을 전달하기 위한 기어장치 등을 갖추고 있다.

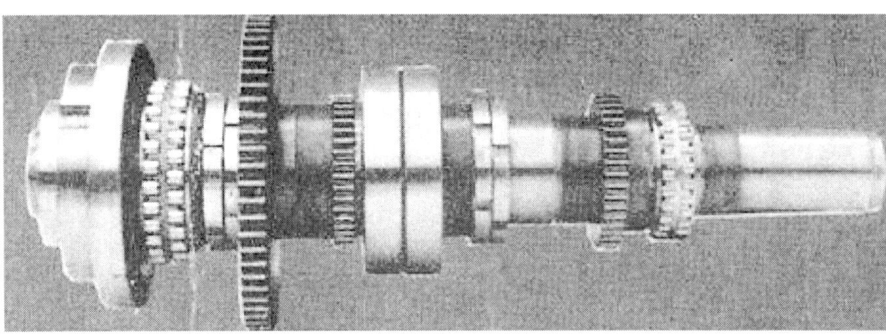

그림 3.6 테이퍼 롤러 베어링을 사용한 선반의 주축

주축은 탄소강 또는 니켈·크롬강(NI-Cr강) 등을 퀜칭(quenching)한 후 정밀 다듬질하여 만든다. 주축의 지지는 2점 지지방식에서 최근에는 3점 지지방식이 사용되고 있으며, 고속선반에서는 정밀급 테이퍼 롤러 베어링으로 지지하여 테이퍼 롤러와 베어링 외륜 사이의 간격 조정으로 변형방지를 손쉽게 조작할 수 있도록 되어 있다. 그림 3.6은 테이퍼 롤러 베어링을 사용한 선반주축의 예이다. 주축의 내부는 중공으로 되어 있고 모오스 테이퍼(morse taper)로 되어 있어 센터(center) 등을 끼울 수 있도록 되어 있다. 중공축으로

하는 이유는 다음과 같다.

① 굽힘과 비틀림에 대한 강성이 크다.
② 중량이 가벼우므로 베어링에 걸리는 하중이 감소한다.
③ 긴 공작물의 가공이 편리하다.
④ 콜릿척의 사용이 쉽다.
⑤ 센터의 장착 및 착탈이 편리하다.

그림 3.7는 주축대의 내부구조를 그림 3.8은 주축대의 외부구조를 나타낸 것이다. 주축의 앞부분은 가공품을 지지하기 위하여 돌림판 · 면판 · 척 등의 장착 및 착탈이 쉽도록 여러 가지형식으로 되어 있다. 그림 3.9는 선반주축단의 형태를 나타낸 것이다.

그림 3.7 주축대의 내부 구조

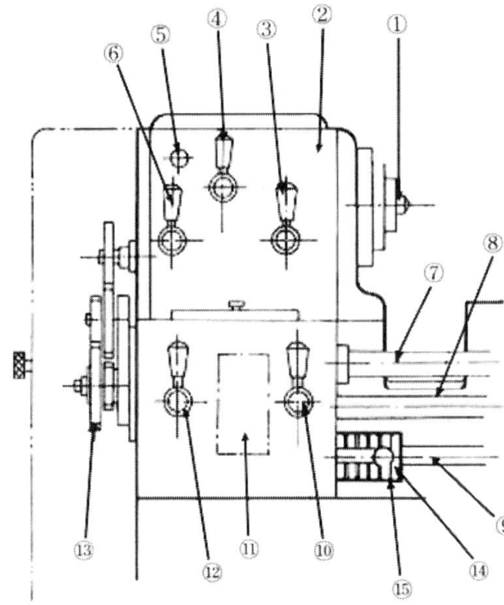

① 센터 ② 주축대 ③ 백기어 레버 ④ 주축 속도 변환레버 ⑤ 유창(油窓) ⑥ 이송 정역(正逆) 레버
⑦ 리드 스쿠르 ⑧ 이송 축(feed shaft) ⑨ 시동축 ⑩ 나사절삭 및 이송 변환레버
⑪ 나사 절삭표(thread table) ⑫ 이송 변속레버 ⑬ 변환 기어(change gear)
⑭ 노튼 기어 ⑮ 노튼 변환 기어

그림 3.8 주축대의 외부 구조

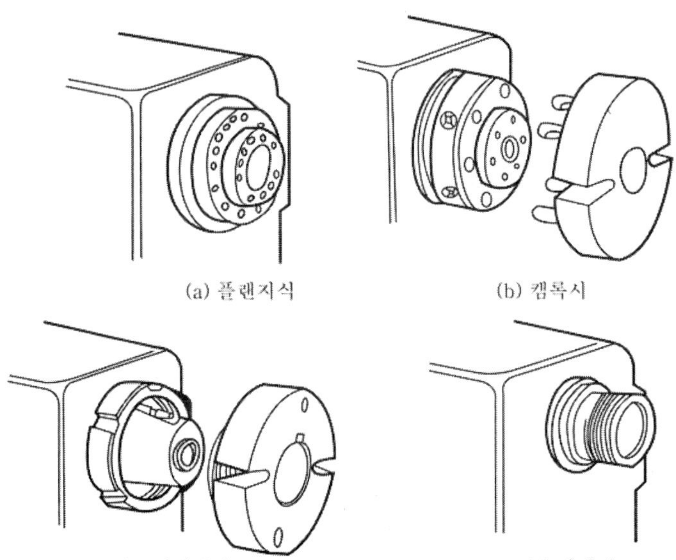

(a) 플랜지식 (b) 캠록시

(c) 테이퍼식 (d) 나사식

그림 3.9 주축단의 형태

3.2.1 선반용 부속품과 부속장치(accessories and attachment)

(1) 센터(center)

센터는 공작물을 지지하는 부속장치(attachment)이며, 양질의 탄소강 또는 고속도강, 특수공구강으로 만들며 열처리를 하여 경화한 것을 적당히 어닐링(annealing)하여 인성(though- ness)을 부여한 후 사용한다. 센터는 주축에 삽입하여 사용하는 회전센터(live center)와 심압대 축에 삽입하여 사용하는 정지센터(dead center)가 있다. 보통 센터의 구멍은 모스 테이퍼(morse taper)로 되어 있으며(표 3.4 참조) 센터의 자루부분의 테이퍼는 $\frac{1}{32} \sim \frac{1}{8}$ 정도이나 일반적으로 모스 테이퍼 $\frac{1}{20}$ 을 많이 사용한다. 센터의 선단은 원추형을 형성하며 그 각도는 미국식으로 주로 60°이며 정밀가공 또는 소, 중형의 공작물 가공에 사용되고, 영국식은 75° 또는 90°이며 공작물의 중량이 많고, 대형 공작물가공에 주로 사용된다. 또한 회전센터는 지지부분의 마찰(friction)이 적으나 정지센터는 마찰열로 인한 손상이 많으므로 공작물의 회전속도가 빠를 때는 센터 끝이 과열되어 손상되므로, 센터 선단(앞 부분)에 초경합금 을 경납땜하여 사용한다. 그림 3.46은 각종 센터의 종류를 나타낸 것이다.

표 3.1 모스 테이퍼의 규격

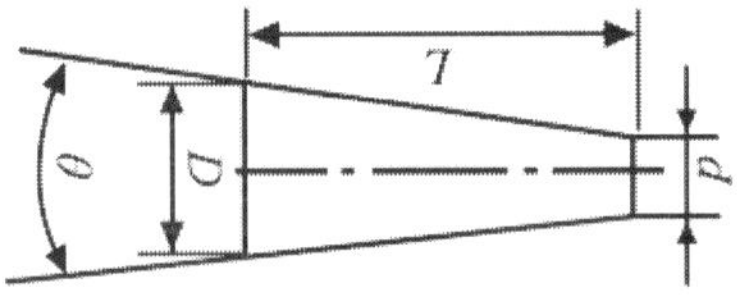

번호	테이퍼	Θ	D(mm)	d(mm)	L(mm)
2	1/20.020=0.04995	2°51′18″	17.781	14.534	65
3	1/19.922=0.05020	2°52′34″	23.826	19.760	81
4	1/19.254=0.05194	2°56′38″	31.269	25.909	103.2
5	1/19.002=0.05263	3°0′6″	44.401	37.470	131.7

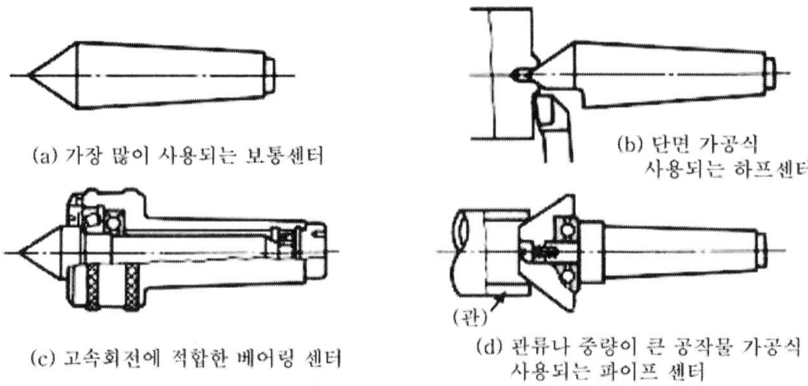

그림 3.10 센터의 종류

(2) 센터 드릴(center drill)

공작물에 센터의 끝이 들어가는 구멍을 뚫는 드릴이다. 센터 구멍의 모양은 공작물의 가공 목적과 방법에 따라 적당한 모양으로 하며, 그 크기는 공작물의 무게, 가공중 절삭력에 견딜 수 있어야 한다. 일반적으로 센터 드릴의 크기는 표 3.5와 같이 공작물의 지름에 따라 정한다.

표 3.2 공작물의 지름과 센터 드릴

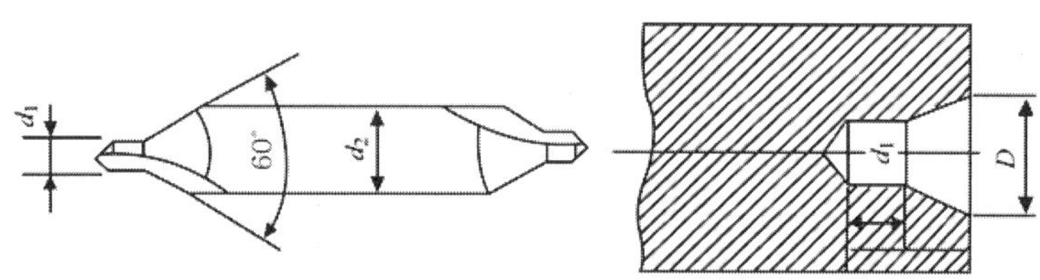

공작물지름 (mm)	호칭치수 d_1(mm)	호칭치수 d_2(mm)	D (mm)	L (mm)	l(mm)
5이하	0.7	3.5	2	2	0.8
5~15	1	4	2.5	2.5	1.2
10~25	1.5	5	4	4	1.8
20~35	2	6	5	5	2.4
30~45	2.5	8	6.5	6.5	3
35~60	3	10	8	8	3.6
40~80	4	12	10	10	4.8
60~100	5	14	12	12	6
80~140	6	18	15	15	7.2

(3) 돌림판(driving plate)과 돌리개(lathe dog)

돌림판과 돌림개는 양센터 작업시 주축의 회전을 공작물에 전달하기 위하여 함께 사용된다. 돌림판은 주축 끝 나사부에 고정하며, 돌림개는 공작물에 고정한다.

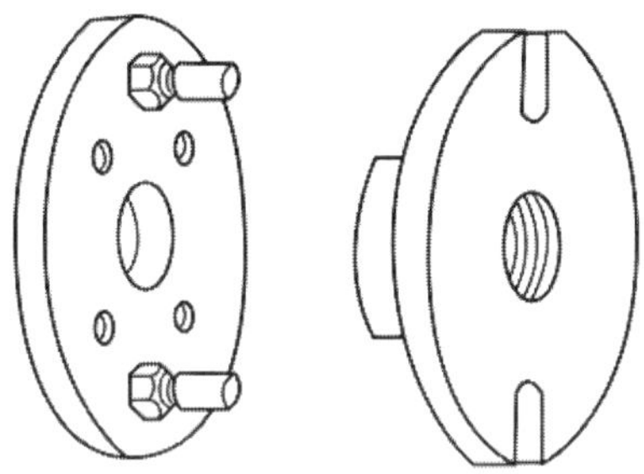

그림 3.11 돌림판의 종류

돌림판은 그림 3.11(a), (b)와 같이 곧은 돌림판과 곡면 돌림판이 있다. 돌림판은 주철로 제작한 것이 많고, 그림 3.12과 같이 주로 돌림판과 돌림개를 함께 사용하여 작업을 한다.

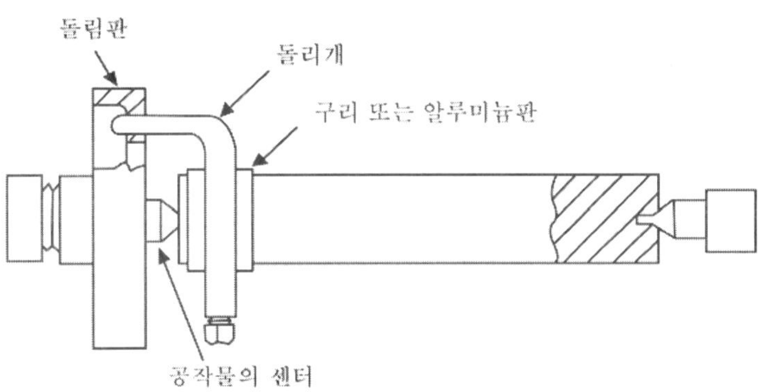

그림 3.12 양센터 작업의 예

또한 돌리개의 종류는 그림 3.13과 같다.

ⓐ 곧은 돌리개(straight tail dog) : 원형 단면절삭시 편리
ⓑ 굽힘 돌리개(bent tail dog) : 원형 단면절삭시 편리
ⓒ 클램프 돌리개(clamp dog) : 4각형 단면절삭시 편리

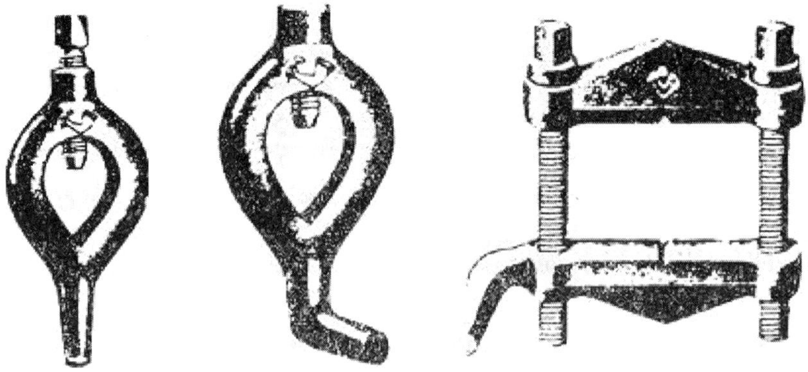

그림 3.13 돌리개의 종류

(4) 면판(face plate)

면판은 그림 3.14와 같이 돌림판과 비슷하나 돌림판보다 크며, 여러 개의 구멍과 가늘고 긴 홈이 있어 이 구멍을 이용하여 척으로 고정할 수 없는 대형공작물이나 복잡한 형상의 공작물을 볼트나 클램프 또는 각판으로서 고정하여 가공한다. 공작물이 중심에서 균형이 맞지 않을 때에는 반드시 대각선 방향에 균형추를 달아서 무게의 균형을 잡고 가공한다.

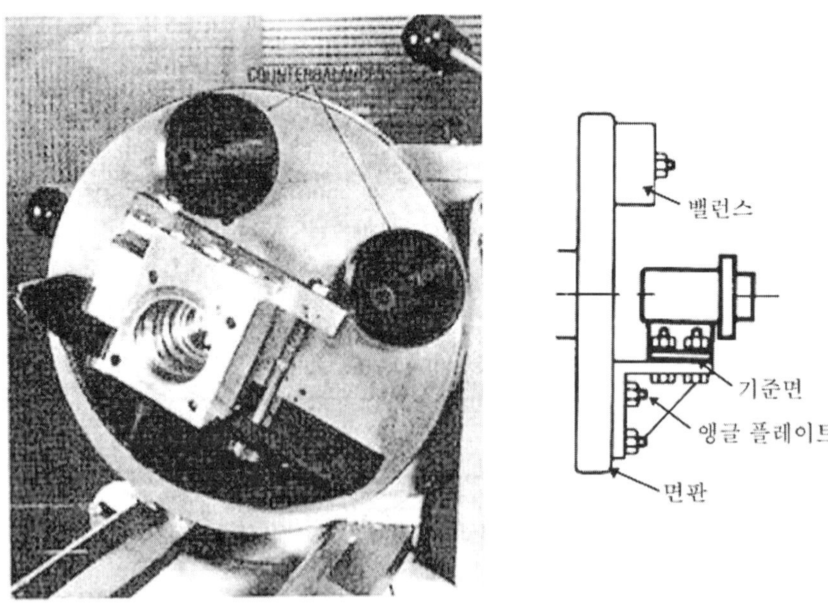

그림 3.14 면판 장착의 예와 면판작업의 예

(5) 방진구(work rest)

가늘고 긴 공작물을 가공할 경우 공작물은 자중 및 절삭력으로 인하여 휘거나 처짐(deflection)이 생기고 진동(vibration)을 일으켜 균일한 지름을 가진 진원 단면의 절삭가공이 곤란하다. 이것을 방지하기 위하여 방진구를 사용한다. 방진구의 종류는 고정식(fixed steady rest)과 이동식 방진구(follow steady rest)가 있다.

그림 3.15 방진구

(6) 심봉(mandrel)

심봉은 기어, 벨트 풀리 등 구멍이 있는 소재의 공작물에 구멍가공이 먼저 되었을 때 측면이나 외주면을 중심 구멍에 대하여 직각이나 동심원으로 가공하기 위하여 쓰는 공구이다. 사용방법은 심봉을 가공된 소재의 구멍에 넣고 고정시킨 후 양 센터로 지지하여 측면이나 외주면을 절삭 가공한다.

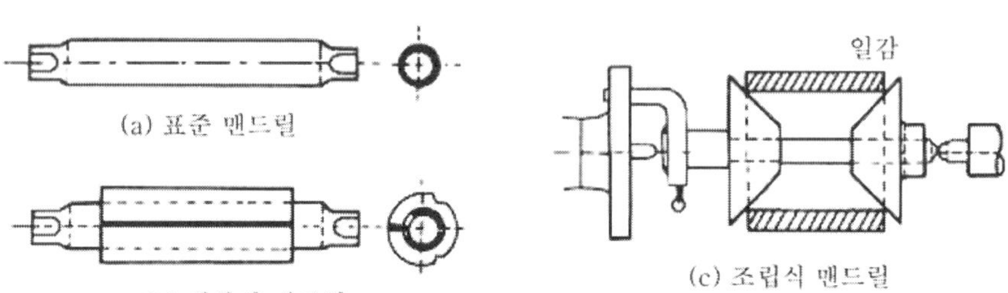

그림 3.16 여러 가지 심봉

(7) 선반 척

척(chuck)은 선반의 주축단에 설치되어 공작물을 고정하고 회전시키는 역할을 하는 부속품으로 일종의 원통형 바이스라고 할 수 있다.

① 단동 척(independent chuck)

단동 척은 그림 3.17과 같이 4개의 조가 각각 단독으로 움직일 수 있으므로, 불규칙한 모양의 공작물을 고정하는 데 편리하다. 그러나 센터를 정확하게 맞추는데는 오랜 시간과 숙련이 필요하다.

② 연동 척(universal chuck)

연동 척은 그림 3.18과 같이 보통 조가 3개 있으며, 이 조는 동시에 3개의 조가 방사형으로 같은 거리를 움직이므로 원형, 정삼각형, 정육각형 등 3의 배수로 이어지는 형태의 공작물을 고정하는 데 편리하지만, 고정력은 단동 척보다 약하며, 조가 마모되면 척의 정밀도가 저하되는 결점이 있다. 스크롤 척(scroll chuck)이라고도 한다.

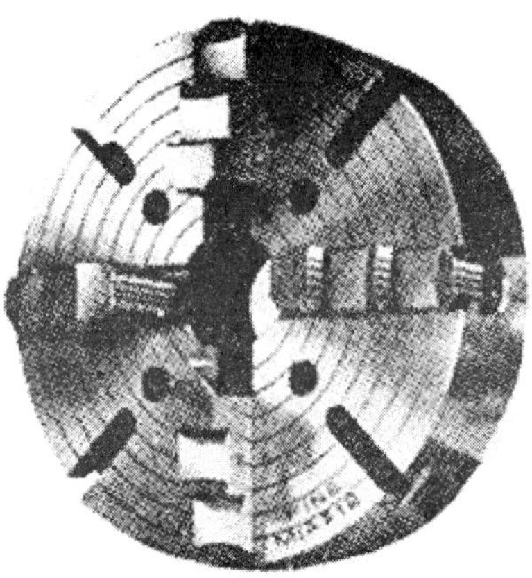

그림 3.17 단동 척

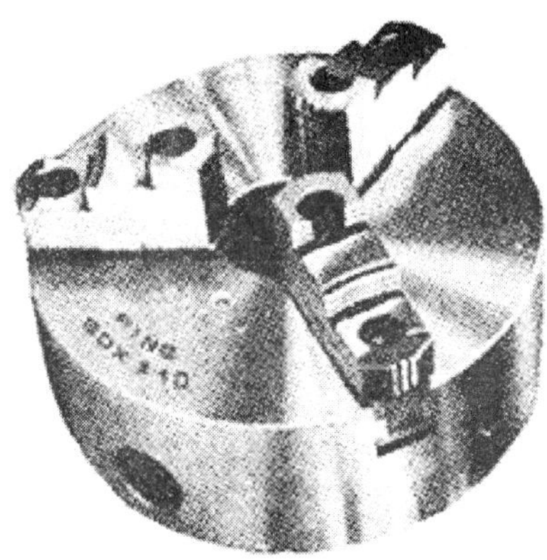

그림 3.18 연동 척

③ 복동 척(combination chuck)

복동 척은 단동 척과 연동 척의 두 가지 작용을 할 수 있는 것으로 조를 개별적으로 조절할 수 있으며, 또 전체를 동시에 움직일 수 있어 불규칙한 형상의 것을 다량 가공할 때 편리하다.

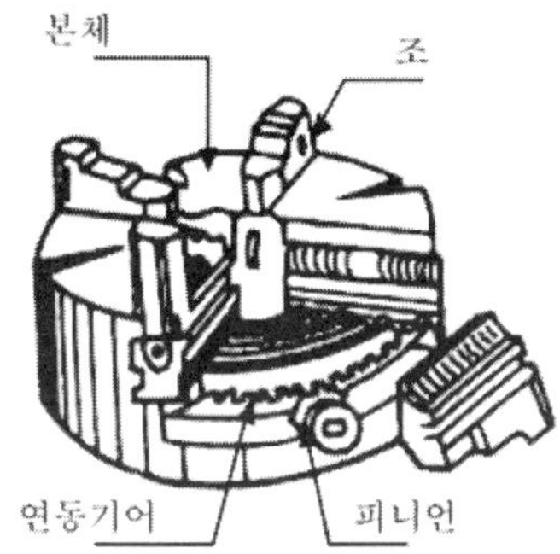

그림 3.19 복동 척

④ 전자석 척(magnetic chuck)

전자석을 이용하여 척면을 자화시켜 공작물을 흡착 고정시키는 척으로 가공물은 자성체에 한하여 다른 척으로 고정시키기 곤란한 얇은 판이나 피스톤링과 같은 공작물을 절삭할 때 사용한다. 전자장치를 작동시키는 핸들이 있어 공작물을 쉽게 고정할 수 있지만 절삭깊이를 깊게 할 수 없는 결점이 있다.

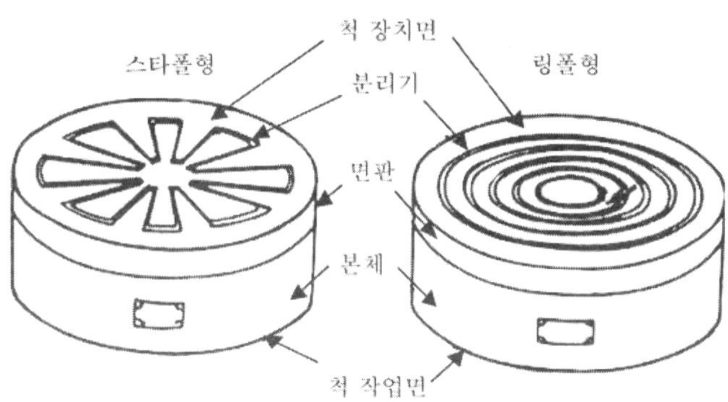

그림 3.20 전자석 척

⑤ 유압 척(hydraulic chuck), 공기 척(air chuck)

유압 척은 NC선반에 사용되는 척으로서, 유압식은 개폐하도록 되어 있기 때문에 이를 제어할 수 있는 유압장치가 별도로 필요하다. 공작물의 착탈이 쉬워 생산 능률을 높일 수 있고 또 척에는 소프트 조(soft jaw)를 사용하기 때문에 가공정밀도도 높일 수 있으며 지름 차가 큰 가공물도 용이하게 척에 물릴 수 있다. 또한 유압 대신에 압축공기로 피스톤을 작동하고 이 운동으로 척의 조를 조작하여 공작물을 고정하는 것을 공기 척(air chuck)이라 한다. 공기 척은 주로 자동선반, 터릿선반, 모방선반 등에 사용된다.

그림 3.21 유압 척

⑥ 콜릿 척(collet chuck)

그림 3.22와 같이 지름이 작은 환봉이나 각봉재를 가공할 때 편리하여 터릿선반이나 자동선반에 널리 사용되고 있다. 지름이 작은 환봉을 대량생산하기 위하여 보통선반에 사용할 때에는 스핀들 테이퍼 구멍에 슬리브를 설치하고 여기에 척을 끼운다. 콜릿 구멍은 원, 사각, 그 밖에 기하학적 모양으로 만든다.

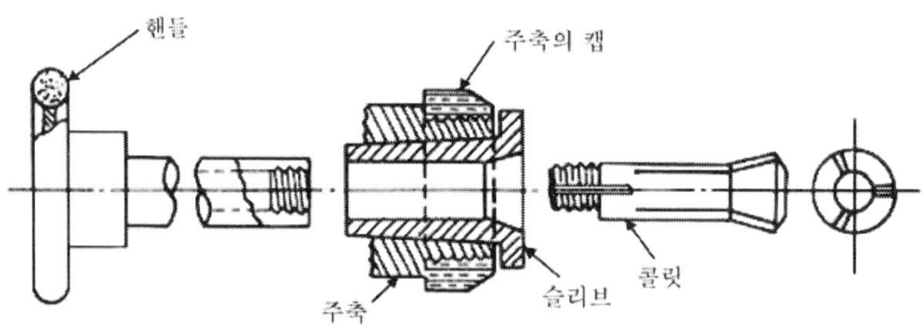

그림 3.22 콜릿 척

3.3 선반의 종류

3.3.1 선반의 종류

선반의 종류는 작업 목적, 구동방식, 기계의 크기, 작업방식 등 각 기준에 따라 여러 가지로 분류하고 있으며 주된 것은 다음과 같다.

(1) 보통선반 (engine lathe)

보통선반은 선반의 기본이 될 뿐만 아니라 가장 많이 쓰이고 있는 선반이다. 최근 공구재료의 연구발전에 따라 보통선반은 고속화되는 동시에 중절삭에는 충분히 견딜 수 있는 구조로 발전하고 있으며, 작업의 범위가 넓은 공작기계의 기본적인 구조와 기능을 가진 대표적인 기계이다. 엔진선반이라고 부르는 이유는 초기선반이 별도로 설치된 엔진으로부터 벨트(belt)를 통하여 동력을 받았기 때문이다.

보통선반의 특성은 다음과 같다.

① 형태가 단순하고 광범위하게 사용된다.
② 모든 작동이 수동이므로 숙련된 작업자를 필요로 한다.
③ 반복되는 작업이나 대량생산에는 비효율적이다.

(2) 탁상선반 (bench lathe)

작은 부품을 절삭할 때에 탁상에 설치하여 작업하는 소형의 선반으로 주축대에는 벨트식 또는 모터 직결식을 사용한다. 특히 정밀 소형 기계 및 시계 부품 등을 가공하는 일이 많다. 베드길이는 보통 900mm 이하이다.

(3) 정면선반 (face lathe)

길이가 짧고 지름이 큰 공작물을 절삭하는 데 사용하는 선반으로 베드의 길이가 짧고, 심압대가 없는 경우가 많다. 공작물의 지름이 크면 외주와 중심부의 절삭속도차가 크므로 공구대의 이송을 무단변속하여 항상 일정항 속도로 절삭할 수 있게 된 것도 있다.

(4) 수직선반 (vertical lathe)

주축이 수직으로 되어 있으며, 테이블이 수평으로 되어 있어 공작물의 설치가 용이하며, 작업하기가 편리하고 공구의 길이방향 이송이 수직방향으로 되어 있다. 중량이 큰 대형 공작물이나 지름이 크고 폭이 좁으며, 불균형한 공작물 및 내면절삭 등의 가공에 적합하다.

(5) 모방선반 (copying lathe : tracer lathe)

유압식 또는 전기적 방법으로 작동되는 별도의 선반은 자동모방 장치를 이용하여 특수한 형상을 한 공작물을 능률적으로 선삭하기 위하여 실물 또는 실물과 같은 형판(Template)을 설치하고, 바이트가 형판을 따라 움직이게하여 절삭가공하는 선반이다. 모델과 바이트의 위치를 결정한 후부터는 여러개의 공작물을 같은 형상·치수로 자동 절삭할 수 있고, 또 가공 도중에 공작물의 치수측정을 할 필요가 없어 작업이 빠르고 정확하다.

그림 3.23 수직선반

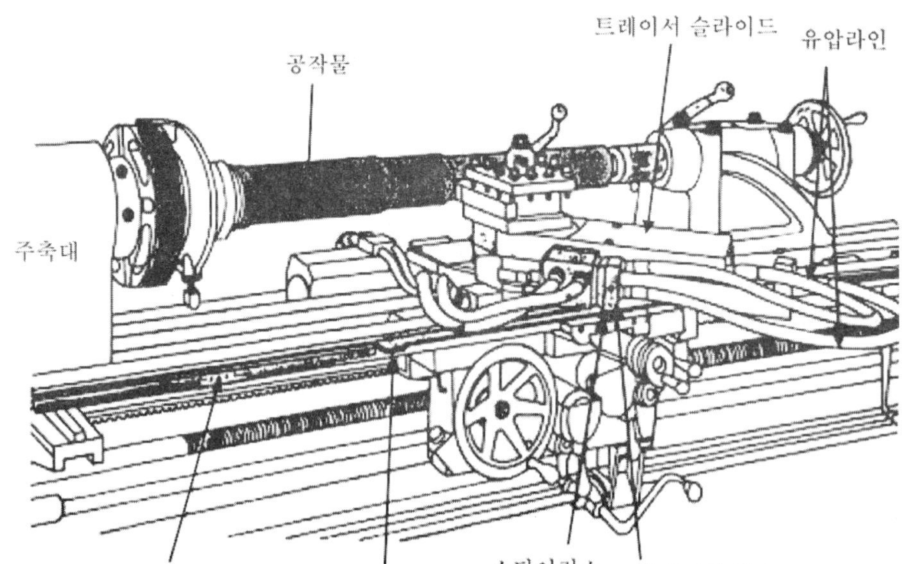

그림 3.24 모방선반(유압식)

(6) 터릿선반 (turret lathe)

보통선반의 심압대 대신에 회전공구대를 가진 대량생산용의 선반으로 많은 공구를 가공순서대로 터릿 공구대에 장치하여 차례로 공구대를 돌려서 가공하여 공구대가 1회 전하면 가공이 끝난다. 공구장치에 시간이 걸리지만 한 번 공구를 장치하여 위치가 결정되면 모든 공작물의 치수를 측정할 필요가 없고, 숙련공이 아니라도 쉽게 같은 정밀도의 제품을 다량으로 만들 수 있으며, 외경절삭, 단면절삭, 드릴작업, 나사절삭, 계단절삭 등 수개의 작업을 일괄작업으로 하여 한 개의 물품을 제작할 수 있다.

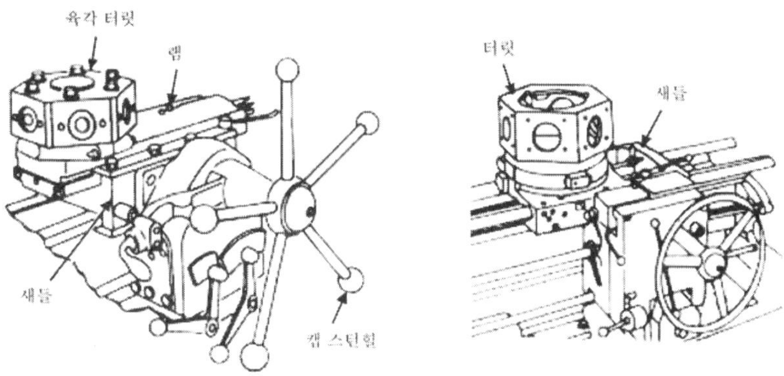

그림 3.25 터릿 선반

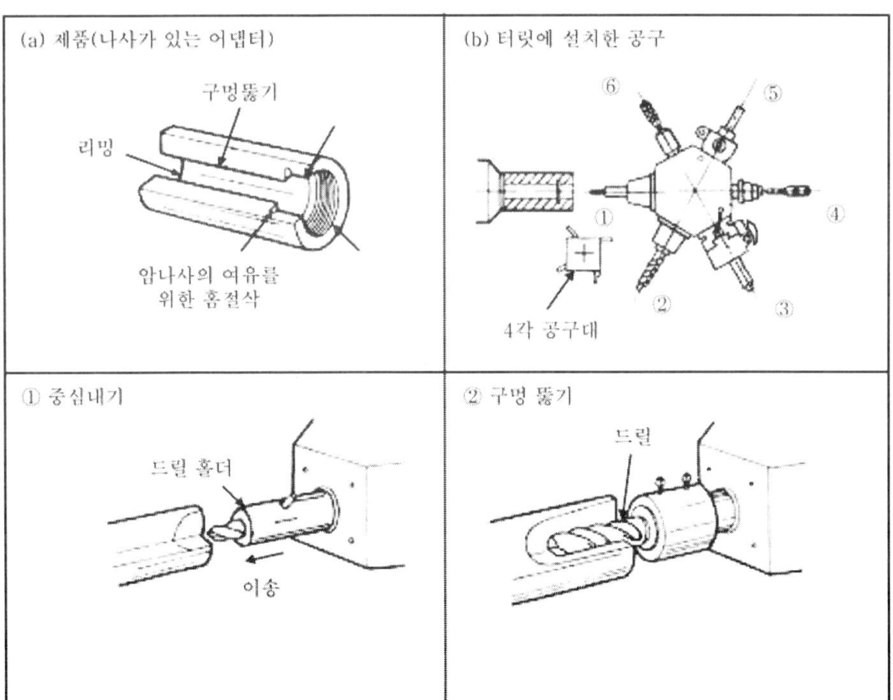

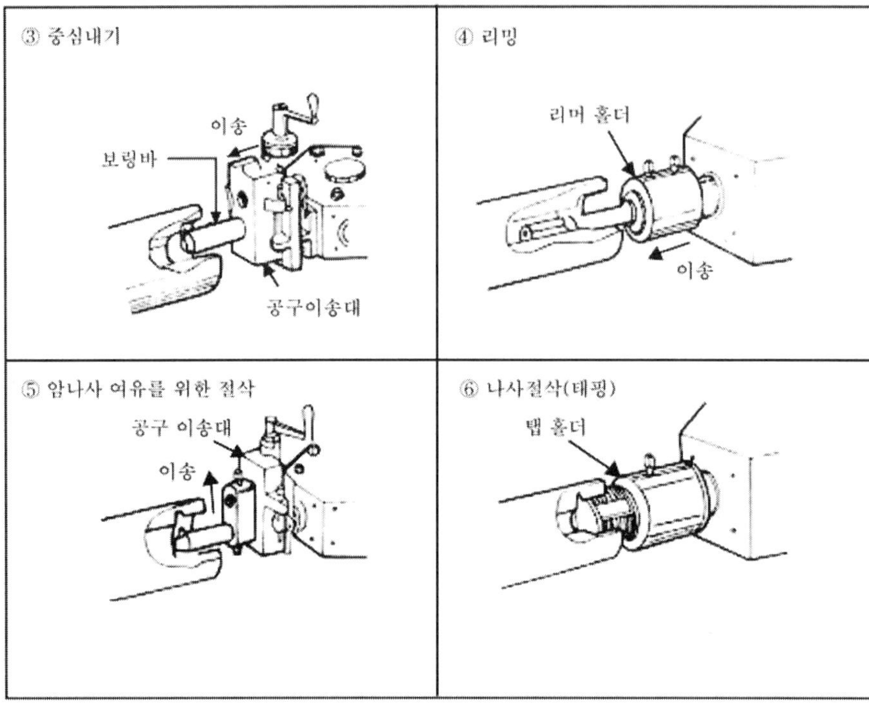

그림 3.26 터릿 선반 작업 공정의 예

(7) 자동선반 (automatic lathe)

터릿선반보다 일보 발전한 자동선반은 캠이나 유압기구를 이용하여 선반의 조작을 자동화한 대량생산용의 선반으로 재료의 이송 및 바이트의 이송 등을 한 번 조정해 놓으면, 자동적으로 제품이 깎여 나오고 재료를 물린 다음 다시 반복 가공한다. 따라서, 가끔 치수만 측정, 검사하고 긴 재료가 완전 소모되거나 치수가 틀릴 경우만 기계를 정지시켜 재료 및 공구를 갈아 끼운다. 보통선반이나 터릿선반은 한 대에 한 사람의 작업자가 필요하지만, 자동선반에서는 한 작업자가 여러 대의 선반을 조작할 수 있다.

그림 3.27은 척 선단부에서 로딩(loading)이 어려운 긴 공작물(pipe 또는 bar)을 호퍼박스(hopper box)에 적재시키면 자동적으로 loading→cutting→unloading System으로 구성된 유압 자동선반이다. 또한, 그림 3.28은 자동선반에서 가공된 응용 부품의 예를 나타낸 것이다.

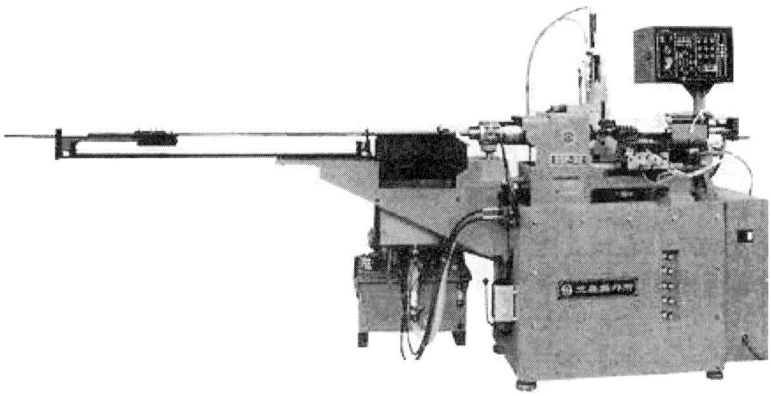

그림 3.27 자동선반

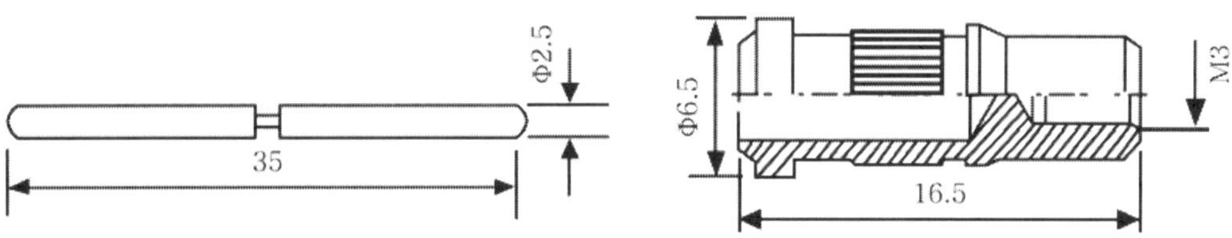

그림 3.28 응용부품의 예

(8) 각종 전용선반

① 차륜 선반 (wheel lathe)

차륜 선반은 철도차량용 차륜을 깎는 선반으로 면판붙이 주축대를 2대 마주 세운 구조로 되어 있다.

② 크랭크축 선반 (crankshaft lathe)

크랭크축 선반은 크랭크축의 베어링 저널 부분과 크랭크판을 가공하는 선반이며, 베어링 양쪽에 크랭크핀을 편심시켜 고정하는 장치가 있다.

③ 컴퓨터 수치제어 선반 (C.N.C lathe)

전자공학에 기초를 둔 전자계산의 정보처리 기술과 서보기구에 의한 기술이 선반과 결합되어 절삭에 필요한 모든 정보를 수치적으로 부호의 모양으로 자기 테이프, 천공 테이프 또는 카드 등에 기록하고 그 지령에 따라 절삭공구와 새들의 운동을 제어하도록 제작한 것을 수치제어 선반이라고 한다.

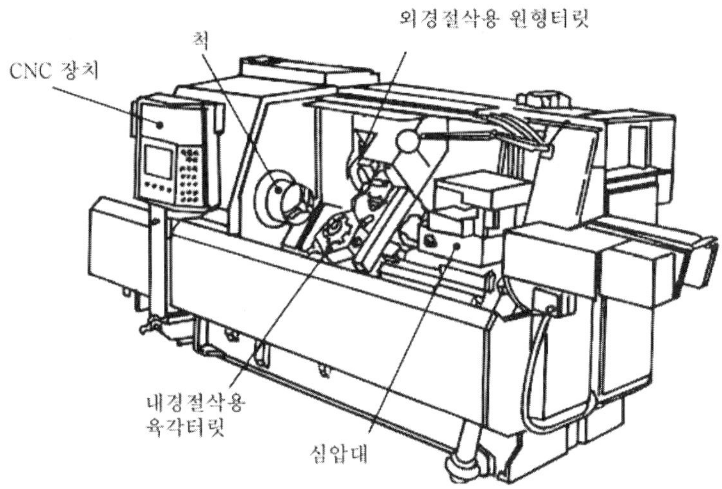

그림 3.29 CNC 선반

3.3.2 선반의 크기 표시방법

선반의 크기를 나타내는 방법으로는 각종선반에 따라 다소 다르나, 보통선반에서는 그림 3.30과 같이 베드위의 스윙(가공할 수 있는 공작물의 최대직경), d_1, 양센타 사이의 최대거리 l_1, 왕복대 위의 스윙 d_2로 표시하며 현장에서는 관습상 배드의 길이 l_2로 표시하는 경우도 있다.

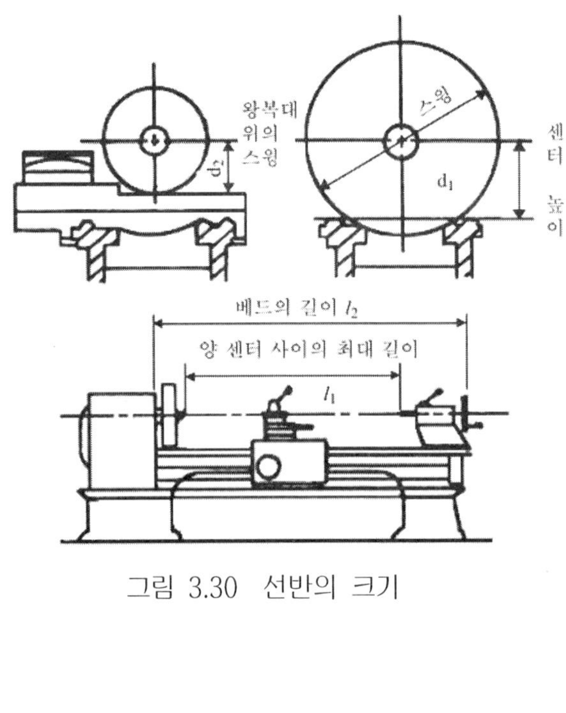

그림 3.30 선반의 크기

3.4 선삭용 공구

3.4.1 선삭공구의 종류

선반용 절삭공구 흔히 바이트(bite)라고 불리는 것으로 자루(shank) 끝에 절삭날이 달린 모양의 것이다.

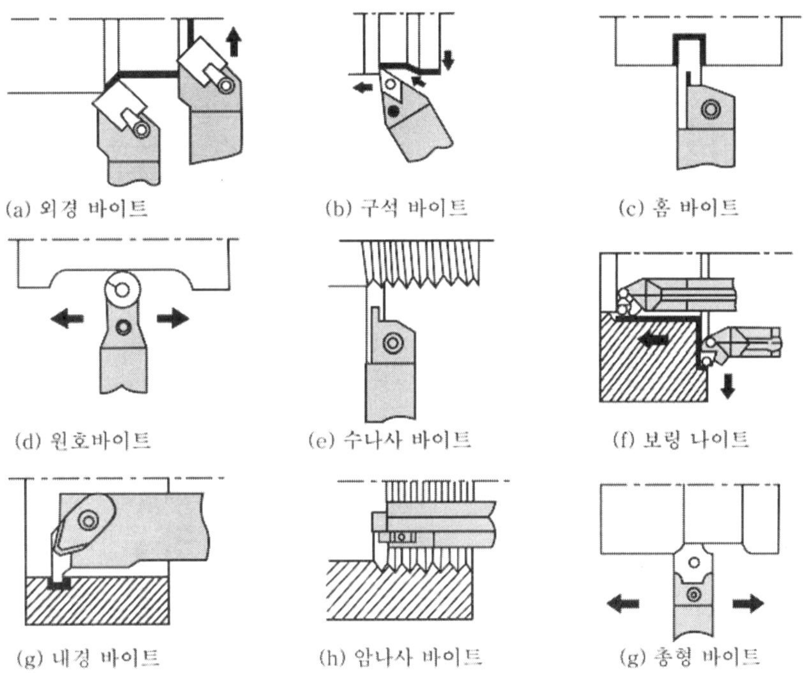

그림 3.31 모양, 용도에 따른 바이트의 종류

바이트는 그모양, 용도, 구조, 재질 등에 따라 나누어진다. 그림 3.18은 선반가공에서 주로 쓰이는 바이트를 모양, 용도에 의하여 분류한 보기이다. 또한 바이트를 구조상으로 나누면

① 날부분과 자루부분을 같은 재질로 만든 것을 단체 바이트(solid bite)라 하는데, 요즈음은 거의 사용되지 않으며,

② 공구재료(일반적으로 팁이라 부름)를 바이트 본체인 생크(shank)에 납 등을 사용하여 경납땜한 납땜바이트(welded tool, brazing type bite),

③ 공구재료의 한쪽을 생크(shank)에 기계적(나사나 쐐기, 누름쇠)으로 고정한 클램프 바이트(clamped bite)가 있다.

최근에 많이 사용하고 있는 스로어웨이용 바이트(throw away type bite)는 이 분야에 속한다. 스로어웨이용 바이트는 팁을 재연삭하지 않고 새로운 팁과 교환하는 형식으로 가공능률이 향상되고 공구비가 절감된다. 그림 3.19는 스로어웨이용 바이트의 날 고정방식의 한 "예"를 나타낸 것이다.

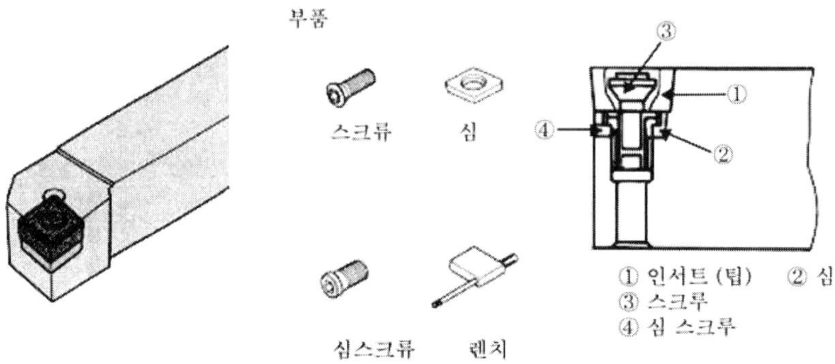

그림 3.32 스로어웨이 바이트 날 고정 방식

바이트날의 재질은 고속도강 또는 초경합금을 주로 사용하였으나 최근에는 절삭가공의 고속화 추세에 따라 초경합금 위에 알루미나(Al_2O_3), 탄화티탄(TiC), 질화티탄(TiN) 등을 화학 증착시킨 코팅초경합금, 서멧(cermet), CBN(cubic boron nitride) 등 고온경도가 높고 인성이 뛰어난 재질이 많이 사용됨으로써 고속정밀이 가능하게 되었다.

3.4.2 절삭날 형상과 그 영향

(1) 경사각 (rake angle)

경사각은 절삭저항, 칩배출, 공구수명에 매우 큰 영향을 주는 것으로서 그 영향과 선택기준은 다음과 같다.

① 영 향

- 경사각이 크면 절삭성이 양호하여진다.
- 경사각을 1°크게 하면 절식동력은 1% 감소한다.
- 경사각이 크면 인선강도가 약해진다.

② 선택기준

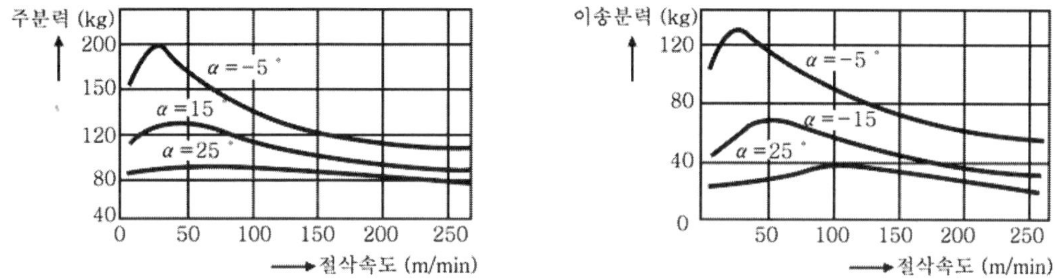

그림 3.33 경사각(α)과 절삭저항의 관계

조건	선택
• 단단한 피삭재 • 흑피, 단속절삭과 같이 인선강도가 필요한 경우	경사각을 작게 한다.
• 연질의 피삭재 • 절삭하기 쉬운 재료 • 피삭재, 기계의 강성이 없을 경우	경사각을 크게 한다.

(2) 여유각 (relief angle)

여유각은 공구의 여유면과 피삭재와의 마찰을 방지하고 인선을 피가공물에 원활하게 이송시키는 기능을 갖는다. 여유각의 영향과 선택기준은 다음과 같다.

① 영 향

• 여유각이 크면 여유면의 마모가 감소된다.
• 여유각이 크면 인선강도가 약해진다.
• 여유각이 작으면 떨림(chattering)의 원인이 된다.

② 선택기준

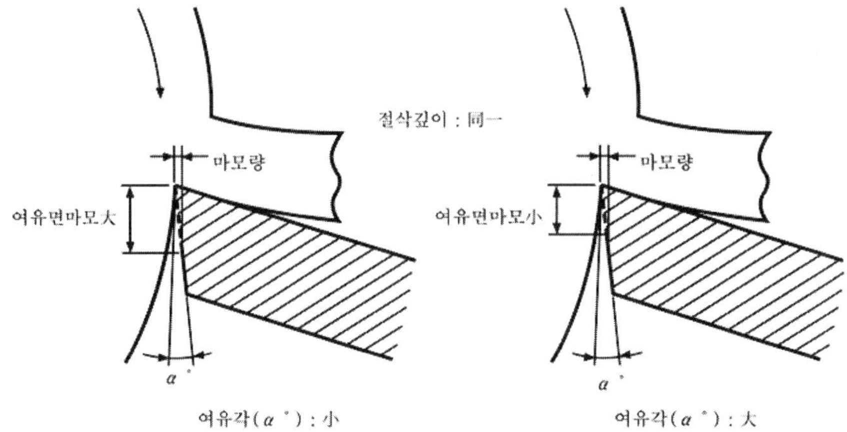

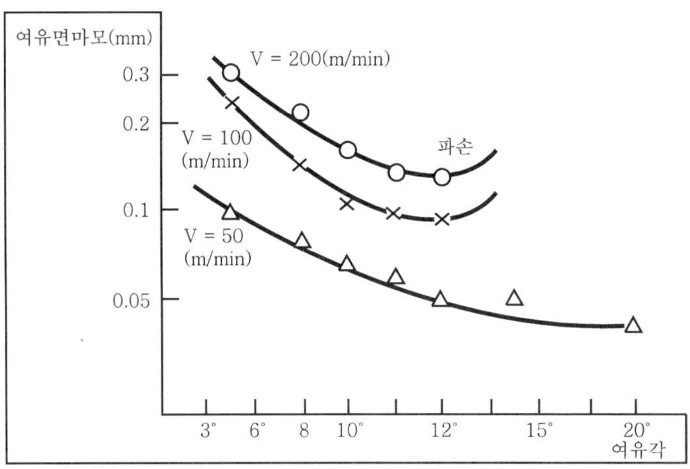

그림 3.34 여유각의 변화와 마모량의 관계

• 단단한 피삭재 • 인선강도가 필요한 경우	여유각을 작게 한다.
• 연질의 피삭재 • 가공경화가 되기 쉬운 피삭재	여유각을 크게 한다.

(3) 측면절삭각 (lead angle, side cutting angle)

측면절삭각은 칩배출 및 절삭저항에 영향이 크므로 사용하는 공구의 강성을 고려하여 적절한 각도를 선정하여야 한다. 측면절삭각의 영향과 선택기준은 다음과 같다.

① 영 향

• 동일한 이송에 측면절삭각이 클 경우 칩의 접촉 길이가 길어지고, 칩의 두께는 얇게 되므로 절삭력이 긴 절인에 분산되어 공구수명이 향상된다.

• 측면절삭각이 클 경우 가늘고 긴 피삭재를 가공할 때 휨(bending)이 발생한다.

② 선택기준

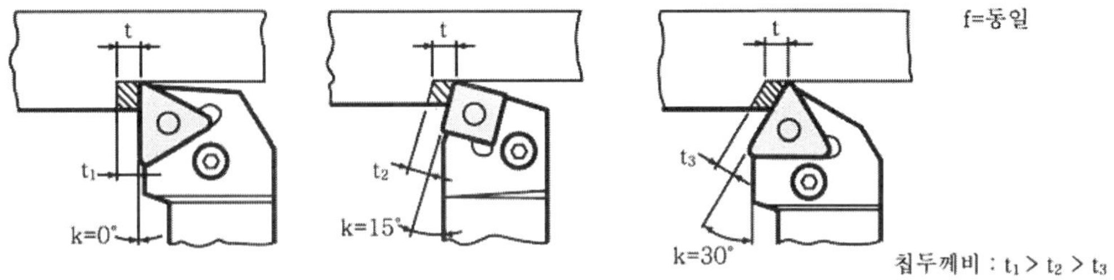

그림 3.35 측면경사각과 칩 두께의 관계

• 절삭깊이가 작은 다듬질 절삭 • 가늘고 긴 피삭재 • 기계의 강성이 적은 경우	측면절삭각을 작게 한다.
• 단단하고 발열량이 큰 피삭재 • 직경이 큰 피삭재의 황삭가공 • 기계의 강성이 큰 경우	측면절삭을 크게 한다.

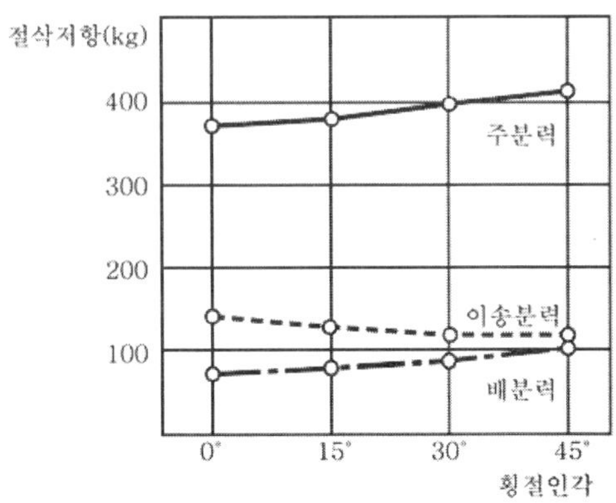

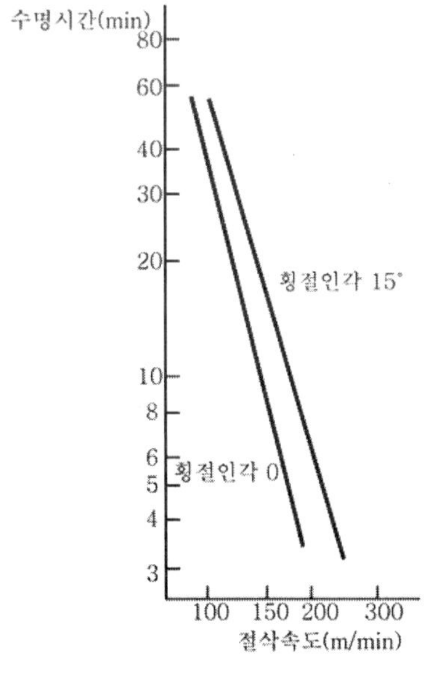

- 피삭제 : SCM440(Hs38)
- 인써트 : TNGA220412
- V = 100m/min
- d = 4mm
- f = 0.45mm/rev

그림 3.36 측면절삭각과 3분력

- 피삭제 : SCM440(Hs38)
- 인써트 재종 : P20
- d : 3mm
- f : 0.2mm/rev

그림 3.37 측면절삭과 공구수명의 관계

선삭공구의 수명판정 기준은 표 3.3에 의한다.

표 3.3 공구수명 판정기준

KS BO813		
여유면 마모폭	0.2mm	정밀 경절삭, 비철합금 등의 사상면 절삭
	0.4mm	특수강 등의 절삭
	0.7mm	주철강 등의 일반절삭
	1~1.25mm	보통주철 등의 황절삭
경 사 면 마 모 깊 이		통상 0.05~0.1mm

ISO	
수명판정 기준	적 용
완전손상	고속도공구강
여유면 마모폭 V_B = 0.3mm	균일한 여유면 마모가 발생하는 초경, 세라믹공구
V_{Bmax} = 0.5mm	불균일한 여유면 마모가 발생하는 경우
경사면 마모깊이 K_T = 0.06+0.3fmm	초경공구
표면조도에 따른 판정 1, 1.6, 2.5, 4, 6.3, 10μmRa	표면조도가 중요한 경우

3.4.3 선삭가공의 칩처리

(1) 제1차 칩처리

제1차 처리방법으로 가장 일반적인 방법은 칩브레이커(chip breaker)에 의한 방법이다. 칩브레이커란 절삭공구의 날 끝에 홈 또는 단을 만들어 chip을 구부러지게, 즉 컬(curl)시켜 이로 인해 칩을 절단시키는 것이다.

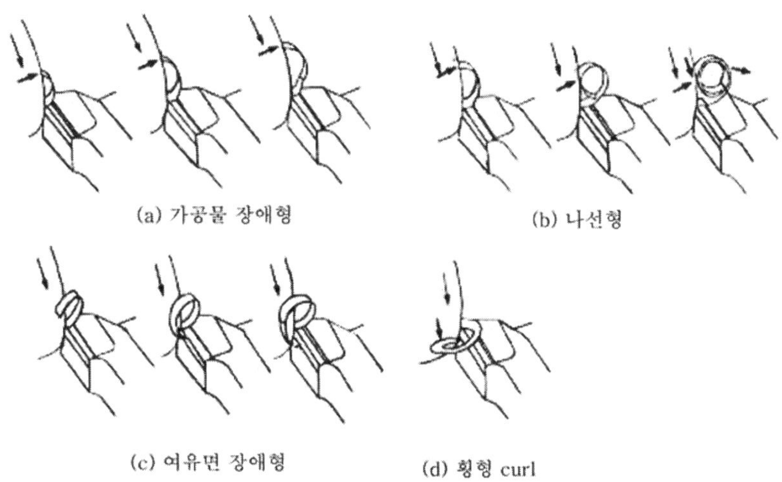

그림 3.38 칩의 절단양식

(2) 공구진동에 의한 칩처리

절삭공구와 공작물의 상대적 이송계통과는 별도로 절삭공구 또는 공작물에 이송방향과 동일방향으로 진동을 주는 것에 의해 칩을 절단시킬 수 있다. 공작물에 진동을 주는데는 구조가 복잡하게 되므로 절삭공구에 진동을 주는 것이 많다. 이것을 진동이송 절삭법이라 한다. 초음파 진동을 이용하거나, 절삭공구 홀더(holder)에 유연성(flexibility)를 가진 각종 진동발생원(유압피스톤, 전자석 캠 등)에 의해 주기적으로 절삭공구에 진동을 준 것도 있다. 이 절삭법의 최대 이점은 적용범위의 한계가 없어 피삭재질, 이송, 절삭깊이 등을 변화시켜도 가늘게 칩을 절단할 수 있다는 것이다.

진동이송절삭은 공구날에 30~100Hz의 진동을 주므로

① 값비싼 장치를 필요로 한다.

② 바이트에 진동을 발생시키므로 다듬질면이 나빠진다.

③ 보통절삭에 비해 공구수명도 짧게 한다.

이상과 같은 결점이 있으므로 이것을 해소시켜 같은 효과를 내도록 발명된 요동절삭법이 있다. 이것은 연속절삭에 대해서 공구를 3차원적으로 요동(0.3~0.2Hz)시켜 공구의 유효경사각과 칩 유출방향 및 공구이송을 변화시켜 칩을 절단시키는 것이다.

3.5 선삭가공

3.5.1 선반가공의 절삭 조건

선반가공에 의한 공작물의 표면 거칠기와 치수 정밀도는 사용하는 바이트의 각도와 모양뿐만 아니라, 절삭 깊이, 이송량, 절삭 속도, 절삭 유제 등에 따라 영향을 받는다.

절삭 조건을 정확히 선택하지 못할 때에는 가공 표면 거칠기, 치수 정밀도가 나빠지고, 바이트의 수명도 짧아지며, 절삭 능률도 저하된다.

(1) 절삭 속도

절삭 속도(cutting speed)는 바이트에 대한 공작물의 원둘레 또는 표면 속도이며, 선반가공의 경우에는 절삭된 공작물면 위에서 측정한다.

절삭 속도 v [m/min]와 주축 회전수 n [rpm]은 다음 식으로 계산한다.

$$v = \frac{\pi d n}{1000} \text{[m/min]}$$

$$\therefore n = \frac{1000v}{\pi d} \text{[rpm]}$$

여기서, d : 공작물의 지름[mm]

절삭 속도는 표면 거칠기, 절삭 능률, 바이트의 수명 등을 좌우하는 중요한 요소로서, 절삭속도가 클수록 표면 거칠기는 좋아지고, 절삭 시간도 단축된다.

그러나, 절삭 속도의 증가와 함께 절삭 온도가 높아지고, 바이트의 수명이 급격히 저하된다.

보통 가공에서는 바이트의 수명이60~120분이 되도록 절삭 속도를 선택하며, 이 것을 경제적 절삭 속도라 한다. 표 3.4, 표 3.5는 일반 작업에 알맞은 절삭 조건을 제시한 것이다.

표 3.4 절삭 속도(고속도강)

공작물의 재료	인장강도[kgf/mm^2] 또는 경도[HB]	거친절삭 절삭깊이 : 1~3 mm 이송 : 0.2~0.4mm/rev	절삭길이 절삭깊이 : 1.0mm이하 이송 : 0.05~0.2mm/rev
탄소강	50이하 (연)	35~43	45~55
	50~70 (경)	30~38	35~45
주철	HB 200이하 (연)	25~33	35~45
	HB 200~240 (경)	20~28	30~40
동합금	HB 100 이하 (연)	70~90	90~120
알루미늄합금	30이하	80~120	120~160

표 3.5 절삭 속도(초경합금)

공작물의 재료	인장강도	거친절삭 사용분류	거친절삭 절삭깊이: 1~3mm 이송: 0.2~0.4 mm/rev	다듬절삭 사용분류	다듬절삭 절삭깊이: 1.0mm이하 이송: 0.05~0.2mm/rev
탄소강	50 이하 (연)	P10	100~160	P10	140~220
	50~70 (경)	P10	80~130	P10	100~160
주철	HB 200이하 (연)	K20	50~80	K20	70~100
	HB 200~240 (경)	K20	40~60	K20	50~70
동합금	HB 100이하 (연)	K10	250~300	K10	300~400
알루미늄합금	30이하	K10	200~400	K10	300~600

예제 1 지름 d : 50mm의 탄소강(연)의 공작물을, 절삭 속도 35~43m/min로 거친 절삭을 할 때의 주축 속도를 계산하여라. 여기서, 사용하는 선반의 주축 속도열은 52, 87, 157, 261, 499, 665, 1200, 2000 [rpm]로 한다.

☞ 최저 절삭 속도 35m/min와 최고 절삭 속도 43m/min에서 각각의 주축 속도 n_1, n_2를 계산하면

$$n_1 = \frac{1000v}{\pi d} = \frac{35 \times 1000}{\pi \times 50} \fallingdotseq 223[\text{rpm}]$$

$$n_2 = \frac{1000v}{\pi d} = \frac{43 \times 1000}{\pi \times 50} \fallingdotseq 274[\text{rpm}]$$

(답) $n_1 = 223[\text{rpm}]$

$n_2 = 274[\text{rpm}]$

예제 2 **보기 1에서 주축 속도 499rpm를 사용하면, 이 때의 절삭 속도를 구하여라.**

☞ $$v = \frac{\pi dn}{1000} = \frac{\pi \times 55 \times 499}{1000} = \frac{78343}{1000} \fallingdotseq 78[\text{m/min}]$$

(답) 78 m/min

(2) 절삭 깊이

그림 3.39와 같이 바이트가 공작물을 절삭한 깊이를 절삭 깊이(deoth of cut)라 한다.

절삭 깊이는 절삭할 면에 대하여 수직 방향으로 측정하고, 그 단위는 mm로 나타낸다. 원통깎기를 할 때에는 공작물의 지름이 작아지는 양은 절삭 깊이의 2배가 된다.

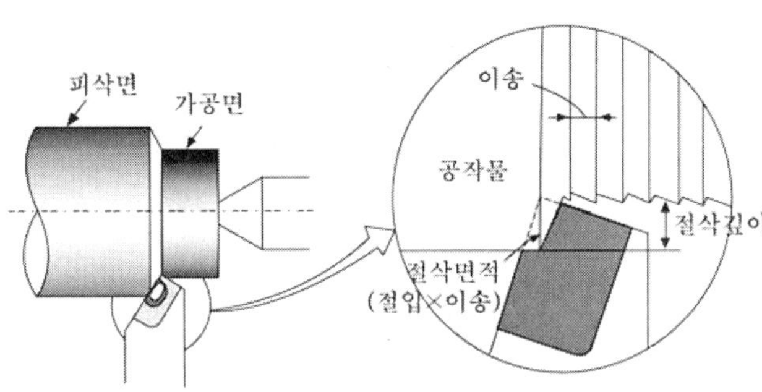

그림 3.39 이송과 절삭 깊이

(3) 이 송

공작물의 매 회전마다 바이트가 절삭 방향과 직각 방향으로 이동하는 거리를 이송(feed)량이라 하며, mm/rev으로 나타낸다. 이론적으로는 이송이 작을수록 표면 거칠기는 좋아한다.

절삭 깊이와 이송량의 곱을 절삭 면적이라 하며, 절삭 면적이 커지면 절삭 능률은 좋아지지만 날 끝에 가해지는 절삭 저항이 커지면서 절삭 온도가 높아지며 바이트의 수명이 짧아진다. 일반적으로, 절삭 면적이 클 때에는 절삭 속도를 작게 하여야 한다.

3.5.2 공작물의 고정

선반가공에서는 공작물이 고속으로 회전하게 되므로 공작물의 형상, 가공 부분, 가공 공정에 따라 안전한 설치가 이루어지도록, 각종 공구, 부속품 또는 특별한 장치 등이 사용된다. 기본적인 공작물의 고정 방법으로는 그림 3.40 (a)와 같이 센터 작업에 적용되는 방법과 그림 3.40 (b)와 같이 척 작업에 사용되는 고정방법으로 크게 나눌 수 있다.

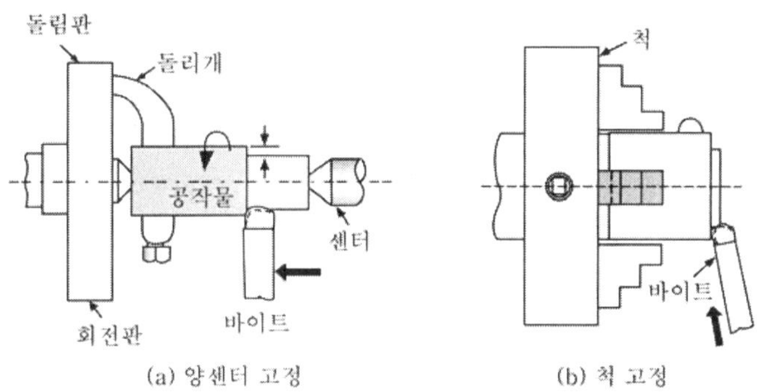

그림 3.40 공작물의 고정방식

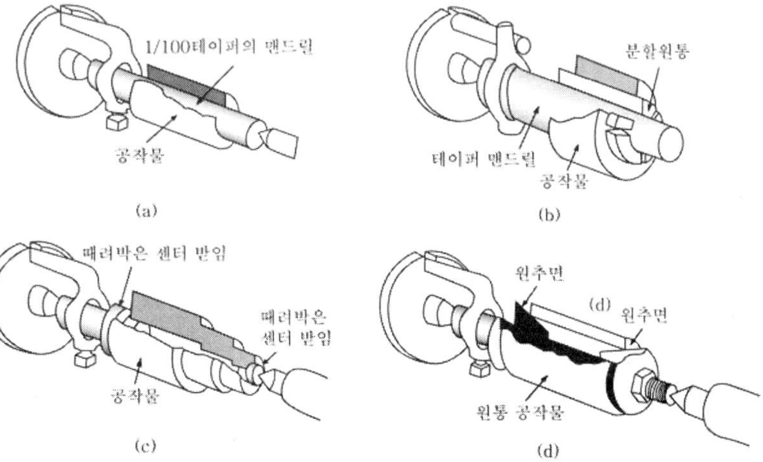

그림 3.41 맨드릴에 의한 고정방식

(1) 센터 사이에 고정하는 방법

주축의 회전센터와 심압대의 정지 센터의 사이에 공작물을 고정하는 방법으로, 공작물의 지름에 비해 길이가 긴 공작물의 가공에 적합한 고정방법이다. 이 방법에는 맨드릴 외주에 공장물을 압입하거나 고정하고 이를 양센터로 지지하는 방법이 있다. 그림 3.41은 맨드릴에 의한 고정방식의 보기이다.

(2) 척에 고정하는 방법

척에 공작물을 고정하는 방법이며 주로 원통형 공작물을 고정하는 방법이다. 또, 길이가 긴 공작물의 경우에는 척 고정으로 하되 우측 끝을 심압대의 정지 센터로 지지해 두거나, 방진구로 지지하는 고정법이 있다.

(3) 면판에 고정하는 방법

면판을 사용한 고정방법에는 그림 3.42(a)와 같이 앵글 플레이트(angle plate)를 이용하여 공작물 W를 고정하는 방법이 있다. 이 경우에는 균형을 위해 가벼운 측에 균형추(balance weight) G를 고정하여 균형을 잡아 준다.

3.5.3 바이트의 고정

정확하게 연삭한 바이트를 그림 3.43과 같이 중심 높이 게이지를 사용하여 공구대에 확실하데 설치하여야 한다. 이 때, 바이트의 돌출 거리 l은 고속도강 바이트일 때 자루의 높이 h의 2배, 초경 바이트일 때에는 1.5배를 넘지 않도록 한다.

또, 바이트의 자루를 그림 3.44 (b)와 같이 설치각 90°이상이고 깎는 방향으로 경사되게 설치하면 절삭 저항에 의하여 바이트가 회전하여 깊이 깎이거나 파손되므로, 그림 3.44 (a)와 같이 깎는 방향에 수직(90°)이 되게 설치하여야 한다.

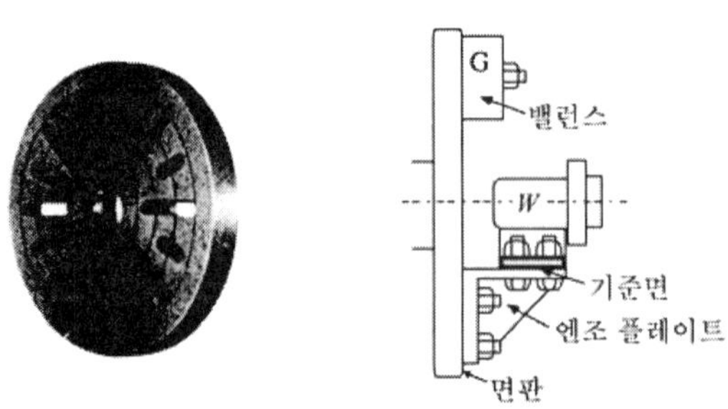

(a) 면판　　(b) 면판의 사용

그림 3.42 면판을 이용한 고정

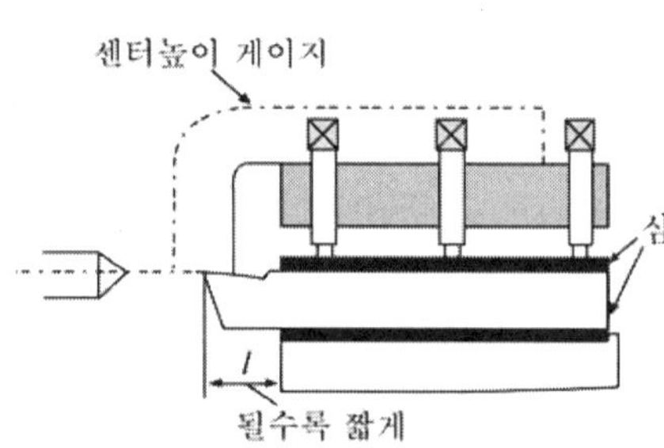

그림 3.43 바이트의 설치

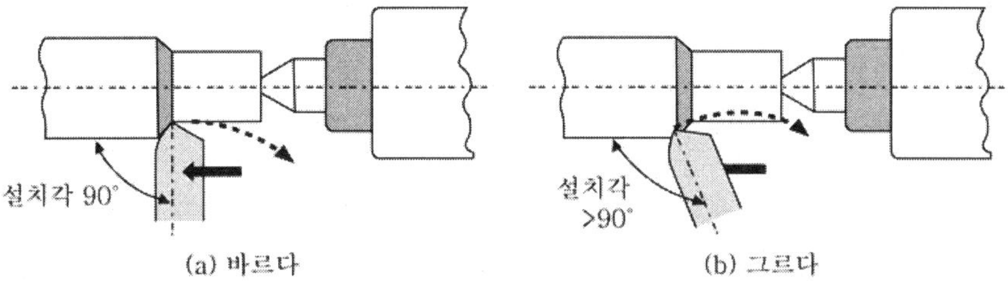

그림 3.44 바이트의 설치위치

3.5.4 센터작업

길이가 긴 공작물을 한쪽을 척에 고정하고 다른 끝을 센터로 지지하거나 양 센터 작업을 하게 된다. 이 경우에는 공작물의 한쪽 또는 양쪽에 그림 3.45 (a)와 같이 센터 드릴로 센터 구멍을 뚫어야 한다.

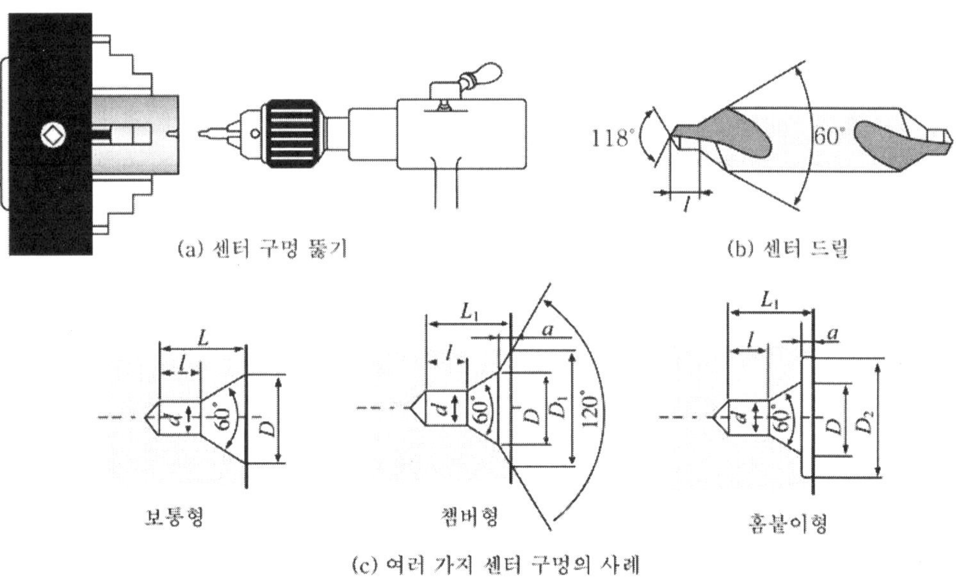

그림 3.45 센터 구멍 뚫기

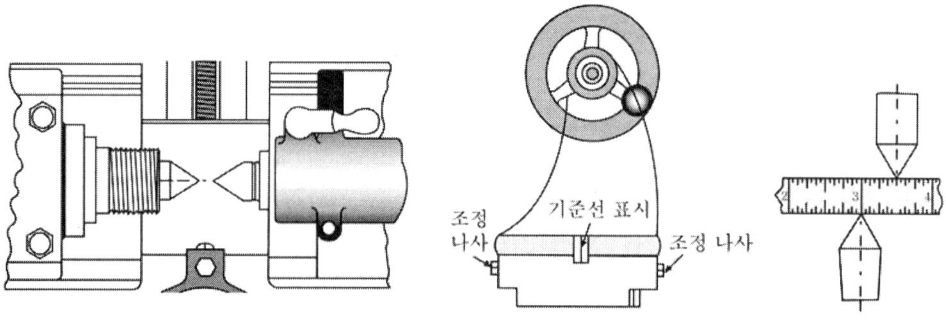

(a) 센터의 일치 (b) 심압대의 조정 (c) 조정량

그림 3.46 양 센터의 조절 방법

3.5.5 테이퍼 절삭(taper cutting)

선반작업에서 테이퍼라 함은 중심선에 대하여 양쪽으로 경사진 원추모양을 말하며, 이와 같은 것을 가공하는 작업을 테이퍼 작업이라 한다.

(1) 심압대 편위에 의한 방법(tailstock set-over method)

그림 3.47과 같이 양 센터 사이에 고정하고 심압대를 편위시킨다. 이 방법은 주로 원통깍기에만 이용되며, 공작물이 길고, 테이퍼가 작을 때 적합하다. 이 방법은 자동 이송을 주어 가공할 수 있다. 그림 3.48에서 심압대의 편위량을 e(mm), 테이퍼의 양끝 지름 중에서 큰 지름을 D(mm), 작은 지름을 d(mm), 테이퍼 부분의 길이를 l(mm), 공작물의 전체 길이를 L(mm)이라 하면, 편위량 e는 다음 식으로부터 구할 수 있다.

$$e = \frac{L(D-d)}{2l}(\text{mm})$$

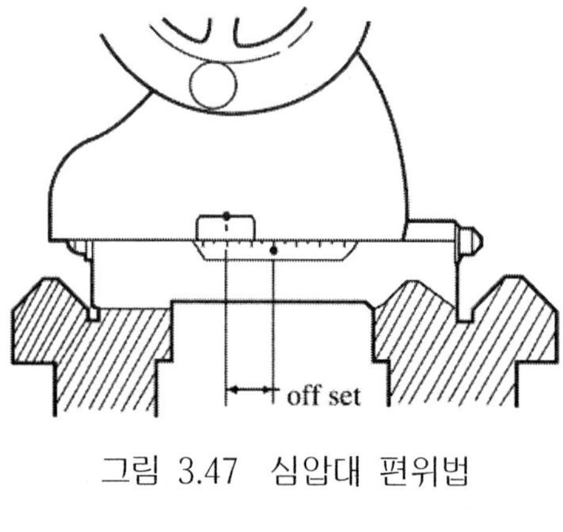

그림 3.47 심압대 편위법

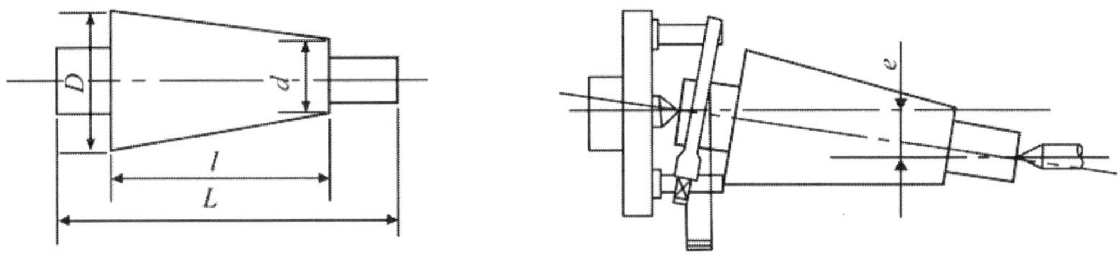

(a) (b)

그림 3.48 심압대 중심의 편심량

(2) 복식 공구대에 의한 방법(compound rest method)

복식 공구대를 돌려 놓는 방법으로는 테이퍼 부분의 길이가 짧고 경사각이 큰 공작물의 테이퍼 가공에 사용된다. 예를 들면, 베벨기어의 소재, 다이와 금형(die and metal mould)등의 테이퍼 부분 절삭과 보링가공에 이용된다.

그림 3.49와 같이 복식 공구대를 필요한 각도로 돌려 고정하고, 이송나사를 손으로 돌려 공작물을 가공한다.

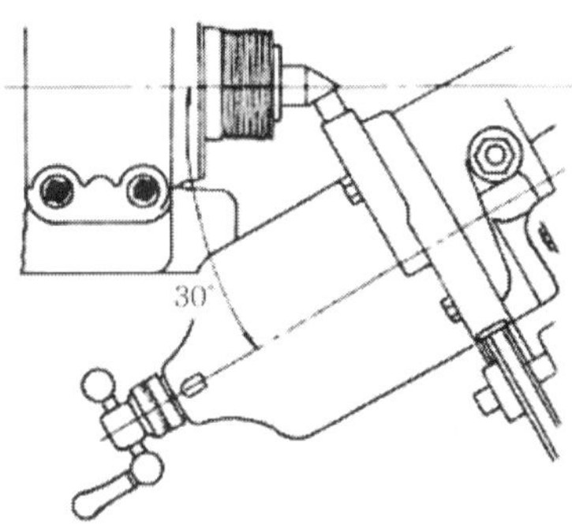

그림 3.49 60° 센터 끝 가공

그림 3.50과 같이 큰 지름을 D(mm), 작은 지름을 d(mm), 테이퍼의 길이를 L(mm)이라 하면, 공구대의 경사(회전) 각도$\left(\frac{\alpha}{2}\right)$는 다음 식에서 구할 수 있다.

$$Taper = \frac{D-d}{L}$$

$$\tan\frac{\alpha}{2} = \frac{D-d}{2L}$$

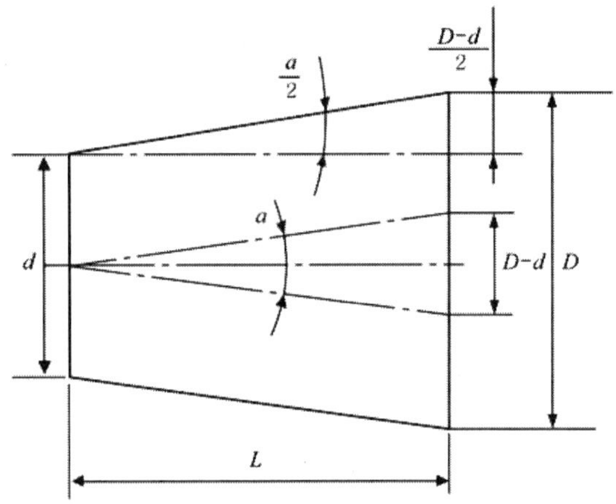

그림 3.50 테이퍼

(3) 테이퍼 장치에 의한 방법(taper attachment method)

선반 부속장치에서 설명한 테이퍼 절삭장치를 사용하는 것으로 테이퍼 가공방법 중 작업이 가장 쉽고 정확한 가공을 할 수 있다. 테이퍼 장치를 사용하면 다음과 같은 장점이 있다.

① 센터 구멍이 상하지 않으며, 공작물의 길이에 관계없이 동일한 테이퍼를 가공할 수 있다.
② 선반의 모든 조절을 변경할 필요가 없으며, 심압대 편위법보다 넓은 범위의 테이퍼를 가공할 수 있다.

예제 3 **그림에서 D=40mm, d=30mm, l=100mm일 때의 복식 공구대의 경사각을 구하라.**

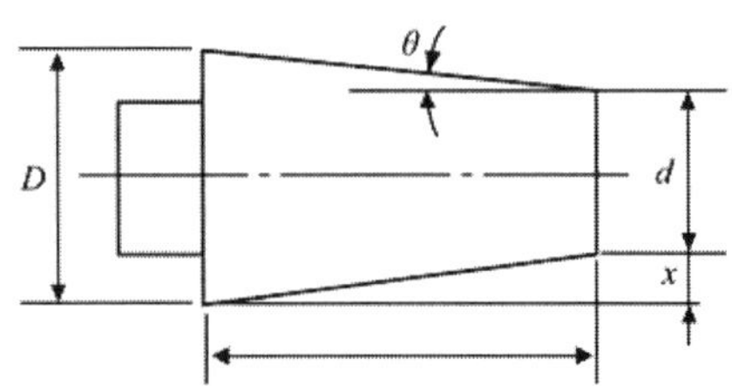

☞

공식 $\tan\Theta = \frac{D-d}{2l}$ 에서

$$\Theta = \tan^{-1}\frac{D-d}{2l} = \tan^{-1}\frac{40-30}{2\times100} \doteqdot 2°51'$$

예제 4 **다음 그림과 같은 공작물을 절삭할 때의 테이퍼량 및 복식공구대를 사용하여 할 때의 회전각도와 심압대의 편위량을 구하라.**

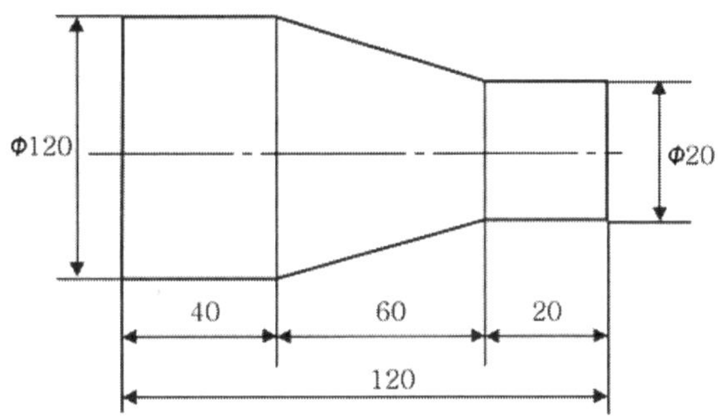

☞

① 테이퍼량(T)

$$T = \frac{D-d}{l} = \frac{40-20}{60} \doteqdot 0.333$$

② 복식 공구대의 회전각(Θ)

$$\tan\Theta = \frac{D-d}{2l} = \frac{40-20}{2\times60} = \frac{1}{6} = 0.1667$$

$$\Theta = \tan^{-1}0.1667 = 9.46° = 9°28'$$

③ 심압대 편위량(e)

$$e = \frac{(D-d)L}{2l} = \frac{120(40-20)}{2\times60} = 20\ [\text{mm}]$$

3.5.6 나사절삭(threading)

선반으로 나사를 절삭하려면 공작물에 회전을 주면서 리드 스크루를 이용하여 공작물 1회전에 대한 바이트의 이송량을 결정해 주면 바이트는 나선 모양의 홈을 절삭하므로 나사절삭이 된다. 이 경우 공작물에 대한 바이트 이동량은 주축과 리드 스크루를 연결하는

일련의 기어 잇수 비례에 따라 부여된다.

(1) 나사절삭 원리(principle of threading)

그림 3.66과 같이 주축과 리드 스크루를 변환기어 A와 중간 변환기어 B, B′ 및 리드 스크루에 달린 변환 기어 C로 연결하여 주축의 회전을 일정한 비율로 리드 스크루에 전달하고, 에이프런의 하프 너트를 리드 스크루에 물리면 왕복대는 길이 방향으로 이송되어 원하는 피치의 나사를 깍을 수 있다. 따라서, 공작물에 필요한 피치의 나사를 절삭하려면 공작물의 피치와 리드 스크루의 비율에 따른 계산에 의하여 기어의 잇수를 구하는데,

여기서

p : 리드 스크루의 피치(mm)	A : 주축에 끼우는 기어의 잇수
p' : 공작물의 나사 피치(mm)	B, B′ : 중간기어의 잇수
T : 리드 스크루 1인치간의 산수	t : 공작물 나사의 1인치간의 산수
C : 리드 스크루에 연결되는 기어의 잇수	

로 하여, 공작물에 피치 p를 1줄 나사를 절삭하려면 공작물이 1회전하는 동안에 바이트가 p만큼 움직이면 된다.

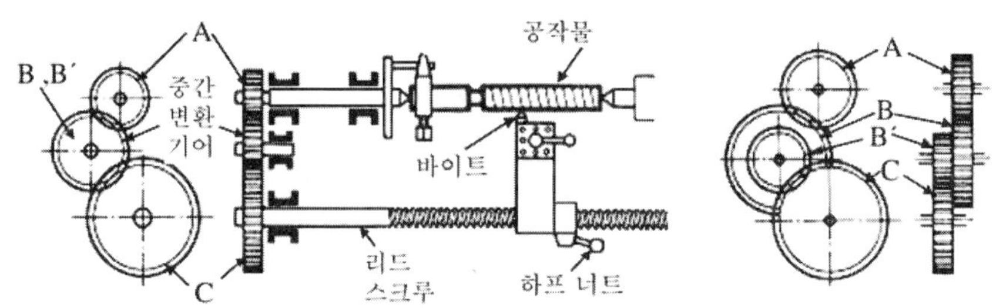

(a) 단식 (b) 복식

그림 3.51 나사 절삭의 원리

3.5.7 편심 절삭

기계의 회전운동을 직선운동으로 바꾸든가 직선운동을 회전운동으로 바꾸기 위한 목적으로 같은 축에서 서로 임의의 치수로 중심이 어긋나 있는 편심축이 사용 되고 있다.

편심축을 대량 가공하는 경우는 소재를 단조가공하여 전용기계로 가공하지만, 수량이 적고 편심가공 전문기계가 없을 경우에는 보통 선반으로 가공한다.

(1) 다이얼 게이지에 의한 편심 절삭

그림 3.67과 같이 단동 척에서 4개의 조 가운데 한쪽을 편심량만큼 편위시켜 공작물을 고정하여 가공하는 방법으로 편심량의 측정은 다이얼 게이지로 하는데, 공작물이 1회전하는 동안에 다이얼 게이지의 눈금은 편심량의 2배에 해당하는 값을 나타내게 된다(예 : 편심길이가 3mm이면 다이얼 게이지의 실제값은 6mm를 움직인다).

(2) 센터 지지에 의한 편심 절삭

축의 중심과 편심부분의 편심량만큼 이동한 곳에 센터 구멍을 뚫고 양 센터로 지지하여 가공하는 방법이다.

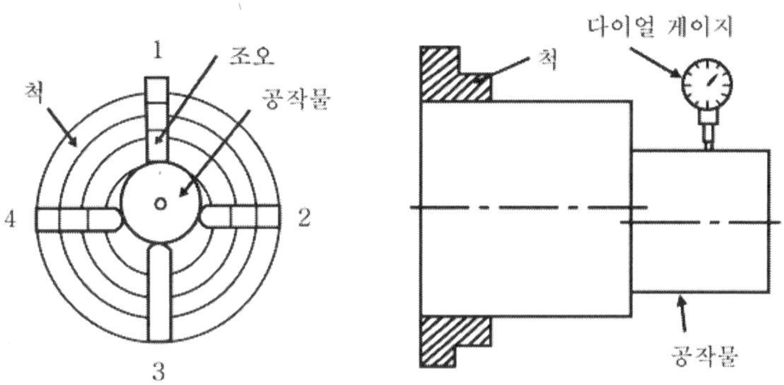

그림 3.52 편심가공

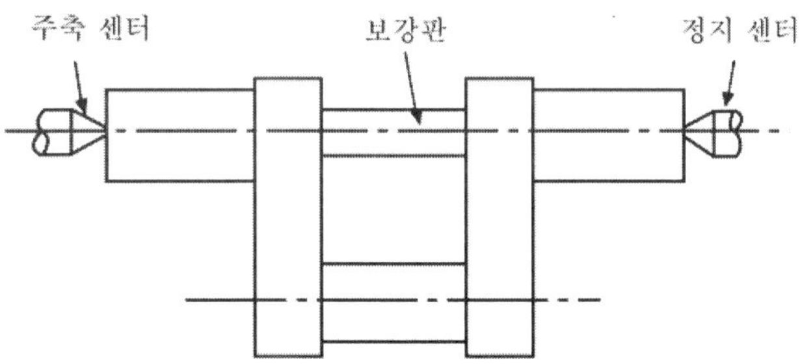

그림 3.53 센터지지 편심가공

제 4 장 밀링 가공(milling)

4.1 밀링머신의 개요

밀링머신(milling machine)은 다수의 날(multi-point tool)을 가진 밀링 커터(milling cutter)를 회전시켜 테이블 위에 고정한 공작물을 이송하면서 절삭하는 공작 기계이다.

밀링머신에서는 평면은 물론 불규칙하고 복잡한 면도 절삭할 수 있으며, 드릴(drill)의 홈이나 기어(gear)의 치형 절삭 및 커터나 부속 장치의 사용 방법에 따라 여러가지 가공을 할 수 있다. 또한, 밀링 커터의 재질과 가공 기술이 발전하여 생산 능률의 향상 및 정밀도도 높아졌으며, 가공 분야가 매우 넓어져 가고 있다. 최근에는 많은 밀링머신들이 컴퓨터 수치제어(C.N.C)방식으로 급속히 전환되고 있는 실정이다. 그림 4.1은 밀링 가공의 종류 및 커터의 용도를 나타낸 것이다. 밀링커터는 대표적인 다인절삭공구의 하나로 1회전에 많은 칩을 생성한다.

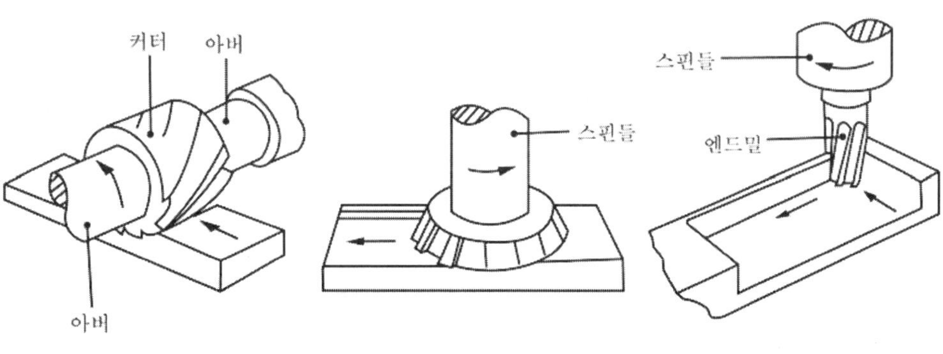

그림 4.1 밀링가공의 종류 및 커터의 용도

4.1.1 밀링머신의 종류(classifications of milling machine)

밀링머신은 여러 가지 형식 및 크기를 가지고 있으며, 그 사용 목적과 형상에 따라서 분류한다. 표준형 밀링머신의 크기를 표시하는 방법(밀링머신의 규격)은 전후, 좌우, 상하의 최대 이송거리로 나타내며, 이들의 크기에 따라 번호를 붙여 그 크기를 나타내고 있다. 표 4.1은 니칼럼형 밀링머신(knee-column type milling machine)의 호칭 번호와 테이블의 이동 거리를 나타낸 것이다.

표 4.1 밀링머신의 규격(이동거리 : mm)

규 격 번 호(No)	No.0	No.1	No.2	No.3	No.4
테이블(table)의 좌우 이동	450	550	700	850	1,050
새들(saddle)의 전후 이동	150	200	250	300	350
니이(knee)의 상하 이동	300	400	400	450	450

(1) 니칼럼형 밀링머신

일반적으로 가장 많이 쓰이는 밀링머신이며 ① 기둥(column), ② 니(knee), ③ 테이블(table)등으로 구성되어 있다. 공작물을 고정하는 테이블은 전후, 좌우, 상하로 이동 할 수 있어 공작물을 입체적으로 가공할 수 있다. 니칼럼형 밀링머신의 주요 구성요소들의 역할은 다음과 같다.

① 테이블(table)

공작물을 설치하는 곳으로 표면에 T홈이 파여져 있어 공작물 고정장치들을 부착시킬 수 있게 되어 있다. 작업대는 새들에 대하여 길이 방향으로 움직인다.

② 새들(saddle)

작업대를 지지하며 폭방향으로 움직인다.

③ 니(knee)

새들을 지지하며, 절삭 깊이를 조정할 수 있도록 작업대에 상하운동을 준다.

④ 오버암(overarm)

수평형에만 있으며, 평밀링커터를 설치하기 위한 부속장치인 다양한 길이의 아버(arbor)를 설치할 수 있도록 조정이 가능한 구조로 되어 있다.

⑤ 주축대(head)

주축과 커터홀더를 포함하고 있다. 수직형 밀링머신에는 주축대가 고정된 형태와 상하로 이동이 가능한 형태가 있으며, 경사면을 가공하기 위하여 주축대를 일정 각도까지 회전시킬 수 있는 형태도 있다.

(2) 수직 밀링머신(vertical milling machine)

수직 밀링머신은 주로 정면 밀링 커터와 엔드 밀 등을 사용하며, 그림 4.2와 같이 주축 헤드가 수직으로 되어 있다.

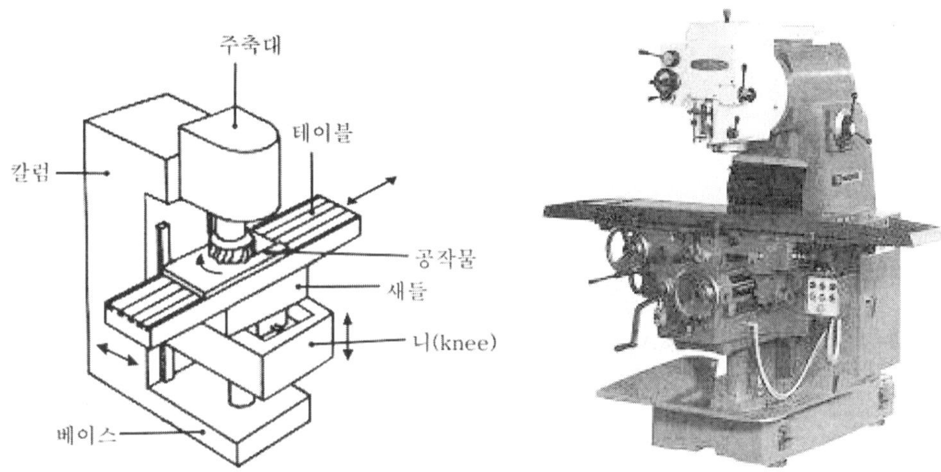

그림 4.2 수직 밀링머신

(3) 수평 밀링머신(horizontal milling machine)

수평 밀링머신은 그림 4.3과 같이 주축을 기둥 상부에 수평 방향으로 장치하고 있는 니는 기둥 앞면을 상하로 미끄러져 이동하며, 니 위의 새들은 앞뒤 방향으로 이동한다. 또 테이블은 새들 위에서 좌우로 이송되므로 테이블은 기둥의 앞면을 전후, 좌우, 상하의 세 방향으로 이동할 수 있는 구조로 되어 있다. 아버는 주축에 고정하여 아버에 고정된 밀링 커터를 회전시켜 가공하게 한다.

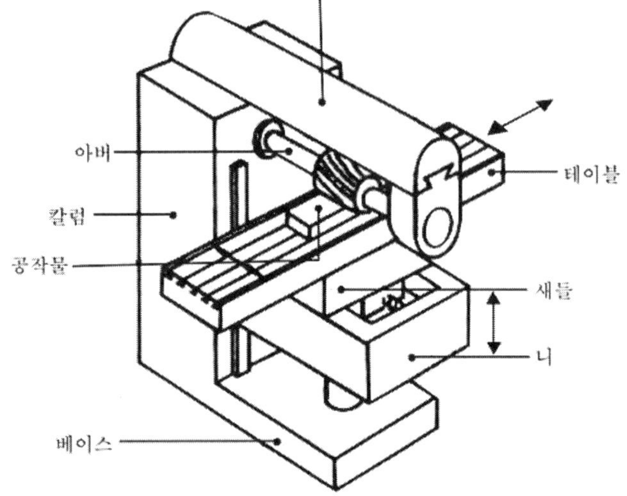

그림 4.3 수평 밀링머신

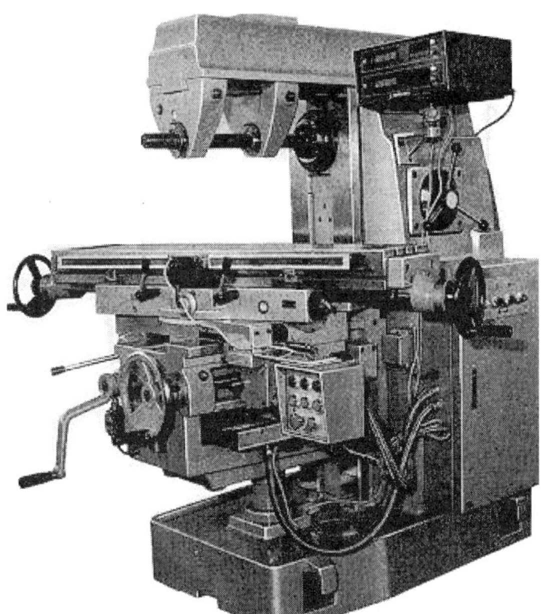

그림 4.4 만능 밀링머신

(4) 만능 밀링머신(universal milling machine)

만능 밀링머신은 수평 밀링머신과 거의 같으나, 중요한 차이점은 테이블의 수평면 내에서 일정한 각도로(30°정도)선회할 수 있는 것과 테이블이 상하로 경사하는 것, 또는 주축

헤드가 임의의 각도로 경사하는 것 등의 구조로 되어 있고, 일반적으로 분할대와 비틀림(helix)홈 절삭용의 기어 장치를 갖춘 것이다.

(5) 생산형 밀링머신(production type milling machine)

생산형 밀링머신은 생산 능률을 증가시키기 위하여, 주축 헤드의 수에 따라서 단두형, 쌍두형, 3개 이상 있는 다두형 및 회전 테이블식 생산형 밀링머신으로 구분하여, 그림 4.5와 같이 테이블의 좌우 이동과 스핀들의 회전운동으로 가공한다. 니형에서와 같은 테이블의 상하이동 운동은 없으나 단능화되고 강력하다. 그림 4.6은 다두형 밀링머신이다.

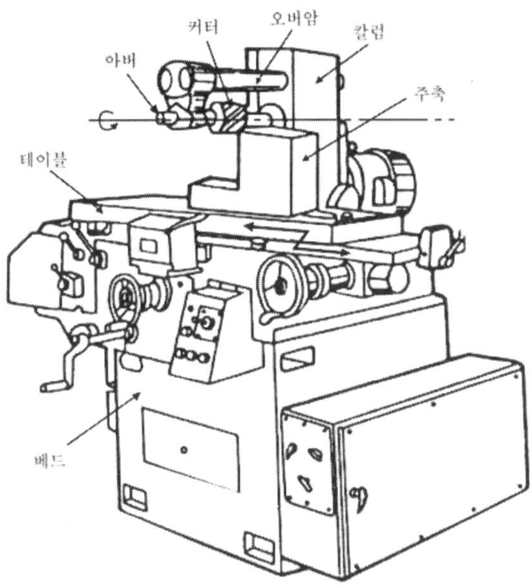

그림 4.5 생산형 밀링머신(단두형)

그림 4.6 다두형 밀링머신

(6) 플라노 밀러(plano-miller)

플라노 밀러는 플레이너(평삭기)와 밀링머신을 합성한 것과 같은 기계이다. 평삭기는 바이트의 1점으로 절삭하고, 그것이 돌아올 때는 아무것도 하지 않는 낭비가 있다. 그러므로 갈 때에는 밀링머신으로 넓은면을 한번 절삭하고, 작업이 없는 돌아옴이 가능한 한 적게 하고자 하는 것을 목표로 한다.

그러므로 형태는 평삭기와 비슷하나, 절삭작업은 밀링이다. 배드형 밀링머신을 상당히 크게 한 것으로 생각하면 된다.

테이블이 큰만큼 주축두의 부착 방법도 보통 밀링머신식으로는 되지 않는다. 필연적으로 평삭기와 같은 형상이 된다. 칼럼을 세우고 그 칼럼에는 가로빔을 부착하고, 그 가로

빔에 주축두, 밀링머신유닛을 부착한다. 가로빔은 칼럼에 따라서 상하로 움직인다. 그리고 주축두는 가로빔에 따라서 수평방향으로 움직인다.

칼럼을 배드, 테이블의 양측에 2개 세우고 거기에 가로빔을 건너지른 양쪽 연결식을 쌍주식이라고 한다. 칼럼을 한쪽에 한 개만으로 하고, 거기에 가로빔을 받치는 형식을 단주식형이라고 한다.(그림 4.7)

그림 4.7 플라노 밀러

(7) 특수 밀링머신(special milling machine)

① 모방 밀링머신(profile milling machine)

모방 장치를 사용하여 프레스, 단조, 주조용 금형 등의 복잡한 모양의 것을 정밀도가 높고 능률적으로 가공할 수 있는 구조로 되어 있다.

② 공구 밀링머신(tool milling machine)

수평식 밀링머신과 비슷하나 테이블이 임의의 자세로 고정되어 복잡한 형상의 공구인 지그, 게이지, 다이 등을 가공하는 소형 밀링머신이다.

③ 나사 밀링머신(thread milling machine)

나사 밀링머신은 나사를 가공하는 전용 밀링머신으로서 작동이 간단하고 가공 능률이 좋으며, 깨끗한 다듬질면의 나사를 가공할 수 있다. 그림 4.8(a)는 1산 나사 깍기 커터를 사용하여 비교적 긴 나사를 가공할 때 사용하며, 그림 (b)는 지름이 크고 리드가 작은 나사를 가공할 때 사용한다.

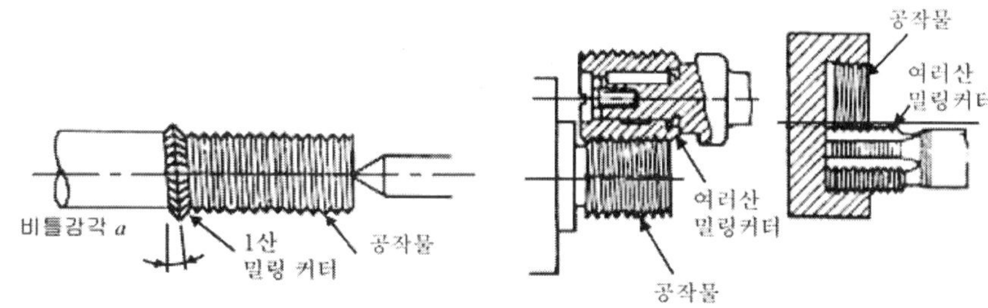

그림 4.8 나사 밀링머신에 의한 나사 가공 작업

④ CNC 밀링머신(CNC milling machine)

CNC 밀링머신은 윤곽 제어에 의한 평면 캠, 원통 캠, 판 케이지 등을 가공하는데 효과적이다.

4.2 밀링가공의 메카니즘(mechanism)

밀링머신은 절삭공구가 회전하는 곳에 공작물을 직선운동으로 이송하여 가공하는 기계이다.

그 직선운동으로 이송하는 방향이 세 방향에 걸쳐 있으며, 그 이송속도도 변화시켜야 하고, 공구의 종류도 대단히 많기 때문에 각 공구에 따라서 주축 면도 다른 기계들보다는 어려운 조건에 있다. 더욱이 공작물도 입체적인 것이므로 선반보다는 복잡하다. 이러한 밀링머신의 입체적인 면에 중점을 둔 입체적 메카니즘에 관하여 알아보기로 한다.

4.2.1 밀링 가공의 정밀도

밀링 가공에 있어서의 공작기계 정밀도와 가공 정밀도와의 관련성에 대하여 구체적으로 알아보는 방법은 그리 간단하지 않으며 기계특성의 파악도 어렵다. 본 장에서는 수직형 밀링머신을 사용하여 테이블의 이동정밀도(주축과의 상대변위)를 측정하고 가공 정밀도와 관련하여 조사한 결과를 소개한다(실험에 사용한 밀링머신은 21대이며, 제조연도는 1963~1985년까지이고, 여러가지 정밀도의 기계를 대상으로 하였다.)

(1) 테이블 이동과 형상의 정밀도

테이블의 이동 정밀도 측정은 그림 4.9(a)에서와 같이 주축에 변위센서를 장착하고 테이블상에 설치한 옵티컬 플랫 또는 기준황동블록(1μm/200mm)과의 상대변위를 테이블을 이동시키는 것에 의하여 측정하였다.

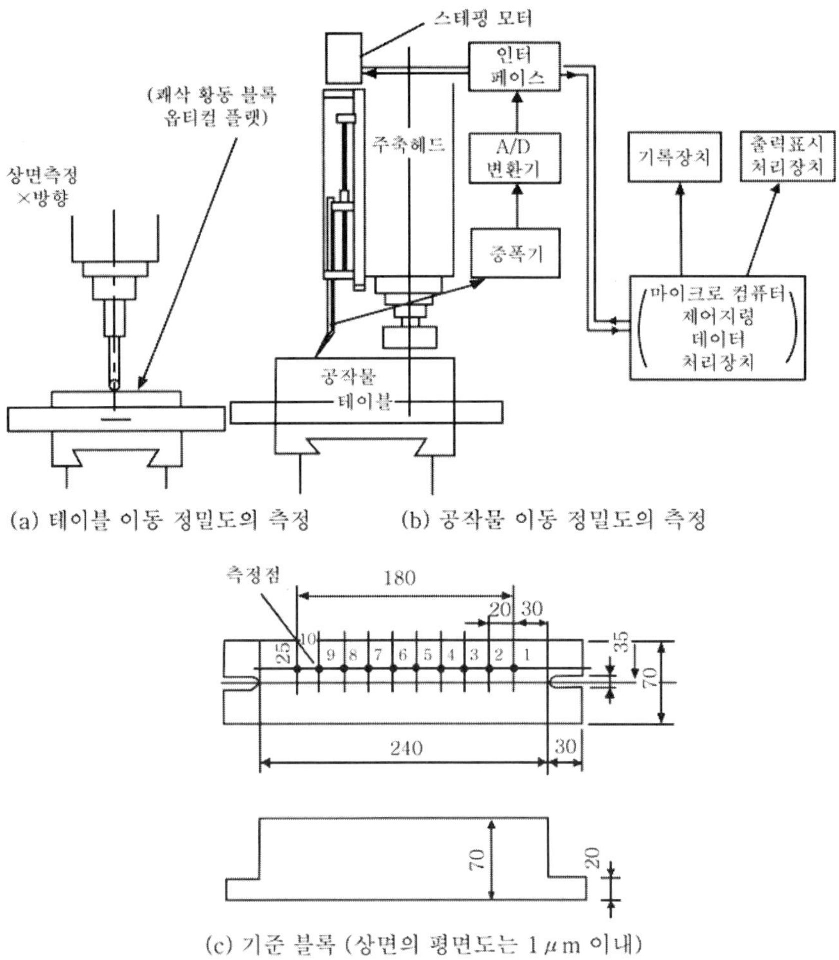

그림 4.9 테이블 이동 정밀도와 형상 정밀도 측정법

그림(b)는 수직형 밀링머신의 주축헤드에 장착한 센서 구동장치에 변위센서를 장착하고 마이컴 지령에 대응하는 스테핑 구동에 의하여 센서를 기준 블록 또는 공작물 표면에 접근시키되 그들의 그들의 표면에 접촉했을 때 센서로부터 얻어지는 변위 신호를 감지하고 그 값을 기준으로 센서를 영점 부근에 정지시킨다.

센서 위치 결정 후 기계의 테이블을 이동시킴으로써 테이블의 이동정밀도 및 표면 형상을 측정한다. 이때의 테이블 이동 오차는 형상 측정시의 테이블 이동오차 보정에 사용한다.(일반적으로 10개 소를 측정함)

그림 4.10은 밀링 머신의 테이블 이동 정밀도와 측정한 대표적인 예를 보여준다. 테이블의 X방향 이동 정밀도는 거의가 5μm(180mm 길이)이내에 들어 있으나 Y방향의 이동 정밀도는 10μm 이상의 나쁜 것도 있다. 공작물의 형상 정밀도와 테이블의 이동 정밀도

사이에는 거의 관련성이 없어서 테이블의 X방향 이동 정밀도는 좋더라도 형상 정밀도가 매우 나쁜 것도 있었다.(절삭가공에 사용한 시편의 재질은 SCM3, 사용공구는 다듬질용 밀링커터, 절삭조건은 절삭깊이 0.1mm, 이송속도 0.1mm/rev로 가공)

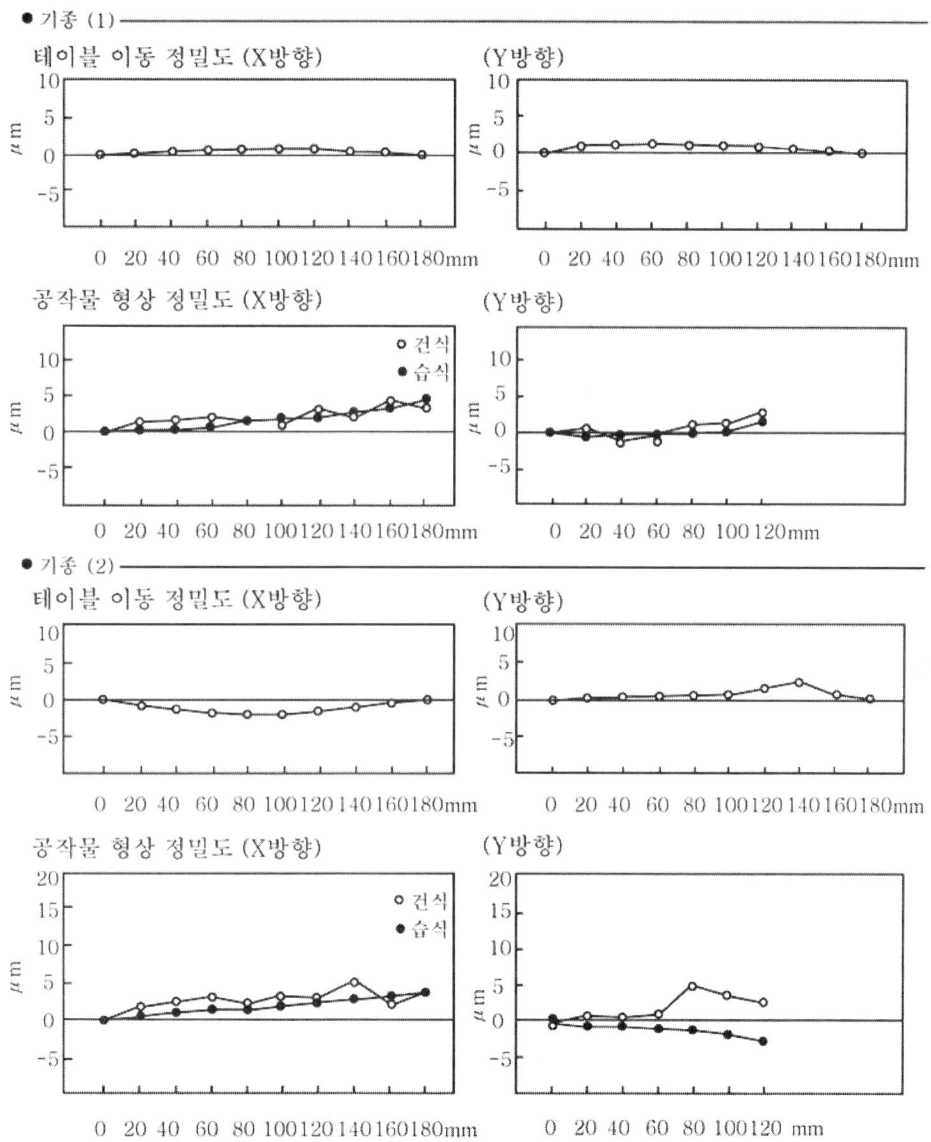

그림 4.10 측정결과

이것은 주축의 회전 정밀도나 각 기계 요소의 진동 또는 열변형 등의 영향에 의한 것으로 생각된다.

그림 4.11은 밀링 머신 주축의 회전 정밀도를 측정한 것으로서 횡축은 시간, 종축은 반경 방향의 축의 흔들림을 나타내며 느린 회전수의 반복 정밀도를 표시하고 있다.

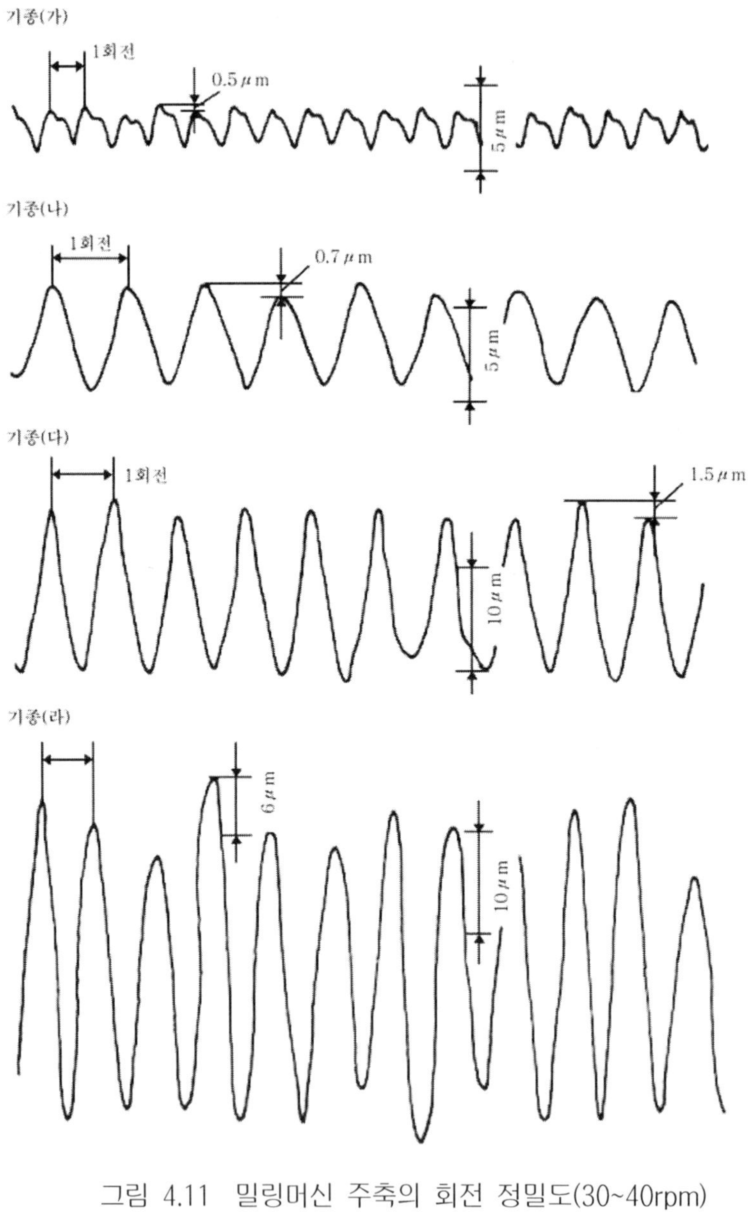

그림 4.11 밀링머신 주축의 회전 정밀도(30~40rpm)

기계에 따라서는 6μm의 흔들림을 나타내는 것도 있었는데, 이것은 테이블과 공구간의 상대변위에도 영향을 받으며 진동의 원인이 되어 가공 정밀도에 나쁜 영향을 준다.

또 Y 방향의 형상 정밀도는 X 방향에 비하여 나쁘고 오목(凹)형의 형상으로 된 것이 많았다. 이와같은 형상으로 되는 것은 커터가 주축 중심선에 대하여 기울어 있기 때문이다. 따라서 다듬질면의 표면 거칠기는 좋은 것을 얻을 수 있는데 대하여 형상 정밀도는 그 기울기의 크기에 비례하여 나빠진다고 할 수 있다.

(2) 밀링머신의 열변형

개개의 기계 요소가 정확하고, 조립이 확실한 공작기계라도 기계의 구동이나 절삭시의 발열열원에 의하여 온도가 상승하고 변형한다. 이것은 공작물을 가공할 때 치수 오차에 영향을 주고, 이 변위 형태는 각 기종에 따라 다르므로 각 기종의 특성을 충분히 인식해 둘 필요가 있다.

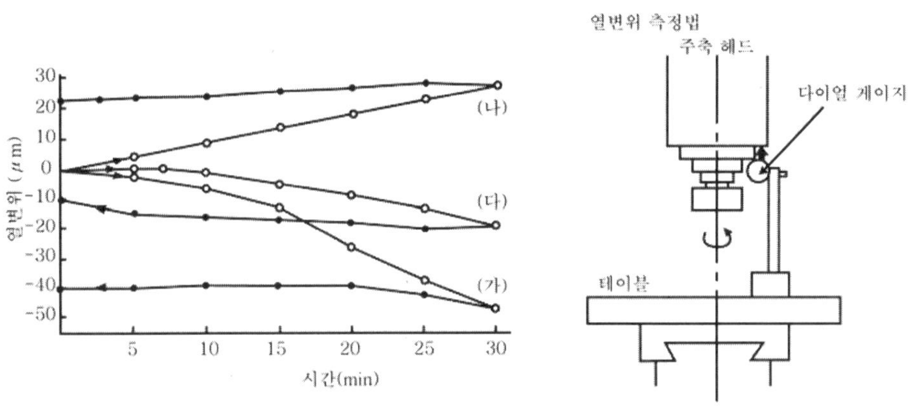

그림 4.12 밀링머신의 열변위

그림 4.12는 밀링 머신을 30분간 무부하 운전했을 때의 열변위와 기계 정지 후 30분간의 주축헤드 및 테이블간의 열변위를 측정한 결과를 기종별로 나타낸 것이다. ○표는 기계 운전중의 5분 간격에 있어서의 변위를 나타낸다. ●표는 기계 정지 후 5분 간격의 변위를 나타내는데 이 경우의 횡축눈금 30(min)은 기계 정지 직후, 0(min)은 30분후의 변위를 나타낸다.

종축의 열변위 +방향은 주축 헤드와 테이블이 근접하는 방향, -방향은 주축 헤드와 테이블이 멀어지는 방향을 나타낸다.

4.2.2 절삭조건

(1) 절삭속도(cutting speed)및 이송(feed)

밀링 가공의 절삭 속도 v를 구하는 식은 다음과 같다.(그림 4.13, 표 4.2 참조)

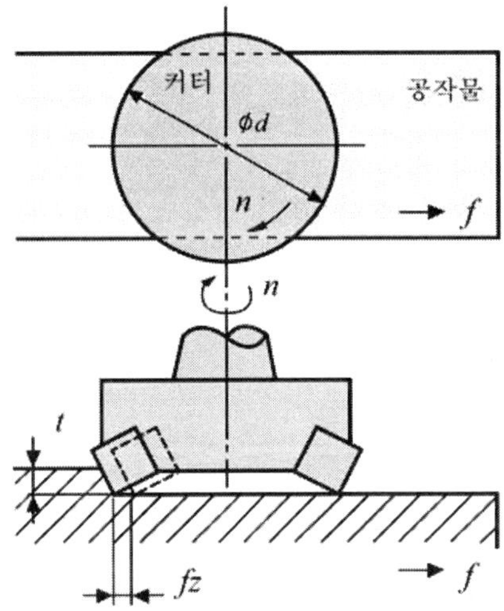

그림 4.13 절삭속도 및 이송

$$v = \frac{\pi d n}{1000},\ n = \frac{1000v}{\pi d}(\text{rpm})$$

여기서,

v : 절삭 속도(m/min)

d : 밀링 커터의 지름(mm)

n : 주축의 회전수(rpm)

밀링 가공의 테이블 이송 속도는 밀링 커터날 1개 마다의 이송을 기준으로하여 다음 식으로 구할 수 있다.

$$f = f_z \times z \times n(\text{mm/min})$$

여기서,

f : 테이블의 이송 속도(mm/min)　　fz : 밀링 커터날 1개 마다의 이송(mm)

z : 밀링 커터의 날 수　　n : 밀링 커터의 회전 수(rpm)

그림 4.14는 커터의 이송을 나타낸 것이다.

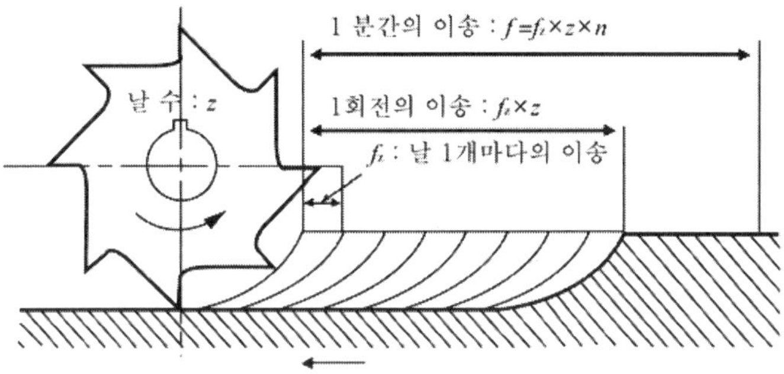

그림 4.14 밀링에서의 이송

(2) 절삭깊이(depth of cut)

절삭 깊이는 거친 절삭과 다듬 절삭에 따라 다르게 된다. 또, 최대 절삭 깊이는 밀링 머신의 강성이나 동력의 크기, 종류, 공작물의 고정 상태 등에 따라서도 다르지만, 대략 5mm 이하로 하고, 이것 이상일 때에는 2회 이상으로 나누어서 가공하는 것이 좋다. 또 다듬 절삭일 때에는 절삭 깊이를 너무 작게 하면 날끝의 마멸이 커지므로 0.3~0.5mm 이상으로 한다.

표 4.2 밀링커터의 절삭속도(단위 : m/min)

공작물재질	고속 도강	초경합금 (거친절삭)	초경합금 (다듬질깎기)	공작물 재질	고속 도강	초경합금 (거친 절삭)	초경합금 (다듬질깎기)
주철 무른 것	32	50~60	120~150	청동	50	75~150	150~240
굳은 것	24	30~60	75~100	구리	50	150~140	240~300
가단 주철	24	30~75	50~100	알루미늄	150	95~300	300~1200
강 무른 것	27	50~70	150	에보나이트	60	240	450
굳은 것	15	25	30	페놀수지	50	150	210
황동 무른 것	60	240	180	파이버	40	140	200
굳은 것	50	150	300				

예제 1 주철제를 초경합금의 정면 밀링 커터로 거친 절삭을 할 경우의 테이블의 이송량은 얼마로 하면 되는가?(단, 밀링커터의 외경을 100mm *fz*=0.2 날수는 8로 한다.)

☞

표 4.2에서 v=50m/min로 하면

$$n = \frac{1000 \times 50}{3.14 \times 100} \fallingdotseq 159(\text{r.p.m})$$

$$\therefore f = fz \times z \times n = 0.2 \times 8 \times 159 = 254.4\,\text{mm/min}$$

예제 2 절삭속도 30m/min, 밀링 커터날수 10, 지름 150mm 1날당 이송 0.2mm로 밀링가공시 테이블 이송량은?

☞

$$n = \frac{1000 \times 30}{3.14 \times 150} = 63.69(\text{r.p.m})$$

$$f = fz \times z \times n = 0.2 \times 10 \times 63.69 = 127.4\,\text{mm/min}$$

(3) 절삭저항(cutting force)

① 절삭량

평면 밀링 커터(plain milling cutter)에 의하여 발생하는 칩의 평균 두께를 *t*m(mm), 절삭깊이 *d*(mm), 이송속도 *f*(mm/min), cutter의 잇수 *z*, 회전수를 *n*(rpm), 절삭폭 *b*(mm), 커터의 직경을 *D*(mm), *fz*(mm/tooth) cutter의 날 1개당의 이송량, *fr*(mm/rev)cutter의 1회 전당 이송량, *f*(mm/min)단위 시간의 이송량(이송속도)이라 하면

$$f = n \cdot f_z = n \cdot z \cdot f_z$$

로 나타낼 수 있다.

단위 시간의 절삭량 Q는 다음 식으로 계산한다.

$$Q = b \cdot d \cdot f(\text{mm}^3/\text{min}) \quad \cdots\cdots(1)$$

1개의 날에 의하여 생기는 칩의 길이 l은 그림 4.15에서 $\triangle ade \backsim \triangle acd$ 이므로

$$\frac{ae}{ad} = \frac{ad}{ae},\ (ad)^2 = ac \cdot ae, \quad (ad)^2 = ac \cdot ae$$

ad ≒ l, ae = D, ac = d이므로

$$l = \sqrt{D \cdot d} \qquad \cdots\cdots(2)$$

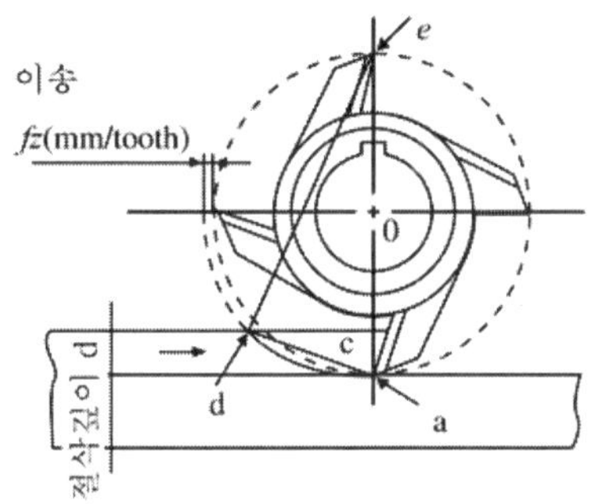

그림 4.15 평균 절삭깊이

식 (1), (2)에서

$$t_m = \frac{Q}{n \cdot z \cdot b \cdot l} = \frac{b \cdot d \cdot f}{n \cdot z \cdot d\sqrt{D \cdot d}}$$

$$= \frac{f}{n \cdot z}\sqrt{\frac{d}{D}}$$

$$= \frac{n \cdot z \cdot f}{n \cdot z}\sqrt{\frac{d}{D}} = f_z\sqrt{\frac{d}{D}} \qquad \cdots\cdots(3)$$

칩의 평균두께는 절삭깊이, cutter의 지름, $\frac{f}{n \cdot z}$에 따라 변한다는 것을 알 수 있으며, $\frac{f}{n \cdot z} = f_z$로서 밀링 작업조건을 고찰하는 데 사용된다.

② 절삭가공시간

ⓐ 플레인 밀링 커터(plane milling cutter)에 의한 가공 시간

커터가 절삭하기 시작하여 끝날 때까지 커터 중심의 이동거리를 Lmm, 이송속도 f(mm/min), 절삭소요시간 Tmin 라고 하면, T는 다음과 같다.

$$T=\frac{L}{f}$$

플레인 밀링 커터(plane milling cutter)로써 절삭깊이 d, 가공재료의 길이 Ls를 밀링가공 하는데 필요한 시간은 그림에서 L=Ls+A를 커터가 이동하는 시간이 된다.(그림 4.16(a))

$$A=\sqrt{d(D-d)}$$
$$\therefore\ L=L_S+\sqrt{d(D-d)}$$
$$\therefore\ T=\frac{L}{f}=\frac{L_S+\sqrt{d(D-d)}}{f}$$

ⓑ 정면 밀링 커터(face milling cutter)에 의한 가공시간

㉮ 커터의 축가공면 폭의 중심선상에 있을 때(그림 4.16(b))

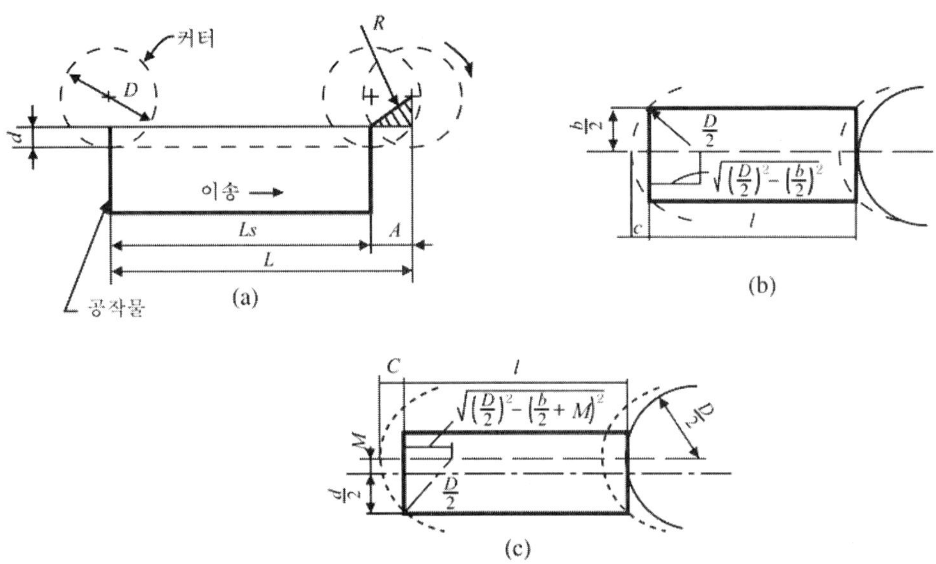

그림 4.16 절삭가공 시간

$$C=\frac{D}{2}-\sqrt{\left(\frac{D}{2}\right)^2-\left(\frac{b}{2}\right)^2}$$

$$= \frac{D}{2}\left[1-\sqrt{1-\left(\frac{b}{D}\right)^2}\right]$$

$$\therefore\ T=\frac{l+\frac{D}{2}\left[1-\sqrt{1-\left(\frac{b}{D}\right)^2}\right]}{f}$$

단, l : 공작물의 길이, D : 커터의 지름, b : 공작물의 절삭폭, f : 이송속도

㉯ 커터의 축이 가공면 폭의 중심선상에서 M만큼 편위되어 있을 때(그림 4.16(c))

$$C=\frac{D}{2}-\sqrt{\left(\frac{D}{2}\right)^2-\left(\frac{b}{2}+M\right)^2}$$

$$=\frac{D}{2}\left[1-\sqrt{1-\left(\frac{b+2M}{D}\right)^2}\right]$$

$$T=\frac{l+\frac{D}{2}\left[1-\sqrt{1-\left(\frac{b+2M}{D}\right)^2}\right]}{f}$$

③ 절삭저항

밀링 작업에서 절삭력을 절삭 방향의 주분력 P_1, 축 방향의 분력 P_2, 축에 직각인 반경 방향의 분력 P_3로 분해할 수 있다. 그림 4.17은 밀링 절삭의 3분력을 표시 한다.

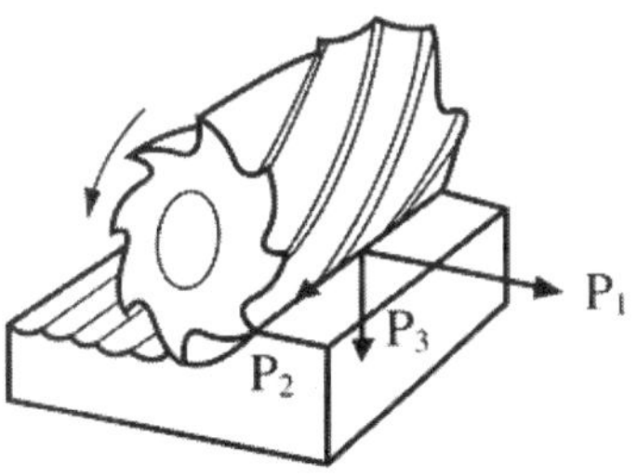

그림 4.17 밀링절삭의 3분력

밀링 작업에서 절삭저항에 미치는 경사각, 칩 두께 등에 관한 영향은 선반의 경우와 같은 방법으로 취급할 수 있다.

일반적으로 1개당의 피드 및 절삭 깊이가 크게 됨에 따라 절삭저항은 크게 된다. 그림 4.18은 절삭의 3분력과 절인 1개당의 피드와의 관계를 나타낸 것이다.

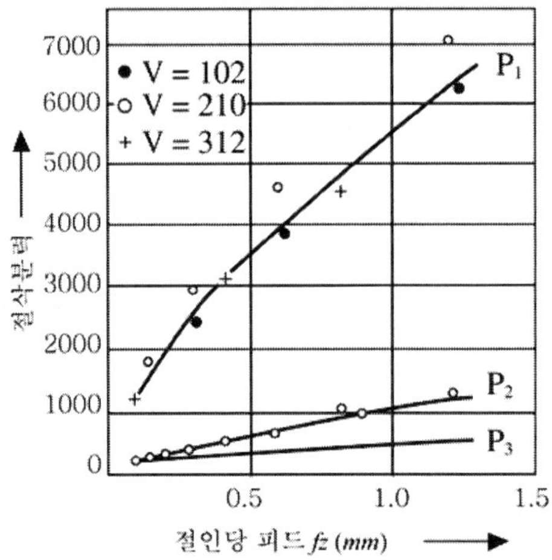

그림 4.18 절삭분력과 절인당 피드 관계

④ 절삭날 수의 선정

ⓐ 일반적인 절삭날 수

절삭날 수는 통상 주철 절삭용으로는 크게, 절삭저항이 큰 강절삭에는 작은 값을 취하는 경우가 많다.

정면 밀링의 직경을 25mm로 나눈 값(직경을 인치로 표시한 것에 가까운 값)을 N이라 하면 주철용은 대략 2N으로, 강철이나 알루미늄 합금의 절삭에서는 N 또는 N+2 정도로 설정되는 것이 일반적이다.

스로어웨이식 정면 밀링에서는 피삭재에 따라 팁 재료를 바꾸는 것만으로 주철이나 강절삭 모두에 적용되는 범용형이 많이 사용된다. 이런 경우 1.5N 정도의 값을 취하는 일이 많고 절삭날 삽입식에 비해 주철 절삭에서는 절삭날 수가 적게 느껴지며 강절삭에서는 약간 많은 것으로 되는 경향이 있다. 이러한 스로어웨이식 정면 밀링에서는 절삭날 한 개당의 이송량을 조정해서 그 결정을 보충하도록 해야 한다.

ⓑ 동시절삭 절삭날 수

절삭 중이나 정면 밀링의 절삭날 중에서 동시에 칩을 배출하고 있는 절삭날 수를 동시절삭 절삭날 수라 부른다.

그림 4.19에 나타난 바와 같은 공작물상에 있어서 절삭날 궤적선의 길이를 정면 밀링의 절삭날 피치로 나눈 값으로 나타내게 되며 이 값이 1이상이면 선행하는 절삭날이 공작물 밖으로 나가지 않고 절삭을 계속하고 있는 중에 다음 절삭날이 절삭을 개시하게 된다.

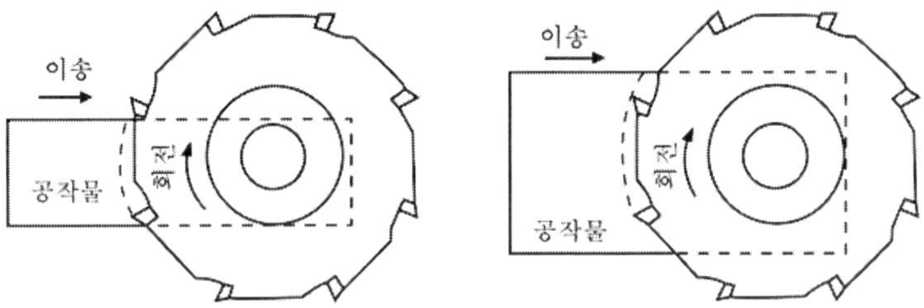

그림 4.19 동시절삭 절삭날 수

또 동시절삭 절삭날 수가 1이하이면 선행하는 절삭날이 절삭을 끝내고 피삭재의 밖으로 나간 후에 다음번 절삭날이 절삭을 개시하게 된다.

따라서 절삭의 안정성이라는 점에서 볼 때 이 값은 1이상인 것이 바람직하며, 가능하면 1.8~2.5 정도의 값이 좋다.

한편 절삭저항은 동시절삭 절삭날 수에 비례해서 증가하므로 큰 직경의 정면 밀링 등에서는 절삭폭을 크게한 경우에도 동시절삭 절삭날 수가 증가하지 않도록 절삭날 수 자체를 조정해서 설정하는 예도 있다.

예제 3 **직경 D=100mm, 날수 z=8인 평면커터(plain cutter)로 절삭속도, V=30m/min, 절삭깊이, *d*=4mm, 이송속도 *f*=240mm/min에서 절삭할 때 칩의 평균두께 *tm*(mm)를 계산하라**

☞

$$V=\frac{\pi \cdot d \cdot n}{1000} \text{ 에서}$$

$$n=\frac{1000 \cdot V}{\pi \cdot D}=\frac{1000\times 30}{\pi \cdot 100}=96\,(\text{r.p.m})$$

$$t_m=\frac{f}{n \cdot z}=\sqrt{\frac{d}{D}}=\frac{240}{96\times 8}\times\sqrt{\frac{4}{100}}=0.09265=0.0625(\text{mm})$$

(4) 절삭동력(cutting power)

밀링가공시 d : 절삭깊이(mm), b : 절삭폭(mm), f : 이송속도(mm/min)라 하면 절삭동력은 절삭율 Q(cm^3/min)= $\frac{d \cdot b \cdot f}{1000}$ 과의 관계에서 다음과 같이 나타낼 수 있다.

$$N = K \cdot Q$$

로 되며 N은 밀링 유효동력(HP), K는 단위절삭량(절삭율)당의 소요동력(HP/cm^3/min)이다.

절삭저항은 가공재료만의 함수가 아니고 공구의 기하학적 형태 및 여러 인자의 영향을 받기 때문에 N=K·Q의 식을 어느 조건에나 사용하는 것은 무리가 있다.

공구동력계로 측정한 주분력 P_1(kgf), 이송분력 P_2(kgf), 절삭속도를 u_c(m/min), 이송속도를 f(m/min)라 할 때 절삭동력 Nc(HP)과 이송동력 N_f는 다음과 같다.

$$N_C = \frac{P_1 \cdot v_c}{60 \times 75}, \quad N_f = \frac{P_2 \cdot f}{60 \times 75}$$

ηc : milling machine의 주축구동기구의 효율, ηf : 이송기구의 효율이라 하면, milling machine의 절삭비 동력 N(Hp)는

$$N = \frac{N_c}{\eta_c} + \frac{N_f}{\eta_f}$$

ηc는 ηf의 약 $\frac{1}{10}$ 이하이다. 또한 Nc = 0.092×a· $Q^{\frac{-3}{4}}$(kW)의 실험식이 제안되어 있다.

단, a : 공작물 재료 및 가공방식에 따른 정수이며, 0.75~2.9 사이의 값이다.

4.2.3 밀링 절삭방법

(1) 밀링 커터의 절삭방향

원주날 밀링 가공에 있어서 밀링 커터의 회전방향과 반대방향으로 공작물을 이송하는 것을 상향 밀링(up milling)이라 하고, 또 밀링 커터의 회전방향과 같은 방향으로 공작물을 이송하는 것을 하향 밀링(down milling)이라 한다.

그림 4.20은 상향 밀링과 하향 밀링을 표 4.3은 상향 밀링과 하향 밀링을 비교한 것이다.

표 4.3 상향 밀링과 하향 밀링의 비교

	상 향 절 삭	하 향 절 삭
장점	① 칩이 날을 방해하지 않는다. ② 밀링 커터의 진행 방향과 테이블의 이송 방향이 반대이므로 이송 기구의 백래시가 제거된다.	① 커터가 공작물을 아래로 누르는 것과 같은 작용을 하므로 공작물 고정이 간단하다. ② 커터의 마모가 적고 또한 동력 소비가 적다. ③ 가공면이 깨끗하다.
단점	① 커터가 공작물을 올리는 작용을 하므로 공작물을 견고히 고정해야 한다. ② 커터의 수명이 짧다. ③ 동력의 낭비가 많다. ④ 가공면이 깨끗하지 못하다.	① 칩이 커터와 공작물 사이에 끼어 절삭을 방해한다. ② 떨림이 나타나 공작물과 커터를 손상시키며 백래시(back lash)제거 장치가 없으면 작업을 할 수 없다.

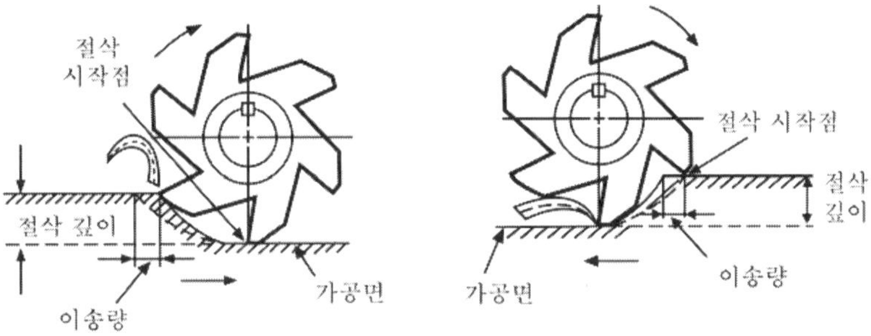

(a) 상향 절삭 (b) 하향 절삭

그림 4.20 상향절삭과 하향절삭

(2) 백래시(back-lash)

상향절삭에서는 그림 4.21과 같이 절삭저항의 수평분력은 테이블의 이송나사에 의한 수평이송력과 반대방향이 되어 테이블 너트와 이송나사의 플랭크(flank)는 서로 밀어 붙이는 상태가 된다. 그러므로 상향 밀링에서는 그림 4.21(a)와 같이 이송 나사의 백래시(back lash)가 절삭력을 받아도 절삭에 영향을 주지 않도록 되어 있다. 그러나 하향 밀링때에는 그림 4.21(b)와 같이 양 힘의 방향은 같은 방향이 되므로 절삭력의 영향을 받게 되어 공작물에 절삭력을 가하면 백래시양만큼 이동으로 이송량이 급격하게 크게 되어 절삭 상태가 불안정하게 된다. 즉, 떨림(chatter)이 나타나 공작물과 커터에 손상을 시킨다. 이러한 경우에는 백래시를 제거해야 한다. 하향절삭인 경우에는 이송나사의 백래시(back lash eliminator)를 없애는 장치가 붙어있다.

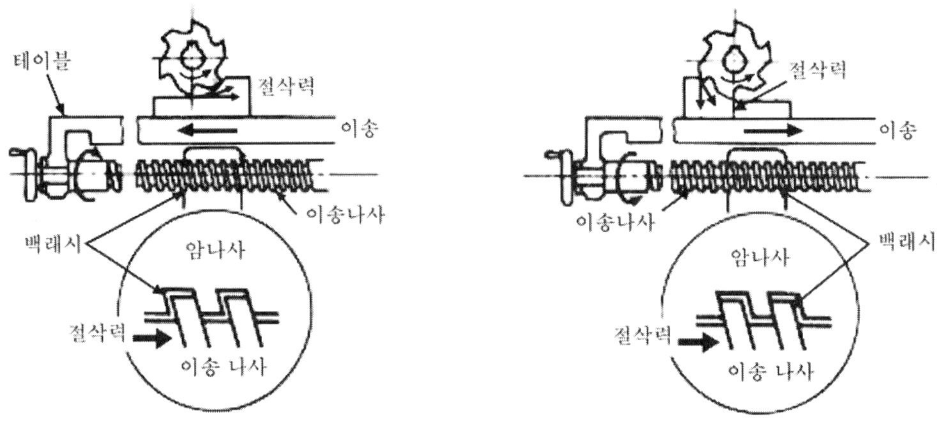

그림 4.21 이송나사의 백래시

하향 절삭은 수평형 밀링머신에 의한 작업에 많기 때문에 수평형 밀링머신에는 거의 다 붙어 있으나 수직식 밀링머신에는 제거장치가 없는 것도 있다.

제거장치의 기구는 여러 가지가 있으나 여기서는 가장 일반적인 형식을 들었다. 이 기구도를 보면 유휴너트를 왼쪽으로 가까이 오게 하기 위해서는 테이블 바로 앞쪽의 레버를 넘어뜨리면 웜과 직교하여 맞물린 유휴너트가 돌면서 이동하여 백래시를 제거한다. 이 레버를 넘어뜨리는 방향은 메이커에 따라서 우측, 좌측 등 여러가지가 있다.(그림 4.22, 23참조)

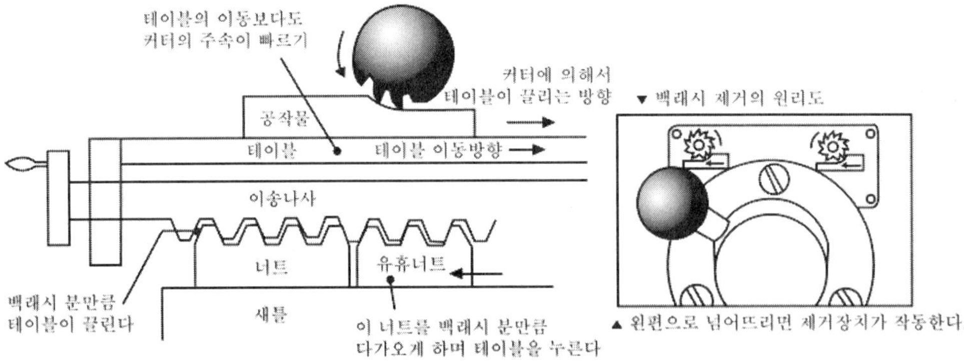

그림 4.22 하향 절삭시의 백래시

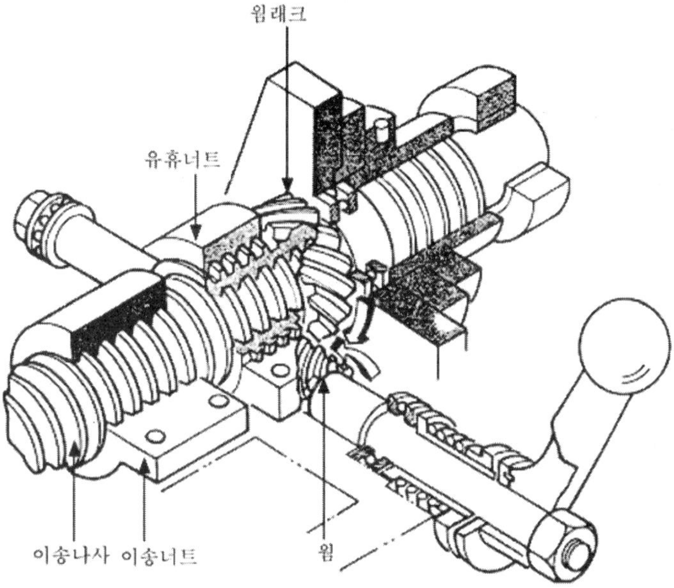

그림 4.23 백래시 제거장치의 기구도

4.2.4 밀링 절삭용 공구

밀링 커터에는 가공하는 공작물의 형상에 따라 여러 가지의 모양, 치수, 재질의 것이 있으며 각 용도에 맞게 선택한다.

(1) 평면 밀링 커터(plane milling cutter)

원통의 원주에 절삭날을 가진 것으로 밀링 커터 축과 평행한 평면을 절삭하는데 쓰이며, 곧은 날과 비틀림날이 있다. 비틀림날의 나선각은 보통 15°~ 30°가량 경사져 있으며 이것은 절삭저항의 변동을 적게 하기 위해서이다.

그림 4.24 (a)는 경절삭용 나선각 15°~ 25°정도, (b)는 중절삭용 나선각 25°~45°정도, (c)는 나선각이 45°~ 60° 또는 그 이상의 것으로 헬리컬 밀(helical mill)이라 한다. (d)는 곧은 날 평면 밀링 커터로서 주로 홈 절삭을 하는데 쓰인다. 홈절삭 밀링 커터(slotting milling cutter)라고도 한다.

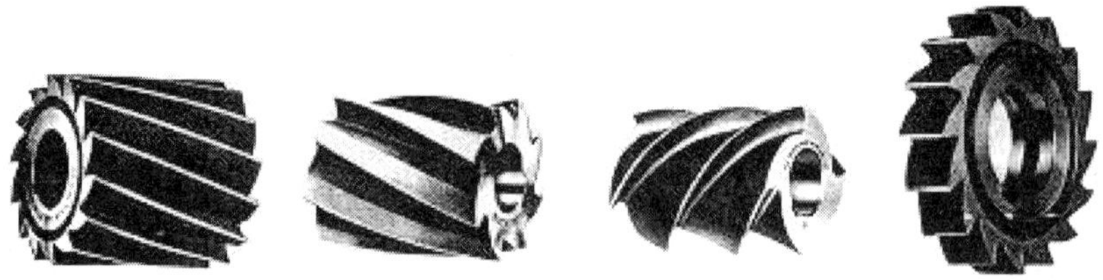

(a) (b) (c) (d)

그림 4.24 평면 밀링 커터

(2) 측면 밀링 커터(side milling cutter)

원주와 측면에 날이 있는 커터로서 다음과 같은 종류가 있다.

① 측면 밀링 커터(side milling cutter)

비교적 날 폭이 좁으며, 날은 원주와 양측에 있다. 홈파기, 정면 밀링에 사용한다.

② 엇갈린 날 밀링 커터(staggered-tooth milling cutter)

좁은 원통형 커터로서 서로 반대방향으로 나선 날이 엇갈려 있다. 키이홈, 그 밖에 홈파기 가공에 사용되고, 쾌삭성이 있으며 공작물을 긁거나 파고들지 않는다.

③ 반측면 밀링 커터(half side milling cutter)

정면 밀링, 그 밖에 커터 한 측면에만 날이 필요한 가공에 사용되며, 원주날은 곧은 것과 나선의 것이 있으며, 원주날은 실제 절삭을 하며 측면날은 다듬질을 한다.

(a) (b) (c)

그림 4.25 측면 밀링 커터

(3) 메탈 슬리팅 소(metal slitting saw)

얇은 플레인 밀링 커터이며, 양측은 중심을 향하여 약간 테이퍼져 있어서 공작물과 공구가 닿지 않도록 여유를 두고 있다. 절단과 홈파기에 쓰이며 폭은 1/32~3/16″(0.8~5mm)범위에 있다.(그림 4.26)

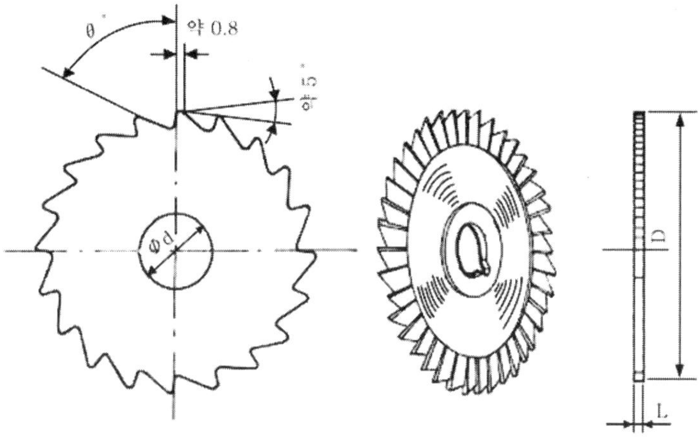

(a) 메탈 슬리팅 소 (b) 칩 클리어런스가 있는 메탈 슬리핑 소
(c) 나사머리 홈파기 밀링커버 밀링커터

그림 4.26 메탈 슬리팅 소

(4) 엔드 밀(end mill)

엔드 밀은 정면 커터와 같이 단면과 원주방향에 절인이 있다. 일반적으로 가공물의 외측홈부 또는 좁은 평면 등의 가공에 사용된다.

그림 4.27은 각종 엔드 밀을 표시한다. 특히 엔드 밀의 지름이 큰 경우에는 자루(shank)와 절인이 별개로 되어 있으며, 셀 엔드 밀(shell end mill)이라고 한다.

(a) 엔드 밀(다듬용)

(b) 엔드 밀(거친 절삭용)

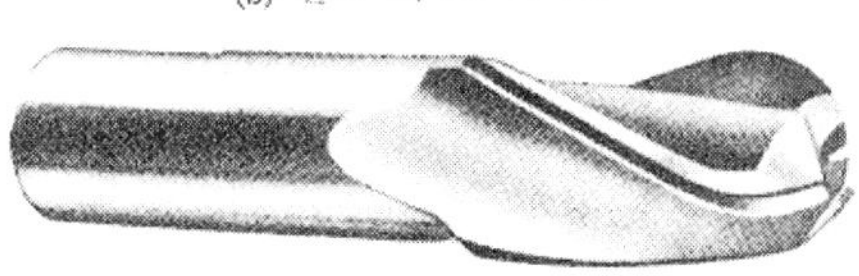

(c) 볼 엔드 밀

그림 4.27 엔드 밀의 종류

그림 4.28은 엔드밀의 각부 명칭을 나타낸 것이다.

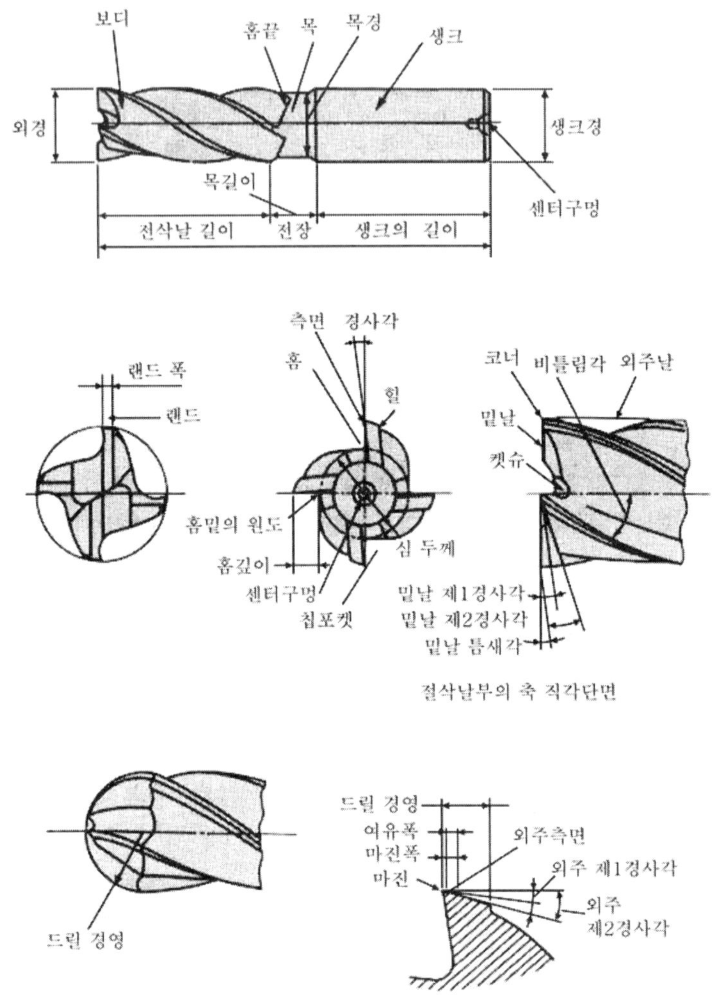

그림 4.28 엔드밀의 각부 명칭

(5) 각 밀링 커터(angle milling cutter)

① 편각 커터(single angle cutter)

그림 4.29(a)와 같이 원추면 위에 날이 있으며, 45°, 50°, 60°, 70°, 80°의 날의 경사각이 공구 측면에 대하여 있다.

② 양각 커터(double angle cutter)

그림 4.29(b)와 같이 V형 날을 가지며, 측면에 대하여 경사진 두 원추면에 45°, 60°, 90°로 되어 있으며 주먹맞춤(dovetail), 홈, V홈, 래칫바퀴(ratchet wheel), 리머(reamer)의 홈 등을 가공하는데 사용된다.

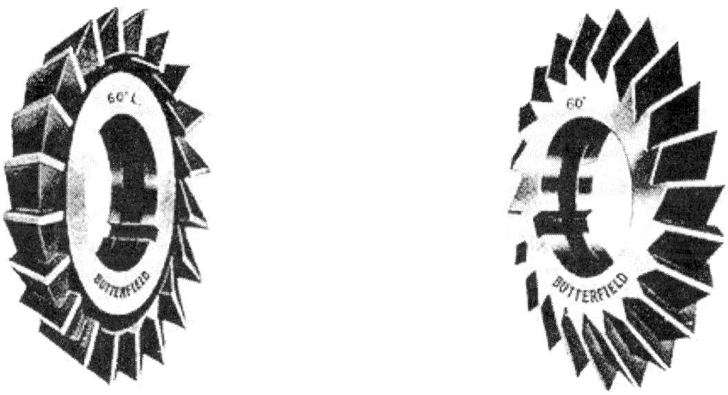

(a) 편각 커터 (b) 양각 커터

그림 4.29 각 밀링 커터

(6) 정면 밀링 커터(face milling cutter)

외주와 정면에 절삭날이 있으며, 밀링 커터축에 수직인 평면을 가공할 때 쓰인다. 정면 밀링 커터는 절삭 능률과 다듬질면 정밀도가 우수한 초경 밀링 커터를 많이 사용한다.

구조적으로는 납땜식, 심은날식(inserted cutter), 스로어웨이(throw away type)식이 있으나, 최근에는 공구 관리의 간소화를 위해 스로어웨이 밀링 커터를 널리 사용한다.

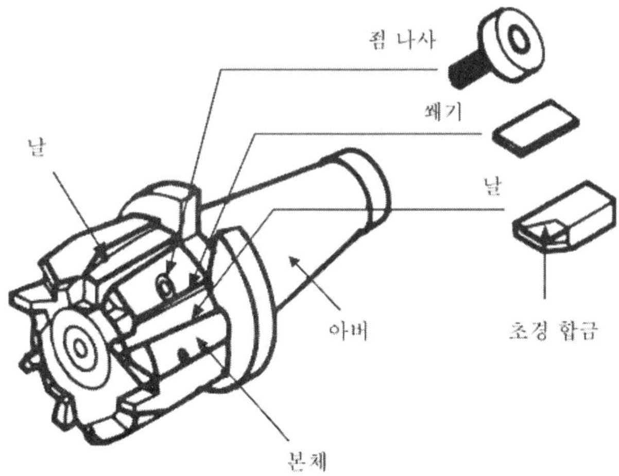

그림 4.30 초경 정면 밀링 커터

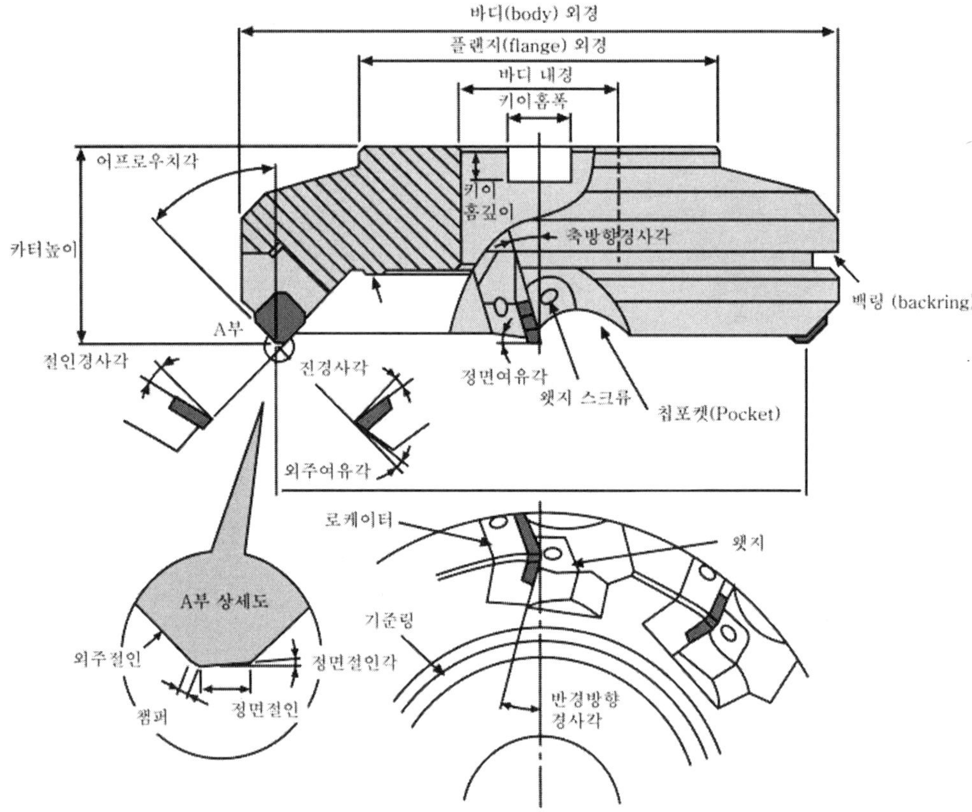

그림 4.31 스로어웨이 정면 밀링 커터

(7) T홈 밀링 커터(T-slot milling cutter)

T홈 가공에 쓰인다. 엔드 밀이나 사이드 커터 등으로 좁은 홈 윗부분을 가공한 후 아래의 넓은 홈을 가공하는 특수한 목적의 자루붙이 커터이다.

그림 4.32 T홈 커터

(8) 플라이 커터(fly cutter)

플라이 커터는 그림 4.33과 같이 아버에 고정하여 사용하는 단인공구이며, 날은 요구되는 모양으로 연삭하여 사용한다. 이것은 수량이 적은 공작물의 특수한 형상을 가진 부분을 가공할 경우 총형 밀링 커터로 만들어 사용한다. 주로 실험실이나 공구실에서 적합한 다인 공구가 없을 때 곧 만들어 사용할 수 있다.

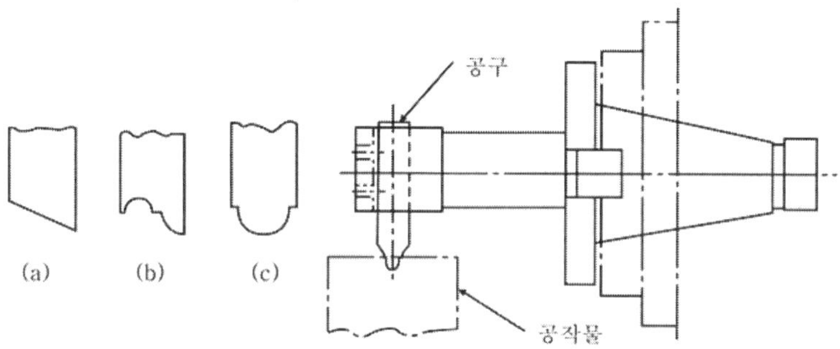

그림 4.33 플라이 커터 및 장착의 예

(9) 더브테일 밀링 커터(dovetail milling cutter)

더브테일 부분을 가공하는 밀링 커터이다.

(10) 슬래브 밀링 커터(slab milling cutter)

절삭량을 크게 하여 평면절삭하는 밀링 커터이며, 플레인 밀링 커터의 비틀림 날에다 홈을 내어 절삭칩이 끊어지게 한 것이다.

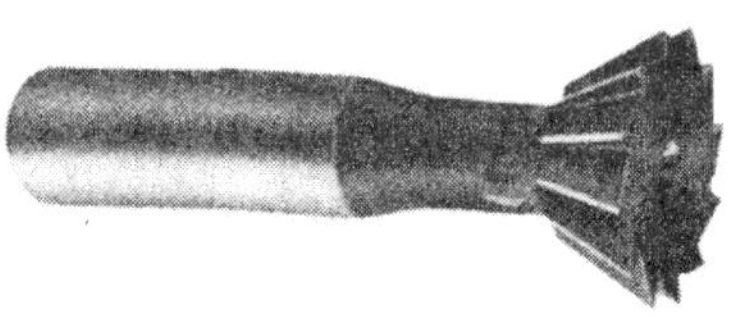

그림 4.34 더브테일 커터

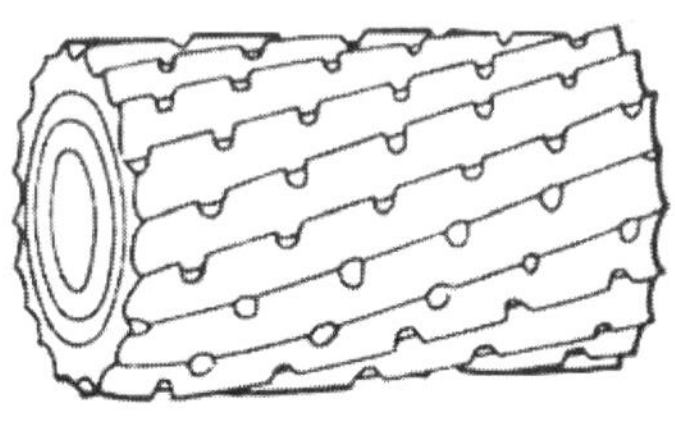

그림 4.35 슬래브 밀

(11) 총형 밀링 커터(form milling cutter)

절삭할 공작물의 단면 형상과 같은 윤곽의 절인을 가진 밀링 커터를 총형 밀링 커터라고 한다.

가공 부분의 형상이 특수한 경우에는 그에 맞추어 제작하여야 하지만 특정의 형상의 것은 규격 공구로 하여 시판되고 있다. 이에는 반원형의 홈을 절삭할 때 사용하는 외환 밀링 커터(convex cutter)를, 블록형의 반원형 부분을 절삭할 때는 내환 밀링 커터

(concave cutter), 기어의 이(tooth)를 절삭할 때는 인벌류트 밀링커터, 스플라인의 홈을 절삭할 때는 스폴라인 홈 가공용 밀링 커터, 리머나탭의 홈을 깎을 때는 홈 가공용 밀링 커터 등이 있다.

(a) 오목 R 커터 (b) 볼록 R 커터

그림 4.36 총형 커터

4.2.5 밀링 커터의 요소

(1) 밀링 커터의 각부 명칭

그림 4.37은 평면 밀링 커터의 각부 명칭을 나타낸 것이고, 그림 4.38은 정면 밀링 커터, 그림 4.39는 측면 밀링 커터를 나타낸 것이다.

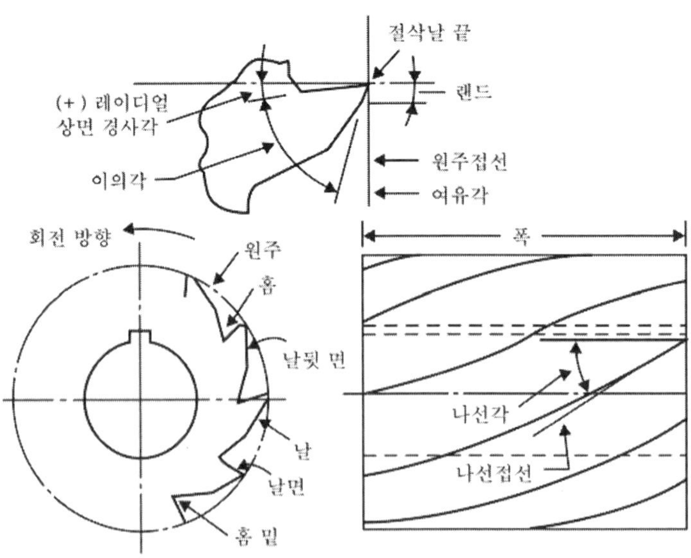

그림 4.37 평면 밀링커터

정면 밀링 커터에 있어서 날은 반경방향과 축방향에 대하여 경사져 있다. 이 각들을 각각 반경방향 상면 경사각(radial rake angle) 및 축방향 상면 경사각(axial rake angle)이라고 한다. 이 각들은 양(+), 음(-)의 상면 경사각을 가질 수 있다.

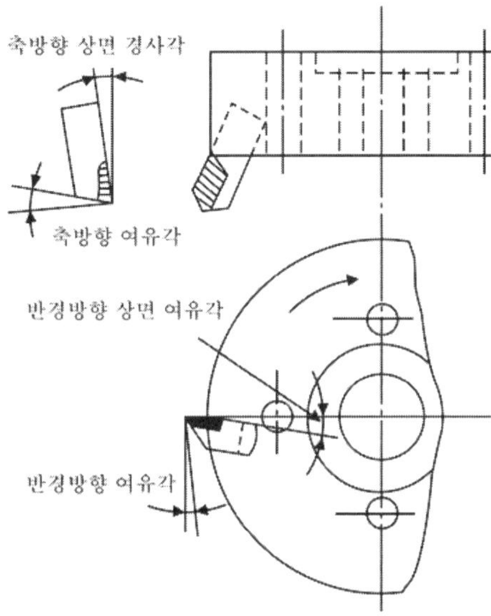

그림 4.38 정면 밀링커터

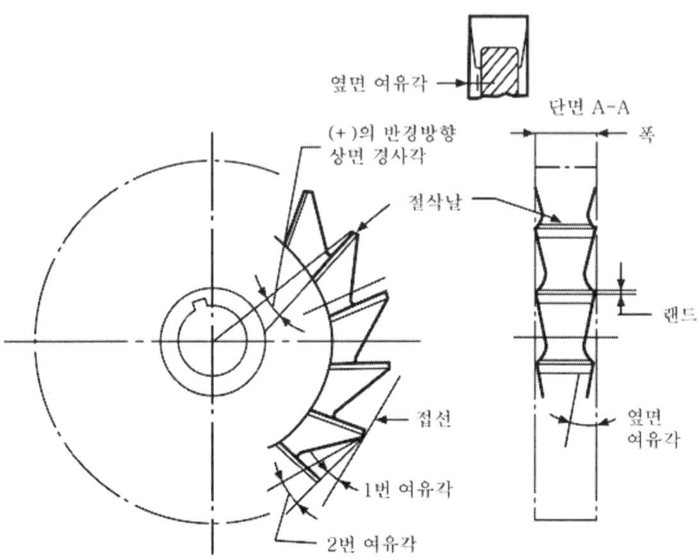

그림 4.39 측면 밀링커터

(2) 밀링 커터 인선 각부의 작용

인선을 구성하는 주요부의 작용은 다음과 같다.

① 랜드(land)

인선의 적당한 두께를 고려하고 강도를 증가하기 위하여 설계한 것이다. 또는 작은 직경의 밀링 커터와 큰 직경의 밀링 커터에는 틀리지만 일반적인 치수는 0.5~2mm의 범위에서 그 이상이 된 것과 배부가 공작물에 해당하는 것으로 제2 여유각을 세워서 랜드의 폭이 치수에 맞도록 하고 있다.

② 절인각

경사면과 여유면과의 맞닿는 각으로서 경사각과 여유각에 따라 결정된다. 이 각이 작으면 절인이 약하게 된다.

③ 경사각

밀링 커터의 중심과 경사면으로 된 각이 경사각이고 이 각이 커질수록 절삭저항은 감소되지만 절인각은 작게 되는 것으로 인선은 약하게 된다.(그림 4.40 참조)

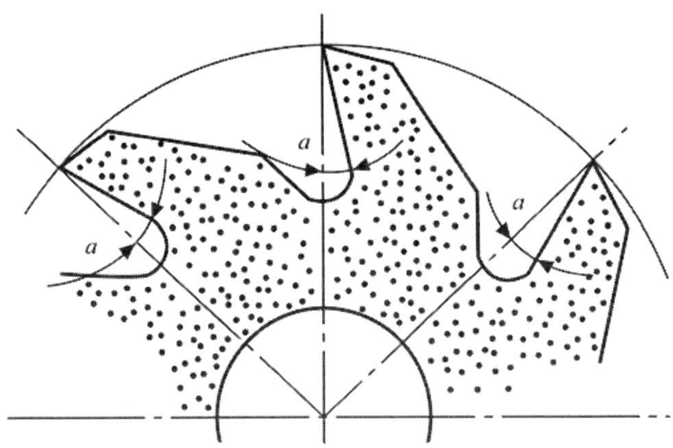

그림 4.40 밀링커터의 경사각

그림 4.41과 같이 날끝이 공작물에 먼저 닿게 되면 인선이 부러지기 쉽다. 보통 고속도강의 밀링 커터는 공작물에 인선이 먼저 닿게 되는 정(+)경사각을 많이 사용하고, 초경 밀링 커터에서는 잘 부러지는 성질이 있기 때문에 날끝보다 먼저 약간 앞부분부터 공작물에 닿게 한다. 이것을 부(-) 경사각이라 하며, 강력 절삭에서 인선의 파손을 감소시킬 수 있다.

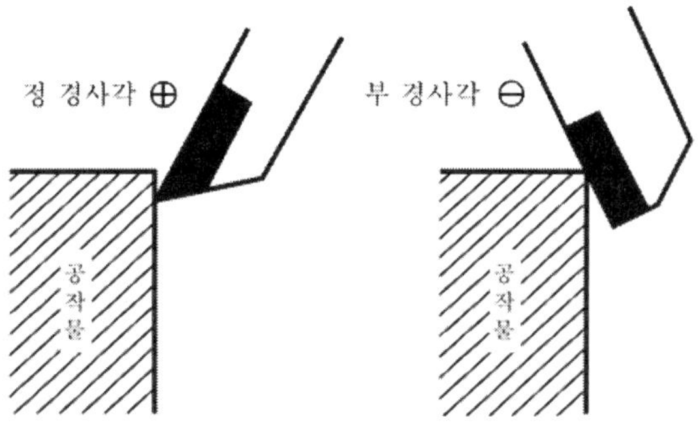

그림 4.41 정경사각과 부경사각

④ 여유각

그림 4.42와 같이 밀링 커터의 인선이 그리는 원호에 대한 접선과 여유면이 이루는 각을 여유각이라고 한다. 이 각을 크게 하면 절삭날각이 작게 되어 인선이 약하게 된다.

연질의 공작물에는 다소 크게 하여 절삭성을 좋게 한다. 밀링 커터에서의 여유각은 보통 2단으로 하며 랜드부의 여유각은 1차 여유각이라 하여 작게 하고, 나머지 부분을 2차 여유각이라 하여 크게 준다.

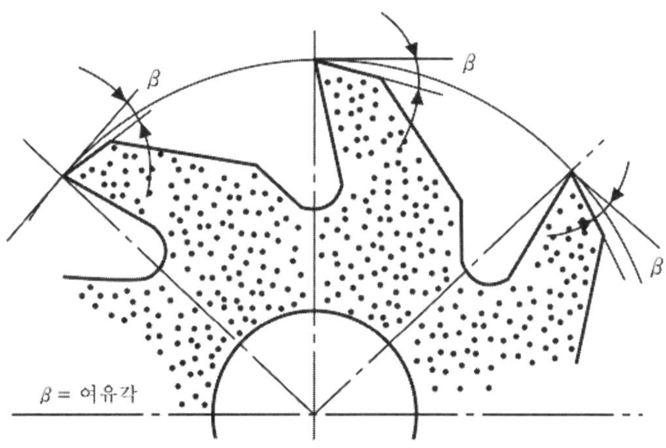

그림 4.42 여유각

⑤ 코너각(champering angle)

정면 밀링 커터의 절삭 작업에서는 대부분 바깥 둘레의 절삭날이 절삭을 한다. 이 부분에 코너각이라는 모서리각을 만들어 날끝의 강도를 증가시키고, 또 절삭칩의 두께를 얇게 함으로써 이송을 크게 할 수 있어서 절삭 능률을 좋게 할 수 있다.

그림 4.43과 같이 칩의 두께를 t, 이송량을 f, 코너각을 C 라 하면 다음과 같은 식이 성

립된다.

$t = f\cos C$가 된다.

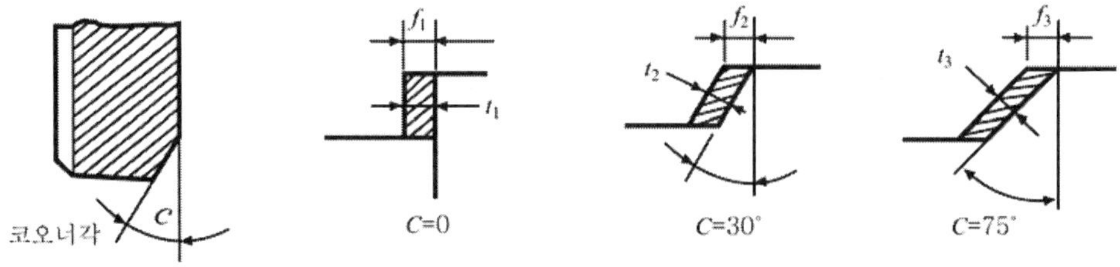

그림 4.43 코너각과 칩 두께와의 관계

즉, 똑같은 이송량에서는 코너각 C가 클수록 칩 두께 t는 작게 되어 소비 동력이 적어지고, 또 이 조건에서 절삭칩 두께를 같게 하면 이송량 f는 크게 할 수가 있다.

셀 엔드 밀 또는 보통 엔드 밀과 같이 모서리 코너를 따내기 어려운 경우에도 그림 4.44와 같이 0.08mm×45°정도로 하면 효과가 좋다.

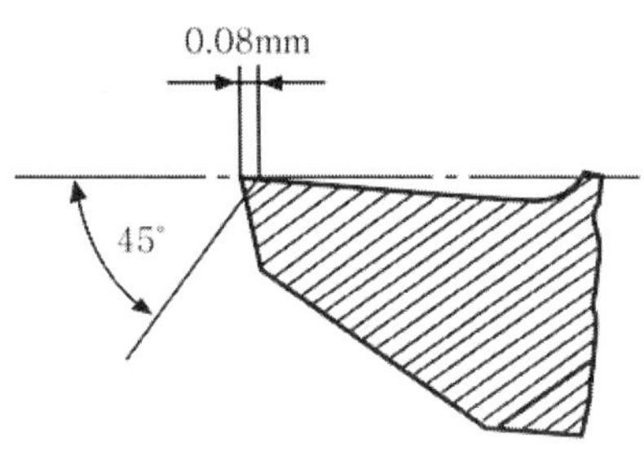

그림 4.44 모떼기 코너

(3) 밀링 커터의 각도

커터의 각도는 가공물의 재질, 공구의 재료, 작업 조건 등에 따라 다르나, 보통 표 4.4를 참고한다.

표 4.4 밀링 커터의 공구각

공작물의 재료		고속도강 밀링 커터		초경합금 정면 밀링 커터			
		레이디얼 상면경사각	레이디얼 여유각	레이디얼 상면경사각	바깥날 여유각	액시얼 상면경사각	액시얼 여유각
알루미늄		20~40	10~22	10	9	-7	5
플라스틱		5~10	5~7	-	-	-	-
황동 청동	무른 것	0~10	10~12	6	9	-7	5
	보통	0~10	4~10	3	6	-7	5
	굳은 것			0	4	-7	3
주철	무른 것	8~10	4~7	6	4	-7	3
	굳은 것			3	4	-7	3
	냉 강			0	4	-7	3
가단 주철		10	5~7	6	4	-7	3
구리		10~15	8~12	-	-	-	-
강	무른 것	10~20	5~7	-6	4	-7	3
	보통	10~15	5~6	-8	4	-7	3
	굳은 것	10~15	4~5	-10	4	-7	3
	스테인레스	10	5~8	-	-	-	

주 : 레이디얼 경사각은 날의 연장선이 중심으로부터 뒤에 있으면 +, 앞에 있으면 -, 액시얼 경사각은 날의 연장선이 축선보다 뒤에 있으면 +, 앞에 있으면 - 이다.

4.3 밀링 머신의 부속장치(milling attachment)

밀링 머신의 부속장치는 주축, 오버암, 테이블 등에 설치하여 가공 종류를 증가시키는데 필요한 장치로서, 밀링머신의 작업을 능률적으로 하고, 정확한 제품을 만들기 위하여 공구 및 가공물을 고정하기 위한 각종 부속품을 사용한다.

4.3.1 밀링 커터의 고정 용구

(1) 아버(arbor)

밀링 커터는 주축단에 직접 압입(押入)하거나, 또는 주축단에 고정되어 있는 아버, 어댑터, 콜릿 등을 이용하여 설치한다. 이들 부속들은 주축단에 고정하게 되므로 각종의 테이퍼를 갖고 있다. 그림 4.45(a)의 아버는 수평 밀링머신이나 만능 밀링머신에서 플레인 밀링 커터나 옆면 밀링 커터 등 구멍이 있는 밀링 커터를 고정시키는 데 사용하는 것이다.

그림(c)는 수직 밀링머신에서 사용하는 정면 밀링 커터용 아버이다.

(2) 급속 교환 어댑터(quick change adapter)

그림 4.45(b)와 같이 급속 교환 어댑터를 사용하면 어댑터를 주축에 고정시켜 놓고 앞 끝부분의 쥠 너트를 대략 1/4 정도 회전시키면 각종의 콜릿을 고정하고 풀기가 편리하다.(그림 4.46 참조)

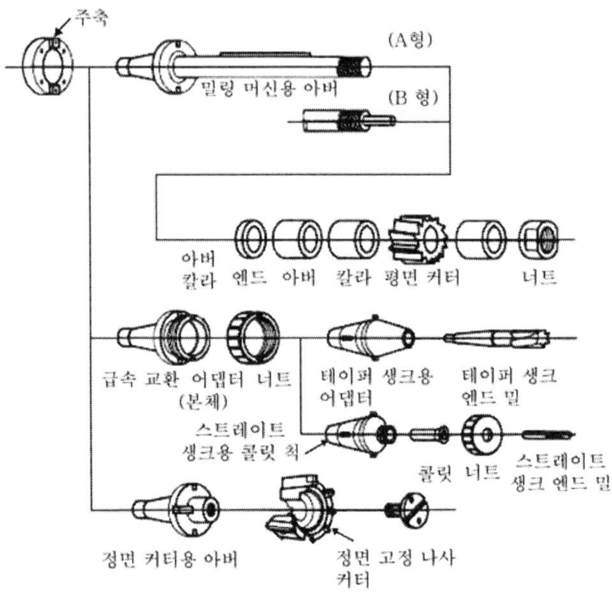

그림 4.45 밀링 커터의 고정 용구

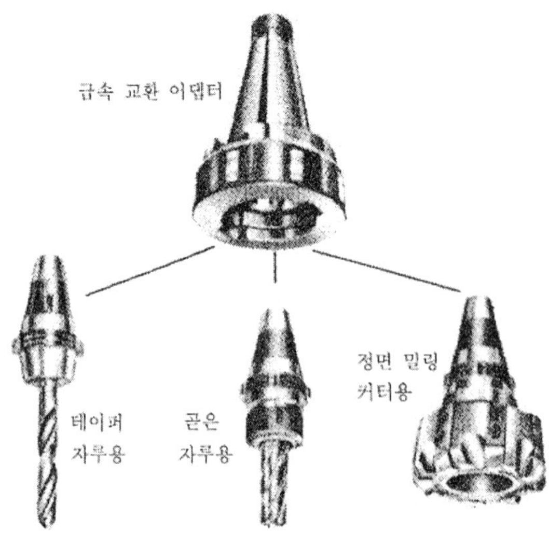

그림 4.46 급속 교환 어댑터

(3) 어댑터와 콜릿(adapter and collet)

그림 4.47은 엔드 밀 등 자루가 붙은 밀링 커터의 고정 용구이다.

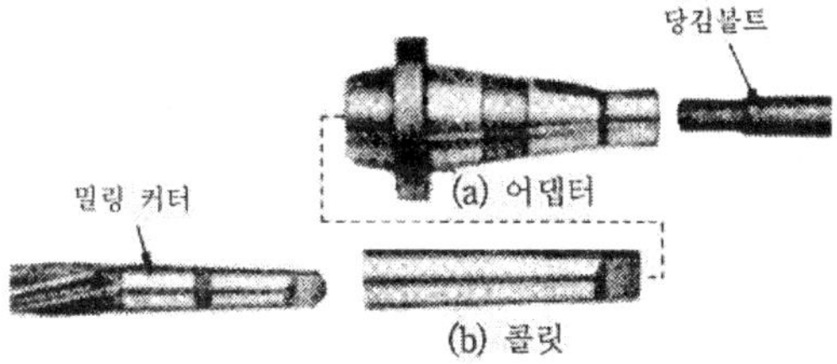

그림 4.47 어댑터와 콜릿

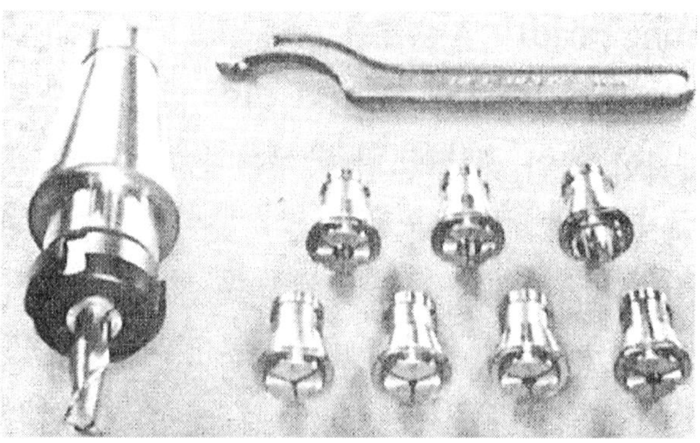

그림 4.48 스프링 콜릿 척

(4) 스프링-콜릿 척(spring-collet chuck)

그림 4.48은 곧은 자루의 밀링 커터를 고정시킬 때 사용하는 스프링 콜릿 척 세트이다. 콜릿 척을 주축에 고정시키려면 주축의 뒤끝에서 주축 구멍에 끼운 당김 볼트로 고정한다.

4.3.2 밀링가공용 부속장치

(1) 밀링 바이스(milling vise)

밀링 바이스에는 수평, 회전, 만능, 유압 바이스 등이 있으며, 테이블 위에 있는 T홈에 가이드 블록과 클램핑 볼트를 이용하여 세팅하여 공작물을 물린다.

(2) 회전 테이블(circular table)

가공물에 회전운동이 필요한 때는 회전 테이블 장치가 사용된다. 가공물은 회전 테이블

위의 바이스에 고정하고, 수동 또는 테이블 자동이송으로 가공한다.(그림 4.49)

그림 4.49 회전 테이블

(3) 분할대(indexing head)

분할대는 주축대와 심압대가 한 쌍이 되어 있는 것으로 밀링머신의 테이블 위에 설치하며, 분할작업 뿐만 아니라 변환 기어를 사용하면 비틀림 홈 등을 가공할 수가 있다.

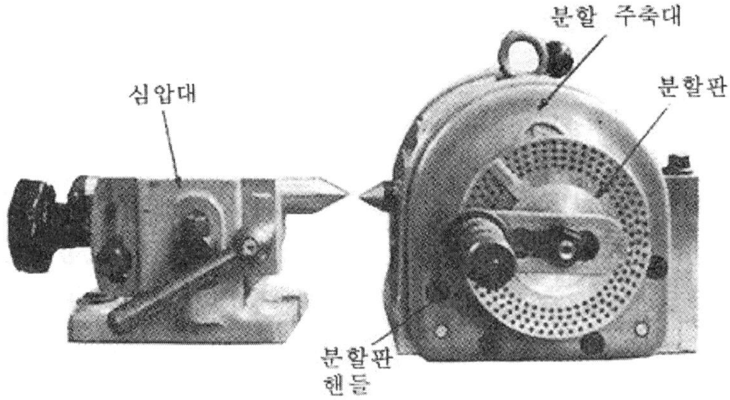

그림 4.50 만능식 분할대

(4) 슬로팅 장치(slotting attachment)

슬로팅 절삭장치는 니칼럼형 밀링머신의 칼럼면에 설치하여 사용한다. 이 장치를 사용하면 밀링머신의 주축의 회전운동을 공구대의 램(ram)의 직선 왕복운동으로 변화시켜 바이트로 밀링머신 에서도 직선운동으로 절삭가공을 할 수 있다.

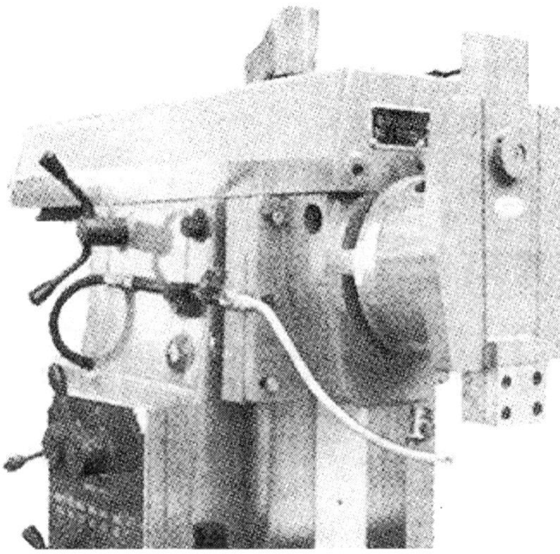

그림 4.51 슬로팅 장치

(5) 수직축 장치 (vertical milling attachment)

수직축 장치는 수평식 밀링머신의 칼럼상의 주축부에 고정하고 주축에서 기어로 회전이 전달되며, 수직축의 회전수는 밀링머신의 주축의 회전수와 같다. 수직축은 칼럼면과 평행된 면 내에서 임의 각도로 경사시킬 수 있다. 그림 4.52는 수직축 장치를 사용한 작업의 예이다.

그림 4.52 수직축 장치

그림 4.53 만능 밀링장치

(6) 만능 밀링 장치(universal milling attachment)

만능 밀링 장치는 수평 밀링머신에 설치하는 것이며, 그림 4.53과 같이 2개의 원형판에 새긴 각도판을 이용하여 임의의 각으로 스핀들을 고정할 수 있다. 드릴, 엔드 밀(end mill) 등 소형 공구를 사용하여 키홈, 금형 등을 가공하는 데 쓰인다. 만능 분할대와 함께 사용함으로써 수평 밀링머신을 만능 밀링머신과 같은 가공을 할 수 있게 하며, 이 장치를 만능 밀링머신에 사용하여 나선각 45°이상의 기어, 웜, 나사, 밀링 커터, 드릴 등의 홈을 가공할 수 있다.

4.4 분할작업(dividing operation, indexing operation)

분할대(index head)는 밀링 가공시 분할작업 및 각도 변위가 요구되는 작업에 이용된다. 예를 들면 기어를 깎을 때에 치형과 치형 사이의 분할 또는 리머를 깎을 때 홈(groove)각도 변위, 밀링 커터 제작 등에 이용할 수 있으며, 이때 분할대(index head)를 장착한 기구에 의해서 작업이 진행된다. 그림 4.54는 만능 분할대의 구조를 나타낸 것이다.

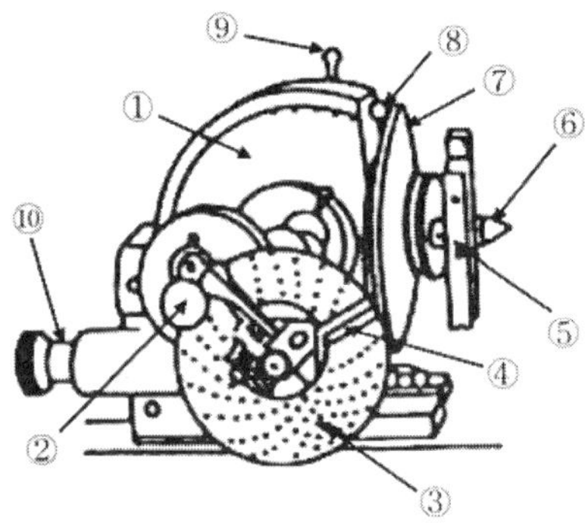

그림 4.54 만능 분할대의 구조

공작물의 설치는 센터에 의한 것과 척에 의한 것 두 가지가 있다.

분할대는 보통 심압대, 방진구, 분할판, 척, 체인지 기어 등으로 구성되어 한 세트를 이루고 있으며 그림 4.55의(a)와 같이 분할대를 우측에 놓는 브라운 샤프형(Brown & Sharpe type)과 (b)와 같이 분할대를 좌측에 놓는 신시내티형(Cincinnati type)이 많이 사용되고 있다.

분할대의 규격은 테이블 위에서의 스윙으로 나타내고, 250mm, 300mm, 350mm 등이 있으며, 분할방식으로는 ① 직접 분할법, ② 단식 분할법, ③ 차동 분할법 등이 있다.

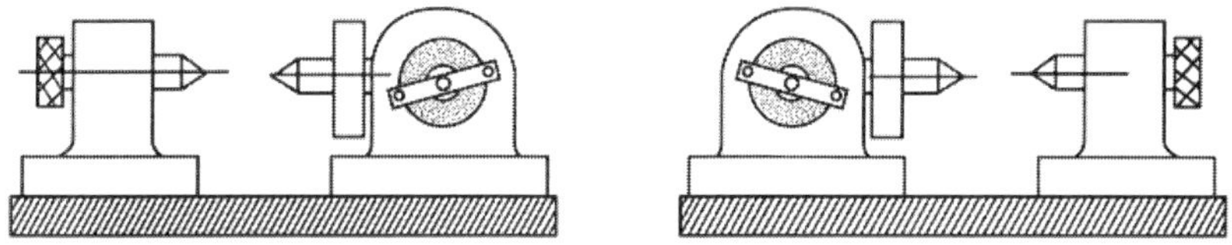

(a) 우측에 분할대를 놓는 형식 (b) 좌측에 분할대를 놓는 형식

그림 4.55 분할대를 놓는 형식

(1) 직접 분할법(direct dividing method)

직접 분할법은 정밀도를 필요로 하지 않는 볼트, 너트의 다각두의 분할이나 키이 홈 등 비교적 단순한 분할을 할 때에 사용하는 방법이며 스핀들 헤드부에 있는 직접 분할용 핀 구멍을 사용한다.(그림 4.56참조) 직접 분할판의 구멍수는 24구멍이므로 24의 약수 2, 3, 4, 6, 8, 12, 24의 7종에 한하므로 응용범위가 좁다. 이 분할법의 공식을 나타내면 다음과 같다.

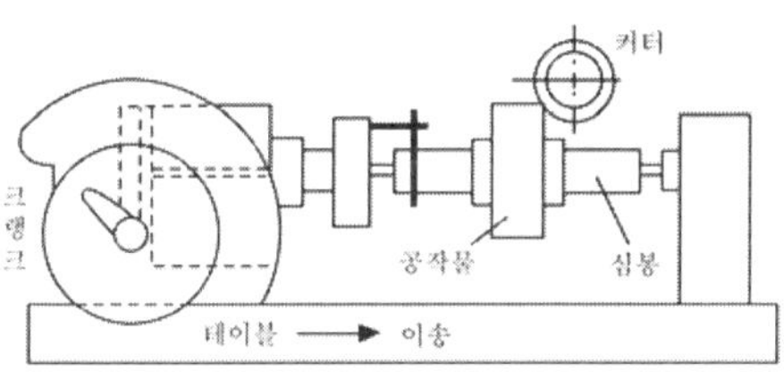

그림 4.56 직접 분할방식

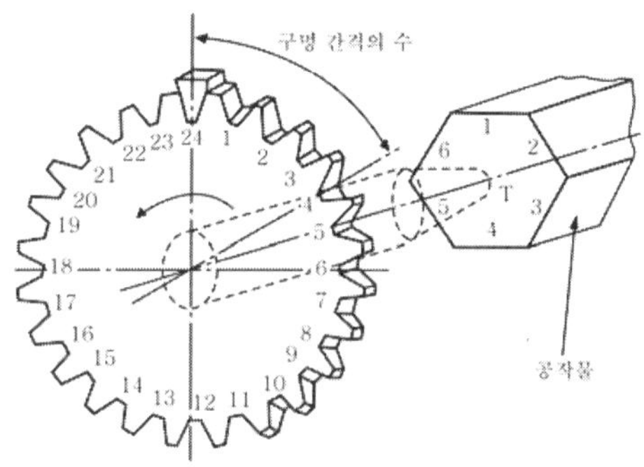

그림 4.57 직접 분할

$n=\frac{24}{N}$ 가 된다.

예를 들어서 8등분 하려면

$n=\frac{24}{N}=\frac{24}{8}=3$ 즉, 3구멍마다 핀을 넣는다

또한, 공작물을 6등분 할 경우 그림 4.57과 같이 직접 분할판의 구멍수가 24개인 것에서 4구멍마다 분할핀을 전진시키면 공작물을 6등분할 수 있다.

직접 분할작업순서는 다음과 같다.

① 워엄(worm)과 워엄 휠(worm wheel)의 물림을 푼다.(로크 너트를 푼다.)

② 놉(knob)을 위로 빼고 우측으로 돌리면, 디렉트 인덱스핀은 빠진 채로 유지되므로 스핀들을 소요의 분할수만큼 회전시킨 후에 놉을 좌로 돌리면, 스프링의 힘으로 디렉트 인덱스핀은 분할 구멍에 삽입된다.

③ 분할 완료후에 가공을 시작할 때에는 반드시 워엄과 워엄 휠의 물림을 풀어서 사용한다. 디렉트 인덱스핀을 분할 구멍에 넣은 채로 인덱스 핸들을 돌리려고 하면, 워엄 휠의 정밀도가 저하될 수가 있다.

(2) 단식 분할법(simple indexing)

간접 분할법이라고도 하며, 단식 분할법은 직접 분할법으로 분할할 수 없는 경우 또는 분할이 정확해야 할 때 쓰인다. 분할 크랭크와 분할판을 사용하여 분할하는 방법으로서 그림 4.58에서 분할 크랭크를 40회전시키면 주축을 1회전하므로, 주축을 $\frac{1}{N}$ 회전시키려면 분할 크랭크를 $\frac{40}{N}$ 회전시키면 된다. 즉,

$$n = \frac{40}{N} = \frac{H}{N'}$$

여기서,

n : 분할 크랭크의 회전수 　　　 N : 공작물의 등분 분할수

H : 크랭크를 돌리는 구멍수 　　 N' : 분할판에 있는 구멍수

의 관계가 성립되며, 분할 크랭크는 N′구멍중에서 H구멍 수만큼 돌리면 된다.

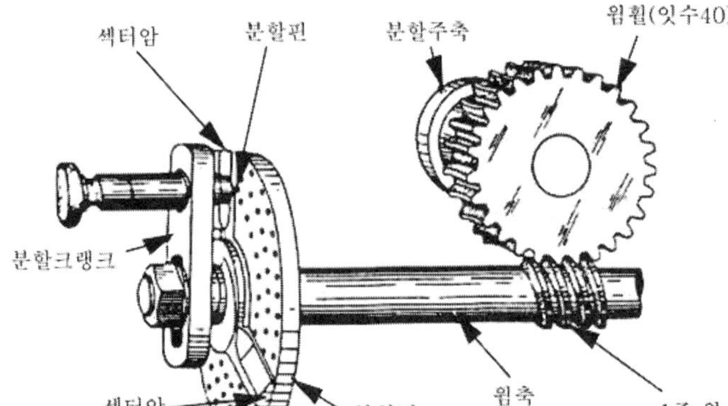

그림 4.58 분할대의 원리

분할판의 구멍 수는 분할대의 형식에 따라 다르나, 많이 쓰이고 있는 분할판의 구멍수는 표 4.6과 같다. 단식 분할이 되는 분할 수는 2~60 사이의 모든 수, 60~120 사이의 2와 5의 배수 및 120 이상의 수로서, $\frac{40}{N}$ 에서 분모가 분할판의 구멍 수가 될 수 있는 수 등이다.

예를 들면, 6개의 같은 간격으로 분할시켜 본다면 40을 6으로 나누어 $6\frac{2}{3}$ 회전이 되고 14개의 등간격이 요구된다면 40을 14로 나누어 $2\frac{6}{7}$ 으로 회전시킨다. 또 한 각도로 표시된 공작물의 분할도 다음식으로 분할 할 수 있다.

$$n = \frac{D^{\circ}}{9}, \quad n = \frac{D'}{540}, \quad n = \frac{D''}{32400}$$

여기서

n : 분할 크랭크의 회전수
D° : 분할각도
D' : 분할각도
D'' : 분할각도

즉, 분할크랭크가 1회전하면 스핀들(주축)은 $\frac{360^{\circ}}{40} = 9^{\circ}$ 회전한다. 분할각을 분으로 표시하면 분할크랭크가 1회전하는 동안에 스핀들은 $60' \times 9 = 540'$ 회전한다.

표 4.5 분할판의 구멍수

형 식	분류	구	멍	수								
신시내티형 (Cincinnati)	앞면	24	25	28	30	34	37	38	39	41	42	43
	뒷면	46	47	49	51	53	54	57	58	59	62	66
브라운 샤아프형 (Brown & Sharp)	No 1	15	16	17	18	19	20					
	No 2	21	23	27	29	31	33					
	No 3	37	39	41	43	47	49					

예제 1 원주를 7등분 하시오

☞

공식 $n=\frac{40}{N}$ 에서 $n=\frac{40}{7}=5\frac{5}{7}$ 로 되어 분할 크랭크의 회전수는 5회전과 $\frac{5}{7}$ 회전이 된다.

그러나 표 4.6에 구멍수가 7이라는 것이 없으므로 분자, 분모에 같은 수를 곱하여 표 4.6의 구멍수에 맞추면 다음과 같이 된다.

① $\frac{5\times3}{7\times3}=\frac{15}{21}$ (브라운 샤아프형 No2를 사용)

② $\frac{5\times4}{7\times4}=\frac{20}{28}$

③ $\frac{5\times6}{7\times6}=\frac{30}{42}$

④ $\frac{5\times7}{7\times7}=\frac{35}{49}$ (신시내티형, 앞면 및 이면을 사용)

∴ 다음의 어느 경우를 사용해도 분할이 가능하다.

즉,

① 5회전과 21구멍열에서 15구멍씩 이동하면 7등분이 된다.

② 5회전과 28구멍열에서 20구멍씩 이동하면 7등분이 된다.

③ 5회전과 42구멍열에서 30구멍씩 이동하면 7등분이 된다.

④ 5회전과 49구멍열에서 35구멍씩 이동하면 7등분이 된다.

예제 2 원주를 32등분 하시오

☞

$$n=\frac{40}{N}=\frac{40}{32}=1\frac{8}{32}=1\frac{1}{4}$$

분할판의 구멍수 32는 표 4.6에 없으므로 분모와 분자를 일단 최소수로 약분한다. 여기에서 4의 배수가 되는 최소수를 표 4.6에서 찾으면 16구멍이 있으므로 분모, 분자에 4를 곱해준다

$$1\frac{1\times(4)}{4\times(4)}=1\frac{4}{16}$$ 이 된다.

이것은 그림 4.59와 같이 크랭크를 1회전시키고, 16구멍으로 된 분할판에서 4구멍씩 크랭크를 더 돌려주면 된다. 이와같이 구멍수를 세는 것은 틀릴 염려가 있으므로 섹터(Sector)가 사용된다.

섹터는 크랭크 핸들로서 구멍수를 돌리는 데 있어서 하나하나 헤아리면서 돌리면 시간적으로 많이 소비될 뿐만 아니라, 틀리기 쉬우므로 구멍수를 세는 번거로움을 덜어주는 장치이다. 섹터의 사용법은 주어진 구멍수와 크랭크핀이 꽂힌 자리까지 합한수로 벌려야 한다. 즉 구멍수가 10개인 경우 크랭크 핀이 꽂혔던 자리수까지 합하여 11구멍이 되므로 섹터의 조정량은 11구멍이 된다.

섹터를 조정할 때에는 드라이버를 사용하여 고정나사를 풀고 구멍수를 맞춘 후 다시 고정나사를 잠그면 된다.

그림 4.60은 섹터의 사용법을 나타낸 것이다.

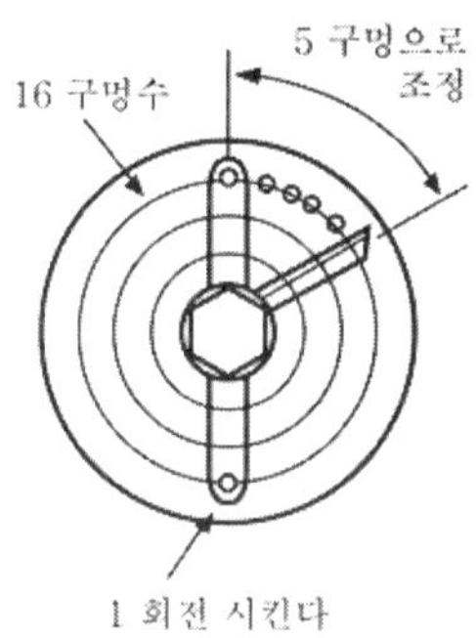

그림 4.59 분할작업

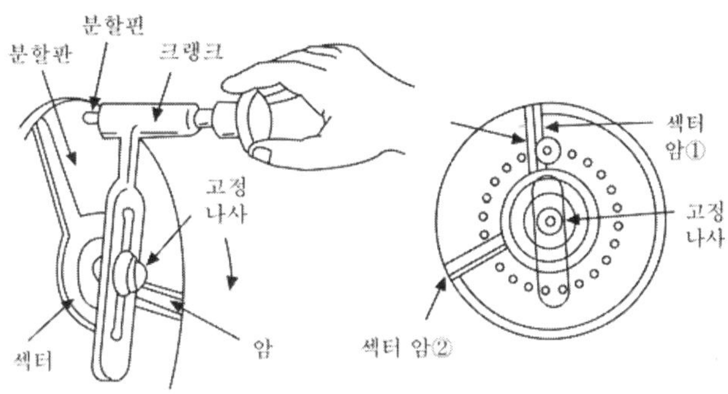

그림 4.60 섹터의 사용법

(3) 차동 분할법(differential indexing)

① 차동 분할법의 원리

직접 분할법이나 단식 분할법으로 분할할 수 없는 67, 97, 121 등의 61 이상의 소수나 특수한 수의 분할을 하는 방법이다. 이 원리는 크랭크 핸들을 돌려서 주축을 회전시켜 주축후방에 장치된 변속기어를 거쳐서 분할판(index plate)이 소요의 각도만큼 분할 핸들과 같은 방향이거나 역방향으로 회전된다. 분할 핸들의 회전이 분할 핸들 → 웜 기어, 차동기어 1, 2, 2′, 3 → 마이터 기어 → 분할판의 순으로 전달되도록 장치한다. 차동기어 1, 3의 기어비를 1:1로 하였을 때 스핀들 및 인덱스 플레이트의 회전수는 같아진다. 따라서

인덱스 핸들을 x회전시키면 주축과 분할핀은 동시에 x/40 회전을 한다.(그림 4.61)

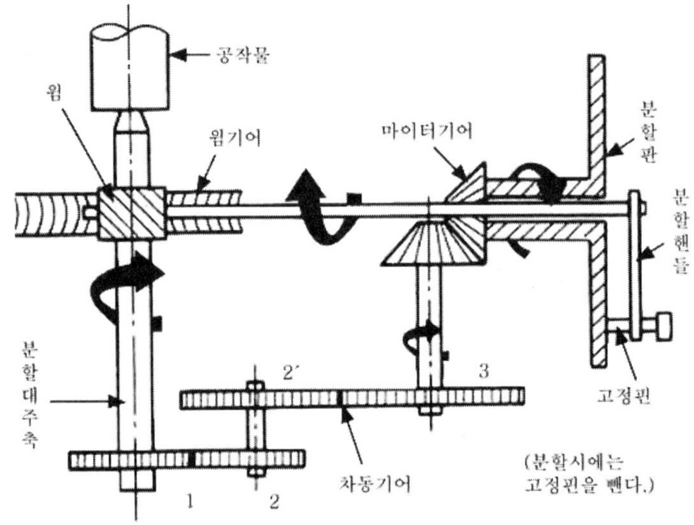

그림 4.61 차동 분할 기구의 원리도

② 차동 분할법의 요령

먼저, 단식 분할이 되고 분할된 수에 가까운 수, 예를 들면 61등분의 분할일 때에는 62의 등분 분할에 필요한 단식 분할의 준비를 한다.

그림 4.62와 같이 섹터를 풀어 놓고 주축과 마이터 기어(miter gear)축을 다음 식에서 계산된 기어비의 기어열에 연결하고, 분할 크랭크를 회전시켜 분할판을 소요량만큼 회전하게 한 다음 단식 분할의 요령으로 분할하면 된다. 기어비는 다음 식으로 계산된다.

$$r = \frac{Z_s}{Z_m} = \frac{40 \times (N' - N)}{N'}$$

여기서

r : 기어비

Zs : 주축에 설치할 기어의 잇수

Zm : 마이터 기어축에 설치할 기어의 잇수(분할판 기어의 잇수)

N : 분할수

N' : 단식 분할이 가능한 분할 수에 가까운 수이다(보조 분할수)

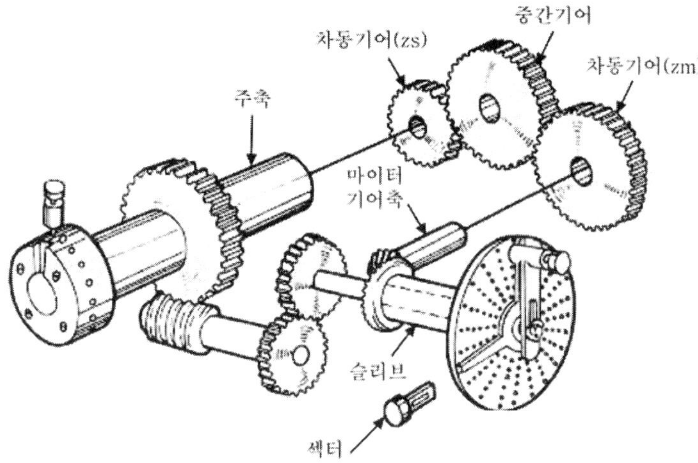

그림 4.62 차동 분할기구

이때, r의 부호가 (+)일 때에는 분할판이 분할 크랭크와 같은 방향으로 회전하도록 하고, r의 부호가 (-)일 때에는 분할판이 분할 크랭크와 반대 방향으로 회전하도록 중간 기어의 수를 선택한다. 또, 기어비가 2개 걸이로 안 될 때에는 4개 걸이로 한다.

예제 3 **신시내티형 분할대로 71등분 하시오.**

☞

71에 가까운 단식 분할이 가능한 수 72를 N'라 하면

$$r = \frac{40 \times (N' - N)}{N'} = \frac{40}{72}(72 - 71) = \frac{40}{72} = \frac{Z_s}{Z_m}$$

따라서, 변환기어 잇수 Zm=72, Zs=40의 2개를 걸면 된다. r>0이고, 2개 걸이이므로 중간 기어는 1개를 사용한다. 또 크랭크의 회전수는

$$n = \frac{40}{N'} = \frac{40}{72} = \frac{30}{54}$$

이므로, 분할 크랭크를 분할판의 54구멍 열에서 30구멍씩 돌리면 된다. 한편 N'=70이라 하면

$$r = \frac{40\times(N'-N)}{N'} = \frac{40}{70}(70-71) = -\frac{4}{7} = \frac{32}{56} = -\frac{Z_s}{Z_m}$$

따라서 Zs=32, Zm=56의 2개를 건다. $r<0$ 이므로 중간 기어를 2개로 사용하고, 크랭크 회전수

$$n = \frac{40}{N'} = \frac{40}{70} = \frac{16}{18} = \frac{24}{42} = \frac{28}{49}$$

이므로 분할 크랭크는 분할판의 42구멍 판에서 24, 49구멍 판에서 28구멍을 돌리면 된다.

예제 4 $5\frac{1}{2}^{\circ}$ **를 분할하시오**

☞

$$n = \frac{D^{\circ}}{9} = \frac{5\frac{1}{2}^{\circ}}{9} = \frac{11}{18}$$

∴ 18구멍줄에서 11구멍씩 이동시킨다.

예제 5 **5°의 각도를 분할하시오.**

☞

360°÷5°=72 72등분하면 되므로

$$n = \frac{40}{72} = \frac{10}{18}$$

∴ 18구멍열에서 10구멍씩 이동한다.

제 5 장 드릴링 및 보링머신 (drilling, boring machine)

5.1 드릴링의 개요

드릴링머신(drilling machine)은 구멍 뚫는 작업뿐만 아니라, 태핑, 리밍 등 작은 구멍의 가공에 필요한 여러 가지 일반적인 작업에 이용된다. 드릴링머신은 주로 수직형이며, 그림 5.1과 같은 구조가 가장 보편적인 형태이다. 테이블은 이동이 가능하며 고정구를 부착할 수 있게 표면에 홈이 파여져 있다. 공작물은 테이블 위에 직접 고정되거나, 혹은 테이블 위에 설치된 바이스에 의해 고정된다. 드릴링 토크는 공작물을 회전시킬 만큼 충분히 클 수 있으므로, 작업의 안전 및 정확성을 기하기 위해 공작물은 반드시 제대로 고정되어야 한다. 적절한 절삭속도를 얻기 위해서는 드릴링머신의 주축 회전속도를 드릴의 크기에 따라 다양하게 조정할 수 있어야 한다. 풀리, 기어박스, 혹은 가변속도식 모터가 이러한 조정의 수단으로 이용되고 있다. 드릴프레스의 크기는 일반적으로 테이블에 설치할 수 있는 공작물의 최대직경으로 표시되며, 대략 150mm에서 1250mm 사이의 값이다.

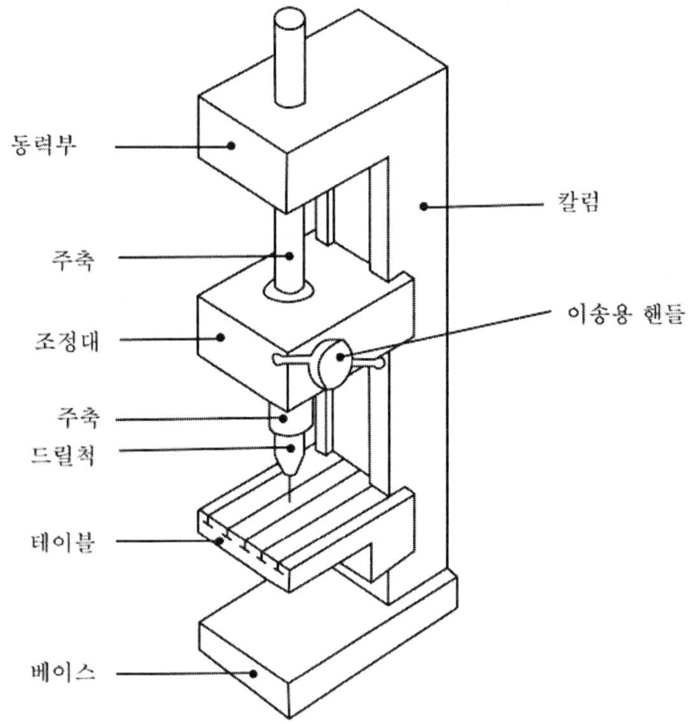

그림 5.1 드릴링 머신의 구조

그림 5.2는 드릴링 머신에 의한 가공의 종류를 나타낸 것이다.

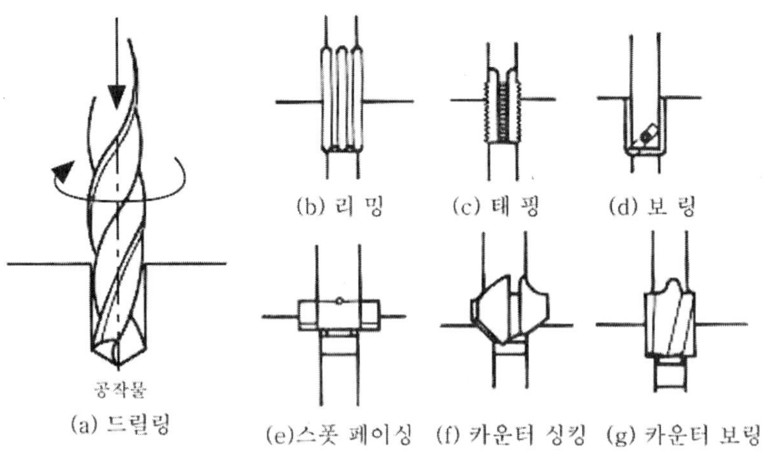

그림 5.2 드릴 가공의 종류

① 드릴 가공(drilling)

드릴로 구멍을 뚫는 작업으로 드릴링 머신의 주된 작업이다.

② 리이머 가공(reaming)

드릴로 뚫은 구멍의 내면을 리이머로 다듬는 작업이다. 드릴로 뚫은 구멍은 치수 정밀도가 좋지 않으므로, 리이머 가공을 하여 정밀도를 향상시킨다.

③ 탭 가공(tapping)

드릴로 뚫은 구멍에 탭을 사용하여 암나사를 내는 가공이다.

④ 보링(boring)

이미 뚫린 구멍이나 주조한 구멍을 각각 용도에 따른 크기나 정밀도로 넓히는 작업이다.

⑤ 스폿 페이싱(spot facing)

볼트 머리나 너트 등이 닿는 부분을 깎아서 자리를 만드는 가공이다.

⑥ 카운터 싱킹(counter sinking)

접시머리 나사의 머리부를 묻히게 하기 위하여 원뿔 자리를 내는 가공이다.

⑦ 카운터 보링(counter borning)

작은 나사 머리, 볼트의 머리를 공작물에 묻히게 하기 위한 턱이 있는 구멍 뚫기의 가공이다.

5.2 드릴링 머신의 종류와 구조

(1) 탁상 드릴링 머신(bench type drilling machine)

베이스를 탁상 위에 올려 놓고 볼트로 단단히 고정시키고, 공작물을 테이블에 고정하여 작업한다. 테이블은 칼럼을 따라 상하 이동을 하며, 주축은 상부에 있는 전동기로부터 회전이 되며, 전동장치에는 기어를 사용하지 않고 V벨트로 주축을 회전시키고 변속은 단차로 이루어진다. 드릴의 지름이 비교적 작고(13mm 이하) 구멍이 깊지 않은 가공에 적합하며 드릴의 이송은 수동으로 한다.

(2) 직립 드릴링 머신(upright drilling machine)

직립 드릴링 머신은 비교적 대형공작물의 구멍을 뚫을 때 필요한 공작기계로 단차식과 치차식이 있다. 테이블은 칼럼의 상하 이동 및 칼럼을 중심으로 선회할 수 있고, 그 자체도 회전이 된다. 공작물은 크기가 작을 때는 테이블 위에 고정하고, 공작물이 너무 클 때는 베이스 위에 바로 고정한다. 주축 역회전 장치가 있어 태핑을 할 수 있으며, 스핀들의 하부에는 보통 모스테이퍼가 있어 드릴 소켓을 직접 압입하든가 드릴 척을 이용할 수 있다.

(3) 레이디얼 드릴링 머신(radial drilling machine)

레이디얼 드릴링 머신은 비교적 대형이며 무거운 공작물의 구멍 뚫기에 사용한다. 직립된 칼럼의 중심에 암을 선회시켜 주축 헤드는 암에 따라 수평으로 이동하므로, 주축은 그 범위 안에서 임의의 위치까지 도달할 수 있다. 레이디얼 드릴링 머신의 크기는 보통 드릴 가공이 가능한 최대 지름과 칼럼 표면에서 주축 중심까지의 최대 거리로 표시한다.

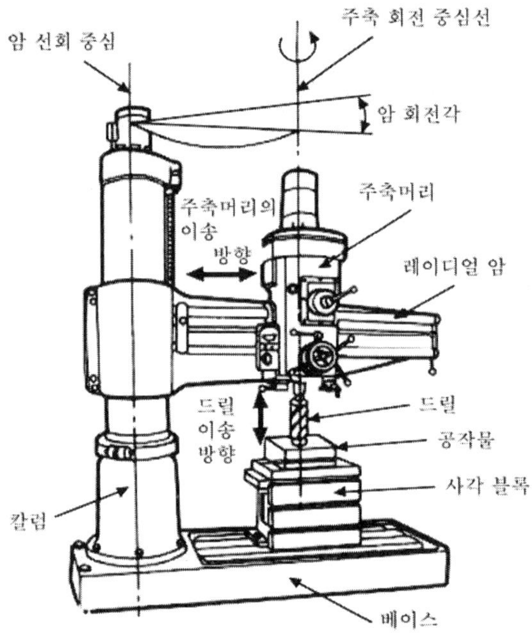

그림 5.3 레이디얼 드릴링 머신

(4) 다축 드릴링 머신(multiple spindle drilling machine)

다축 드릴링 머신의 구조는 그림 5.4와 같으며 다수의 구멍을 동시 가공 및 다른 작업을 할 때 능률적이다. 먼저 작업에 필요한 공구들을 고정시켜 놓고 순서대로 필요한 공구를 사용해서 하나의 공작물에 구멍 뚫기, 리이머 작업, 탭작업 등의 일관 작업을 연속적으로 할 수 있다.

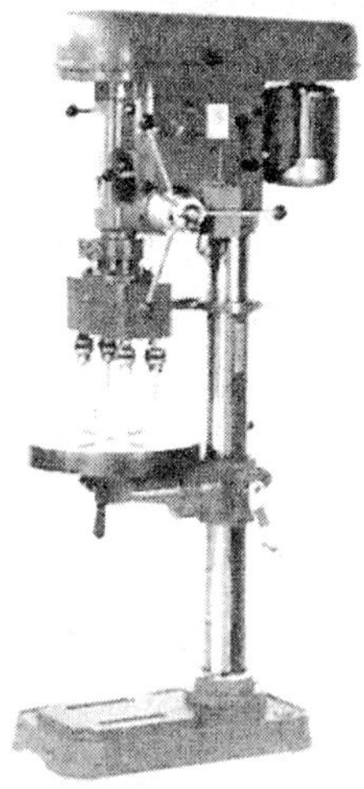

그림 5.4 다축 드릴링 머신

그림 5.5는 다축 드릴링 장치를 나타낸 것으로서, 정밀도가 높고 일정한 제품을 대량생산 할 수 있으며, 작업자를 1인 다역의 효율화 작업으로 원가 및 공정을 대폭 절감할 수 있다.

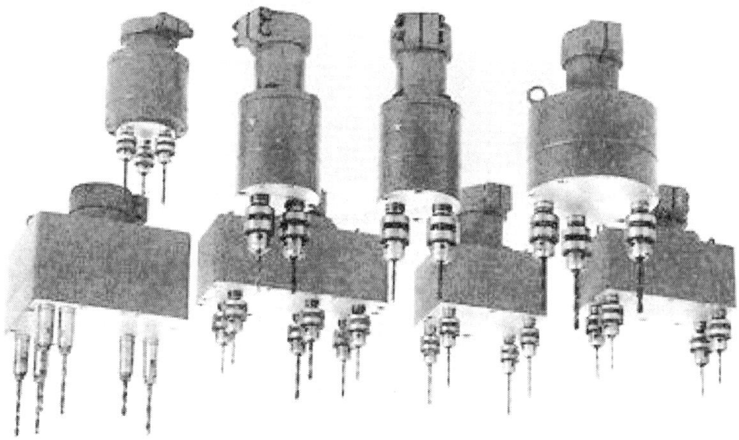

그림 5.5 다두 드릴링 장치

(5) 다두 드릴링 머신(multi-head drilling machine)

다두 드릴링 머신은 직립 드릴링 머신의 상부기구를 같은 배드 위에 여러 개 나란히 장치한 것이며, 개개의 스핀들에 드릴 그 밖에 여러 가지 공구를 끼워 드릴 가공, 리이머 가공, 탭가공 등을 순서에 따라 연속적으로 작업할 수 있다.

(6) 터릿 드릴링 머신(turret drilling machine)

최근에는 그림 5.6과 같은 터릿 드릴링 머신이 많이 사용되고 있다. 특징은 다음과 같다.

① 가공조건을 생각하지 않아도 자동적으로 결정되므로 미숙련공도 프로그램 및 조작을 간단하게 할 수 있다.

② 보턴(button)의 조작으로 드릴링, 리이밍, 테이퍼 가공, 등 연속가공 및 1축 자동가공, 수동가공이 가능하고 전용과 범용성을 겸비한 드릴링 머신이다.

③ 각 스핀들마다 이송속도, 급속 이동 절삭, 가공모드(드릴가공, 테이퍼가공 등)를 전면 조작 판넬(panel)에서 간단히 설정할 수 있다.

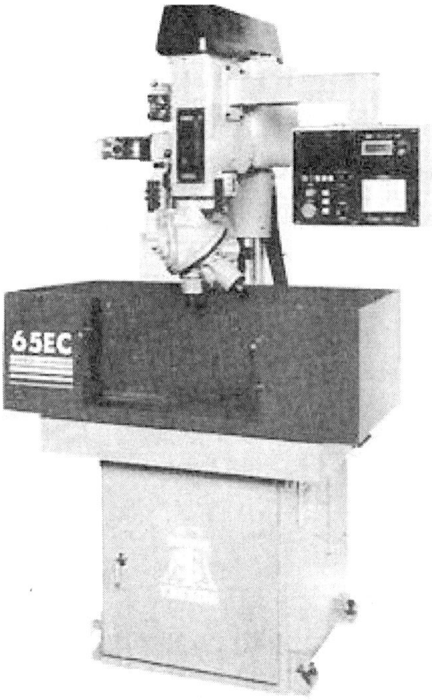

그림 5.6 터릿 드릴링 머신

5.3 드릴의 종류와 용도

(1) 드릴의 종류

드릴은 크게 4가지로 분류하면 트위스트 드릴, 평 드릴, 특수 드릴, 경질합금 드릴로 나누며, 그 형상은 그림 5.7과 같다.

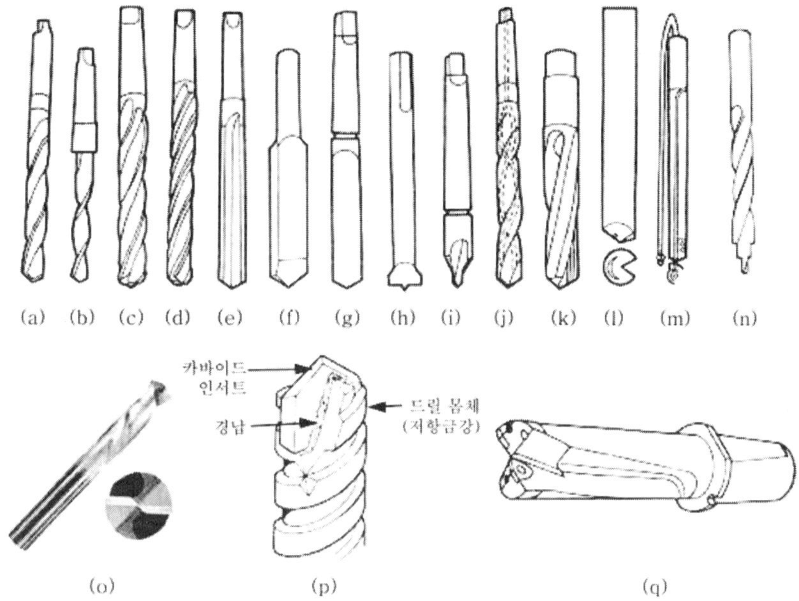

a : 보통 트위스트 드릴
b : 평형 트위스트 드릴
c : 3홈 트위스트 드릴
d : 4홈 트위스트 드릴
e : 곧은 홈 드릴
f,g,h : 평드릴
i : 센터 드릴
j : 유공 드릴
k : 중공 드릴
l : 반월 드릴
m : 포신 드릴
n : 스텝 드릴
o : TIN 코팅 초경 드릴
p : 초경 경납땜 드릴
q : Throw-Away Drill

그림 5.7 각종 드릴의 종류

① 트위스트 드릴(twist drill)

가장 널리 쓰이는 드릴로서 2개의 비틀림 날이 회전 날 끝으로 되어 있어 절삭성이 매우 좋다.

② 평 드릴(flat drill)

둥근봉의 선단을 납작하게 만들어 날을 붙인 것이며, 가장 간단한 형식으로 보통 연한 재질을 가진 공작물의 구멍을 뚫을 때 사용된다.

③ 곧은 홈 드릴(straight flute drill)

홈이 직선으로 파여진 드릴로서 선단의 각도가 0°이므로 황동이나 얇은 판의 구멍을 뚫을 때 사용된다.

④ 유공 드릴(oil tublar drill)

트위스트 드릴의 내부에 기름구멍을 만든 것으로서 기름의 공급과 칩의 배출이 용이하므로 깊은 구멍을 뚫을 때 사용한다.

⑤ 코어 드릴(core drill)

이미 뚫린 구멍을 넓힐 때 사용한다. 외주 부근에만 3~4개의 날을 가지며 중심부에는 날이 없으므로 새로 구멍을 뚫을 때는 사용이 불가능하다.

⑥ 스텝 드릴(step drill)

2개의 날을 가진 드릴 선단부를 외경보다 가늘게 하여 그 단부를 평면 또는 경사면으로 만든 드릴이며, 대량생산작업에서 그 공정수를 줄이기 위해 사용된다.

⑦ 콤비네이션 드릴(combination drill)

드릴에 리이머, 탭 등의 날을 동일 중심축으로 한 드릴로서 드릴링, 리이밍의 작업을 계속 전진하여 구멍면에 나사를 낼 수 있는 복합 드릴이다.

⑧ 건 드릴(gun drill)

구멍의 직경이 20배 이상의 깊은 구멍을 가공하기 위하여(총신가공용) 곧은 날 드릴과 유공 드릴의 원리를 조합한 드릴이다.

⑨ TIN코팅 초경 드릴(tin coated drill)

강, 주철용, 재연삭 및 고속 가공이 용이하다.

⑩ 초경경납땜 드릴

초경합금 팁을 경납땜 한 것으로서 특히 뚫린 구멍이 정확한 것이 요구될 때 및 fiber와 같이 발열이 많은 재료, Al과 같은 비철금속에도 특수한 성능을 발휘할 수 있다.

⑪ throw-away drill

절삭날의 독특한 디자인으로서 공작물에 좀 더 많은 절삭력을 가할 수 있으며, 고 이송 절삭 선택을 할 수 있다.

특히 ⑨, ⑩, ⑪은 최근에 보다 좋은 성능을 갖게 하기 위하여 많은 관심을 가지고 개발하고 있다.

(2) 드릴의 각부 명칭 및 각도

드릴의 각부 명칭과 각도를 그림 5.8에 표시한다. 드릴의 선단은 원추형이고 선단의 트위스트 홈이 서로 만나는 부분에 2개의 절삭날이 있다. 이 트위스트 드릴의 인선각은 연강용에 대해서는 118°를 표준하고 있다. 공작물의 재질에 따라서 표 5.1과 같은 것들이 사용되는데 일반적으로 가공 재료가 굳을수록 인선각은 크게 한다.

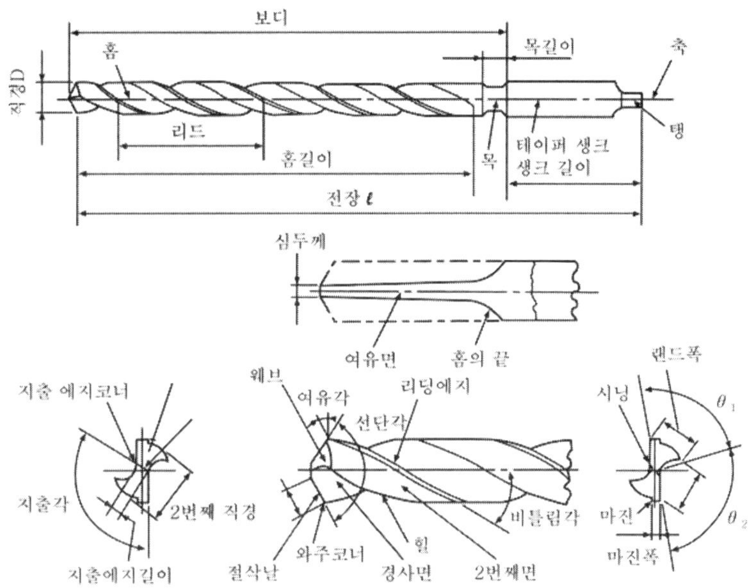

그림 5.8 드릴 각부의 명칭

① 드릴 끝(drill point) : 드릴의 끝부분이며, 원추형이다. 절삭날은 이 부분에서 연삭한다.

② 몸통(body) : 드릴의 본체가 되는 부분이며, 홈이 있다.

③ 홈(flute) : 드릴의 본체에 직선 또는 나선으로 파여진 홈이며, 칩을 배출하고 또, 절삭유를 공급하는 통로가 된다.

④ 생크(shank) : 드릴 고정구에 맞추어 드릴을 고정하는 부분

⑤ 탱(tang) : 테이퍼 자루끝을 납작하게 한 부분으로서, 드릴에 회전력을 주며, 드릴과 소켓이 맞는 테이퍼부를 손상시키지 않고 드릴을 돌려주는 역할을 한다.

⑥ 치즐에지(chiseledge) : 드릴 끝에서 두 절삭날이 만나는 지점이다.

⑦ 절삭날(lips) : 드릴끝에서 드릴링 할 때 재료를 깍아내는 날부분이다.

⑧ 마진(margin) : 드릴의 홈을 따라서 나타나 있는 좁은 면으로, 드릴의 크기를 정하며 예비적인 날의 역할 또는 날의 강도를 보강하는 역할을 한다.

⑨ 웨브(web) : 홈과 홈 사이의 두께를 말하며 자루쪽으로 갈수록 두꺼워진다.

⑩ 선단각(point angle) : 드릴 끝에서 절삭 날이 이루는 각이다. 보통 118°정도이다(연강)

⑪ 홈 나선각(helix angle) : 드릴의 경심축과 비틀림 사이에 이루는 각이다.

⑫ 몸통여유(body diameter clearance) : 마아진보다 지름을 자게한 드릴 몸통부분이며, 절삭할 때 공작물에 드릴 몸통이 닿지 않도록 여유를 두기 위한 부분이다.

⑬ 날 여유각(lip clearance angle) : 절삭날이 장애를 받지 않고 재료에 먹어 들어가도록 절삭날에 주어진 여유각이다. 보통 10~15°정도이다(lip relief angle).

⑭ 전장(overall length) : 전체길이

⑮ 랜드(land) 마아진 윗부분 : 드릴에는 3가지 여유(relief)가 고려되어야 하는데 이것이 적당하지 못하면 공작물과 드릴사이에 마찰이 커져서 절삭이 곤란해지거나 드릴이 파손되는 결과를 초래한다.(그림 5.9 참조)

⑯ 백 테이퍼(back taper) : 드릴의 선단보다 자루쪽으로 갈수록 약간의 테이퍼를 준 것으로 구멍과 드릴이 접촉하지 않도록 한 테이퍼이다. 드릴의 지름이 5mm 이상인 것에 한하여 0.04~0.01mm/100mm 정도로 지름을 작게하고 있다.

⑰ 날여유각(lip clearance angle)

⑱ 여유면(land relief) : 드릴의 원주 부분과 뚫린 구멍이 마찰을 일으키지 않도록 여유를 두는 것이다.

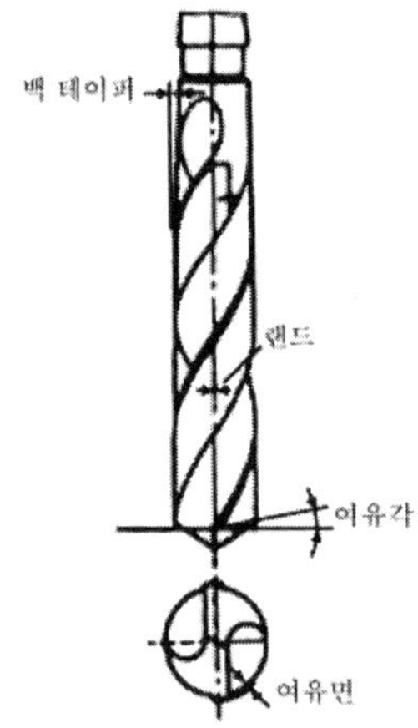

그림 5.9 드릴의 여유

표 5.1 드릴날 끝의 각도(단위 : ° C)

공작물의 재질	선단각	여유각	비틀림각
주 철	90~118	12~15	20~32
강 (저 탄 고 강)	118	12~15	20~32
구리 및 구리 합금	110~113	10~15	30~40
알 루 미 늄 합 금	90~120	12	17~20
표 준 드 릴	118	12~15	20~32

5.4 절삭속도와 이송절삭 동력

(1) 절삭속도

절삭속도는 드릴 외경의 속도로 나타내며, 이송은 드릴 1회전마다 드릴의 축방향 이동거리로 나타낸다. 이 크기는 드릴과 공작물의 재질, 드릴의 지름 등으로 결정된다.

드릴가공이 진행되어 구멍이 깊어지면 칩의 배출이 곤란하므로, 절삭속도와 이송을 줄여야 한다. 예를 들면, 구멍의 깊이가 드릴 지름의 3배 정도가 되면 10% 감소시킨다. 드릴의 회전수 n은 다음식으로 나타낸다.

$$n=\frac{1000v}{\pi d}$$

여기서,

n : 드릴의 회전수(rpm) v : 절삭속도(m/min) d : 드릴의 직경(mm)

(2) 이송

드릴이 1회전하는 동안에 이송거리를 f(mm), 드릴끝 원추의 높이를 h(mm), 구멍의 깊이를 t(mm)라 하면, 이 구멍을 뚫는 데 소요되는 시간 T(min)는 다음 식과 같다.

$$T=\frac{t+h}{nf}=\frac{\pi d(t+h)}{1000vf}$$

표 5.2는 깊은 구멍을 뚫을 때의 절삭속도와 이송의 감소율을 나타낸 것이다.

표 5.2 깊은 구멍 드릴가공에서의 절삭속도 및 이송감소율

d/h	절삭속도의 감소율(%)	이송 감소율(%)
3	10	10
4	20	10
6	30	20
6~8	35~40	20

d : 구멍지름, h : 구멍깊이

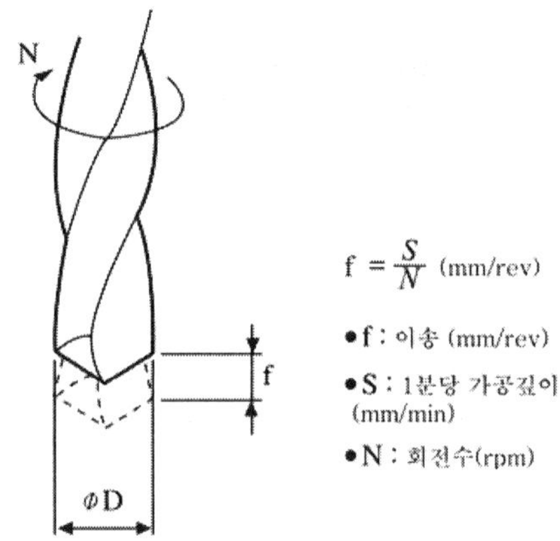

그림 5.10 드릴의 이송

(3) 절삭동력

드릴링에 요하는 동력은 각 속도를 w(rad/sec), 회전 moment를 T(kgf/cm)라 하면 회전모멘트(moment)에 대한 동력 Pm은

$$Pm = \frac{T \cdot w}{75 \times 100} = \frac{T \cdot \frac{2\pi n}{60}}{75 \times 100} = \frac{T \cdot n}{71620} \text{ (HP)}$$

로 되며 feed에 필요한 추력(thrust)에 Ft에 대한 동력 Pf는 feed를 f(mm/rev)라 하면

$$P_f = \frac{F_t \cdot f \cdot n}{75 \times 60 \times 1000} = \frac{F_t \cdot f \cdot n}{4500000} \text{ (HP)}$$

로 된다.

그러므로 드릴링에 필요한 전동력 P(HP)는

$$P = P_m + P_f = \frac{T \cdot n}{71620} + \frac{F_t \cdot f \cdot n}{4500000}$$

로 나타낼 수 있다.

예제 1 두께 40mm인 연강을 H.S.S. 드릴로 φ32mm의 구멍을 뚫을 때 걸리는 시간을 계산하라. 단, 회전수 *n*=216rpm, 이송 *f*=0.254mm/rev, 드릴의 원추 높이 $h \fallingdotseq \frac{d}{2} = 16\text{mm}$이다.

☞

$$T = \frac{h+t}{n \cdot f} = \frac{16+40}{216 \times 0.254} = 1.02(\min)$$

예제 2 H.S.S. 드릴을 사용하여 연강에 φ25.4mm의 구멍을 이송*f*=0.254 m/rev, 절삭속도 *V*=18m/min의 조건에서 뚫을 때 공구 동력계에 의하여 추력 F_t=669kgf, 회전 moment *T*=33kgf/cm로 측정되었다. 구멍 뚫기에 요하는 전동력을 계산하라.

☞

$$V = \frac{\pi d n}{1000} \text{ 에서}$$

$$n = \frac{1000V}{\pi d} = \frac{1000 \times 18}{\pi \times 25.4} = 226 \text{ (rpm)}$$

회전 moment에 대한 동력

$$P_m = \frac{T \times w}{75 \times 100} = \frac{T \cdot \frac{2\pi n}{60}}{75 \times 100}$$

이송에 필요한 추력에 대한 동력

$$P_f = \frac{F_t \cdot f \cdot n}{75 \times 60 \times 1000}$$

$$= \frac{669 \times 0.254 \times 226}{4500000} = 0.0085 \text{ (HP)}$$

$\therefore$ 전동력 $P = P_m + P_t = 0.10413 + 0.0085 = 0.11263 \text{ (HP)}$

5.5 보링 머신의 개요

보링 머신(boring machine)은 드릴 머신의 드릴로 뚫여 있는 구멍이나 단조품, 주조품 등에 각각의 공정중에 만들어진 구멍은 지름의 크기, 진원도 · 원통도 · 진직도, 위치 상호 피치 등이 만족스럽지 못하므로 이들의 구멍을 정확한 치수로 절삭 하는 공작기계를 보링 머신이라 한다. 선반이나 드릴링 머신에서도 이 작업은 할 수 있으나 큰 차이점은 일반적으로 보링 머신은 공작물을 고정하고 절삭 공구를 회전시켜 절삭하는 방식을 채택하므로 대형의 공작물이나 형상이 복잡하여 공작물을 회전할 수 없는 경우에 사용된다.

5.6 보링 머신의 종류와 보링 공구

5.6.1 보링머신의 종류

보링 머신은 구조와 작업 방법에 따라 분류하면 종류가 많으나, 크게 나누면 다음과 같다.

(1) 수평식 보링 머신(horizontal boring machine)

대표적인 보링 머신이며, 구조에 따라 테이블형, 플로어형(floor type), 플레이너(planner type)이 있다.

① 테이블형(table type)

테이블이 새들안내면 위를 스핀들과 평행, 직각방향으로 수평면내에서 이동한다. 보링 이외의 기계가공이 요구되는 일반공작에 사용된다(그림 5.11).

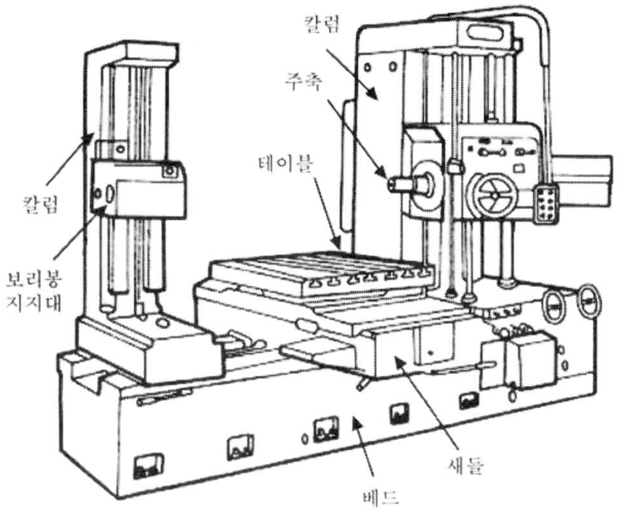

그림 5.11 테이블형 수평식 보링 머신

② 플로어형(floor type)

공작물을 고정하는 데는 T홈이 있는 바닥판(floor plate)을 사용한다. 공작물이 크고 테이블에서 가공하기 어려운 것을 가공하는데 사용된다. 주축대는 칼럼을 따라 상하로 움직이며, 칼럼은 배드 위를 전후로 이송하여 스핀들의 위치를 정한다. 외부지지대가 되는 직립 칼럼은 바닥 위 적당한 위치에 고정할 수 있다. 스핀들의 지름이 100mm 이상일 때 이 형식을 사용한다(그림 5.12).

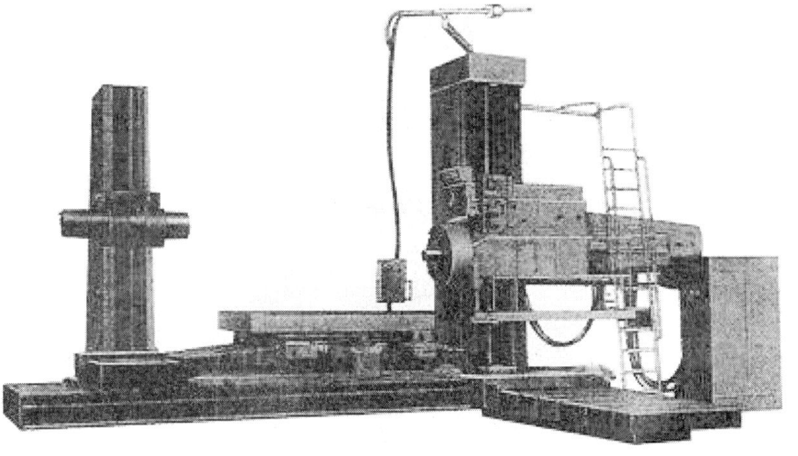

그림 5.12 플로어형 보링 머신

③ 플레이너형(planner type)

테이블형과 유사하나 다만 테이블이 지지하는 새들(saddle)이 없고, 길이 방향의 이송은 베이스의 안내면을 따라 칼럼이 이동함로써 할 수 있다. 길고 무거운 공작물을 정밀히 가공할 때 사용한다.

(2) 지그 보링 머신(jig boring machine)

지그 보링 머신은 주로 공구나 지그가공을 목적으로 하고, 2~10㎛의 정밀도로 구멍을 가공할 수 있다. 그 형식은 주축은 수직인 것과 수평한 것으로 분류되나 수직형 지그 보링 머신에 있어서는 그 전후·좌우 이동으로 위치좌표를 결정하고 주축의 상하운동이 구멍가공에 사용된다. 수평형 지그 보링 머신에서는 주축의 전후운동 또는 테이블의 전후운동으로 구멍가공이 이루어진다. 그림 5.13은 수직형이면서 2개의 칼럼을 갖는 쌍주형 지그 보링을 표시한 것이다.

가공물을 테이블상에 고정하고 표준선에서 구멍의 위치에 따라 테이블 및 주축을 이동시켜 구멍을 뚫으면 정확한 위치에 구멍이 뚫린다. 또한 테이블과 주축대의 위치를 결정하기 위하여 나사식 보정장치, 표준봉 게이지와 다이알 게이지, 현미경을 사용한 광학적 장치, 전기적 계측장치 중에서 선택한 것이 사용되며 높은 가공 정밀도를 가지게 된다. 지그 보링 머신은 정밀도가 매우 높은 공작기계이므로, 온도변화에 연향을 받는 공작물이나 기계 각부분의 열팽창을 미연에 방지하기 위하여 항온실에 설치하여야 한다.

그림 5.13 쌍주식 지그 보링 머신

(3) 정밀 보링 머신

다이아몬드 또는 초경합금공구를 사용하며, 정밀선삭의 원리로서 고속도 경절삭으로 정밀한 보링을 하는 기계로서, 직립식과 수평식이 있으며 가공한 구멍의 진원도, 진직도가 매우 높다. 그 적용의 예로서 내연기관의 cylinder, piston pin의 공부 등의 완성작업에 사용된다.

(4) CNC 보링 머신

최근에는 그림 5.14와 같은 CNC 보링 머신의 출현으로 보링 작업뿐만 아니라 리이밍 작업, 단면절삭, 외경절삭, 나사절삭 등 다양한 작업을 정밀하게 가공할 수 있게 되어 항공기산업, 자동차산업에 획기적인 발전이 되고 있다. 그림 5.15는 보링머신 작업의 예를 나타낸 것이다

그림 5.14 FLOOR TYPE CNC 보링 머신

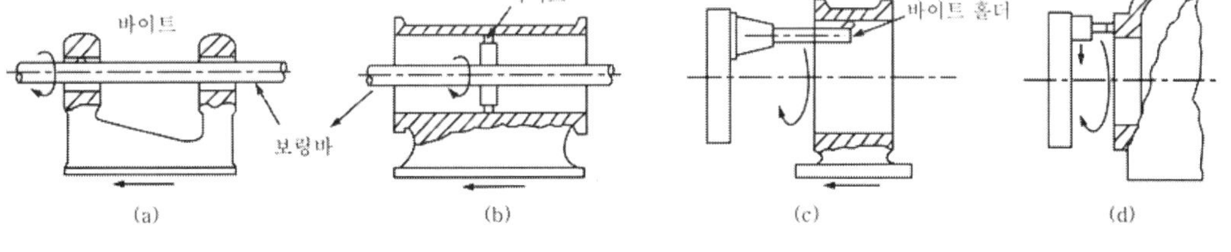

(a), (b), (c) 보링, (d) 정면깍기

그림 5.15 보링 머신 작업의 예

5.6.2 보링 공구

보링 머신에서 사용하는 바이트는 선반용 바이트와 거의 같은 구조이나, 구멍의 내면을 가공하게 되므로, 가공하는 구멍의 지름에 알맞은 충분한 여유값을 두어야 한다. 공구재료는 고속도강, 초경합금강 등이 쓰인다. 보링용 절삭공구는 그림 5.16과 같이 여러 가지 형태의 보링 바아(boring bar)에 고정하여 사용한다. 주축에 가까이 있는 지름이 작고 길이가 짧은 구멍에는 그림 (a)와 같은 한쪽 지지용 바이트가 쓰인다. 일반적으로 (b)와 같은 보링 바아에 직접보링 바이트를 나사로 고정한 것을 사용한다. 큰 구멍에 대해서는 커터를 직접 보링 바아에 고정할 수 없으므로 보링 헤드(boring head) 또는 블록형 커터를 이용하고, 여기에 2개 이상의 바이트를 고정한다. 그림 (c)는 역방향 이송에서도 보링이 가능한 것이며, 그림 (d)는 절삭날 끝의 위치를 조정할 수 있는 마이크로 조절형이다.

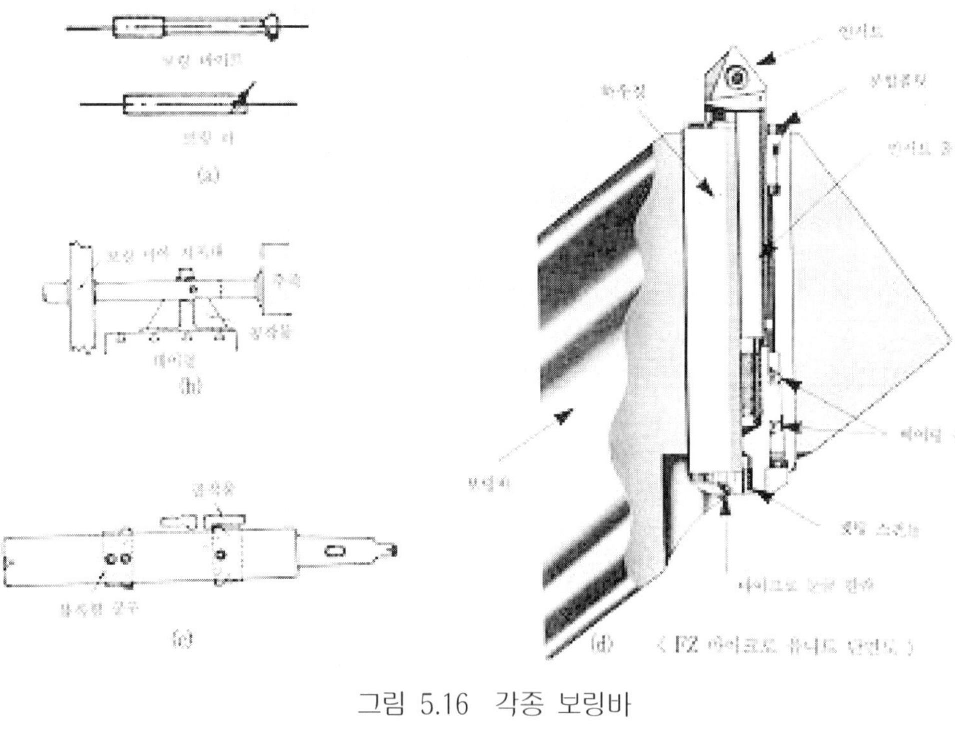

그림 5.16 각종 보링바

그림 5.17은 보링바의 구체적인 형태를 나타낸 것이다.

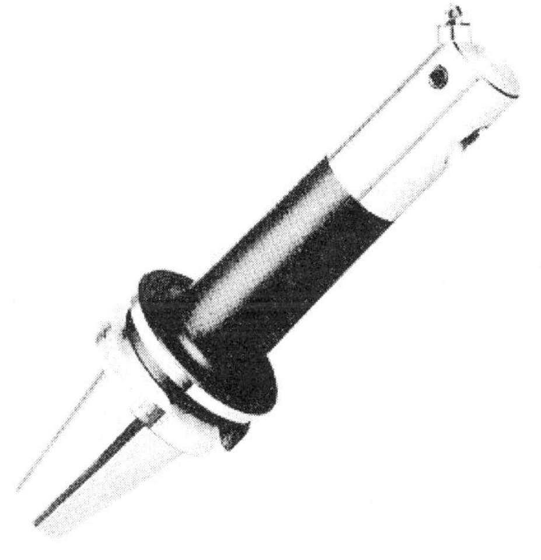

그림 5.17 보링 바

그림 5.18은 흔히 사용되는 보링 공구대로서 바이트는 보통 2개를 고정할 수 있다.

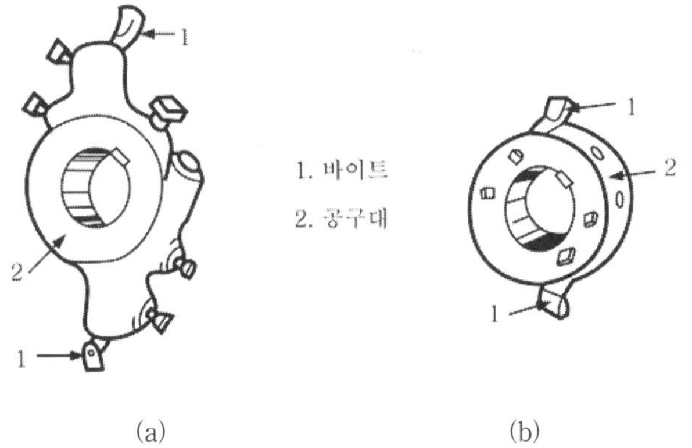

그림 5.18 보링 공구대

그림 5.19는 지름이 큰 가공물의 단면 절삭에 사용되는 단면 절삭 공구대를 나타낸 것이다.

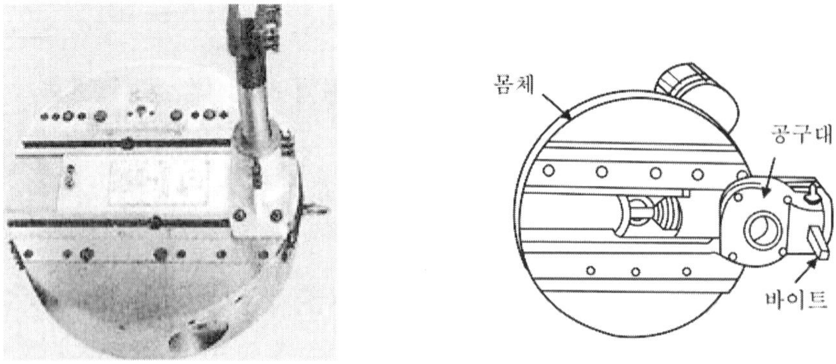

그림 5.19 단면 절삭 공구대

그림 5.20은 로타리 테이블형(rotary table type) 보링 머신의 계통도를 나타낸 것이다.

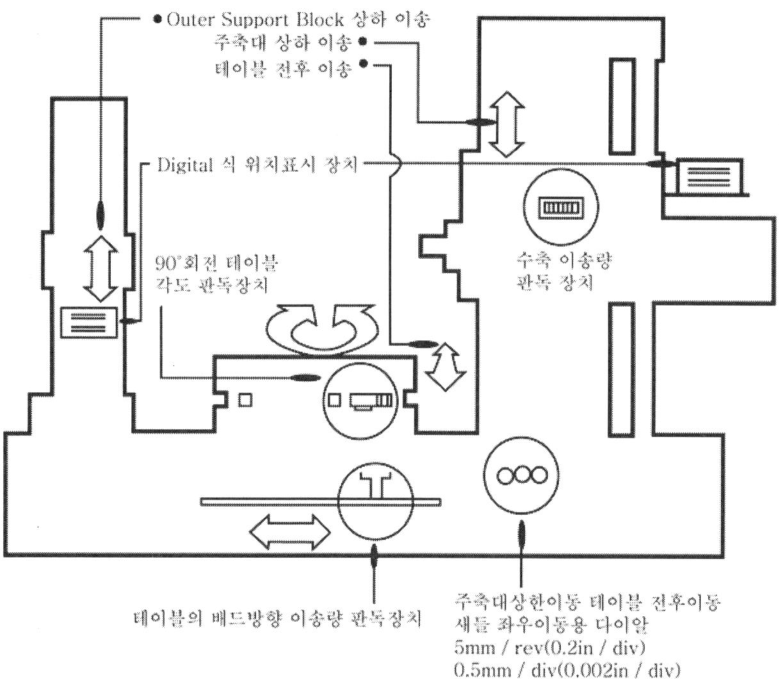

그림 5.20 로타리 테이블형 보링 머신의 계통로

제 6 장 평삭가공(planing)

6.1 평삭가공의 개요

세이퍼, 슬로터 및 플레이너가 평면을 가공한다는 데에는 공통점을 갖고 있으나, 세이퍼와 슬로터에서는 소형물을 가공하며 공작물에 이송을 주고, 플레이너에서는 대형물을 가공하고 공구에 이송을 준다. 공구의 이송은 귀환행정 때에 주며, 여러 가지 기준면 및 안내면이 될 평면가공에 주로 사용된다. 플레이너 가공의 종류와 절삭 방법은 세이퍼의 경우와 거의 같으나, 세이퍼에 비하여 큰 공작물을 가공하는데 쓰이는 점이 다르다.

6.2 플레이너(planer)

플레이너는 공작물을 설치한 테이블을 왕복운동시켜서 큰 공작물의 평면부를 가공하는 공작 기계로서 선반의 베드, 대형 정반 등의 가공에 편리하다. 플레이너에서 할 수 있는 작업은 수평면절삭, 홈절삭, 경사면절삭 등이다.

6.2.1 플레이너의 구조와 기능

크로스 레일은 기둥 앞면에 수평으로 설치하고, 기둥의 미끄럼면을 따라 상하로 이동한다. 이 크로스 레일에는 1개 또는 2개의 정면 공구대가 장치되어 이송된다. 때로는 기둥 아래쪽에도 수평방향으로 공구대가 장치되며, 공작물의 옆면을 절삭할 수 있게 되어 있다. 테이블은 긴 베드의 미끄럼 홈 위에 놓이고 그 위에 공작물을 고정하여 직선 운동을 한다. 미끄럼 홈에는 큰 압력이 작용하여 테이블이 고속 운동을 하므로, 윤활에 세심한 주의를 하여야 한다.

6.2.2 플레이너의 종류

플레이너는 기둥의 수에 따라 ① 쌍주식 플레이너(double housing planer)와 ② 단주식 플레이너(open side planer), ③ 특수 플레이너로 나뉜다.

(1) 쌍주식 플레이너

쌍주식 플레이너는 그림 6.1과 같이 기둥이 배드 양쪽에 배치되어 문 모양을 한 구조이다. 쌍주식 플레이너는 기둥 사이의 거리에 따라 공작물의 크기가 제한되지만, 구조상 강력절삭이 가능하다.

(2) 단주식 플레이너

단주식 플레이너는 그림 6.2와 같이 기둥이 배드의 한쪽 옆면에 있고, 크로스 레일(crosse rail)이 외팔보로 되어 있는 구조이다. 단주식 플레이너에서는 폭이 넓은 공작물을 가공할 수 있다.

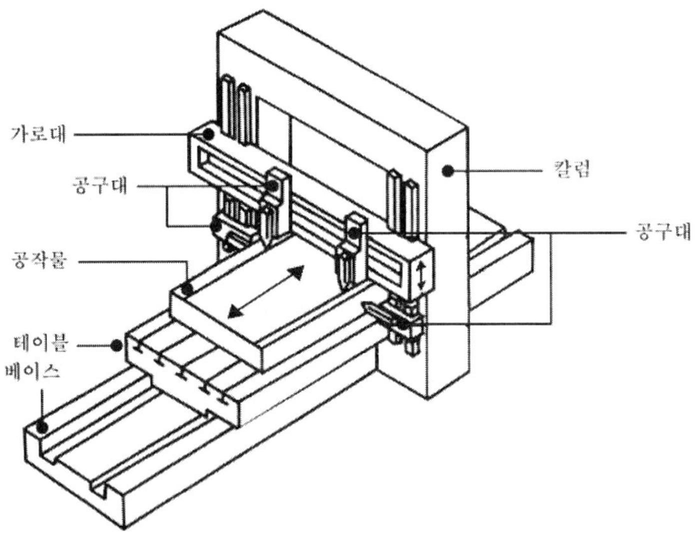

그림 6.1 쌍주식 플레이너의 구조

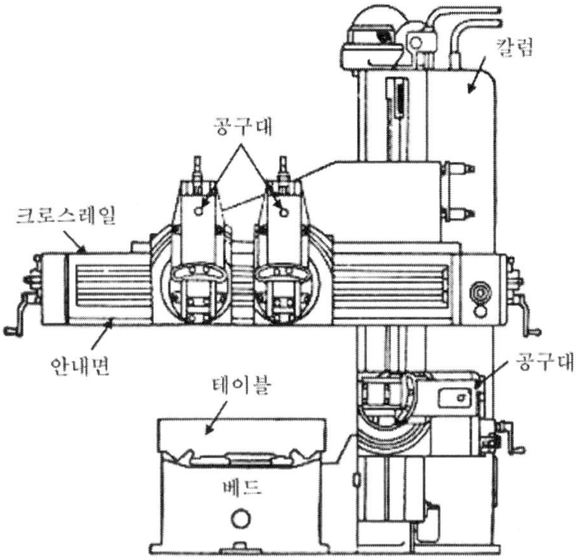

그림 6.2 단주식 플레이너

(3) 특수 플레이너

특별히 큰 가공물을 절삭하기 위하여 그림 6.3과 같이 배드의 측면에 따라 피트 5를 만들어 높이가 과대하고 테이블 위에 올려 놓기가 불가능한 이형(異形)의 공작물 6을 가공하는 특수한 기계이고 이와 같은 목적으로 1, 2, 3보조장치나 4와 같은 고정 시트를 부속시켜 피트 5를 이용하는 형식의 기계를 피트 플레이너(pit planer)라 한다.

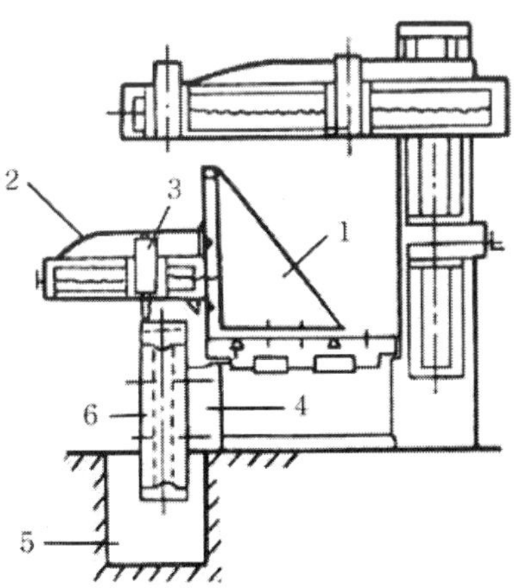

그림 6.3 피트 플레이너(pit planer)

6.2.3 절삭속도와 가공시간

플레이너에서는 절삭 행정과 귀환 행정의 속도를 각각 일정하다고 가정하면, 테이블 1회 왕복에 소요되는 시간으로 평균속도가 계산된다.

(1) 평균속도

$$v_m = \frac{2L}{t} = \frac{2v_s}{1+\frac{1}{n}} \quad t = \frac{L}{v_s} + \frac{L}{v_r}, \quad n = \frac{v_r}{v_s}$$

여기서,

vm : 평균속도(m/min) L : 행정(m) t : 1회 왕복시간(min)

vs : 절삭속도(m/min1) vr : 귀환속도(m/min) n : 속도비=vr/vs(보통 3~4)

(2) 가공시간

평균 속도를 알면 가공시간은 다음과 같이 구한다.

$$T = \frac{2bL}{\eta s v_m}$$

여기서,

T : 가공시간(min)

b : 공작물의 나비(mm)

η : 절삭효율

s : 이송(mm/stroke)

L : 행정(m)

v_m : 평균속도(m/min)

표 6.1 플레이너의 절삭속도(단위 : m/min)

바이트의 재질		고 속 도 강				초 경 합 금			
절삭조건	절삭깊이(mm)	3	6	12	25	1.5	2.5	3	10
	이 송(mm)	1	1.5	2.5	3	1	1	1.5	1.5
공작물의 재 질	주철(연한 것)	30	25	20	17	100	80	65	55
	주철(굳은 것)	15	11	8	-	55	43	35	-
	보 통 강	23	18	13	10	100	75	58	43
	특 수 강	13	10	8	-	70	53	40	-
	청 동	50	50	40	-	※	※	※	※
	알 루 미 늄	70	70	50	-	※	※	※	※

(주) ※표는 테이블의 최대속도를 사용한다.

6.2.4 공작물 고정법

플레이너 작업은 가공물의 표면과 측면의 길이 방향을 깍는 것이 기본 작업이며 공작물을 테이블에 고정하는 방식은 그림 6.4와 같이 형상에 따라 다르다.

예제 1 **플레이너에서 너비 750mm, 깊이 1m의 주철제 정반을 절삭할 때의 가공할 때의 가공 시간을 구하여라. 여기에서 고속도강 바이트를 사용하고 행정은 공작물의 길이보다 80mm길게 하고, 절삭 깊이는 3mm, 이송은 1mm/행정으로 한다. 또, 절삭효율은 80%, 속도비 n은 3으로 한다.**

☞

표 6.1에서 vs=15(m/min)

$$v_m = \frac{2v_s}{1+\frac{1}{n}} = \frac{2\times 15}{1+\frac{1}{3}} = 22.5(m/\text{min})$$

$$T = \frac{2bL}{\eta s v_m} = \frac{2\times 750\times(1+0.08)}{0.80\times 1\times 22.5} = 90(\text{min})$$

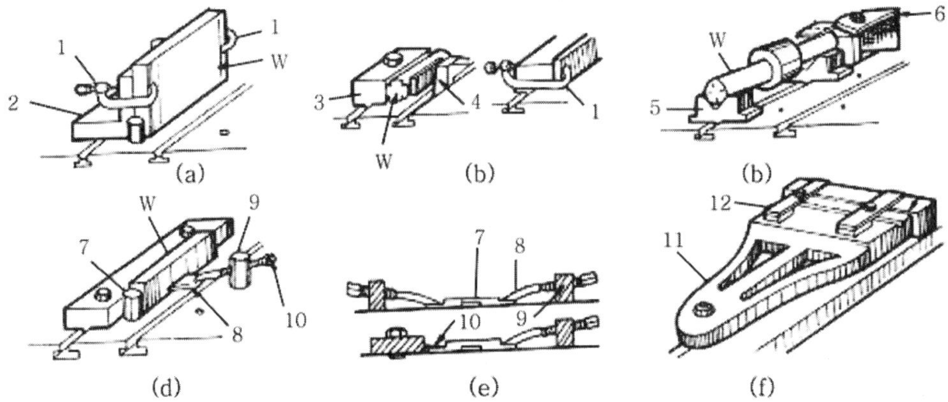

그림 6.4 공작물 고정 방식

6.3 세이퍼(shaper)

세이퍼는 그림 6.5와 같이 바이트가 고정된 램이 왕복운동을 하고, 공작물은 바이트의 운동방향에 대하여 직각을 유지하면서 이송된다. 세이퍼는 구조가 간단하고 취급이 용이하여 평면을 가공하는데 많이 사용된다.

세이퍼의 크기는 주로 램의 최대 행정으로 표시할 때가 많은데 400, 500, 600, 700mm 등의 것들이 있다.

6.3.1 세이퍼의 구조와 기능

(1) 세이퍼의 구조

세이퍼의 형식에는 수평식과 수직식이 있는데, 수평식 세이퍼 중에서 많이 사용되는 것은 크랭크식 세이퍼와 유압세이퍼가 있다(그림 6.5참조).

(2) 급속 귀환기구(quick return mechanism)

급속 귀환기구는 그림 6.6과 같이 크랭크 기어와 로크암에 의한 것이 널리 사용된다. 이 기구는 절삭행정에 비하여 귀환행정의 속도를 빠르게 하여 귀환행정에서의 시간을 단축시킨다. 이기구는 크랭크 핀이 일정한 속도로 회전하고 있을 때, 절삭행정에서는 핀이 중심각 α만큼 돌고, 귀환 행정에서는 β만큼 돌게 된다. 따라서 항상 $\alpha > \beta$이므로, 귀환 행정에 요하는 시간이 절삭 행정에 요하는 시간보다 짧아진다.

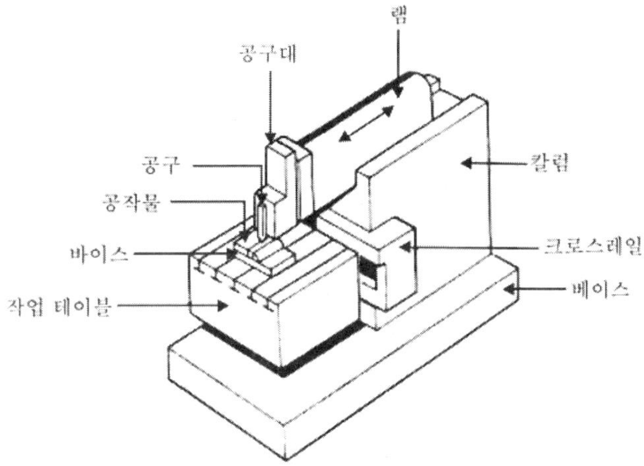

그림 6.5 세이퍼의 구조

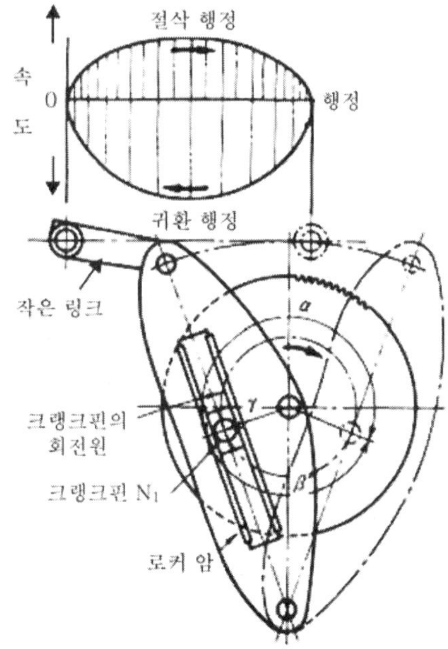

그림 6.6 급속 귀환 기구

(3) 램(ram)의 운동기구

공작물의 길이에 맞추어 램의 행정 길이를 조절하려면 그림 6.7과 같이 행정조절축을 돌리면 너트 N_1(크랭크핀)이 이동하여 크랭크의 반지름 r가 변화한다. 크랭크 핀은 로커 암의 홈 안을 미끄러지면서 회전운동을 한다.

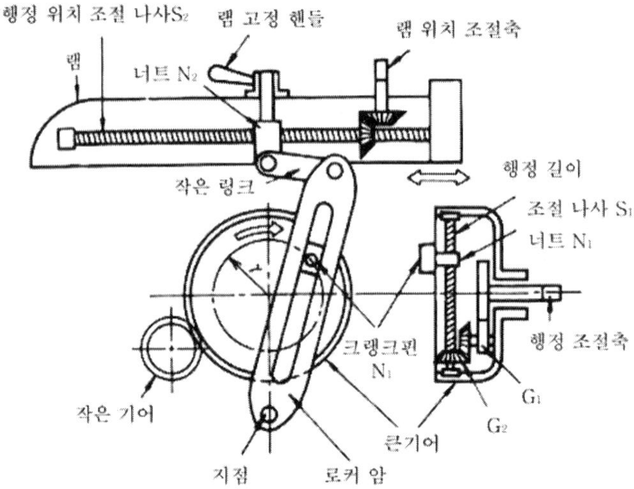

그림 6.7 램의 운동 기구의 내부 구조

(4) 공구대(바이트의 설치)

그림 6.8의 공구대에서 바이트의 절삭깊이는 공구대의 이송핸들을 돌려서 한다. 각도를 가공하기 위하여 공구대를 경사시켜야 할 때에는 공구대 죔 너트를 풀어 각도 눈금을 보면서 돌림판을 돌려 절삭깊이 방향을 정하여 고정한다.

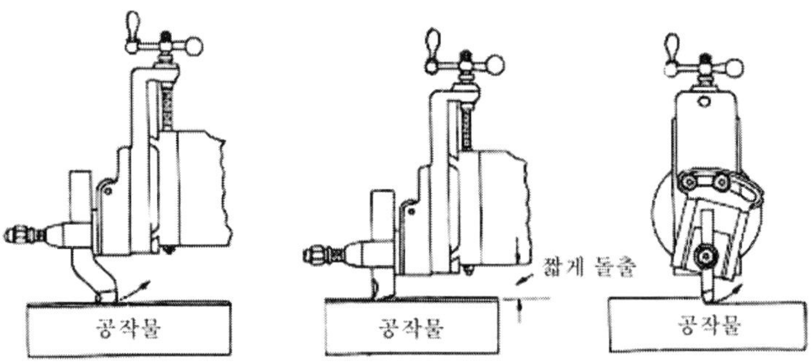

그림 6.8 바이트의 설치방법

그림 6.8에서 (a)는 중절삭에서 바이트가 굽어도 날끝이 공작물에 파고 들지 않도록 설치한 것이며, (b)는 가능한 짧게 돌출시켜, 떨림을 방지 (c)는 절삭저항으로 바이트가 오른쪽으로 선회하여도 날끝이 공작물에 파고들지 않도록 한 것이다.

6.3.2 세이퍼 작업

(1) 절삭속도

절삭속도는 절삭행정에서의 바이트의 속도를 m/min으로 나타낸다. 세이퍼 가공을 하려면 우선 공작물과 바이트의 재질에 따라 여기에 적절한 절삭속도의 범위를 정하고 이것에 따라 램의 매분 왕복 횟수를 계산한다.

절삭속도를 v(m/min)라고 하면, 다음 관계식이 성립한다.

$$v=\frac{nL}{1000k} \text{ 또는 } n=\frac{1000kv}{L}$$

여기서, n : 램(바이트)의 1분간의 왕복 횟수 (stroke/min)

L : 행정의 길이(mm)

k : 절삭행정의 시간과 바이트 1왕복의 시간과의 비 $\left(\text{보통 } k=\frac{3}{5}\sim\frac{2}{3}\right)$

(2) 이송 및 절삭 깊이

① 이송

바이트가 1왕복할 때마다 공작물(테이블)이 램의 행정방향과 직각의 방향으로 이동하는 거리(mm)를 말한다.

② 절삭깊이

바이트가 1회의 왕복으로 공작물을 깍는 깊이를 절삭 깊이라 한다. 거칠게 깍을 때의 절삭깊이는 강재일 때에는 1.5~3mm로 하고, 주철재일 때에는 3~5mm 정도로 한다.

(3) 공작물의 공정방법

공작물은 바이스에 평행봉을 아래에 놓고 고정하거나, 테이블에 직접 고정할 때는 클램프를 사용한다. 그림 6.9는 얇은 공작물을 고정하는 방법이며 그림 6.10은 클램프로 이용하여 테이블에 공작물을 고정하는 방법이다.

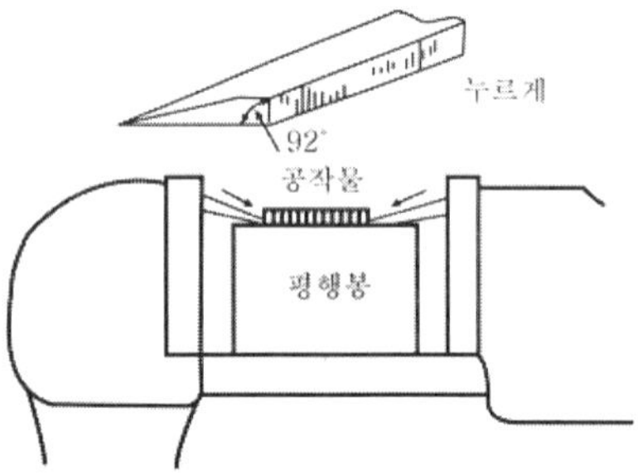

그림 6.9 얇은 공작물 고정법

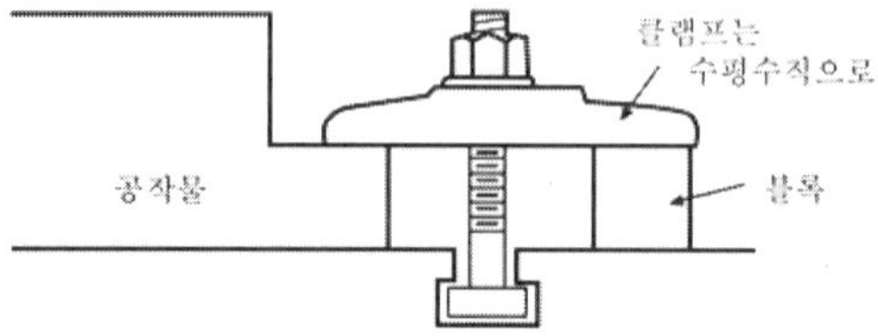

그림 6.10 클램프를 사용한 고정법

6.4 슬로터(slotter)

슬로터는 세이퍼를 직립형으로 한 공작기계이며, 그 운동기구도 거의 같다. 슬로터의 크기는 램의 최대 행정, 테이블의 크기, 테이블의 이동거리 및 원형테이블의 지름으로 나타낸다. 램은 적당한 각도로 기울일 수 있고, 경사면을 절삭할 수도 있다. 원형 테이블은 선회하므로 분활 작업이 되며, 내접 기어 등의 분활 절삭이 가능하다. 따라서, 구멍의 내면이나 곡면외에 내접 기어(internal gear), 스플라인 구멍 등을 가공한다(그림 6.11참조).

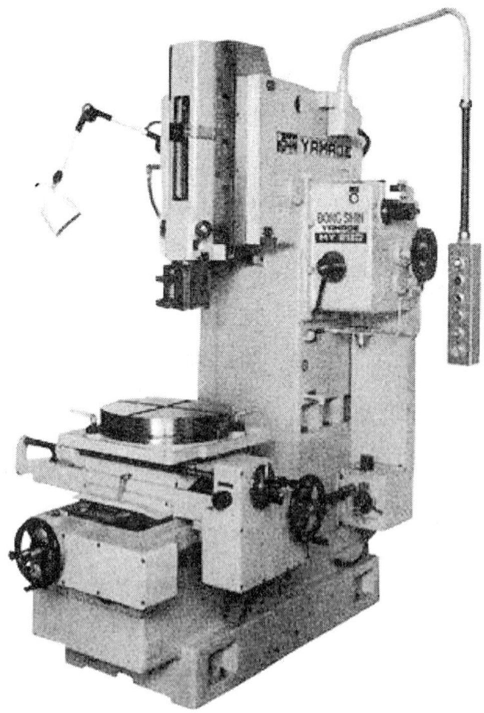

그림 6.11 슬로터

예제 2 연강인 공작물 고속도 공구강 바이트로 세이퍼 가공할 때, 바이트의 1분간의 왕복 횟수를 구하여라. 다만, $v=15m/\min$, $L=300\,\text{mm}$, $k=\frac{3}{5}$ 으로 한다.

☞

$$n=\frac{1000kv}{L}=\frac{1000\times\frac{3}{5}\times15}{300}=30(\text{회}/\text{분})$$

제 7 장 브로칭 및 기어 절삭 가공 (broching, machine)

7.1 브로칭의 가공

7.1.1 브로칭의 개요

브로칭이란 다수의 절삭날을 일직선상에 배치한 브로치라 불리우는 절삭공구를 사용하여, 인발 또는 압입하여, 공작물의 내면 또는 표면을 필요한 모양으로 절삭 하여 완성하는 가공법을 말한다. 브로칭 가공법은 호환성을 필요로 하는 부품의 대량생산에 매우 효과적이며, 특히 자동차나 전기부품의 소형 기재의 정밀가공에 적합하다. 그러나 브로칭은 공작물의 모양에 따라 브로치를 만들어야 하는 불편이 있고 설계, 제작에 시간이 많이 걸리며 공구의 값이 비싸므로 일정량 이상의 대량 생산에 이용된다.

7.1.2 브로치(broach)

(1) 브로치의 모양

브로치는 보통 그림 7.1과 같이 자루부, 안내부, 절삭부 및 평행부의 4가지 부분으로 되어 있고, 자루부는 브로칭 머신의 안내(slide)에 고정하기 위한 것으로, 고정부와 안내부로 구성되어 있다.

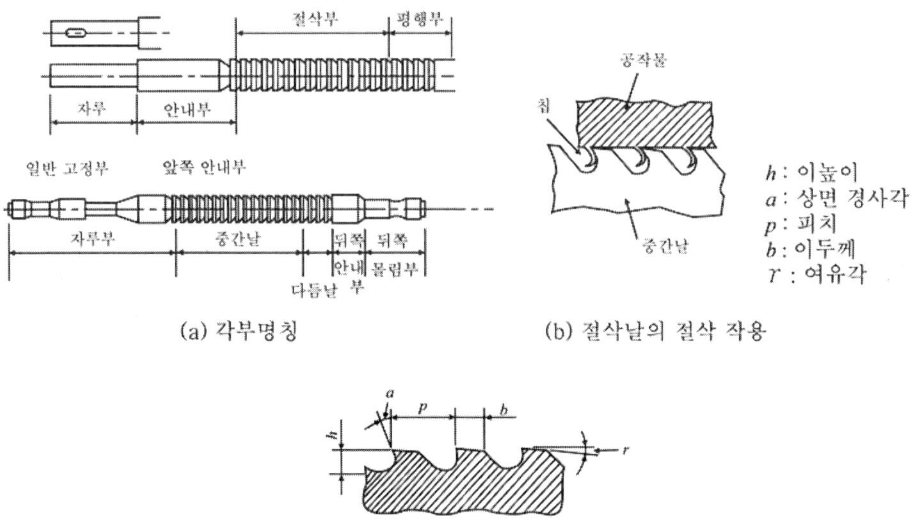

(a) 각부명칭

(b) 절삭날의 절삭 작용

(c) 브로치의 날모양

그림 7.1 브로치의 각부 명칭과 절삭작용

절삭부는 실제로 절삭을 하는 날이 있는 부분이며, 날 외경 또는 치수가 점차 커져서 소정의 크기가 되는 테이퍼 형의 부분이다. 즉, 절삭부의 날은 일반적으로 거친날, 중간날, 다듬날의 3가지 부분으로 되어 있는데, 처음 부분은 가공 전의 공작물 치수와 거의 같고, 점차 커져 공작물을 필요한 모양으로 절삭하고, 다듬날로 원하는 치수로 다듬질하게 되어 있다. 안내부의 길이는 공작물에 처음 깎기 시작하는 날을 언제나 정확히 안내하기 위하여 공작물의 길이와 같던지 또는 그 이상 길이가 필요하다. 지름의 공차는 헐거운 끼워맞춤이 되어 브로치가 진행할 때 큰 마찰이 발생하지 않도록 한다. 브로칭에는 그림 7.2와 같은 내면 브로치작업과 외면 브로치작업이 있다. 그림 7.3은 브로칭에 의한 제품의 예를 나타낸 것으로, 내면 브로치 작업은 둥근 구멍 안에 키 홈, 스플라인(spline)홈, 다각형의 구멍 등을 가공하는 데 사용된다. 또, 외면 브로치 작업은 세그먼트기어(segment gear)의 치형이나 홈, 그 밖의 특수한 모양의 가공에 사용된다.

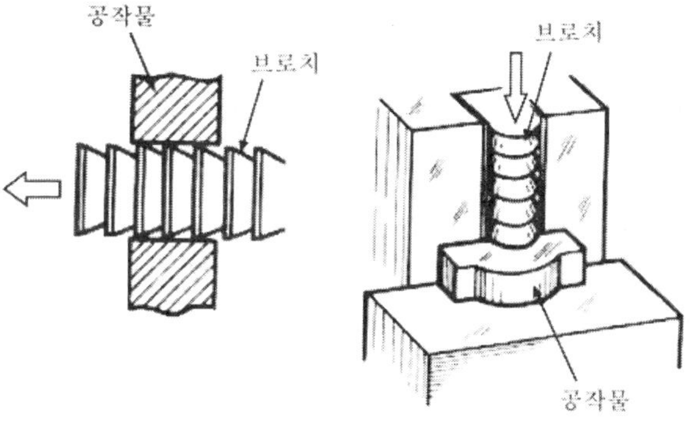

그림 7.2 브로칭

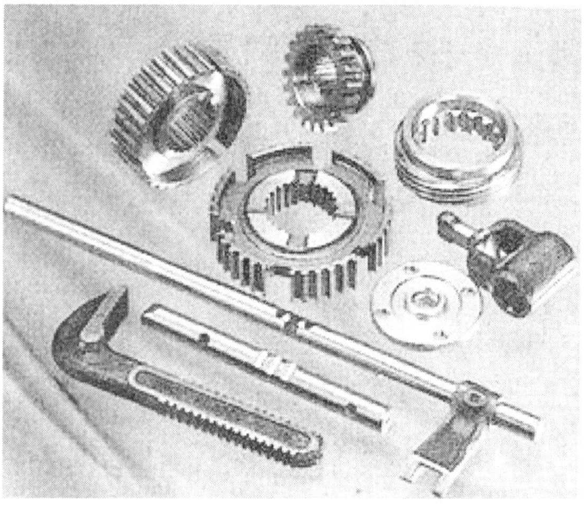

그림 7.3 브로칭 제품의 예

(2) 피치와 날의 높이

피치는 일반적으로 치수가 작고 구멍의 길이가 짧을 때는 날이 수도 적고, 치수가 크고 구멍의 길이가 길 때는 날의 수도 많이 하며, 다음과 같은 값으로 한다.

$$P = C\sqrt{L}$$

여기서,

P : 피치(mm),

L : 절삭할 부분의 길이(mm)

C : 상수이며 1.5~2 정도이다.(피삭재의 재질에 따른 값으로, 연한재료에 대하여는 작은 값을, 경한재료에 대하여는 큰 값을 취한다.)

브로칭은 곧은 단인공구와 같은 절삭작용을 하므로 떨림(chattering)이 나타나기 쉽고 또, 같은 피치로하면 주기적으로 절삭사항의 변동을 일으켜 떨림이 일어나므로 이것을 피하기 위하여 피치의 간격을 다르게 한다. 날 사이의 피치를 점차 길게 하되 0.1~0.5mm 정도 다르게 한다. 날의 높이는 공작물의 재질 및 절삭할 부분의 길이에 따라 다르나, 높이 h는 대략 다음과 같다.

h=(0.35~0.5) P 정도로 한다.

(3) 날의 각도와 모양

날의 상면 경사각(face angle)과 여유각은 표 9.1과 같다(그림 9.1(c)참조). 날끝 뒤에는 날끝과 같은 윤곽을 가진 랜드(land)부가 있다. 이것은 날끝이 마멸되었을 때 상면경사각을 연삭하여 다시 사용할 때 절삭여유를 두도록 한 것이며, 브로치의 수명과 밀접한 관계가 있다. 랜드가 넓으면 수명은 길어지나 가공면과 마찰이 커져서 좋지 않다. 보통 0.2~1.0mm 정도로 한다. 동시에 절삭을 담당하는 날의 수가 많으면 절삭저항의 합력이 증가하고, 브로치의 자루 또는 칩이 모이는 얇은 부분이 파괴되기 쉽다.

표 7.1 브로치의 상면 경사각과 앞면 여유각

재 료	상면경사각(°)	앞 면 여 유 각 (°)	
	거칠은 절삭과 다듬질 절삭	거칠은 절삭	다듬질 절삭
강	15~20	1.5~3	0.5~1
주 강	10	1.5~3	0.5~1
가 단 주 철	7	1.5~3	0.5
주 철 (연)	8	1.5~3	0.5
주 철 (경)	6	1.5~3	0.5
아연 다이캐스팅	12	5	2
청 동 주 물	5~15	0	0
배 밋 메 탈	2	-	0

(4) 브로치의 종류

브로치의 종류는 다음과 같이 분류할 수 있다.

① 구조에 따라 분류
ⓐ 날과 로드가 일체로 된 브로치(solid type)
ⓑ 날을 박은 브로치(inserted type)
ⓒ 조립형 브로치(combined type)

② 가공면에 따라 분류
ⓐ 내면 브로치(internal broach)
ⓑ 외면 브로치(surface broach)

③ 운동방향에 따라 분류
ⓐ 인발 브로치(pull broach)
ⓑ 압출 브로치(push broach)
ⓒ 회전 브로치(rotary broach)

이 밖에도 브로치의 모양과 용도에 따라 구분하면 키 홈 브로치, 원형 브로치, 각 브로치, 스플라인 브로치(spline broach), 스파이어럴 브로치(spiral broach), 세레이션 브로치(serration broach)등이 있다.

7.1.3 브로칭 머신과 절삭조건

(1) 브로칭 머신

① 수평형 브로칭 머신(horizontal broaching machine)

브로치를 수평으로 움직여 가공하는 방식으로서, 설치면적이 큰 결점이 있으나, 기계의 조작 및 점검이 쉽고 운전과 설치의 안정성이 직립형보다 양호하다. 절삭속도는 5~10m/min, 후진 속도는 15~40 m/min 정도이다.

② 직립형 브로칭 머신(vertical broaching machine)

수평형에 비하여 공작물의 고정방법이 간단하고, 테이블에 올려 놓은 채로 가공할 수 있으며, 또한, 절삭유제의 공급이 쉬워 소형 공작물의 대량생산에 적합하다.

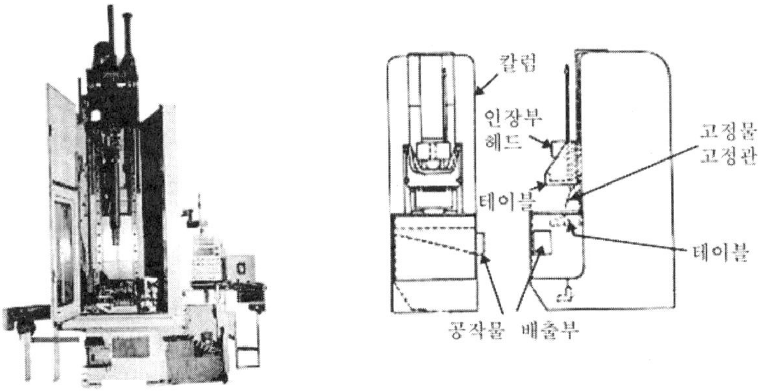

그림 7.4 수직형 브로칭 머신

(2) 절삭조건

브로치의 절삭속도는 공작물의 재질 및 가공형상에 따라 다르지만 대개 구멍의 모양이 복잡할수록 느린 속도로 가공하고, 절삭 깊이는 너무 얇으면 좋은 결과를 얻지 못하고 누르는 작용만 하게 된다. 이로 인하여 인선의 마모가 증가하므로 적당한 크기의 절삭깊이를 적용하는 것이 필요하다. 일반적으로 사용되는 각종 재질에 따른 절삭 속도 및 브로치의 종류별 절삭 깊이는 표 7.2와 표 7.3과 같다.

표 7.2 각종 재질에 따른 절삭속도

재 질	절삭속도(m/min)
중 탄 소 강	18
공 구 강	6~14
주 철	16~18
황 동	34
알 루 미 늄	110

표 7.3 브로치의 종류 및 절삭길이

브로치의 종류	절삭깊이(mm)
환공브로치	0.05
키 및 홈가공 브로치	0.09
사각 브로치	0.75
스플라인 브로치	0.06

7.2 기어 절삭 가공

7.2.1 기어 절삭의 가공

기거의 모양에는 인벌류트 치형, 사이클로이드 치형, 이밖에 특수한 치형 등이 있는데 그 중에서 제작이 간편하고 중심 거리가 다소 틀려도 정확한 물림을 하는 인벌류트 치형이 많이 사용된다. 기어 가공은 대부분이 절삭 방법에 의하여 제작되는데, 절삭가공 방법으로는 선반, 밀링 머신, 슬로터 등을 이용하여 가공할 수도 있으나 기어 전용 절삭기를 사용하면 능률적이고 정밀도가 높은 기어를 제작 할 수 있다. 기어 가공법에는 성형법(成形法)에 의한 기어 절삭법과 창성법(創成法)에 의한 기어 절삭법이 있다.

7.2.2 기어 절삭 가공법

(1) 성형 기어 절삭가공

① 판형에 의한 기어 모방 절삭가공 : 다른 방법으로 정삭하기 어려운 매우 큰 기어의 절삭에 있어서는 그림 7.5(a)와 같이 셰이퍼의 테이블 상에 기어 곡선과 동일한 윤곽을 갖는 형판(形板, template)과 기어 소재를 고정하고 바이트가 형판에 따라 모방 절삭이 이루어 지도록 이송하거나 절입하여 기어를 가공하는 방법이다. 1매의 기어가 절삭 완료되면 소재를 1 피치 만큼 분할(indexing) 회전하여 다음 기어를 절삭가공한다. 이와 같은 가공법은 종래에는 손조작에 의해 기어를 형성 절삭한 방법으로 극히 일부의 기어 제작에 사용 되었으나 최근에는 NC 제어 장치의 발달로 보다 폭넓게 이용되고 있다.

② 총형 공구에 의한 기어 절삭가공 : 총형 공구에 의한 기어 가공법은 깎고자 하는 기어의 홈과 같은 모양으로 된 총형 바이트(formed bite)를 사용하여, 기어 소재를 1피치씩 돌려 가며 이를 깎는 방법이다. 이 방법에는 그림 7.5(b)와 같이 총형 바이트를 사용하여 셰이퍼나 슬로터(선반도 가능)에서 절삭하는 방법과 그림7.5(c)와 같이 인벌류트 기어 커터를 사용하여 밀링머신 또는 선반에서 기어를 깎을 수 있다.

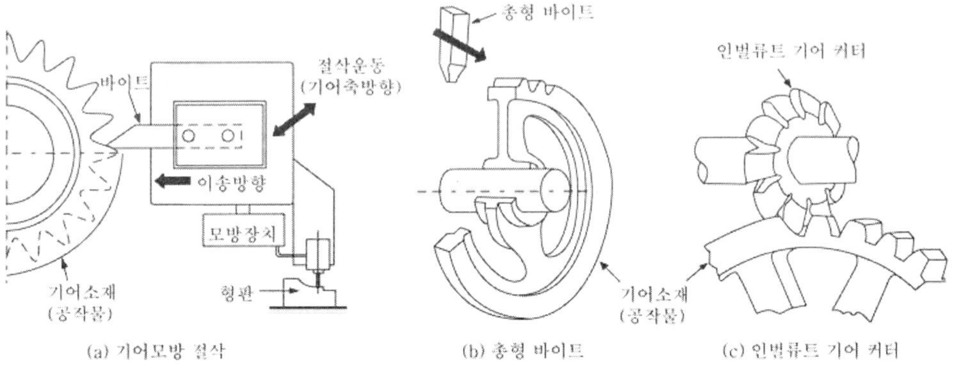

그림 7.5 성형 기어 절삭법

(2) 창성 기어 절삭가공

그림 7.6에서 래크를 절삭공구로, 피니언을 기어 소재인 공작물로 하고, 그 기준 피치원을 서로 일치시킨 상태에서 기어 소재를 회전시키고, 래크형 공구는 잇 면에 대해 수직 왕복운동을 시키면 이 운동에 방해가 되는 기어 소재의 이익 홈 부분이 깎이면서 래크 공구에 이상적으로 물리는 인벌류트 기어(involute gears)가 형성된다. 이 운동을 창성 운동이라 하고, 창성 운동에 의한 기어 가공을 창성 기어가공(創成齒車加工法, renerating gear cutting method)이라 한다.

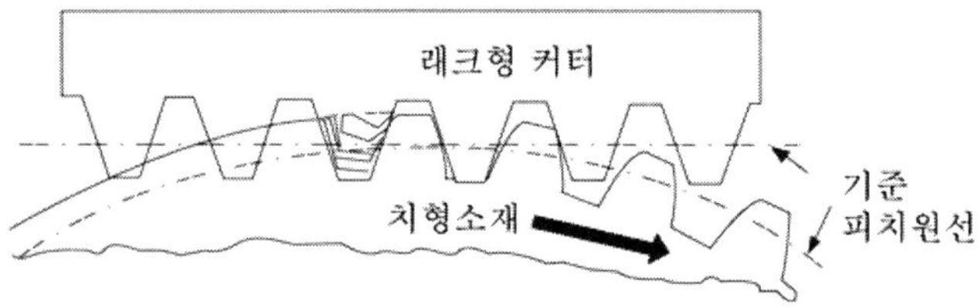

그림 7.6 래크형 기어 커터에 의한 창성 기어 절삭

창성 기어가공법은 잇수의 분할과 치형의 창성이 동시에 이루어지므로, 능률적으로 기어 가공을 할 수 있다. 가공 공구로는 래크 커터(rack cutter), 호브(hob), 피니언 커터(pinion cutter)등이 사용된다.

① 래크 커터에 의한 기어 가공 : 래크 공구와 기어 소재에는 그림 7.7(a)와 같이 상대운동을 화살표 방향으로 주면서, 동시에 래크 공구에는 그림 7.7(b)와 같이 잇면에 수직 방향으로 왕복 절삭 운동을 준다.

이와 같은 한쪽 방향으로 이동하게 되면, 매우 긴 공구가 필요하게 된다. 따라서, 1개의 이 또는 2개의 이가 창성되면 래크 공굼나을 원위치로 돌아오게 하여, 다시 다음 이를 창성법에 의한 기어 가공을 계속한다.

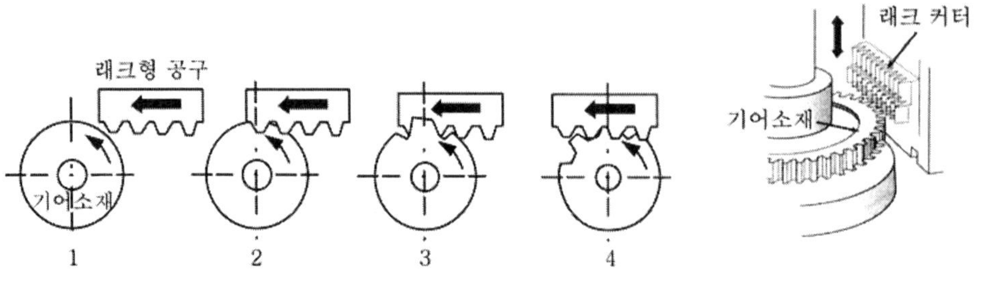

(a) 래크 공구에 의한 기어 가공 순서 (b) 래크 공구와 소재의 관계 운동

그림 7.7 래크 공구에 의한 기어 가공

피니언 커터에 의한 기어 가공 : 래크형 공구 대신에 그림 7.8(a)같이 기어형 공구인 피니언 커터를 사용하여 커터와 기어 소재가 정확하게 물리도록 회전운동을 시키고 커터를 축 방향으로 왕복시키면서 기어를 창성 적살하는 방법이다.

피니언 커터의 왕복 행정은 기어 소재의 끝면에서 2~3mm 나오면 절삭되므로, 그림 7.8(a)와 같은 계단식 기어도 가공할 수 있다. 또, 내접기어(internal geal)를 절삭할 수 있는 것도 이 방법으 큰 특징이다. 그림 7.8(b)는 피니언 커터에 의한 기어창성의 원리를 나타낸 것이다.

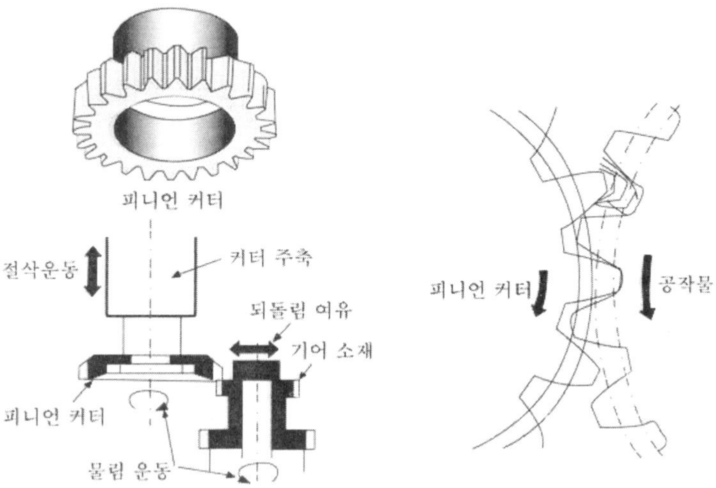

그림 7.8 피니언 커터에 의한 기어 절삭

호브에 의한 기어 가공 : 호브(hob)는 래크를 원통의 주위에 비틀림 모양으로 감은 것과 같은 공구이다. 그림 7.9(a)는 호브와 기어 소재와의 관계를 나타낸 것으로, 호브를 화살표 방향으로 회전시키면 나사의 산은 왼쪽에서 오른쪽으로 연속하여 움직인다

따라서, 호브의 단면과 같은 가상 래크는 왼쪽에서 오른쪽으로 이동하고, 이것과 서로 물리는 것솨 같은 회전을 기어의 소재에 주면 인벌류트 치형으로 창성된다. 물론, 이의 폭 전체에 걸쳐서 이를 가공하려면 그림 7.9(b)와 같이 호브를 고재의 축 방향으로 이송하여야 한다.

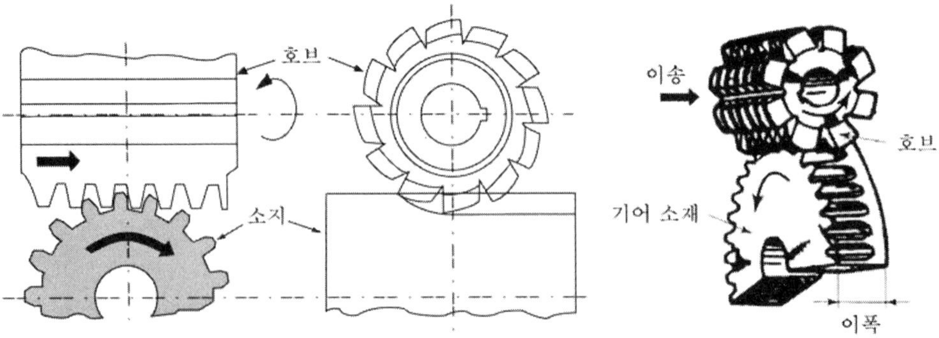

(a) 호브와 소재의 관계 (b) 호브의 이송

그림 7.9 호브에 의한 기어 가공

(3) 기어 셰이빙

기어 절삭가공된 기어의 면은 매끄럽고 정밀하게 다듬질되어 있지 못하다. 따라 거 놓은 정밀도로 깎여진 잇면에 가는 홈붙이날을 가진 커터로 2차 다듬는 가공을 기어 셰이빙(gesr shaving)이라 한다. 기어 셰이빙은 그림 7.10과 같이 셰이빙 커터와 다듬질할 기어 사이에 일정한 각도를 유지하면서 서로 물림 운동을 시키면 커터는 기어면을 조금씩 절삭하여 잇면을 정밀하게 다듬게 된다. 커터에는 래크형과 피니언형이 있는데, 그림 7.10은 피니언형 셰이빙커터에 의한 가공 방법의 사례를 나타낸 것이다. 기어 셰이빙은 커터의 정밀도가 좋고, 절삭 조건이 알맞을 때에는 기어 연삭의 경우보다 가공 시간이 짧으면서 작업이 쉽고, 높은 가공 정밀도를 얻을 수 있어서 대량 생산에 적합하다.

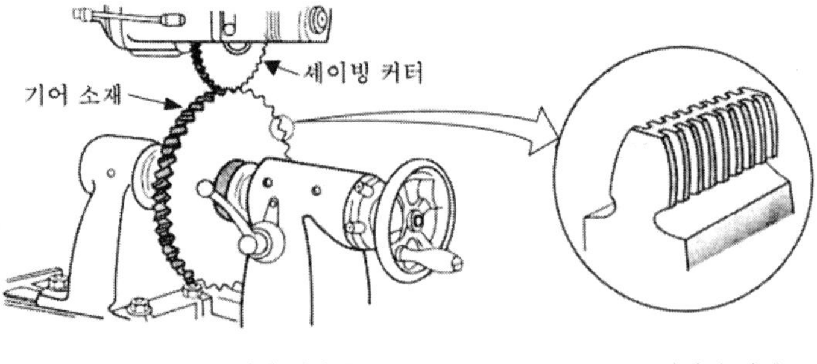

(a) 기어 셰이빙 (b) 셰이빙 커터

그림 7.10 기어 셰이빙

제 8 장 연삭 및 정밀입자가공 (grinding)

8.1 연삭의 개요

연삭가공은 매우 단단하고 미세한 연삭 입자(abrasive)를 결합하여 만든 연삭숫(grinding wheel)을 고속 회전시켜 공작물을 평면이나 원통 면을 극히 소량씩 절삭 가공하는 정밀 가공법의 하나이다.

연삭가공은 연삭 입자의 예리한 모서리의 하나 하나가 각각 밀링 커터의 날과 같이 작용하여 정밀한 표면을 완성하게 된다. 연삭가공으로는 일반 금속 재료는 물론, 절삭가공하기 어려운 담금질(guenching)한 강이나 초경합금과 같은 단단한 금속재료도 가공할 수 있으며, 치수 정밀도가 높고 매끈한 다듬질 면을 얻을 수 있다. 그림 8.1은 연삭가공의 종류와 형식을 나타낸 것이다.

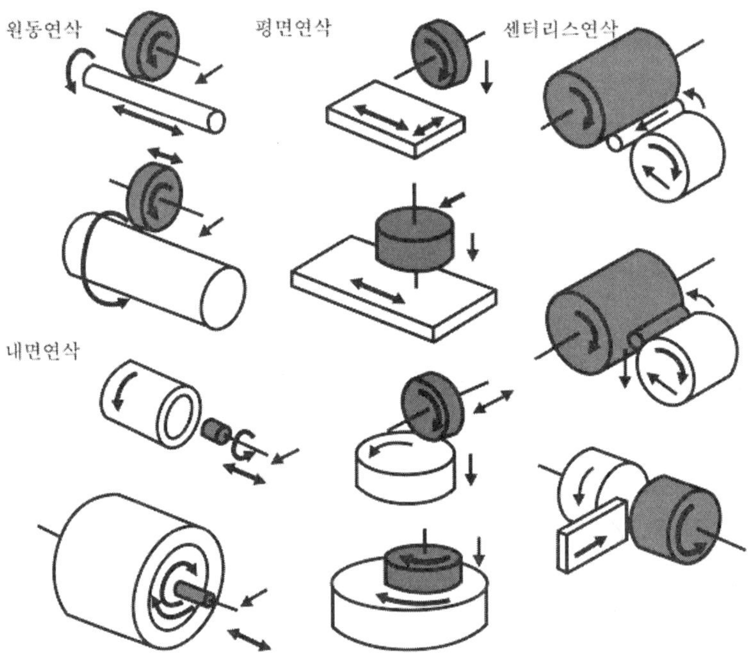

그림 8.1 연삭 가공의 종류와 형식

8.2 연삭 가공의 메카니즘(mechanism)

(1) 발생열량과 열원

연삭에서는 가공에 소비되는 에너지의 대부분은 열로 변환된다. 그림 8.2에서 단위 시간당, 단위 연삭폭당의 발생열량을 Q라 하면, 그 가운데에서 공작물측에 Q_W, 숫돌측에 Q_S, 칩(chip)측에 Q_C만큼 전해진다.

단, 공작물의 온도상승이나 열응력에 관계하는 것은 Q_W이며 $Q_W=R_W \cdot Q$로 나타낼 수 있다(단, R_W은 연삭 조건에 따라서 다소 변화하지만 건식연삭에서는 대략 0.7 정도의 값이다).

그림 8.2의 AB로 표현되는 접촉호(接觸弧)중에 Q_W는 특정의 강도분포를 가지는 것이며, 이 강도분포에 따라 온도의 분포상태가 변하게 되는 셈이다. 그러나 실제의 강도분포에 가장 충실하다고 생각되는 것은 그림 8.3과 같은 직각 삼각형으로 표현할 수 있다. 즉, 최대강도 $2q$, 길이 l인 직각 삼각형으로 표현되는 강도분포를 가진 이동열원(移動裂源)이 그림 8.3과 같은 격자(格子)로 표현되는 공작물 위를 속도 v로 이동하는 것으로 해석할 수 있다.

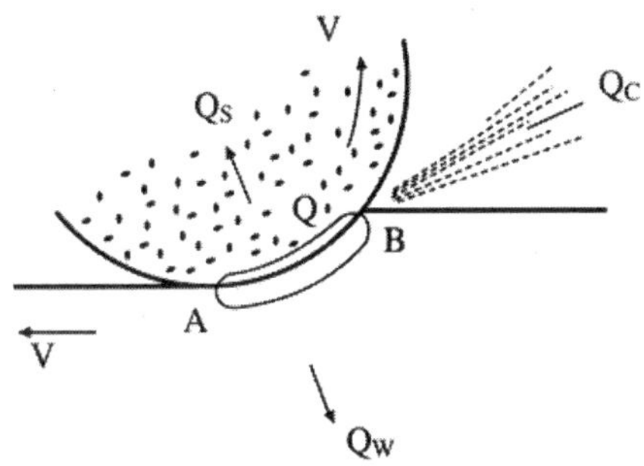

그림 8.2 연삭열의 분배

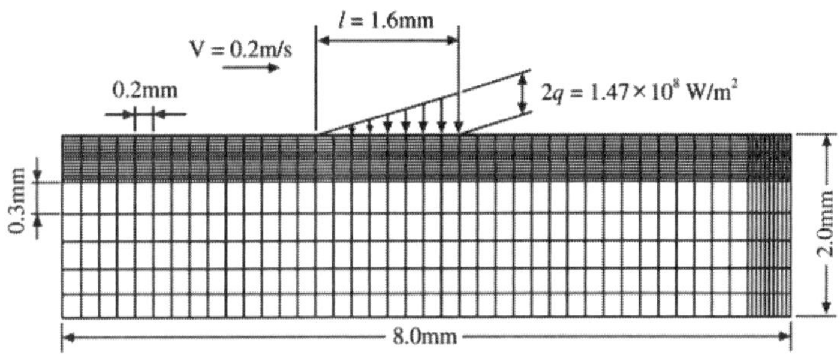

그림 8.3 연삭열의 강도 분포와 요소분할

(2) 온도분포

그림 8.4는 극히 표준적인 조건으로서 중탄소강을 연삭한 경우의 데이터, 즉 l=1.6mm, 2q=1.47×108 W/m2(=35cal/mm2 · s), v=12m/min, 공작물의 온도전도율 KW=1.36×10-5m2/s를 사용하여 연삭면의 온도를 계산한 결과의 일례를 제시하고 있다.

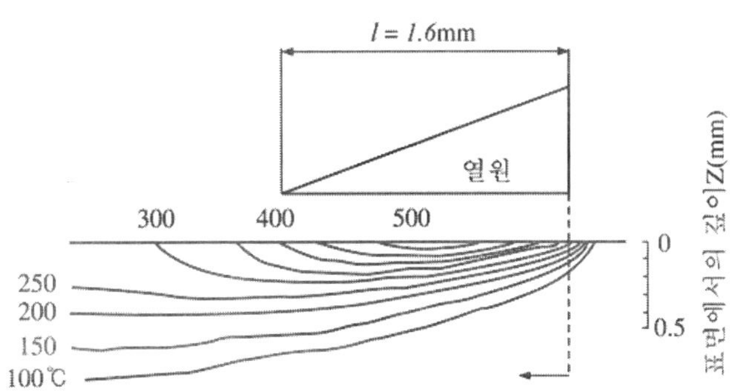

그림 8.4 연삭 온도의 분포

그림 8.4와 같이 연삭면의 최고온도를 Qm이라고 하면 Qm은 접촉호의 대략 중앙의 표면상에 발생하고 있으며, 그 곳을 기점으로 약간 전방하향으로 온도구배가 최대로 되어 있다. 연삭온도로서 종래부터 각종의 온도가 검토되어 왔는데 가장 중시되어 온 것은 Qm이다. 그것은 Qm이 높아질수록 피삭재의 변형저항이 적어지고 재료 제거가 용이해진다는 이점이 있다. 또한, 이것은 결정조직의 변질이나 다듬질면의 열손상도 깊은 관계를 지니고 있다.

연삭가공의 고정밀화나 다듬질면 정도의 고속화를 도모하기 위해서는 연삭점이 어떠한 환경조건하에 있는가를 알 필요가 있다. 그러나 연삭이 실시되고 있는 숫돌과 공작물의 접촉영역은 매우 한정된 면적이며 또한 그곳에서는 고온, 고속하의 변형이 실시되고 있으므로 가공 중의 여러 가지 현상을 실험적으로 파악하는 것은 매우 곤란하다. 다행히도 오늘날에는 컴퓨터의 성능이나 그 이용 기술이 두드러진 발전을 이룩해 왔으므로 절삭날의 상태, 열원의 강도분포, 피삭재의 물성치(物性値)나 온도, 특성 등 기초적인 데이터만 충분히 갖추어져 있다면 연삭가공 현상을 정확하게 추정할 수가 있다.

8.3 연삭기의 종류

8.3.1 원통 연삭기(cylindrical grinding machine)

(1) 원통 연삭기의 개요

원통 연삭기는 원통형 공작물의 외면 테이퍼 및 측면 등을 주로 연삭한다. 또한 원통 연삭기에 내면 연삭장치를 설치한 것을 만능 원통연삭기라 한다.

연삭기의 주요부는 배드, 테이블 위에 놓인 주축대와 심압대, 숫돌대 및 테이블 이송 기구 등이다. 연삭 깊이를 넣는 방법으로는 기어 구동법과 유압 구동법이 있으며, 생산성을 높이기 위하여 자동 치수 조절장치를 이용하여 숫돌대의 급속 전진→거친 연삭→다듬 연삭→정지→스파크 아웃→급속 후퇴→정지 등의 자동 사이클 운동을 하는 형식도 있다.

(2) 원통 연삭 방식

원통 연삭 방식에는 트래버스(traverse) 연삭법과 플런지(plunge) 연삭법이 있다.

① 트래버스 연삭

그림 8.5 (a)와 같이 연삭숫돌은 일정한 위치에서 회전시키고 공작물을 회전시키면서 좌우로 이동하는 것과 연삭숫돌을 좌우로 이동하여 연삭하는 방식이다.

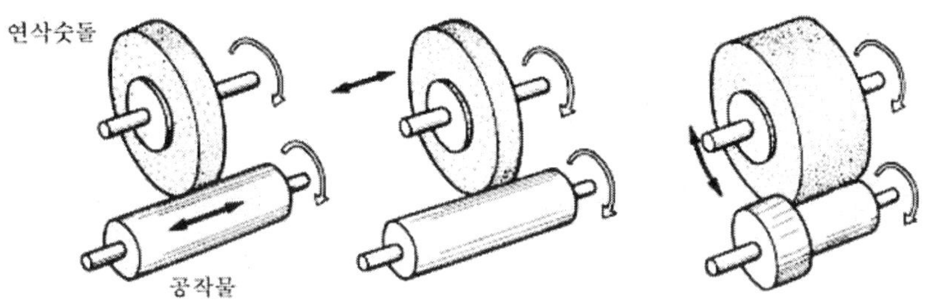

그림 8.5 원통 연삭 방식

② 플런지 연삭

그림 8.5 (b)와 같이 공작물은 그 자리에서 회전시키고 숫돌 바퀴에 회전과 전후 이송을 주어 연삭하는 방식이다.

그림 8.6은 자동연삭 사이클의 "예"이다.

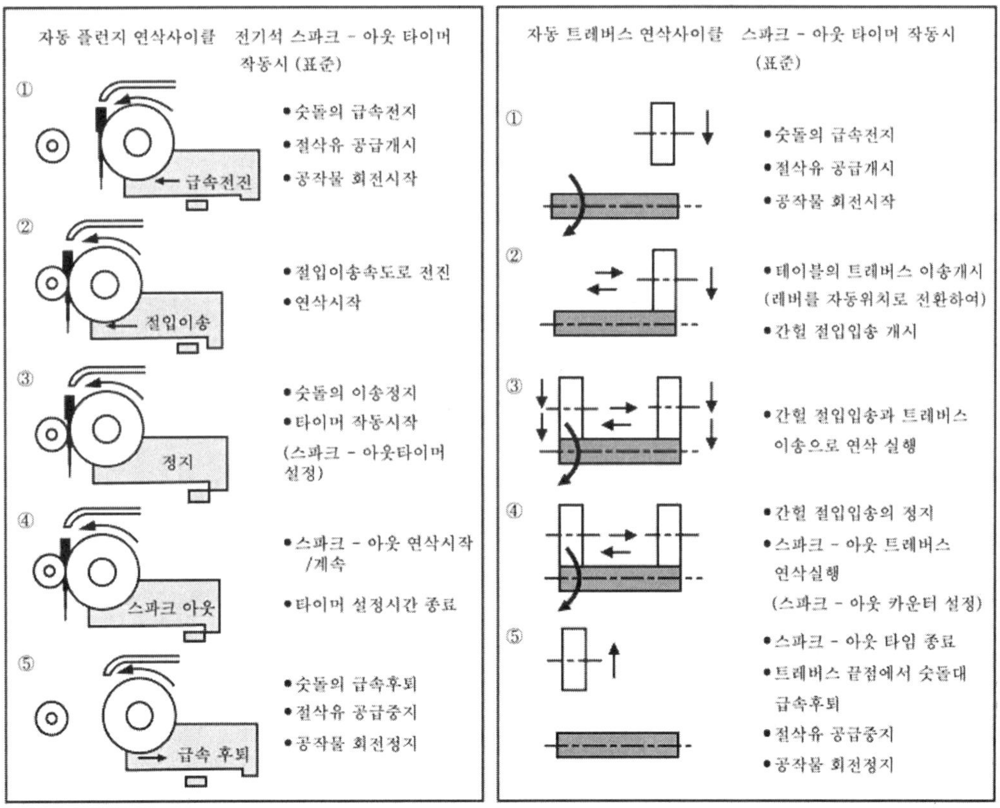

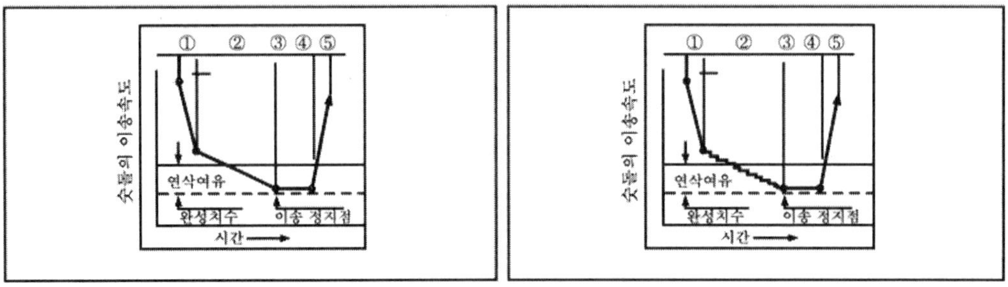

그림 8.6 자동 연삭 사이클

(2) 센터리스 연삭기(centerless grinding machine)

① 센터리스 연삭의 원리(principe)

센터리스 연삭기는 센터를 내기 어려운 공작물의 외경을 연삭하는 데 있어서 센터나 척을 사용하지 않고 연삭가공하는 기계로서, 가늘고 긴 공작물을 지지하는데에 센터를 사용하지 않는 것이 특징이다.

센터리스 연삭의 원리는 그림 8.7과 같이 연삭숫돌과 조정숫돌 사이에 공작물을 삽입하고 지지판으로 지지하면서 연삭하는 연삭기이다. 조정숫돌은 고무결합제(rubber bond)를 사용한 것으로 공작물과 조정숫돌의 마찰력에 의하여 공작물을 회전시키고, 조정숫돌의 공작물에 대한 압력으로써 공작물의 회전속도를 조정한다.

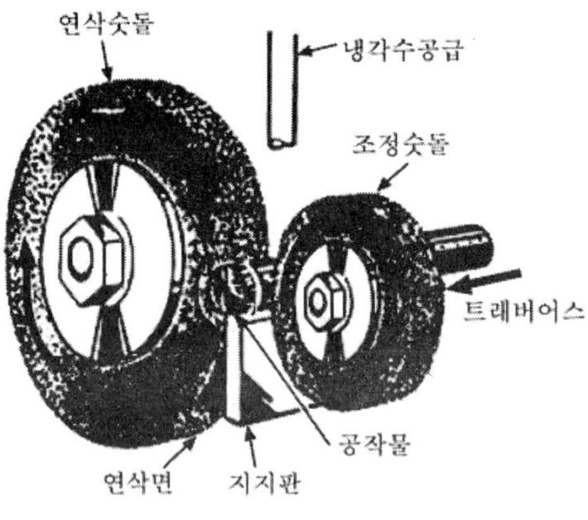

그림 8.7 센터리스 연삭의 원리

센터리스 연삭은 공작물을 연속적으로 밀어 넣을 수 있고, 한 번 조정하여 두면 작업이 자동적으로 이루어지므로, 피스톤 핀, 베어링 레이스, 롤러와 같은 부품이나 테이퍼 핀 및 드릴 자루와 같이 테이퍼진 부품의 대량생산에 적합하다.

그림 8.8(a)는 센터리스 연삭기의 구조를 나타낸 것이며, (b)는 최근에 개발된 공작물

자동공급장치를 나타낸 것이다.

(a) (b)

그림 8.8 센터리스 연삭기

② 연삭방식(grinding method)

ⓐ 통과 이송법(through feed method)

지름이 같은 공작물을 연삭숫돌과 조정 숫돌 사이로 통과시켜 숫돌 한족에서 반대쪽으로 빠져나가는 동안에 자동적으로 이송되어 연삭을 한다. 공작물 이송은 그림 8.9와 같이 조정숫돌로 한다.

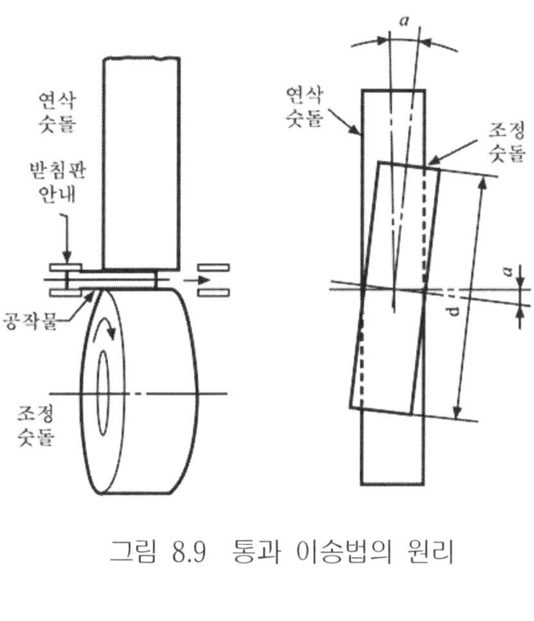

그림 8.9 통과 이송법의 원리

조정숫돌은 연삭숫돌 측에 대해서 α=1~5°정도로 경사시킨다. 조정 숫돌은 공작물 회전과 이송을 주는 일을 한다. 조정 숫돌 바퀴 1회전으로 공작물이 이송되는 길이 f(mm)와 이송속도는 다음과 같다.

$$f=\pi d \sin\alpha$$

여기서,

d : 조정 숫돌 바퀴의 지름(mm)

a : 연삭 숫돌 바퀴에 대한 조정 숫돌 바퀴의 경사각(°)

$$v=\frac{\pi d n \sin\alpha}{1000}[m/\min]$$

여기서,

v : 공작물의 이송속도

d : 조정숫돌의 지름

n : 조정숫돌의 회전수(mm)

ⓑ 전후 이송법(infeed method)

전후 이송법은 연삭숫돌 바퀴의 나비보다 짧은 공작물, 턱붙이 또는 끝면 플랜지붙이, 테이퍼가 있는 것, 곡선 윤곽들이 있는 것들은 통과 이송이 되지 않으므로 받침판 위에 올려놓고 조정숫돌 바퀴를 접근시키거나 수평으로 이송하여 연삭 하는 방식이다. 그림 8.10은 전후 이송 법의 원리를 나타낸 것이며, 공작물을 한쪽으로 가볍게 눌러 대기 위하여 0.5~1.5°정도로 약간경사 시킨다.

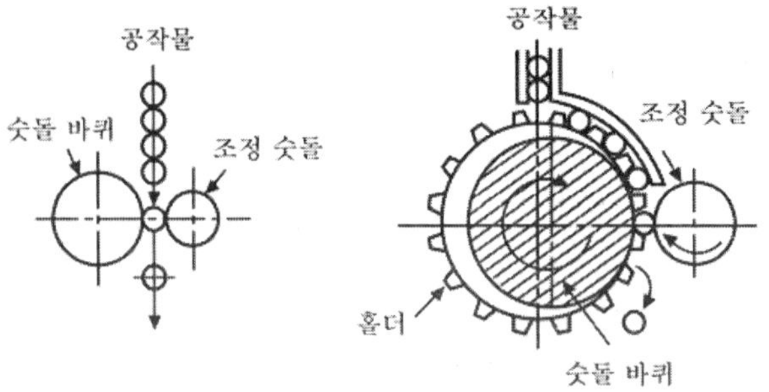

그림 8.10 전후 이송법의 원리

③ 지지판의 위치(position of work rest blade)

공작물의 회전방향과 연삭숫돌의 방향은 반대이며(때로는 동일방향) 지지핀의 형상과 위치는 그림 8.11과 같이 $\frac{1}{2}$×(공작물의 지름)÷H<15mm의 조건에 있다. H가 크면 진원으로 연삭되지만 진동이 생기기 쉽다.

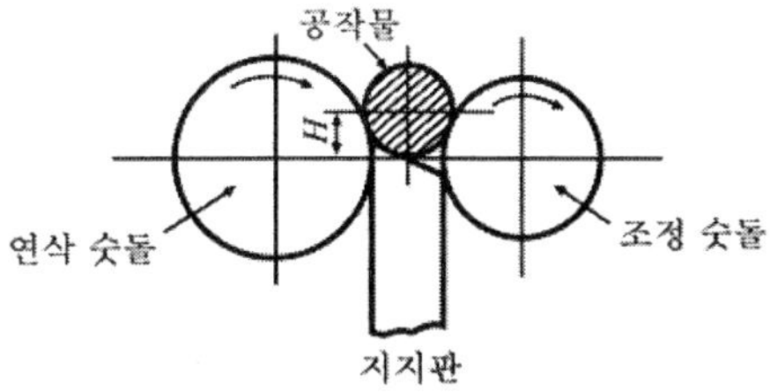

그림 8.11 지지판의 위치

(3) 내면 연삭기(internral grinding machine)

① 연삭방법

연삭방법에는 그림 8.12와 같이 보통형, 유성형 및 센터리스형이 있다.

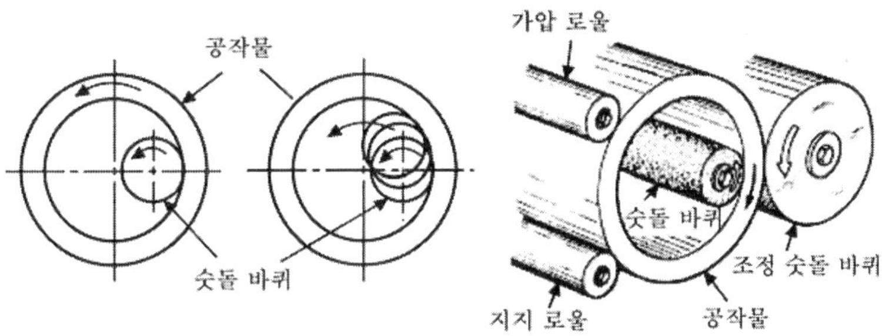

그림 8.12 내면 연삭방식

ⓐ 보통형(conventional type)

공작물에 회전운동을 주어 연삭하는 방식이다.

ⓑ 유성형(planetary motion type)

공작물은 정지시키고 숫돌 축이 회전연삭 운동과 동시에 공전 운동을 하는 방식이다.

ⓒ 센터리스형(conterless type)

특수한 연삭기를 사용하여 공작물을 고정하지 않은 상태에서 연삭하는 방식이다. 이 방법은 전용 연삭기에 의한 소형, 대량생산에 이용된다.

② 내면 연삭기의 구조

내면 연삭기(internal grinding machine)는 주로 공작물의 구멍을 연삭하는 연삭기로서, 숫돌의 바깥 지름은 구멍의 지름보다 작아야 하며, 바깥지름 연삭에 비하여 가공 면의 정밀도가 다소 떨어진다.

숫돌의 축방향의 세로 이송은 그림 8.13과 같이 숫돌대 또는 주축대의 왕복 직선 운동으로 하게 된다. 숫돌 축은 고속회전을 하기 때문에 회전정밀도가 높은 구조로 되어 있으며, 정밀한 볼 베어링을 사용하여 고속회전에서 강력 절삭에 견디고 발열, 진동이 없도록 되어 있다.

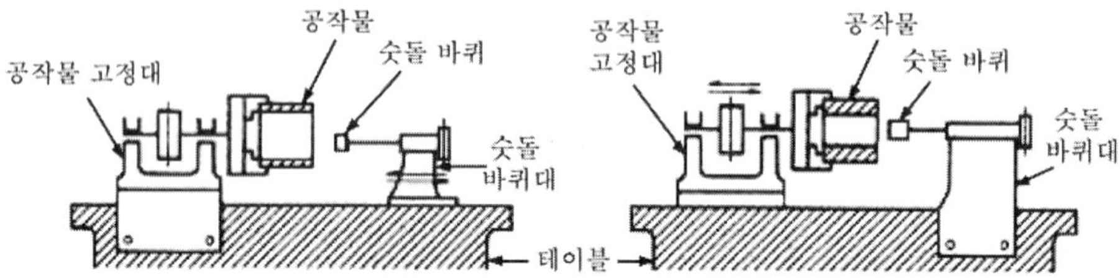

그림 8.13 내면 연삭기의 구조

8.3.2 평면 연삭기(surface grinding machine)

그림 8.14와 같이 평면 연삭에 사용하는 연삭기로서 다음과 같이 분류할 수 있다.

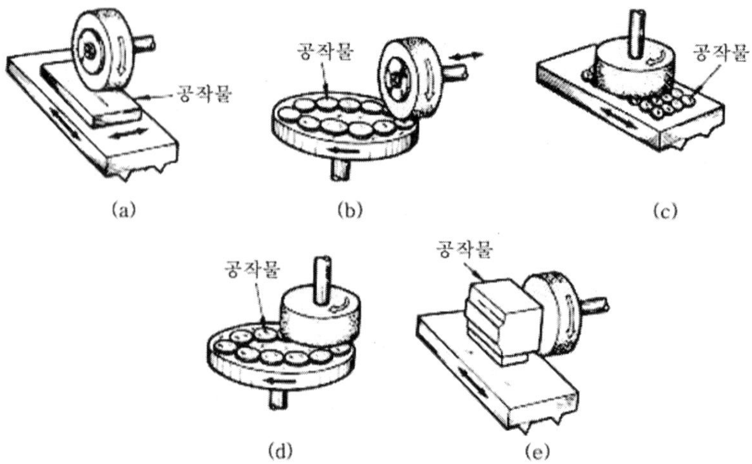

그림 8.14 평면 연삭 방식

(1) 수평형 평면 연삭기(horizontal spindle surface grindding machine)

평형숫돌의 원통 면으로 연삭하는 것으로 평면 연삭기의 테이블이 왕복운동을 하며 테이블 위에는 마그네틱 척이 장치되는 것이 보통이다. 연삭깊이는 칼럼에 따라 숫돌 축을 수동 또는 자동으로 하면 이송방향은 테이블의 왕복운동 방향에 직각 방향으로 한다. 평면을 가공하는 연삭기에서 연삭숫돌의 원주를 사용하는 것은 절삭량이 적으므로 소형 가공물의 정밀가공에 적합하고, 연삭숫돌의 측면을 이용해서 절삭하는 것은 절삭량이 많으므로 대형 가공물에 사용된다.

그림 8.15는 수평형 평면 연삭기의 구조로서 상하 이송 핸들을 회전시키면 베벨기어 장치에 의해 숫돌대가 상하로 이송하게 되어 있다. 그림 8.16은 마그네틱 척과 탈자기를 나타낸 것으로 (a), (b)의 마그네틱 척은 연삭은 물론 밀링 절삭에도 적합하게 되어 있다. (b)의 탈자기는 작업중 가공물에 생긴 자력을 손쉽게 탈자 시킬 수 있도록 되어 있다.

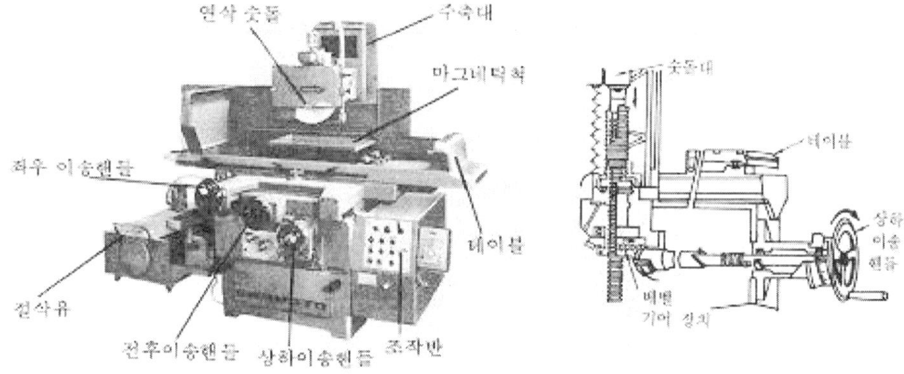

그림 8.15 수평형 평면 연삭기의 구조

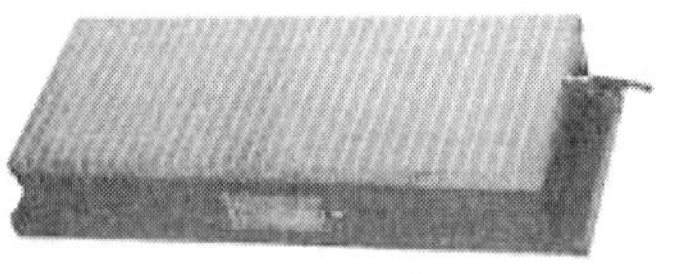

(a)

(b)

(c) 탈자기

그림 8.16 마그네틱 척과 탈자기

(

2) 수직형 평면 연삭기(vertical spindle surface grinding machine)

수직형 평면 연삭기는 숫돌바퀴가 수직축에 끼워지고 원형 테이블이 회전하게 되어 있다. 공작물은 테이블 위에 설치된 마그네틱 척에 의하여 고정된다.

테이블 회전형은 연속회전으로 테이블 왕복형에 비하여 속도를 높일 수 있고, 절삭 깊이도 연속적으로 가할 수 있어 매우 능률적이다. 이것은 소형 공작물을 많이 놓고 동시에 연삭할 때 주로 쓰인다.(그림 8.17, 8.18 참조).

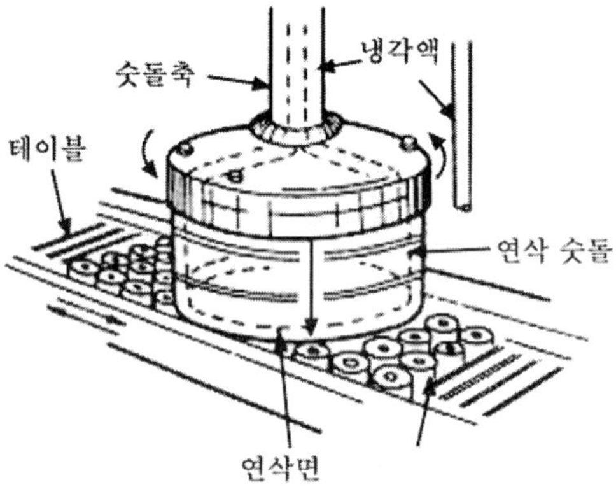

그림 8.17 수직형 왕복 테이블

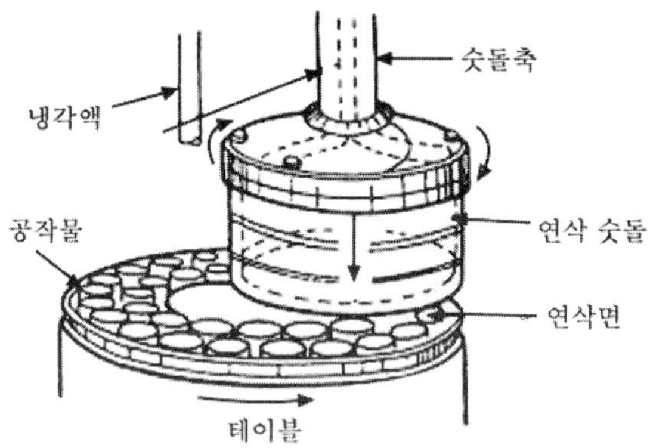

그림 8.18 수직형 회전 테이블

8.3.3 공구 연삭기 (tool grinding machine)

공구 연삭이란, 여러 가지 가공용 절삭공구를 연삭하는 것을 총칭하여 공구 연삭이라 하며, 원통 연삭과 평면 연삭을 이용한 연삭법이다.

(1) 만능 공구 연삭기(universal tool grinding machine)

만능공구 연삭기는 여러 가지 부속장치를 이용하여 절삭 공구의 정확한 공구각을 연삭하기 위하여 사용되는 연삭기이며, 초경합금 공구, 드릴, 리머, 밀링 커터, 호브 등을 연삭한다.

그림 8.19는 만능 공구 연삭기의 한예로서 주요 기능은 다음과 같다.

① 주축대 ② 연마석 ③ 공작물 헤드 ④ 테이블 세팅용 너트 ⑤ 편심핀 ⑥ 테이블 테이퍼 조정나사 ⑦ 테이블 도그 ⑧ 테이블 수동조정 놉 ⑨ 스토퍼 ⑩ 주축대 전후 이송 핸들 ⑪ 심압대 ⑫ 테이블 ⑬ 크랭크 핸들

그림 8.19 만능 공구 연삭기

① 주축대

간편한 조작으로 ±15°의 경사각 및 평면상으로 360°회전이 가능하다.

② 주축

정밀연삭에 가장 중요한 주축대의 주축은 주축양단에 2개 1조의 초정밀 앵귤러 볼베어링으로 지지되어 있고 주축의 속도는 2600, 3700, 6200 rpm의 3가지가 있어 적합한 속도를 선택하여 작업할 수가 있으며, 카트리지 타입으로 되어 있어 주축의 교환이 매우 용이하다.

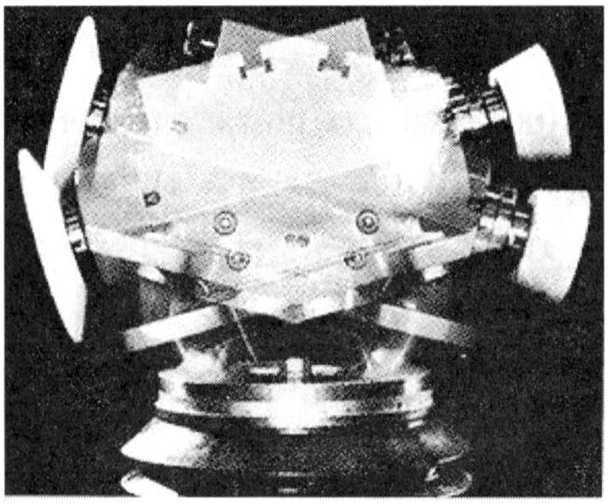

그림 8.20 주축대

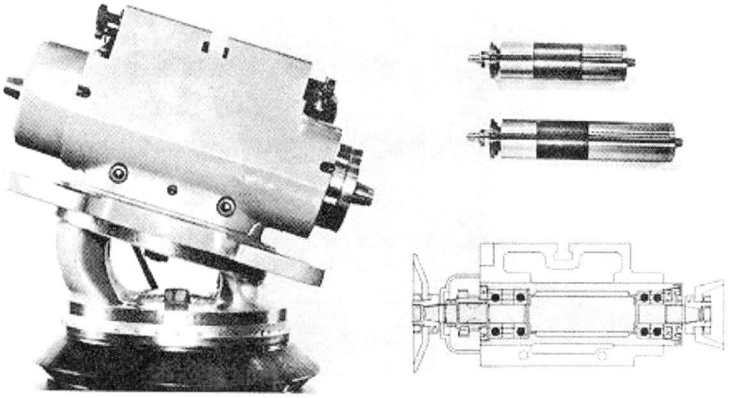

그림 8.21 주축

③ 테이블

테이블에는 눈금자가 부착되어 있으며, ±90°로 회전이 가능하다. 또한 ±90°로 회전되는 테이블과 360°로 회전되는 주축대를 복합하여 사용하면 길고 큰 가공물의 연삭작업에도 가능하다.

④ 스토퍼(stopper)

테이블 전면에 붙어 있는 테이블 도그와 스토퍼는 테이블의 이송을 가공물의 크기에 따라 적절하게 조정할 수가 있어 효율적인 작업을 할 수 있으며 또한, 테이블의 회송시 충격을 방지하여 기계의 수명을 더욱 연장하는 역할을 한다.

밀링 커터를 연삭하는데에 있어서 여유각은 평형 숫돌과 테이퍼 컵형 숫돌도 연삭하는 두 가지 방법이 있다. 평형 숫돌로 연삭할 때는 테이퍼 컵형 숫돌로 연삭할 때와 달리 여유각은 커진다(그림 8.24참조). 그림 8.25는 각종 공구의 연삭 예이다.

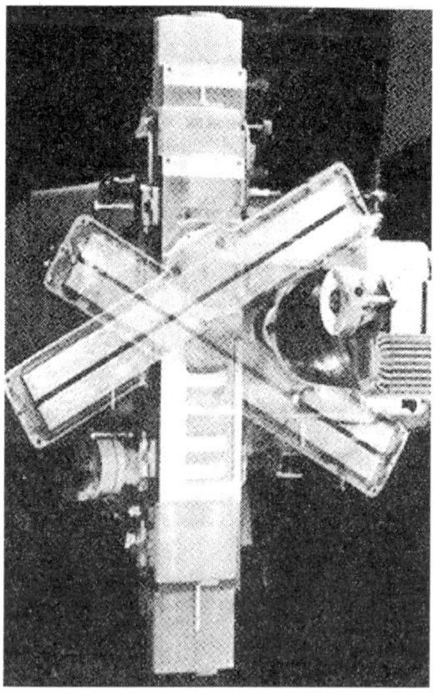

그림 8.22 테이블

그림 8.23 스토퍼

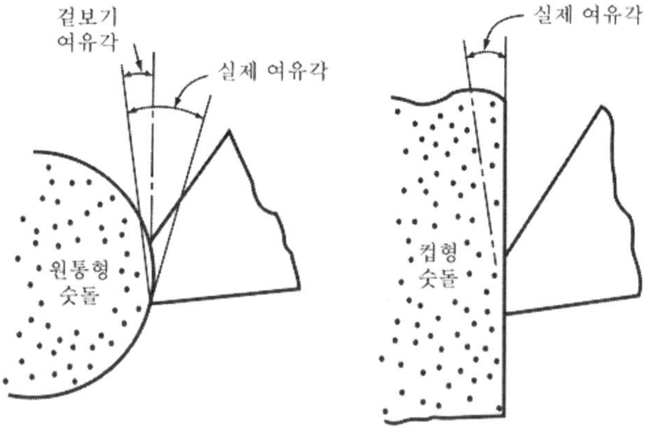

그림 8.24 숫돌의 모양과 여유각

그림 8.25 각종 공구의 연삭예

① 평형 숫돌에 의한 연삭

평형숫돌바퀴로 밀링 커터, 리머 등의 날을 연삭할 때에는 그림 8.26과 같은 하향 연삭(down griding) 방식과 그림 8.27과 같은 상향 연삭(up-grinding) 방식이 있다.

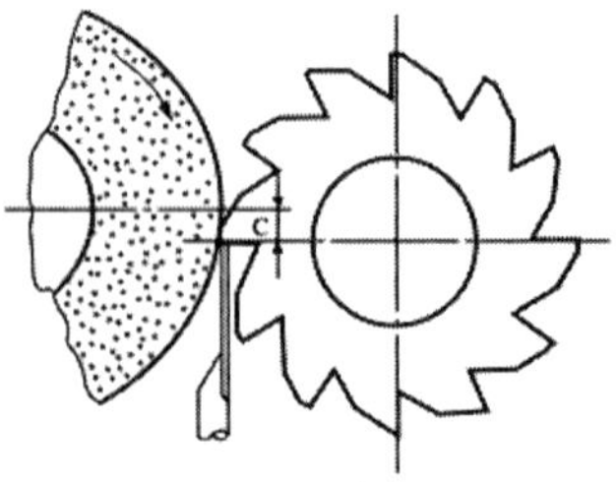

그림 8.26 하향 연삭 방식

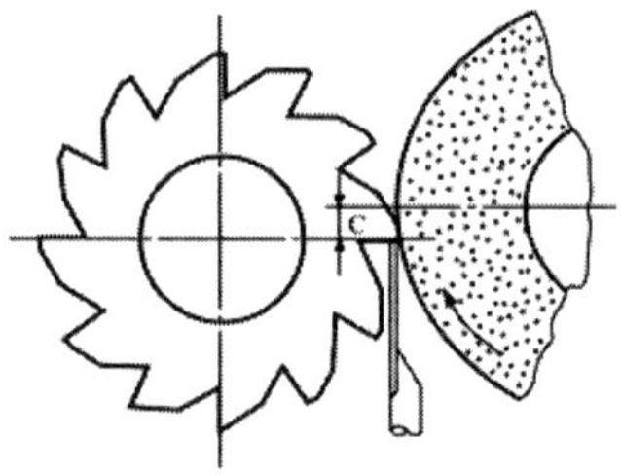

그림 8.27 상향 연삭 방식

커터의 여유각을 연삭할 때에는 다음과 같은 순서로 한다.

ⓐ 평형숫돌의 중심을 편위시킨다.

ⓑ 절삭날 받침을 커터의 중심과 일치시키고 숫돌대로 편심량을 조절한다.

ⓒ 절삭날 받침은 테이블에 고정한다.

편심거리는 다음과 같은 관계가 성립한다.

$$C = \frac{D}{2}\sin\alpha = 0.0088D\,\alpha$$

여기서,

C : 편심거리 (mm)

D : 숫돌 바퀴의 지름 (mm)

α : 여유각 (°)

② 컵형 숫돌에 의한 연삭

그림 8.28과 같이 커터의 여유 각을 연삭할 때는 다음과 같은 순서로 한다.

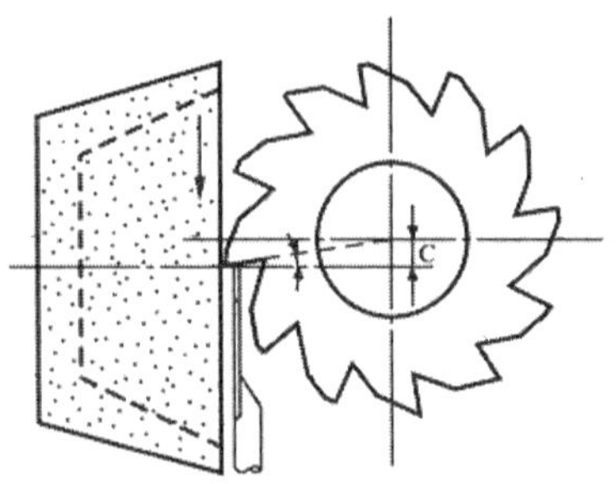

그림 8.28 컵형 숫돌에 의한 여유각 연삭

ⓐ 숫돌대를 조정하여 고정한 절삭날 받침과 함께 편심시킨다.

ⓑ 절삭날 받침의 끝을 숫돌 중심선과 일치시킨다.

편심거리는 다음과 같은 관계가 성립한다.

$$C = \frac{d}{2}\sin\alpha = 0.0088d\,\alpha$$

여기서,

C : 편심거리(mm)

d : 커터의 지름(mm)

α : 여유각(°)

(2) 드릴, 엔드 밀 전용 연삭기

드릴 및 엔드 밀의 날끝을 손으로 연삭하면 날끝각을 정확히 맞출 수 없으므로, 그림 8.29와 같은 드릴, 엔드 밀 전용 연삭기를 사용하여 여기에 드릴 및 엔드 밀을 고정하여 회전시키면서 날끝과 여유면을 정확하게 연삭한다.

그림 8.29 드릴, 엔드 밀 전용 연삭기

(3) 초경 공구 연삭기(cemented carbide tool grinder)

이 연삭기의 숫돌바퀴는 다이아몬드 숫돌이 쓰이는데, 절삭능률은 매우 좋으나 값이 비싸므로 일반 숫돌바퀴로는 연삭이 곤란한 재료인 초경질 합금공구 등의 연삭에 많이 쓰인다.

(4) 기어 연삭기(gear teeth grinding machine)

기술의 발달에 따른 기계의 고속화에 따라 기어의 높은 정밀도와 고속회전에 따른 진동 및 소음 방지 등이 요구되고 있다. 고속회전과 큰 하중을 받는 기어는 일반적으로 이를 ① 절삭한 다음 ② 열처리를 하고, 다시 ③ 기어 연삭기로 가공하여 매우 정밀하게 다듬질 가공하는 경우가 많다. 기어 연삭에는 성형법과 창성법의 두 가지 방식이 있다.

① 총형 숫돌 연삭법

숫돌바퀴를 기어의 홈과 같은 모양으로 성형하여 홈을 하나씩 연삭하는 방법이다(그림 8.30 참조).

② 래크형 창성 연삭법

래크형 공구로 기어를 가공하는 이론을 이용한 방법으로서, 2개의 컵형 숫돌바퀴로 가상적인 래크 치형을 만들고, 이 기어가 피치선과 피치원에서 정확한 구름운동을 하도록 하고, 동시에 기어의 축방향으로 왕복운동을 준다. 기어 연삭기의 대표적인 것은 마그(Maag) 연삭기로서, 그림 8.31의 2개의 숫돌 축은 0~20°사이에서 필요한 각도로 경사되게 조절된다.

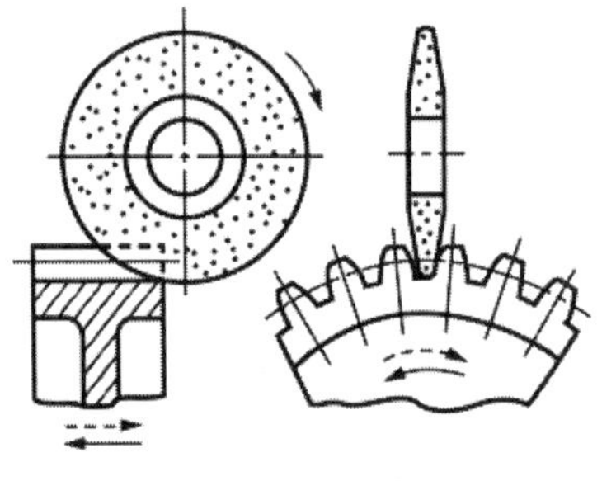

그림 8.30 총형 숫돌 바퀴에 의한 연삭

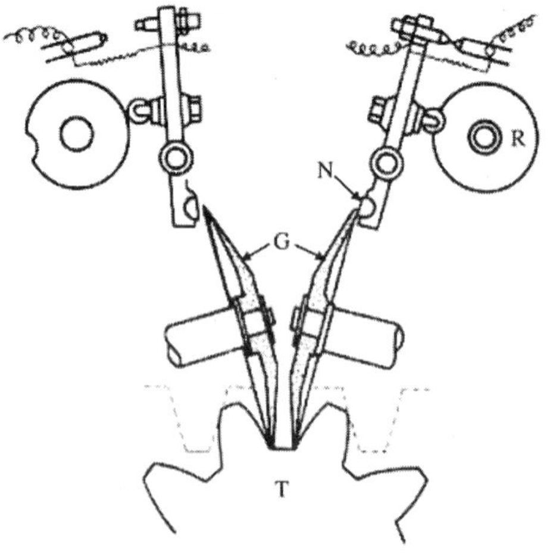

그림 8.31 마그 기어 연삭기

그림 8.31에서 G는 소형 전동기로 벨트를 사용하여 회전시키는 숫돌바퀴이며, 2개는 압력각으로 경사시켜 래크의 경사면을 형성한다. 래크에 대하여 기어 T를 회전시키면 인벌류트가 창성된다. T는 테이블에 설치되어 전후 이동을 한다. 숫돌은 접시형이고 이에 접하는 폭은 좁으므로 마멸되어도 가상적인 래크는 변하지 않는다. 다만, 가상한 래크의 치형이 얇아지기 쉬우므로, 1μm 이내로 정확히 유지하기 위하여 자동조정 장치가 있다. 암 N에 평탄한 다이아몬드가 있어 숫돌에 가볍게 접촉한다. 숫돌이 정확한 위치에 놓여 있고, 마멸되지 않으면 N은 숫돌에 눌려 자동조정 장치는 작동하지 않고, 숫돌이 마멸되면 다이아몬드는 현 위치에서 전진하며, 솔레노이드(solenoid)가 작동하여 나사에 의하여 숫돌은 1μm 움직인다.

이 밖에도 piston연삭기, 광학렌즈(lens)연삭기, 롤(roller)연삭기, 절단 연삭기(cutting of grinding machine), 크랭크 축 연삭기(crank shaft grinding machine) 등이 있다.

8.3.4 성형연삭(form grinding machine)

성형연삭기는 금형 부품과 같이 복잡한 형상을 연삭가공 하는 데에 적합한 공작기계이다.

성형 연삭에는 가공할 공작물의 모양과 반대 모양으로 연삭 숫돌을 성형하여 그림 8.32와 같이 공작물을 가공하는 방법과 공작물의 외면 형상을 따라 숫돌을 이송시켜서 가공하는 방법이 있다.

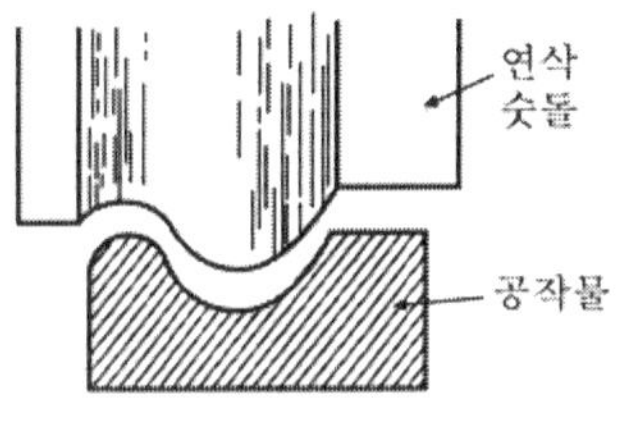

그림 8.32 성형 연삭

(1) 성형 연삭 장치

① 수동 성형장치

그림 8.33의 (a)는 사인-바(sine-bar)의 원리를 이용하여 연삭 숫돌의 요구되는 각을 성형할 수 있는 장치이며 그림 (b)는 오목 또는 볼록의 원호 형상으로 성형할 수 있는 장치이다.

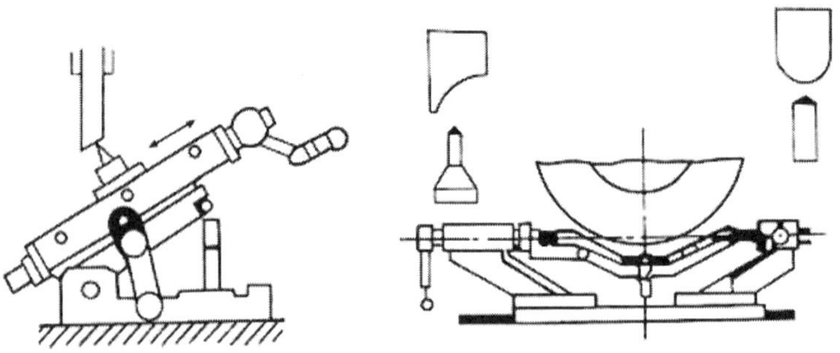

그림 8.33 각종 연삭 숫돌 성형 장치

② 팬더그래프(pantograph)

팬더그래프는 도형을 확대, 축소하는 장치로서, 팬더그래프를 움직이면 축소 또는 확대된 형상으로 다이아몬드 드레서가 움직여 숫돌을 성형한다.(그림 8.34)

③ 광학식 성형장치

다이아몬드 드레서의 모든 운동을 확대경으로 통하여 볼 수 있으므로 별도의 형판이 필요없이 필요한 치수와 형태로 직접 숫돌을 성형할 수 있다.

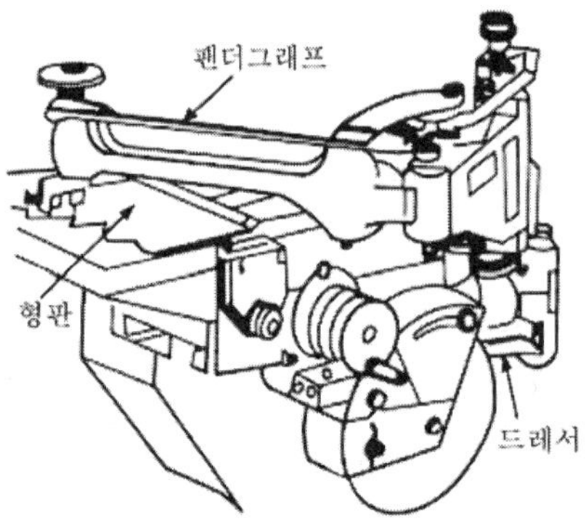

그림 8.34 팬더그래프 성형 장치

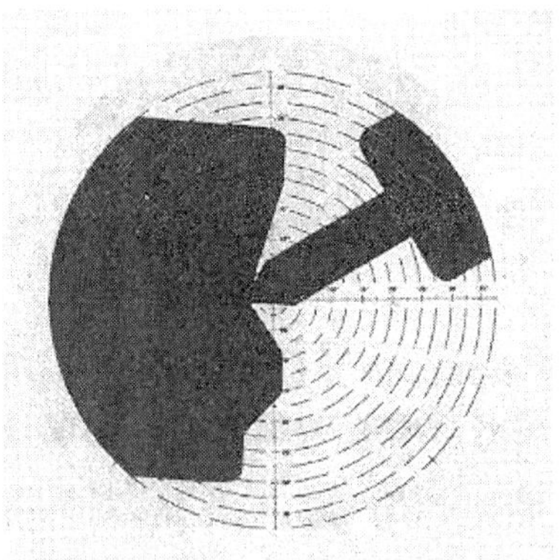

그림 8.35 광학 성형 장치

8.4 연삭 숫돌(grinding wheel)

8.4.1 연삭 숫돌의 개요

연삭가공을 올바르게 실시하려면 무엇보다도 연삭 숫돌에 관한 지식이 필요하다. 연삭 숫돌은 연삭가공의 공구가 되며, 작업은 밀링가공에 쓰이는 밀링 커터의 역할을 한다고 볼 수 있다. 숫돌은 연삭 입자(abrasive grain)를 결합제(bonding material)로 결합하며,

여러 가지 모양으로 만든다.

연삭 숫돌은 수많은 입자들로 형성되므로 다인 커터(multi-point cutter)라고 볼 수 있다. 그림 8.36은 연삭 숫돌과 가공물이 작업상태를 표시한다. 일반 절삭공구와 다른 점은, 일반 절삭공구는 날이 마멸되면 절삭작업을 계속할 수 없으나, 연삭 숫돌은 연삭이 계속됨에 따라 입자의 날끝이 마멸되면 그 숫돌 입자에 가해지는 연삭 저항의 증가로 그 강도가 이 저항에 이겨내지 못하여 입자의 일부가 부서져 나가고 예리한 날이 새로 생긴다. 또, 어느 정도 마멸이 되면 결합제의 결합도가 이 저항에 견디지 못하게 되어 연삭 입자 전체가 숫돌에서 탈락하는 현상이 일어난다. 이와 같이, 연삭이 진행됨에 따라 둔하게 된 날이 새로운 날로 바뀌는 것이 연삭 숫돌의 특징인데, 이것을 절삭날의 자생작용이라고 한다. 연삭 숫돌로 사용할 때 연삭 입자들은 지지와 고착제 역할을 하는 적당한 결합제로 결합시킨다.

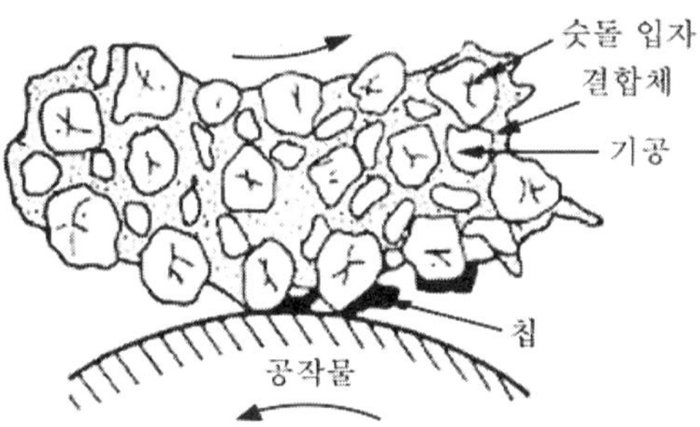

그림 8.36 연삭 숫돌의 구성과 연삭 작용

소결 후 담금질로 경화된 특수 커터를 장치한 선반으로 실제 형상을 완성한다. 아버공(arbor hole)에는 납(Pb) 또는 베빗 메탈로 규격 치수에 맞게 부시를 만들어 넣는다 부시를 기계가공하고 연삭 숫돌의 밸런스시험, 속도시험 및 검사를 한다. 일반적으로 연삭 숫돌 시험은 추천된 작업속도보다 50~100% 더 많은 범위에서 시험한다.

연삭 숫돌은 현재 인조 연삭 숫돌 재료만이 사용되고 있다. 천연 숫돌 입자는 품질이 일정하지 않고 값이 비싸므로 그 재질, 결합제의 종류, 제작방법 및 조건 등에 따라 적당한 연삭 숫돌을 선택해야 한다. 또한 그 구성은 그림 8.36과 같이 입자와 결합제, 기공의 3요소로 되어 있다. 입자는 바이트나 밀링 커터의 절삭날과 같은 공작물을 깎아내는 경도가 높은 광물질의 결정체이며, 결합제는 입자를 고정한다.

입자와 결합제 사이의 기공은 절삭 칩이 빠져나가는 길이 되며, 연삭열을 억제하는 효과가 있다. 이상의 3요소는 다음과 같이 5가지의 인자로 구성되어 있다.

(3요소) (5인자)

- 연삭숫돌
  - 입자 (절삭날)
    - 입자의 종류(절삭날의 종류)
    - 조직(숫돌 입자율)
    - 입도(절삭날의 크기)
  - 결합제 (절삭날의 지지)
    - 결합제의 종류(결합제의 특성)
    - 결합도(절삭날 발생속도의 조정)
  - 기공 (칩의 저장, 배출)

8.4.2 연삭 숫돌의 구성

(1) 연삭 숫돌 입자

숫돌에 사용되는 인조 숫돌 입자는 원료를 전기로에서 고온으로 용융하여 서서히 냉각시켜 만든 잉곳(ingot)을 기계적으로 분쇄하여 제작한 것으로 알루미나(Al_2O_3)와 탄화규소(Sic)의 두 가지가 있다. 알루미나 인조 숫돌 입자는 WA, A의 기호로 표시하며, 순도에 따라 4A, 3A, 2A, 1A 등이 있다. 4A는 가장 순도가 높은 것으로서, 연삭할 때 파쇄되어 예리한 날이 생기기 쉽다.(표 8.1)

또한, 탄화규소질 인조 숫돌 입자도 GC, C의 기호로 표시하며, 순도에 따라 4C, 3C, 2C, 1C 등이 있는데, 4C는 다른 것에 비하여 순도가 높다.

표 8.1 숫돌 입자의 분류

기호	종 별	KS	상 품 명	용 도
A	흑갈색 알루미나 (약 95%)	2A	알런덤 알록사이드	인장 강도가 크고(30kg/mm²), 인성이 큰 재료의 강력 연삭이나 절단 작업용
WA	흰색 알루미나 (99.5% 이상)	4A	38알런덤 AA 알록사이드	인장 강도가 매우 크며(50kg/m²), 인성이 많은 재료로서 발열을 피해야하는 연삭 깊이가 얕은 정밀 연삭용
C	흑자색 탄화규소 (약 97%)	2C	37크리스탈론 카버런덤	주철과 같이 인장 강도가 작고, 취성이 있는 재료, 절연성이 높은 비철금속, 석재, 고무, 플라스틱, 유리, 도자기 등
GC	녹색 탄화규소 (98% 이상)	4C	39크리스탈론 녹색 카버런덤	경도가 매우 높고 발열하면 안 되는 초경 합금, 특수강 등

주) ① WA, A : 탄소강, 합금강, 공구강, 스테인레스강 등 인장강도가 큰 재료의 연삭에 적합 ② GC, C : 인장강도가 작은 재료에 적합

(2) 입도

숫돌 입자의 크기를 입도라고 하는데 번호(메시)로 표시하며 번호가 클수록 곱다. 10~220번까지는 체로 분류하며 번호로 나타낸다. 그 이상의 미분 입도는 평균지름을 미크론(μ)으로 나타낸다.

표 8.2는 연삭 숫돌의 입도를 규격으로 정한 분류표이다.

예를 들면 No.30은 체의 길이 1인치에 30의 눈, 즉 1평방 인치당 900의 눈금을 가진 체에는 통과하고, No.36의 체에 남는 입자이다. 숫돌에는 반드시 입도를 표시하고 있으나, 등립만이 아니라 상이한 입도를 혼합한 것도 많이 있다.

표 8.2 숫돌입자의 입도

거칠은 눈 (coarse)	보통 눈 (medium)	보통 가는 눈 (fine)	가는 눈 (very fine)	아주 가는 눈 (super fine)
8	30	70	150	280
10	36	80	180	320
12	46	90	220	400
14	60	100	240	500
16		120		600
20				
24				

표 8.3 입도에 따른 숫돌 바퀴의 선택 기준

거친 입도의 숫돌	고운 입도의 숫돌
거친 연삭, 절삭 길이와 이송을 많이 줄 때	다듬 연삭, 공구 연삭
숫돌과 공작물의 접촉 면적이 클 때	숫돌과 공작물의 접촉 면적이 작을 때
연하고 연성이 있는 재료의 연삭	경도가 높고 메진 재료의 연삭

(3) 결합도

결합도(grade)는 숫돌 입자의 결합 상태를 나타내는 것으로, 연삭중에 숫돌 입자에 걸리는 연삭 저항에 대해 숫돌 입자를 유지하는 힘이 크고 작음을 나타내는 것이다. 결합도는 숫돌 입자 또는 결합제 그 자체의 경도를 말하는 것은 아니다. 숫돌 입자가 숫돌 표면에 쉽게 이탈하는 숫돌을 결합도가 낮은 숫돌 또는 연한 숫돌이라 하며, 이와 반대인 것을 결합도가 높은 숫돌 또는 단단한 숫돌이라 한다(표 8.4, 8.5참조).

표 8.4 연삭숫돌의 결합도 분류

극연(very soft)	연(soft)	중(medium)
E, F, G	H, I, J, K	L, M, N, O
경(hard)	극경(very hard)	
P, Q, R, S	T, U, V, W, X, Y, Z	

표 8.5 결합도에 따른 숫돌 바퀴의 선택 기준

결합도가 높은 숫돌(단단한 숫돌)	결합도가 낮은 숫돌(연한 숫돌)
연한 재료의 연삭	단단한 재료의 연삭
숫돌 바퀴의 원주 속도가 느릴 때	숫돌 바퀴의 원주 속도가 빠를 때
연삭 깊이가 얕을 때	연삭 깊이가 깊을 때
접촉 면적이 얕을 때	접촉 면적이 클 때
재료 표면이 거칠 때	재료 표면이 치밀할 때

(4) 조직

조직(structure)은 숫돌의 단위 체적당의 입자수, 즉, 입자의 조밀 상태를 나타내는 용어이다.

그림 8.37과 같이, 숫돌 입자의 밀도가 작은 것을 거친 조직, 숫돌 입자의 밀도가 큰 것을 치밀한 조직이라 한다. 연삭 숫돌의 전체 부피에 대한 숫돌 입자의 전체 부피의 비율을 숫돌 입자율(grain percentage)이라 하며, 표 8.6과 같이 구별한다. 조직은 표 8.7을 기준으로 하여 숫돌을 선택하도록 한다.

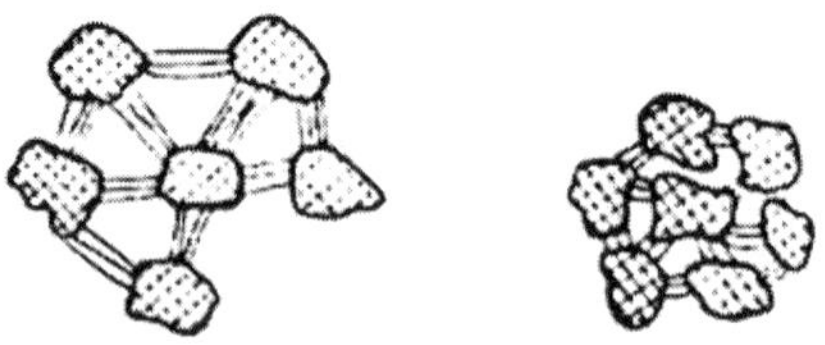

(a) (b)

그림 8.37 숫돌 바퀴의 조직

표 8.6 조직의 기호

호칭	조직	숫돌 입자율 (%)	기호
치밀한 것	0, 1, 2, 3	50이상 54이하	C
중간 것	4, 5, 6	42 이상 50 이하	M
거친 것	7, 8, 9 10, 11, 12	42이하	W

표 8.7 조직에 따른 연삭 숫돌의 선택 기준

조직이 거친 연삭 숫돌	조직이 치밀한 연삭 숫돌
연질이고 연성이 높은 재료	굳고 메진 재료
거친 연삭	다듬질 연삭, 총형 연삭
접촉 면적이 클 때	접촉 면적이 작을 때

(5) 결합제(bond)

숫돌입자를 결합하여 숫돌을 형성하는 재료를 결합제(bond)라 한다. 숫돌바퀴는 결합제의 종류에 따라 다음과 같이 분류된다.

- 결합제
  - 무기질 결합제
    - 비트리파이트(Vitrified)법 : 비트리파이트 연삭 숫돌
    - 실리케이트(silicate)법 : 실리케이트 연삭 숫돌
    - 금속결합제(metal bond)
  - 유기질 결합제
    - 탄성(elastic)법 : 셀락연삭, 고무연삭, 레지노이드(resinoid) 연삭 숫돌

① 비트리파이트 결합제(vitrified bond)

결합제의 주성분은 점토이고, 이 방법으로 제조된 연삭숫돌이 가장 많이 사용되고 있다.

점토에 용제를 첨가하여 연삭입자들과 충분히 혼합하고, 1,300~1,350°C에서 연속 2~3일간 가열하여 결합제를 자기질화한다. 숫돌바퀴의 대부분은 이에 속하며,거친 연삭, 정밀연삭의 어느 경우에도 적합하다.

이 방법으로 각종 용도의 제품이 생산되어 현존하는 약 90%가 이에 의존하고 있다. 그러나 탄성이 적고 또한 얇은 절단 숫돌의 생산에 적용할 수 없는 결점이 있다. 기호는 "V"로 표시한다.

② 실리케이트 결합제(silicate bond)

규산소다(Na_2SiO_3)를 입자와 혼합하여 금속형에 다져 넣고 수 시간 건조한다. 다음에 숫돌을 260℃에서 1~3일간 가열한다.

실리케이트 숫돌은 다른 방법에 의하여 결합한 것보다 무르게 작용하며 곧 마멸된다. 고속도강과 같이 균열이 생기기 쉬운 재료를 연삭할 때 또는 연삭에 의한 발열을 피하려 할 경우에 사용한다. 또 가열할 때 터지거나 비틀림이 일어나지 않도록 되었기 때문에 대형숫돌을 제작하는데 적합하다. 기호는 "S"로 표시한다.

③ 금속 결합제

금속결합제(metal bond)는 주로 다이아몬드 숫돌의 결합제로 사용되며, 철, 구리, 황동, 니켈 등의 작은 입자와 숫돌입자를 혼합하여 압력을 가하여 성형한다. 금속 결합제는 숫돌입자의 지지력이 크고, 가공이 작으므로 수명이 길고, 과격한 사용에 견디지만 연삭 능률은 낮다.

④ 탄성결합제(elastic bond)

탄성 연삭 숫돌은 유기질의 결합제를 사용하는 방법으로 셀렉, 고무 및 인조수지 등이 사용된다.

ⓐ 셀렉 연삭 숫돌(shellac wheel)

결합제의 주성분이 셀렉이다. 이 방법으로 제조된 것은 절단용 숫돌에 사용되고, 리머의 인선가공 및 롤러의 완성연삭 등에 사용되며 기호는 E 또는 shel로 사용된다.

ⓑ 고무 연삭 숫돌(ruber wheel)

일렉스틱방법으로 제조된 연삭 숫돌로서 결합제의 주성분은 고무이다. 이것은 고무에 유황 및 기타 재료를 첨가하여 연삭 입자와 충분히 혼합하여 롤러로서 많은 판상을 만들고, 원형 연삭 숫돌로 성형하고, 가열하여 만든 것으로 절단용 숫돌 및 센터리스 연삭기의 조정 숫돌로 사용한다. 기호로는 R 또는 Rub로 표시한다.

ⓒ 인조수지 연삭 숫돌(resinoid wheel)

결합제의 주성분은 인조수지이며, 셀렉 및 고무 연삭 숫돌과 같이 연삭에 의한 발열로 연화경향이 적고, 각종 용제, 기름, 증기 등에 대하여 안정하며, 또한 탄성이 우수하여 건식 전달용에 가장 적합하다.

8.4.3 연삭 숫돌의 표시법

숫돌바퀴의 성질은 여러 가지의 요소를 조합하므로써 정해진다. 따라서, 숫돌바퀴를 표시할 때에는 구성요소를 부호에 따라 일정한 순서로 나열하여 표시하는데, 그 순서는 다음과 같다.

숫돌입자, 입도, 결합도, 조직, 결합제, 모양 및 연삭면의 모양, 치수(바깥지름×두께×구멍지름), 회전시험 원주속도 및 사용 원주속도 범위, 제조자 이름, 제조번호, 제조년 월일 등(그림 8.38참조)

<표시의 보기>

WA · 60 · K · m · V
(숫돌 입자) (입도) (결합도) (조직) (결합제)
1호 · A · 203 × 16 × 19.1
(모양) (연삭면 모양)(바깥지름) (두께) (구멍 지름)
300m/min 1700~200m/min
(회전 시험 원주 속도) (사용 원주 속도 범위)
○○ 회사, 제 ○○호, ○년 ○월 ○일

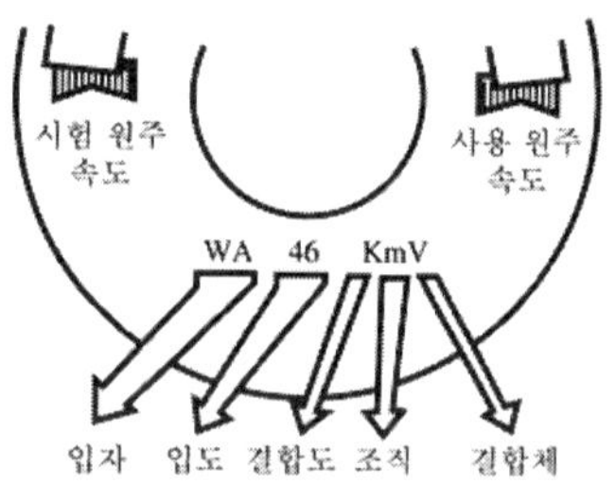

그림 8.38 숫돌 바퀴의 표시 예

8.4.4 숫돌 바퀴의 선택 기준

공작물의 크기·모양, 재질, 다듬질면 상태, 공작물의 원주 속도 및 접촉 면적, 숫돌 바퀴의 크기 등에 따라 연삭 숫돌 입자의 입도, 결합도, 조직, 결합제 및 숫돌 바퀴의 모양 등이 달라진다. 숫돌 바퀴의 선택은 표 8.8을 이용하면 편리하다.

표 8.8 일반 금속 재료에 대한 숫돌 바퀴의 선택 기준

재 료	연삭 숫돌	재 료	연삭 숫돌
밀링 커터 : 탄소강	A. 46. K. m. V	주철	C. 36. K. m. V
고속도강	A. 60. J. m. V	황동	C. 36. L. m. V
드릴 : 고속도강	WA. 46. M. m. V	초경 합금 공구	GC. 20. R. w. B
탭 : 고속도강	A. 60. N. m. V	(거친 연삭)	
		초경 합금 공구	GC. 36. M. m. B
선반 바이트 :	A. 24. L. m. V	(다듬 연삭)	
고속도강	WA. 46. K. m. V	담금질 연삭	
바깥지름 연삭 :	WA. 46. K. m. V	냉각 압연 롤	
고속도강, 경화강	A. 46. L. m. V	거친 연삭	C. 150. L. m. B
스테인리스강	C. 46. M. m. V	다듬 연삭	C. 320. J. m. E

8.4.5 연삭 숫돌의 설치와 균형

(1) 연삭 숫돌의 설치

연삭 숫돌은 고속회전으로 높은 정밀도를 요하는 가공이므로 그 설치에 있어서 불균형이 나타나지 않도록 주의해야 하며 고정할 때 큰 힘을 가하지 말아야 한다.

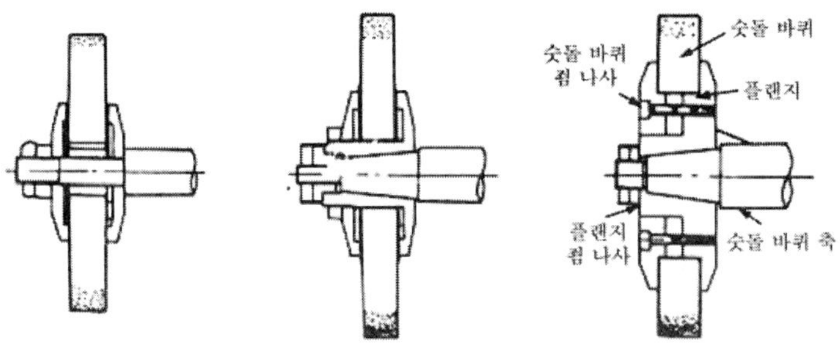

그림 8.39 연삭 숫돌

숫돌은 취약하므로 중심축을 직접 지지하는 것은 위험하며, 평탄한 숫돌 측면을 플랜지에 고정한다. 이 플랜지의 지름은 숫돌지른의 1/2~1/3로 한다. 숫돌 측면과 플랜지 사이에는 두께 0.5mm 이하의 고무와 같은 연한 와셔를 끼운다. 또 플랜지가 축에 접하는 부분은 압입키로써 고정하여 공전을 방지한다. 플랜지용 너트의 나사는 숫돌이 회전함에 따라 잠기는 방향을 가져야 하고 플랜지 측면과 숫돌 측면 전체가 닿지 않도록 한다(그림 8.39 참조).

(2) 연삭 숫돌의 균형

연삭 숫돌의 균형을 잡는 것은 연삭가공의 정밀도를 높이며, 숫돌의 파괴를 방지하여 안전한 작업을 하는 데 반드시 필요한 사항이다. 균형이 잡히지 않는 숫돌은 진동이 나타나고 가공면에 떨림자리(chtter marks)가 나타난다. 균형을 잡기 위해서는 그림 8.40과 같이 밸런싱 웨이트(balancing weight)로 조정한다. 그림 8.41은 균형조정장치로서 대형 숫돌의 플랜지에 장치되어 있으며, a, b의 밸런싱 웨이트의 위치를 옮겨 숫돌의 균형을 잡는다. 밸런싱 웨이트는 원형 홈을 따라 움직이게 되어 있으며 나사 0를 풀면 홈을 따라 자유롭게 움직인다.

1. 작용 핸들 2. 평형대 3. 균형용 아버
4. 콜릿 5. 숫돌 바퀴

그림 8.40 숫돌 밸런싱

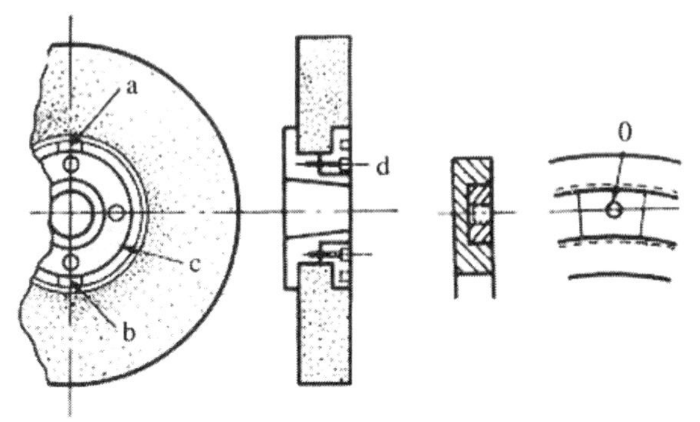

그림 8.41 숫돌 밸런싱 웨이트

8.4.6 연삭 숫돌의 수정

(1) 드레싱(dressing)

연삭 숫돌을 정상상태에서 사용할 때 숫돌입자의 끝이 무디게 되면 파괴 또는 탈락하여 항상 새로운 숫돌입자가 표면에 나타나 연삭을 계속할 수 있다. 그러나 정상작업을 하지 못할 때에는 그림 8.42와 같이 눈메움(loading), 무딤(glazing), 입자 탈락 등이 나타난다. 드레싱은 이와 같은 현상을 제거하는 일이다.

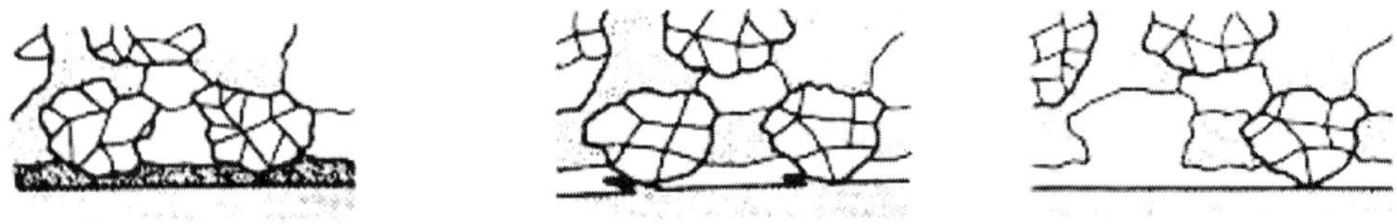

(a) 눈 메움　　(b) 무딤　　(c) 입자 탈락

그림 8.42 연삭 숫돌의 수정 요인

① 눈메움(loading)

결합도가 높은 숫돌에 구리와 같이 연한 금속을 연삭하였을 때에는 숫돌표면의 기공에 칩이 메워지게 되므로 연삭이 잘 되는 현상을 말한다(그림 8.42참조).

또한 이 현상이 일어나면 절삭성능이 떨어지고, 다듬면에 떨림 자리가 나타난다.

② 무딤(glazing)

숫돌바퀴의 결합도가 지나치게 높으면 둔하게 된 숫돌입자가 떨어져 나가지 않으므로, 숫돌 표면이 매끈해져서 연삭성능이 떨어지고, 마찰에 의한 발열이 커지며, 과열로 인한 변색이 공작물 표면에 나타나는 현상을 말한다.

③ 입자 탈락

숫돌바퀴의 결합도가 그 작업에 대하여 지나치게 낮을 경우에는 숫돌입자의 파쇄가 충분하게 일어나기 전에 결합제가 파쇄되어 숫돌입자가 입자 그대로 떨어져 나가게 되는 현상으로서 공작물을 깎아 내는 양에 비하여 숫돌의 마멸이 심하게 된다. 이와 같이, 숫돌입자가 작은 절삭력에 의하여 쉽게 탈락하는 상태를 입자 탈락현상이라 한다.

이와 같이 절삭성이 나빠진 숫돌면에 날카로운 입자를 발생시켜 주는 작업을 드레싱이라 하고 현재 가장 많이 사용되는 드레서로 그림 8.43과 같이 1개 또는 몇 개의 다이아몬드를 동시에 연삭 숫돌면에 접촉해서 사용되며, 절삭 깊이0.025mm, 이송량은 250m/min를 넘지 않도록 사용한다. 다이아몬드 드레서 작업은 숫돌면에 대하여 약간 기울여 사용한다. 그림 8.44는 드레서가 설치된 "예"이다.

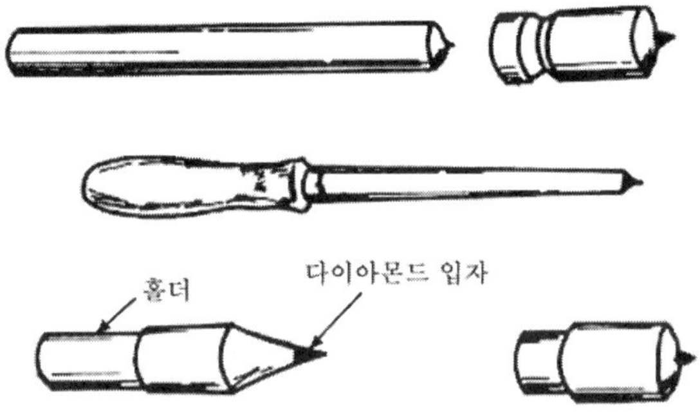

그림 8.43 다이아몬드 드레서의 종류

그림 8.44 드레서의 설치 예

(2) 트루잉(truing)

연삭 숫돌바퀴의 트루잉은 일반적으로 좋은 조건에서 연삭 가공을 할 때도 숫돌바퀴의 질이 균일하지 못하거나, 공작물의 영향을 받아 숫돌바퀴의 모양이 점차 변하므로, 이것을 정확한 모양으로 깎아 내어야 하는데, 이 작업을 트루잉이라 한다. 트루잉을 하면 동시에 드레싱도 된다. 트루잉에도 다이아몬드 드레서를 사용한다. 그림 8.45는 트루잉의 한 예로서 (a)와 같이 각의 선단에서부터 트루잉 하는 것이 좋다. 그림 (b)와 같이 하면 끝의 각이 파손되기 쉽다.

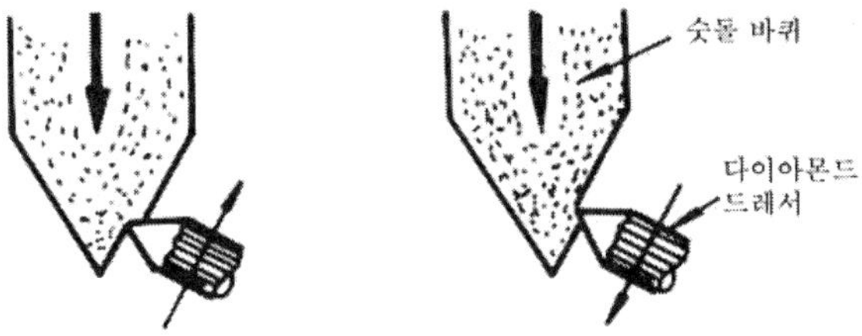

(a) 바름 (b) 틀림

그림 8.45 예리한 각을 트루잉할 때

8.5 연삭 조건

숫돌의 원주속도, 절삭깊이, 이송은 서로 관련을 맺고 있으므로 연삭작용에 여러 가지 영향을 미치게 된다. 공작물의 재질 또는 숫돌의 성질에 의해서 이들을 적당히 결정하여야 한다.

(1) 숫돌의 원주속도

숫돌의 원주속도는 연삭 능률에 큰 관계가 있으며, 원주속도가 낮으면 숫돌의 마멸이 심하고 충분한 기능을 발휘하지 못하며, 원주속도가 지나치게 빠르면 깎임 새가 저하할 뿐 아니라 원심력에 의해 숫돌이 파괴될 위험이 있다.

숫돌 바퀴의 회전수 n은 다음 식으로 구할 수 있다.

여기서,

v : 원주속도(m/min)

d : 숫돌 바퀴의 바깥지름(mm)

실제의 연삭속도는 숫돌바퀴의 원주속도와 공작물의 운동방향의 원주속도를 합성한 것이어야 한다.

표 8.9 연삭숫돌의 표준 원주속도

가공의 종류	숫돌의 주속	가공의 종류	숫돌의 주속
	m/min		m/min
외경 연삭	1,600~2,000	공구 연삭	1,400~1,800
내경 연삭	600~1,800	절단 연삭기	1,100~1,1400
평면 연삭	1,200~1,800	초경 합금 연삭	1,400~1,650

(2) 공작물의 원주속도

가공물의 원주속도는 그 재질에 따라 광범위하게 변하나, 대체로 6~48m/min의 사이에서 적당한 값을 실험해서 구하여 사용한다. 가공물의 표면속도는 연삭숫돌의 마모 및 완성 가공면의 상태가 유리하게 되려면 작은 것이 요구되나, 연삭능률의 면에서는 어느 정도 큰 값이 좋다. 평면 연삭에서는 테이블의 이동속도를 공작물의 속도로 한다. 표 8.10은 가공물의 표준원주속도이다.

(3) 연삭 깊이

공작물의 재질, 연삭방법, 연삭정밀도 등에 따라 연삭깊이를 가감하여야 한다. 일반적으로 연삭할 때의 연삭깊이는 얕게 주도록 한다. 그러나, 거친 연삭을 할 때에는 될 수 있는대로 연삭 깊이를 깊게 주고, 다듬연삭을 할 때에는 얕게 주도록 한다. 표 8.11은 보통 사용하고 있는 연삭깊이의 값을 나타낸 것이다.

표 8.10 공작물의 원주속도(단위 : m/min)

가 공 / 재 료	외면 연삭		내면 연삭
	거친 연삭	다듬 연삭	
담금질강	12~15	10~12	15~20
합 금 강	10~13	9~12	20~25
강	9~12	8~10	12~18
주 철	15~18	10~12	20
황동, 청동	15~18	18~25	30
알루미늄	20~30	18~25	35
초경합금	15~20	10~18	25

표 8.11 연삭 깊이(단위 : mm)

가공의 종류	거친 연삭	다듬 연삭
원 통 강철	0.02~0.05	0.0025~0.005
원 통 주철	0.05~0.15	0.005~0.02
내 면	0.02~0.04	0.005~0.01
평 면	0.01~0.07	0.005~0.01
공 구	0.03~0.05	0.005~0.01

(4) 이송량

연삭면은 이송을 작게 하면 많은 연삭 숫돌입자가 공작물에 접하므로 다듬질 정도가 높아진다. 극단의 경우로 공작물이 1회전하는 동안의 이송이 숫돌의 폭보다 크면 나선상으로 연삭되므로 공작물 1회전마다의 이송은 숫돌의 폭 이하로 하여야 한다. 숫돌의 폭 B에 대한 공작물 1회전마다의 이송을 f(mm/rev)라 하면 이송의 표준치는 대략 다음과 같다.

강 f=(1/3~3/4)B
주철 f=(3/4~4/5)B이며,
다듬질 연삭에서는 f=(1/4~1/3)B가 적당하다.

공작물 1회전 마다의 이송량 f(mm/rev)에서 이송속도 f1(m/min)는 다음 식으로 구한다.

$$f_1 = \frac{f \cdot n}{1,000}$$ (n : 공작물의 회전수 rpm)

일반적으로 이송속도의 표준치는 거칠은 연삭에서 1~2m/min, 다듬질 연삭에서는 0.2~0.4m/min의 범위에서 연삭한다.

(5) 연삭 여유

연삭 여유는 전 가공에 의한 면의 거칠기, 공작물의 모양, 치수, 열처리 등에 따라 다르나 되도록 작을수록 좋다. 그러나 연삭 여유를 너무 작게 하면 전 가공에 시간이 많이 걸리게 되므로, 여러 가지 여건을 감안하여 정하도록 한다.(표 8.12, 8.13 참조)

표 8.12 원통 연삭의 연삭 여유(단위 : mm)

공작물의 지름	공작물의 길이										
	50	100	150	200	250	350	450	600	750	900	1,000
3	0.15	0.17									
6	0.15	0.20	0.25								
9	0.17	0.20	0.25	0.30	0.33						
12	0.20	0.22	0.28	0.30	0.33	0.38	0.40				
20	0.20	0.22	0.28	0.33	0.35	0.40	0.43	0.45			
25	0.22	0.25	0.30	0.33	0.35	0.40	0.45	0.48	0.50		
32	0.22	0.28	0.30	0.35	0.38	0.43	0.45	0.48	0.50	0.55	
38	0.25	0.28	0.33	0.35	0.40	0.43	0.45	0.48	0.53	0.58	0.60
50	0.30	0.33	0.35	0.40	0.43	0.45	0.48	0.53	0.55	0.60	0.70
75	0.38	0.40	0.43	0.45	0.48	0.50	0.55	0.60	0.63	0.68	0.80
100	0.43	0.45	0.48	0.50	0.53	0.58	0.63	0.68	0.70	0.75	0.90
150	0.50	0.53	0.58	0.60	0.63	0.68	0.73	0.78	0.80	0.85	0.90
200	0.60	0.63	0.68	0.70	0.73	0.78	0.83	0.88	0.90	0.95	1.00
250	0.68	0.70	0.75	0.78	0.80	0.83	0.88	0.93	1.00	1.05	1.10

표 8.13 평면 연삭의 연삭 여유

공작물의 재질	공 작 물 의 길 이					
	100이하	200이하	500이하	1,000이하	1,500이하	2,000이하
구 리	0.5	1.0	1.5	2.0	2.5	3.0
주 철	0.3	0.5	1.8	0.8	1.0	1.0

(6) 연삭 작업의 결함과 그의 원인 및 대책

연삭 작업에 있어서 연삭 조건 또는 연삭기의 사용 방법이 적절하지 못하여 생기는 가장 일반적인 결함과 그의 원인, 대책에 관하여 정리하여 보면 표 8.14와 같다.

표 8.14 연삭 작업의 결함과 원인, 대책

결 함	원 인	대 책
진원도 불량	센터와 센터 구멍의 불량	센터 구멍의 홈, 먼지를 제거, 센터, 센터 구멍의 연삭 심압축의 정도 조정
	공작물의 불균형	전체를 거칠은 연삭을 하여 편심을 제거, 불규칙한 공작물에는 밸런싱 웨이트를 붙인다.
	진동 방진구의 사용법 불량	공작물의 크기, 형상에 적합한 진동 방진구를 사용할 것
원통도 불량	테이블 운동의 정도 불량	정도(情度)검사, 수리, 미끄럼 면의 윤활을 양호하게 할 것
	작업법 불량	수직 이송연삭에서는 공작물에서 떨어지지 않도록, 플랜지컷에서는 숫돌의 폭을 공작물보다 크게 함
떨림 (chattering)	숫돌, 숫돌축 관계 불균형	숫돌차의 균형을 취하고, 숫돌차의 측면 트루잉, 벨트풀리의 평행 검사를 할 것.
	숫돌차의 결합도가 단단하다.	숫돌을 연한 것으로 하고 공작물의 속도를 빠르게 할 것
	숫돌의 눈 데움	숫돌을 드레싱한다.
	센터, 방진구의 사용법 불량	센터 수정, 윤활을 정확히 하고 방진구를 정확히 사용한다.
거칠은 가공면	숫돌의 결합도가 연함.	단단한 숫돌차를 사용한다. 공작물의 속도를 늦게 한다.
	숫돌의 입도가 커짐	가는 입도의 숫돌차를 사용한다.
	숫돌차 고정의 풀림 연삭기의 정밀도 불량	새로운 흡수지를 플랜지 안쪽에 끼운다. 정밀도를 검사하여 정확한 윤활을 한다.
	공작물과 숫돌차면의 불평형	드레서의 고정을 올바르게 확실히 할 것.
	공작물과 숫돌차 면의 불평형	드레싱 마지막에는 절입하지 말고 숫돌차면을 왕복시킨다.

8.6 정밀 입자 가공의 개요

절삭 가공이나 연삭 가공에 의해 가공된 면을 연삭입자 또는 숫돌편을 사용하여 더욱 고정밀도의 치수 및 다듬질 면으로 가공하는 방법을 정밀입자 가공이라 한다. 정밀입자 가공의 특징은 공구를 일정한 깊이까지 강제적으로 절삭하는 것이 아니고, 일정한 힘, 또는 압력으로서 절삭가공이 이루어지는 압력제어형의 가공으로서 미세한 가공량의 조절을 쉽게 할 수 있다.

8.7 정밀 입자 가공의 종류

정밀 입자 가공에는 호닝(honing), 액체호닝(liquid honing), 래핑(lapping), 슈퍼 피니싱(superfinishing) 등이 있다.

8.7.1 호닝(honing)

(1) 호닝의 개요

호닝은 원통 내면의 정밀 다듬질의 일종으로서, 보링 또는 연삭기 등으로 내면 연삭한 것을 능률적으로 진원도, 진직도 및 표면 거칠기를 향상시키기 위한 것으로서, 그림 8.46과 같이 직사각형 단면의 긴 숫돌을 지지봉의 끝에 방사방향으로 붙여 놓은 혼(hone)을 구멍에 넣어, 회전운동과 축방향의 운동을 동시에 시키며 구멍의 내면을 정밀하게 다듬질하는 가공이다. 내연 기관이나 액압장치의 실린더, 고속 베어링면 등의 내면을 다듬질하는 데 널리 응용되고 있다. 최근에는 원통의 외면, 평면, 크랭크축, 기어 등의 곡면에도 적용되고 있다. 치수정밀도는 3~10μm, 표면 거칠기는 1~4μm 정도로 높일 수 있다.

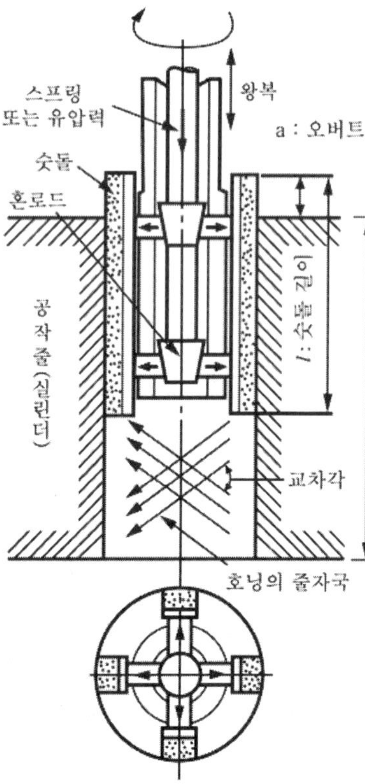

그림 8.46 호닝의 개념도

(2) 호닝 머신의 구조

호닝 머신의 구조는 혼(hone)을 회전과 왕복운동을 시켜 공작물의 원통내면을 유압 또는 스프링으로 압력을 주어 가공하게 되어 있다. 호닝 머신에는 수직형과 수평형이 있으며, 주로 수직형이 사용된다. 수평형은 구멍지름이 작고 긴 공작물 가공에 사용된다. 또한 다기통(多氣筒)을 동시에 호닝하기 위한 다축 호닝 머신(multiple spindle honing machine)도 있다. 그림 8.47은 실린더 호닝에 사용되는 단축 수직형 호닝 머신의 각부 명칭을 그림 8.48은 커넥팅로드를 호닝하는 다축 호닝 머신을 나타낸 것이다.

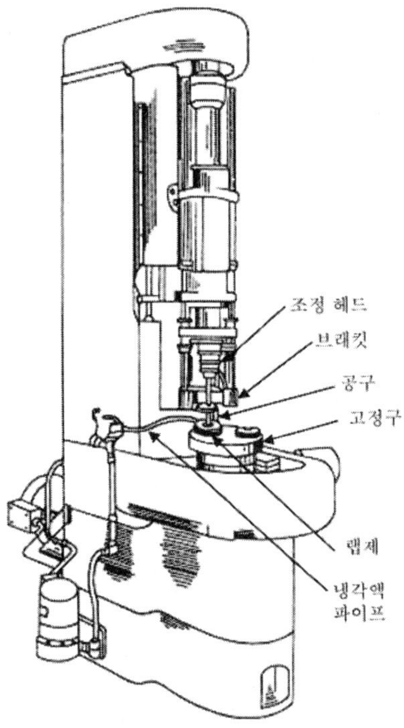

그림 8.47 단축 수직형 호닝 머신

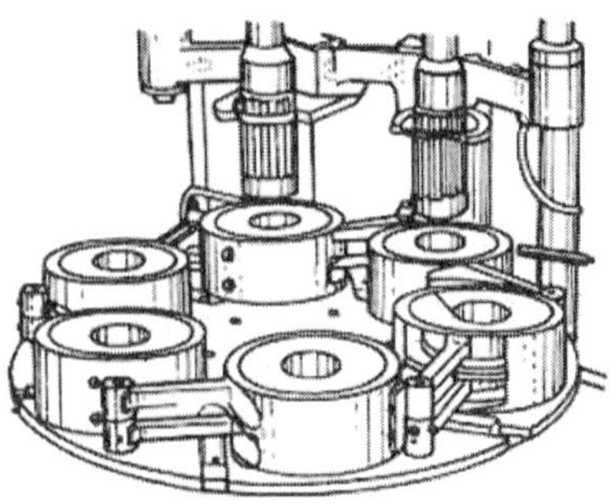

그림 8.48 다축 호닝 머신

(3) 호닝 숫돌

연삭입자는 일반적으로 WA 또는 GC를 쓰는데 최근에는 다이아몬드나 CBN의 사용도 급격히 증가하고 있다. 이들의 공작물 재질에 의한 적당한 구분 사용은 강, 주강에는 WA주철, 비금속에 대하여는 GC를 쓰고, 다이아몬드 주철이나 초경합금에 CBN은 고경도의 경화강에 적합하다. 결합제는 비트리파이드 본드가 일반적이며, 다이아몬드 숫돌에서는 레지노이드 본드가 많고 CBN 숫돌은 레지노이드, 비트리파이드가 사용된다.

호닝에서 얻어지는 다듬질면 거칠기는 원칙적으로 숫돌의 입도에 의하여 결정된다고 생각되지만, 다른 많은 조건에 따라서도 약간의 영향을 받는다. 예를 들면 호닝 가공시간, 연삭량, 숫돌 압력, 절삭속도, 숫돌 결합도, 가공물 재질, 강도 등에 따라 숫돌입자 날의 연삭성이나 절삭깊이가 변하고 호닝면의 다듬질면 거칠기가 좌우된다.

(4) 호닝조건

호닝속도는 공작물의 표면을 통과하는 입자의 속도이며, 이것은 혼의 회전 속도와 왕복 속도의 합성 속이다. 혼의 원주속도는 연삭작업 1/40 정도로 40~70m/min 정도이며, 왕복속도는 원주속도의 1/2~1/5 정도이다. 숫돌은 회전과 동시에 왕복 운동을 하므로, 그림 10.4와 같은 입자의 운동 경로가 나타나며, 이 무늬의 교차각 α는 거친 호우닝에서는 40~60°, 다듬 호닝에서는 20~40°이다. 혼의 가공면에 대한 압력은 비트리파이드 결합제 숫돌을 사용할 때에는 거친 호닝에서 10kgf/cm^2 이상, 다듬 호닝에서는 4~6kgf/cm^2 정도이고, 레지노이드 결합제 숫돌에는 그 $\frac{1}{10}$ 정도로 한다. 호닝 여유는 거친 호닝에서는 0.05~0.1mm, 다듬 호닝에서는 0.005~0.025mm 정도이다. 호닝으로 깍아내는 두께는 5~25μm 정도이며, 거친 호닝에서는 25~500μm까지도 연삭한다.

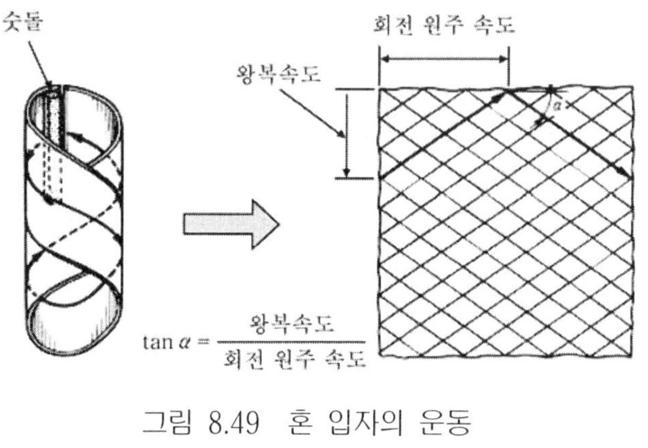

그림 8.49 혼 입자의 운동

8.7.2 액체 호닝(liquid honing)

(1) 액체 호닝의 개요

액체 호닝은 그림 8.50과 같이 연마제를 가공액과 혼합한 것을 압축 공기를 이용하여 노즐을 통하여 고속도로 공작물 표면에 분사시켜 미려한 다듬면을 얻는 가공법이다. 이 액체 호우닝은 짧은 시간에 매끈해지나 광택이 적은 다듬질면을 얻게 되며, 피이닝 효과(peening effect)가 있고, 복잡한 모양의 공작물 표면 다듬질이 가능하다. 특히, 공작물 표면의 산화막이나 도료 등을 제거할 수 있는 잇점이 있어 도장이나 도금의 바탕을 깨끗이 다듬는데 유리하다.

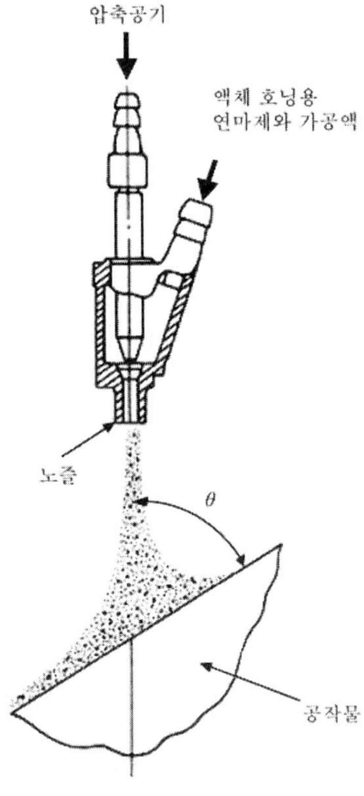

그림 8.50 액체 호닝의 원리

(2) 연마제와 가공액

연마제로는 SiC, Al2O3, 규사 등의 분말을 사용하며, 가공액으로는 물에 방청제를 첨가한 것을 사용한다. 연마제의 입도는 표면 다듬질 정도에 따라 적절히 선택 한다.

(3) 액체 호닝 조건

다듬표면은 연마제의 농도, 공기압력, 분사시간, 노즐과 공작물과의 거리, 그리고 분사각에 따라 다르다. 공기압력은 보통 3.5~7.0kgf/cm2 정도이며, 압력이 높을수록 가공 능률이 좋다.

연마제는 다량을 가공면에 분사하며, 그 양은 지름 12mm 노즐에 있어 매분당 5~7kgf 정도로 한다. 연마제와 가공액과의 혼합비는 용적으로 1 : 2 정도일 때 능률이 가장 좋다.

분사 노즐과 공작물 사이의 거리는 보통 60~80mm이며, 얇은 판을 가공할 때에는 적어도 200mm의 거리를 두어야 한다. 또, 다듬면에 대한 분사각도 중요한 조건이며, 철강의 경우 40~50°정도가 가장 능률적이다. 다듬면은 분사각이 클수록 거칠어진다.

8.7.3 래핑(lapping)

(1) 래핑의 개요

래핑 작업은 마모 현상을 가공에 응용한 것으로서, 일반적으로 공작물과 랩 공구(lap tool)사이에 미분말 상태의 랩제와 윤활제를 넣고 이들 사이에 상대운동을 시켜 표면을 매끈하게 가공하는 방법을 래핑 가공(lapping work)이라고 한다.(그림 8.51참조)

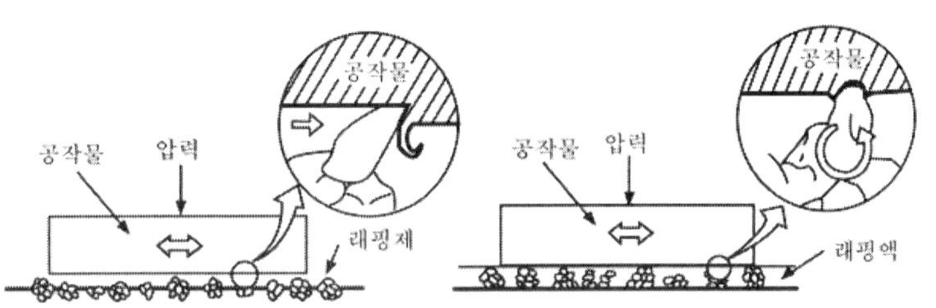

그림 8.51 래핑 방식

(2) 랩, 랩제 및 래핑유

① 랩(lap)

랩은 랩제를 그 표면에 묻힌 상태에서 공작물 표면과 마찰하여 공작물의 표면정밀도를 높이는 공구이다. 그 재질은 공작물의 경도보다 연한 것이 사용되며, 보통 주철제가 많고, 연강이나 구리 합금의 것도 있다.

랩의 모양은 작업 목적에 따라 여러가지가 있으나 습식법에 사용되는 랩은 그림 8.52(a)와 같이 면에 홈이 있어 래핑제나 래핑액을 공작물과 랩 접촉면에 균일하게 퍼지게 하고, 나머지는 빠져 나가도록 되어 있다. 그림 8..52(b)은 구멍용 랩이며, 그림 8.52(c)는 축의 바깥면을 래핑하는데 쓰이는 랩이다.

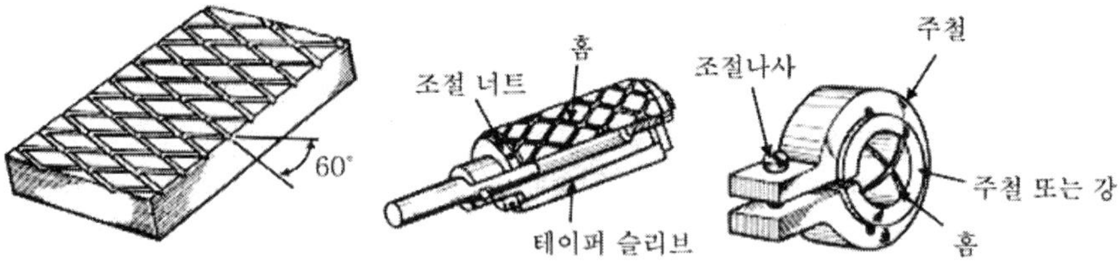

그림 8.52 랩의 종류

② 랩제 및 래핑유(lapping powder and lap oil)

작업에 적합한 입자와 래핑유를 선택함은 래핑의 중요한 요소가 된다. 랩제는 래핑분말(lapping powder)이라고도 한다. SiC, Fe_2O_3은 비교적 의한 금속, 유리, 수정 등에 적합하며, Al_2O_3은 강에, 다듬질 래핑에는 Cr_2O이 적합하다. 래핑유는 랩제와 섞어서 사용하는 것으로, 입자를 지지하며 동시에 분리시키고 공작물에 윤활을 주어 긁히는 것을 방지한다. 주철 랩으로 경화강을 래핑할 때는 래핑유로 유류를 사용한다. 보통은 석유와 기계류를 혼합한 것이 많이 쓰인다. 유리, 수정 등에는 물이 사용되고 있다. 올리브유, 돈유, 경유, 벤졸 등도 사용하는 예가 있으며, 그리이스(grease)는 연한 재료를 래핑하는데 쓰인다. 래핑유와 랩제와의 혼합비는 같은 양을 표준으로 하되 공작물 가공면의 모양 또는 면적에 따라 실험적으로 정한다.

(3) 래핑방식(lapping method)

랩제를 사용하는 방식에 따라서 다음과 같이 2종류로 나눌 수 있다.

① 습식 래핑법(wet method)

랩제와 기름을 혼합하여 가공물에 주입하면서 래핑작업을 하는 방법으로, 주로 억센 랩으로 비교적 고압력, 고속도에서 가공하는 일이 많다. 스플라인 홈부(spline hole), 초경질 합금, 보석 및 유리 등의 특수재료에 사용한다.(그림 8.51(b))

② 건식 래핑법(dry method)

랩을 랩제 중에 파묻었다가 이것을 꺼내어 랩제를 닦은 다음 주로 건조상태에서 래핑작업을 한다. 이것은 주로 습식 래핑한 후에 표면을 더욱 매끈하게 가공하기 위하여 사용된다. 이 방식은 블록 게이지 제작에 사용된다. 보통가공 표면의 거칠기는 0.025~0.0125μm 정도이다.(그림 8.51(a))

(4) 래핑작업과 래핑 머신

① 래핑작업

래핑에는 손작업으로 하는 핸드 래핑(hand lapping)과 래핑 머신을 사용하는 기계 래핑(machine lapping)이 있다. 핸드 래핑은 선반이나 드릴링 머신을 이용하기도 한다. 또, 수량이 적거나 적합한 전용 기계가 없을 때에는 손 래핑을 할 수 밖에 없다. 그림 8.53은 핸드 래핑작업의 예이다.

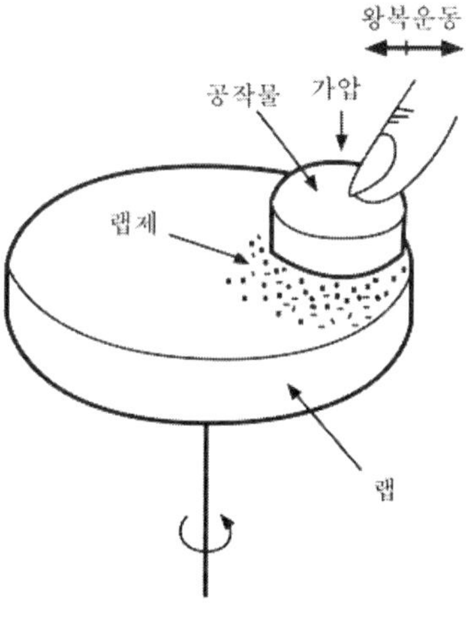

그림 8.53 핸드 래핑 작업의 예

핸드 래핑에 사용하는 랩은 그 모양이 아주 간단하며, 평면 래핑에는 평면 랩 위에 래핑입자를 놓고 공작물을 손으로 잡아 8자형으로 운동시키며 래핑한다. 원통 래핑은 둥근 봉의 외경을 래핑하는 작업으로서 선반에 설치하고 회전운동을 주며, 공작물의 외경과 거의 같은 내경을 가진 랩을 공작물에 맞추고 죔나사로 정밀히 조절하고, 손잡이를 잡고 축 방향으로 움직여 전길이를 래핑한다. 내면 래핑을 하는 데는 원통형 랩에 회전운동을 주며 공작물을 손으로 붙잡고 축 방향으로 왕복운동을 시켜 작업한다. 이때 랩의 길이는 공작물의 구멍 길이보다 약간 길게 한다. 래핑속도는 래핑 입자가 비산(飛散)되지 않는 정도로 한다. 건식 래핑에서는 50~80m/min 정도며 너무 빠르면 열이 발생하고, 열처리 표면층이 변질될 염려가 있다. 래핑압력은 습식에서는 0.5kgf/cm^2 정도이며, 너무 압력이 높으면 래핑액이 밀려 나가므로 건식 래핑이 된다. 건식일 때에는 강철의 경우 1.0~1.5kgf/cm^2 주철의 경우 이보다 낮게 한다. 래핑 다듬여유는 0.01~0.02mm 정도로 한다.

② 래핑 머신(lapping machine)

래핑 머신에는 수직형 래핑 머신, 연삭 래핑 머신, 센터 구멍래핑 머신, 강구 래핑 머신, 센터리스 래핑 머신, 기어 래핑 머신 등이 있다. 래핑 머신은 랩을 지지해 주는 축의 방향에 따라 수직식과 수평식이 있다. 또, 랩은 한쪽면을 사용하는 것과 양쪽 면을 사용하는 것이 있다. 래핑은 연삭으로 정밀하게 다듬질한 원통면, 평면 또는 기어의 잇면까지도 다시 매끈하게 연마해 준다. 평면 및 원통 외면의 래핑에 널리 사용되는 래핑 머신은 래핑판의 중심선이 수직으로 된 수직형 래핑 머신이다. 그 구조는 그림 8.54와 같이 상랩판과 상대하여 회전하고 있는 하 랩판이 있고, 공작물은 그들 랩판 사이에서 편심으로 회전하고 있는 홀더에 끼어 다듬질하게 된다. 이때 상 랩판은 회전하지 않고 브래킷으로 주축에 연결되어 있으며, 그 상하 위치는 래크와 피니언으로 수동 조절할 수 있게 되어 있다. 보통 상하 랩판은 주철로 되어 있고 기계의 크기는 랩판의 지름, 압력으로 나타낸다.

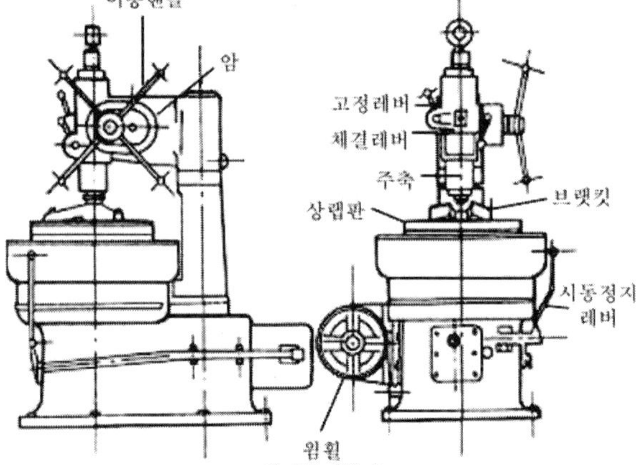

그림 8.54 수직형 래핑 머신

그림 8.55는 평면래핑 공작물 홀더를 나타낸 것이며, (a)는 평면 래핑의 한 예이다. 위 아래 랩판 사이에 공작물 홀더로 공작물을 지지하고 상랩판으로 공작물을 누른다. 공작물은 랩면을 구르며 미끄럼 운동을 하여 래핑이 된다. 그림 (b)는 평면 래핑용 공작물 홀더의 한 예이다. 이 홀더는 자전하면서 공전하고, 여기에 고정된 공작물은 그물눈 모양으로 래핑이 된다.

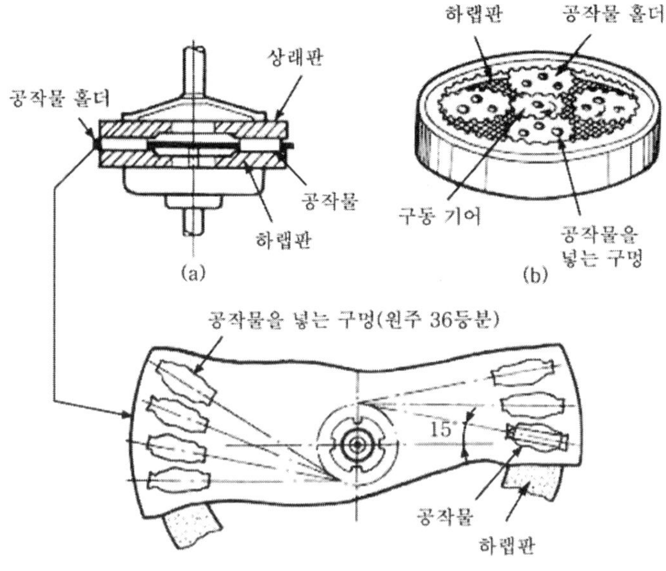

그림 8.55 평면 래핑용 공작물 홀더

8.7.4 슈퍼 피니싱(super finishing)

(1) 슈퍼 피니싱의 개요

슈퍼 피니싱은 입도가 작고, 연한 숫돌을 작은 압력으로 가공물의 표면에 가압하면서 공작물에 피드를 주고, 또 숫돌을 진동시키면서 공작물을 완성 가공하는 방법을 말한다. 슈퍼 미니싱에 의한 가공면은 매끈하고, 방향성이 없고, 또한 가공에 의한 표면의 변질부가 지극히 적다. 그림 8.56은 원통 외면을 다듬질할 때의 공작물과 숫돌의 운동관계를 표시한 것이다. 호닝과 같이 기름숫돌에 의해 공작물의 표면에서 미세한 칩을 깎아내어 치수 정밀도가 높은 다듬질을 얻는 방법으로 숫돌은 공작물에 가압 장치에 의해 밀어붙여지고 매분 수백~수천의 진동수, 진폭 이수 mm의 진동을 하면서 화살표 방향으로 이송된다.

한편 공작물은 회전되고 있으며 전표면이 균일하게 다듬질되는 것이다. 원통외면 이외의 내면이나 평면, 곡면에 대해서도 슈퍼 피니싱 작업을 실시하고 있으나, 특히 중요한 축의 베어링, 접촉부, 각종 게이지, 각종 롤러, 초정밀 가공 등에 실용화되어가고 있다.

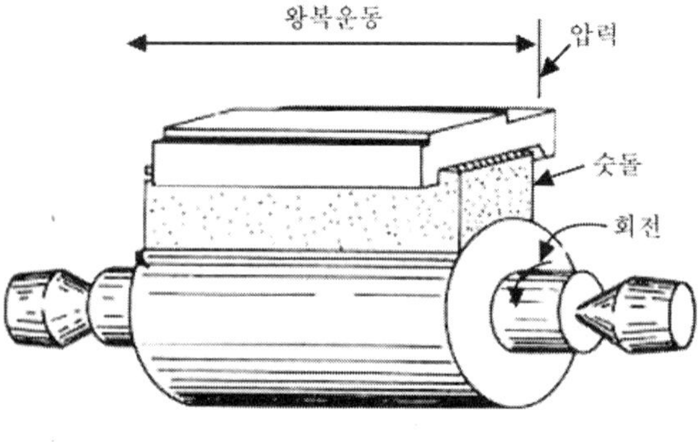

그림 8.56 원동면의 슈퍼피니싱

(2) 슈퍼 피니싱용 숫돌

슈퍼 피니싱은 숫돌에 의해 가장 큰 영향을 받는다. 따라서 숫돌의 선택에 있어서 기준이 되는 인자 즉 숫돌입자, 입도, 결합도, 결합제, 조직에 대하여 살펴본다.

① 숫돌입자 및 입도

숫돌재료로 Al_2O_3계와 SiC계가 사용되는 것은 연삭의 경우와 유사하며, 가공물의 재질에 따라 용도가 다르다. 인장강도가 적은 가공물에는 SiC계를 사용하고, 인장강도 및 경도가 큰 가공물에는 $Al_2O_3$3계를 사용하고 입도는 #80, 220, 240, 320, 400, 500, 600, 800 등이다.

② 숫돌의 결합도 및 조직

숫돌의 결합도는 연삭에 사용하는 것보다 연한 것을 선택하고 그 기준은 절삭 조건이나 공작물에 따라 다르다. 결합도가 높은 숫돌은 눈메움을 일으키는 경향이 많고 연한 숫돌에 대해서는 연삭 입자가 탈락되기 쉬우므로 절삭성이 좋고 반면에 다듬질면은 거칠다. 숫돌의 조직은 숫돌 표면에 있는 연삭 입자의 대소에 따라 절삭 능률이 좌우되며, 일반적으로 입자의 조직은 No.11~12의 조직이 적당하다.

(3) 숫돌과 가공물의 상대 운동

숫돌의 운동은 초기 가공에는 작은 진폭에 진동수를 크게 하여 왕복운동을 시키고, 그 정도는 진폭=1.5mm, 진동수=500사이클, 그리고 후기 가공에는 진폭을 다소 크게 하고 진동수를 줄인다. 이때는 진폭=5mm, 진동수=100 정도로 한다. 가공속도가 크면 진동수도 크게 하여 2500 정도까지 사용할 수 있다.

가공물의 주속과 숫돌의 진동수는 입자의 궤적과 가공물의 원주방향이 형성하는 최대 교차각 30°~ 60°를 기준으로 하고 숫돌입자의 속도는 5~30m/min으로 한다.

① 초기가공 : 억센숫돌에 의한 거친가공의 가공물, 속도는 5~10m/min
② 후기가공 : 미세한 입자의 숫돌을 사용하는 매끈한 가공물, 속도는 15~30m/min

(4) 숫돌압력

숫돌압력은 가공물의 경도, 숫돌 결합도, 운동조건, 전가공의 거칠기, 가공시간 등에 따라 적당히 선택한다. 숫돌 소모량에는 숫돌 압력에 대한 임계현상이 있다. 즉 압력이 적을때는 숫돌의 소모는 숫돌입자 날 선단부의 파쇄만으로 소모량이 적으나, 일정압력($1.5kgf/cm^2$) 이상이 되면 숫돌입자는 파쇄 외에 탈락하기 시작한다.

제1단 가공(작업의 도중에서 작업 조건을 바꾸지 않고 일정 조건하에서 슈퍼 피닝싱을 하는 방법)일 때는 사용 숫돌의 임계압력을 구하여 이것보다 다소 적은 압력을 적용하면 좋다. 보통은 $1.0\sim2.0kgf/cm^2$ 정도이다.

제2단 가공(거친가공과 다듬질 가공의 두 공정으로 나누어 각각의 작업 조건을 바꾸어 슈퍼 피니싱 하는 방법)일 때 임계압력보다 높은 압력으로 또 다듬질 가공일 때는 임계압력보다 낮은 압력을 사용하면 좋으므로 보통 거친가공에서는 $2.0\sim5.0kgf/cm^2$, 다듬질 가공에서 $0.5\sim1.5kgf/cm^2$ 정도가 사용된다.

(5) 가공액

슈퍼 피니싱에 있어서는 숫돌압력이 낮고 또 절삭속도가 느리므로 발열은 적다. 따라서 가공액은 보통의 연삭작업과 같은 냉각작용을 시킬 필요가 있다. 슈퍼 피니싱할 때의 가공액의 역할은 다음과 같다.

① 탈락 숫돌입자가 칩을 흘러 내리게 한다.
② 숫돌입자 선단은 잘 윤활시켜 그 절삭 작용을 돕는다.
③ 다듬질 공정에서는 절삭 작용을 제어하여 숫돌을 적당히 눈메움시킨다.

이러한 목적을 위하여 보통 경우에 스핀들유, 머신유, 터빈유 등을 10~30% 혼입한 레드우드(redwood), 점도(상온) 35~45S 정도의 것이 쓰인다. 대개 혼합률 20%의 경우가 가장 좋은 결과를 준다. 연삭에 쓰이는 유화유(乳化油) 계통의 것은 숫돌이 심한 기공 막힘을 일으켜, 절삭 능률이 낮으므로 부적당하다.

제 9 장 특수 가공법 (non-traditional machining)

일반적인 가공법은 소성가공, 주조, 용접, 기계가공 등을 이용하여 기계를 제작하기 위한 재료 가공을 한다. 최근에는 신소재의 개발 및 기계부품의 내구성을 증기시키기 위하여 종래보다 내마멸성이 크고 내열성이 강한 재료들이 사용되고 있는데, 이 재료들은 절삭과 연삭으로서는 가공이 곤란하여 종래의 가공방법과는 가공원리가 전혀 다른 가공법이 요구되었다. 이와 같이 절삭과 연삭과는 가공 방식이 다른 가공방법을 총칭하여 특수 가공법(non-traditional machining)이라 한다.

9.1 기계적 특수 가공

9.1.1 워터 제트(water jet)가공

(1) 워터 제트 가공의 개요

워터 제트 가공은 분진 및 열이 잘 발생하지 않고 절단면의 찌그러짐이나 변형이 적은 고 에너지 가공법의 하나로서 주목되고 있으며, 워터 제트에는 맑은 물에만 의존하는 애쿼제트(aqua jet)와 연마재를 혼입시키는 어브레시브 제트(abrasive jet)가 있다. 그림 9.1은 워터 제트 가공시스템을 나타낸 것이다.

가공성능은 공작물 재질 이외에 워터 제트의 파라미터 설정에 의하여 크게 그 성능이 좌우된다. 주요 파라미터로서는 다음과 같은 항목들을 들 수 있다.

① 초 고압수의 토출압력 및 분사수량

② 노즐의 형상 및 가공물의 이동속도(절단속도)

③ 연마제의 유무 또는 그 공급량

④ 연마제의 종류와 입도

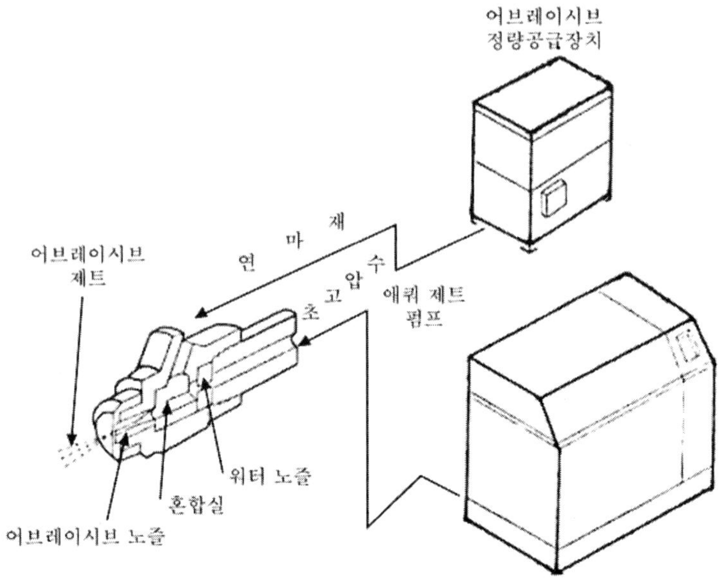

그림 9.1 워터 제트 가공시스템

(2) 워터 제트 가공의 특징

① 공구로 절단할 때와 같은 절단면의 찌그러짐이나 변형, 스트레인이 없으므로, 고무, 우레탄, 프린트 기판 등의 가공에 적합하다.

② 가공시 발열이 적어 발화, 폭발의 위험성이 있는 작업에 대하여 안전하다.

③ 노즐 지름이 0.1~0.5mm로 작으므로 절단여유가 적어 특히 고가의 재료에 대하여 유효하다.

④ 레이저 절단과 같은 냄새, 그을림, 늘어붙는 것이 없으므로 작업환경의 개선에 적합하다.

⑤ 가공물과 노즐은 비접촉이기 때문에 공구절단과 비교하여 공구의 마모, 막힘이 없다.

(3) 어브레시브 제트 가공의 특징

애큐 제트 가공의 특징 이외에 다음 사항을 들 수 있다.

① 금속의 절단이 가능 : 티탄, 인코넬, 철강재

② 광물질의 절단이 가능 : 콘크리트, 석재

③ 복합체의 절단이 가능 : 철근 콘크리트, 코팅 플레이트, 제진강판

(4) 워터 제트 가공이 곤란한 분야의 특징

① 워터제트는 대기중에서 확산되기 때문에 속이 빈구조(파이프)에서 윗면과 아랫면의 절단 상황이 일치되기가 곤란하다.

② 수동공구화는 제트의 반력 및 안전성면에서 사용이 곤란하며, 절단기구(로봇, 매니퓰레이터)가 필수적이다.

표 9.1은 어브레시브 제트에 의한 가공 예를 나타낸 것이다.

표 9.1 어브레시브 제트에 의한 가공 예

절단 재료명	판두께 [mm]	절단압력 [kgf/cm²]	노즐지름 [mm]	연마재		절단속도 mm/분 (절단정밀도에 따라 변화한다.)
				가닛	구소	
스테인리스강 (sus 304)	50	3000	0.35/1.5	#36		20~40
황동판	10	3000	0.35/1.5	#100		150~300
동판	10	3000	0.35/1.5	#100		150~300
알루미늄판	10	3000	0.35/1.5	#100		200~400
화강암	22	3000	0.35/1.5	#60		60~100
콘크리트 (강도 220 kgf/cm²)	300	2500	0.75/3.0	#36		20~70

9.1.2 배럴 가공(barrel finishing)

배럴가공은 배럴(회전하는 상자)에 공작물과 숫돌입자, 공작액, 콤파운드 등을 함께 넣어 공작물이 입자와 충돌 하는 동안에 그 표면의 요철을 제거하여 매끈한 가공면을 얻는 방법이다. 배럴가공은 소형 주물 또는 단조물의 표면을 청정 및 연마하는데 주로 사용되었으나 점차 개량되어 정밀가공의 일부분으로 사용되고 있다. 배럴가공은 회전형과 진동형으로 구분할 수 있다.

(1) 회전형 배럴

그림 9.2와 같이 매분 100~200 회전하는 터릿 위에 배럴을 설치하고 터릿의 회전에 의한 원심력과 터릿내에서 자전하는 배럴에 의해 가공을 한다. 배럴 형상은 보통 6~8각이다

그림 9.2 회전배럴의 개념도

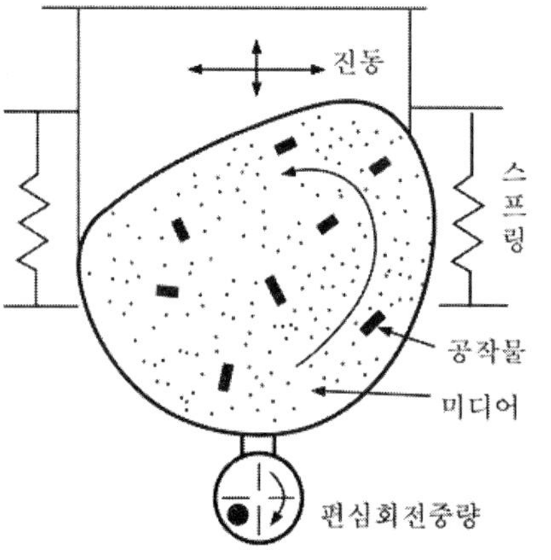

그림 9.3 진동배럴의 개념도

(2) 진동형 배럴

배럴을 진동시킴으서 다듬질 가공하는 것으로서 그림 9.3과 같이 U형 단면의 용기 하부에 고정된 편심회전체에 의해 상하, 좌우로 진동을 주어 가공한다. 회전형에 비해 가공능률은 10배 정도로서 거친 다듬질에 적합하다. 진동조건은 진폭 3~9mm, 진동수 20~60 사이클이 일반적이다.

미디어(media)는 완성 가공을 촉진 및 조절할 수 있는 매개물로서 숫돌입자, 석영, 모래, 금속, 나무, 가죽 등이 사용된다. 미디어의 가공작용은 연삭의 효과, 녹이나 스케일의 제거(descaling), 표면의 광택 등이다.

9.1.3 버니싱(burnishing)

버니싱은 이미 가공되어 있는 구멍에 다소 큰 볼을 구멍에 압입(壓入)하여 절삭가공에서 생긴 가공흔적을 경면(鏡面, mirror surface)과 같이 정밀도를 높이는 가공이다. 일반적으로 연질 재료에는 강구(鋼球, steel ball)를 강재에는 초경합금 볼을 사용한다. 가공면은 압축응력이 발생하여 피로강도가 향상되는 효과를 얻을 수 있다.

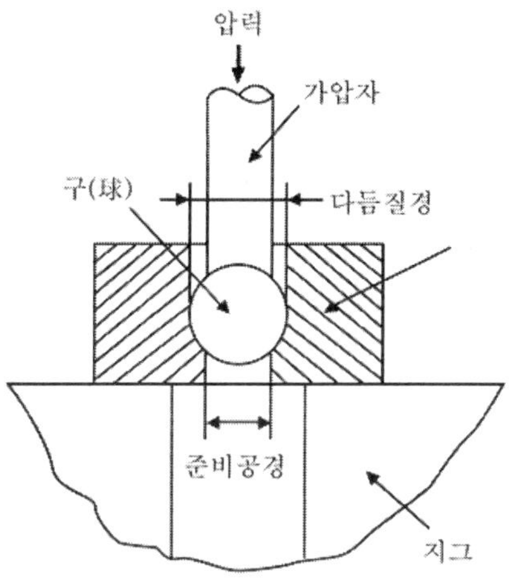

그림 9.4 버니싱 가공

9.1.4 롤러 다듬질 가공(surface roll finishing)

그림 9.5와 같이 롤러를 회전하는 공작물에 압착하여 이송하여 공작물 표면에 소성변형을 일으키면서 요철을 감소시켜 매끈한 다듬면을 얻는다. 즉, 전가공(前加工)에서 생긴 거친 다듬질면을 매끈하게 하고 치수 정밀도를 향상시키는 가공법이다.

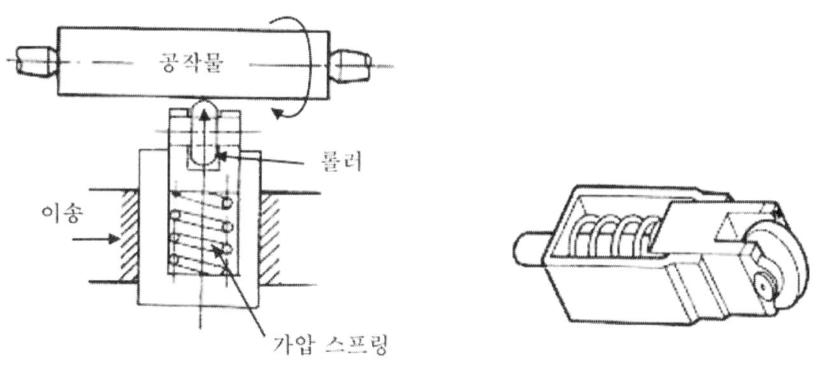

그림 9.5 롤러 다듬질

9.1.5 숏 피닝(shot-peening)

경화된 철의 작은 볼(shot)을 공작물의 표면에 분사하여 그 표면을 매끈하게 하는 동시에 피로 강도나 기계적 성질을 향상시키는 가공을 말한다. 숏 분사기는 압축공기를 이용한 것과 원심력을 이용하여 숏을 분사시킨다. 숏에는 칠드 주철 숏, 가단주철 숏, 컷와이어 숏 등이 있으며 공기 분사식의 공기압은 4kg/cm^2 이상이면 오히려 재료의 표면조직을

파괴한다. 분사각은 90도(degree)일 때 가공층의 두께가 가장 두꺼워진다.(그림 9.6참조)

그림 9.6 분사식 숏 피닝기

9.1.6 폴리싱과 버핑(polishing and buffing)

폴리싱은 목재, 가죽, 직물 등의 탄성이 있는 재료로 된 바퀴 표면에 부착시킨 미세한 연삭입자로서 연삭 작용을 하게 하여 공작물의 표면을 버핑하기 전에 다듬는 방법이다. 버핑은 일종의 유연연삭(flexible grinding)으로서 전공정(前工程)에서 얻은 표면을 다듬는 작업이다. 보통 모(毛), 직물 등으로 원반을 만들고 이것에 윤활제를 섞은 미세한 연삭입자의 연삭작용으로 공작물의 표면을 매끈하게 광택을 내는 작업이다. 연삭입자는 WA, GC를 사용하며, 폴리싱과 버핑의 속도는 2000~5000 m/min 정도의 고속도로로 회전시킨다.

9.2 전기적 특수 가공

9.2.1 초음파 가공(ultra-sonic machining)

(1) 초음파 가공의 개요

초음파는 보통 사람의 귀에 들리지 않을 정도로 주파수가 높은 소리를 말하는데 약 16 kHz/sec 이상의 음파를 초음파라 한다. 즉, 초음파의 실태는 매질 속을 전파하는 탄성진동파라 할 수 있다. 초음파 가공의 원리는 1927년에 발견되었는데 현재와 같은 초음파 가공기가 개발된 것은 제2차 세계대전 후이다. 일반적으로 초음파가공이라 하면 초음파 연삭입자 가공을 말한다.

(2) 초음파 가공의 원리

그림 9.7은 초음파 가공의 원리를 나타낸 것으로서, 초음파 진동을 발생시키는 진동자에 접합되어 있는 진동폭 확대용의 금속 폰(phon) 선단의 공구를 공작물에 대하여 수직으로 대고 공작물과의 사이에 연삭입자와 액체의 혼합물을 가하면서 초음파 진동(일반적으로 18~30 kHz의 주파수가 사용됨)을 하고 있는 공구를 일정한 정압(靜壓)으로 공작물과 접촉시키면 연삭입자가 공구의 진동에 의한 해머링 작용에 의하여 공작물에 미세한 가공 조각을 발생시키면서 공구의 형상에 따른 형으로 가공해 간다. 1 진동당의 가공량은 적지만 매초 수만회의 가공을 반복하므로 상당한 속도로 가공이 진행된다.

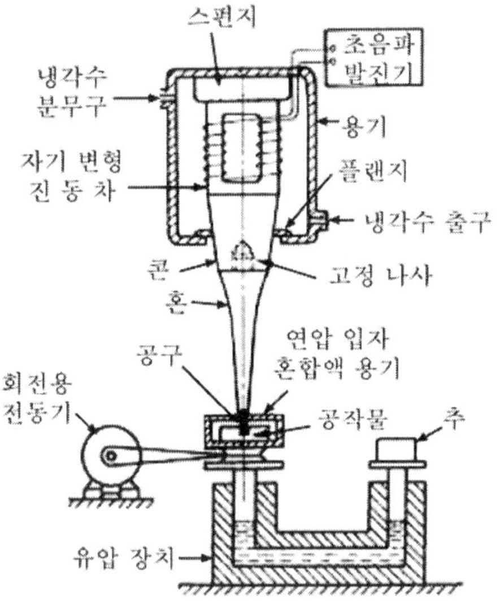

그림 9.7 초음파 가공의 원리

(3) 초음파 가공기의 구성

초음파 가공기는 초음파 발진기, 진동계, 공구, 공작물지지대, 연삭입자 공급부 등으로 구성되어 있다.(그림 9.8 참조) 현재 주로 사용되고 있는 초음파의 발생방법은 발진기 등으로 전기적 진동에너지를 발생시켜 이들을 진동자라고 하는 전기음향변환기에 가하여 기계적 진동에너지로 변환하여 이진동자에 접하는 음향전달 매질 속(매체 속)으로 초음파를 방사하는 방법이다.

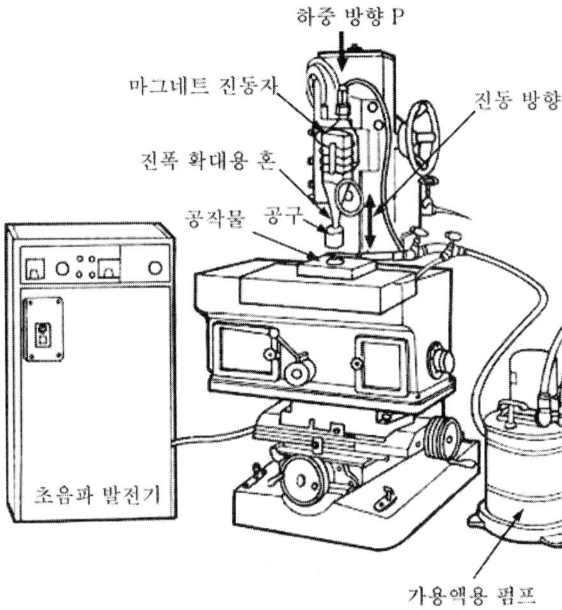

그림 9.8 초음파 가공기

(4) 초음파 가공의 적용 및 특징

초음파 가공은 금속, 비금속, 도체, 부도체 모두 가능한데 초경합금 등의 경질 금속의 가공에 적합하다. 현재 주로 보석, 반도체 등의 가공에 이용되고 있다. 이 가공법의 특징은 공구에 의한 충격작용에서 연삭입자가 공작물을 미세하게 깨뜨리고 부수어 가공하므로 전기적 양도체 불량도체를 막론하고 경질, 연질의 금속 및 비금속의 드릴링(둥근 구멍, 모가 난 구멍 등), 절단, 조각, 표면 다듬질 등을 가공할 수 있다. 또한 미세한 연삭입자에 의한 미크론적인 가공법이므로 공작물에 미치는 충격력의 범위는 근소하며 가공 스트레인(strain)이 거의 남지 않는다.

9.2.2 방전가공(eletric discharge machining : EDM)

(1) 방전가공의 개요

방전가공은 가공액 중에서의 방전에 의하여 직접 기계가공을 하는 가공법으로 방전전극의 소모현상을 이용한 것이다. 일반적인 기계가공은 공작물의 경도보다 높은 경도의 공구를 사용하여 가공하나, 방전가공은 공작과 공구(전극)가 직접 접촉함이 없이 상호간에 일정한 간격을 유지하면서 그 사이에서 물리전으로 가공함므로, 공작물의 재질, 경도와는 무관하게 전기가 통하는 물체는 어느 재료이든 가공이 가능하다.

(2)방전가공의 원리

방전가공은 공작물의 모양에 따라 알맞게 만든 전극(공구)과 공작물 사이에 방전을 시켜 구멍뚫기, 조각, 절단, 그밖의 가공을 하는 방법이다. 즉, 그림 9.9와 같이 직류 전원(VD)으로부터 콘덴서(C)를 충전시켜주고 전극과 공작물을 절연성의 액체(보통 : 석유, 경유)중에서 극히 미소한 간극으로 접근시켜주면 이 미소 간격(gap : 5~10μm 정도)을 통해 방전이 발생한다. 전압이 0이 되면 계속 충전을 하면서 이를 반복하는 것이다.

한편, 공구로 사용되는 전극도 스파크 방전으로 조금씩 소모되므로, 적절한 간격을 유지할 수 있도록 정밀한 제어기구가 필요하다. 전극은 가공이 쉽고 열전도도가 좋아야하며, 용융점이 높을수록 좋은 것이다. 전극으로는 구리나 흑연 등이 쓰이고 있으며, 그밖에 구리-텅스텐, 은-텡스턴 등이 쓰일 때도 있다. 제거된 재료는 칩이 되어 미분상태로 가공액중에 부유물이 떠있기 때문에 펌프로 가공액을 순환시키며 부유물을 필터로 걸러내고 있다.

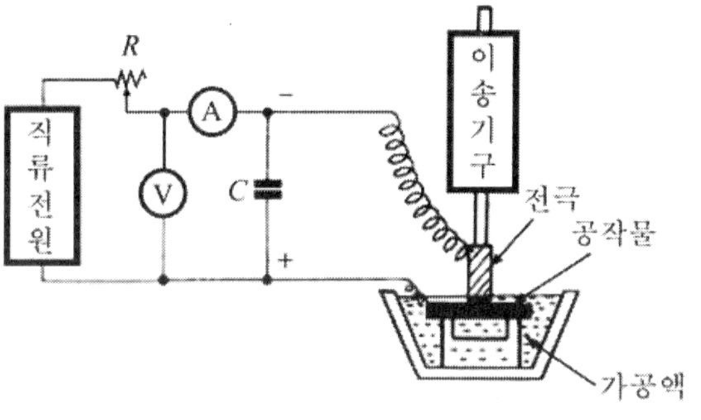

그림 9.9 직류 콘덴서 방전 가공기의 원리

그림 9.10은 방전가공기의 개념도를 나타낸 것이며 가공기 본체의 기본구성은 방전을 위한 펄스전원회로, 공구전극, 공작물, 가공기몸체, 가공 스크랩의 여과장치를 포함한 가공액 순환계, 그리고 가공현상을 제어하기 위한 전극이송 서보기구, 공작물 또는 전극위치 결정기구로 되어있다. 가공기의 능력은 가공류의 크기, 공작물 최대 중량, 전원 용량 등으로 표시된다. 또 가공 정밀도를 좌우하는 것으로는 방전현상 이외에 기계강성, 위치 결정 정밀도 등이 중요 인자가 된다.

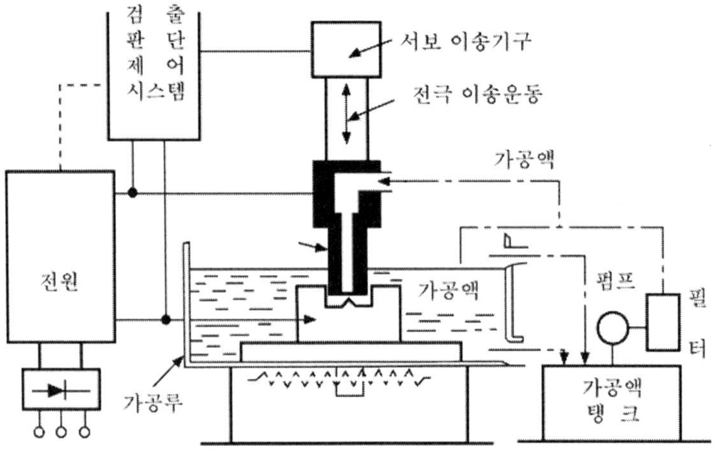

그림 9.10 방전가공기 개념도

(3) 방전가공의 특징

방전가공의 특징은 높은 경도를 갖는 재질에 현저하게 우수한 성능을 발휘하는 것이며, 경질합금, 담금질된 고속도강, 내열강, 스테인리스 강철, 다이아몬드, 수정 등의 각종 재질의 절단, 천공, 연마 등에 이용된다. 또 열의 영향이 적으므로 가공 변질층이 얇고 내마멸성, 내부식이 높은 표면을 얻을 수 있다. 그림 9.11은 방전 가공물의 예이며, 그림 9.12는 흑연전극의 예를 나타낸 것이다.

그림 9.11 방전 가공물의 예

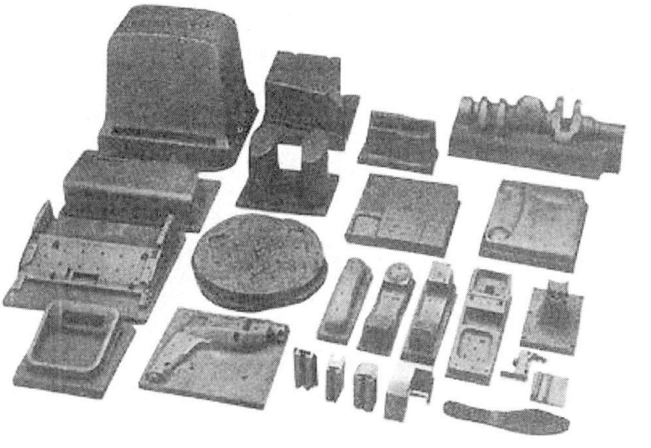

그림 9.12 흑연 전극의 예

(4) 전극 재료 선정시 고려사항

① 전극의 제작면 : 가격, 가공성, 전극의 소모성

② 가공 정밀도면 : 표면거칠기, 가공속도, 틈새 등을 고려한다.

(5) 방전 가공에서 가공액의 역할

① 방전시 발생된 열을 냉각시키고,가공시 생기는 용융금속을 비산시킨다.

② 용해된 칩을 공작물과 전극 사이의 밖으로 내보내고, 극간의 절연을 회복시킨다.

가공액을 선정할 때에는 방전효율, 적절한 점도, 높은 인화점, 산화 안전성, 냄새가 적은 것, 가격 등을 고려하여 선정한다.

9.2.3 와이어 컷 방전 가공기

프레스 다이, 압출 다이, 테이퍼 가공 등 매우 폭넓은 가공을 할 수 있는 와이어 컷 방전은 지름 0.05~0.25mm의 가는 황동선 등을 전극으로 사용하고, 이 와이어에 장력을 주어 감으면서 그림 9.13과 같이 요구하는 윤곽선을 따라 이동시켜 간다. 이때, 와이어와 공작물 사이에 방전을 발생시켜 가공하는 기계를 와이어 컷 방전가공기라고 한다.

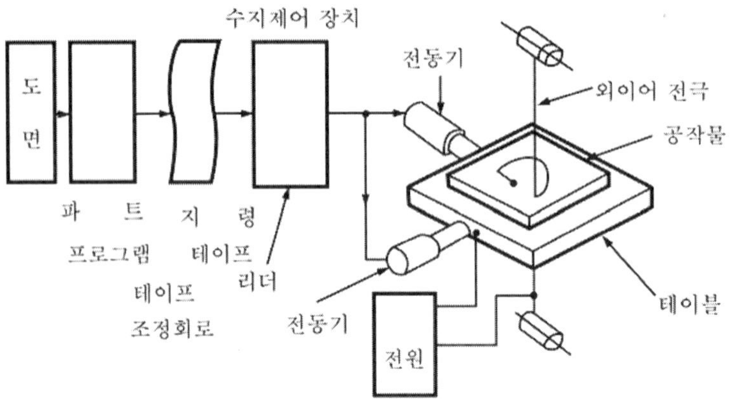

그림 9.13 와이에 컷 방전 가공의 원리

(a) 코어·기어가공의 예
- 재 질 : SKD-11
- 두 께 : 20mmt(우측)
- 가공총거리 : 490mm
- 가공총시간 : 2시간(1차가공)
- 진 원 도 : 5㎛

(b) 프로그래시브 다이 가공의 예
- 재 질 : SKD-11
- 두 께 : 35mmt
- 가공총거리 : 1088mm
- 가공총시간 : 11시간 30분
  1차 가공(420분) 테이퍼가공(270분)
- 사용와이어 : ϕ 0.2mm

그림 9.14 와이어컷 방전 가공의 예

와이어 컷 방전가공기의 절삭 작용은 마치 실톱이 공작물을 자르는 2차원 윤곽 절삭방법과 비슷하다. 그림 9.14는 와이어 방전가공물의 예를 나타낸 것이다.

9.2.4 전자 빔 가공(electron beam maching)

진공(眞空)중에서 텅스텐 필라멘트(tungsten filament)의 음극을 고온으로 하면 전자의 방출이 생긴다. 이 방출 전자가 한 방향으로 유동하는 것이 전자 빔이다. 전자빔을 물체에 충돌시키면 전자의 운동에너지가 열로 변하여 고온이 얻어진다. 이 고온을 이용하여 가공하는 방법을 전자 빔 가공이라 한다.

전자빔 가공은 그림 9.15와 같이 구성되어 있으며, 10-6mmHg 정도의 진공실내의 전자총에서 높은 전압으로 높은 에너지를 가진 열전자를 렌즈를 통해 가는 빔으로 만들어 공작물에 집중 투사시키면, 투사점의 표면층에 침입하여 운동에너지가 순간적으로 고온으로 변환되어 국부적인 고열을 얻을 수 있다. 이 고열에 의하여 용해 분출 또는 증발현상을 이용하여 가공한다. 가공의 적용은 미소구멍, 내화 비금속 재료의 구멍, 깊은 구멍의 가공, 세라믹 및 금속의 표면에 미세한 홈가공, 열 전도가 다른금속의 용접, 일반적인 용접으로는 불가능한 좁고 깊은 장소의 용접 등에 이용된다.

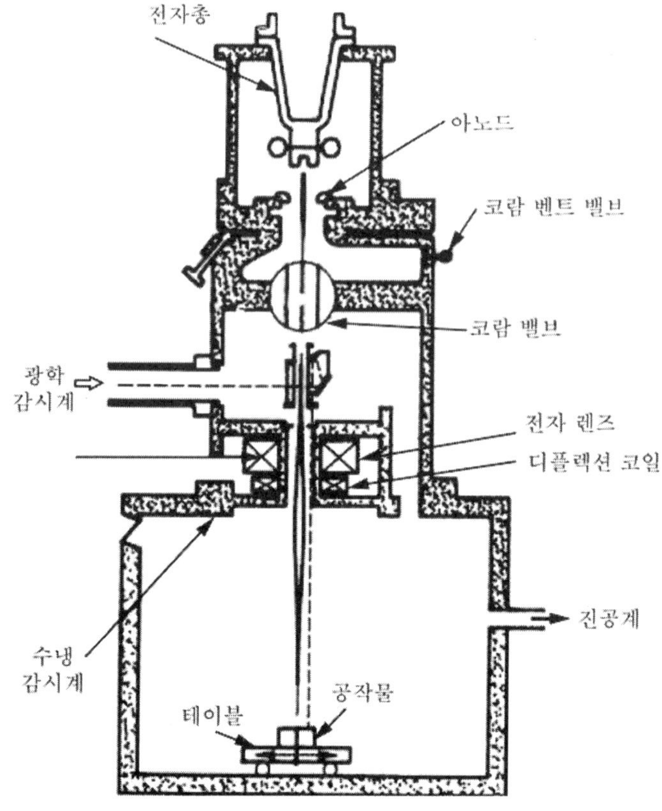

그림 9.15 전자 빔 가공 장치의 구조

9.2.5 레이저 가공(laser machining)

레이저는 1960년 경에 최초로 개발되어 여러 분야에서 응용되어 실용화가 이루어지고 있으며, 계속 발전하고 있는 분야이다.

(1) 레이저 가공의 원리

레이저 광(光)을 렌즈, 반사경 등으로 집적하여 그 집점 위치에 공작물을 세팅하면 가공부분에 빛의 흡수에 의하여 국부적, 순간적으로 고속가열되어 증발 또는 용해제거된다. 이와 같은 원리를 이용하여 대기중에서 비접촉으로 가공하는 것을 레이저 가공이라 한다.

(2) 레이저 가공기의 구성

그림 9.16은 레이저 가공기의 구성을 나타내는 개념도로서, 전원부, 발광부(광공진부), 집광부, 공작물과 이동테이블, 모니터 TV를 포함한 관찰부로 구성되어 있다.

가공에 사용되는 레이저의 종류는 빔 형태의 레이저광을 발진하는 발진 재료에 따라 고체레이저, 기체레이저, 액체 레이저, 반도체 레이저 등으로 분류되나 공업적으로 널리 이용되는 것은 고체 레이저와 기체 레이저이다. 표 9.2는 실용되고 있는 레이저의 종류를 나타낸 것이다.

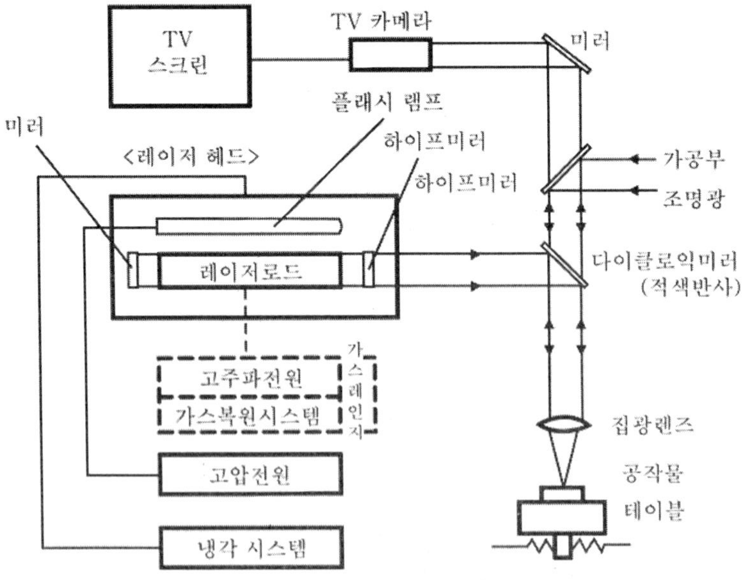

그림 9.16 레이저 가공기의 구성

표 9.2 레이저의 종류

레이저의 종류		모체	활성 입자
고체 레이저	루비	Al_2O_3	Cr^{3+}
	YAG	$Y_3Al_2O_{12}$	Nd^{3+}
	유리	유리	Nd^{2+}
	$CaWO_4$	$CaWO_4$	Nd^{3+}

레이저의 종류		모체	활성 입자
기체 레이저	He-Ne	He-Ne	He-Ne
	A	A	A^+
	CO_2	CO_2-He-N_2	CO_2

(3) 레이저 가공의 적용

레이저 가공의 응용은 다음과 같다.

① 구멍가공 : 다이아몬드의 선긋기와 미소 구멍가공(ϕ0.01～1.0mm), 시계용 보석베어링의 구멍가공, 세라믹, 초경 합금 등

② 절단 및 홈가공

③ 투명체 속가공 : 반도체 부품이나 실험기기 등의 밀봉된 유리 용기내의 공작물을 분해하지 않고 가공이 가능하다.

④ 용접 등에 적용한다.

표 9.3은 레이저 가공과 전자 빔 가공을 비교하여 정리한 것이다.

표 9.3 전자 빔과 레이저 빔의 비교

구분	전자 빔 가공	레이저 가공
가공 분위기	진공을 필요로 한다.	진공을 필요로 하지 않으므로 작업성이 좋아지며, 공작물의 치수에 대한 제한이 적어 응용 범위가 넓다.
전자 상태	전자적으로 자유로이 편향이 가능하다.	전기적으로 중성이므로 편향이 곤란함
빔의 스폿 사이즈	스폿 사이즈를 작게 하는데 용이하다.	스폿 사이즈의 크기를 수 μm 이하로 하기가 어렵다.
파워 밀도	연속 출력의 점에서 레이저보다 우세하다.	CO_2 레이저의 경우 10kW 이상의 연속 발진이 가능하여져서 향후 개선이 기대됨
가공 재료 두께	관입의 깊이가 커서 두꺼운 재료 가공이 가능하다.	CO_2 레이저의 경우 고출력의 레이저를 사용하면 개선이 가능함
가공율	1% 이하의 상당히 낮은 값이다.	수천 %에 달하는 높은 가공율이 발휘된다.
설비비	진공 챔버 및 진공 펌프 장치로 인하여 고가임	전자 빔 장치에 비해 설비비가 저렴함.
위험성	X선을 발생시킬 염려가 있다.	전자 빔과 같은 X선을 발생시킬 염려가 없다.

(4) 레이저 가공의 특징

레이저 가공의 특징은 레이저 광 그 자체가 가지고 있는 성질에 의하여 결정된다고 할 수 있다. 레이저의 특징은 빛이 일반적으로 가지고 있는 특징과 레이저 특유의 것이 합쳐서 만들어진다.

① 빛의 일반적인 특징

ⓐ 집광이 용이

렌즈 등에서 미소면적에 빛 에너지 로스를 적게 집광이 용이하므로 고밀도 에너지 가공이 가능하다.

ⓑ 반사가 용이

미러 등에서 빛 에너지 손실이 적은 반사가 쉬우므로 발진기의 구조나 가공장소까지의 광로(光路)를 자유롭게 얻을 수 있다.

ⓒ 진공, 기체 속을 막론하고 전송이 가능

발진기에서 가공위치까지의 전송방법이 간단하게 되는 것과 가공장소의 분위기가 자유롭게 되어 사용이 편리한 기기로 제작하기 쉽다.

② 레이저로서의 특징

ⓐ 파장이 단일하다

단일 파장이므로 광학부품에 존재하는 파장별로 지연, 굴절, 감쇠 등에 의한 특성의 불균일이 없으므로 성능 등의 안전성이 양호하다.

ⓑ 지향성이 좋다

긴 거리를 보내도 일산이 작기 때문에 로스가 적은 전송이 가능하다. 레이저광은 이상과 같은 특징이 있기 때문에 가공에서도 이와 같은 이점을 최대한으로 살린 사용방법이 여러 가지로 연구되고 있다.

9.3 전기 화학 가공

전해액(電解液) 중에서 공작물을 양극으로 하여 전류를 보내고 가공할 부위를 전기 화학적으로 용해 제거하여 원하는 모양, 치수, 표면상태를 얻는 가공 방법을 전기 화학가공(electrochemical machining : ECM)이라 하다.

따라서 전기 화학가공은 공작물이 도전성을 가져야 가능하며, 힘과 열을 가하지 않고 가공하는 것이 특징이다.

9.3.1 전해 가공

양극(陽極)을 용출(溶出)하는 전기 화학적 용해작용을 공작물의 일정한 부분으로 제한하여 소요의 형상, 치수, 표면의 성상(性狀)으로 가공하웅 방법을 전해가공(電解加工, electrolylic machining)이라 하며, 이를 전기 화학가공(ECM)이라고도 한다.

(1) 전해 가공의 원리

전해 가공의 원리를 전기 도금과 비교하면 반대현상임을 알 수 있다. 즉, 그림 9-18(a)와 같이 전해액(電解液, electrolytic)중에 두 개의 금속판을 담그고, 직류 전원으로 접속한다. 전해액은 양(+)이온과 음(-)이온 (식염수용액의 경우는 Na^+와 CI^-)으로 분리한 다음 그림 9.17(b)와 같이 직류 전류를 통전(通電)하면 Fe인 양극금속(陽極金屬)은 $FeCI_2$로 되어 전해액 중으로 용해한다. 이 반응(陽極溶出)은 다음과 같다.

$$Fe \rightarrow Fe^{2+} + 2e^-$$

$$Fe^{2+} + 2CI^- \rightarrow FeCI_2$$

한편, 음극에서는 수소가스의 발생이 있다.

$$2Na^{+} + 2H_2O + 2e^{-} \rightarrow 2NaOH + H_2$$

이 때 발생한 NaOH는 양극에서 생긴 $FeCl_2$와 반응하여 수산화철이 된다.

$$FeCl_2 + 2NaOH \rightarrow 2Na^{+} + 2Cl^{-} + Fe(OH)_2$$

이상의 각 식에 의해

$$Fe + 2H_2O \rightarrow Fe(OH)_2 + H_2 \uparrow$$

로 된다. 이와 같은 반응에 의해 양근에서 금속이 전해 용출하여 전해 가공이 진행된다.

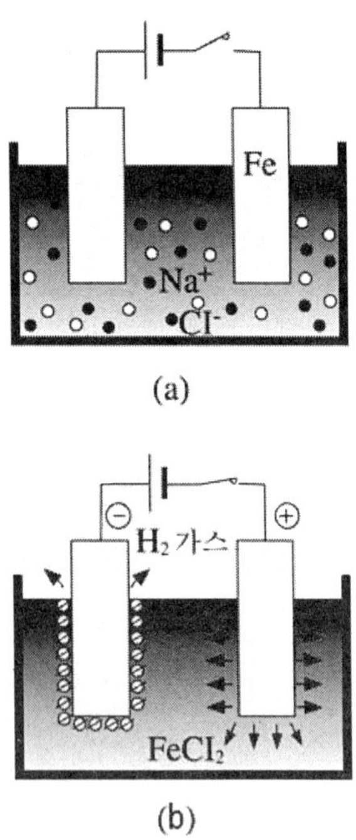

그림 9-17 전해 가공의 원리

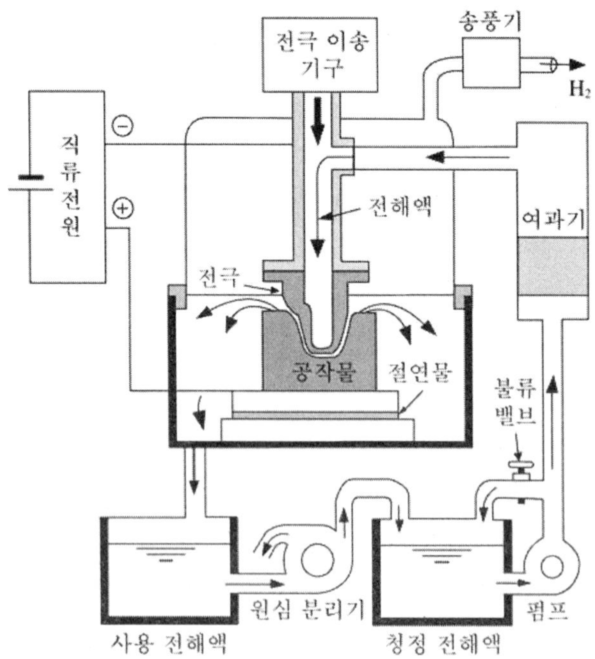

그림 9.18 전해 가공 장치의 구성

(2) 전해 가공 기구

① 장치의 구성 : 그림 9.18와 같이 공작물과 전극(공구) 사이에 0.1~0.4mm의 틈새(가공 틈새)를 두고 합친 다음, 이 틈새로 전해액을 강제적(고속)으로 공급하서, 공박물을 양극(+)으로 하고, 공구 전극을 음극(-)으로 하는 직류 전류를 통전하면 공작물인 금속은 전해액 중으로 용출된다. 이 용출량에 따라, 전극을 이송 전급시키면서 가공을 계속한다.

② 전해액 : 전해액은 비전도도(比電導度)가 높고, 독성이 없으며, 가공 생성물과 반응하여 불용성의 염(鹽)을 만들지 않는 것이라야 한다. 표 9-4는 전해액의 선택기준을 나타낸 것이다.

③ 공구 전극 : 공구 전극은 전도도(電導度), 열전도도(熱傳導度), 전해액에 대한 강도, 기계적 강도 및 기계적 가공성 등이 요구된다. 따라서 전극재료로는 동, 황동 등이 앞의 요구를 만족할 수 있어 널리 사용되고 있다. 특히, 철계의 스테인리스강은 가혹한 가공조건하에서도 정밀도 유지가 양호하여 많이 사용된다. 이 밖에 초경합금도 사용되는 예가 있다.

(3) 전해 가공의 특성

전해 가공은 공작물의 경도, 인성에 관계없이 일정한 속도로 가공할 수 있으며, 공구 전극의 소모가 전혀 없는데, 이 현상은 방전가공과 크게 다른 점이다. 또, 가공 속도가 빠르고 복잡한 형상을 한 공정으로 가공할 수 있으며, 열이안 기계력이 작용하지 않으므로 가공면에 응력이나 변형이 나타나지 않을 뿐만 아니라, 가공면은 거울과 같은 경면을 얻을 수 있다. 그러나, 전기 화학적 가공이므로, 전류, 가공액의 온도, 농도, 유량의 제어, 관리가 매우 중요하다. 그리고 음극에서는 수소가 발생함으로 이에 대한 대책이 필요하다. 또한 전해액은 부식성이므로 그 처리가 어렵고, 공구 전국의 전해액 분출구 위치, 모양, 치수 등 설계 제작에 많은 경험이 필요하다.

(4) 전해 가공의 응용

가공 원리와 특성은 전해 가공과 동일하면서 가공 방식을 달리한 여러 가지 방법이 있는데 대표적인 전해 가공인 응용 사례는 다음과 같다.

① 전해 스크레이퍼 가공 : 손다듬질에서 스크레이핑(scraping)하는 것을 전해 가공에 도입한 방법으로, 그림 9.19(a)와 같이 손작업에 의해 공작물을 부분적으로 전해 절삭하여 표면을 평활하게 수정하는 방법을 전해 스트레퍼 가공(electrochemical scraping, eletochemical sharpening : ESC)이라 한다. 그림 9.19(b)는 가공 부분을 확대하여 나타낸 가공 기구이다.

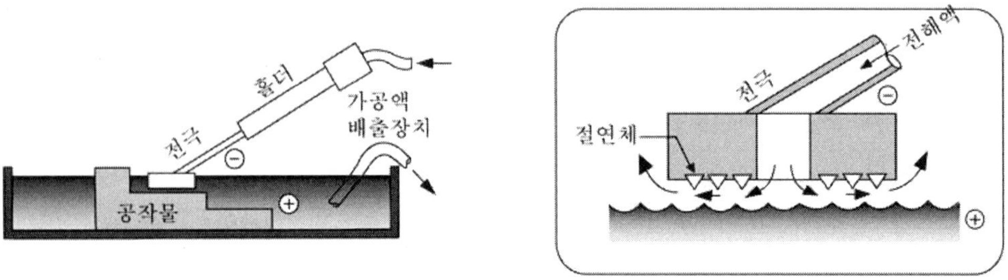

(a) 가공 구조　　(b) 가공 기구

그림 9.19 전해 스크레이퍼 가공

② 전해 구멍뚫기 : 가늘고 깊은 구멍을 뚫고 목적으로 하는 전해가공을 전해 구멍뚫기(electro-stream: ES 및 shaped tube electrolytic machning: STEM), 또는 전해 드릴링(electrolytic drilling)이라고 한다.

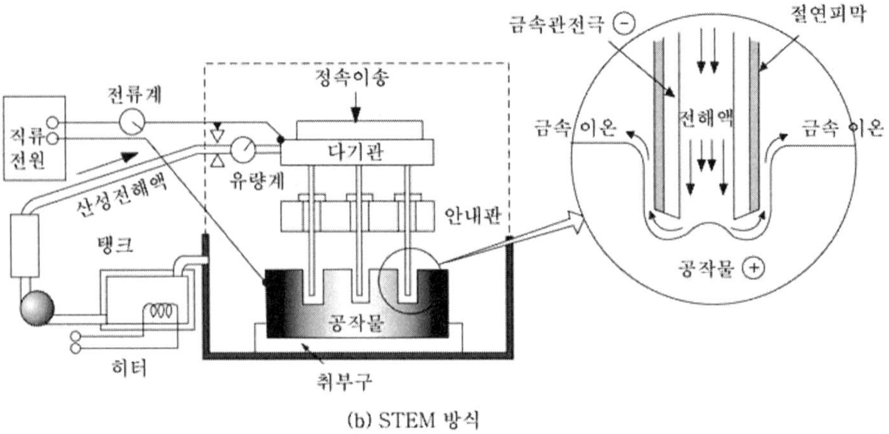

(b) STEM 방식

그림 9.20 전해 구멍뚫기 장치

③ 전해 선삭(electro-chemical turning)

④ 전해 절단(electrolytic cut off)

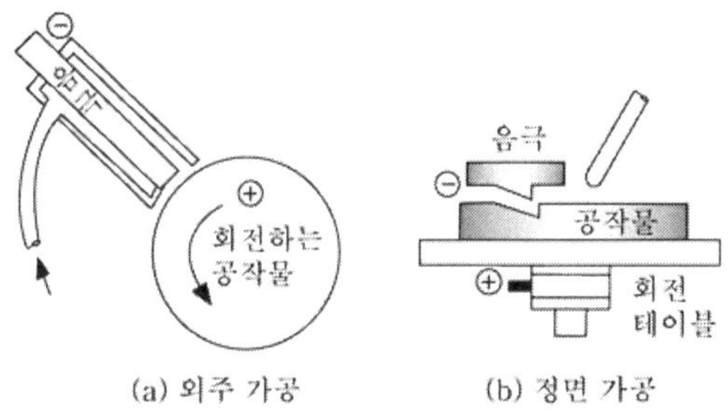

그림 9.21 전해 선삭

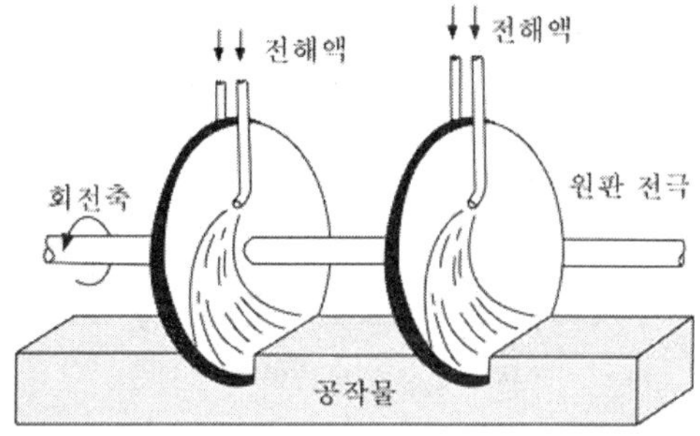

그림 9.22 전해 전달 가공

9.3.2 전해 연마(electrolytic polishing)

전해연마는 전기도금과는 반대로 공작물을 양극으로 하여 전해액중에서 양극의 용출을 이용하여 표면을 매끈하게 다듬질하는 방법을 전해연마라고 한다. 전해액은 공작물에 따라서 인산, 황산, 질산, 무수크롬산, 과염소산 등을 단독 또는 적당히 혼합하여 사용한다. 이 방법은 치수, 형상 정밀도의 향상은 별로 기대할 수 없으나 기계적 부하가 적게 걸리는 얇은 공작물의 다듬질이나 기계 연마할 수 없는 형상의 가공, 동시 다량 가공에 적합하다.

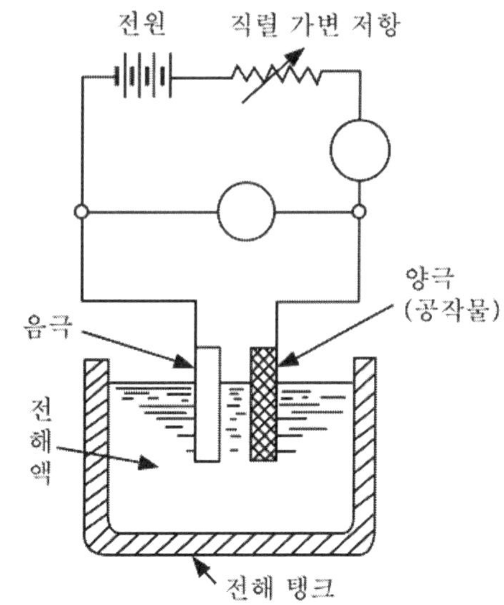

그림 9.23 전해 연마

그림 9.23은 전해연마의 원리를 나타낸 것으로서, 전해장치에서 어느 정도 전압을 늘리면(1A/cm2정도의 전류를 보냄으로서 전기에 의한 화학적 용해작용을 일으킴) 공작물에서 용출한 이온과 전해액에 의해 비중점성, 전기저항이 높은 에멀션이 생성하고 이것이

오목부를 덮어 그 부분에서의 공작물의 용출을 방해하여 결과적으로 볼록부가 우선적으로 용출하여 매끈함이 이루어진다. 전해연마의 주요 특징은 다음과 같다.

① 철과 강의 전해연마는 다른 금속에 비하여 어렵다. 강에는 불활성 탄소를 함유하고 있으므로 가공이 어렵고, 주철은 유리 탄소를 함유하고 있어 가공이 불가능하며, 탄소량이 적을수록 유리하다.
② 연질의 금속, 알루미늄, 동, 황동 등은 물론 청동, 카드늄, 코발트, 크롬, 저탄소강, 스테인리스강, 니켈, 텅스텐 등을 용이하게 연마할 수 있다.
③ 알루미늄 및 그 합금은 연하기 때문에 기계가공으로 광택면을 얻기가 어려우나, 전해연마를 하면 거울과 같은 매끄러운 면을 얻을 수 있다.
④ 내마멸성, 내부식성이 좋아진다.

9.3.3 전해연삭(electro chemical grinding,ECG)

전해연마에서 나타난 양극 생성물(공작물의 표면에 생긴생성피막)을 연삭숫돌을 사용하여 기계적 방법으로 제거하여 전해가공하는 가공법을 전해연삭이라고 한다. 즉, 전해 작용과 기계의 연삭 작업을 복합시킨 가공방법이라 할 수 있다. 가공법은 그림 9.24와 같이 연삭 입자는 전극 숫돌바퀴와 가공물 사이의 간격을 일정하게 유지하고 생성 피막을 제거하여, 가공량을 증가하는데 도움을 준다. 이때 연삭작용도 일부가 생기거나, 대부분은 전해로 가공된다. 전해연삭은 가공속도가 빠르고 숫돌의 소모가 적으며, 가공면이 연삭 다듬질보다 우수하다. 전해 연삭의 적용은 초경합금과 같은 경질재료, 숫돌소모가 큰 특수강, 가공경화를 일으키기 쉬운 재료, 열에 민감한 재료를 가공하는데 적합하다. 평면 이외에 원통 및 내면연삭도 할 수 있으며, 가공 변질 및 표면 거칠기가 적으므로 매우 능률적인 연삭법이다. 그림 9.24는 전해 연삭장치의 구성을 나타낸 것이다.

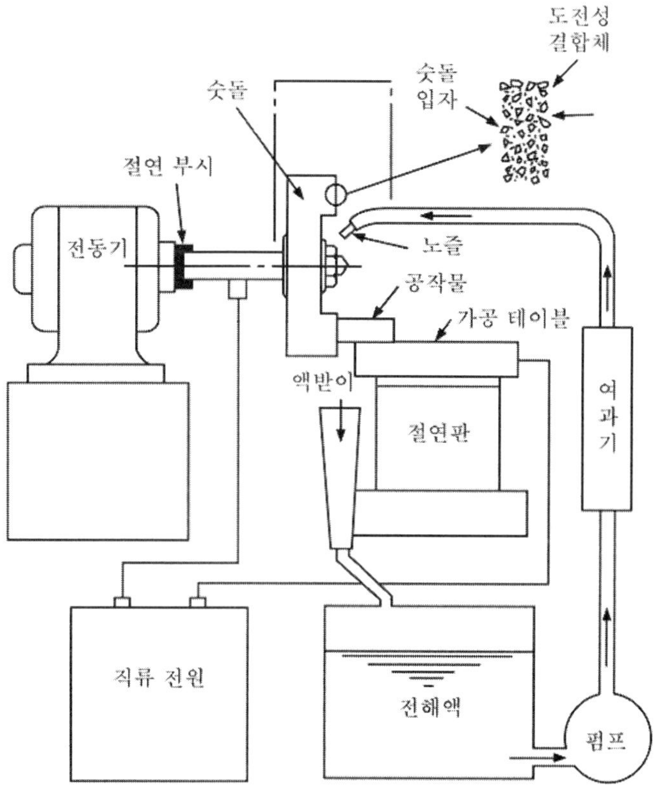

그림 9.24 전해 연삭 장치의 구성

찾 아 보 기

참고문헌(reference)

1. 최인수, 최홍식, 김영일, 박종봉, 신관수, *NEW* 기계 공작법, 원창출판사. 1995
2. Krar / Cswald / Amand, *Technology of Machine tools*, 1997 by MC Graw-Hill, Inc
3. April, 1994. *Manufacturing Engineering*
4. Kalpakjiar, *Manufacturing Engineering and Technology*, 1989 by Addison-wesley publishing company, Inc
5. B · H · Amstead, phillip · F, ostwald, *Manufacturing process*, 1977 by John wiley & sons, Inc
6. cutis Johnson, process control instrumentation *Technology*, 1988 by John wiley & sons, Inc
7. 최인수, 최홍식, 송병근, 최양호, High-Tech 공작기계. 배명사. 1996
8. 小野浩一, 절삭이론, 현대공학사, 1983
9. 김영진외 1인, 정밀공작법, 대광서림 1993
10. 교육부, 기계공작, 대한교과서(주) 1994
11. 강철희, 서남섭, 공작기계, 동명사 1992
12. 손명환, 강명순, 최신기계공작법, 문운당 1988
13. 노동부, 기계공작법 이론, 한국산업인력관리공단 1993
14. 열조형 기술 1993.5. 주조품의 경량화 방법
15. Howard B. Cary Modern welding Technology. 1979 by prentice-Hall, Inc
16. J.P Holman, Experimental methods for Engineers 1989 by MC Graw Hill Book CO
17. Metals Hand book (machining) 1967 by the American society for metals
18. Metals Hand book (forging and casting) 1967 by the American society for metals
19. Metals Hand book (forming) 1967 by the American society for metals
    Metals Hand book (welding and brazing) 1967 by the American society for metals
20. 한국사전 연구사 기계공학 편람사전 1996
21. 본문에 카탈로그를 인용한 회사명 : 대우중공업(주), 기아기공(주), 남선선반(주), 현대정공(주), 화천기공(주), Mitutoyo corporation, 코오로이(주), 양지원공구(주), 기홍기계(주), 유일(주)
22. 안상욱. 기계공작법. 복두출판사. 1999